KB087467

개정3판

C언어로 쉽게 풀어쓴

자료구조

천인국 · 공용해 · 하상호 지음

생능출판

C언어로 쉽게 풀어쓴 **자료구조**

초판발행 2005년 7월 15일
제3판7쇄 2023년 8월 4일

지은이 천인국, 공용해, 하상호
펴낸이 김승기, 김민수
펴낸곳 (주)생능출판사 / **주소** 경기도 파주시 광인사길 143
출판사 등록일 2005년 1월 21일 / **신고번호** 제406-2005-000002호
대표전화 (031)955-0761 / **팩스** (031)955-0768
홈페이지 www.booksr.co.kr

책임편집 신성민 / **편집** 이종무, 유제훈 / **디자인** 유준범
마케팅 최복락, 심수경, 차종필, 백수정, 송성환, 최태웅, 명하나, 김민정
인쇄 새한문화사 / **제본** 일진제책사

ISBN 978-89-7050-971-6 93560
정가 29,000원

- 이 도서의 국립중앙도서관 출판예정도서목록(CIP)은 서지정보유통지원시스템 홈페이지(http://seoji.nl.go.kr)와 국가자료공동목록시스템(http://www.nl.go.kr/kolisnet)에서 이용하실 수 있습니다. (CIP제어번호: CIP2019003876)

개정3판 머리말

개정3판의 목표도 원저와 마찬가지로 학습자들이 좀 더 쉽게 자료구조를 이해할 수 있도록 하자는 것이었다. 개정3판에서는 특히 다음과 같은 분야에 역점을 두었다.

- 입문자들이 자료구조의 개념을 좀 더 쉽게 이해할 수 있도록 원저의 순서를 변경하였다. 기초적인 자료구조라 할 수 있는 스택과 큐를 앞부분에 배치하였다. 입문자들은 스택과 큐를 통하여 자료구조가 무엇인지를 이해한 후에 좀 더 복잡한 자료구조인 연결리스트나 트리 등으로 나갈 수 있다.
- 코드에서 이중 포인터를 최대한 제거하였다. 입문자들에게 이중 포인터는 악몽이나 마찬가지이기 때문이다. 만약 함수 안에서 외부 포인터가 변경되면 변경된 포인터를 함수가 반환하도록 하였다.
- 새로운 응용 예제들을 추가되고 너무 복잡한 예제들은 삭제되었다. 항상 실질적이고 구체적인 응용 예제들을 제시하려고 노력하였다. 모든 예제에서 입력과 출력값을 표시하였다. 되도록 단편적인 프로그램이 아닌 완전한 프로그램을 제공하려고 노력하였다.
- 각장의 처음에 학습목표를 제시하였다. 학습자들은 각장 학습을 완료한 후에 학습목표를 달성했는지 확인할 수 있다. 또한 학습자들에게 요구되는 능력이 문제해결 능력이기에 각장의 연습문제를 수행하여 문제해결 능력을 높일 수 있다.

이 책이 만들어지기까지 많은 도움이 있었다. 특히 책 출간 이후로 격려해주신 교수님과 독자들께 감사드린다. 감수를 맡아주신 심규현 교수님과 생능출판사 여러분께도 감사드린다. 아무쪼록 이 책이 자료구조를 공부하는 이들에게 조금이라도 도움이 될 수 있다면 필자에게는 큰 보람이 될 것이다.

2019년 1월

천인국 · 공용해 · 하상호

머리말

자료구조는 컴퓨터 과학 및 공학 분야의 중요하고 기초적인 과목 중의 하나이다. 자료구조는 특히 효율적이고 체계적인 프로그래밍 기법을 습득하는 데 기본이 된다 할 것이다. 이 책을 저술하게 된 가장 큰 이유는, 학습자가 보다 쉽고 빠르게 이해할 수 있는, 쉬운 자료구조 책을 만들어 보자는 것이었다. 또한 자바 애플릿을 이용하여 가상 실습을 할 수 있게 하여 자료구조의 핵심적인 내용을 빠르게 이해할 수 있는 동시에, 실질적인 응용 프로그램들이 제시되어 학습자들이 흥미를 잃지 않고 학습할 수 있도록 하자는 것이었다. 이 책을 저술하면서 역점을 두었던 몇 가지는 다음과 같다.

- ▶ 기존의 어렵게 설명되었던 부분들을 최대한 쉽게, 단계적으로 학습할 수 있도록 배려하였다. 본격적인 내용을 설명하기에 앞서서 먼저 그림으로 충분히 설명을 하였다. 다음에 자바 애플릿으로 작성된 가상 실습 소프트웨어로 개념을 확실히 한 다음, 유사코드로 작성된 알고리즘을 학습하고 최종적으로 C언어로 구현된 내용을 학습할 수 있도록 구성하였다.
- ▶ 자료구조와 알고리즘을 쉽게 이해할 수 있도록 플래시로 제작된 애니메이션과 자바 애플릿으로 제작된 가상 실습 프로그램을 부록으로 제공함으로써 이론적인 내용을 쉽게 습득할 수 있도록 하였다. 이들 애니메이션과 가상 실습을 통하여 기존에 어렵게만 느껴지던 자료구조 과목의 내용을 멀티미디어 시각화를 통해서 알기 쉽게 전달할 수 있도록 하였다. 특히, 플래시 애니메이션을 통해서 이해하기 어려운 개념을 알기 쉽게 시각화하여 설명하고, 자바 애플릿을 제작하여 알고리즘의 실행 과정을 시각화함으로써 자료구조가 실행 도중에 변화되는 모습을 생생하게 전달할 수 있도록 하였다. 또한 자바 애플릿 프로그램은 사용자가 입력 자료를 변경하여 실험을 할 수 있으며 프로그램 소스를 한 문장씩 실행하면서 자료구조가 변화되는 모습을 직접 볼 수 있게 함으로써 프로그램 소스를 쉽게 이해할 수 있도록 하였다.
- ▶ 되도록 단편적인 프로그램이 아닌 완전한 프로그램을 제공하려고 노력하였다. 기존의 경우, 일부 함수만 제시됨으로써 실제로 학생들이 실습 또는 활용하려고 할 때에 여러 가지 애로 사항이 많았다. 따라서 이 책에서는 최대한 main 함수를 포함하여 완전한 프로그램을 제공하여 사용자들이 쉽게 소스를 활용할 수 있도록 노력하였다.

- ▶ 실질적이고 구체적인 응용 문제를 제시하려고 노력하였다. 자료구조와 알고리즘 공부를 할 때에는 가능하면 실질적이고 구체적인 실세계의 문제를 함께 다루는 것이 큰 도움이 된다. 따라서 알고리즘과 자료구조를 공부할 때 특히 우리가 경험하는 실세계의 대상들과 관련이 있는 것들을 풀어보는 것은 아주 중요하다. 따라서 이 책에서는 가능한 한 실제적인 응용 프로그램을 많이 다루려고 노력하였다.
- ▶ 이론을 이해한 다음, 프로그래밍 도구를 이용하여 실습을 해보는 것은 프로그래밍 능력 향상에 많은 도움이 된다. 이 책에서는 자료구조 실습을 단계적으로 진행해 볼 수 있도록 실습 문제를 추가하였다. 실습 문제에서는 빈칸이 포함된 소스가 주어지고 학습자들은 단계적으로 소스를 추가해가는 방식으로 자율적으로 실습을 진행할 수 있다.
- ▶ C 프로그램에 앞서서 유사 코드로 작성된 알고리즘을 제시함으로써 자료구조와 알고리즘의 핵심적인 내용을 쉽게 이해할 수 있도록 하였다. 자료구조나 알고리즘을 공부할 때는 처음에는 특정한 언어로 구현된 것을 보지 않는 것이 좋을 때가 많다. 대신 말로 된 설명이나 유사 코드(pseudo-code) 등으로 개념을 먼저 이해하는 것이 중요하다.

이 책이 만들어지기까지 많은 도움이 있었다. 특히 적극적으로 지원해주신 생능출판사와 오류를 지적해주신 많은 교수님들께 깊은 감사를 표한다. 아무쪼록 이 책이 자료구조를 공부하는 많은 이들에게 조금이라도 도움이 될 수 있다면 필자에게는 큰 보람이 될 것이다.

2009년
천인국, 공용해

차례

CHAPTER 08 트리

CHAPTER 09 우선순위 큐

CHAPTER 10 그래프 I

CHAPTER 11 그래프 II

CHAPTER 12 정렬

CHAPTER 13 탐색

CHAPTER 14 해싱

CHAPTER

자료구조와 알고리즘

■ **학습목표**

- 자료구조와 알고리즘의 개념을 이해한다.
- 추상 자료형 도입의 필요을 이해한다.
- 시간 복잡도의 개념을 이해한다.
- 빅오 표기법에 의한 알고리즘 분석 기법을 이해한다.
- 자료구조 표기법을 이해한다.

01 자료구조와 알고리즘

1.1 자료구조와 알고리즘

자료구조란?

[그림 1-1]에서 보듯이 우리는 일상생활에서 사물들을 정리하는 여러 가지 방법을 이용하고 있다. 버킷 리스트에는 우리가 평생에 이루고 싶은 목표를 차례대로 기록한다. 식당에서는 그릇들을 쌓아서 보관한다. 마트에서 계산을 할 때는 차례대로 줄을 선다. 영어사전에는 단어들과 단어들의 설명이 저장되어 있다. 컴퓨터는 계층적인 디렉터리를 이용하여 파일들을 저장한다. 지도에는 도시들과 도시들을 연결하는 도로가 표시되어 있다.

[그림 1-1] 일상생활에서의 사물의 조직화

사람들이 사물을 정리하여 저장하는 것과 마찬가지로 프로그램에서도 자료들을 정리하여 보관하는 여러 가지 구조들이 있다. 이를 자료 구조(data structure)라 부른다. 몇 가지의 예를 들어보면 식당에서 그릇을 쌓는 것처럼 자료들을 쌓아서 정리하는 구조를 컴퓨터에서는 "스택"이라고 부른다. 스택에서는 맨 위에서만 자료를 추가하거나 제거할 수 있다. 마트 계산대의 줄에 해당하는 자료 구조를 우리는 큐라 부른다. 큐에서는 먼저 도착한 자료가 먼저 빠져나간다. 〈표 1-1〉에 일상생활과 컴퓨터에서 사용되는 자료구조를 비교하였다.

〈표 1-1〉 일상생활과 자료구조의 유사성

일상생활에서의 예	해당하는 자료구조
그릇을 쌓아서 보관하는 것	스택
마트 계산대의 줄	큐
버킷 리스트	리스트
영어사전	사전
지도	그래프
컴퓨터의 디렉토리 구조	트리

컴퓨터 프로그램은 무엇으로 이루어져 있을까? 흔히 "프로그램=자료구조+알고리즘"이라고 한다. 대부분의 프로그램에서 자료(data)를 처리하고 있고 이들 자료는 자료구조(data structure)를 사용하여 저장된다. 또한 주어진 문제를 처리하는 절차가 필요하다. 이것은 알고리즘(algorithm)이라고 불린다.

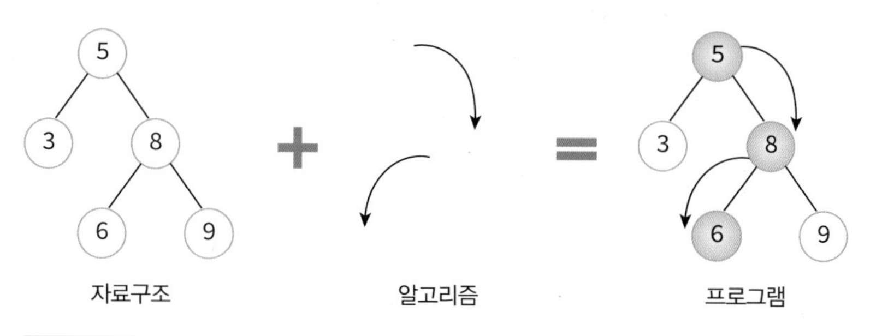

[그림 1-2] 프로그램 = 자료구조 + 알고리즘

예를 들어 시험 성적을 읽어 들여서 최고 성적을 구하는 프로그램에 대하여 생각하여 보자. 외부에서 성적이 입력되면 이 성적들을 처리하기 좋게끔 프로그램의 어딘가에 저장시켜야 한다. 우리가 가장 쉽게 사용할 수 있는 것은 아마도 배열일 것이다. 이 경우, 배열이 자료를 저장하는 구조, 즉 자료 구조가 된다. 다음으로 필요한 것은 배열에 저장된 점수들 중에서 가장 큰 값을 찾는 절차이다. 여러 가지 방법으로 할 수 있겠지만 가장 간단하게 변수를 하나 만들고 배열의 첫 번째 요소 값을 변수에 저장한 다음, 이 변수와 배열의 요소들을 순차적으로 비교하여, 만약 배열의 요소가 더 크다면 배열 요소의 값을 변수에 저장한다. 이런 식으로 배열의 끝까지 진행하면 최고 성적을 찾을 수 있다. 이렇게 문제를 해결하는 절차를 알고리즘이라고 한다. [그림 1-3]에 이 문제에 대한 자료구조와 알고리즘을 보였다.

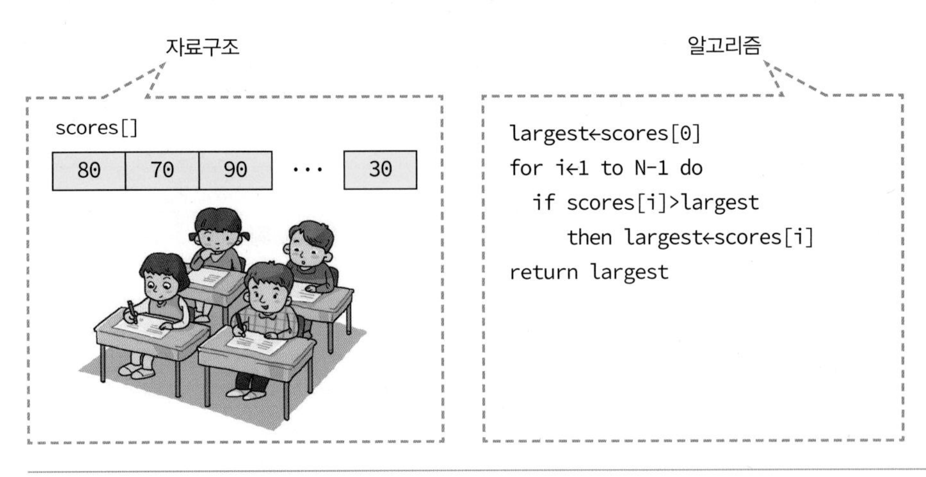

[그림 1-3] 프로그램 = 자료구조 + 알고리즘

최고 성적을 구하는 프로그램을 C언어를 이용하여 작성하여 보면 다음의 프로그램 1.1과 같다. 여기서 배열 scores가 자료구조에 해당되고 변수 largest를 첫 번째 요소로 초기화하고 나머지 요소들과 순차적으로 비교하는 것이 알고리즘에 해당한다.

프로그램 1.1 cal_scores.c

```
#define MAX_ELEMENTS 100
int scores[MAX_ELEMENTS];  // 자료구조

int get_max_score(int n)   // 학생의 숫자는 n
{
    int i, largest;
    largest = scores[0];   // 알고리즘
    for (i = 1; i<n; i++) {
        if (scores[i] > largest) {
            largest = scores[i];
        }
    }
    return largest;
}
```

자료구조와 알고리즘은 밀접한 관계가 있어서 자료구조가 결정되면 그 자료구조에서 사용할 수 있는 알고리즘이 결정된다. 컴퓨터가 복잡한 자료들을 빠르게 저장, 검색, 분석, 전송, 갱신하기 위해서는 자료구조가 효율적으로 조직화되어 있어야 한다. 또한 각 응용에 가장 적합한 자료구조와 알고리즘을 선택하여야 한다.

알고리즘이란?

어떤 문제가 주어져 있고 이것을 컴퓨터로 해결하려고 한다고 가정하자. 첫 번째 해야 할 일은 문제를 해결할 수 있는 방법을 고안하는 것이다. 예를 들면 컴퓨터를 이용하여 전화번호부에서 특정한 사람의 이름을 찾는 문제를 생각하여 보자. 한 가지 방법은 전화번호부의 첫 페이지부터 시작하여 한 장씩 넘기면서 특정한 사람을 찾는 것이다. 이 방법은 엄청난 시간이 걸리는 방법이고 보통 이런 식으로 찾는 사람은 거의 없을 것이다. 또 하나의 방법은 전화번호부의 이름들이 정렬되어 있음을 이용하는 방법이다. 즉 찾고자 하는 이름이 "박철수"라고 하자. 전화번호부의 중간에 있는 이름과 "박철수"를 비교한다. 중간에 있는 이름보다 앞에 있다면 앞부분만 검색한다. 그렇지 않다면 뒷부분만 검색하면 된다. 이러한 과정을 박철수란 이름을 찾을 때까지 되풀이 한다. 이 방법은 굉장히 효율적인 방법이고 일반적인 사람들이 사용하는 방법이다. 이러한 방법들은 보통 프로그래밍 스타일이나 프로그래밍 언어와는 무관하다. 즉 C언어를 사용하건, Java를 사용하건, 사용되는 방법은 동일하다.

[그림 1-4] 알고리즘의 예

두 번째로 해야 할 일은 이들 방법에 따라 컴퓨터가 수행하여야 할 단계적인 절차를 자세히 기술하는 것이다. 컴퓨터로 문제를 풀기 위한 단계적인 절차를 알고리즘(algorithm)이라고 한다. 엄밀하게 이야기하면 알고리즘이란 문제와 컴퓨터가 주어진 상태에서 문제를 해결하는 방법을 정밀하게 장치가 이해할 수 있는 언어로 기술한 것이다. 따라서 알고리즘은 특정한 일을 수행하는 명령어들의 집합이다. 여기서 명령어란 컴퓨터에서 수행되는 문장들을 의미한다. 모든 명령어들의 집합이 알고리즘이 되는 것은 아니고 알고리즘이 되기 위한 조건들을 만족하는 집합만이 알고리즘으로 정의된다.

정의 1.1 알고리즘

- 입　력 : 0개 이상의 입력이 존재하여야 한다.
- 출　력 : 1개 이상의 출력이 존재하여야 한다.
- 명백성 : 각 명령어의 의미는 모호하지 않고 명확해야 한다.
- 유한성 : 한정된 수의 단계 후에는 반드시 종료되어야 한다.
- 유효성 : 각 명령어들은 종이와 연필, 또는 컴퓨터로 실행 가능한 연산이어야 한다.

따라서 알고리즘에는 입력은 없어도 되지만 출력은 반드시 하나이상 있어야 하고 모호한 방법으로 기술된 명령어들의 집합은 알고리즘이라 할 수 없다. 또한 실행할 수 없는 명령어(예를 들면 0으로 나누는 연산)를 사용하면 역시 알고리즘이 아니다. 또한 무한히 반복되는 명령어들의 집합도 알고리즘이 아니다.

알고리즘을 기술하는 데는 다음과 같은 4가지의 방법이 있다.

① 한글이나 영어 같은 자연어
② 흐름도(flowchart)
③ 의사 코드(pseudo-code)
④ 프로그래밍 언어

①의 방법은 자연어를 사용하기 때문에 약간의 모호성이 존재한다. 이 모호성을 제거하기 위하여 명령어로 사용되는 단어들을 명백하게 정의해야만 알고리즘이 될 수 있다. ②의 방법은 도형을 사용하여 알고리즘을 기술하는 방법으로 초심자에게 좋은 방법이지만 알고리즘이 복잡해질수록 기술하기 힘들게 될 것이다. 따라서 가장 많이 쓰이는 방법은 ③, ④와 같은 의사 코드나 프로그래밍 언어를 사용하는 방법이다. 프로그래밍 언어의 예약어들은 모두 명백한 의미를 가지고 있어서 알고리즘을 기술하는데 안성맞춤이다. 의사 코드는 자연어보다는 더 체계적이고 프로그래밍 언어보다는 덜 엄격한 언어로서 알고리즘을 기술하는 데만 사용되는 코드를 말한다. 이 책에서는 주로 의사 코드를 사용하여 알고리즘을 표기할 것이다.

하나의 예로 앞에서 다루었던 n개의 정수를 저장하고 있는 배열 A에서 최대값을 찾는 문제의 알고리즘을 의사 코드로 표현하면 알고리즘 1.1과 같다. 의사 코드의 문법은 C언어와 비슷하기 때문에 쉽게 이해가 가능할 것이다. 다만 대입 연산자가 =가 아닌 ←임을 유의하라.

알고리즘 1.1 배열에서 최대값을 찾는 알고리즘을 의사 코드로 표현한 예

```
ArrayMax(list, N):
   largest←list[0]
   for i←1 to N-1 do
      if list[i]>largest
         then largest←list[i]
   return largest
```

01 문제를 풀기 위한 단계적인 절차는 _____이다.

02 알고리즘을 기술하기 위한 방법에는 자연어, 흐름도, _______, 프로그래밍 언어가 있다.

03 알고리즘이 되기 위한 조건이 아닌 것은?

① 출력 ② 명백성 ③ 유효성 ④ 반복성

1.2 추상 자료형

이번 절에서는 추상 자료형에 대하여 살펴보자. 먼저 자료형(data type)이란 용어 그대로 "데이터의 종류"로서 우리말로는 "자료형"이라 할 수 있다. 자료형에는 많은 종류가 있다. 즉 정수, 실수, 문자열 등이 기초적인 자료형의 예이다. 이러한 자료형은 프로그래밍 언어가 기본적으로 제공한다. 이외에도 많은 자료형들이 존재한다. 우리는 이 과목에서 스택, 큐, 리스트, 트리와 같은 새로운 자료형들을 추가할 것이다.

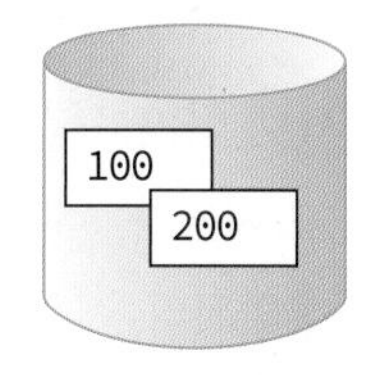

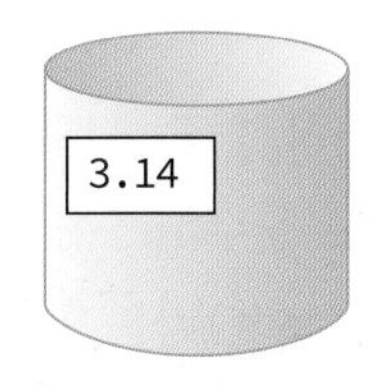

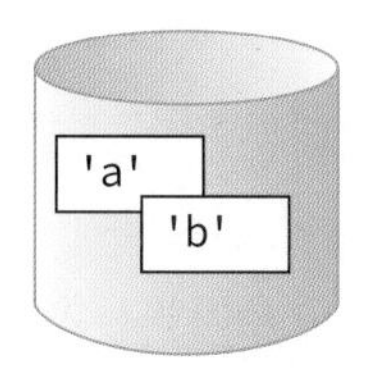

C 언어에서 제공하는 자료형에는 어떤 것들이 있을까? C언어에는 정수, 실수, 문자를 나타내는 기초적인 자료형도 있고 다른 자료형을 묶을 수 있는 배열이나 구조체도 있다.

- 정수(예를 들어서 0, 1, 2, ...)
- 실수(예를 들어서 3.14)
- 문자('a', 'b', ...)

• 배열(동일한 자료형이 여러 개 모인 것)
• 구조체(다른 자료형이 여러 개 모인 것)

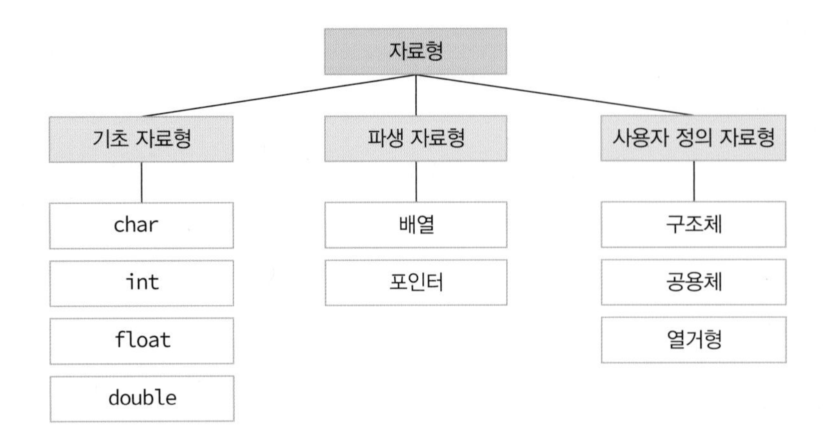

자료형을 작성할 때는 실행 가능한 연산에 대해서도 신경 써야 한다. 데이터의 종류가 결정되면 그 데이터와 관련된 연산도 달라진다. 예를 들어서 나머지를 계산하는 연산자는 정수 데이터에서는 의미가 있지만 실수 데이터에서는 의미가 없어진다. 예를 들어서 정수를 나타내는 int 자료형을 데이터와 연산으로 분리하여서 정의해보자. int 자료형에서 데이터는 "컴퓨터에서 나타낼 수 있는 정수의 집합"이고 연산은 "정수 간에 가능한 연산"을 의미할 것이다.

int 자료형

데이터: {-INT_MIN, ..., -2, -1. 0, 1, 2, ..., INT_MAX }

연산: +, -, *, /, %, ==, >, <

위에서 INT_MIN은 컴퓨터가 나타낼 수 있는 가장 작은 정수, INT_MAX는 컴퓨터가 나타낼 수 있는 가장 큰 수를 의미한다. 연산(operation)은 정수 간의 덧셈, 뺄셈, 곱셈, 나눗셈, 나머지 연산을 생각할 수 있다. 또 2개의 정수가 같은 값인지를 검사하는 == 연산자도 넣을 수 있으며 <, > 연산자도 추가할 수 있다.

따라서 이제부터 자료형이라고 하면 데이터뿐만 아니라 데이터 간에 가능한 연산도 고려하여야 한다. 복잡한 자료형을 구현할 때는 연산이 연산자가 아니고 함수(function)로 작성된다. 예를 들어서 "스택"이라는 자료형에서 새로운 값을 추가하는 연산은 add()라는 함수로 정의된다.

추상 자료형(ADT: abstract data type)이란 추상적, 수학적으로 자료형을 정의한 것이다. 본서에서는 자료구조들을 기술할 때 그 자료구조의 추상 자료형을 먼저 소개할 것이다. 자료구조는 이러한 추상 자료형을 프로그래밍 언어로 구현한 것이라 할 수 있다. 추상 자료형은 많은 장점을 가지고 있으므로 그 역사와 장점을 살펴보자.

소프트웨어 개발과 유지보수에 있어서 가장 중요한 이슈는 "어떻게 소프트웨어 시스템의 복잡성을 관리할 것인가"이다. 이러한 복잡성에 대처하기 위한 새로운 아이디어들이 등장하였고 이 아이디어를 구현한 프로그래밍 방법론과 언어들이 개발되었다. 이러한 방법론이나 언어들의 유력한 주제는 추상화(abstraction)와 관련된 도구들의 개발이었다. 추상화란 어떤 시스템의 간략화된 기술 또는 명세로서 시스템의 정말 핵심적인 구조나 동작에만 집중하는 것이다. 좋은 추상화는 사용자에게 중요한 정보는 강조되고 반면 중요하지 않은 구현 세부 사항은 제거되는 것이다. 이를 위하여 정보은닉기법(information hiding)이 개발되었고 추상 자료형(ADT)의 개념으로 발전되었다.

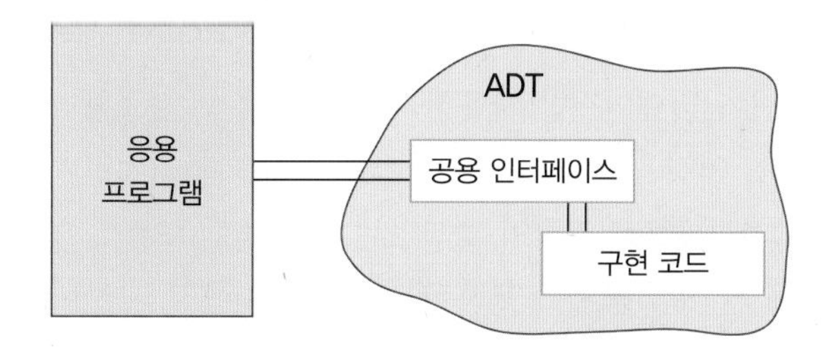

ADT는 실제적인 구현으로부터 분리되어 정의된 자료형을 말한다. 즉 자료형을 추상적(수학적)으로 정의함을 의미한다. ADT에서는 데이터나 연산이 무엇(what)인지는 정의되지만 데이터나 연산을 어떻게(how) 컴퓨터 상에서 구현할 것인지는 정의되지 않는다. 예를 들어서 연산을 정의할 때 연산의 이름, 매개 변수, 반환형은 정의하지만 연산을 구현하는 구체적인 코드는 주어지지 않는 것이 ADT이다. 다만 연산을 정의하는 추상적인 의사 코드는 주어질 수 있다.

예를 들어서 자연수를 나타내는 추상 자료형을 정의해보면 ADT 1.1과 같다. 자연수(즉 음이 아닌 정수)는 보통 컴퓨터 상에서 기본적으로 제공되지 않는 자료형이다.

ADT 1.1 추상 자료형: Nat_Number

```
·객체: 0에서 시작하여 INT_MAX까지의 순서화된 정수의 부분범위
·함수:
  Nat_Number zero()      ::= 0
  Nat_Number successor(x)  ::= if( x==INT_MAX ) return x
                               else return x+1
  Boolean is_zero(x)    ::= if (x) return FALSE
                               else return TRUE
  Boolean equal(x,y)       ::= if( x==y ) return TRUE
                               else return FALSE
  Nat_Number add(x,y)      ::= if( (x+y) <= INT_MAX )
                               return x+y
                               else return INT_MAX
  Nat_Number sub(x,y)      ::= if ( x<y ) return 0
                               else return x-y;
```

ADT는 먼저 ADT의 이름부터 시작된다. ADT 안에는 객체(objects)와 함수(functions)들이 정의된다. 객체는 주로 집합의 개념을 사용하여 정의된다. 이후에 함수들이 정의된다. 함수는 앞에서 언급한 연산을 의미한다. 여기에는 함수의 이름, 함수의 매개변수, 함수의 반환형, 함수가 수

행하는 기능의 기술 등이 포함된다. "::=" 기호는 "~으로 정의된다"를 의미한다. INT_MAX는 컴퓨터가 표현할 수 있는 가장 큰 정수이다.

첫 번째 함수 zero()는 매개변수가 없으며 단순히 0을 반환한다. successor(x) 함수는 다음 순서의 자연수를 반환한다. 하지만 만약 x가 INT_MAX이면 다음 자연수가 없으므로 INT_MAX를 반환한다. add(x, y)는 x와 y를 받아서 덧셈을 계산을 한 후에 계산 결과를 반환한다. 만약 (x+y)의 값이 INT_MAX를 넘어가면 INT_MAX를 반환한다.

ADT가 구현될 때 보통 구현세부사항은 외부에 알리지 않고 외부와의 인터페이스만을 공개하게 된다. ADT의 사용자는 구현세부사항이 아닌 인터페이스만 사용하기 때문에 추상 자료형의 구현 방법은 언제든지 안전하게 변경될 수 있다. 이것은 또한 인터페이스만 정확하게 지켜진다면 ADT가 여러 가지 방법으로 구현될 수 있음을 뜻한다. 이것이 정보은닉의 기본개념이다. 즉 전체 프로그램을 변경가능성이 있는 구현의 세부사항으로부터 보호하는 것이다. 구현으로부터의 명세의 분리가 ADT의 중심 아이디어이다.

이것을 예를 들어 설명해보자. ADT는 TV와 같은 가전제품과 비슷하다. TV은 사용자 인터페이스를 가지고 있다. 예를 들면 채널 버튼을 누르면 채널을 변경할 수 있다. ADT도 연산이라고 하는 인터페이스를 통하여 ADT를 사용할 수 있다. ADT와 TV가 비슷한 점을 나열해보자.

[그림 1–5] 추상 자료형과 TV의 유사성

● TV

- TV의 인터페이스가 제공하는 특정한 작업만을 할 수 있다.
- 사용자는 이러한 작업들을 이해해야 한다. 즉 TV를 시청하기 위해서는 무엇을 해야 하는지를 알아야 한다.
- 사용자는 TV의 내부를 볼 수 없다.
- TV의 내부에서 무엇이 일어나고 있는지를 몰라도 이용할 수 있다.
- 누군가가 TV의 내부의 기계장치를 교환한다고 하더라도 인터페이스만 바뀌지 않는 한 그대로 사용이 가능하다.

● 추상 자료형(ADT)

- 사용자들은 ADT가 제공하는 연산만을 사용할 수 있다.
- 사용자들은 ADT가 제공하는 연산들을 사용하는 방법을 알아야 한다.
- 사용자들은 ADT 내부의 데이터를 접근할 수 없다.

- 사용자들은 ADT가 어떻게 구현되는지 모르더라도 ADT를 사용할 수 있다.
- 만약 다른 사람이 ADT의 구현을 변경하더라도 인터페이스가 변경되지 않으면 사용자들은 여전히 ADT를 같은 방식으로 사용할 수 있다.

프로그래밍 언어에 따라 ADT는 여러 가지 방법으로 구현된다. 객체지향언어에서는 "클래스" 개념을 사용하여 ADT가 구현된다. ADT의 객체는 클래스의 속성으로 구현되고 ADT의 연산은 클래스의 멤버함수로 구현된다. 객체지향언어에서는 private나 protected 키워드를 이용하여 내부 자료의 접근을 제한할 수 있다. 또한 클래스는 계층구조(상속 개념 사용)로 구성될 수 있다.

01 자료형은 객체(object)와 이 객체간의 ______(operation)의 집합으로 정의된다.

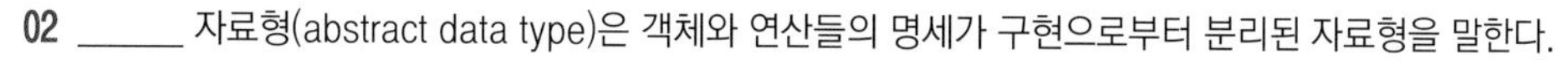
02 ______ 자료형(abstract data type)은 객체와 연산들의 명세가 구현으로부터 분리된 자료형을 말한다.

03 Nat_No 추상 자료형에 is_greater(x, y) 연산을 추가하여 보자.

1.3 알고리즘의 성능 분석

요즘의 컴퓨터는 예전의 컴퓨터에 비하여 엄청난 계산속도와 방대한 메모리를 자랑하고 있으며 또한 계속하여 발전을 거듭하고 있다. 그렇다면 프로그램 작성 시에 계산시간을 줄이고 메모리를 효과적으로 사용하기 위하여 더 이상 고민할 필요는 없는 것일까? 하지만 요즘에도 여전히 프로그램의 효율성은 중요하다.

첫 번째 이유는 최근 상용 프로그램의 규모가 이전에 비해서는 엄청나게 커지고 있기 때문이다. 즉 처리해야할 자료의 양이 많기 때문에 알고리즘의 효율성이 더욱 중요하게 된다. 알고리즘 간의 효율성은 입력 자료의 양이 적은 경우에는 무시해도 상관없지만 자료의 양이 많아지게 되면 그 차이는 상당할 수 있다.

예를 들어 동일한 작업을 하는 두개의 프로그램을 가정하고 각각의 수행시간이 입력 자료의 개수 n에 〈표 1-2〉와 같이 직접 비례한다고 가정하자.

〈표 1-2〉

입력 자료의 개수	프로그램 A: n^2	프로그램 B: 2^n
$n=6$	36초	64초
$n=100$	10000초	4×10^{22}년

n이 6미만일 때는 두 프로그램의 수행속도 차이는 2배를 넘지 않는다. 즉 입력 자료의 숫자가 적을 때에는 별 차이가 없다. 그러나 n이 100이라면 A 알고리즘은 여전히 괜찮은 반면, B 알고

리즘은 4×10^{22}년에 걸쳐서 수행되어야 한다.

두 번째 이유는 사용자들은 여전히 빠른 프로그램을 선호하다는 점이다. 따라서 경쟁사 프로그램보다 수행속도가 조금이라도 느리면 경쟁에서 밀릴 수밖에 없다. 따라서 프로그래머는 하드웨어와는 상관없이 소프트웨어적으로 최선의 효율성을 갖는 프로그램을 제작하도록 노력하여야 할 것이다. 효율적인 알고리즘이란 알고리즘이 시작하여 결과가 나올 때까지의 수행시간이 짧으면서 컴퓨터 내에 있는 메모리와 같은 자원을 덜 사용하는 알고리즘이다.

수행시간 측정방법

그렇다면 어떻게 프로그램의 효율성을 측정할 수 있을까? 가장 단순하지만 가장 확실한 방법은 알고리즘을 프로그래밍 언어로 작성하여 실제 컴퓨터상에서 실행시킨 다음, 그 수행시간을 측정하는 것이다. 예를 들면 동일한 작업을 하는 2개의 알고리즘인 알고리즘 1과 알고리즘 2가 있다고 가정하자. [그림 1-6]과 같이 컴퓨터상에서 특정 컴파일러로 구현하였을 때 알고리즘 1은 10초가 걸렸고 동일한 조건에서 알고리즘 2가 50초가 걸렸다고 하면 알고리즘 1이 더 효율적인 알고리즘이라고 말할 수 있다. 따라서 알고리즘을 구현하여 수행시간을 측정하는 방법은 대단히 정확하고 확실한 방법이다.

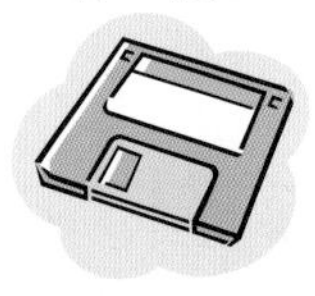

[그림 1-6] 수행시간을 이용한 두 개의 알고리즘의 비교

C언어에서 수행시간을 측정하는 방법에는 다음과 같이 2가지의 방법이 있다.

방법 #1	방법 #2

#include <time.h>
 	
start = clock();
...
stop = clock();
double duration = (double)(stop - start) / CLOCKS_PER_SEC;
	#include <time.h>
	
	start = time(NULL);
	...
	stop = time(NULL);
	double duration = (double) difftime(stop, start);

첫 번째 방법에서, clock() 함수는 호출 프로세스에 의하여 사용된 CPU 시간을 계산한다. clock() 함수는 호출되었을 때의 시스템 시각을 CLOCKS_PER_SEC 단위로 반환한다. 따라서 수행시간을 알기위해서는 먼저 알고리즘을 시작하기 전에 한번 clock() 함수를 호출하여 start 변수에 기록하고, 알고리즘이 끝나면 다시 clock() 함수를 호출하여 stop 변수에 기록한 다음,

초단위의 시간을 측정하기 위하여 (stop−start)값을 CLOCKS_PER_SEC으로 나누어 주면 된다.

두 번째 방법에서, time() 함수는 초 단위로 측정된 시간을 반환한다. time(NULL) 형태로 호출하면 현재 시간이 넘어온다. 역시 마찬가지로 프로그램의 시작과 종료 시점에서 time(NULL)을 호출한 후에, 두 가지 시간을 difftime()으로 보내면 차이가 초단위로 반환된다.

첫 번째 방법을 사용하여 프로그램의 수행시간을 측정하려면 다음과 같이 한다.

프로그램 1.2 cal_time.c

```
#include <stdio.h>
#include <stdlib.h>
#include <time.h>

int main(void)
{
    clock_t start, stop;
    double duration;
    start = clock();     // 측정 시작

    for (int i = 0; i < 1000000; i++)    // 의미 없는 반복 루프
            ;
    stop = clock();     // 측정 종료
    duration = (double)(stop - start) / CLOCKS_PER_SEC;
    printf("수행시간은 %f초입니다.\n", duration);
    return 0;
}
```

실행결과

```
수행시간은 0.002000초입니다.
```

그러나 이 방법은 몇 가지의 문제점이 있다. 먼저 이 방법을 사용하려면 당연한 이야기지만 알고리즘을 구현하고 테스트하는 것이 필요하다. 알고리즘이 비교적 단순한 경우에는 쉽게 구현할 수 있지만 복잡한 경우에는 구현해야 된다는 점이 큰 부담이 될 수 있다. 또한 이 방법을 이용하여 2개의 알고리즘을 비교하려면 반드시 똑같은 하드웨어를 사용하여 알고리즘들의 수행시간을 측정하여야 한다. 왜냐하면 슈퍼컴퓨터상에서는 아주 비효율적인 프로그램이라 하더라도 퍼스널 컴퓨터상에서의 가장 효율적인 프로그램보다 더 빠른 시간에 수행될 수 있기 때문이다. 또한 사용한 소프트웨어 환경도 중요하다. 예를 들면 프로그래밍에 사용한 컴퓨터 언어에 따라 수행속도가 달라질 수 있다. 즉 일반적인 경우, C와 같은 컴파일 언어를 사용한 경우가 베이직과 같은 인터프리트 언어를 사용한 경우보다 빠른 수행을 보인다. 또한 실험에 사용했던 데이터가 아닌 다른 데이터에 대해서는 전혀 다른 결과가 나올 수 있다. 즉 실험되지 않은 입력에 대해서는 수행시간을 주장할 수 없다.

알고리즘의 복잡도 분석방법

이와 같은 여러 가지 문제점 때문에 구현하지 않고서도 알고리즘의 효율성을 따져보는 기법이 개발되었다. 만약 몇 개의 알고리즘이 있고 그 중에서 제일 효율적인 하나를 선택해야 하는 경우에, 직접 구현하지 않고서도 대략적으로 알고리즘의 효율성을 비교할 수 있으면 좋을 것이다. 이것은 알고리즘 복잡도 분석(complexity analysis)으로 가능하다. 알고리즘 복잡도 분석은 구현하지 않고도 모든 입력을 고려하는 방법이고 실행 하드웨어나 소프트웨어 환경과는 관계없이 알고리즘의 효율성을 평가할 수 있다.

```
largest←scores[0]
for i←1 to N-1 do
    if scores[i]>largest
        then largest←scores[i]
return largest
```

왜 알고리즘 복잡도 분석이 더 좋은 방법일까? 예를 들면 우리가 물건을 사러 시내에 나간다고 가정하자. 시내에 나가는 방법은 3가지의 방법이 있다: 즉 버스로 가는 방법, 지하철로 가는 방법, 차를 운전해서 가는 방법. 이중에서 가장 좋은 방법을 찾아보자. 먼저 좋다는 의미를 분명하게 하여야 한다. 빠른 방법이 좋을 수도 있고 비용이 적게 드는 방법이 좋을 수도 있다. 여기서는 가장 빠른 방법을 좋다고 가정하자. 그러면 이들 방법을 평가하여야 한다. 가장 단순한 방법은 직접 하나씩 시도해보는 것이다. 이 방식은 동일한 일을 하는 여러 알고리즘 중에서 하나를 선택할 때 이들을 모두 프로그램으로 구현하여 비교하는 것과 비슷하다. 반면에 직접 수행해보지 않고도 각 방법의 소요시간을 예측할 수 있는 방법도 있다. 즉 거리와 이동속도, 주변 교통량 등을 고려하여 각 방법의 소요시간을 계산해보는 것이다. 바로 이 방법이 우리가 공부하려고 하는 알고리즘의 복잡도 분석방법과 유사하다.

시간 복잡도 함수

알고리즘 분석에서는 먼저 좋다는 의미를 분명히 하여야 한다. 알고리즘 분석에서는 2가지의 측면을 고려할 수 있다. 즉 알고리즘의 수행시간과 알고리즘이 필요로 하는 기억공간의 양이 그것이다. 알고리즘의 수행시간 분석을 시간 복잡도(time complexity)라고 하고 알고리즘이 사용하는 기억공간 분석을 공간 복잡도(space complexity)라고 한다. 우리가 알고리즘의 복잡도를 이야기할 때 대개는 시간 복잡도를 말한다. 그 이유는 대개 알고리즘이 차지하는 공간보다는 수행시간에 더 관심이 있기 때문이다.

시간 복잡도는 알고리즘의 절대적인 수행 시간을 나나내는 것이 아니라 알고리즘을 이루고 있는 연산들이 몇 번이나 수행되는지를 숫자로 표시한다. 연산에는 덧셈, 곱셈과 같은 산술 연산도 있고 대입 연산, 비교 연산, 이동 연산도 있을 수 있다. 알고리즘의 복잡도를 분석할 때는 바로 이들 연산의 수행횟수를 사용한다. 즉 어떤 알고리즘이 수행하는 연산의 개수를 계산하여 두개의 알고리즘을 비교할 수 있다.

알고리즘 1

기본연산수 20

알고리즘 2

기본연산수 100

[그림 1-7] 연산의 수를 이용한 두 개의 알고리즘의 비교

[그림 1-7]과 같이 만약 동일한 조건에서, 똑같은 일은 하는데 알고리즘 1이 20개의 연산을 수행하였고 알고리즘 2가 100번의 연산을 수행하였다면 당연히 알고리즘 1이 알고리즘 2에 비하여 수행하는 연산의 수가 적으므로 더 효율적인 알고리즘이라고 할 수 있다. 이것이 시간복잡도 방법의 기본 개념이다.

그런데 연산들의 수행횟수는 보통 그 값이 변하지 않는 상수가 아니다. 연산들의 수행횟수는 보통 프로그램에 주어지는 입력의 개수 n에 따라 변하게 된다. 입력의 개수가 10일 때와 1000일 때는 분명 수행되는 연산의 개수에 큰 차이가 있을 것이다. 따라서 일반적으로 연산의 수행횟수는 고정된 숫자가 아니라 n에 대한 함수가 된다. 연산의 수를 입력의 개수 n의 함수로 나나낸 것을 시간복잡도 함수라고 하고 $T(n)$이라고 표기한다.

알고리즘 1

$3n+2$

알고리즘 2

$5n^2+6$

[그림 1-8] 기본 연산의 수는 보통 n의 함수로 표시된다.

예를 들어 이것을 간단한 예를 들어 설명하여 보자. 양의 정수 n을 n번 더하는 문제를 생각하여 보자. 제일 쉬운 방법은 $n*n$을 계산하면 된다. 하지만 시간 복잡도를 설명하기 위하여 좀 더 어렵게 알고리즘을 만들어 보면 n을 n번 더할 수도 있다. 즉 $n+n+...+n$으로 구할 수도 있다. 또한 더 어렵게 만들어보면 1을 $n*n$번 더할 수도 있다. 위의 3가지 알고리즘을 아래에 정리하였다.

알고리즘 A	알고리즘 B	알고리즘 C

`sum ←n*n;`	`for i←1 to n do`
	`    sum ←sum + n;`
		`for i←1 to n do`
		`    for j←1 to n do`
		`        sum ←sum + 1;`

위의 3가지 알고리즘 중에서 가장 효율적인 알고리즘을 선택하기 위하여, 위의 3가지 알고리즘들을 직접 구현하지 않고 알고리즘 분석기법을 사용하여 수행속도를 예측하여 보자. 여기서 문제의 크기는 n이다. 수행속도를 예측하기 위하여 연산의 횟수를 세어보자. 단 여기서는 좀 더 간단한 분석을 위하여 루프를 제어하는 연산들은 제외시켰다. 대체적으로 이것들은 알고리즘 속도에 대한 결론에 크게 영향을 끼치지 않는다.

〈표 1-3〉 알고리즘의 비교

	알고리즘 A	알고리즘 B	알고리즘 C
대입연산	1	n	$n * n$
덧셈연산		n	$n * n$
곱셈연산	1		
나눗셈연산			
전체연산수	2	$2n$	$2n^2$

사실 덧셈연산보다는 곱셈연산이 시간이 더 걸릴 것이다. 그러나 모든 연산이 동일한 시간이 걸린다고 가정하면 알고리즘들을 서로 비교할 수 있다. 하나의 연산이 t만큼의 시간이 걸린다고 하면 알고리즘 A는 $2t$에 비례하는 시간이 필요하고 알고리즘 B는 $2nt$의 시간이, 알고리즘 C는 $2n^2t$만큼의 시간이 걸린다. 이들 연산들의 개수를 함수로 그려보면 다음과 같다. 따라서 n이 커질수록 알고리즘간의 차이는 커지게 된다. 따라서 우리는 연산의 개수를 이용하여 알고리즘들을 비교하고 비교한 결과를 바탕으로 가장 효율적인 알고리즘을 선택할 수 있다.

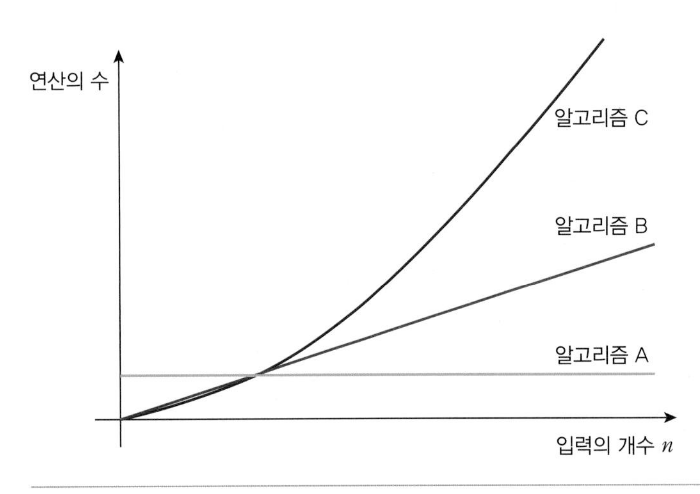

[그림 1-9] 알고리즘의 시간 복잡도 함수

가상 실습 1.1

시간 측정하기

선택 정렬 애플릿을 이용하여 다음의 실험을 수행하라.

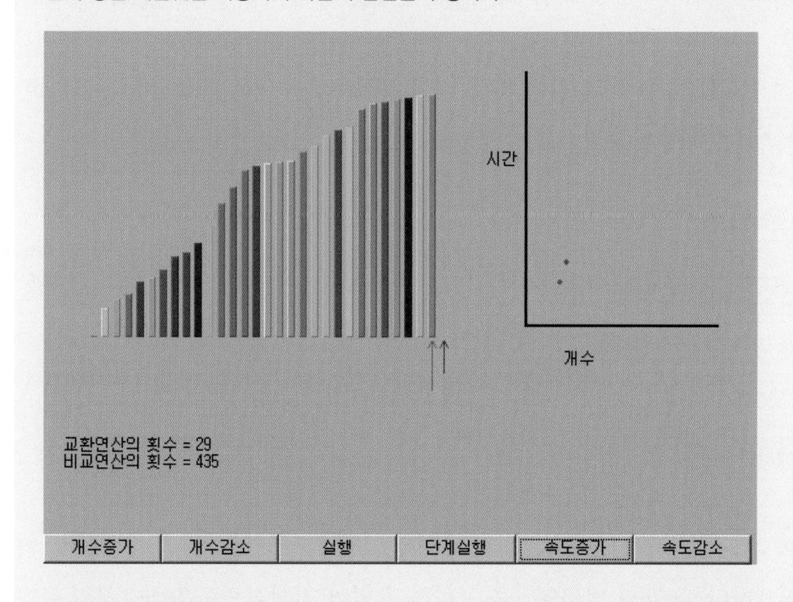

(1) 선택 정렬이란 자료를 정렬시키는 방법 중 하나로서 정렬되지 않은 자료 중에서 제일 작은 자료를 선택하여 앞의 자료와 교환한다. 앞의 애플릿을 단계 실행시키면서 선택 정렬을 이해하여보라.

(2) 선택 정렬에서의 자료들의 개수를 증가시키면서'실행'버튼을 클릭하면 자동으로 비교 연산과 교환 연산의 개수가 화면에 출력되고 그래프에 표시된다. 입력의 개수를 변경하면서 입력과 비교 연산, 교환 연산의 횟수를 표로 정리해보라.

(3)입력의 개수가 변경됨에 따라 달라지는 비교 연산과 교환 연산의 횟수를 참고하여 입력의 개수와 실행 시간과의 비례 관계를 추리하여보라.

빅오 표기법

일반적으로 입력의 개수 n과 시간 복잡도 함수 $T(n)$의 관계는 상당히 복잡할 수 있다. 하지만 자료의 개수가 많은 경우에는 차수가 가장 큰 항이 가장 영향을 크게 미치고 다른 항들은 상대적으로 무시될 수 있다. 예를 들면 다음과 같은 시간 복잡도 함수를 가정하자.

$$T(n)=n^2+n+1$$

$n=1,000$ 일 때, $T(n)$의 값은 1,001,001이고 이중에서 첫 번째 항인 n^2의 값이 전체의 약 99.9%인 1,000,000이고 두 번째 항의 값이 1000으로 전체의 약 0.1%를 차지한다. 따라서 입력 자료의 개수가 큰 경우에는 차수가 가장 큰 항이 전체의 값을 주도함을 알 수 있다. 따라서 보통 시간복잡도 함수에서 차수가 가장 큰 항만을 고려하면 충분하다.

또한 예제에서도 살펴보았듯이 수행시간이 서로 다른 연산, 예를 들면 곱셈과 덧셈 연산들의 수행 시간을 같다고 가정하였기 때문에 정확한 비교가 의미가 없을 수도 있다. 따라서 보통 시간 복잡도 함수 함수에서 중요한 것은 n이 증가하였을 때에, 연산의 총횟수가 n에 비례하여 증가하는지, 아니면 n^2에 비례하여 증가하는지, 아니면 다른 증가추세를 가지는지가 더 중요하다.

앞의 예제에서 루프를 제어하는 연산은 무시했었다. 이 연산들을 고려하더라도 동일한 증가함수를 얻게 된다. 일반적으로 [그림 1-10]과 같은 루프 제어 문장은 i에 대한 대입연산, i에 대한 덧셈연산, n과의 비교연산을 포함하고 있다.

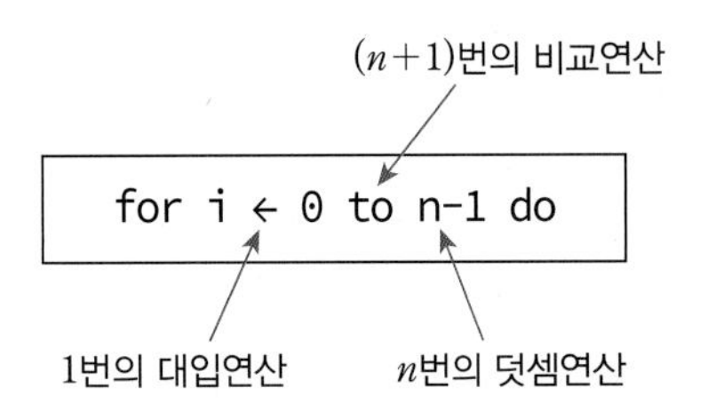

[그림 1-10] 루프 제어 문장에서의 연산들

하나의 루프 제어문은 n개의 대입연산, $n+1$개의 비교연산(루프를 빠져나가기 직전에도 한 번의 추가적인 비교가 필요하다), n개의 덧셈연산을 포함하고 있어 전체적으로 $3n+1$개의 추가적인 연산을 추가한다. 따라서 앞의 알고리즘 B는 사실 $5n+1$개의 연산을 필요로 한다. 그러나 중요한 것은 정확한 연산의 개수라기보다는 알고리즘의 일반적인 증가추세가 중요하다. n이 커지게 되면 $2n$과 $5n+1$ 함수의 차이는 미미하다. 중요한 것은 알고리즘 B의 수행시간이 n에 정비례한다는 것이다.

시간 복잡도 함수에서 불필요한 정보를 제거하여 알고리즘 분석을 쉽게 할 목적으로 시간 복잡도를 표시하는 방법을 빅오 표기법이라고 한다. 즉 알고리즘이 n에 비례하는 수행시간을 가진다고 말하는 대신에 알고리즘 A의 시간복잡도가 $O(n)$이라고 한다. $O(n)$은 "빅오 of n"이라고 읽는다. 빅오 표기법은 n의 값에 따른 함수의 상한값을 나타내는 방법이다. 빅오 표기법은 수학적으로는 정의 1.2와 같이 정의된다.

정의 1.2 빅오 표기법

두개의 함수 $f(n)$과 $g(n)$이 주어졌을 때 모든 $n>n_0$에 대하여 $|f(n)|\leq c|g(n)|$을 만족하는 2개의 상수 c와 n_0가 존재하면 $f(n)=O(g(n))$이다.

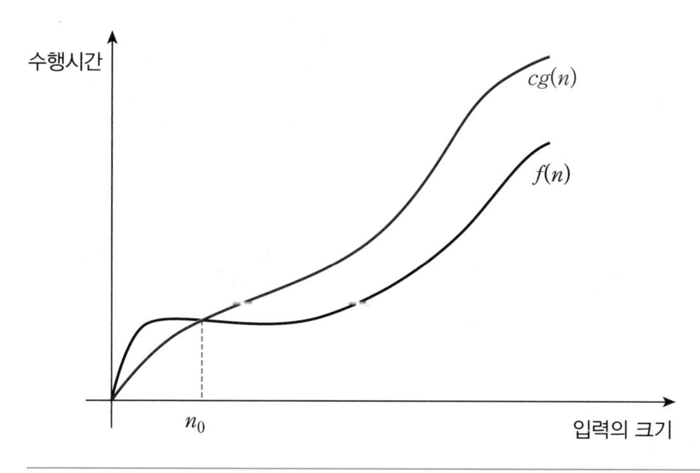

[그림 1-11] 빅오 표기법

위의 그래프에서 $f(n)$값은 n이 매우 커지게 되면 결국은 $g(n)$보다 작거나 같게 된다. 따라서 이 정의는 $g(n)$이 $f(n)$의 상한값이라는 것을 의미한다. 여기서 어떤 수 c와 n_0에 대해서는 아무런 언급이 없음을 주의하라. c나 n_0는 아무런 제한 없이 결정될 수 있다. 보통 위의 부등식을 만족하는 c나 n_0는 무수히 많을 수 있다. 예를 들어 $f(n)$이 $2n^2+3n+1$이고 $g(n)$이 n^2이라면 $n>n_0$일 때 부등식 $|2n^2+3n+1| \leqq c|n^2|$를 만족하는 c와 n_0쌍은 (6, 1), (5, 2), (4, 3), … 등이 가능하다. 따라서 위의 정의에 의하여 $2n^2+3n+1=O(n^2)$이라 말할 수 있다.

예제 1.1 빅오 표기법

- $f(n)=5$이면 $O(1)$이다. 왜냐하면 $n_0=1$, $c=10$일 때, $n>1$에 대하여 $5 \leqq 10 \cdot 1$이 되기 때문이다.
- $f(n)=2n+1$이면 $O(n)$이다. 왜냐하면 $n_0=2$, $c=3$일 때, $n>2$에 대하여 $2n+1 \leqq 3n$이 되기 때문이다.
- $f(n)=3n^2+100$이면 $O(n^2)$이다. 왜냐하면 $n_0=100$, $c=5$일 때, $n>100$에 대하여 $3n^2+100 \leqq 5n^2$이 되기 때문이다.
- $f(n)=5 \cdot 2^n+10n^2+100$이면 $O(2^n)$이다. 왜냐하면 $n_0=1000$, $c=10$일 때, $n>1000$에 대하여 $5 \cdot 2^n+10n^2+100 \leqq 10 \cdot 2^n$이 되기 때문이다.

빅오 표기법을 사용하면 시간 복잡도 함수의 증가에 별로 기여하지 못하는 항을 생략함으로써 시간복잡도를 간단하게 표시할 수 있다. 빅오 표기법을 얻는 간단한 방법은 기본연산의 횟수가 다항식으로 표현되었을 경우 다항식의 최고차항만을 남기고 다른 항들과 상수항을 버리는 것이다. 최고차항의 계수도 버리고 단지 최고차항의 차수만을 사용한다.

$$a_m n^m + \cdots + a_1 n + a_0 = O(n^m)$$

예를 들면 다음과 같다. 다만 주의할 것은 $\log n$은 없애버리면 안 된다. $\log n$도 차수를 가지고 있기 때문이다.

$7n-3=O(n)$
$8n^2\log n+5n^2+n=O(n^2\log n)$

다음은 많이 쓰이는 빅오 표기법을 순서대로 표시한 것이다.

- $O(1)$: 상수형
- $O(\log n)$: 로그형
- $O(n)$: 선형
- $O(n\log n)$: 선형로그형
- $O(n^2)$: 2차형
- $O(n^3)$: 3차형
- $O(2^n)$: 지수형
- $O(n!)$: 팩토리얼형

$f(n)$	$O(f(n))$
10	$O(1)$
$5n^2+6$	$O(n^2)$
$2n^3+1$	$O(n^3)$
$2n^3+5n^2+6$	$O(n^3)$

빅오 표기법은 결국은 입력의 개수에 따른 기본 연산의 수행 횟수를 개략적으로 나타낸 것이므로 이것을 이용하면 알고리즘의 대략적인 수행시간을 추정해 볼 수 있다. 즉 $O(n)$ 시간에 수행되는 알고리즘은 $O(n^2)$ 시간에 수행되는 알고리즘보다 일반적으로 더 빠르다고 추정할 수 있다. 다음은 빅오 표기법에 의한 알고리즘의 수행시간을 비교한 것이다.

$$O(1)<O(\log n)<O(n)<O(n\log n)<O(n^2)<O(2^n)<O(n!)$$

여기서 주의할 것은 상수항이나 계수가 굉장히 큰 경우에는 수행시간에 영향을 끼친다는 것이다. 예를 들어 두개의 알고리즘, A와 B가 있다고 하고 이들의 시간 복잡도 함수가 각각 $T_A(n)=100n+100$이고 $T_B(n)=n^2$라고 하자. 알고리즘 A를 빅오 표기법으로 표기를 하면 $O(n)$이 되고 알고리즘의 B는 $O(n^2)$가 되지만 실제로 다음 표에서 보듯이 알고리즘 A가 더 효율적이 되는 것은 $n>100$인 경우이다. 따라서 n이 작을 때는 상수항이나 각항의 계수도 영향을 끼친다.

〈표 1-4〉 상수항이나 계수의 영향

n	알고리즘 A	알고리즘 B
1	200	1
10	1100	100
20	2100	400
30	3100	900
40	4100	1600
50	5100	2500
60	6100	3600

70	7100	4900
80	8100	6400
90	9100	8100
100	10100	10000
1100	110100	1210000

n이 증가할 때 시간 복잡도 함수가 얼마나 증가하는지 도표로 살펴보자. 알고리즘이 지수형이나 팩토리얼형의 시간복잡도를 가지면 사실상 사용할 수 없는데 그 이유를 〈표 1-5〉에서 알 수 있다. 알고리즘이 지수형이나 팩토리얼형의 시간복잡도를 가지고 있는 경우, 입력의 개수가 30을 넘으면 현재의 가장 강력한 수퍼 컴퓨터를 동작시켜도 우주가 탄생되어 지금까지 흘러온 시간보다 더 많은 수행 시간을 요구할 수도 있다.

〈표 1-5〉 n이 증가할 때 시간 복잡도 함수의 증가

시간복잡도	n					
	1	2	4	8	16	32
1	1	1	1	1	1	1
log$n$	0	1	2	3	4	5
n	1	2	4	8	16	32
$n$log$n$	0	2	8	24	64	160
n^2	1	4	16	64	256	1024
n^3	1	8	64	512	4096	32768
2^n	2	4	16	256	65536	4294967296
$n!$	1	2	24	40326	20922789888000	26313×10^{33}

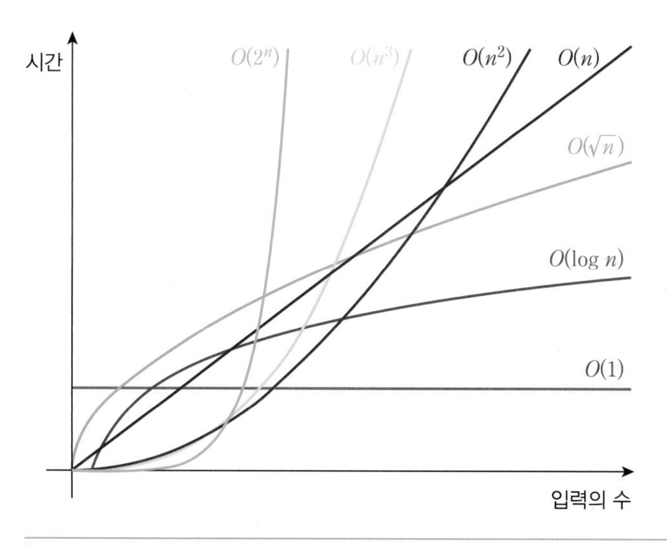

[그림 1-12] 시간복잡도 함수 그래프

빅오표기법 이외의 표기법

빅오 표기법이 편리하기는 하지만 한 가지 문제점은 $f(n)=2n+1$인 경우 $f(n)=O(n)$이라 하였지만 사실은 $f(n)=O(n^2)$라고도 할 수 있다. 왜냐하면 $n_0=1$, $c=2$로 잡으면 $n>1$에 대하여 $2n+1 \leqq 2n^2$이기 때문이다. 사실 빅오 표기법은 상한을 표기한 것이므로 상한은 여러 개가 존재할 수 있다. 그러나 빅오 표기법이 최소 차수 함수로 표기되었을 경우만 의미가 있다. 따라서 빅오의 이와 같은 문제점을 보완하기 위하여 빅오메가와 빅쎄타 표기법이 있다. 간단히 말하면 빅오메가(big omega)는 어떤 함수의 하한을 표시하는 방법이다. 예를 들면 $f(n)=2n+1$이면 $n>1$에 대하여 $2n+1 \geqq n$이므로 $f(n)=\Omega(n)$이다.

정의 1.3 빅오메가 표기법

두개의 함수 $f(n)$과 $g(n)$이 주어졌을 때 모든 $n>n_0$에 대하여 $|f(n)| \geqq c|g(n)|$을 만족하는 2개의 상수 c와 n_0가 존재하면 $f(n)=\Omega(g(n))$이다.

또한 빅세타(big theta)는 동일한 함수로 상한과 하한을 만들 수 있는 경우, 즉 $f(n)=O(g(n))$이고 $f(n)=\Omega(g(n))$인 경우를 $f(n)=\Theta(g(n))$이라 한다. 예를 들면 $f(n)=2n+1$이면 $n>1$에 대하여 $n \leqq 2n+1 \leqq 3n$이므로 $f(n)=\Theta(n)$이다.

정의 1.4 빅세타 표기법

두개의 함수 $f(n)$과 $g(n)$이 주어졌을 때 모든 $n>n_0$에 대하여 $c_1|g(n)| \leqq |f(n)| \leqq c_2|g(n)|$을 만족하는 3개의 상수 c_1, c_2와 n_0가 존재하면 $f(n)=\Theta(g(n))$이다.

3개의 표기법을 그래프로 비교를 해보면 다음과 같다.

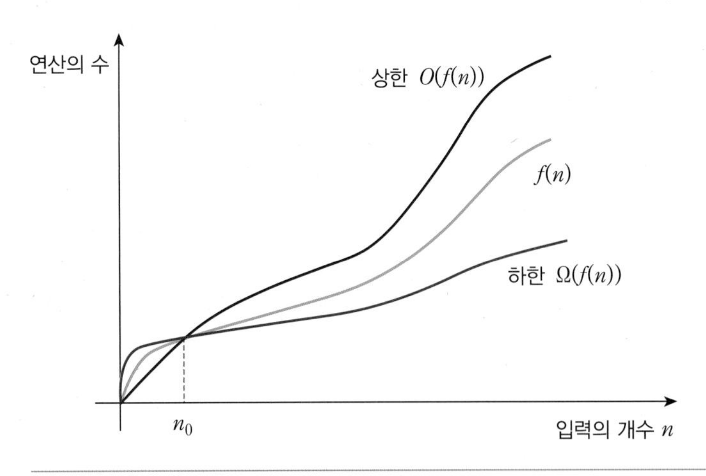

[그림 1-13] 빅오, 빅오메가, 빅세타 표기법의 비교

3개의 표기법 중에서 가장 정밀한 것은 역시 빅세타이다. 그러나 통상적으로 빅오 표기법을 많이 사용한다. 단 그때는 최소차수로 상한을 표시한다고 가정하자.

최선, 평균, 최악의 경우

똑같은 알고리즘도 주어지는 입력의 집합에 따라 다른 수행 시간을 보일 수 있다. 즉 특정한 자료 집합이 주어지면 다른 자료 집합보다 더 빨리 수행될 수 있다. 예를 들어 정렬 알고리즘에 거의 정렬이 되어 있는 자료집합을 주면, 난수값으로 주어지는 자료집합보다 훨씬 빨리 정렬될 수도 있다. 그러면 알고리즘의 수행 시간을 이야기할 때 도대체 어떤 자료 집합을 기준으로 해야 할까?

알고리즘의 효율성은 주어지는 자료집합에 따라 다음의 3가지 경우로 나누어서 평가할 수 있다. 첫째, 최악의 경우(worst case)는 자료집합 중에서 알고리즘의 수행시간이 가장 오래 걸리는 경우이다. 최선의 경우(best case)는 수행시간이 가장 적은 경우를 의미한다. 평균적인 경우(average case)는 알고리즘의 모든 입력을 고려하고 각 입력이 발생하는 확률을 고려하여 평균적인 수행시간을 의미한다.

3가지의 경우 중에서 평균적인 수행시간이 가장 좋아 보인다. 그러나 평균 수행시간을 산출하기 위해서는 광범위한 자료 집합에 대하여 알고리즘을 적용시켜서 평균값을 계산해야 할 것이다. 따라서 평균 수행시간은 상당히 구하기 힘들 수도 있다. 따라서 최악의 경우의 수행시간이 알고리즘의 시간 복잡도 척도로 많이 쓰인다. 최악의 경우란 입력 자료 집합을 알고리즘에 최대한 불리하도록 만들어서 얼마만큼의 시간이 소모되는 지를 분석하는 것이다. 어떤 경우에는 최악의 경우의 수행시간이 평균적인 수행시간보다 더 중요한 의미를 가진다. 예를 들어 비행기 관제 업무에 사용되는 알고리즘은 어떠한 입력에 대해서도 일정한 시간 한도 안에 반드시 계산을 끝마쳐야 한다. 최선의 경우는 알고리즘에 따라서는 별 의미가 없는 경우가 많다.

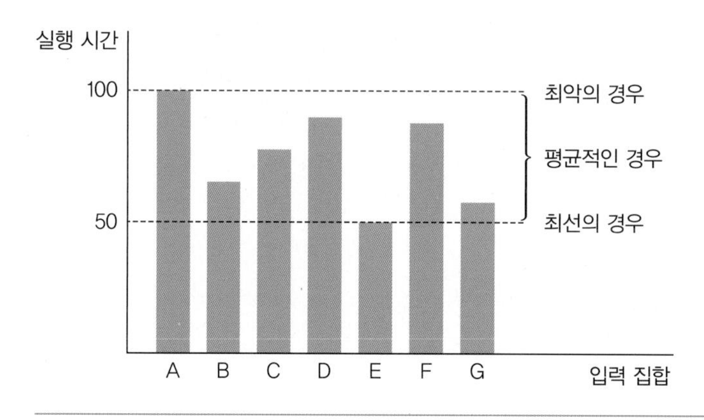

[그림 1-14] 최악의 경우, 평균적인 경우, 최선의 경우

예를 들어 정렬되지 않은 배열을 순차적으로 탐색하여 특정한 값을 찾는 알고리즘에서 최악, 최상, 평균적인 경우의 시간복잡도 함수를 계산하여 보자. 이러한 알고리즘을 순차탐색이라고

한다. 여기서의 기본 연산은 비교 연산이라고 가정하자.

프로그램 1.3 seq_search.c

```
int seq_search(int list[], int key)
{
    int i;
    for (i = 0; i < n; i++)
        if (list[i] == key)
            return i;      /* 탐색에 성공하면 키 값의 인덱스 반환 */
    return -1;             /* 탐색에 실패하면 -1 반환 */
}
```

- 최선의 경우는 찾고자 하는 숫자가 배열의 맨 처음에 있는 경우이다. 따라서 빅오 표기법으로 하면 $O(1)$이다.

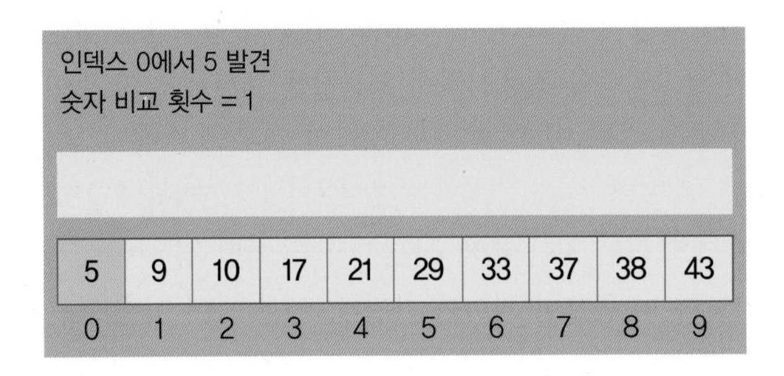

[그림 1-15] 순차탐색에서의 최선의 경우

- 최악의 경우는 찾고자 하는 숫자가 맨 마지막에 있는 경우이다. 따라서 빅오 표기법으로는 $O(n)$이다.

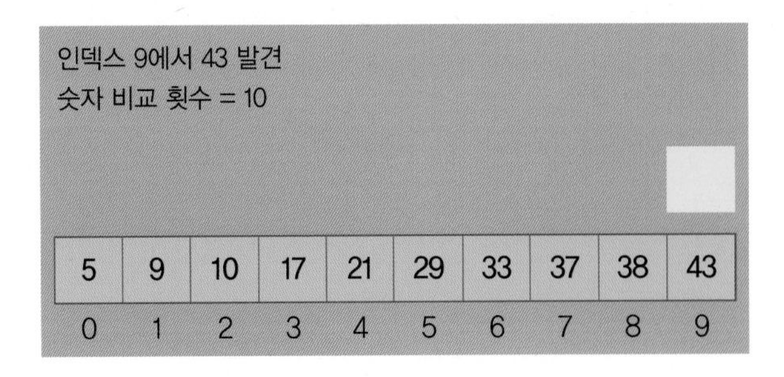

[그림 1-16] 순차탐색에서의 최악의 경우

- 평균적인 경우는 어떻게 계산하여야 할까? 먼저 모든 숫자가 균일하게 탐색된다고 가정하자. 즉 모든 숫자들이 탐색될 가능성이 $1/n$이다. 따라서 모든 숫자들이 탐색되었을 경우의 비교 연산 수행 횟수를 더한 다음, 전체 숫자 개수로 나누어주면 평균적인 경우의 비교 연산 수행 횟수를 알 수 있다.

$$(1+2+...+n)/n=(n+1)/2$$

따라서 빅오 표기법으로는 $O(n)$임을 알 수 있다.

가상 실습 1.2
순차 탐색

* 선택 정렬 애플릿을 이용하여 다음의 실험을 수행하라.

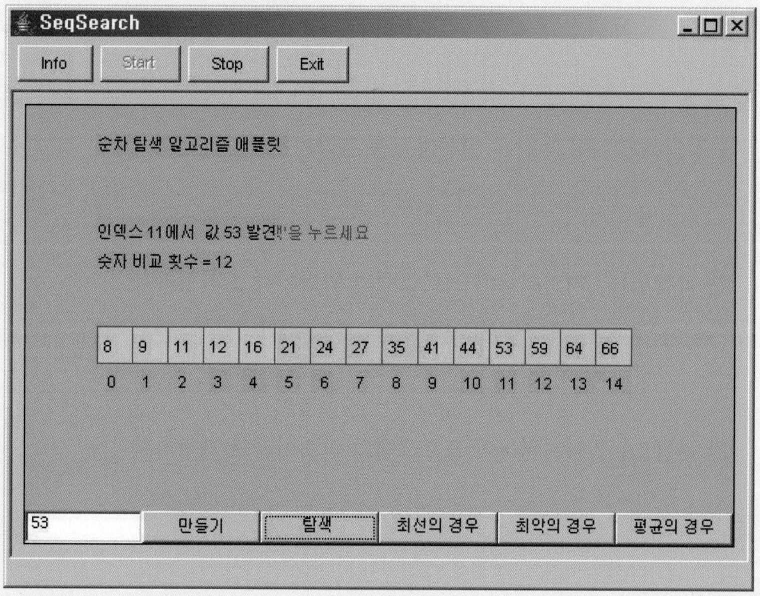

SeqSearch
Info Start Stop Exit
순차 탐색 알고리즘 애플릿
인덱스 11에서 값 53 발견!을 누르세요
숫자 비교 횟수 = 12

8	9	11	12	16	21	24	27	35	41	44	53	59	64	66
0	1	2	3	4	5	6	7	8	9	10	11	12	13	14

53 만들기 탐색 최선의 경우 최악의 경우 평균의 경우

(1) 배열의 크기를 입력하고 '만들기'버튼을 클릭하여 배열을 생성한 다음, 특정 숫자를 탐색하여본다. 순차 탐색의 알고리즘을 이해하라.
(2) '최선의 경우', '평균적인 경우', '최악의 경우'를 클릭하여 보고, 각각의 경우에 비교 연산의 횟수가 어떻게 되는지를 기록하라.
(3) 최선의 경우, 평균적인 경우, 최악의 경우를 빅오 표기법으로 표시한다면 어떻게 될 것인지를 실험을 기반으로 설명하라.

Quiz

01 다음의 시간 복잡도 함수를 빅오 표기법으로 표시하라.

① $9n^2+8n+1$　② $n!+2^n$　③ $n^2+n\log_2 n+1$　④ $\sum_{i=1}^{n} i^2$

연습문제 EXERCISE

01 2개의 정수를 서로 교환하는 알고리즘을 의사 코드로 작성해보자.

02 사용자로부터 받은 2개의 정수 중에서 더 큰 수를 찾는 알고리즘을 의사코드로 작성해보자.

03 1부터 n까지의 합을 계산하는 알고리즘을 의사 코드로 작성해보자.

04 Set(집합) 추상 자료형을 정의하라. 다음과 같은 연산자들을 포함시켜라.

Create, Insert, Remove, Is_In, Union, intersection, Difference.

05 Boolean 추상 자료형을 정의하고 다음과 같은 연산자들을 포함시켜라.

And, Or, Not, Xor

06 다음과 같은 코드의 시간 복잡도는? 여기서 n이 프로그램의 입력이라고 가정하자.

```
for(i = 1; i < n ; i *= 2)
   printf("Hello");
```

07 다음과 같은 코드의 시간 복잡도는? 여기서 n이 프로그램의 입력이라고 가정하자.

```
for(i = 0;i < n; i++)
   for(j = 1; j < n; j *= 2)
      printf("Hello");
```

08 시간 복잡도 함수 $n^2+10n+8$를 빅오 표기법으로 나나내면?

(1) $O(n)$
(2) $O(n\log_2 n)$
(3) $O(n^2)$
(4) $O(n^2\log_2 n)$

09 시간 복잡도 함수가 $7n+10$이라면 이것이 나타내는 것은 무엇인가?

(1) 연산의 횟수
(2) 프로그램의 수행시간
(3) 프로그램이 차지하는 메모리의 양
(4) 입력 데이터의 총개수

10 $O(n^2)$의 시간복잡도를 가지는 알고리즘에서 입력의 개수가 2배로 되었다면 실행시간은 어떤 추세로 증가하는가?

(1) 변함없다.
(2) 2배
(3) 4배
(4) 8배

11 $f(n)$에 대하여 엄격한 상한을 제공하는 표기법은 무엇인가?

(1) 빅오메가
(2) 빅오
(3) 빅세타
(4) 존재하지 않는다.

12 다음의 빅오표기법들을 수행시간이 적게 걸리는 것부터 나열하라.

$O(1)$ $O(n)$ $O(\log n)$ $O(n^2)$ $O(n\log n)$ $O(n!)$ $O(2^n)$

13 두 함수 $30n+4$와 n^2를 여러 가지 n값으로 비교하라. 언제 $30n+4$가 n^2보다 작은 값을 갖는지를 구하라. 그래프를 그려보라.

14 다음은 실제로 프로그램의 수행시간을 측정하여 도표로 나나낸 것이다. 도표로부터 이 프로그램의 시간 복잡도를 예측하여 빅오 표기법으로 나타내라.

입력의 개수 n	수행시간 (초)
2	2
4	8
8	25
16	63
32	162

15 빅오표기법의 정의를 사용하여 다음을 증명하라.

$5n^2+3=O(n^2)$

16 빅오 표기법의 정의를 이용하여 $6n^2+3n$이 $O(n)$이 될 수 없음을 보여라.

17 배열에 정수가 들어 있다고 가정하고 다음의 작업의 최악, 최선의 시간복잡도를 빅오 표기법으로 말하라.

(1) 배열의 n번째 숫자를 화면에 출력한다.
(2) 배열안의 숫자 중에서 최소값을 찾는다.
(3) 배열의 모든 숫자를 더한다.

CHAPTER

02

순환

■ **학습목표**

- 순환의 개념을 이해한다.
- 순환 알고리즘의 구조를 이해한다.
- 순환 호출 사용 시 주의점을 이해한다.
- 순환 호출 응용력을 배양한다.

02 순환

2.1 순환의 소개

순환(recursion)이란 어떤 알고리즘이나 함수가 자기 자신을 호출하여 문제를 해결하는 프로그래밍 기법이다. 이것은 처음에는 상당히 이상하게 보이지만 사실 순환은 가장 흥미롭고 또 효과적인 프로그래밍 기법 중의 하나이다. 순환은 많은 문제들을 해결하는데 독특한 개념적인 프레임 워크를 제공한다.

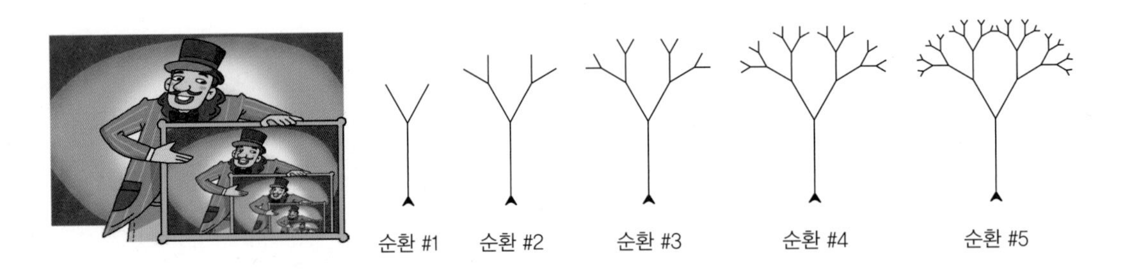

이번 장에서는 여러 가지 예제를 통하여 순환이 응용되는 문제들을 살펴볼 것이다. 다음으로 우리는 순환의 강점과 약점을 살펴보고 순환을 반복적인 방법으로 바꾸는 방법에 대하여 살펴보겠다.

순환의 예

순환은 본질적으로 순환적인 문제나 그러한 자료구조를 다루는 프로그램에 적합하다. 예를 들어 정수의 팩토리얼은 다음과 같이 정의된다.

$$n! = \begin{cases} 1 & n=0 \\ n*(n-1)! & n \geq 1 \end{cases}$$

즉 위의 정의에서 팩토리얼 $n!$을 정의하는데 다시 팩토리얼 $(n-1)!$이 사용되었다. 이러한 정의를 순환적이라 한다. 위의 정의에 따라 $n!$을 구하는 함수 `factorial(n)`을 제작하여 보자. $n!$을 계산하려면 먼저 $(n-1)!$을 구하여 여기에 n을 곱하여 주면 $n!$ 값을 계산할 수 있다. 그러면 $(n-1)!$은 어떻게 계산할 것인가? 일단 $(n-1)!$을 계산하는 함수 `factorial_n_1`를 따로 제작하여 호출해서 계산하여 보자.

```
int factorial(int n)
{
    if( n <= 1 ) return(1);
    else return (n * factorial_n_1(n-1) );
}
```

그런데 여기서 하나의 아이디어는 현재 우리가 제작하고 있는 함수가 n을 매개변수로 받아서 $n!$을 구하는 함수라는 점이다. 따라서 매개변수만 $(n-1)$로 변경하여 주면 $(n-1)!$ 값을 계산할 수 있으리라는 것이다. 위의 아이디어에 따라 팩토리얼을 구하는 함수를 다시 만들면 다음과 같다.

프로그램 2.1 순환적인 팩토리얼 계산 프로그램

```
int factorial(int n)
{
    if( n <= 1 ) return(1);
    else return (n * factorial(n-1) );
}
```

위의 프로그램은 팩토리얼의 순환적인 정의에 따라 이것을 C언어로 옮긴 것이다. 과연 위의 프로그램이 오류 없이 동작할 것인가? 순환을 사용해보지 않은 사람들에게는 놀라운 일이겠지만 위의 프로그램은 문제없이 동작한다.

[그림 2-1] factorial(3)에서의 순환호출

만약 우리가 factorial(3)이라고 호출하였을 경우에 위의 프로그램에서 함수가 호출되는 순서를 자세히 살펴보자. 다음 코드에서 보듯이 factorial(3)을 수행하는 도중에 factorial(2)를 호출하게 된다.

```c
int factorial(3)
{
    if( 3 <= 1 ) return(1);
    else return (3 * factorial(3-1) );
}
```

factorial(3)을 수행하는 도중에 factorial(2)를 호출하게 되고 factorial(2)는 다시 factorial(1)을 호출하게 된다.

```c
int factorial(2)
{
    if( 2 <= 1 ) return(1);
    else return (2 * factorial(2-1) );
}
```

factorial(1)은 매개 변수 n이 1이므로 첫 번째 if 문장이 참이 되고 따라서 더 이상의 순환 호출없이 1을 반환하게 된다.

```c
int factorial(1)
{
    if( 1 <= 1 ) return(1);
    ...
}
```

이 반환값 1은 factorial(2)로 전달되고 factorial(2)는 여기에 2를 곱한 값인 2를 factorial(3)으로 전달한다. factorial(3)은 이 값에 3을 곱하여 6을 반환한다. 다시 이 과정을 한 번에 살펴보면 다음과 같다.

```
factorial(3) = 3 * factorial(2)
             = 3 * 2 * factorial(1)
             = 3 * 2 * 1
             = 3 * 2
             = 6
```

[그림 2-2]에서 factorial(3)을 호출하였을 경우의 순환호출의 순서를 보여준다.

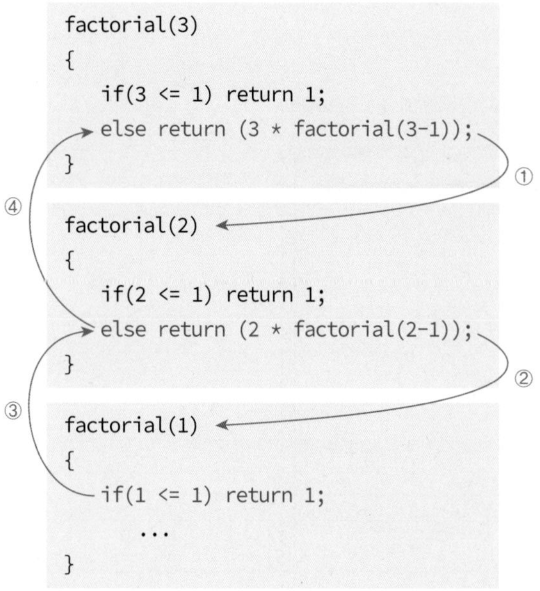

```
factorial(3)
{
   if(3 <= 1) return 1;
   else return (3 * factorial(3-1));
}

factorial(2)
{
   if(2 <= 1) return 1;
   else return (2 * factorial(2-1));
}

factorial(1)
{
   if(1 <= 1) return 1;
      ...
}
```

① ② ③ ④

[그림 2-2] factorial(3)에서의 순환호출의 순서: 원숫자는 함수 호출과 복귀의 순서를 나타낸다.

순환 호출이 이루어지는 과정을 알기 위하여 다음과 같이 함수의 이름과 함수의 매개변수를 출력하는 문장을 factorial 함수의 처음에 넣어보자.

프로그램 2.2 출력문이 추가된 순환적인 팩토리얼 계산 프로그램

```
int factorial(int n)
{
   printf("factorial(%d)\n",n);
   if( n <= 1 ) return(1);
   else return (n * factorial(n-1) );
}
```

만약 위의 함수가 factorial(3)과 같이 호출되었다면 위의 프로그램의 출력은 다음과 같다.

실행결과

```
factorial(3)
factorial(2)
factorial(1)
```

가상 실습 2.1

* 팩토리얼 애플릿을 이용하여 다음의 실험을 수행하라.

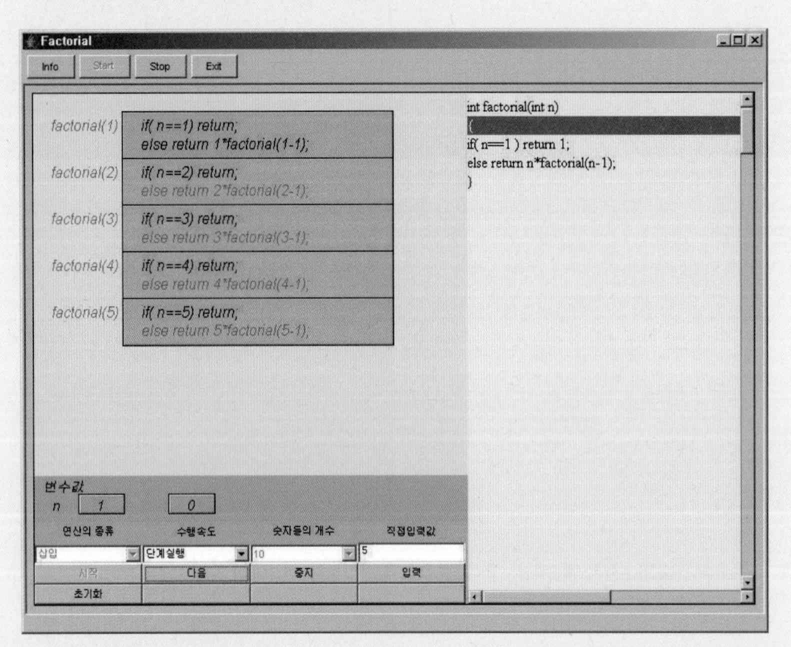

(1) '직접입력값' 필드에 계산하고 싶은 팩토리얼 값을 넣고 '다음' 버튼을 누르면서 어떤 식으로 순환 호출이 일어나는지를 관찰한다.

(2) 순환적인 팩토리얼 계산의 시간 복잡도는 어떻게 되는지를 애니메이션을 수행시키면서 예측하여보라.

(3) n이 5인 경우에 순환 호출이 어떻게 이루어지고 복귀되는지를 정리하여 제출하라.

순환 호출의 내부적인 구현

만약 위와 같이 프로그램을 작성하였을 경우, 컴퓨터 안에서는 어떤 일이 일어날까? 순환을 이해하기 위하여 먼저 함수 호출의 과정을 살펴보자. 프로그래밍 언어에서 하나의 함수가 자기 자신을 다시 호출하는 것은 다른 함수를 호출하는 것과 동일하다. 즉 복귀주소가 시스템 스택에 저장되고 호출되는 함수를 위한 매개변수(parameter)와 지역 변수를 스택으로부터 할당받는다. 이러한 함수를 위한 시스템 스택에서의 공간을 활성 레코드(activation record)라 한다. 이러한 준비가 끝나면 호출된 함수의 시작 위치로 점프하여 수행을 시작한다. 만약 호출된 함수가 자기 자신이라면 자기 자신의 시작 위치로 점프하게 되는 것이다. 호출된 함수가 끝나게 되면 시스템 스택에서 복귀주소를 추출하여 호출한 함수로 되돌아가게 된다. [그림 2-3]은 `main()`에서 `factorial()`을 호출하였을 때의 시스템 스택을 나타낸다. `factorial()`안에서 다시 `factorial()`이 호출되면 시스템 스택은 아래와 같은 모양이 된다. 순환호출이 계속 중첩될수록 시스템 스택에는 활성 레코드들이 쌓이게 된다.

```
(a)
factorial(3)
{
   if(3 <= 1) return 1;
   else return (3*factorial(2));
}
```

```
(b)
factorial(2)
{
   if(2 <= 1) return 1;
   else return (2*factorial(1));
}
factorial(3)
{
   if(3 <= 1) return 1;
   else return (3*factorial(2));
}
```

```
(c)
factorial(1)
{
   if(1 <= 1) return 1;
      ...
}
factorial(2)
{
   if(2 <= 1) return 1;
   else return (2*factorial(1));
}
factorial(3)
{
   if(3 <= 1) return 1;
   else return (3*factorial(2));
}
```

```
(d)
factorial(2)
{
      ...
   else return (2*1);
}
factorial(3)
{
   if(3 <= 1) return 1;
   else return (3*factorial(2));
}
```

```
(e)
factorial(3)
{
      ...
   else return (3*2);
}
```

```
(f)
```

[그림 2-3] factorial(3)의 호출중의 시스템 스택의 변화

C, PASCAL, C++, Java 등의 현대적인 프로그래밍 언어에서 순환을 지원하지만 FORTRAN, COBOL과 같은 고전적인 언어에서는 지역변수가 없거나 있더라도 정적으로 할당되므로 순환이 불가능하다. 즉 함수호출마다 새로운 지역변수를 만들지 못하면 이전 호출과 구분할 수가 없어서 순환 호출이 불가능하다.

순환 알고리즘의 구조

순환 알고리즘은 [그림 2-4]와 같이 자기 자신을 순환적으로 호출하는 부분과 순환 호출을 멈추는 부분으로 구성되어 있다. 만약 순환 호출을 멈추는 부분이 없다면 시스템 스택을 다 사용할 때까지 순환적으로 호출되다가 결국 오류를 내면서 멈출 것이다.

```
int factorial(int n)
{
    if(n <= 1) return 1;                  ←── 순환을 멈추는 부분

    else return n * factorial(n-1);       ←── 순환 호출을 하는 부분
}
```

[그림 2-4] 순환 알고리즘의 구조

만약 다음의 팩토리얼 계산 함수에서 만약 if(n <= 1) return(1)이 없다면 어떻게 될까?

```
int factorial(int n)
{
    printf("factorial(%d)\n",n);
    // if( n <= 1 ) return(1);
    // else
    return (n * factorial(n-1) );
}
```

팩토리얼 함수는 무한히 순환 호출을 하게 되고 결국 오류를 발생시킨다. 프로그램 실행 화면의 일부는 다음과 같다. 스택의 크기에 따라 출력되는 매개 변수의 숫자는 달라진다. 따라서 반드시 순환 호출에는 순환 호출을 멈추는 문장이 포함되어야 한다.

실행결과

```
...
factorial(-11743)
factorial(-11744)
factorial(-11745)
factorial(-11746)
Press any key to continue
```

순환↔반복

되풀이하는 것은 많은 컴퓨터 알고리즘에서 볼 수 있는 주요한 특징이다. 사실 빠르게 되풀이하는 것은 컴퓨터의 중요한 능력중의 하나이다. 프로그래밍 언어에서 되풀이하는 방법에는 [그림

2-5]와 같이 반복(iteration)과 순환(recursion)의 2가지가 있다.

[그림 2-5] 반복과 순환

반복이란 for나 while 등의 반복구조로 되풀이 하는 방법이다. 반복을 제어하는 변수를 사용하여 일정횟수동안 반복시킬 수도 있고 어떤 조건이 만족될 때까지 반복시킬 수도 있다. 반복은 간명하고 효율적으로 되풀이를 구현하는 방법이다.

반면에 때로는 반복을 사용하게 되면 지나치게 복잡해지는 문제들도 존재한다. 이런 경우에는 순환이 좋은 해결책이 될 수 있다. 순환은 주어진 문제를 해결하기 위하여 자신을 다시 호출하여 작업을 수행하는 방식이다. 순환은 본질적으로 순환적(recursive)인 문제나 그러한 자료구조를 다루는 프로그램에 적합하다.

기본적으로 반복과 순환은 문제 해결 능력이 같으며 많은 경우에 순환 알고리즘을 반복 버전으로, 반복 알고리즘을 순환 버전으로 바꾸어 쓸 수 있다.특히 순환 호출이 끝에서 이루어지는 순환을 꼬리 순환(tail recursion)이라 하는데, 이를 반복 알고리즘으로 쉽게 바꾸어 쓸 수 있다. 그러나 순환은 어떤 문제에서는 반복에 비해 알고리즘을 훨씬 명확하고 간결하게 나타낼 수 있다는 장점이 있다. 그러나 일반적으로 순환은 함수 호출을 하게 되므로 반복에 비해 수행속도 면에서는 떨어진다. 따라서 알고리즘을 설명할 때는 순환으로 하고 실제 프로그램에서는 그것을 반복 버전으로 바꾸어 코딩하는 경우도 있다. 물론 순환이 더 빠른 예제도 존재한다. 우리는 다음 절에서 지수 값을 구하는 문제를 살펴볼 것이다.

앞에서의 구현하였던 팩토리얼의 반복적인 정의를 살펴보자.

$n! = n^*(n-1)!$	⟷	$n! = n^*(n-1)^*(n-2)^* \ldots {}^*1$

[그림 2-6] 많은 경우, 순환은 반복으로 변경이 가능하다.

앞에서 설명한 팩토리얼 함수를 반복 기법으로 구현하여 보자. 실제로 팩토리얼 함수는 다음과 같이 반복적으로도 정의된다.

$$n! = 1 \qquad \text{if } n=0$$
$$n! = n*(n-1)*(n-2)* \ldots *1 \qquad \text{if } n>0$$

위의 정의를 이용하여 프로그램을 한다면 다음과 같이 C언어의 반복 구조 for 문을 이용할 수 있다.

프로그램 2.3 반복적인 팩토리얼 계산 프로그램

```
int factorial_iter(int n)
{
   int i, result = 1;
   for(i=1; i<=n; i++)
      result = result * i;
   return(result);
}
```

그렇다면 순환과 반복 중에서 어떤 형태가 바람직할까? 문제의 정의가 순환적으로 되어 있는 경우 순환으로 작성하는 것이 훨씬 더 쉽다. 또한 대개 순환 형태의 코드가 더 이해하기 쉽다. 따라서 이런 경우에는 프로그램의 가독성이 증대되고 코딩도 더 간단하다. 그러나 순환적인 코드의 약점은 실행 시간에 있다. 그러나 적지 않은 경우에 순환을 사용하지 않으면 도저히 프로그램을 작성할 수 없는 경우가 종종 있다. 따라서 순환은 반드시 익혀두어야 하는 중요한 기법이다.

순환의 원리

순환의 원리를 살펴보자. 순환적인 팩토리얼 함수를 살펴보면, 문제를 하나도 해결하지 않고 순환호출만 하고 있는 것은 절대 아니다. 문제의 일부를 해결한 다음, 나머지 문제에 대하여 순환호출을 한다는 것을 유의하여야 한다.

```
factorial(int n)
{
   if( n <= 1 ) return 1;
   else return ( n * factorial(n-1) );
}
```

해결된 부분 (n)　　남아있는 부분 (factorial(n-1))

[그림 2-7] 순환은 문제를 나누어 해결하는 분할정복방법을 사용한다.

우리가 보통 건축업자를 고용하여 집을 지을 때 한사람이 모든 공사를 다하지 않는다. 건축업자는 다시 여러 명의 하청업자를 고용하여 집의 여러 부분들을 완성시킨다. 하청업자들은 다시 다른 하청업자들을 고용하여 맡은 일을 완성한다. 이런 식으로 주어진 문제를 더 작은 동일한 문제들로 분해하여 해결하는 방법을 분할정복(divide and conquer)이라 한다. 여기서 중요한 것은 순환호출이 일어날 때마다 문제의 크기가 작아진다는 것이다. 문제의 크기가 점점 작아지면 풀기가 쉬워지고 결국은 아주 풀기 쉬운 문제가 된다.

예를 들어 정수 리스트에서 최대값을 구하는 문제를 순환을 사용하여 풀어보자. 이 문제는 for와 같은 반복구조를 이용하면 쉽게 구할 수 있지만 여기서는 순환을 이용하여 구해보자. 몇 명의 학생들이 있고 각 학생들은 앞사람한테 받은 정수 리스트 중에서 첫 번째 정수와 나머지 정수들 중에서의 최대값을 서로 비교하여 더 큰 값을 계산하여 다시 앞사람한테 전달한다. 첫 번째 숫자를 제외한 나머지 정수들 중에서 최대값을 찾는 문제는 다음 사람한테 미룬다. 각 학생들한테 주어지는 정수 리스트는 순환호출이 진행될수록 그 크기가 작아져서 결국은 마지막 학생은 결국 정수 한 개로 이루어진 리스트를 받게 된다. 정수 한 개로 이루어진 리스트에서 최대값을 구하는 문제는 손쉽게 풀 수 있어서 더 이상 순환호출이 필요 없다. 이런 식으로 찾은 최대값을 앞사람에게 전달하고 맨 앞의 학생은 전체 리스트의 최대값을 선생님에게 전달할 수 있다. 문제의 크기가 순환이 진행될수록 작아지는 것에 유의해야 한다.

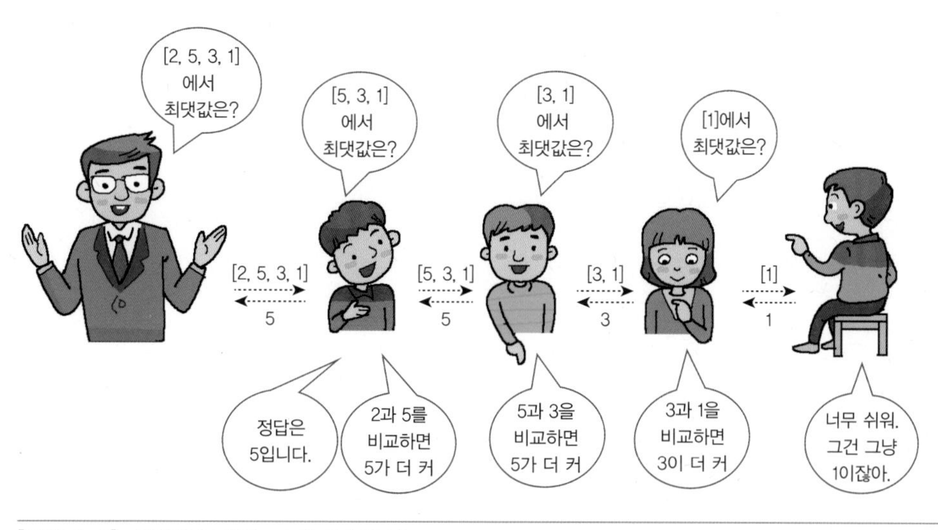

[그림 2-8] 최대값을 구하는 순환 호출의 예

순환은 알고리즘의 정의가 순환적으로 되어 있는 경우에 유리한 방법이다. 예를 들어 팩토리얼 함수 계산, 피보나치 수열, 이항계수 계산, 이진 트리 알고리즘, 이진 탐색, 하노이 탑 문제들은 순환 알고리즘을 쓰는 것이 자연스러운 알고리즘들이다. 순환은 강력한 프로그래밍 도구이다. 많은 복잡한 알고리즘들이 순환의 개념을 사용하면 간단하게 프로그램된다.

순환 알고리즘의 성능

프로그램 2.1과 2.3의 팩토리얼 예에서 반복 알고리즘과 순환 알고리즘의 성능을 분석하여 보자. 반복 알고리즘의 시간 복잡도는 어떻게 될까? for를 사용하여 n 반복하므로 시간 복잡도는 $O(n)$이다. 팩토리얼의 순환 알고리즘 구현의 시간 복잡도는 어떻게 될까? 즉 곱셈이 몇 번이나 반복되는 것일까? 한번 순환 호출할 때마다 1번의 곱셈이 수행되고 순환 호출은 n이 일어나므로 역시 $O(n)$이다. 반복 알고리즘과 순환 알고리즘이 시간 복잡도는 같지만 순환 호출의 경우 여분의 기억공간이 더 필요하고 또한 함수를 호출하기 위해서는, 함수의 매개변수들을 스택에 저장하는 것과 같은 사전 작업이 상당히 필요하다. 따라서 수행시간도 더 걸린다. 결론적으로 순환 알고리즘은 이해하기 쉽다는 것과 쉽게 프로그램할 수 있다는 장점이 있는 대신 수행 시간과 기억 공간의 사용에 있어서는 비효율적인 경우가 많다. 순환 호출시에는 호출이 일어날 때마다 호출하는 함수의 상태를 기억되어야 하므로 여분의 기억장소가 필요한 것이다.

Quiz

01 다음과 같은 함수를 sub(10)으로 호출하는 경우에 어떤 값이 반환되는가?

```
int sub(int n)
{
   if( n < 0 ) return 0;
   return n + sub(n-3);
}
```

02 위의 함수를 반복기법을 이용하여 반복 함수로 다시 작성하시오.

2.2 거듭제곱값 계산

팩토리얼 계산 프로그램에서는 반복적인 방법이 순환적인 방법에 비하여 속도가 빠르다. 여기서는 순환적인 방법이 반복적인 방법보다 더 빠른 예제를 다루어 보자. 숫자 x의 n-거듭제곱 값인 x^n을 구하는 함수를 작성하여 보자. 만약 순환을 생각하지 않고 작성한다면 당연히 다음과 같이 작성할 것이다. 물론 C언어의 수학 라이브러리 함수는 사용하지 않는다고 가정하자.

프로그램 2.4 **반복적인 거듭제곱 계산 프로그램**

```
double slow_power(double x, int n)
{
   int i;
```

```
    double result = 1.0;

    for(i=0; i<n; i++)
        result = result * x;
    return(result);
}
```

다음은 순환의 개념을 사용하여 n 제곱거듭값인 x^n을 구하는 함수를 작성하여 보자. 알고리즘은 다음과 같다.

알고리즘 2.1 순환적인 거듭제곱 계산

```
power(x, n):
    if n==0
        then return 1;
    else if n이 짝수
        then return power(x²,n/2);
    else if n이 홀수
        then return x*power(x², (n-1)/2);
```

$x^n = (x^2)^{n/2}$의 공식을 이용하여 n이 짝수인 경우에는 x^2을 먼저 계산한 후에 이 값을 $n/2$제곱하는 것이다. n이 홀수인 경우에는 x^2를 $(n-1)/2$ 제곱하고 여기에 x를 곱해주면 된다.

즉 n이 짝수이면 다음과 같이 계산하는 것이다.

```
power(x, n) = power(x², n / 2)
= (x²)^(n/2)
= x^(2(n/2))
= x^n
```

만약 n이 홀수이면 다음과 같이 계산하는 것이다.

```
power(x, n) = x·power(x², (n-1) / 2)
= x·(x²)^((n-1)/2)
= x·x^(n-1)
= x^n
```

위의 알고리즘에서도 역시 문제의 크기가 줄어듦을 유의하여야 한다. 처음에는 n승 이었다가

$n/2$승으로 되고 또 $n/4$승으로 점점 문제의 크기가 줄어든다. 위의 알고리즘을 이용하여 2^{10}을 계산하는 경우, 순환호출이 일어나서 복귀하는 순서를 나타내면 다음과 같다.

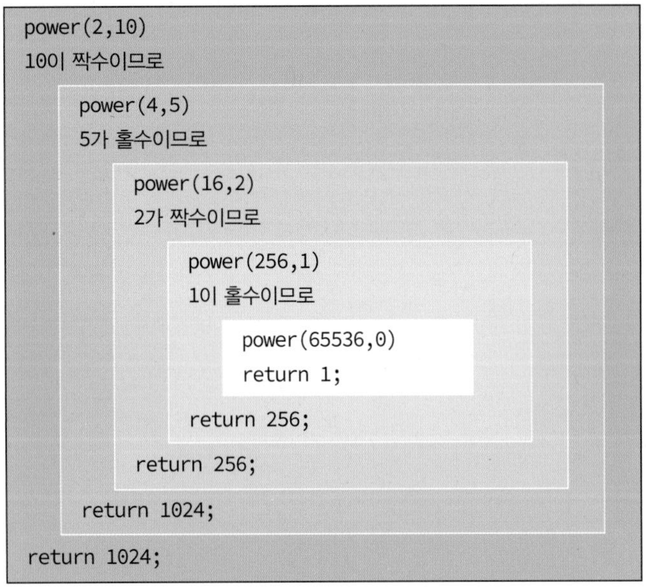

```
power(2,10)
10이 짝수이므로
    power(4,5)
    5가 홀수이므로
        power(16,2)
        2가 짝수이므로
            power(256,1)
            1이 홀수이므로
                power(65536,0)
                return 1;
            return 256;
        return 256;
    return 1024;
return 1024;
```

[그림 2-9] 거듭제곱을 구하는 순환 호출의 예

프로그램 2.5 **순환적인 거듭제곱 계산 프로그램**

```
double power(double x, int n)
{
    if( n==0 ) return 1;
    else if ( (n%2)==0 )
        return power(x*x, n/2);
    else return x*power(x*x, (n-1)/2);
}
```

C언어를 이용하여 위의 알고리즘을 구현하여 보면 프로그램 2.5와 같다. 어느 함수가 더 빠를까? 알고리즘은 더 복잡해보이고 게다가 함수 호출이라는 오버헤드도 있지만 놀랍게도 순환적인 power() 함수가 더 빠르다. 실제로 구현하여 수행시간을 clock() 함수로 측정하여 보면 2^{500}을 1000000번 계산시키는데 반복적인 slow_power() 함수가 7.11초가 걸리는 반면, 순환적인 power() 함수는 0.47초 밖에 걸리지 않았다.

도대체 그 이유는 무엇일까? 한 번의 순환 호출을 할 때마다 문제의 크기는 약 절반으로 줄어든다. 즉 n이 100이라면 다음과 같은 문제의 크기가 줄어들게 된다.

$$100 \rightarrow 50 \rightarrow 25 \rightarrow 12 \rightarrow 6 \rightarrow 3 \rightarrow 1$$

n을 잠시 2의 거듭제곱인 2^k라고 가정하여 보자. 그러면 순환호출을 한번 할 때마다 n의 크기가 절반씩 줄어들게 되므로 다음과 같이 줄어든다.

$$2^k \rightarrow 2^{k-1} \rightarrow 2^{k-2} \rightarrow \cdots \rightarrow 2^1 \rightarrow 2^0$$

즉 몇 번의 순환호출이 일어나게 되는가? 약 k번의 순환호출이 일어나게 됨을 알 수 있다. 실제로 $n=2^k$이므로 양변에 log 함수를 취하면 $\log_2 n=k$임을 알 수 있다. n이 만약 2의 거듭제곱이 아닌 경우에도 비슷하게 추리할 수 있다.

한 번의 순환 호출이 일어날 때마다 약 1번의 곱셈과 1번의 나눗셈이 일어나므로 전체 연산의 개수는 $k=\log_2 n$에 비례하게 될 것이고 따라서 시간 복잡도는 $O(\log_2 n)$이 된다.

반면에 반복적인 기법을 사용한 `slow_power()` 함수의 시간복잡도는 어떻게 되는가? 한 번의 루프마다 한 번의 곱셈이 필요하고 루프의 개수는 정확히 n이 된다. 따라서 시간복잡도는 $O(n)$이 된다.

〈표 2-1〉 거듭제곱계산 반복적인 프로그램과 순환적인 프로그램의 비교

	반복적인 함수 slow_power	순환적인 함수 power
시간복잡도	$O(n)$	$O(\log_2 n)$
실제수행속도	7.17초	0.47초

Quiz

01 power(2, 6)과 같이 호출하였을 경우에 호출 체인을 그리시오.

02 거듭 제곱값을 계산하는 함수를 다음의 순환적인 정의를 이용하여 작성하면 실행 시간이 줄어드는가?

$$x^n = \begin{cases} 1 & \text{if } n=0 \\ x \cdot x^{n-1} & \text{if } n>0 \end{cases}$$

2.3 피보나치 수열의 계산

순환을 사용하게 되면 단순하게 작성이 가능하며 가독성이 높아진다. 그러나 똑같은 계산을 몇 번씩 반복한다면 아주 단순한 경우라 할지라도 계산시간이 엄청나게 길어질 수 있다. 이러한 예로 순환 호출을 이용하여 피보나치 수열을 계산하는 경우를 분석해보자.

피보나치 수열이란 다음과 같이 정의되는 수열이다.

```
         ┌ 0                        n = 0
fib(n)  ┤ 1                        n = 1
         └ fib(n-2) + fib(n-1)      otherwise
```

피보나치 수열에서는 앞의 두 개의 숫자를 더해서 뒤의 숫자를 만든다. 정의에 따라 수열을 만들어 보면 다음과 같다.

0, 1, 1, 2, 3, 5, 8, 13, 21, 34, 55, 89, 144, ...

피보나치 수열은 이탈리아 수학자 피보나치(Fibonacci)가 발견한 수열로서 한 쌍의 토끼가 번식하는 상황을 수열로 만든 것이다. 피보나치 수열은 수학과 과학의 많은 분야에서 사용되고 있다.

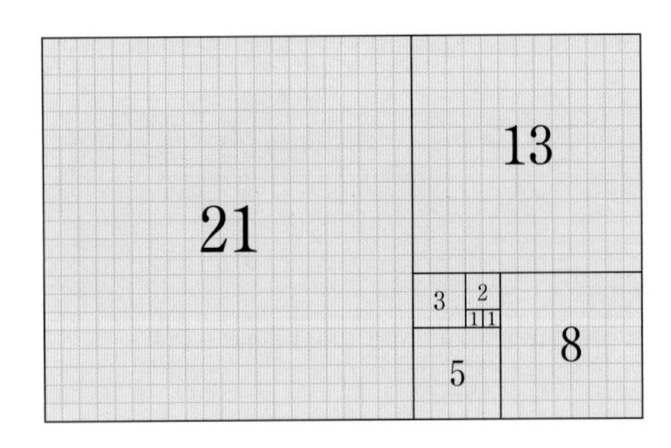

[그림 2-10] 피보나치 수열(By 克勞棣 - Own work, CC BY-SA 4.0)

피보나치 수열은 정의 자체가 순환적으로 되어 있다. 따라서 구현 시에 순환 호출을 사용하는 것이 자연스러운 방법이다. 피보나치 수열을 C언어를 이용하여 프로그램해 보면 다음과 같다.

프로그램 2.6 **순환적인 피보나치 수열 계산 프로그램**

```
int fib(int n)
{
    if( n==0 ) return 0;
    if( n==1 ) return 1;
    return (fib(n-1) + fib(n-2));
}
```

위의 함수는 매우 단순하고 이해하기 쉽지만 매우 비효율적이다. 왜 그럴까? 예를 들어 [그림 2-10]처럼 fib(6)으로 호출하였을 경우 fib(4)가 두 번이나 계산되기 때문이다. fib(3)은 3번 계산되고 이런 현상은 순환호출이 깊어질수록 점점 심해진다. 따라서 상당히 비효율적임을 알 수 있다.

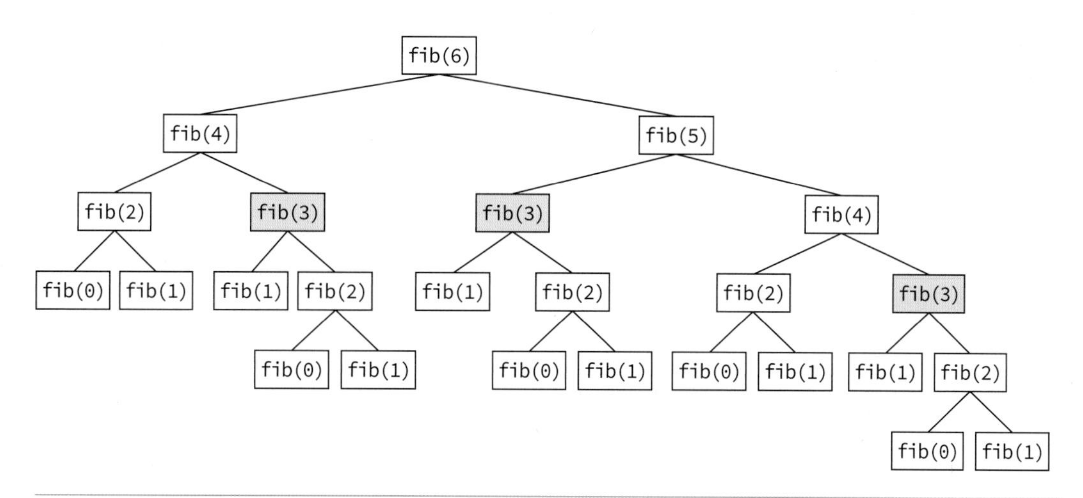

[그림 2-11] 순환을 이용한 피보나치 수열 계산에서의 비효율성

여기서 fib(6)을 구하기 위하여 fib()함수가 25번이나 호출되는 것에 유의하여야 한다. 근본적인 이유는 중간에 계산되었던 값을 기억하지 않고 다시 계산을 하기 때문이다. 예를 들어 fib(6)을 구하기 위한 과정에서 fib(3)은 3번이나 별도로 계산된다. n이 작을 때는 중복계산이 비교적 작지만 n이 커지게 되면 엄청난 순환호출이 필요하게 된다. 예를 들어 n이 25이면 거의 25만번의 호출을 하여야 하고 n이 30이면 약 300만번의 함수호출이 필요하다. 따라서 n이 커지면 순환호출을 사용하여 피보나치 수열을 계산하는 것은 거의 불가능하다.

순환적인 피보나치 수열 알고리즘의 시간 복잡도는 어떻게 될까? 순환적인 알고리즘의 복잡도는 순환적으로 표현할 수 있다.

$$T(n) = T(n-1) + T(n-2) + C$$

위의 순환적인 수식을 풀어보면 대략 다음과 같은 상한을 가지는 시간 복잡도가 도출된다.

$$O(2^n)$$

우리는 이것을 다음과 같이 직관적으로 이해할 수 있다.

```
fib(6) *            // 1번 호출
fib(5) *            // 1번 호출
fib(4) **           // 2번 호출
```

```
fib(3) ***         // 3번 호출
fib(2) *****       // 5번 호출
fib(1) *********   // 8번 호출
```

이것은 $O(2^n)$ 복잡도 패턴이라 할 수 있다.

그렇다면 피보나치 수열을 계산하는데 다른 방법이 있을까? 이 경우에는 순환을 사용하지 않고 반복구조를 이용하여 프로그램하면 제일 좋은 결과를 얻을 수 있다. 프로그램 2.7에 반복을 사용한 피보나치 수열 계산 프로그램을 나타내었다.

프로그램 2.7 반복적인 피보나치 수열 계산 프로그램

```
int fib_iter(int n)
{
    if (n == 0) return 0;
    if (n == 1) return 1;

    int pp = 0;
    int p = 1;
    int result = 0;

    for (int i = 2; i <= n; i++) {
        result = p + pp;
        pp = p;
        p = result;
    }
    return result;
}
```

Quiz

01 fib(5)이 호출되었을 경우에 fib(2)는 몇 번이나 중복 계산되는가?

02 반복적인 피보나치 수열 계산 함수의 시간 복잡도는?

03 순환적인 피보나치 수열 계산 함수의 대략적인 시간 복잡도를 추리할 수 있겠는가? 하나의 함수 호출이 두개의 함수 호출로 나누어진다는 점에 착안하라.

2.4 하노이탑 문제

순환의 파워를 가장 극명하게 보여주는 예제가 바로 이절에 다룰 하노이 탑문제이다. 하노이 탑 문제는 다음과 같다. 고대 인도의 베나레스에는 세계의 중심이 있고, 그 곳에는 아주 큰 사원이 있다. 이 사원에는 높이 50cm 정도 되는 다이아몬드 막대 3개가 있다. 그 중 한 막대에는 천지 창조 때에 신이 64장의 순금 원판을 크기가 큰 것으로부터 차례로 쌓아 놓았다. 신은 승려들에게 밤낮으로 쉬지 않고 한 장씩 원판을 옮기어 빈 다이아몬드 막대 중 어느 한 곳으로 모두 옮겨 놓도록 명령하였다. 원판은 한 번에 한 개씩만 옮겨야 하고, 절대로 작은 원판 위에 큰 원판을 올려 놓을 수 없다. 64개의 원판의 크기는 모두 다르다. 어떻게 하여야 하는가? 이 전설의 탑을 '하노이의 탑(The Tower of Hanoi)'이라고 부른다.

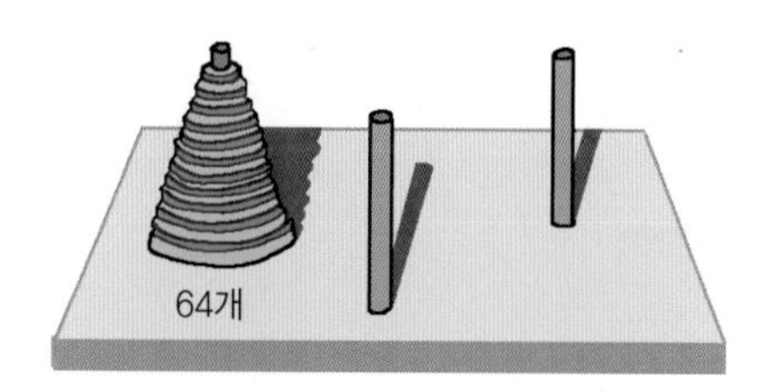

[그림 2-12] 하노이의 탑 문제

주어진 문제를 이해하기 위하여 원판의 개수가 3개인 경우를 살펴보자.

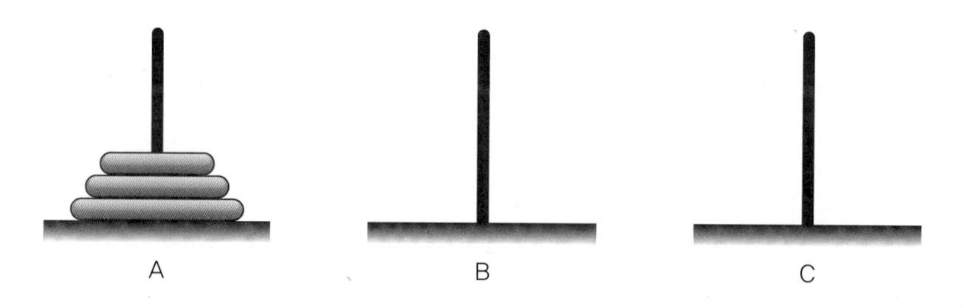

[그림 2-13] 3개의 원판을 가지는 하노이의 탑 문제

문제는 막대 A에 쌓여있는 원판 3개를 막대 C로 옮기는 것이다. 단 다음의 조건을 지켜야 한다.

- 한 번에 하나의 원판만 이동할 수 있다
- 맨 위에 있는 원판만 이동할 수 있다
- 크기가 작은 원판위에 큰 원판이 쌓일 수 없다.
- 중간의 막대를 임시적으로 이용할 수 있으나 앞의 조건들을 지켜야 한다.

3개의 원판이 있는 경우에 대한 해답은 [그림 2-14]과 같은 이동의 순서이다.

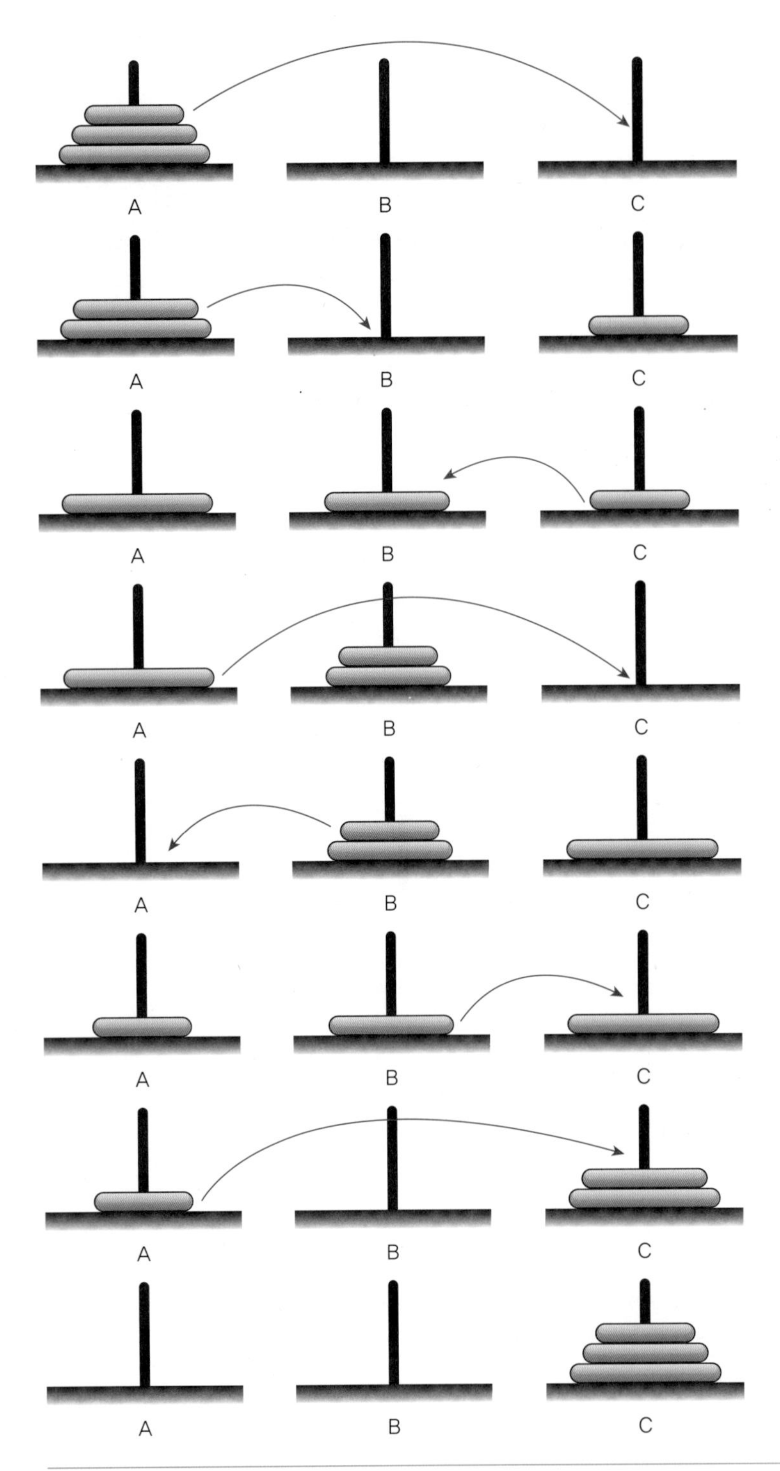

[그림 2-14] 3개의 원판을 가지는 하노이의 탑 문제의 해답

4개의 원판이 있는 경우에는 조금 더 복잡해진다. 더 나아가 n개의 원판이 있는 경우를 해결하려면 상당히 복잡해진다.

이 문제는 순환적으로 생각하면 쉽게 해결할 수 있다. 순환이 일어날수록 문제의 크기가 작아져야 한다. 여기서의 문제의 크기는 이동하여야 하는 디스크의 개수가 된다. 다음과 같이 문제를 나누어 생각하여 보자. n개의 원판이 A에 쌓여있는 경우, 먼저 위에 쌓여 있는 $n-1$개의 원판을 B로 옮긴 다음, 제일 밑에 있는 원판을 C로 옮긴다. 이어서 B에 있던 $n-1$개의 원판을 C로 옮긴다. 자 이제 문제는 B에 쌓여있던 $n-1$개의 원판을 어떻게 C로 옮기느냐이다. 이 문제를 다음과 같이 알고리즘을 만들어서 생각하여보자.

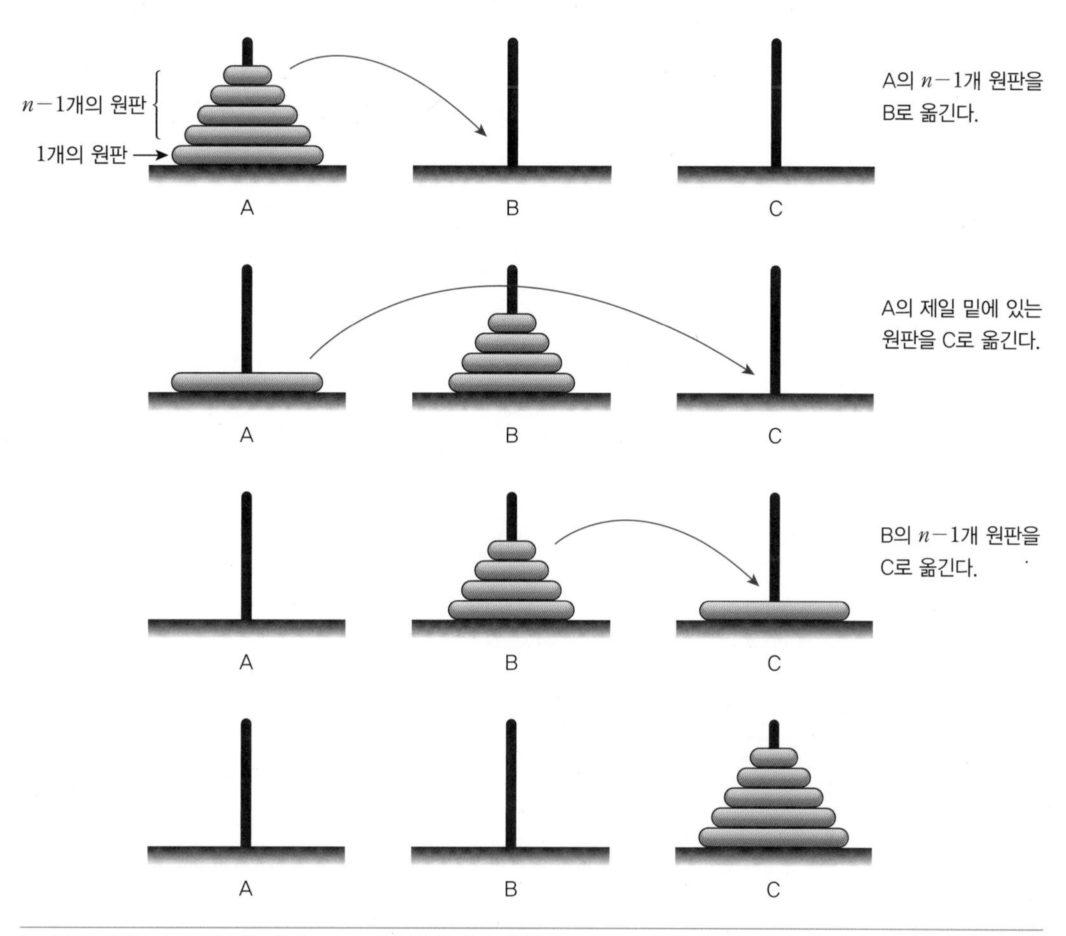

[그림 2-15] n개의 원판을 가지는 하노이의 탑 문제의 해답

```
// 막대 from에 쌓여있는 n개의 원판을 막대 tmp를 사용하여 막대 to로 옮긴다.
void hanoi_tower(int n, char from, char tmp, char to)
{
    if (n == 1){
        from에 있는 한 개의 원판을 to로 옮긴다.
    }
    else{
        ① from의 맨 밑의 원판을 제외한 나머지 원판들을 tmp로 옮긴다.
        ② from에 있는 한 개의 원판을 to로 옮긴다.
        ③ tmp의 원판들을 to로 옮긴다.
    }
}
```

위의 의사 코드 중에서 ②은 1개의 원판을 이동하는 것이므로 매우 쉽고 문제는 $n-1$개의 원판을 이동하여야 하는 ①과 ③을 어떻게 해결하는냐 이다. 그러나 자세히 살펴보면 ①과 ③은 막대의 위치만 달라졌을 뿐 원래의 문제의 축소된 형태라는 것을 발견할 수 있다. 즉 ①은 to를 사용하여 from에서 tmp로 $n-1$개의 원판을 이동하는 문제이고 ③은 from을 사용하여 tmp에서 to로 $n-1$개의 원판을 이동하는 문제이다. 따라서 순환호출을 사용할 수 있어서 다음과 같이 다시 작성할 수 있다.

```
// 막대 from에 쌓여있는 n개의 원판을 막대 tmp를 사용하여 막대 to로 옮긴다.
void hanoi_tower(int n, char from, char tmp, char to)
{
    if (n==1){
        from에 있는 한 개의 원판을 to로 옮긴다.
    }
    else{
        hanoi_tower(n-1, from, to, tmp);
        from에 있는 한 개의 원판을 to로 옮긴다.
        hanoi_tower(n-1, tmp, from, to);
    }
}
```

가상 실습 2.2

* 하노이탑 애플릿을 이용하여 다음의 실험을 수행하라.

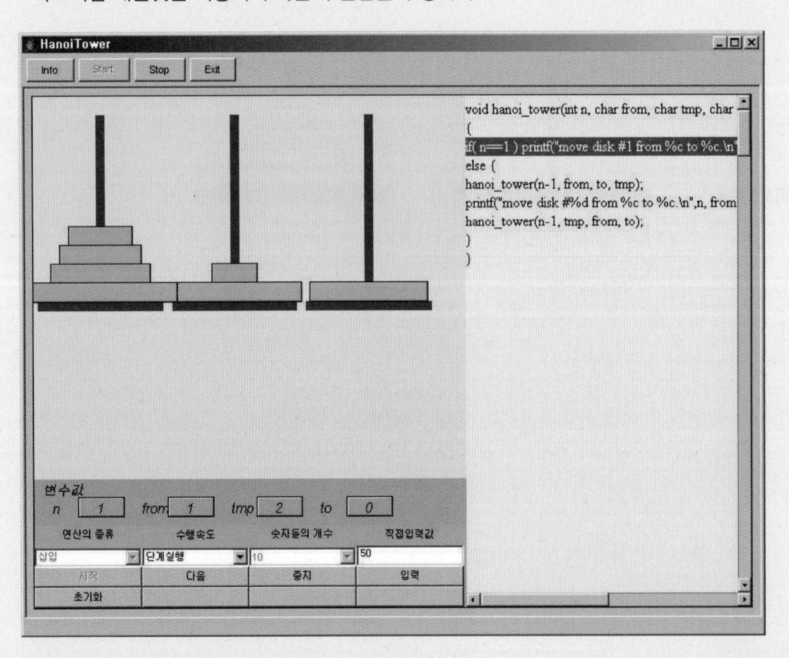

(1) 숫자의 '직접입력값' 필드에 생성하고 싶은 디스크의 개수를 입력한 다음, '단계실행' 버튼을 클릭하여 어떤 식으로 순환 호출이 일어나는지를 관찰한다.
(2) 함수의 매개 변수인 n, from, tmp, to 등의 값들이 예측한 대로 변경되는지를 실험한다.
(3) 디스크의 개수가 5인 경우에 디스크들이 어떤 식으로 이동될 것인지를 예측하여보라.

원판을 이동한다는 것은 그냥 화면에 어디서 어디로 이동한다고 출력해주면 된다. 따라서 다음과 같은 프로그램 2.8이 얻어진다.

프로그램 2.8 하노이의 탑 문제 프로그램

```
#include <stdio.h>
void hanoi_tower(int n, char from, char tmp, char to)
{
    if (n == 1) printf("원판 1을 %c 에서 %c으로 옮긴다.\n", from, to);
    else {
        hanoi_tower(n - 1, from, to, tmp);
        printf("원판 %d을 %c에서 %c으로 옮긴다.\n", n, from, to);
        hanoi_tower(n - 1, tmp, from, to);
    }
}
int main(void)
{
    hanoi_tower(4, 'A', 'B', 'C');
    return 0;
}
```

프로그램의 출력은 다음과 같다.

실행결과

```
원판 1을 A 에서 B으로 옮긴다.
원판 2을 A에서 C으로 옮긴다.
원판 1을 B 에서 C으로 옮긴다.
원판 3을 A에서 B으로 옮긴다.
원판 1을 C 에서 A으로 옮긴다.
원판 2을 C에서 B으로 옮긴다.
원판 1을 A 에서 B으로 옮긴다.
원판 4을 A에서 C으로 옮긴다.
원판 1을 B 에서 C으로 옮긴다.
원판 2을 B에서 A으로 옮긴다.
원판 1을 C 에서 A으로 옮긴다.
원판 3을 B에서 C으로 옮긴다.
원판 1을 A 에서 B으로 옮긴다.
원판 2을 A에서 C으로 옮긴다.
원판 1을 B 에서 C으로 옮긴다.
```

반복적인 형태로 바꾸기 어려운 순환

팩토리얼 예제에서 다음 문장들의 차이는 무엇일까?

```
① return n * factorial(n - 1);
② return factorial(n - 1) * n;
```

꼬리 순환(tail recursion)은 ①처럼 순환 호출이 순환 함수의 맨 끝에서 이루어지는 형태의 순환이다. 꼬리 순환의 경우, 알고리즘은 쉽게 반복적인 형태로 변환이 가능하다.

그러나 ②와 같은 머리 순환(head recursion)의 경우나 방금 살펴본 하노이의 탑 문제처럼 여러 군데에서 자기 자신을 호출하는 경우(multi recursion)는 쉽게 반복적인 코드로 바꿀 수 없다. 물론 이런 경우에도 명시적인 스택을 만들어서 순환을 시뮬레이션할 수는 있다. 만약 동일한 알고리즘을 꼬리 순환과 머리 순환 양쪽으로 모두 표현할 수 있다면 당연히 꼬리 순환으로 작성하여야 한다.

01 순환을 사용하는 방법에 대한 설명 중 잘못된 것은?

① 순환적으로 정의된 문제에 적합하다.
② 반복을 이용하는 것보다 효율적이다.
③ 간접적으로 시스템 스택이 사용된다.
④ 순환이 될 때마다 문제의 크기는 작아진다.

연습문제 EXERCISE

01 팩토리얼을 계산하는 순환호출 함수 factorial에서 매개 변수로 5를 주었다면 최대 몇 개의 factorial 함수의 활성 레코드가 동시에 존재할 수 있는가?

02 순환 호출을 하였을 경우에 활성 레코드들이 저장되는 위치는 어디인가?

(1) 순환호출 함수내부 (2) 변수
(3) 배열 (4) 스택

03 다음 중 활성 레코드에 저장되지 않는 것은 무엇인가?

(1) 매개변수의 값 (2) 함수호출이 끝나고 복귀할 주소
(3) 지역변수 (4) 순환호출의 순차번호

04 하나의 함수가 호출할 수 있는 순환호출의 개수는?

(1) 1번 (2) 2번
(3) 스택이 허용하는 한도 (4) 무제한

05 다음의 순환호출 함수에서 잘못된 점은 무엇인가?

```
int recursive(int n)
{
   if( n==1 ) return 0;
   return n*recursive(n);
}
```

06 다음의 순환호출 함수에서 잘못된 점은 무엇인가?

```
int recursive(int n)
{
   printf("recursive(%d)\n", n);
   return n*recursive(n-1);
}
```

07 다음 함수를 sum(5)로 호출하였을 때, 화면에 출력되는 내용과 함수의 반환값을 구하라.

```
int sum(int n)
{
   printf("%d\n", n);
   if( n<1) return 1;
   else return( n+sum(n-1) );
}
```

08 다음 함수를 recursive(5)로 호출하였을 때, 화면에 출력되는 내용과 함수의 반환값을 구하라.

```
int recursive(int n)
{
   printf("%d\n", n);
   if( n<1) return 2;
   else return( 2*recursive(n-1)+1 );
}
```

09 다음 함수를 recursive(10)로 호출하였을 때, 화면에 출력되는 내용과 함수의 반환값을 구하라.

```
int recursive(int n)
{
   printf("%d\n", n);
   if( n<1) return -1;
   else return( recursive(n-3)+1 );
}
```

10 다음 함수를 recursive(5)로 호출하였을 때, 화면에 출력되는 내용을 쓰시요.

```
int recursive(int n)
{
   if(n != 1) recursive(n-1);
   printf("%d\n", n);
}
```

11 다음 함수에서 asterisk(5)를 호출할 때 출력되는 *의 갯수는?

```
void asterisk(int i)
{
   if( i > 1 ){
      asterisk(i/2);
      asterisk(i/2);
   }
   printf("*");
}
```

12 다음과 같은 함수를 호출하고 "recursive" 문자열을 입력한 다음, 엔터키를 눌렀다면 화면에 출력되는 것은?

```
unknown()
{
   int ch;
   if( (ch=getchar()) != '\n')
      unknown();
   putchar();
}
```

13 다음을 계산하는 순환적인 프로그램을 작성하시오.

$1 + 2 + 3 + ... + n$

14 다음을 계산하는 순환적인 프로그램을 작성하시오.

$1 + 1/2 + 1/3 + ... + 1/n$

15 순환 호출되는 것을 이해하기 위하여 fib 함수를 다음과 같이 바꾸어서 실행하여 보라. fib(6)을 호출할 때 화면에 출력되는 내용을 쓰시오.

```
int fib(int n)
{
      printf("fib(%d) is called\n", n);
      if( n==0 ) return 0;
      if( n==1 ) return 1;
      return (fib(n-1) + fib(n-2));
}
```

16 다음의 순환적인 프로그램을 반복 구조를 사용한 비순환적 프로그램으로 바꾸시오.

```
int sum(int n)
{
   if( n == 1 ) return 1;
   else return (n + sum(n-1));
}
```

17 이항계수(binomial coefficient)를 계산하는 순환함수를 작성하라. 이항계수는 다음과 같이 순환적으로 정의된다. 반복함수로도 구현해보라.

$$_nC_k = \begin{cases} {}_{n-1}C_{k-1} + {}_{n-1}C_k & \text{if } 0<k<n \\ 1 & \text{if } k=0 \text{ or } k=n \end{cases}$$

18 Ackermann 함수는 다음과 같이 순환적으로 정의된다.

$A(0, n) = \mathrm{n}+1;$
$A(m, 0) = A(m-1, 1)$
$A(m, n) = A(m-2, A(m, n-1)) \qquad m, n \geq 1$

(a) $A(3, 2)$와 $A(2, 3)$의 값을 구하시요.
(b) Ackermann 함수를 구하는 순환적인 프로그램을 작성하시요.
(c) 위의 순환적인 프로그램을 for, while, do와 같은 반복구조를 사용한 비순환적 프로그램으로 바꾸시요.

19 본문의 순환적인 피보나치 수열 프로그램과 반복적인 피보나치 수열 프로그램의 수행 시간을 측정하여 비교하라. 어떤 결론을 내릴 수 있는가?

20 순환호출에서는 순환호출을 할때마다 문제의 크기가 작아져야 한다.

(1) 팩토리얼 계산 문제에서 순환호출이 일어날 때마다 문제가 어떻게 작아지는가?
(2) 하노이의 탑에서 순환호출이 일어날 때마다 문제의 어떻게 작아지는가?

21 컴퓨터 그래픽에서의 영역 채우기 알고리즘은 순환 기법을 사용한다. 영역 채우기란 다음과 같은 흰색 영역이 있을 때 이 영역을 특정한 색으로 채우는 것이다. 여기서는 이 영역 안쪽을 검정색으로 채운다고 가정해보라. 이런 경우에는 순환 호출을 어떻게 사용할 수 있을까? 2차원 배열이 다음과 같이 되어 있다고 가정하고 영역안의 한 점의 좌표가 주어졌을 경우에 안쪽을 채우는 순환호출 함수를 작성하여 보라. [그림 2-16]의 ×로 표시된 픽셀이 시작 픽셀이다.

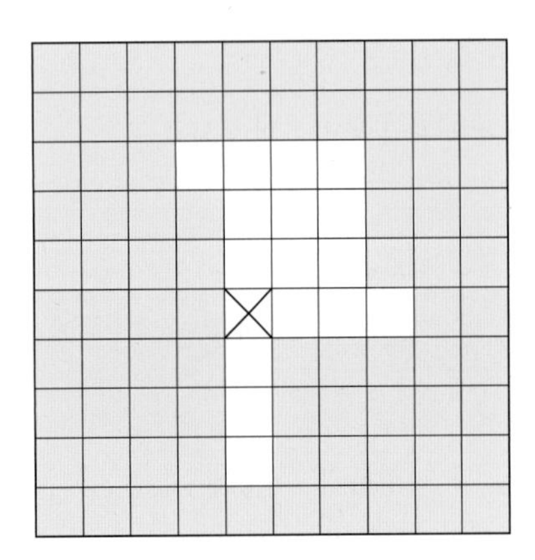

(a) 영역 채우기 대상 도형

2	2	2	2	2	2	2	2	2	2
2	2	2	2	2	2	2	2	2	2
2	2	2	0	0	0	0	2	2	2
2	2	2	2	0	0	0	2	2	2
2	2	2	2	0	0	0	2	2	2
2	2	2	2	×	0	0	0	2	2
2	2	2	2	0	2	2	2	2	2
2	2	2	2	0	2	2	2	2	2
2	2	2	2	0	2	2	2	2	2
2	2	2	2	2	2	2	2	2	2

(b) 2차원 배열을 이용하여 (a)를 표현

[그림 2-16] 영역 채우기

Hint 위의 문제를 해결하려면 먼저 위의 [그림 2-16] (a)를 2차원 배열을 이용하여 (b)와 같이 나타낸다. 노란색은 2로, 흰색은 0으로 영역을 표시한 다음, 0의 값을 갖는 픽셀을 전부 1로 바꾸면 되는 것이다. 다음 프로그램의 빈칸을 채운 다음, 수행시켜서 어떤 순서대로 채워지는 지를 살펴본다.

```
#define WHITE 0
#define BLACK 1
```

```
#define YELLOW 2

int screen[WIDTH][HEIGHT];
//
char read_pixel(int x, int y)
{
   return screen[x][y];
}
//
void write_pixel(int x, int y, int color)
{
   screen[x][y] = color;
}
// 영역 채우기 알고리즘
void flood_fill(int x, int y)
{
   if (read_pixel(x, y) == WHITE)
   {
      write_pixel(x, y, BLACK);
      ; // 순환 호출
      ; // 순환 호출
      ; // 순환 호출
      ; // 순환 호출
   }
}
```

CHAPTER

배열, 구조체, 포인터

■ 학습목표

- 배열, 구조체, 포인터의 개념을 이해한다.
- 배열을 이용한 응용 프로그램을 작성한다.
- 함수 호출 시에 배열과 구조체의 전달 방법을 이해한다.
- 포인터 관련 연산자를 학습한다.
- 동적 메모리 할당 및 반납의 메커니즘을 이해한다.

03 배열, 구조체, 포인터

3.1 배열

배열의 개념

배열(array)은 거의 모든 프로그래밍 언어에서 기본적으로 제공되는 자료형이다. 배열은 기본이 되는 중요한 자료형으로서 많은 자료 구조들이 배열을 사용하여 구현된다. 배열은 동일한 타입의 데이터를 한 번에 여러 개 만들 때 사용된다. 예를 들어서 6개의 정수를 저장할 공간이 필요한 경우, 배열이 없다면 다음과 같이 6개의 정수형의 변수를 선언하여야 할 것이다.

```
int list1, list2, list3, list4, list5, list6;
```

그러나 배열이 지원된다면 아주 간단하게 다음과 같이 선언하면 된다.

```
int list[6];
```

대량의 데이터를 저장하기 위하여 여러 개의 개별 변수를 사용하는 것은 "인접한 요소를 교환하라"와 같은 연산을 할 때, 매번 다른 이름으로 접근을 해야 하므로 많은 불편이 따를 수 있다. 하지만 배열을 사용하면 "연속적인 메모리 공간"이 할당되고 인덱스(index) 번호를 사용하여 쉽게 접근이 가능하기 때문에 반복 루프를 이용하여 여러 가지 작업을 손쉽게 할 수 있다.

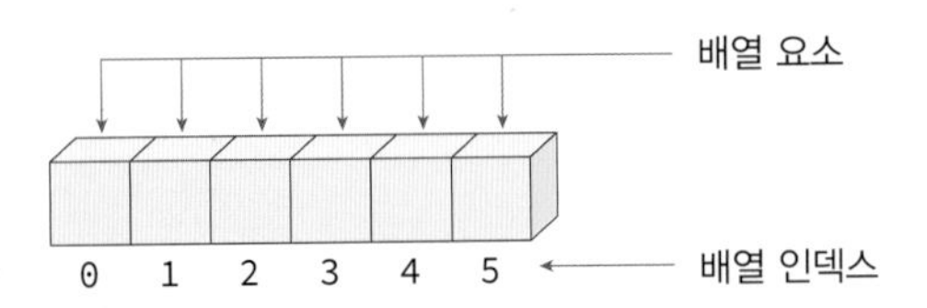

배열 ADT

우리는 1장에서 추상 자료형(ADT)에 대하여 배웠다. 여기서 배열을 추상 자료형으로 정의하여 보자. 즉 배열을 단순히 "연속적인 메모리 공간"으로만 보지 말고 배열의 핵심적인 내용을 추상적으로 살펴보자. 배열은 〈인덱스, 값〉의 쌍으로 이루어진 집합으로 정의할 수 있다. 즉 인덱스

(index)가 주어지면 해당하는 값(value)이 대응되는 자료 구조이다. 수학적으로 배열은 인덱스에서 값으로의 사상(mapping)에 해당된다. 배열에서는 어떤 연산을 생각할 수 있을까? 주어진 인덱스에 값을 저장하는 set 연산(store 연산이라고도 한다)과 인덱스가 주어지면 해당되는 값을 추출하는 get 연산(retrieve 연산이라고도 한다)을 생각할 수 있다.

ADT 3.1 Array

```
객체: <인덱스, 값> 쌍의 집합
연산:
  · create(size) ::= size개의 요소를 저장할 수 있는 배열 생성
  · get(A, i) ::= 배열 A의 i번째 요소 반환.
  · set(A, i, v) ::= 배열 A의 i번째 위치에 값 v 저장.
```

C언어에서는 배열이 기본적으로 제공되기 때문에 위의 연산들을 구현할 필요는 없다. 그러나 만약 기본적으로 제공이 되지 않는다면 프로그래머가 구현하여야 할 것이다. get 함수는 배열과 인덱스를 받는다. 만약 그 인덱스가 유효하다면 인덱스 위치의 값을 반환한다. 만약 인덱스가 유효하지 않다면 오류를 반환한다. set 함수는 배열, 인덱스, 값을 받아서 새로운 인덱스 위치에 값을 저장한다.

C언어에서의 1차원 배열

C언어에서 6개의 정수를 저장할 수 있는 배열을 선언해보자. 배열은 변수 이름 끝에 [ ]을 추가하여서 선언한다. [ ] 안의 숫자는 배열의 크기이다. 배열 ADT의 create 연산은 아래의 문장에 대응된다.

```
int list[6];          // create 연산에 해당된다.
```

배열 ADT의 set과 get 연산은 어떻게 구현될까? C 언어에서 배열은 아주 많이 사용되기 때문에 전용 연산자가 존재한다. 즉 [ ] 연산자를 사용하여서 원하는 인덱스에서 값을 가져오거나 값을 저장할 수 있다.

```
list[0] = 100;        // set 연산에 해당된다.
value = list[0];      // get 연산에 해당된다.
```

C에서 배열의 인덱스는 0부터 시작한다. 따라서 위와 같이 선언된 배열에서 배열의 요소는 list[0], list[1], list[2], list[3], list[4], list[5]가 된다.

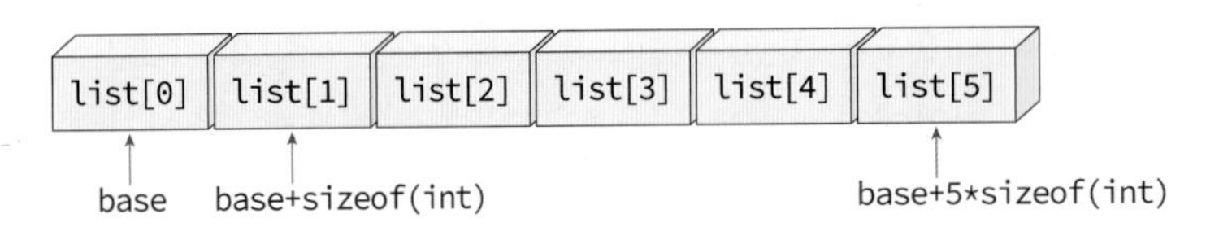

[그림 3-1] 일차원 배열

컴파일러는 배열을 어떻게 구현할까? 컴파일러는 배열에 메모리의 연속된 위치에 할당한다. 첫 번째 배열 요소인 list[0]의 주소가 기본주소가 되고 다른 요소들의 주소는 다음과 같이 된다.

배열의 요소	메모리 주소
list[0]	기본주소=base
list[1]	base + 1*sizeof(int)
list[2]	base + 2*sizeof(int)
list[3]	base + 3*sizeof(int)
list[4]	base + 4*sizeof(int)
list[5]	base + 5*sizeof(int)

우리가 프로그램에서 list[i]라고 적으면 컴파일러는 주소 base+i*sizeof(int)에 있는 값을 가져온다.

2차원 배열

2차원 배열은 요소들이 2차원 형태로 나열된 배열이다. 2차원 배열에서 가로줄을 행(row), 세로줄을 열(column)이라고 한다. C 언어에서 2차원 배열은 다음과 같이 선언한다.

```
int list[3][5];
```

	0열	1열	2열	3열	4열
0행	list[0][0]	list[0][1]	list[0][2]	list[0][3]	list[0][4]
1행	list[1][0]	list[1][1]	list[1][2]	list[1][3]	list[1][4]
2행	list[2][0]	list[2][1]	list[2][2]	list[2][3]	list[2][4]

위의 선언에서는 3개의 행과 5개의 열을 가지는 2차원 배열이 생성된다. C언어에서는 배열의 배열을 만들어서 2차원 배열을 구현한다. [그림 3-2]를 참고하도록 하자. 즉 크기가 3인 1차원 배열을 만들고 이 배열의 요소에 크기가 5인 배열을 생성하여 추가한다.

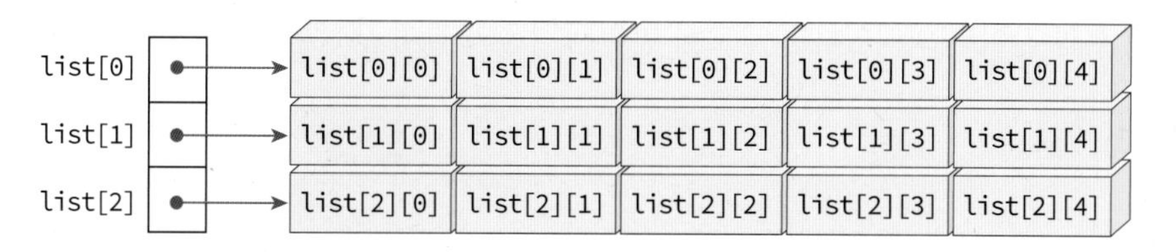

[그림 3-2] 2차원 배열의 구현

01 C언어에서는 배열 ADT의 연산들이 어떻게 구현되었는가?

02 int a[6];과 같이 정의된 1차원 배열에서 시작 주소를 base라고 하면 a[5] 요소의 주소는?

3.2 구조체

구조체의 개념

복잡한 객체에는 다양한 타입의 데이터들이 한데 묶여져서 있다. 배열이 타입이 같은 데이터의 모임이라면 구조체(structure)는 타입이 다른 데이터를 묶는 방법이다. C언어에서는 `struct` 키워드를 이용하여 표기한다.

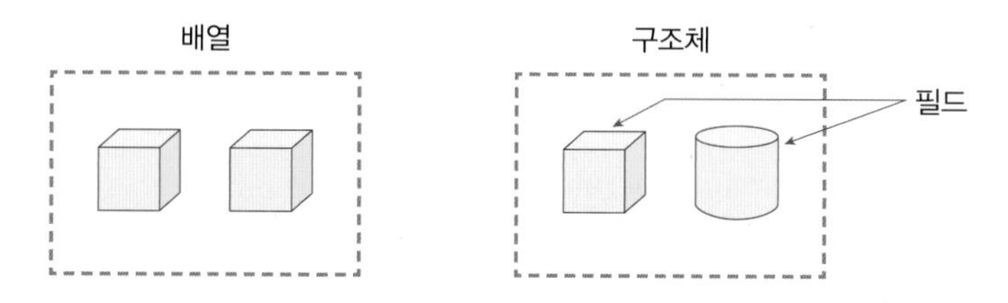

[그림 3-3] 배열과 구조체의 비교

이 책에서는 특정 자료구조와 관련된 데이터를 묶기 위하여 구조체를 광범위하게 사용하였다. 따라서 구조체에 대해서 완벽하게 이해를 하여야 한다. 구조체의 형식은 다음과 같이 정의한다.

```
struct 구조체이름 {
    항목1;
    항목2;
    ...
};
```

구조체의 형식이 위와 같이 정의되었다면 구조체 변수는 다음과 같이 생성한다.

```
struct 구조체이름 구조체변수;
```

간단한 예로 학생을 나타내는 구조체를 만들어 보면 다음과 같다. 구조체에 저장되는 항목들은 다음과 같다.

- 문자 배열로 된 이름
- 나이를 나타내는 정수값
- 평균평점을 나타내는 실수값

```
struct studentTag {
    char name[10];   // 문자배열로 된 이름
    int age;         // 나이를 나타내는 정수값
    double gpa;      // 평균평점을 나타내는 실수값
};
```

struct 키워드 다음에 오는 studentTag는 구조체와 구조체를 구별할 수 있게 해주는 식별자로서 보통 구조체 태그(tag)라고 한다. 위의 문장은 구조체 형식만을 정의한 것이고 실제로 구조체가 만들어진 것은 아니다. 구조체를 만들려면 다음과 같이 하여야 한다.

```
struct studentTag s;
```

구조체 안에 들어 있는 멤버를 사용하려면 어떻게 할까? 구조체 변수 뒤에 '.'을 첨가한 후 항목 이름을 적으면 된다. '.'을 멤버연산자(membership operator)라고 한다.

```
strcpy(s.name, "kim");
s.age = 20;
s.gpa = 4.3;
```

C언어에서는 typedef을 사용하여 구조체를 새로운 타입으로 선언하는 것이 가능하다. 아래의 예에서 student은 새로운 데이터 타입의 이름이 된다.

```
typedef studentTag {
    char name[10];   // 문자배열로 된 이름
    int age;         // 나이를 나타내는 정수값
    double gpa;      // 평균평점을 나타내는 실수값
} student;
```

이 경우에는 새로운 타입인 student만을 사용하여서 변수를 선언하는 것이 가능해진다. student는 C에서의 기본 데이터 타입인 int나 float와 마찬가지로 새로운 데이터 타입의 이름이 된다.

```
student s;
```

구조체는 중괄호를 사용하여 선언 시에 초기화하는 것이 가능하다. 다음 문장을 참조하라.

```
student s = { "kim", 20, 4.3 };
```

구조체를 이용하여 간단한 프로그램을 작성하면 다음과 같다.

프로그램 3.1 structure.c

```
#include <stdio.h>

typedef struct studentTag {
    char name[10];   // 문자배열로 된 이름
    int age;         // 나이를 나타내는 정수값
    double gpa;      // 평균평점을 나타내는 실수값
} student;

int main(void)
{
    student a = { "kim", 20, 4.3 };
    student b = { "park", 21, 4.2 };
    return 0;
}
```

01 2차원 좌표 공간에서 하나의 점을 나타내는 구조체 Point를 정의하여 보라. typedef도 사용하여서 구조체 Point를 하나의 타입으로 정의한다.

02 **01**에서 정의한 구조체의 변수인 p1과 p2를 정의하여 보라.

03 p1과 p2를 각각 (1, 2)와 (9, 8)로 초기화하라.

04 점을 나타내는 두개의 구조체 변수를 받아서 점 사이의 거리를 계산하는 함수 get_distance(Point p1, Point p2)를 작성하여 보자.

3.3 배열의 응용: 다항식

수학에서 나오는 다항식을 배열을 이용하여 표현해보자. 다항식의 일반적인 형태는 다음과 같다.

$$p(x) = a_n x^n + a_{n-1} x^{n-1} + \cdots + a_1 x + a_0$$

위의 다항식에서 a: 계수, x:변수, n: 차수라 부른다. 가장 큰 차수를 다항식의 차수라고 부른다. 위의 다항식을 프로그램 안에서 표현하려고 하면 어떤 자료 구조를 이용할 것인가? 어떤 자료 구조를 사용해야 다항식의 덧셈, 뺄셈, 곱셈, 나눗셈 연산을 할 때 편리하고, 메모리를 적게 차지할 것인가? 우리가 자료 구조를 배우는 목적은 바로 이런 문제들을 해결하기 위해서다. 우리는 여기서 자료 구조가 무엇인지 그 개념을 이해해보자. 다항식을 나타내는 두 가지의 자료 구조를 생각할 수 있다.

첫 번째 방법

첫 번째 방법은 모든 차수의 계수값을 배열에 저장하는 것이다. 예를 들어 다항식 $10x^5+6x+3$은 다음과 같이 다시 쓸 수도 있다.

$$10x^5 + 0 \cdot x^4 + 0 \cdot x^3 + 0 \cdot x^2 + 6x + 3$$

모든 차수에 대한 계수값들의 리스트인 (10, 0, 0, 0, 6, 3)을 배열 coef에 저장하는 것이다. 위의 다항식의 경우에는 [그림 3-4]와 같이 된다. 여기서 다항식의 차수는 변수 degree에 저장된다.

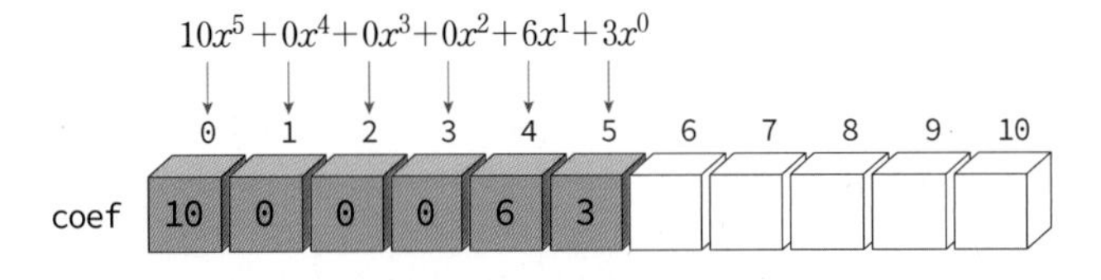

[그림 3-4] 하나의 배열로 하나의 다항식을 표현

하나의 다항식이 하나의 degree 변수와 하나의 coef 배열을 필요로 하므로 이를 묶어서 구조체를 만들고 이 구조체를 사용하여 하나의 다항식을 표현할 수 있다. 일반적으로 계수는 실수일 수 있으므로 coef 배열은 실수 배열로 선언되었다. 아래 코드에서 구조체 변수 a는 $10x^5+6x+3$를 표현하고 있다.

```c
#define MAX_DEGREE 101 // 다항식의 최대차수 + 1
typedef struct {
    int degree;
    float coef[MAX_DEGREE];
} polynomial;

polynomial a = { 5, {10, 0, 0, 0, 6, 3} };
```

위의 방법은 간단하고 쉽게 이해가 되는 방법이다. 하지만 이 방법의 문제점은 대부분의 항의 계수가 0인 희소 다항식의 경우에는 공간의 낭비가 심하다는 것이다. 예를 들어 $10x^{100}+6$의 희소 다항식의 경우 101개의 공간 중에서 오직 2개만 사용된다. 그러나 이 방법의 최대 장점은 다항식의 덧셈이나 뺄셈 시에 같은 차수의 계수를 쉽게 찾을 수 있으므로 알고리즘이 간단해진다는 것이다.

이 방법으로 표현된 2개의 다항식을 받아서 덧셈을 하는 프로그램을 프로그램 3.2에 보였다. 최고차항부터 배열에 차례대로 저장되어 있음을 유의해야 한다. 구조체 A, B의 coef 배열을 스캔하면서 차수가 큰 항을 구조체 C로 이동하였다. 차수가 같으면 구조체 A, B의 coef 값을 더하여 C의 coef에 대입한다. 두개의 다항식 모두 차수가 최고차항에서 0까지 존재하므로 while 루프가 끝나면 모든 항들이 처리되는 것이 보장된다.

프로그램 3.2 **polynomial1.c 다항식 덧셈 프로그램 #1**

```c
#include <stdio.h>
#define MAX(a,b) (((a)>(b))?(a):(b))
#define MAX_DEGREE 101
typedef struct {                // 다항식 구조체 타입 선언
    int degree;                 // 다항식의 차수
    float coef[MAX_DEGREE];     // 다항식의 계수
} polynomial;

// C = A+B 여기서 A와 B는 다항식이다. 구조체가 반환된다.
polynomial poly_add1(polynomial A, polynomial B)
{
    polynomial C;                       // 결과 다항식
    int Apos = 0, Bpos = 0, Cpos = 0;   // 배열 인덱스 변수
    int degree_a = A.degree;
    int degree_b = B.degree;
    C.degree = MAX(A.degree, B.degree); // 결과 다항식 차수

    while (Apos <= A.degree && Bpos <= B.degree) {
        if (degree_a > degree_b) {      // A항 > B항
            C.coef[Cpos++] = A.coef[Apos++];
            degree_a--;
```

```
        }
        else if (degree_a == degree_b) {    // A항 == B항
            C.coef[Cpos++] = A.coef[Apos++] + B.coef[Bpos++];
            degree_a--; degree_b--;
        }
        else {        // B항 > A항
            C.coef[Cpos++] = B.coef[Bpos++];
            degree_b--;
        }
    }
    return C;
}

void print_poly(polynomial p)
{
    for (int i = p.degree; i>0; i--)
        printf("%3.1fx^%d + ", p.coef[p.degree - i], i);
    printf("%3.1f \n", p.coef[p.degree]);
}

// 주함수
int main(void)
{
    polynomial a = { 5,{ 3, 6, 0, 0, 0, 10 } };
    polynomial b = { 4,{ 7, 0, 5, 0, 1 } };
    polynomial c;

    print_poly(a);
    print_poly(b);
    c = poly_add1(a, b);
    printf("--------------------------------------------------------------------\n");
    print_poly(c);
    return 0;
}
```

실행결과

```
3.0x^5 + 6.0x^4 + 0.0x^3 + 0.0x^2 + 0.0x^1 + 10.0
7.0x^4 + 0.0x^3 + 5.0x^2 + 0.0x^1 + 1.0
--------------------------------------------------------------------
3.0x^5 + 13.0x^4 + 0.0x^3 + 5.0x^2 + 0.0x^1 + 11.0
```

도전문제 위의 프로그램은 두 다항식의 최고차항 절대값이 같고 부호는 다른 경우를 처리하지 못한다. 예를 들어서 A=x^3+2x+3, B=-x^3+4x-1이면 C=0x^3+6x^1+2가 출력된다. 최고차항의 계수가 0이면 구조체 안의 degree를 다시 설정할 수 있는가?

두 번째 방법

공간을 절약하기 위하여 다항식에서 0이 아닌 항만을 하나의 전역 배열에 저장하는 방법도 생각할 수 있다. 다항식의 0이 아닌 항들은 (계수, 차수)의 형식으로 구조체 배열에 저장된다. 즉 $10x^5+6x+3$의 경우, ((10, 5), (6, 1), (3, 0))로 표시하는 것이다. 이 방식에서는 하나의 배열에 하나이상의 다항식을 저장할 수 있다. 먼저 (계수, 차수) 쌍을 구조체로 선언하고 이 구조체의 배열을 생성한다. 이 배열을 사용하여 다항식을 표현한다.

```
#define MAX_TERMS 101
struct {
    float coef;
    int expon;
} terms[MAX_TERMS];
int avail;
```

이 방법을 이용하여 다음은 2개의 다항식을 표현해보자.

$$A=8x^3+7x+1, \qquad B=10x^3+3x^2+1$$

terms 배열의 내용을 나타내면 다음과 같이 될 것이다. avail 변수는 현재 비어있는 요소의 인덱스를 가르친다. 위의 예제에서는 avail 변수가 6이 된다.

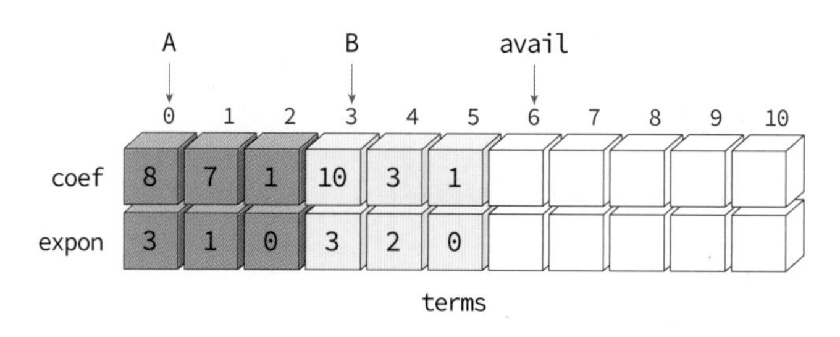

[그림 3-5] 하나의 배열로 여러 개의 다항식을 표현

이러한 표현 방법은 terms안에 항의 총 개수가 MAX_TERMS을 넘지만 않으면 많은 다항식을 저장할 수 있다 그러나 이 방식도 단점이 존재한다. 우선 하나의 다항식이 시작되고 끝나는 위치를 가리키는 인덱스 변수들을 관리하여야 한다. 또한 차수도 저장해야 하기 때문에, 다항식에 따라서는 계수만을 저장하는 첫 번째 방식보다 공간을 더 많이 필요로 할 수도 있다. 또한 다항식의 덧셈을 비롯한 연산들의 구현이 첫 번째 방법보다 좀 더 어려워진다.

두개의 다항식을 더하는 알고리즘을 생각해보자. 두개의 다항식 A, B를 더하여 다항식 C를 구하려고 하면, 순서대로 A와 B의 각 항의 차수를 비교하여, 차수가 같으면 A와 B의 각 항의 계수를 더하여 C로 옮기고, 차수가 다르면 A와 B 중에서 차수가 큰 항을 C로 옮기면 된다. 이와 같은 과정을 어느 한쪽의 다항식이 끝날 때까지 계속한다.

예를 들어 [그림 3-6]에서 먼저 다항식 A의 첫 번째 항인 $8x^3$의 차수와 다항식 B의 첫 번째 항인 $10x^3$의 차수를 비교한다. 양쪽의 차수가 같으므로 각 항의 계수를 더하여 C의 첫 번째 위치로 옮긴다. 다음에는 B의 다음 항인 $3x^2$이 A의 $7x$보다 지수가 크므로 B의 $3x^2$을 C로 옮긴다. 이런 식으로 항목과 항목을 비교하여 옮긴 다음, 어느 한쪽의 다항식이 끝나게 되면 A나 B에 남아있는 항목들을 전부 옮기면 된다.

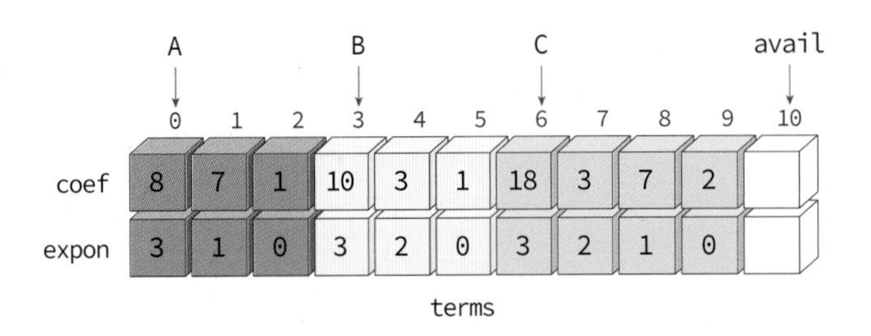

[그림 3-6] 다항식의 덧셈후의 terms 배열

가상 실습 3.1

* 다항식 덧셈 애플릿을 이용하여 다음의 실험을 수행하라.

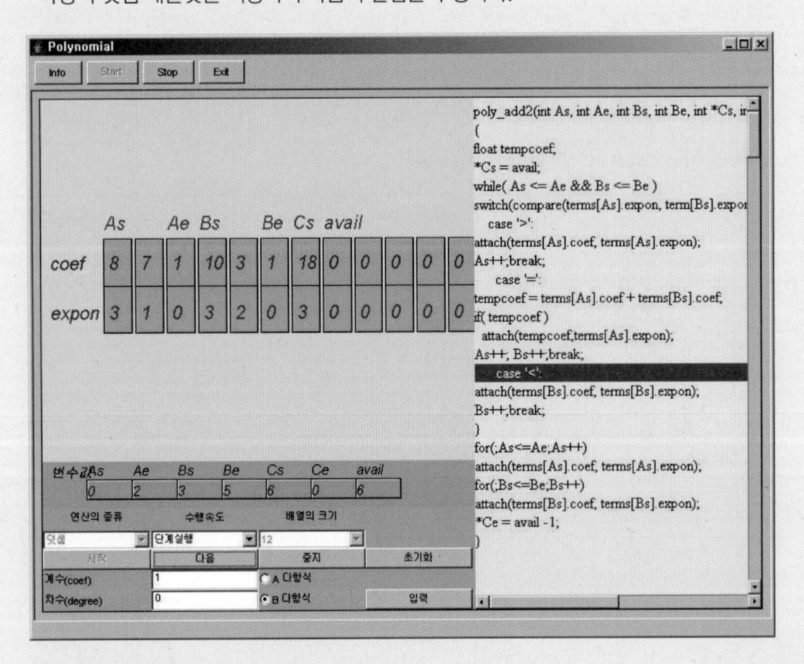

(1) 먼저 배열의 크기를 11개 정도로 설정하라. '라디오' 버튼에서 다항식 A를 선택하고 '계수'와 '차수' 필드에 원하는 숫자를 넣은 다음, '입력' 버튼을 눌러서 원하는 만큼의 항들을 입력시킨다. 다항식 A가 끝나면 다항식B를 선택하고 역시 원하는 만큼의 항들을 입력시킨다. '시작' 버튼이나 '단계실행'을 선택하여 다항식의 덧셈이 이루어지는 과정을 살펴본다. 변수들의 값이 어떻게 변하는지도 관찰한다.

(2) 프로그램 하단의 2개의 for 루프의 역할을 알아보기 위하여 다음과 같은 다항식들을 입력하여 실험하여보라.

$A=10x8+5x^7$

$B=8x^2+x+9$

프로그램 3.3은 다항식 덧셈을 구현한 프로그램이다. As과 Ae는 다항식 A의 처음과 마지막을 가리키며 Bs와 Be는 각각 다항식 B의 처음과 끝을 가리킨다. Cs와 Ce는 덧셈의 결과로 생성되는 다항식의 처음과 끝을 가리킨다. attach 함수는 해당 항목을 배열 terms의 다음 빈 공간에 더하는 함수이다. 이때 avail 변수가 증가된다.

프로그램 3.3 polynomial2.c 다항식 덧셈 프로그램 #2

```
#include <stdio.h>
#include <stdlib.h>

#define MAX_TERMS 101
typedef struct {
    float coef;
    int expon;
} polynomial;
polynomial terms[MAX_TERMS] = { { 8,3 },{ 7,1 },{ 1,0 },{ 10,3 },{ 3,2 },{ 1,0 } };
int avail = 6;

// 두개의 정수를 비교
char compare(int a, int b)
{
    if (a>b) return '>';
    else if (a == b) return '=';
    else return '<';
}

// 새로운 항을 다항식에 추가한다.
void attach(float coef, int expon)
{
    if (avail>MAX_TERMS) {
        fprintf(stderr, "항의 개수가 너무 많음\n");
        exit(1);
    }
    terms[avail].coef = coef;
    terms[avail].expon = expon;
    avail++;
}

// C = A + B
void poly_add2(int As, int Ae, int Bs, int Be, int *Cs, int *Ce)
{
    float tempcoef;
    *Cs = avail;
    while (As <= Ae && Bs <= Be)
        switch (compare(terms[As].expon, terms[Bs].expon)) {
```

```
        case '>':    // A의 차수 > B의 차수
            attach(terms[As].coef, terms[As].expon);
            As++;        break;
        case '=':    // A의 차수 == B의 차수
            tempcoef = terms[As].coef + terms[Bs].coef;
            if (tempcoef)
                attach(tempcoef, terms[As].expon);
            As++; Bs++;  break;
        case '<':    // A의 차수 < B의 차수
            attach(terms[Bs].coef, terms[Bs].expon);
            Bs++;        break;
        }
    // A의 나머지 항들을 이동함
    for (; As <= Ae; As++)
        attach(terms[As].coef, terms[As].expon);
    // B의 나머지 항들을 이동함
    for (; Bs <= Be; Bs++)
        attach(terms[Bs].coef, terms[Bs].expon);
    *Ce = avail - 1;
}
void print_poly(int s, int e)
{
    for (int i = s; i < e; i++)
        printf("%3.1fx^%d + ", terms[i].coef, terms[i].expon);
    printf("%3.1fx^%d\n", terms[e].coef, terms[e].expon);
}

//
int main(void)
{
    int As = 0, Ae = 2, Bs = 3, Be = 5, Cs, Ce;
    poly_add2(As, Ae, Bs, Be, &Cs, &Ce);
    print_poly(As, Ae);
    print_poly(Bs, Be);
    printf("-------------------------------------------------------------------\n");
    print_poly(Cs, Ce);
    return 0;
}
```

실행결과

```
8.0x^3 + 7.0x^1 + 1.0x^0
10.0x^3 + 3.0x^2 + 1.0x^0
-------------------------------------------------------------------
18.0x^3 + 3.0x^2 + 7.0x^1 + 2.0x^0
```

01 다항식 $6x^3+8x^2+9$을 첫 번째 방법으로 표현하여 보라.

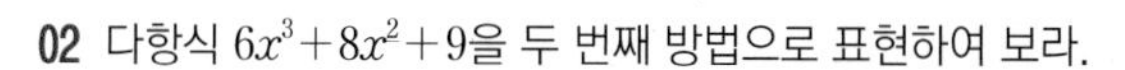

02 다항식 $6x^3+8x^2+9$을 두 번째 방법으로 표현하여 보라.

03 첫 번째 방법과 두 번째 방법으로 각각 다항식의 뺄셈을 구현하려면 덧셈 코드의 어떤 부분을 변경하면 되는가?

04 첫 번째 방법과 두 번째 방법으로 각각 파일에 저장된 다항식을 읽는 함수 poly_read()를 작성하라.

05 첫 번째 방법과 두 번째 방법으로 각각 특정한 x값에서 다항식의 값을 계산하는 함수 poly_eval(int x)을 작성해 보자.

3.4 배열의 응용: 희소행렬

행렬(matrix)은 자연과학에서 많은 문제를 해결하는데 사용된다. 따라서 행렬을 프로그램에서 표현하는 것은 중요한 문제이다.

$$A=\begin{bmatrix}2&3&0\\8&9&1\\7&0&5\end{bmatrix} \qquad B=\begin{bmatrix}0&0&0&7&0&0\\9&0&0&0&0&8\\0&0&0&0&0&0\\6&5&0&0&0&0\\0&0&0&0&0&1\\0&0&2&0&0&0\end{bmatrix}$$

[그림 3-7] 행렬의 예

행렬을 어떻게 표현할 것인지를 생각해보자. 일반적으로 행렬을 표현하는 자연스러운 방법은 다음과 같은 2차원 배열을 사용하는 것이다.

```
#define MAX_ROWS 100
#define MAX_COLS 100
int matrix[MAX_ROWS][MAX_COLS];
```

이 방법을 방법 1이라고 하자. 이 방법으로 다음과 같은 행렬을 표현해보면 [그림 3-8]과 같다.

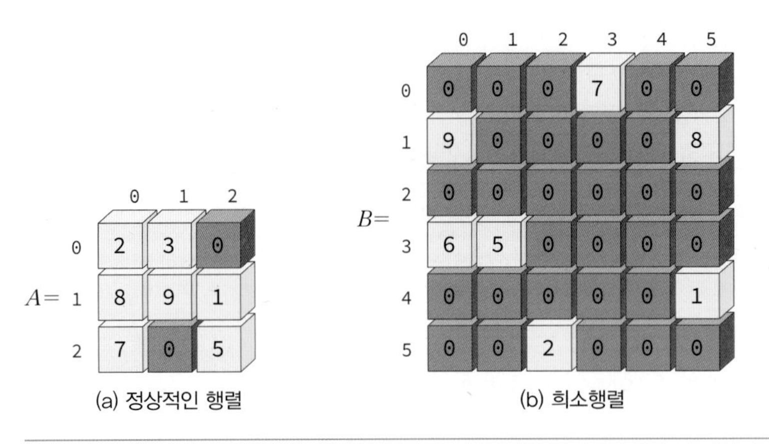

[그림 3-8] 희소행렬 표현방법 #1: 행렬을 2차원 배열로 표현

그러나 [그림 3-8] (b)처럼 많은 항들이 0으로 되어 있는 희소행렬인 경우에는 메모리의 낭비가 심하게 된다. 더구나 엄청난 크기의 희소행렬인 경우에는 컴파일러에 따라 사용하지 못하는 경우도 있다.

따라서 희소 행렬을 표현하는 다른 방법을 생각해보자. 한가지의 방법은 배열을 이용하되, 0이 아닌 요소들만을 나타내는 방법이다. 이 방법을 방법 2이라고 하자. 즉 0이 아닌 노드만을 (행, 열, 값)으로 표시하는 것이다. [그림 3-9]는 똑같은 행렬을 두 번째 방법으로 나타내는 것이다.

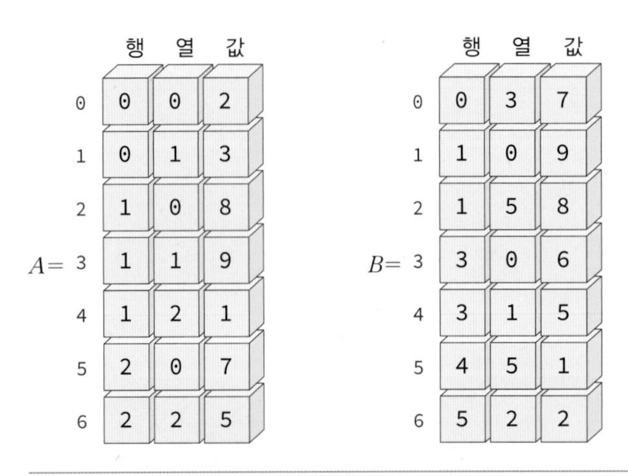

[그림 3-9] 희소행렬 표현방법 #2: 0이 아닌 항만 표현

방법 1은 행렬을 전통적인 2차원 배열로 나타낸 것이고 방법 2는 새로운 방식으로 표현한 것이다. 방법 2가 과연 방법 1에 비하여 우수한 것인가? 각 방법은 나름대로의 장단점을 가지고 있다. 예를 들어 행렬의 전치(transpose) 연산을 구현하는 경우를 생각해보자. 방법 1에서는 2차원 배열의 요소 (i, j)를 (j, i)와 교환하면 된다. 방법 2는 상당한 프로그래밍을 필요로 한다.

$$\begin{bmatrix} 1 & 2 & 3 \\ 4 & 5 & 6 \\ 7 & 8 & 9 \end{bmatrix} \Rightarrow \begin{bmatrix} 1 & 4 & 7 \\ 2 & 5 & 8 \\ 3 & 6 & 9 \end{bmatrix}$$

전치 행렬 계산하기 #1

먼저 방법 1을 구현하여 보자. 행렬의 전치 행렬을 계산하려면 a[i][j]를 a[j][i]를 바꾸면 된다. 프로그램 3.4에 방법 1을 구현하였다. 프로그램 3.4에서는 배열을 함수의 매개변수로 전달하고 결과도 역시 함수의 매개변수로 받았다. 첫 번째 배열 A는 원래의 배열이며 두 번째 배열 B는 전치 행렬이다. C언어에서 함수로 배열을 전달하면 항상 원본이 전달된다는 점에 유의하라. 배열의 이름이 포인터의 역할을 하기 때문이다.

프로그램 3.4 **matrix1.c 행렬 전치 프로그램 #1**

```
#include <stdio.h>
#define ROWS 3
#define COLS 3
// 행렬 전치 함수
void matrix_transpose(int A[ROWS][COLS], int B[COLS][ROWS])
{
    for (int r = 0; r<ROWS; r++)
        for (int c = 0; c<COLS; c++)
            B[c][r] = A[r][c];
}
void matrix_print(int A[ROWS][COLS])
{
    printf("====================\n");
    for (int r = 0; r<ROWS; r++) {
        for (int c = 0; c<COLS; c++)
            printf("%d ", A[r][c]);
        printf("\n");
    }
    printf("====================\n");
}

int main(void)
{
    int array1[ROWS][COLS] = {{ 2,3,0 },
                              { 8,9,1 },
                              { 7,0,5 } };
    int array2[COLS][ROWS];

    matrix_transpose(array1, array2);
    matrix_print(array1);
    matrix_print(array2);
    return 0;
}
```

실행결과

```
====================
2 3 0
8 9 1
7 0 5
====================
====================
2 8 7
3 9 0
0 1 5
====================
```

전치 행렬 계산하기 #2

방법 2를 구현해보자. 행렬에서 하나의 요소는 (row, col, value)로 표현할 수 있고 이것은 구조체 element로 정의한다. 하나의 행렬에는 0이 아닌 요소가 여러 개 있을 수 있으므로 element의 배열이 필요하다. 하나의 희소 행렬을 나타내는데 필요한 것들을 모아서 SparseMatrix 구조체로 정의한다.

```
typedef struct {
    int row;
    int col;
    int value;
} element;

typedef struct SparseMatrix {
    element data[MAX_TERMS];
    int rows;     // 행의 개수
    int cols;     // 열의 개수
    int terms;    // 항의 개수
} SparseMatrix;
```

이제부터는 이 방법으로 표현된 행렬을 받아서 전치 행렬을 구하는 연산을 어떻게 구현할지를 생각해보자. 예를 들어서 다음과 같이 변경되어야 한다.

- (0, 3, 7) 요소 → (3, 0, 7) 요소
- (1, 0, 9) 요소 → (0, 1, 9) 요소
- (1, 5, 8) 요소 → (5, 1, 8) 요소

즉 다음과 같이 코드를 작성하면 된다.

알고리즘 3.1 전치 행렬

```
새로운 구조체 b를 생성한다.
구조체 a에 저장된 모든 요소에 대하여 다음을 반복
{
    b.data[bindex].row = a.data[i].col;
    b.data[bindex].col = a.data[i].row;
    b.data[bindex].value = a.data[i].value;
    bindex++;
}
```

여기서 약간 어려운 점은 새로운 전치 행렬을 만들 때, 낮은 행부터 높은 행까지 순서대로 저장되어야 한다는 점이다. 어떻게 하는 것이 좋을까? 기존 행렬의 열이 행으로 변경되기 때문에 0열을 먼저 처리하고 1열을 이어서 처리하면 전치 행렬이 행 순서대로 작성된다. 즉 0열에 있는 요소를 모두 찾아서 전치 행렬의 0행으로 저장하고, 이어서 1열의 요소를 모두 찾아서 1행으로 저장하면 된다.

프로그램 3.5 matrix2.c 행렬 프로그램 #2

```
#include <stdio.h>
#include <stdlib.h>

#define MAX_TERMS 100
typedef struct {
    int row;
    int col;
    int value;
} element;

typedef struct SparseMatrix {
    element data[MAX_TERMS];
    int rows;     // 행의 개수
    int cols;     // 열의 개수
    int terms;    // 항의 개수
} SparseMatrix;

SparseMatrix matrix_transpose2(SparseMatrix a)
{
    SparseMatrix b;

    int bindex;       // 행렬 b에서 현재 저장 위치
    b.rows = a.cols;
    b.cols = a.rows;
```

```
    b.terms = a.terms;

    if (a.terms > 0) {
        bindex = 0;
        for (int c = 0; c < a.cols; c++) {
            for (int i = 0; i < a.terms; i++) {
                if (a.data[i].col == c) {
                    b.data[bindex].row = a.data[i].col;
                    b.data[bindex].col = a.data[i].row;
                    b.data[bindex].value = a.data[i].value;
                    bindex++;
                }
            }
        }
    }
    return b;
}

void matrix_print(SparseMatrix a)
{
    printf("====================\n");
    for (int i = 0; i<a.terms; i++) {
        printf("(%d, %d, %d) \n", a.data[i].row, a.data[i].col, a.data[i].value);
    }
    printf("====================\n");
}

int main(void)
{
    SparseMatrix m = {
        { { 0, 3, 7 },{ 1, 0, 9 },{ 1, 5, 8 },{ 3, 0, 6 },{ 3, 1, 5 },{ 4, 5, 1 },{ 5, 2, 2 } },
        6,
        6,
        7
    };
    SparseMatrix result;

    result = matrix_transpose2(m);
    matrix_print(result);
    return 0;
}
```

실행결과

```
====================
(0, 1, 9)
(0, 3, 6)
(1, 3, 5)
(2, 5, 2)
(3, 0, 7)
(5, 1, 8)
(5, 4, 1)
====================
```

01 주어진 2개의 행렬을 더하는 함수 add_matrix(A, B)를 구현하여 보자. 희소 행렬을 표현하는 첫 번째 방법으로 구현하라.

3.5 포인터

포인터의 개념

이번 절에서는 복잡한 자료구조를 구현하는데 필수적인 개념인 포인터(pointer)에 대하여 살펴보자. 포인터(pointer)는 다른 변수의 주소를 가지고 있는 변수이다. 모든 변수는 메모리 공간에 저장되고 메모리의 각 바이트에는 주소가 매겨져 있다. 이 주소가 포인터에 저장된다. 주소는 컴퓨터에 따라 다를 수 있으므로 포인터 변수는 대개 정확한 숫자보다는 그냥 화살표로 그려진다. 모든 변수는 주소를 가지고 있음을 기억하라. 컴퓨터 메모리는 바이트로 구성되어 있고 각 바이트마다 순차적으로 주소가 매겨져 있다.

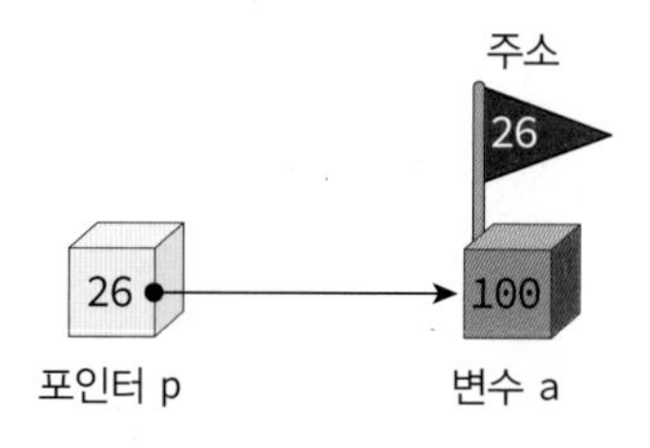

[그림 3-10] 포인터는 변수를 가리킨다.

[그림 3-10]에서 p는 a라는 변수를 가리키는 포인터 변수이다. [그림 3-10]에 해당되는 C언어 문장은 다음과 같다.

```
int a = 100;
int *p;
p = & a;
```

먼저 int형의 변수 a가 정의되고 p는 int형을 가리키는 포인터로 정의된다. p가 a를 가리키게 하려면 a의 주소를 p에 대입한다. 변수의 주소는 & 연산자를 변수에 적용시켜서 추출할 수 있다.

포인터와 관련된 연산자

포인터와 관련된 2가지의 중요한 연산이 있다.

- & 연산자 – 주소 연산자
- * 연산자 – 간접참조 연산자 (역참조 연산자라고도 한다)

① & 연산자는 변수의 주소를 추출하는 연산자이다. 앞에서 선언한 포인터 p가 특정한 변수를 가리키게 하려면 변수의 주소를 & 연산자로 추출하여서 p에 대입한다.

```
int a;      // 정수형 변수
p = &a;     // 변수의 주소를 포인터에 저장
```

② * 연산자는 포인터가 가리키는 장소에 값을 저장하는 연산자이다. 예를 들어서 p가 가리키는 장소에 200을 저장하려면 다음과 같은 문장을 사용한다.

```
*p = 200;
```

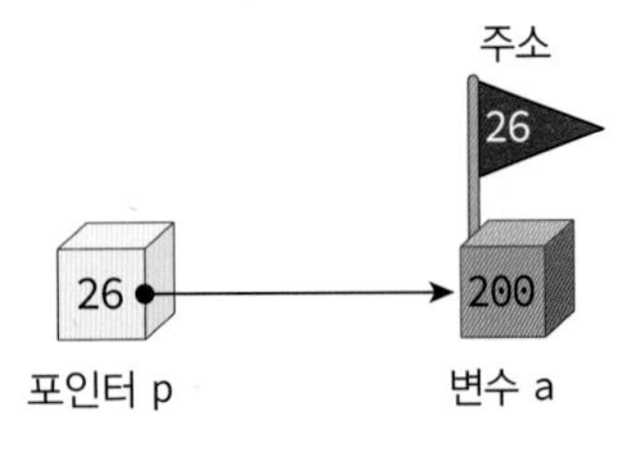

[그림 3-11] 포인터를 통한 변수값의 변경.

이들 예제 문장에서는 *p와 a가 동일한 메모리 위치를 참조함을 유의해야 한다. 즉 *p와 a는 전적으로 동일하다. 즉 값만 같은 것이 아니고 동일한 실제적인 객체를 가리키기 때문에 *p의 값을 변경하게 되면 a의 값도 바뀌게 된다.

다양한 포인터

포인터는 다음과 같이 여러 가지 자료형에 대하여 선언될 수 있다.

```
int *p;       // p는 int형 변수를 가리키는 포인터
float *pf;    // pf는 double형 변수를 가리키는 포인터
char *pc;     // pc는 char형 변수를 가리키는 포인터
```

널 포인터

널 포인터는 어떤 객체도 가리키지 않는 포인터이다. 일반적으로 C 언어에서 널 포인터는 NULL이라는 매크로로 표시한다. 포인터를 사용하기 전에는 반드시 널 포인터인지를 검사하여야 한다.

```
if( p == NULL ){
    fprintf(stderr, "오류: 포인터가 아무 것도 가리키지 않습니다.");
    return;
}
```

포인터가 아무 것도 가리키고 있지 않을 때는 항상 널 포인터 상태로 만들어 두는 것이 좋다. 널 포인터를 가지고 간접참조하려고 하면 컴퓨터 시스템에서 오류가 발생되어서 쉽게 알 수 있기 때문이다. 잘못된 포인터를 가지고 메모리를 변경하는 것은 치명적인 결과를 가져올 수 있다.

함수 매개변수로 포인터 사용하기

포인터는 함수의 매개변수로 전달될 수 있다. 특정한 변수를 가리키는 포인터가 함수의 매개변수로 전달되면 그 포인터를 이용하여 함수 안에서 외부 변수의 값을 변경할 수 있다. 하나의 예로 외부 변수 2개의 값을 서로 바꾸는 swap() 함수를 포인터를 이용하여 작성하여 보자.

프로그램 3.6 swap.c 포인터를 함수의 매개변수로 사용하는 프로그램

```
#include <stdio.h>

void swap(int *px, int *py)
{
    int tmp;
    tmp = *px;
    *px = *py;
    *py = tmp;
}
```

```
int main(void)
{
    int a = 1, b = 2;
    printf("swap을 호출하기 전: a=%d, b=%d\n", a, b);
    swap(&a, &b);
    printf("swap을 호출한 다음: a=%d, b=%d\n", a, b);
    return 0;
}
```

실행결과

```
swap을 호출하기 전: a=1, b=2
swap을 호출한 다음: a=2, b=1
```

배열과 포인터

함수로 배열이 전달되면 함수 안에서 배열의 내용을 변경할 수 있다. 그 이유는 [그림 3-12]와 같이 배열의 이름이 배열의 시작위치를 가리키는 포인터이기 때문이다.

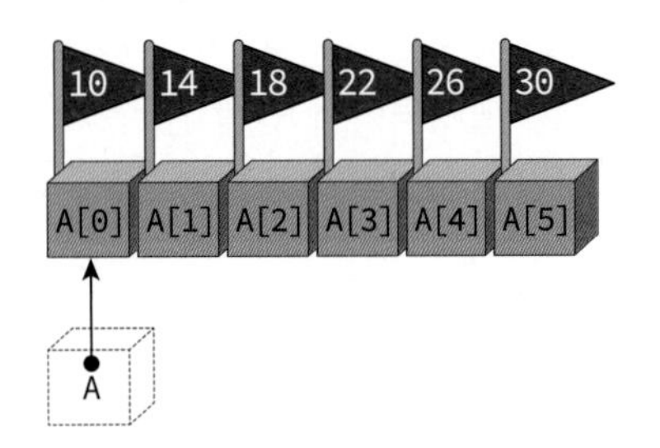

[그림 3-12] 배열과 포인터의 관계: 배열의 이름은 배열의 시작부분을 가리키는 포인터이다.

[그림 3-12] 에서 배열의 이름이 점선으로 그려져 있는 이유는 실제로 컴파일러가 배열의 이름에 공간을 할당하지는 않기 때문이다. 대신에 배열의 이름이 있는 곳을 배열의 첫 번째 요소의 주소로 대치한다. 따라서 배열의 이름이 포인터이기 때문에 배열이 함수의 매개변수로 전달될 때에 사실은 포인터가 전달되는 것이다. 이것은 메모리 공간과 함수 호출 시간을 절약하는 기법이기도 하다. 함수 호출 시에 배열을 복사할 필요가 없기 때문이다.

이것을 다음과 같은 프로그램으로 살펴보자. get_integers()와 cal_sum() 함수는 모두 배열을 매개 변수로 받는다. 배열의 경우에는 원본이 전달되므로 함수 안에서 배열의 내용을 변경하면 원본 배열이 변경된다.

프로그램 3.7 array1.c 배열을 함수의 매개변수로 사용하는 프로그램

```
#include <stdio.h>
#define SIZE 6

void get_integers(int list[])
{
    printf("6개의 정수를 입력하시오: ");
    for (int i = 0; i < SIZE; ++i) {
        scanf("%d", &list[i]);
    }
}

int cal_sum(int list[])
{
    int sum = 0;
    for (int i = 0; i < SIZE; ++i) {
        sum += *(list + i);
    }
    return sum;
}

int main(void)
{
    int list[SIZE];
    get_integers(list);
    printf("합 = %d \n", cal_sum(list));
    return 0;
}
```

실행결과

```
6개의 정수를 입력하시오: 1 2 3 4 5 6
합 = 21
```

가상 실습 3.2

* 플래시 애니메이션를 이용하여 포인터의 연산들을 학습하여 본다. 버튼들을 이용하여 포인터의 연산들을 입력하고 결과보기 버튼을 누른다. 다시 시작하려면 RESET 버튼을 누른다.

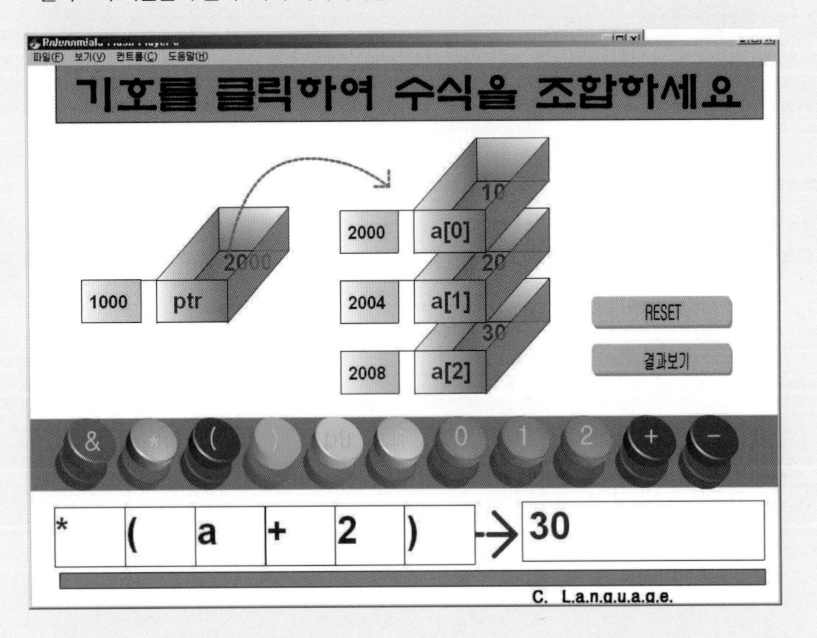

(1) *연산자와 &연산자를 배열 a와 ptr 변수에 적용시켜보라.
(2) ptr에 0, 1, 2를 더한 다음, *연산자를 이용하여 ptr이 가리키는 곳의 내용을 가져와 보라.
(3) *a, *(a+1), *(a+2)를 계산해본다.

Quiz

01 Point가 2차원 공간에서의 점을 나타내는 구조체라고 했을 때 다음의 두 가지 함수 정의의 차이점은 무엇인가?

```
double get_distance(Point p1, Point p2) { ... }
double get_distance(Point *p1, Point *p2) { ... }
```

02 Point가 2차원 공간에서의 점을 나타내는 구조체라고 했을 때 다음의 두 가지 함수 정의의 차이점은 무엇인가? 어떤 경우에 포인터의 포인터를 함수의 매개 변수로 전달하는가?

```
void sub1(Point *p) { ... }
void sub2(Point **p) { ... }
```

3.6 동적 메모리 할당

일반적인 배열은 크기가 고정되어 있다. 예를 들어서 학생들의 성적을 저장하는 아래의 배열 scores는 크기가 100으로 고정되어 있다.

```
int scores[100];
```

이 고정된 크기 때문에 많은 문제가 발생한다. 흔히 프로그램을 작성할 당시에는 얼마나 많은 입력이 있을지를 알 수 없기 때문이다. 만약 처음에 결정된 크기보다 더 큰 입력이 들어온다면 처리하지 못할 것이고 더 작은 입력이 들어온다면 남은 메모리 공간은 낭비될 것이다.

따라서 이러한 문제들을 해결하기 위하여 C 언어에서는 필요한 만큼의 메모리를 운영체제로부터 할당받아서 사용하고, 사용이 끝나면 시스템에 메모리를 반납하는 기능이 있다. 이것을 동적 메모리 할당(dynamic memory allocation)이라고 한다.

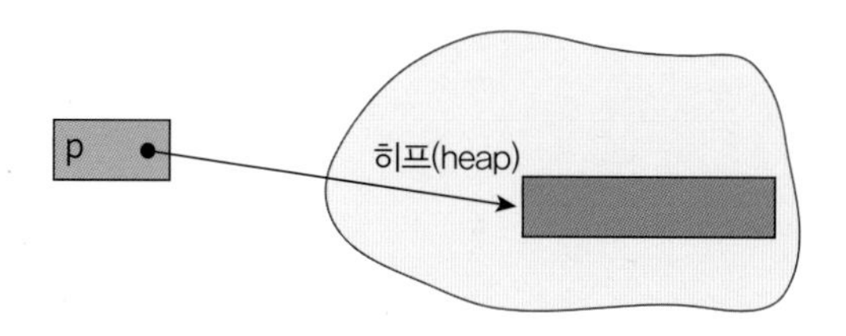

동적 메모리가 할당되는 공간을 히프(heap)라고 한다. 히프는 운영체제가 사용되지 않는 메모리 공간을 모아 놓은 곳이다. 필요한 만큼만 할당을 받고 또 필요한 때에 사용하고 반납하기 때문에 메모리를 매우 효율적으로 사용할 수 있다. 전형적인 동적 메모리 할당 코드는 다음과 같다.

```
int *p;
p = (int *)malloc(sizeof(int));  // ① 동적 메모리 할당
*p = 1000;            // ② 동적 메모리 사용
free(p);              // ③ 동적 메모리 반납
```

① malloc() 함수는 size 바이트 만큼의 메모리 블록을 할당한다. sizeof 키워드는 변수나 타입의 크기를 숫자로 반환한다. 크기의 단위는 바이트가 된다. sizeof(int)는 int형의 크기를 반환한다. malloc()은 동적 메모리 블럭의 시작 주소를 반환한다. 반환되는 주소의 타입은 void *이므로 이를 적절한 포인터로 형변환시켜야 한다. 메모리 확보가 불가능하면 NULL을 함수의 반환값으로 반환한다.

② 동적 메모리는 포인터로만 사용할 수 있다. *p는 p가 가리키는 장소이다. *p=1000; 문장을 실행하면 p가 가리키는 장소에 1000이 저장된다.

③ free() 함수는 할당된 메모리 블록을 운영체제에게 반환한다. 여기서 주의할 점은 malloc() 함수가 반환했던 포인터 값을 잊어버리면 안 된다는 것이다. 포인터값을 잊어버리면 동적 메모리를 반환할 수 없다.
malloc()은 시스템의 메모리가 부족해서 요구된 메모리를 할당할 수 없으면 NULL을 반환한다. 따라서 malloc()의 반환값은 항상 NULL인지 검사하여야 한다. 정수 10개를 저장할 수 있는 메모리를 동적으로 할당해보자.

프로그램 3.8 malloc.c 동적 메모리 할당의 예

```
// MALLOC.C: malloc을 이용하여 정수 10를 저장할 수 있는 동적 메모리를
// 할당하고 free를 이용하여 메모리를 반납한다.
#include <stdio.h>
#include <stdlib.h>
#include <malloc.h>

#define SIZE 10

int main(void)
{
    int *p;

    p = (int *)malloc(SIZE * sizeof(int));
    if (p == NULL) {
        fprintf(stderr, "메모리가 부족해서 할당할 수 없습니다.\n");
        exit(1);
    }

    for (int i = 0; i<SIZE; i++)
        p[i] = i;

    for (int i = 0; i<SIZE; i++)
        printf("%d ", p[i]);

    free(p);
    return 0;
}
```

실행결과

```
0 1 2 3 4 5 6 7 8 9
```

구조체와 포인터

우리는 구조체에 대한 포인터를 선언하고 포인터를 통하여 구조체 멤버에 접근할 수 있다. 여기서 하나 주의할 것은 포인터를 통하여 구조체의 멤버에 접근하는 편리한 표기법 "->"이다. ps가 구조체를 가리키는 포인터라고 할 때, `(*ps).i`보다 `ps->i`라고 쓰는 것이 더 편리하다. 자료 구조에서 구조체에 대한 포인터도 자주 함수의 매개변수로 전달된다. 구조체 자체를 함수로 전달하는 경우, 구조체가 함수로 복사되어 전달되기 때문에, 큰 구조체의 경우에는 구조체 포인터를 전달하는 것이 좋다.

종합적인 예제로 동적 메모리 할당을 이용하여 구조체를 생성하고 여기에 데이터를 저장해

보자. 동적으로 생성된 구조체는 포인터를 통해서만이 접근할 수 있다. 프로그램 3.11에서는 malloc() 함수를 이용하여 Student 구조체를 동적으로 생성한다.

프로그램 3.9 malloc2.c 동적 메모리 할당 사용 예제

```
#include <stdio.h>
#include <stdlib.h>
#include <string.h>

typedef struct studentTag {
    char name[10];   // 문자배열로 된 이름
    int age;         // 나이를 나타내는 정수값
    double gpa;      // 평균평점을 나타내는 실수값
} student;

int main(void)
{
    student *s;

    s = (student *)malloc(sizeof(student));
    if (s == NULL) {
        fprintf(stderr, "메모리가 부족해서 할당할 수 없습니다.\n");
        exit(1);
    }

    strcpy(s->name, "Park");
    s->age = 20;

    free(s);
    return 0;
}
```

위의 코드에서 s는 구조체를 가리키는 포인터로 선언되었다. (*s).name이라고 할 수도 있지만 s->name이 더 편리하다.

Quiz

01 다음 프로그램의 오류를 모두 지적하시오.

```
int main(void)
{
    double *p1;
    p1 = (int *)malloc(double);
    p1 = 23.92;
}
```

연습문제 EXERCISE

01 int a[10][20]에서 배열이 차지하는 메모리 공간의 크기는 얼마인가? int형은 4바이트라고 하자.

(1) 200바이트
(2) 400바이트
(3) 600바이트
(4) 800바이트

02 float a[100]으로 선언된 배열의 시작 주소를 1000번지라고 할 때, 배열의 10번째 요소의 주소는 몇 번지인가?

(1) 1010번지
(2) 1020번지
(3) 1030번지
(4) 1040번지

03 다음 배열 중에서 크기가 가장 큰 배열은?

(1) int array1[10];
(2) double array2[10];
(3) char array3[40];
(4) float array4[10];

04 크기가 10인 배열 two[]를 선언하고 여기에 2의 제곱 값들을 저장해보자. 즉 배열의 첫 번째 요소에는 2^0을 저장하고 두 번째 요소에는 2^1값을 저장한다. 마지막 요소에는 2^9값을 저장한다. for 루프를 이용하여 two[] 배열의 전체 요소의 값을 출력하는 프로그램을 작성하라.

05 person이라는 구조체를 만들어보자. 이 구조체에는 문자 배열로 된 이름, 사람의 나이를 나타내는 정수 값, 각 개인의 월급을 나타내는 float 값 등이 변수로 들어가야 한다.

06 C언어의 typedef을 이용하여 complex라고 하는 새로운 자료형을 정의하라. complex 자료형은 구조체로서 float형인 real 변수와 역시 float형인 imaginary 변수를 갖는다. complex 자료형으로 변수 c1과 c2를 선언하여보라.

07 복소수를 구조체로 표현해보자. 복소수 a와 복소수 b를 받아서 a+b를 계산하는 함수를 작성해보자. 함수는 구조체를 반환할 수 있다. 알다시피 복소수는 $real+imag*i$와 같은 형태를 갖는다.

```
Complex complex_add(Complex a, Complex b) {
    ...
}
```

08 크기가 n인 배열 array에서 임의의 위치 loc에 정수 value를 삽입하는 함수 insert()를 작성하라. 정수가 삽입되면 그 뒤에 있는 정수들은 한 칸씩 뒤로 밀려야 한다. 현재 배열에 들어있는 원소의 개수는 items개라고 하자.(여기서 items << n라고 가정)

```
void insert(int array[], int loc, int value){
   ....
}
```

09 앞의 문제에서 구현한 insert() 함수의 시간 복잡도는?

10 크기가 n인 배열 array에서 임의의 위치 loc에 있는 정수를 삭제하는 함수 delete()를 작성하라. 정수가 삭제되면 그 뒤에 있는 정수들은 한 칸씩 앞으로 이동하여야 한다. 현재 배열에 들어있는 원소의 개수는 items개라고 하자.(여기서 items << n라고 가정)

```
int delete(int array[], int loc){
   ....
}
```

11 앞의 문제에서 구현한 delete() 함수의 시간 복잡도는?

12 1개의 정수와 최대 크기가 20인 문자열로 이루어진 구조체를 저장할 수 있도록 동적 메모리를 할당받고 여기에 정수 100과 문자열 "just testing"을 저장한 다음, 동적 메모리를 반납하는 프로그램을 작성하라.

CHAPTER

04

스택

■ **학습목표**

- 스택의 개념과 추상 자료형을 이해한다.
- 스택의 동작 원리를 이해한다.
- 스택 응용 프로그램을 제작할 수 있는 능력을 배양한다.

04 스택

4.1 스택이란?

스택(stack)은 컴퓨터에서 믿을 수 없을 정도로 많이 사용되는 자료 구조이다. 예를 들어서 우리가 스마트폰에서 "뒤로 가기" 키를 누르면 현재 수행되는 앱이 종료되고 이전에 수행되던 앱이 다시 나타난다. 이때 스택이 사용된다. 스택을 영어사전에서 찾아보면 '(건초 · 밀집 따위를 쌓아 놓은) 더미, 낟가리'를 의미한다고 되어 있다. 식당에 쌓여있는 접시 더미, 책상에 쌓여있는 책, 창고에 쌓여있는 상자 등이 스택의 전형적인 예이다.

[그림 4-1] 일상생활에서의 스택의 예

창고에 쌓여있는 상자를 이용하여 스택을 설명해보자. 창고에서 새로운 상자들을 쌓을 때는 상자더미의 맨 윗부분에 놓는다. 상자가 필요하면 상자더미의 맨 위에 있는 상자를 꺼낸다. 만약 중간에서 상자를 꺼내면 전체 상자가 붕괴될 것이다. 따라서 가장 최근에 들어온 상자가 가장 위에 있게 되고, 또 먼저 나가게 된다. 이런 입출력 형태를 후입선출(LIFO: Last-In First-Out)이라고 한다. [그림 4-2]처럼 스택에 A, B, C, D를 순서대로 입력했다가 하나를 삭제하면 맨 위에 놓여진 D가 삭제된다.

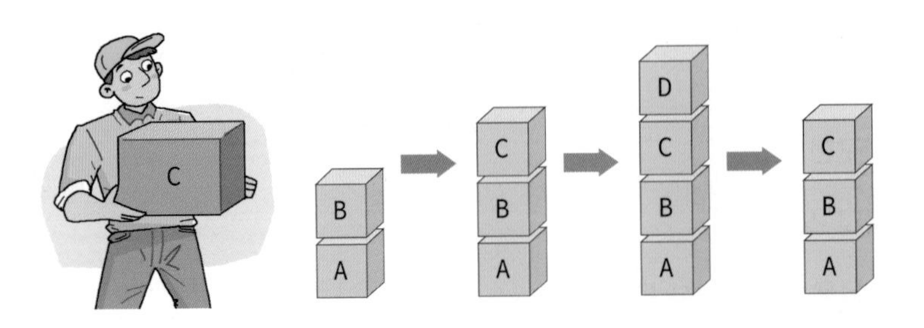

[그림 4-2] 스택의 입출력은 후입선출

스택에서의 입출력은 맨 위에서만 일어나고 스택의 중간에서는 데이터를 삭제할 수 없다. [그림 4-3]처럼 스택에서 입출력이 이루어지는 부분을 스택 상단(stack top)이라 하고 반대쪽인 바닥부분을 스택 하단(stack bottom)이라고 한다. 스택에 저장되는 것을 요소(element)라 부른다. 스택에 요소가 하나도 없을 때 그러한 스택을 공백 스택(empty stack)이라고 한다.

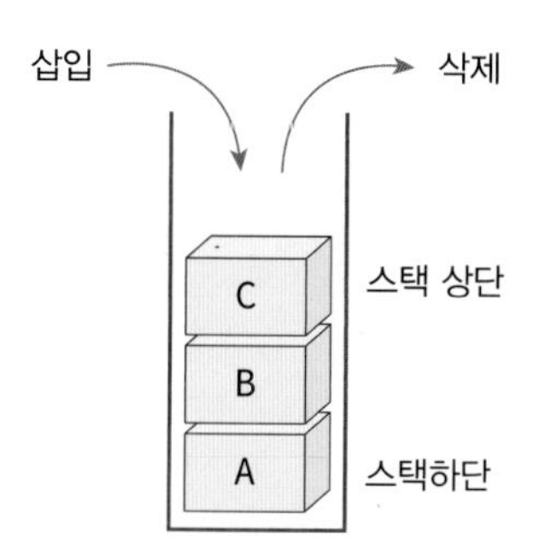

[그림 4-3] 스택의 구조

스택은 특히 자료의 출력순서가 입력순서의 역순으로 이루어져야 할 경우에 매우 긴요하게 사용된다. 예를 들면 (A, B, C, D, E)의 데이터가 있을 때 데이터들의 순서를 (E, D, C, B, A)처럼 역순으로 하고 싶다면 데이터를 전부 스택에 입력했다가 다시 꺼내면 역순으로 만들 수 있다. 예를 들면 텍스트 에디터에서 "되돌리기"(undo) 기능을 구현할 때 스택을 사용할 수 있다. 왜냐하면 수행된 명령어들 중에서 가장 최근에 수행된 것부터 되돌리기를 하여야 하기 때문이다.

예제: 시스템 스택을 이용한 함수 호출

컴퓨터 안에서는 수많은 함수 호출이 이루어지는데, 함수는 실행이 끝나면 자신을 호출한 함수로 되돌아가야 한다. 이때 스택이 사용된다. 즉 스택은 복귀할 주소를 기억하는데 사용된다. 함수는 호출된 역순으로 되돌아가야 하기 때문이다. [그림 4-4]는 함수 호출에서의 시스템 스택(운영체제가 사용하는 스택)의 사용을 보여준다. 시스템 스택에는 함수가 호출될 때마다 활성 레코드(activation record)가 만들어지며 여기에 복귀주소가 저장된다. 활성 레코드에는 프로그램 카운터 뿐만 아니라 함수 호출시 매개변수와 함수 안에서 선언된 지역 변수들이 같이 생성된다.

예를 들어서 다음과 같이 함수 호출이 일어난다고 하자.

```
void func2(){
    return;
}

void func1(){
    func2();
}

int main(void){
    func1();
    return 0;
}
```

시스템 스택에는 다음과 같은 순서로 활성 레코드가 만들어졌다가 없어지게 된다.

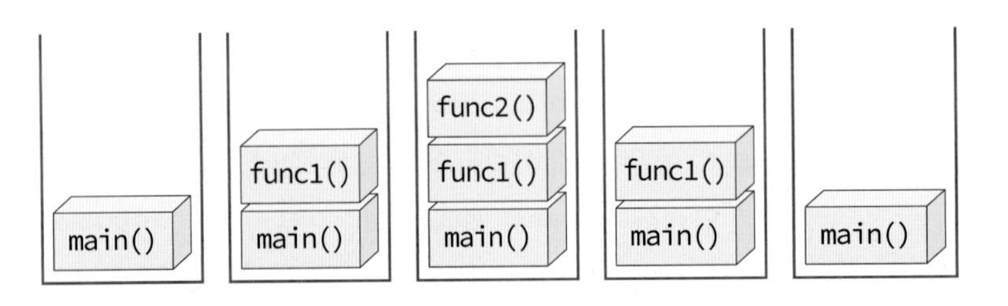

[그림 4-4] 함수호출에서의 스택의 사용

함수 호출이 일어나면 항상 시스템 스택에 동일한 방법으로 저장되므로, 함수가 자기 자신을 호출하여도 동일한 방법으로 활성 레코드가 만들어졌다가 없어지게 된다.

추상 자료형 스택

스택을 추상 자료형으로 정의하여 보자. 추상 자료형으로서의 스택은 0개 이상의 요소를 가지는 선형 리스트의 일종으로 정의되며 스택에 요소를 추가하거나 삭제하는 연산과 현재 스택 상태를 검사하는 연산들로 구성된다.

ADT 4.1 Stack

```
·객체: 0개 이상의 원소를 가지는 유한 선형 리스트
·연산:
  create(size) ::= 최대 크기가 size인 공백 스택을 생성한다.
  is_full(s) ::=
       if(스택의 원소수 == size) return TRUE;
       else return FALSE;
  is_empty(s) ::=
       if(스택의 원소수 == 0) return TRUE;
       else return FALSE;
  push(s, item) ::=
       if( is_full(s) ) return ERROR_STACKFULL;
       else 스택의 맨 위에 item을 추가한다.
  pop(s) ::=
       if( is_empty(s) ) return ERROR_STACKEMPTY;
       else 스택의 맨 위의 원소를 제거해서 반환한다.
  peek(s) ::=
       if( is_empty(s) ) return ERROR_STACKEMPTY;
       else 스택의 맨 위의 원소를 제거하지 않고 반환한다.
```

스택에는 두 가지의 기본 연산이 있다. 하나는 삽입 연산으로 push 연산이라고 하고 또 하나는 삭제 연산으로 pop 연산이라고 한다. [그림 4-5]는 스택에서의 일련의 push 연산과 pop 연산을 보여주고 있다. push(A)를 수행하면 비어 있는 스택에 A가 삽입된다. 다시 push(B)가 수행되면 B가 A위에 쌓이게 된다. 같은 식으로 push(C)가 수행되면 C가 B위에 쌓이게 된다. pop()이 수행되면 가장 위에 쌓여있는 C가 삭제된다. 만약 상자를 쌓을 때 만약 쌓을 공간이 없다면 상자를 쌓을 수 없다. 마찬가지로 만약 push 연산중에 스택이 가득차서 입력이 불가능하다면 오류가 발생한다. 또 상자더미에 상자가 있어야 만이 상자를 가져갈 수 있는 것처럼 pop 연산중에 스택에 데이터가 없어서 출력이 불가능하다면 역시 오류가 발생한다.

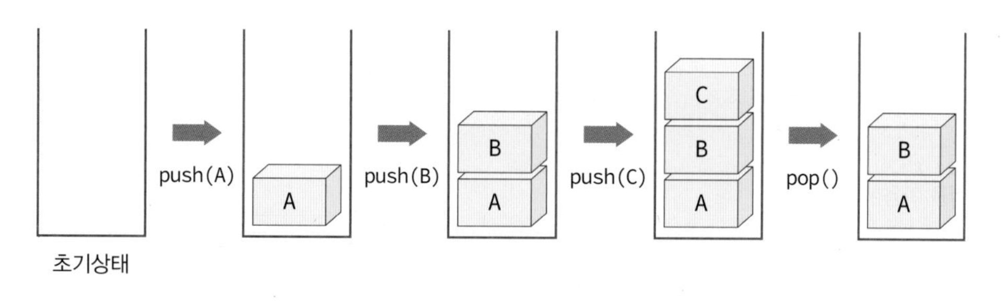

[그림 4-5] 스택의 삽입과 삭제 연산

is_empty와 is_full 연산은 스택이 공백상태에 있는지 포화상태에 있는지를 검사하는 함수이다. create 연산은 스택을 생성한다. peek 연산은 요소를 스택에서 삭제하지 않고 보기만 하는 연산이다. 이에 반하여 pop 연산은 요소를 스택에서 완전히 삭제하면서 가져온다.

스택을 구현하는 방법에는 배열을 이용하는 방법과 연결 리스트를 이용하는 방법이 있다. 배열은 구현하는 방법은 간단하고 성능이 우수한 반면에 스택의 크기가 고정되는 약점이 있다. 연결 리스트를 이용하는 방법은 구현이 약간 복잡한 반면, 스택의 크기를 필요에 따라 가변적으로 할 수 있다. 연결 리스트를 사용하는 스택은 "7장 연결리스트 II"에서 다루어본다.

01 스택과 같은 입출력 형태를 ________(LIFO)라고 한다.

02 스택을 사용하여서 a, b, c, d, e를 입력하여서 b, c, e, d, a와 같은 출력을 얻으려면 입력과 출력의 순서를 어떻게 하여야 하는가?

4.2 스택의 구현

앞의 추상 자료형 스택을 1차원 배열을 이용하여 구현해보자. 스택에는 여러 가지 필요한 내용을 넣을 수 있으나 여기서는 간단하게 int 타입의 정수가 저장되는 것으로 하자. 따라서 int 형의 1차원 배열 stack[MAX_STACK_SIZE]이 필요하다. 이 배열을 이용하여 스택의 요소들을 저장하게 된다. 또한 스택에서 가장 최근에 입력되었던 자료를 가리키는 top 변수가 필요하다. 가장 먼저 들어온 요소는 stack[0]에, 가장 최근에 들어온 요소는 stack[top]에 저장된다.

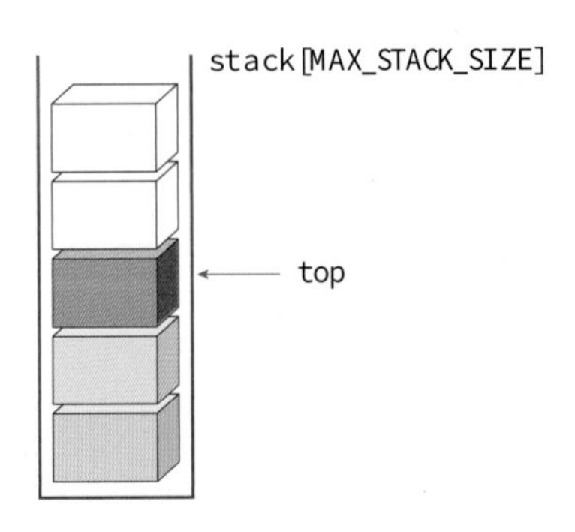

[그림 4-6] 배열을 이용한 스택의 구현

top 변수는 스택이 비어 있으면 -1의 값을 갖는다. 0의 값을 가지면 안 되는 것을 이해해야한다. top의 값이 0이면 배열의 인덱스 0에 데이터가 있다는 것을 의미하기 때문이다. 먼저 의사코드를 이용하여 알고리즘을 이해한 다음에 C언어 구현을 학습하도록 하자.

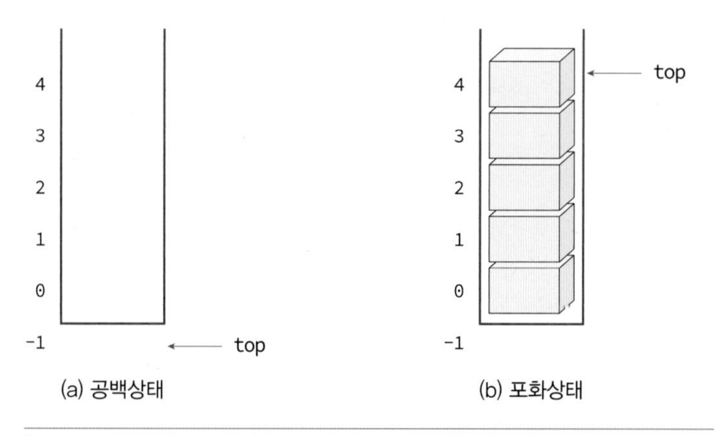

[그림 4-7] 스택의 공백상태와 포화상태: MAX_STACK_SIZE는 5이다.

알고리즘 4.1은 스택의 is_empty 연산을 의사 코드로 표현한 것이다. is_empty()는 스택이 비어 있는 지를 검사하기 위하여 top을 −1과 비교한다. 만약 top이 −1이면 TRUE가 반환될 것이다.

알고리즘 4.1 스택의 is_empty 연산

```
is_empty(S):
   if top == -1
      then return TRUE
      else return FALSE
```

알고리즘 4.2은 스택의 is_full 연산을 의사 코드로 표현한 것이다. is_full()은 스택이 가득 차 있는지를 검사하기 위하여 top을 (MAX_STACK_SIZE−1)과 비교하여 같으면 포화 상태로 판정한다. 한 가지 주의할 점은 C언어에서는 배열의 인덱스가 0부터 시작하므로 top의 값이 (MAX_STACK_SIZE−1)이면 배열의 끝까지 요소가 채워져 있음을 의미한다. 만약 top이 (MAX_STACK_SIZE−1)이면 더 이상의 삽입은 불가능하다.

알고리즘 4.2 스택의 is_full 연산

```
is_full(S):
   if top >= (MAX_STACK_SIZE-1)
      then return TRUE
      else return FALSE
```

알고리즘 4.3은 스택의 push 연산을 의사 코드로 표현한 것이다. push()에서 스택에 새로운 요소를 삽입하기 전에 필요한 것은 스택이 가득 차지 않았나를 검사하는 것이다. 이것은 is_full()을 호출하여 검사한다. 스택이 가득 차 있다면 오류 메시지가 출력되고 함수는 그냥 반환된다.

push()에서는 먼저 top의 값을 증가하는 것을 유의하라. top이 가리키는 위치는 마지막으로 삽입되었던 요소이므로 top을 증가시키지 않고 삽입하면 마지막 요소가 지워지게 된다.

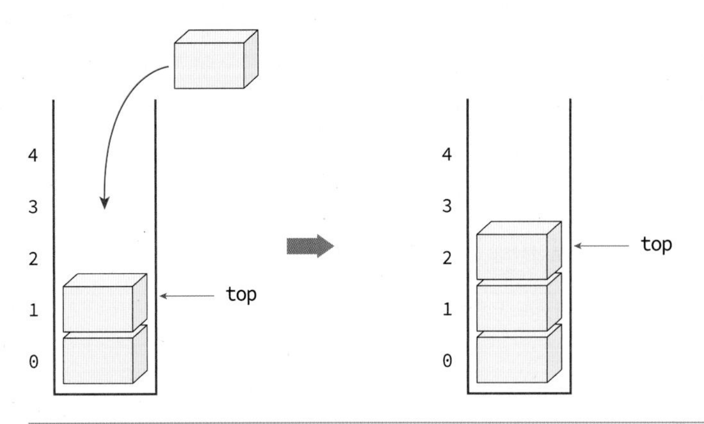

[그림 4-8] push() 함수

알고리즘 4.3 스택의 push 연산

```
push(S, x):
    if is_full(S)
        then error "overflow"
        else top←top+1
             stack[top]←x
```

pop 연산은 스택에서 하나의 요소를 제거하는 연산으로 top이 가리키는 요소를 스택에서 꺼내어 외부로 건네주는 연산이다. 먼저 요소를 제거하기 전에 스택이 비어있는지를 검사해야 한다. 스택의 공백여부는 is_empty()를 호출하여 검사한다. 스택이 비어 있으면 에러 메시지를 출력한다. 스택이 비어 있지 않으면 top이 가리키는 값을 반환하고 top을 하나 감소시킨다.

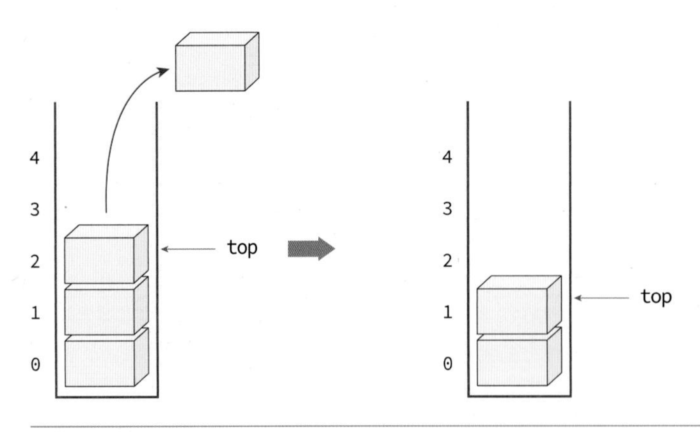

[그림 4-9] pop() 함수

알고리즘 4.4 스택의 pop 연산

```
pop(S, x):

if is_empty(S)
   then error "underflow"
   else e←stack[top]
        top←top-1
        return e
```

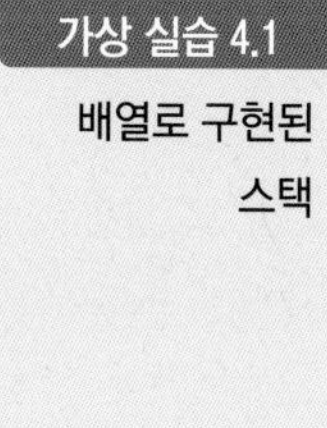

* 스택 애플릿을 이용하여 스택 알고리즘을 실습해보자.

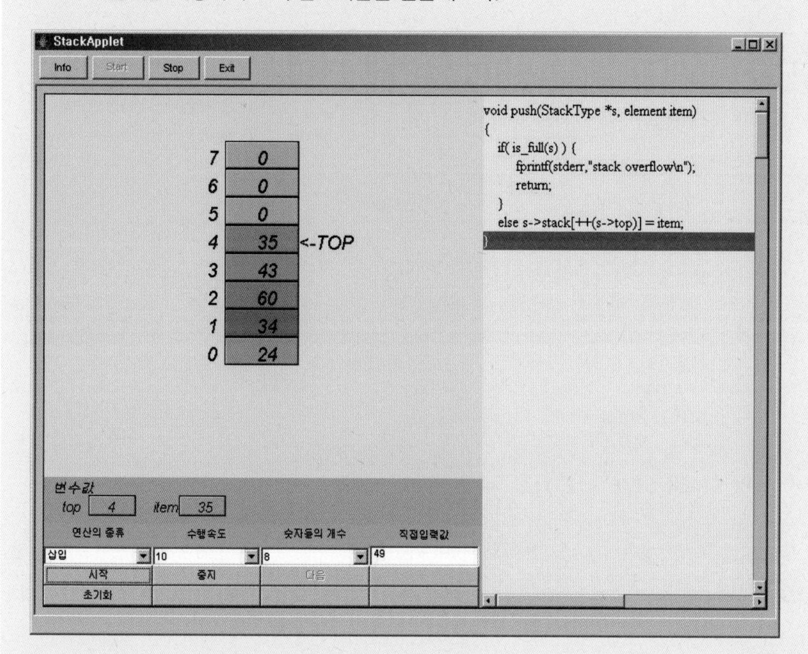

(1) '직접입력값' 필드에 입력하고자 하는 값을 입력한다.

(2) '수행속도'를 단계실행이나 적당한 속도로 설정한 다음, '다음' 버튼이나 '시작' 버튼을 눌러서 프로그램을 실행시킨다.

(3) 프로그램 코드가 실행되면서 스택의 내용이 어떻게 변화되는지를 살펴본다.

스택을 C언어의 배열을 이용하여 구현하여 본다. 2가지의 방법으로 구현한 후에 이들의 장단점을 숙고해 보자.

전역 변수로 구현하는 방법

1차원 배열과 top 변수를 모두 전역 변수로 구현한다. 전역 변수로 구현되기 때문에 배열이나 top 변수를 함수의 매개 변수로 전달할 필요가 없다. 스택에 저장되는 데이터의 타입은 typedef을 이용하여 element로 정의되었다. 현재는 정수형으로 정의되어 있다. push 연산은 top을 먼저 증가시킨 다음, 증가된 위치에 데이터를 저장한다. pop 연산은 먼저 top이 가리키는 위치에서 데이터를 꺼내온 다음, top을 하나 감소한다.

프로그램 4.1 **정수 배열 스택 프로그램**

```
#include <stdio.h>
#include <stdlib.h>

#define MAX_STACK_SIZE 100        // 스택의 최대 크기
typedef int element;              // 데이터의 자료형
element stack[MAX_STACK_SIZE];    // 1차원 배열
int top = -1;

// 공백 상태 검출 함수
int is_empty()
{
    return (top == -1);
}
// 포화 상태 검출 함수
int is_full()
{
    return (top == (MAX_STACK_SIZE - 1));
}
// 삽입 함수
void push(element item)
{
    if (is_full()) {
        fprintf(stderr, "스택 포화 에러\n");
        return;
    }
    else stack[++top] = item;
}
// 삭제 함수
element pop()
{
    if (is_empty()) {
        fprintf(stderr, "스택 공백 에러\n");
        exit(1);
    }
    else return stack[top--];
}
```

스택이 전역 변수로 구현된다.

```
// 피크 함수
element peek()
{
    if (is_empty()) {
        fprintf(stderr, "스택 공백 에러\n");
        exit(1);
    }
    else return stack[top];
}

int main(void)
{
    push(1);
    push(2);
    push(3);
    printf("%d\n", pop());
    printf("%d\n", pop());
    printf("%d\n", pop());
    return 0;
}
```

실행결과

```
3
2
1
```

스택의 요소를 구조체로 하기

만약 스택에 저장되어야 하는 값이 정수나 문자가 아니고 더 복잡한 구조를 갖는 요소이면 어떻게 해야 할까? 예를 들면 학생에 대한 정보라면 학생의 학번, 이름, 주소 등의 정보가 요소에 포함되어야 할 것이다. 이런 경우에는 스택에 구조체를 저장하면 된다. 구조체 안에 필요한 모든 정보를 넣으면 된다. 프로그램 4.2에 구조체로 이루어진 일반적인 스택에 대한 코드를 나타내었다.

프로그램 4.2 구조체 배열 스택 프로그램

```
#include <stdio.h>
#include <stdlib.h>
#define MAX_STACK_SIZE 100
#define MAX_STRING 100
```

```
typede struct {
    int student_no;
    char name[MAX_STRING];
    char address[MAX_STRING];
} element;

element stack[MAX_STACK_SIZE];
int top = -1;

// 공백 상태 검출 함수
int is_empty()
{
    return (top == -1);
}
// 포화 상태 검출 함수
int is_full()
{
    return (top == (MAX_STACK_SIZE - 1));
}

// 삽입 함수
void push(element item)
{
    if (is_full()) {
        fprintf(stderr, "스택 포화 에러\n");
        return;
    }
    else stack[++top] = item;
}
// 삭제 함수
element pop()
{
    if (is_empty()) {
        fprintf(stderr, "스택 공백 에러\n");
        exit(1);
    }
    else return stack[top--];
}

// 피크함수
element peek()
{
    if (is_empty()) {
        fprintf(stderr, "스택 공백 에러\n");
        exit(1);
    }
    else return stack[top];
}
```

스택에 저장되는 데이터를 구조체로 정의된다.

```
int main(void)
{
    element ie = { 20190001,
                   "Hong",
                   "Soeul" };
    element oe;

    push(ie);
    oe = pop();

    printf("학번: %d\n", oe.student_no);
    printf("이름: %s\n", oe.name);
    printf("주소: %s\n", oe.address);
    return 0;
}
```

실행결과

```
학번: 20190001
이름: Hong
주소: Soeul
```

지금부터는 스택에 저장되는 요소의 타입은 항상 element라고 가정한다. 만약 정수 스택이 필요하면 element 타입을 정수로 정의하면 된다. 일반적인 경우에는 element 타입이 구조체가 될 것이다. 구조체 안에는 무엇이든지 넣을 수 있기 때문이다.

관련된 데이터를 함수의 매개변수로 전달하는 방법

앞에서 설명한 방법은 이해하기 쉽게 구현하기 쉽지만 약간의 단점이 있는데 stack 배열과 top이 전역변수로 선언되기 때문에 하나의 프로그램에서 여러 개의 스택을 동시에 사용하기가 어렵다는 점이다. 최근의 C++나 자바의 경우에는 이 문제를 객체지향의 개념을 이용하여 우아하게 해결할 수 있다. 그러나 C에서도 다음과 같이 하면 이 문제를 어느 정도 완화할 수 있다. 즉 top과 stack 배열을 하나의 구조체로 결합시키고 이 구조체의 포인터를 함수로 전달한다. 즉 StackType이라는 새로운 구조체 타입을 만들고 여기에 stack 배열과 top을 넣는다. 그리고 이 구조체에 대한 포인터를 각 함수의 매개변수로 전달하는 것이다. 모든 함수에서는 만약 전달된 구조체 포인터가 s이면, 기존의 top이라고 사용하던 것을 s->top으로 변경하면 된다. stack 배열도 s->stack으로 변경하여 사용하면 된다. 이렇게 하면 쉽게 여러 개의 스택을 쉽게 만드는 것이 가능해진다. 즉 필요할 때마다 StackType을 사용하여 구조체를 만들면 된다. 프로그램 4.3에 이러한 구현 방법을 보였다. 앞으로 모든 자료 구조는 이러한 방식으로 구현될 것이다.

이 방법에서는 StackType 구조체 안에 들어 있는 변수들을 초기화하기 위하여 init_stack() 함수가 필요하다. 여기서 주의할 것은 스택을 초기화하기 위하여 1차원 배열을 0으로 채울 필요는 없다. 배열에 어떤 값이 존재하더라도 top의 값만 −1로 하면 스택은 비어 있는 것으로 간주된다.

프로그램 4.3 일반적인 배열 스택 프로그램

```
#include <stdio.h>
#include <stdlib.h>

// 차후에 스택이 필요하면 여기만 복사하여 붙인다.
// ===== 스택 코드의 시작 =====
#define MAX_STACK_SIZE 100

typedef int element;
typede struct {
    element data[MAX_STACK_SIZE];
    int top;
} StackType;

// 스택 초기화 함수
void init_stack(StackType *s)
{
    s->top = -1;
}

// 공백 상태 검출 함수
int is_empty(StackType *s)
{
    return (s->top == -1);
}
// 포화 상태 검출 함수
int is_full(StackType *s)
{
    return (s->top == (MAX_STACK_SIZE - 1));
}

// 삽입함수
void push(StackType *s, element item)
{
    if (is_full(s)) {
        fprintf(stderr, "스택 포화 에러\n");
        return;
    }
    else s->data[++(s->top)] = item;
}
```

스택이 구조체로 정의된다.

모든 연산은 구조체의 포인터를 받는다.

```
// 삭제함수
element pop(StackType *s)
{
    if (is_empty(s)) {
        fprintf(stderr, "스택 공백 에러\n");
        exit(1);
    }
    else return s->data[(s->top)--];
}
// 피크함수
element peek(StackType *s)
{
    if (is_empty(s)) {
        fprintf(stderr, "스택 공백 에러\n");
        exit(1);
    }
    else return s->data[s->top];
}
// ===== 스택 코드의 끝 =====

int main(void)
{
    StackType s;

    init_stack(&s);
    push(&s, 1);
    push(&s, 2);
    push(&s, 3);
    printf("%d\n", pop(&s));
    printf("%d\n", pop(&s));
    printf("%d\n", pop(&s));
}
```

스택을 정적으로 생성한다.

함수를 호출할 때 스택의 주소를 전달한다.

실행결과

```
3
2
1
```

위의 코드에서 약간 복잡해지는 요인은 구조체의 포인터를 각 함수에 전달하여야 한다는 점이다. 각 함수에서는 구조체의 포인터를 이용하여 스택을 조작한다. 이것은 C언어에서의 함수 매개변수 전달 방식이 기본적으로 값 전달 방식(call by value)이기 때문이다. 즉 구조체를 함수의 매개변수로 전달하였을 경우, 구조체의 원본이 전달되는 것이 아니라 구조체의 복사본이 함수에 전달된다. 따라서 함수 안에서는 복사본을 수정하여도 원본에는 영향을 주지 못한다. 그러나 원본에 대한 포인터를 전달하면 원본을 변경할 수 있다. 위의 코드를 사용하면 여러 개의 스택을 동시에 만들 수 있다는 큰 장점이 존재한다. 따라서 이제부터는 이 방식을 이용하여 각종 자료 구조들을 구현하기로 한다.

도전문제 위의 프로그램에서 스택을 2개 생성해보자. 첫 번째 스택에 1, 2, 3을 추가하였다가 삭제하여 그대로 두 번째 스택에 넣는다. 두 번째 스택에서 삭제하여 출력해본다. 데이터의 순서는 어떻게 되는가?

스택을 동적 메모리 할당으로 생성하는 방법

프로그램 4.3에서는 스택을 정적으로 선언하였으나 동적 메모리 할당을 이용하여 스택을 생성할 수도 있다. 이 방법을 사용하면 각종 함수들을 호출할 때 보다 자연스러운 표현이 가능하다. 하지만 사용이 끝나면 반드시 동적 메모리를 반환해야 하는 단점도 있다.

프로그램 4.4 동적 스택 프로그램

```
...
int main(void)
{
    StackType *s;
    s = (StackType *)malloc(sizeof(StackType));
    init_stack(s);
    push(s, 1);
    push(s, 2);
    push(s, 3);
    printf("%d\n", pop(s));
    printf("%d\n", pop(s));
    printf("%d\n", pop(s));
    free(s);
}
```

스택을 동적으로 생성한다.

동적 메모리는 반드시 반환해야 한다.

01 스택에서 top의 초기값은 무엇인가?

02 스택에서 top이 가리키는 것은 무엇인가?

03 top이 8이면 현재 스택에 저장된 데이터의 총수는 몇 개인가?

4.3 동적 배열 스택

앞에서는 모두 컴파일 시간에 크기가 결정되는 1차원 배열을 사용하였다. 따라서 컴파일 시간에 필요한 스택의 크기를 알아야 하는데 실제로는 아주 어렵다. C언어에는 malloc()을 호출하여서 실행 시간에 메모리를 할당 받을 수 있다. 이 기능을 사용하면 필요할 때마다 스택의 크기를 동적으로 늘릴 수 있다. 다음은 동적 메모리 할당을 이용하는 스택 코드이다.

```
typedef int element;
typedef struct {
    element *data;      // data은 포인터로 정의된다.
    int capacity;       // 현재 크기
    int top;
} StackType;
```

스택이 만들어질 때, 1개의 요소를 저장할 수 있는 공간을 일단 확보한다.

```
// 스택 생성 함수
void init_stack(StackType *s)
{
    s->top = -1;
    s->capacity = 1;
    s->data = (element *)malloc(s->capacity*sizeof(element));
}
// 스택 삭제 함수
void delete(StackType *s)
{
    free(s);
}
```

가장 큰 변화가 있는 함수는 push()이다. 공간이 부족하면 메모리를 2배로 더 확보한다.

```
void push(StackType *s, element item)
{
    if (is_full(s)) {
        s->capacity *= 2;
        s->data =
            (element *)realloc(s->data, s->capacity * sizeof(element));
    }
    s->data[++(s->top)] = item;
}
```

pop() 코드는 변경이 없다. realloc()은 동적 메모리의 크기를 변경하는 함수로서 현재 내용은 유지하면서 주어진 크기로 동적 메모리를 다시 할당한다. 배열의 크기는 2배씩 늘어난다. 현재는 소스를 간단하게 만들기 위하여 malloc()에서 반환되는 값을 검사하는 코드는 생략하였다. 실제로는 반드시 반환되는 값이 NULL이 아닌지 검사하여야 한다. 간단하게 테스트 코드를 작성해보면 다음과 같다.

프로그램 4.5 동적 배열 스택 프로그램

```
#include <stdio.h>
#include <stdlib.h>
#define MAX_STACK_SIZE 100

typedef int element;
typedef struct {
    element *data;      // data은 포인터로 정의된다.
    int capacity;       // 현재 크기
    int top;
} StackType;

// 스택 생성 함수
void init_stack(StackType *s)
{
    s->top = -1;
    s->capacity = 1;
    s->data = (element *)malloc(s->capacity * sizeof(element));
}

// 공백 상태 검출 함수
int is_empty(StackType *s)
{
    return (s->top == -1);
}

// 포화 상태 검출 함수
int is_full(StackType *s)
{
    return (s->top == (s->capacity - 1));
}
void push(StackType *s, element item)
{
    if (is_full(s)) {
        s->capacity *= 2;
        s->data =
            (element *)realloc(s->data, s->capacity * sizeof(element));
    }
    s->data[++(s->top)] = item;
}
```

```
// 삭제함수
element pop(StackType *s)
{
    if (is_empty(s)) {
        fprintf(stderr, "스택 공백 에러\n");
        exit(1);
    }
    else return s->data[(s->top)--];
}
int main(void)
{
    StackType s;
    init_stack(&s);
    push(&s, 1);
    push(&s, 2);
    push(&s, 3);
    printf("%d \n", pop(&s));
    printf("%d \n", pop(&s));
    printf("%d \n", pop(&s));
    free(s.data);
    return 0;
}
```

실행결과

```
3
2
1
```

4.4 스택의 응용: 괄호 검사 문제

프로그램에서는 여러 가지 종류의 괄호들이 사용되는데, 괄호들은 항상 쌍이 되게끔 사용되어야 한다. 프로그램에서 사용되는 괄호는 대괄호 [,], 중괄호 {, }, 소괄호 (,) 등이다. 이들이 올바르게 사용되었는지를 스택을 사용하여 검사해보자. 괄호의 검사 조건은 다음의 3가지이다.

- 조건 1: 왼쪽 괄호의 개수와 오른쪽 괄호의 개수가 같아야 한다.
- 조건 2: 같은 종류의 괄호에서 왼쪽 괄호는 오른쪽 괄호보다 먼저 나와야 한다.
- 조건 3: 서로 다른 종류의 왼쪽 괄호와 오른쪽 괄호 쌍은 서로를 교차하면 안 된다.

괄호가 일치하지 않으면 잘못된 프로그램이기 때문에 컴파일러가 이것을 검사하여야 한다.

```
{ A[(i+1)]=0; }          -> 오류없음
if((i==0) && (j==0)      -> 오류: 조건 1 위반
A[(i+1])=0;              -> 오류: 조건 3 위반
```

이러한 괄호 사용의 오류를 검사하는데 스택을 사용할 수 있다. 위의 괄호들을 자세히 살펴보면 가장 가까운 거리에 있는 괄호들끼리 서로 쌍을 이루어야 됨을 알 수 있다. 따라서 스택을 사용하여 왼쪽 괄호들을 만나면 계속 삽입하다가 오른쪽 괄호들이 나오면 스택에서 가장 최근의 왼쪽괄호를 꺼내어 타입을 맞추어보면 쉽게 괄호들의 오류를 검사할 수 있다. 스택은 항상 최근에 삽입한 것이 먼저 필요한 경우에 유용하다.

좀 더 상세하게 알고리즘을 살펴보자. 괄호의 오류 여부를 조사하려면 먼저 문자열에 있는 괄호를 차례대로 조사하면서 왼쪽 괄호를 만나면 스택에 삽입하고, 오른쪽 괄호를 만나면 스택에서 맨 위의 괄호를 꺼낸 후 오른쪽 괄호와 짝이 맞는지를 검사한다. 이 때, 스택이 비어 있으면 조건 1 또는 조건 2 등을 위배하게 되고 괄호의 짝이 맞지 않으면 조건 3 등에 위배된다. 마지막 괄호까지를 조사한 후에도 스택에 괄호가 남아 있으면 조건 1에 위배되므로 오류이므로 FALSE를 반환하고 그렇지 않으면 성공이므로 TRUE를 반환한다.

[그림 4-10]은 위의 괄호 예제 문장에 대하여 위의 알고리즘을 적용시켰을 때의 과정을 단계별로 보여주고 있다.

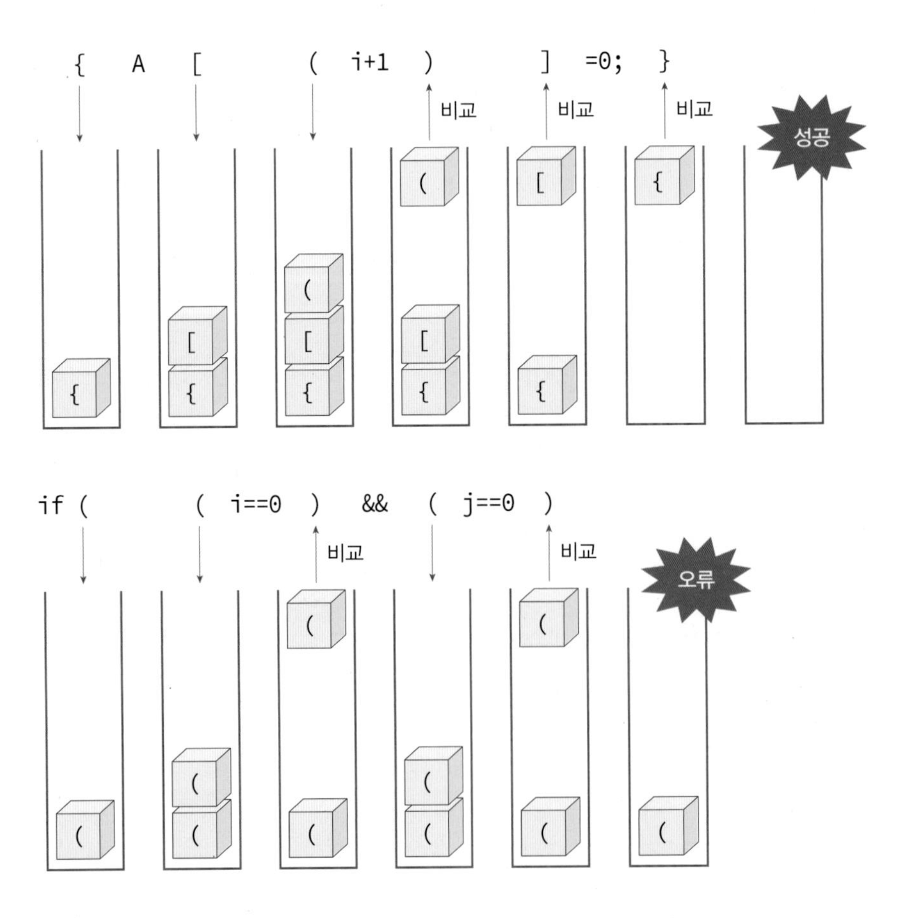

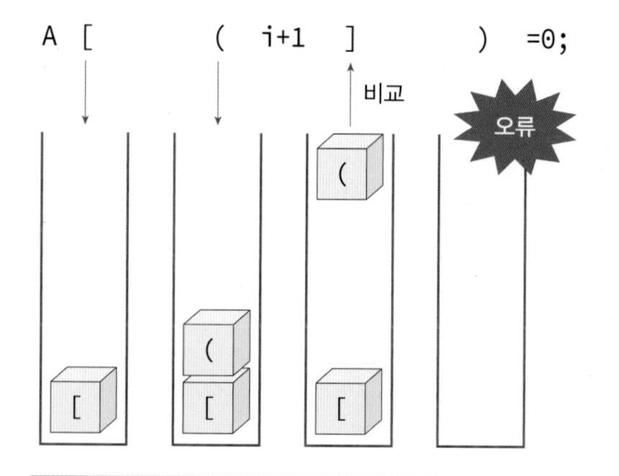

[그림 4-10] 괄호 검사 과정

괄호 검사 알고리즘을 의사 코드로 만들어보면 다음과 같다.

알고리즘 4.5 괄호검사 알고리즘

```
check_matching(expr):

while (입력 expr의 끝이 아니면)
ch ← expr의 다음 글자
switch(ch)
   case '(': case '[': case '{':
      ch를 스택에 삽입
      break
   case ')': case ']': case '}':
      if ( 스택이 비어 있으면 )
         then 오류
         else 스택에서 open_ch를 꺼낸다
            if (ch와 open_ch가 같은 짝이 아니면)
               then 오류 보고
   break
if( 스택이 비어 있지 않으면 )
   then 오류
```

이상의 알고리즘을 더욱 확실하게 이해하기 위하여 다음의 가상 실습 소프트웨어를 이용하여 실습을 해보자.

가상 실습 4.2

괄호 검사

괄호검사 애플릿을 이용하여 괄호검사 알고리즘을 실습하여 보자.

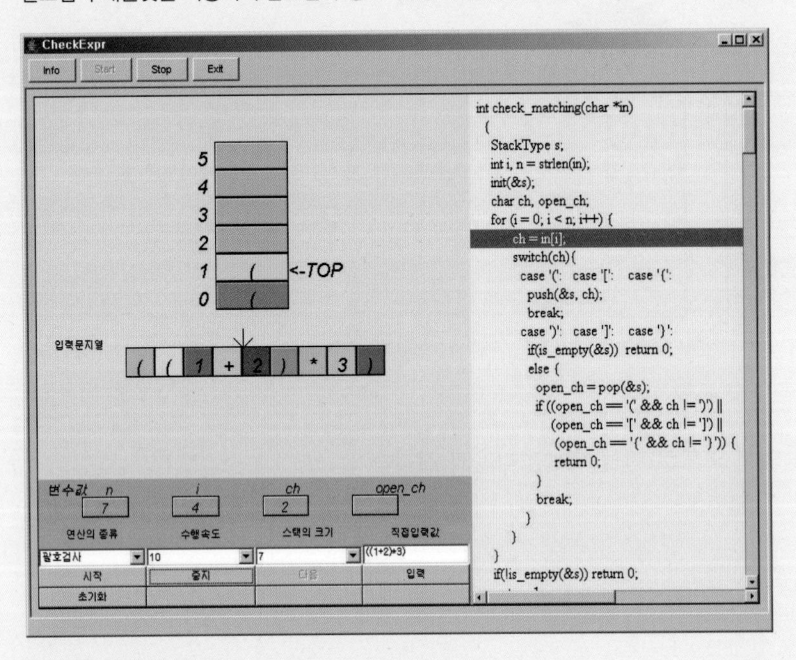

(1) "직접입력"필드에 검사하고자 하는 수식을 입력한다.

(2) 수행속도를 단계실행이나 적당한 속도로 설정한 다음, "다음" 버튼이나 시작 버튼을 눌러서 프로그램을 수행시킨다.

(3) 프로그램 코드가 실행되면서 스택의 내용이 어떻게 변화되는지를 살펴본다.

괄호 검사 알고리즘을 C언어를 이용하여 구현하면 다음과 같다. 여기서의 스택은 문자를 저장하여야 한다. 따라서 스택의 element 타입이 char로 정의되었다.

프로그램 4.6 괄호 검사 프로그램

```
#include <stdio.h>
#include <stdlib.h>
#include <string.h>
#define MAX_STACK_SIZE 100

// 프로그램 4.3에서 스택 코드 추가
typedef char element;       // 교체!
// ...
// 프로그램 4.3에서 스택 코드 추가 끝

int check_matching(const char *in)
{
```

```
    StackType s;
    char ch, open_ch;
    int i, n = strlen(in); // n= 문자열의 길이
    init_stack(&s);        // 스택의 초기화

    for (i = 0; i < n; i++) {
        ch = in[i];        // ch = 다음 문자
        switch (ch) {
        case '(': case '[': case '{':
            push(&s, ch);
            break;
        case ')': case ']': case '}':
            if (is_empty(&s)) return 0;
            else {
                open_ch = pop(&s);
                if ((open_ch == '(' && ch != ')') ||
                    (open_ch == '[' && ch != ']') ||
                    (open_ch == '{' && ch != '}')) {
                    return 0;
                }
                break;
            }
        }
    }
    if (!is_empty(&s)) return 0; // 스택에 남아있으면 오류
    return 1;
}

int main(void)
{
    char *p = "{ A[(i+1)]=0; }";
    if (check_matching(p) == 1)
        printf("%s 괄호검사성공\n", p);
    else
        printf("%s 괄호검사실패\n", p);
    return 0;
}
```

실행결과

```
{ A[(i+1)]=0; } 괄호검사성공
```

Quiz

01 다음과 같은 수식이 스택을 이용하여서 어떻게 처리되는지 그림으로 그려서 설명하라.

{ (a+b)*k[2+3*n] }

{ [(2+10)*u]/3]

4.5 스택의 응용: 후위 표기 수식의 계산

우리는 컴퓨터 프로그램에서 많은 수식을 만난다. 예를 들어서 다음과 같은 복잡한 수식도 자주 만나게 된다.

$$y=a^*(b-c)+d/c$$

수식은 연산자와 피연산자, 괄호로 이루어져 있다. 연산자들은 우선순위가 있어서 우선순위가 높은 연산자가 먼저 계산된다. 위의 수식에서는 괄호가 가장 우선순위가 높기 때문에 괄호 안이 가장 먼저 계산되고 이어서 곱셈, 나눗셈, 덧셈, 뺄셈 순으로 계산된다. 컴파일러는 어떤 도구를 사용하여 수식을 계산하는 것일까? 수식은 스택을 사용하여 계산된다.

수식을 표기하는 방법에는 중위(infix), 후위(postfix), 전위(prefix)의 3가지 방법이 있다. 연산자가 피연산자 사이에 있으면 중위이고 연산자가 피연산자 뒤에 있으면 후위이다. 연산자가 피연산자 앞에 있으면 전위라고 한다. 인간은 주로 중위표기법을 사용하지만 컴파일러는 주로 후위표기법을 사용한다. 프로그래머가 수식을 중위표기법으로 작성하면 컴파일러는 이것을 후위표기법으로 변환한 후에 스택을 이용하여 계산한다.

〈표 4-1〉 수식의 3가지 표기법

중위 표기법	전위 표기법	후위 표기법
2+3*4	+2*34	234*+
a*b+5	+*ab5	ab*5+
(1+2)*7	*+127	12+7*

컴파일러에서 후위 표기 방법을 선호하는 이유는 무엇일까? 중위 표기 방법에서는 먼저 계산하여야 할 부분을 나타내기 위하여 괄호를 사용하여야 하는데 비하여 후위 표기 방식에서는 괄호가 필요 없다. 즉 중위 표기 수식 (1+2)*7의 경우 괄호는 더하기 연산이 곱하기 연산보다 먼저 수행되어야 함을 나타낸다. 똑같은 식을 후위 표기 방법으로 나타내면 12+7*가 되어 괄호를 쓰지 않고서도 우선 계산하여야 할 내용을 나타낼 수 있다. 또 연산자의 우선순위도 생각할 필요가 없다. 이미 식 자체에 우선순위가 표현되어 있기 때문이다. 또 다른 후위 표기 방법의 장점으로는 중위 표현식의 경우 괄호가 존재하기 때문에 수식을 끝까지 읽은 후에 계산을 시작해야 한다. 그러나 후위 표기 수식에서는 그럴 필요 없이 수식을 읽으면서 바로 계산을 하여도 된다.

여기서는 후위 표기 수식을 어떻게 스택을 이용하여 계산할 수 있는지 살펴보자. 후위 표기 수식을 계산하려면 먼저 수식을 왼쪽에서 오른쪽으로 스캔하여 피연산자이면 스택에 저장하고 연산자이면 필요한 수만큼의 피연산자를 스택에서 꺼내 연산을 실행하고 연산의 결과를 다시 스택에 저장하면 된다.

예를 들어 후위 표기 수식 82/3-32*+을 스택을 이용하여 계산하는 과정이 [그림 4-11]에 나와 있다. 이 후위 표기 수식을 왼쪽에서 오른쪽으로 스캔하면 제일 먼저 8을 만나게 된다. 8은 피연산자이므로 스택에 삽입된다. 다음에 만나는 피연산자인 2도 마찬가지로 스택에 저장된다. 다음 글자인 /은 나누기 연산자이다. 연산자이므로 스택에서 8와 2을 꺼내어 나누기 연산을 한 결과인 8/2 = 4를 스택에 삽입한다. 다음 글자인 3은 피연산자이므로 스택에 저장, -는 연산자이므로 스택에서 4와 3을 꺼내어 뺄셈 연산을 하고 4-3=1을 스택에 저장한다. 이런 식으로 끝까지 진행을 하면 결국 스택에는 7이 남게 되고 이 7인 전체 수식의 결과값이 된다. 만약 연산을 하려고 하였는데 스택에 원하는 만큼의 피연산자가 없으면 오류가 될 것이다.

토큰	스택						
	[0]	[1]	[2]	[3]	[4]	[5]	[6]
8	8						
2	8	2					
/	4						
3	4	3					
-	1						
3	1	3					
2	1	3	2				
*	1	6					
+	7						

[그림 4-11] 82/3-32*+계산과정에서의 스택의 내용

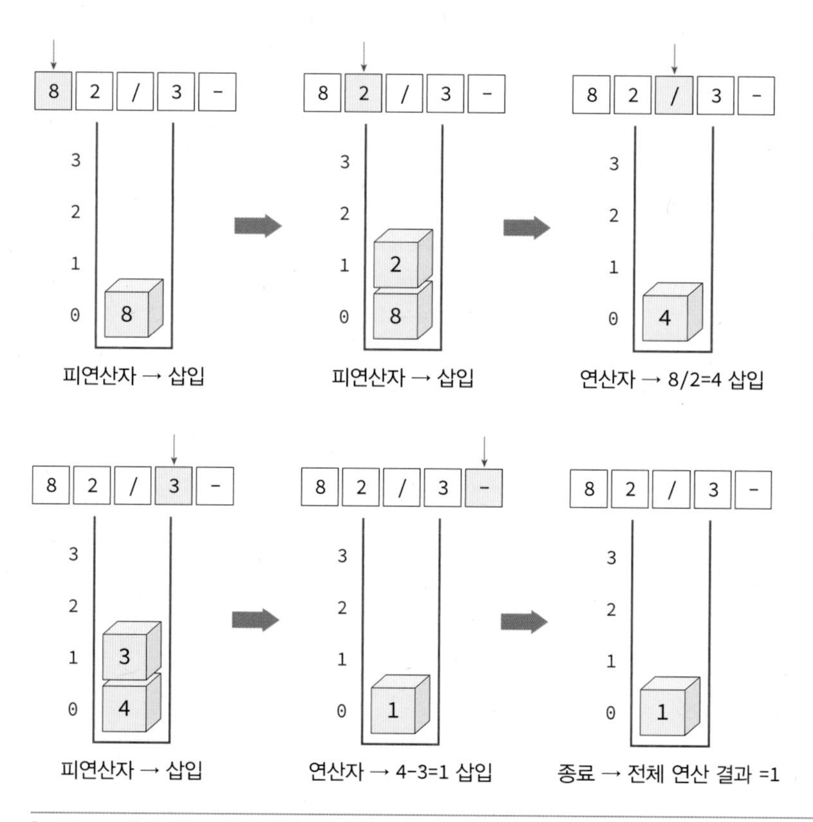

[그림 4-12] 후위 표기 수식의 계산 과정(일부)

후위 표기 수식 계산 알고리즘을 정리해보면 다음과 같다.

알고리즘 4.6 후위 표기 수식 계산 알고리즘

```
calc_posfix:
   스택 s를 생성하고 초기화한다.
   for item in 후위표기식 do
      if (item이 피연산자이면)
         push(s, item)
      else if (item이 연산자 op이면)
         second ← pop(s)
         first ← pop(s)
         result ← first op second   // op 는 +-*/중의 하나
         push(s, result)
   final_result ← pop(s);
```

가상 실습 4.3

수식계산 프로그램

* 수식계산 애플릿을 이용하여 수식계산 알고리즘을 실습하여 보자.

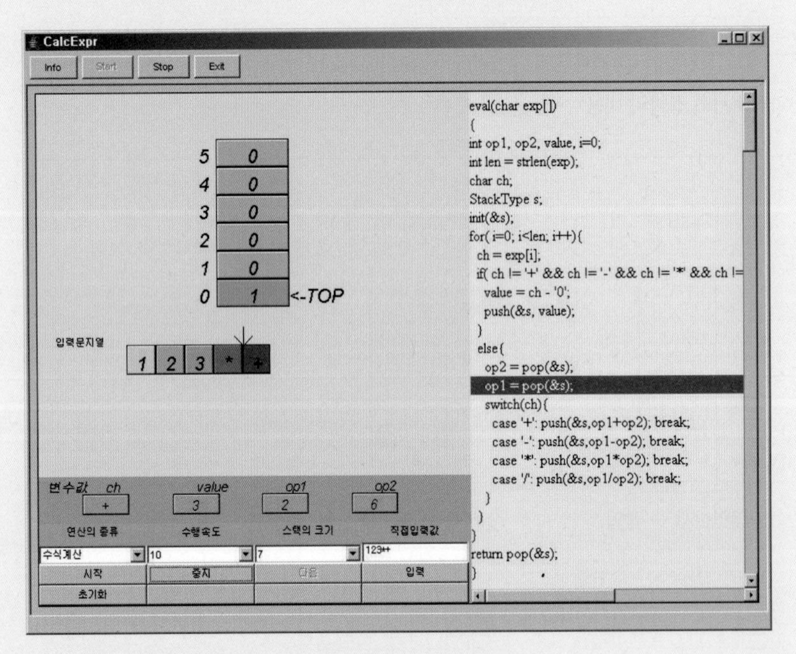

(1) '직접입력' 필드에 계산하고자 하는 수식을 입력합니다.

(2) '수행속도'를 단계실행이나 적당한 속도로 설정한 다음, '다음' 버튼이나 '시작' 버튼을 눌러서 프로그램을 수행시킵니다.

(3) 프로그램 코드가 실행되면서 스택의 내용이 어떻게 변화되는지를 살펴봅니다.

위의 알고리즘을 C로 구현하면 프로그램 4.6과 같다. 아래의 프로그램에서는 피연산자가 한 문자로 된 숫자라고 가정한다. 여러 문자로 된 숫자를 처리하려면 입력 문자열을 분석하는 프로그램이 추가로 있어야 한다.

프로그램 4.7 **후위표기식 계산**

```
#include <stdio.h>
#include <stdlib.h>
#define MAX_STACK_SIZE 100

// 프로그램 4.3에서 스택 코드 추가
typedef char element;      // 교체!
// ...
// 프로그램 4.3에서 스택 코드 추가 끝

// 후위 표기 수식 계산 함수
int eval(char exp[])
{
   int op1, op2, value, i = 0;
   int len = strlen(exp);
   char ch;
   StackType s;

   init_stack(&s);
   for (i = 0; i<len; i++) {
      ch = exp[i];
      if (ch != '+' && ch != '-' && ch != '*' && ch != '/') {
         value = ch - '0';   // 입력이 피연산자이면
         push(&s, value);
      }
      else {    // 연산자이면 피연산자를 스택에서 제거
         op2 = pop(&s);
         op1 = pop(&s);
         switch (ch) { // 연산을 수행하고 스택에 저장
         case '+': push(&s, op1 + op2); break;
         case '-': push(&s, op1 - op2); break;
         case '*': push(&s, op1 * op2); break;
         case '/': push(&s, op1 / op2); break;
         }
      }
   }
   return pop(&s);
}

int main(void)
{
```

```
    int result;
    printf("후위표기식은 82/3-32*+\n");
    result = eval("82/3-32*+");
    printf("결과값은 %d\n", result);
    return 0;
}
```

실행결과

```
후위표기식은 82/3-32*+
결과값은 7
```

중위표기수식을 후위표기수식으로 변환

앞에서 스택을 이용하여 후위 표기 수식을 계산하는 프로그램을 살펴보았다. 하지만 프로그래머가 입력하는 수식의 형태는 중위 표기법이다. 따라서 중위 표기 수식을 후위 표기 수식으로 변경하는 것이 필요하다. 중위 표기법과 후위 표기법의 공통점은 피연산자의 순서는 동일하다는 것이다. 다만 연산자들의 순서가 달라진다. 연산자들의 순서는 우선순위에 따라 결정된다.

〈표 4-2〉 중위 표기법과 후위 표기법의 비교

중위 표기법	후위 표기법
a+b	ab+
(a+b)*c	ab+c*
a+b*c	abc*+

중위 표기 수식을 후위 표기 수식으로 변환하기 위하여 입력 수식을 왼쪽에서 오른쪽으로 스캔한다. 만약 피연산자를 만나게 되면 바로 후위 표기 수식에 출력한다. 연산자를 만나게 되면 어딘가에 잠시 저장한다. 왜냐하면 후위 표기 수식에서는 기본적으로 피연산자들 뒤에 연산자가 나오기 때문이다. 따라서 적절한 위치를 찾을 때까지 출력을 보류하여야 한다. 예를 들어 $a+b$라는 수식이 있으면 a는 그대로 출력되고 $+$는 저장되며 b도 출력되고 최종적으로 저장되었던 $+$를 출력하면 $ab+$가 된다. 다른 예를 보면 $a+b*c$에서 보면 a, b, c는 그대로 출력되고 $+$, $*$는 어딘가에 저장된다. 문제는 $+$연산자와 *연산자 중에서 어떤 것이 먼저 출력되어야 할까? 기본적으로 가장 나중에 스캔된 연산자가 가장 먼저 출력되어야 한다. 따라서 연산자들은 스택에 저장되는 것이 타당하다. 왜냐하면 스택은 가장 늦게 입력된 것이 가장 먼저 출력되는 구조이기 때문이다. 따라서 $+$연산자와 $*$연산자는 스택에 저장되었다가 $*$연산자가 먼저 출력되고 $+$연산자가 나중에 출력되어 $abc*+$가 된다.

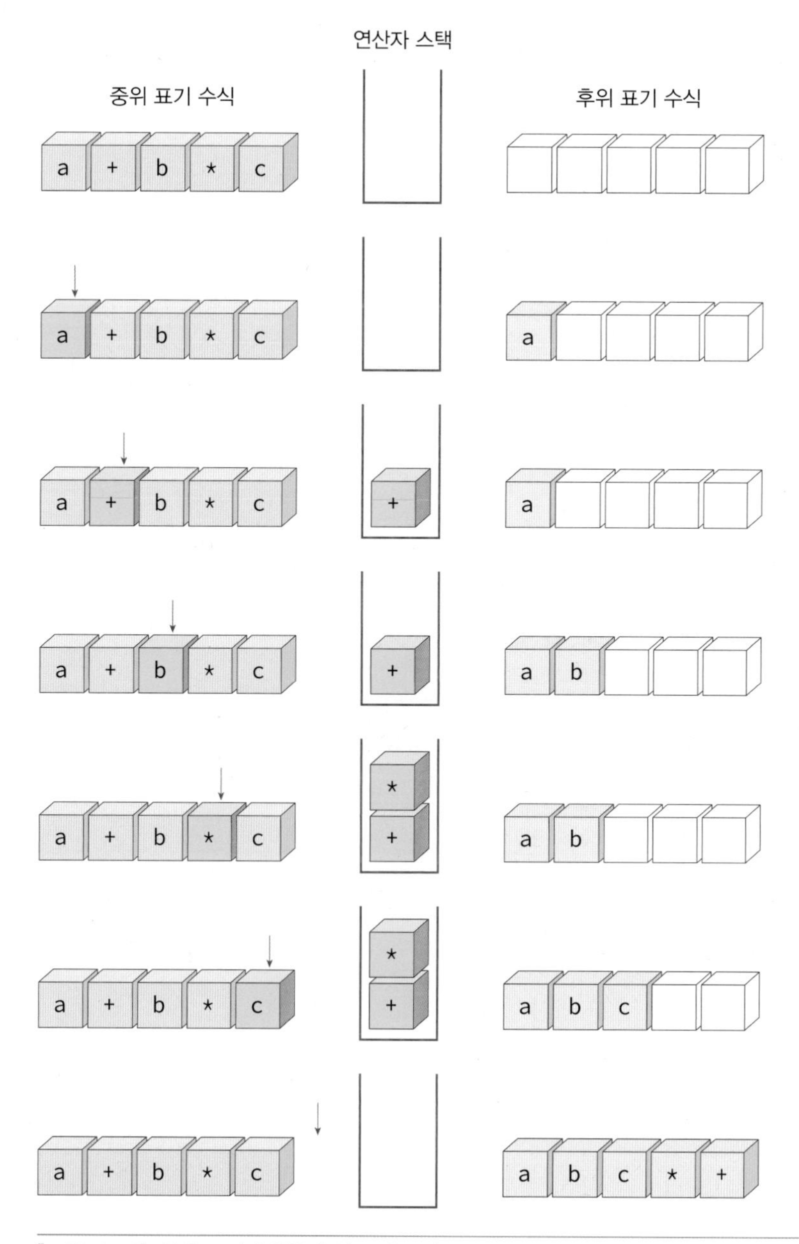

[그림 4-13] 중위 표기 수식을 후위 표기 수식으로 변환하는 예 #1

그러나 문제는 연산자들의 우선순위이다. $a*b+c$의 경우를 보면 *가 스택에 들어가 있는 상태에서, +를 스택에 넣으면 안 된다. 왜냐하면 +가 스택에 삽입되어 나중에 +가 먼저 출력되면 +가 *보다 먼저 계산되기 때문이다. 따라서 스택에 존재하는 연산자가 현재 처리중인 연산자보다 우선순위가 높으면 일단 스택에 있는 연산자들 중에서 우선순위가 높은 연산자들을 먼저 출력한 다음에 처리중인 연산자를 스택에 넣어야 한다. 만약 우선순위가 같다면 어떻게 되는가? 예를 들어 $a-b+c$같은 경우에 만약 $abc+-$로 출력한다면 문제가 발생한다. 따라서 우선순위가 같은 경우에도 일단 스택 상단의 요소를 꺼내어 출력하여야 한다.

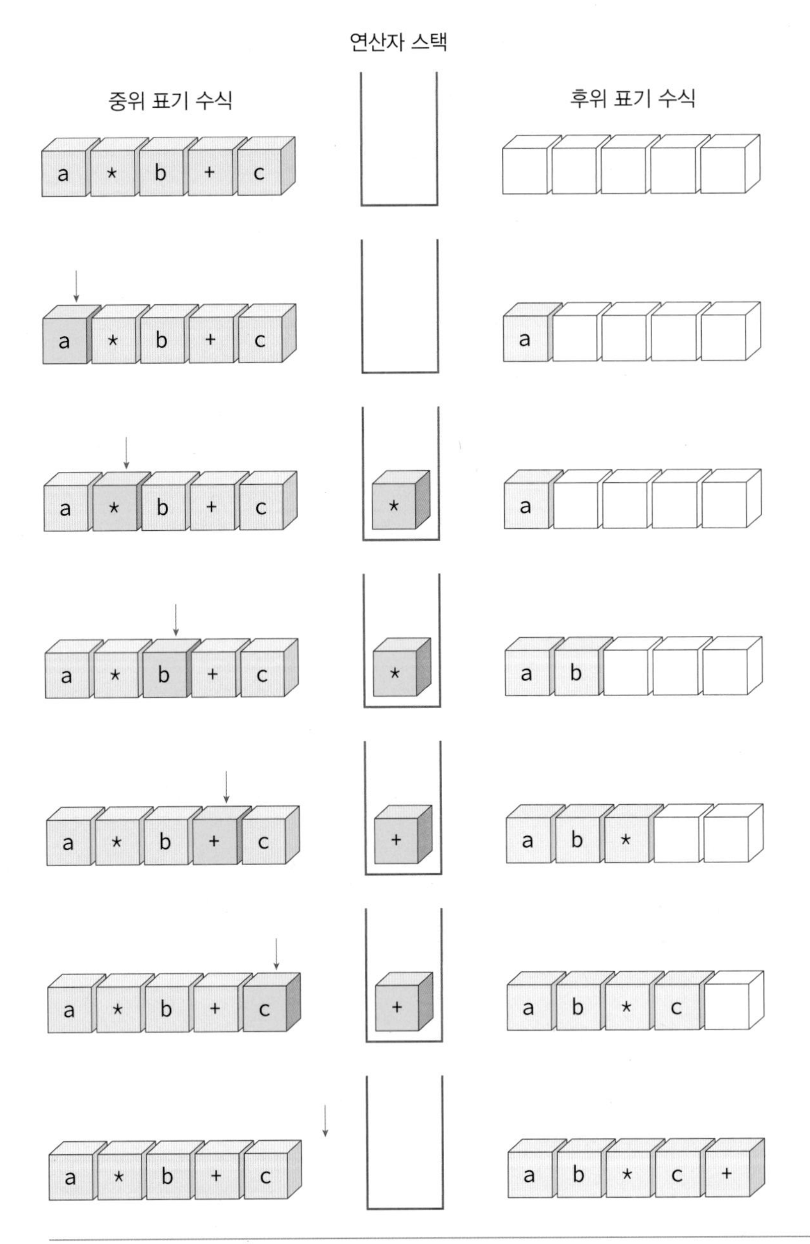

[그림 4-14] 중위 표기 수식을 후위 표기 수식으로 변환하는 예 #2

괄호는 어떻게 처리해야 하는가? 왼쪽괄호는 무조건 스택에 삽입한다. 왼쪽괄호가 일단 스택에 삽입되면 우리는 왼쪽괄호를 제일 우선순위가 낮은 연산자로 취급한다. 즉 다음에 만나는 어떤 연산자도 스택에 삽입된다. 오른쪽 괄호를 만나게 되면 왼쪽괄호가 삭제될 때까지 왼쪽괄호 위에 쌓여있는 모든 연산자들을 출력한다. [그림 4-15]는 입력 수식이 $(a+b)*c$일 때의 알고리즘의 진행을 보여준다.

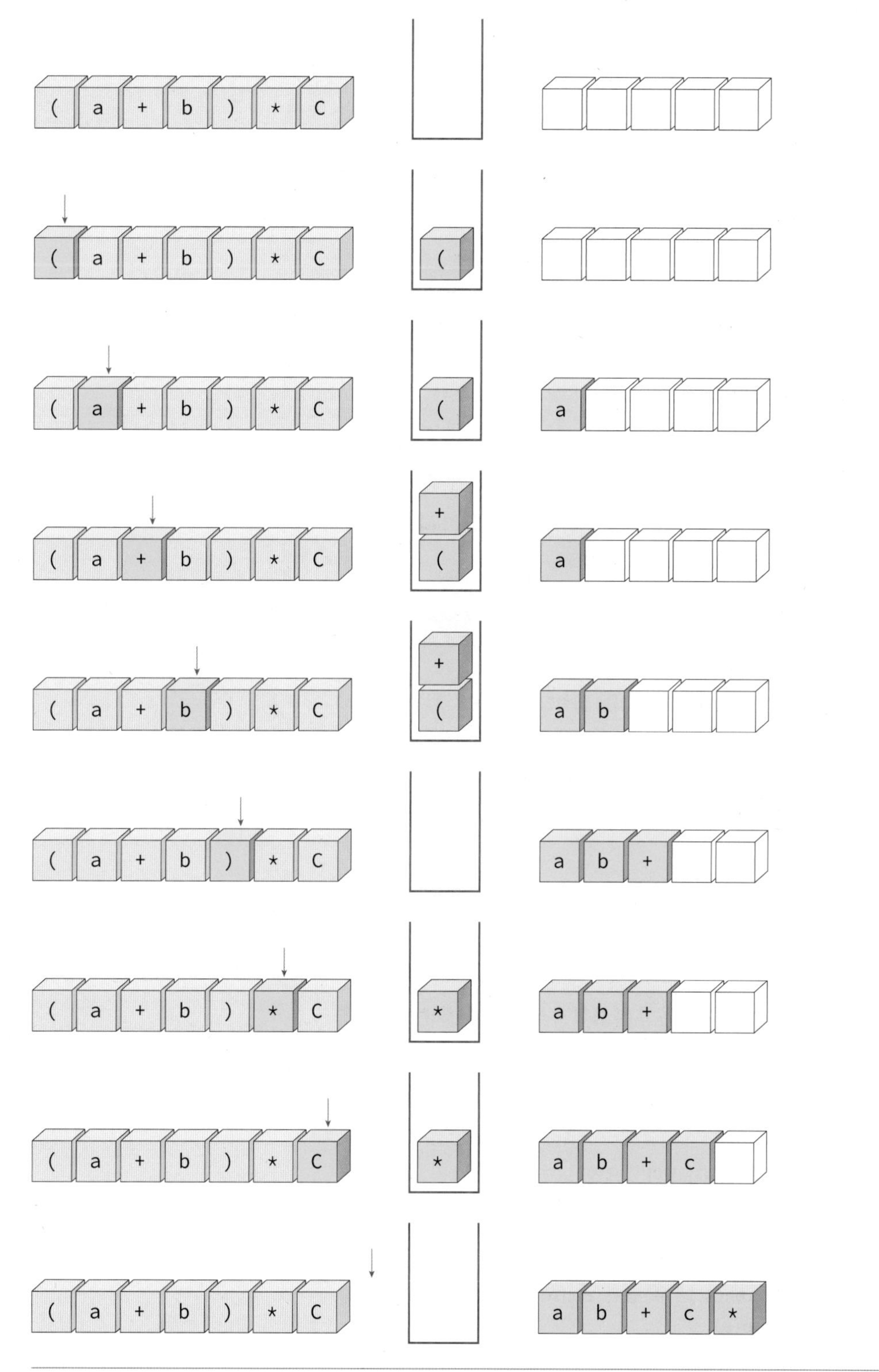

[그림 4-15] 중위 표기 수식을 후위 표기 수식으로 변환하는 예 #3

더 복잡한 예제는 다음의 가상 실습 소프트웨어를 이용하여 실습해보자.

가상 실습 4.4

중위 표기 수식의 후위 표기 수식 변환 프로그램

* 수식 변환 애플릿을 이용하여 수식 변환 알고리즘을 실험하여 보자.

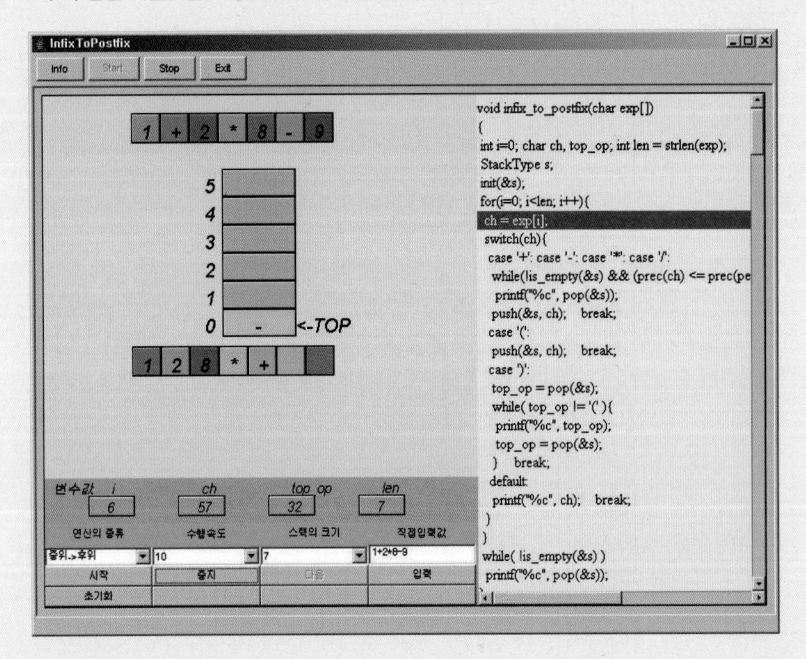

(1) '직접입력값' 필드에 계산하고자 하는 수식을 입력합니다.

(2) '수행속도'를 단계실행이나 적당한 속도로 설정한 다음, '다음' 버튼이나 '시작' 버튼을 눌러서 프로그램을 수행시킵니다.

(3) 프로그램 코드가 실행되면서 스택의 내용이 어떻게 변화되는지를 살펴봅니다.

이때까지 설명했던 알고리즘을 의사 코드로 만들어 보면 다음과 같다.

알고리즘 4.7 중위 표기 수식을 후위 표기 수식으로 변환하는 알고리즘

```
infix_to_postfix(exp):

스택 s를 생성하고 초기화
while (exp에 처리할 문자가 남아 있으면)
    ch ← 다음에 처리할 문자
    switch (ch)
    case 연산자:
        while ( peek(s)의 우선순위 ≥ ch의 우선순위 ) do
            e ← pop(s)
            e를 출력
        push(s, ch);
        break;
    case 왼쪽 괄호:
        push(s, ch);
```

```
        break;
    case 오른쪽 괄호:
        e ← pop(s);
        while( e ≠ 왼쪽괄호 ) do
            e를 출력
            e ← pop(s)
        break;
    case 피연산자:
        ch를 출력
        break;
while ( not is_empty(s) ) do
    e ← pop(s)
    e를 출력
```

프로그램 4.8 **중위 표기 수식을 후위 표기 수식으로 변환하는 프로그램**

```
#include <stdio.h>
#include <stdlib.h>
#define MAX_STACK_SIZE 100

// 프로그램 4.3에서 스택 코드 추가
typedef char element;      // 교체!
// ...
// 프로그램 4.3에서 스택 코드 추가 끝

// 연산자의 우선순위를 반환한다.
int prec(char op)
{
    switch (op) {
    case '(': case ')': return 0;
    case '+': case '-': return 1;
    case '*': case '/': return 2;
    }
    return -1;
}
// 중위 표기 수식 -> 후위 표기 수식
void infix_to_postfix(char exp[])
{
    int i = 0;
    char ch, top_op;
    int len = strlen(exp);
    StackType s;

    init_stack(&s);                // 스택 초기화
    for (i = 0; i<len; i++) {
```

```
        ch = exp[i];
        switch (ch) {
        case '+': case '-': case '*': case '/': // 연산자
            // 스택에 있는 연산자의 우선순위가 더 크거나 같으면 출력
            while (!is_empty(&s) && (prec(ch) <= prec(peek(&s))))
                printf("%c", pop(&s));
            push(&s, ch);
            break;
        case '(':    // 왼쪽 괄호
            push(&s, ch);
            break;
        case ')':    // 오른쪽 괄호
            top_op = pop(&s);
            // 왼쪽 괄호를 만날때까지 출력
            while (top_op != '(') {
                printf("%c", top_op);
                top_op = pop(&s);
            }
            break;
        default:     // 피연산자
            printf("%c", ch);
            break;
        }
    }
    while (!is_empty(&s))  // 스택에 저장된 연산자들 출력
        printf("%c", pop(&s));
}
//
int main(void)
{
    char *s = "(2+3)*4+9";
    printf("중위표시수식 %s \n", s);
    printf("후위표시수식 ");
    infix_to_postfix(s);
    printf("\n");
    return 0;
}
```

실행결과

```
중위표시수식 (2+3)*4+9
후위표시수식 23+4*9+
```

01 스택을 사용하여서 다음과 같은 중위 수식을 후위 수식으로 변경하고 수식의 값을 계산하는 과정을 그림으로 보여라.

5 * (10 + 2) % 2

4.6 스택의 응용: 미로 문제

미로 문제(maze solving problem)란 [그림 4-16]과 같이 미로에 갇힌 생쥐가 출구(또는 치즈)를 찾는 문제이다. 미로가 서로 연결된 여러 개의 작은 방 또는 칸으로 구성되어 있다고 가정하자.

[그림 4-16] 미로탐색문제

미로에서 탈출하기 위해서는 생쥐는 미로를 체계적으로 탐색하여야 할 것이다. 생쥐가 출구를 찾는 기본적인 방법은 시행착오 방법으로서 하나의 경로를 선택하여 한번 시도해보고 안되면 다시 다른 경로를 시도하는 것이다. 문제는 현재의 경로가 안 될 경우에 다른 경로를 선택해야 한다는 것으로 다른 경로들이 어딘가에 저장되어 있어야 한다. 그러면 어디에다가 다른 경로들을 저장하면 좋을까? 아마 현재 위치에서 가능한 경로 중에서 가장 가까운 경로이면 좋을 것이다. 따라서 가능한 경로들이 저장되는데 그중에서 가장 최근에 저장한 경로가 쉽게 추출되는 자료구조를 사용해야 할 것이다. 따라서 스택이 자연스럽게 후보 자료 구조가 된다. 구체적으로 현재 위치에서 갈 수 있는 방들의 좌표를 스택에 기억하였다가 막다른 길을 만나면 아직 가보지 않은 방 중에서 가장 가까운 방으로 다시 돌아가서 새로운 경로를 찾아보는 것이다. 또한 한번 지나간 방을 다시 가면 안 될 것이다. 따라서 생쥐가 각 방들을 지나갈 때마다 방문했다고 표시를 하여야 한다.

미로 문제를 위하여 하나의 스택을 가정하자. 생쥐는 현재 위치에서 이동이 가능한 칸들의 위치를 위, 아래, 왼쪽, 오른쪽의 순서로 스택에 저장하고 스택에서 맨위의 위치를 꺼내어 현재의 위치로 한 다음에, 같은 작업을 반복한다. 이러한 반복은 현재의 위치가 출구와 같거나 모든 위치를 다 검사해 볼 때까지 계속된다. 한번 거쳐간 위치를 다시 검사하지 않도록 이미 검사한 위치는 표시를 하여 무한 루프에 빠지지 않게 한다.

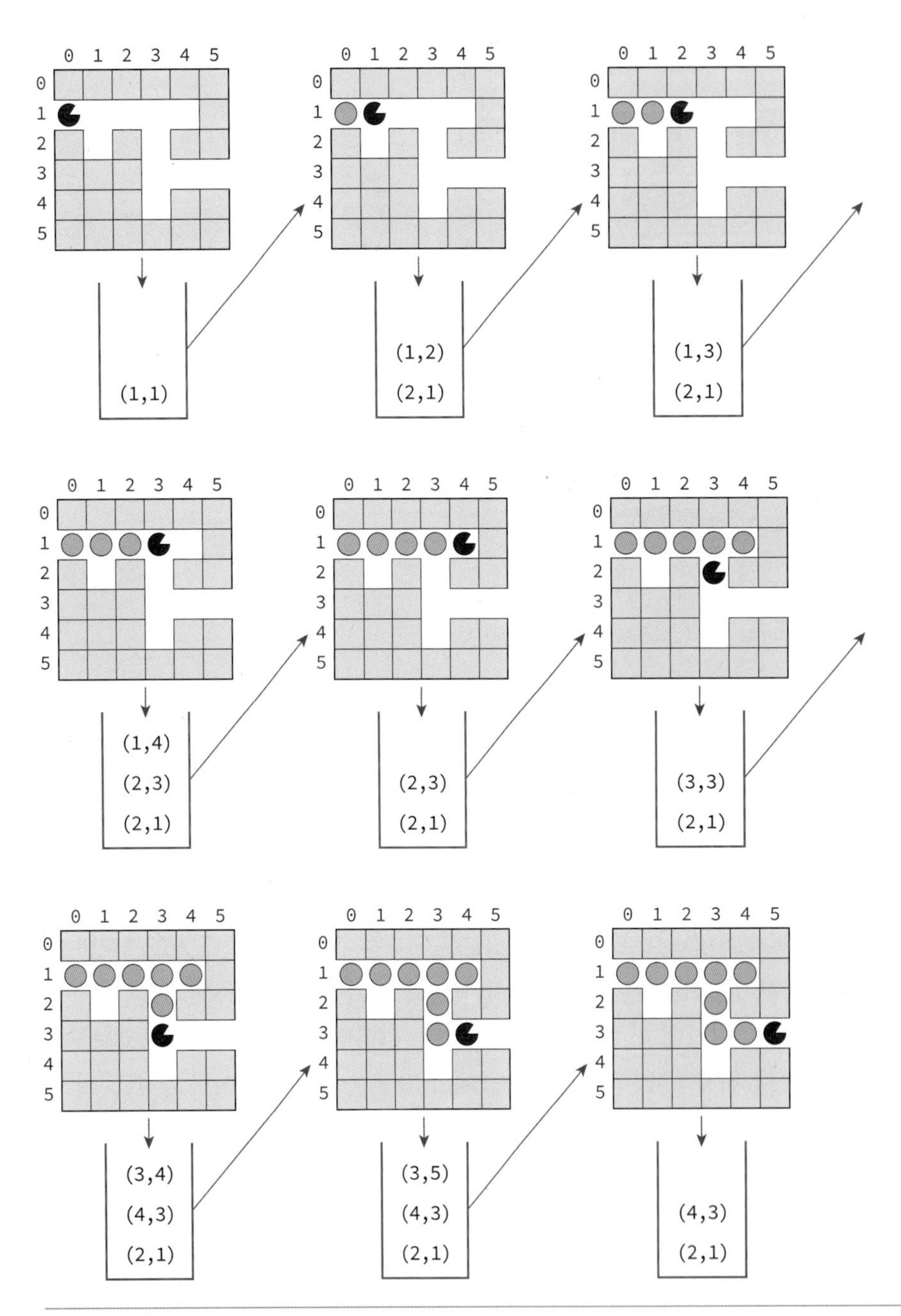

[그림 4-17] 미로탐색문제 알고리즘

미로탐색 알고리즘을 간단한 미로인 [그림 4-17]을 이용하여 설명하여 보자. 모든 위치는 (행, 열)로 표시하기로 한다. 현재 스택에는 아무것도 없다. 생쥐는 현재 위치에서 위쪽과 아래쪽, 왼쪽과 오른쪽을 살펴본다. 만약 이들 위치가 아직 방문되지 않았고 갈 수 있는 위치이면 그 위치들을 스택에 삽입한다. 현재의 위치인 (1,0)에서 갈수 있는 위치는 오른쪽 방향인 (1,1)뿐이다. 따라서 (1,1)은 아직 방문하지 않은 위치이므로 스택에 삽입된다. 여기서 (1, 0)으로도 갈 수 있지만 (1, 0)은 이미 방문한 것으로 표시되어 있기 때문에 스택에 삽입되지 않는다. 다음 단계는 스택에서 하나의 위치를 꺼내어 그 위치를 현재 위치로 만들고 (1, 1)에서 갈 수 있는 위치들을 탐색한다. (1, 1)에서는 (2, 1)과 (1, 2)로 갈 수 있다. 이 위치들을 모두 스택에 저장한다. 다음에도 마찬가지로 스택에서 맨 위에 있는 위치인 (1, 2)를 꺼내어 현재 위치로 만들고 목표 위치에 도달했는지를 검사한 다음, 목표 위치가 아니면 이동이 가능한 위치들 중에서 가능한 위치들을 스택에 저장한다. 이미 방문한 위치는 표시가 되어 있으므로 다시 스택에 들어가지 않는다. 이상과 같은 알고리즘을 목표 위치에 도달할 때까지 되풀이 하게 되면 결국 출구를 찾을 수 있다. 이상과 같은 알고리즘을 의사코드로 표현하면 알고리즘 4.8와 같다.

알고리즘 4.8 미로 탐색 프로그램

```
maze_search():

스택 s과 출구의 위치 x, 현재 생쥐의 위치를 초기화
while( 현재의 위치가 출구가 아니면 ) do
    현재위치를 방문한 것으로 표기
    if( 현재위치의 위, 아래, 왼쪽, 오른쪽 위치가 아직 방문되지 않았고 갈수 있으면 )
        then 그 위치들을 스택에 push
    if( is_empty(s) )
        then 실패
    else 스택에서 하나의 위치를 꺼내어 현재 위치로 만든다;
성공;
```

미로 탐색 알고리즘을 확실히 이해하기 위해 다음의 가상 실습을 수행하여 보자.

가상 실습 4.5

미로탐색 프로그램

* 미로탐색 애플릿을 이용하여 본문에 나오는 미로탐색 알고리즘을 실습하여 보자.

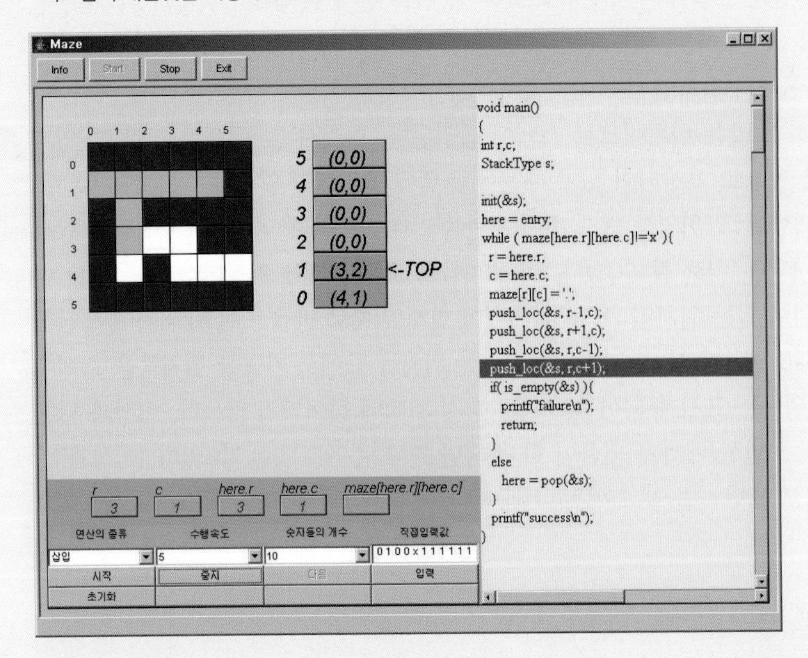

(1) '직접입력값' 버튼을 이용하여 미로를 입력한다. 화면의 크기상 미로의 크기는 6×6으로 고정되어 있으며 미로의 형태는 직접입력 버튼을 이용하여 변경할 수 있다. 길은 0, 벽은 1, 입구는 2, 출구는 3으로 입력한 다음, 이것을 1차원으로 바꾸어 직접입력 필드에 넣으면 된다. 즉 왼쪽과 같은 미로라면 오른쪽과 같이 변화시켜서 직접입력 필드에 넣는다.

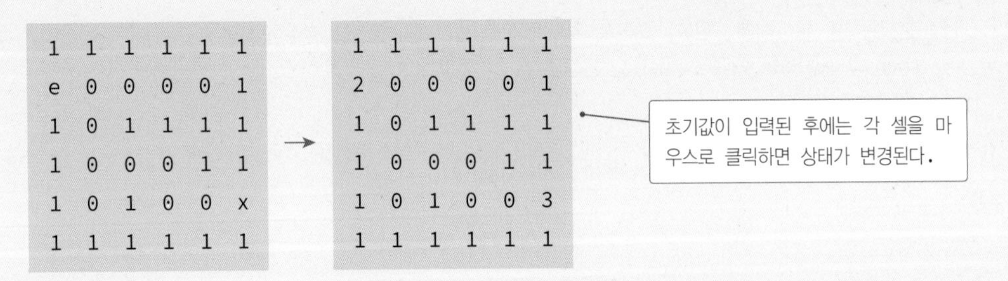

(2) 미로를 탐색하면서 스택이 변화되는 모습을 기록한다. push_loc 함수는 벽이나 한번 지나온 곳을 스택에 삽입하지 않음을 유의한다.

이제부터는 미로 탐색 알고리즘을 C언어로 구현해보자. 먼저 미로를 어떤 식으로 표현할 것인지를 생각해보자. 미로를 [그림 4-16]과 같이 그림으로 표현할 필요는 없다. 문제를 쉽게 해결하기 위해서는 문제의 가장 중요한 특징만 남기고 나머지는 과감하게 제거하여야 한다. 미로의 가장 중요한 특성은 경로가 어떤 식으로 연결되어 있느냐이다. 따라서 이 책에서는 2차원 문자 배열 maze[][]를 이용하여 미로를 표현하고자 한다. 배열의 값이 0이면 갈 수 있는 길이고 1이면 지나갈 수 없는 벽을 의미한다. 출구는 x로 표시되고 현재 생쥐의 위치는 m으로 표시된다.

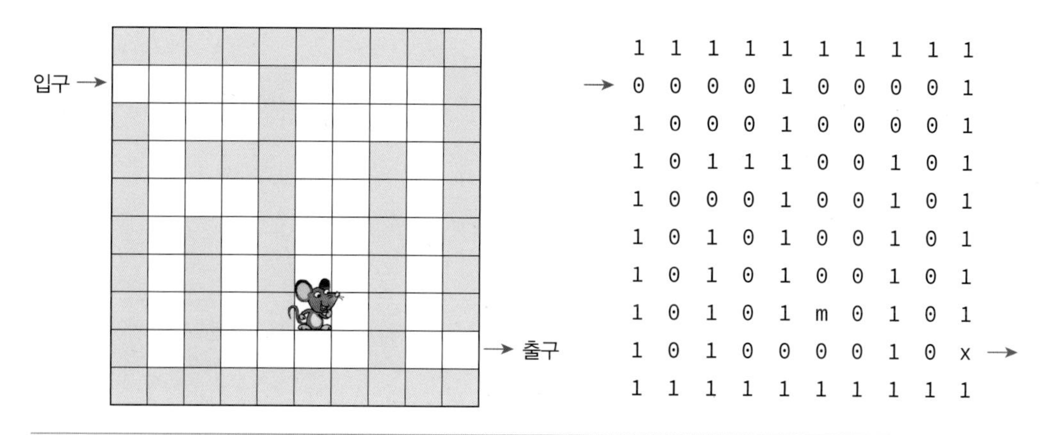

[그림 4-18] 미로의 배열표현

문제를 간단하게 하기 위하여 미로는 2차원 배열로 프로그램에 미리 입력되어 있다고 가정한다. 생쥐의 위치는 (행, 열)의 좌표값으로 표시한다. 따라서 스택에 저장되는 데이터는 (행, 열) 좌표가 되어야 한다. 따라서 (행, 열) 좌표를 저장할 수 있는 구조체를 만들면 된다.

이제 C언어를 이용하여 구현하여 보자. 먼저 프로그램 4.9의 소스에서 방문이 끝난 위치는 maze[][] 배열의 값을 '.'으로 바꾸어 다른 위치들과 구별함을 유의하라. 만약이 스택이 비었는데도 출구를 찾지 못했다면 미로 탐색은 실패했음을 출력하고 프로그램을 끝낸다. 만약 동일한 좌표값이 중복해서 스택에 저장되어도 문제는 발생하지 않는다. 어떤 위치가 방문이 되면 그 주위의 위치들이 모두 방문된 것으로 표시가 되므로 다음에 동일한 위치가 스택에서 꺼내지더라도 다시 방문하지는 않는다. 프로그램 4.9은 핵심이 되는 알고리즘을 강조하기 위하여 미로의 크기를 고정시켰음을 유의하라.

프로그램 4.9 미로탐색 프로그램

```
#include <stdio.h>
#include <stdlib.h>
#include <string.h>
#define MAZE_SIZE 6

// 프로그램 4.3에서 스택 코드 추가
// ...
typedef struct {     // 교체!
    short r;
    short c;
} element;
// 프로그램 4.3에서 스택 코드 추가 끝

element here = { 1,0 }, entry = { 1,0 };
```

```
char maze[MAZE_SIZE][MAZE_SIZE] = {
    { '1', '1', '1', '1', '1', '1' },
    { 'e', '0', '1', '0', '0', '1' },
    { '1', '0', '0', '0', '1', '1' },
    { '1', '0', '1', '0', '1', '1' },
    { '1', '0', '1', '0', '0', 'x' },
    { '1', '1', '1', '1', '1', '1' },
};
// 위치를 스택에 삽입
void push_loc(StackType *s, int r, int c)
{
    if (r < 0 || c < 0) return;
    if (maze[r][c] != '1' && maze[r][c] != '.') {
        element tmp;
        tmp.r = r;
        tmp.c = c;
        push(s, tmp);
    }
}

// 미로를 화면에 출력한다.
void maze_print(char maze[MAZE_SIZE][MAZE_SIZE])
{
    printf("\n");
    for (int r = 0; r < MAZE_SIZE; r++) {
        for (int c = 0; c < MAZE_SIZE; c++) {
            printf("%c", maze[r][c]);
        }
        printf("\n");
    }
}

int main(void)
{
    int r, c;
    StackType s;

    init_stack(&s);
    here = entry;
    while (maze[here.r][here.c] != 'x') {
        r = here.r;
        c = here.c;
        maze[r][c] = '.';
        maze_print(maze);
        push_loc(&s, r - 1, c);
        push_loc(&s, r + 1, c);
        push_loc(&s, r, c - 1);
        push_loc(&s, r, c + 1);
```

```
        if (is_empty(&s)) {
            printf("실패\n");
            return;
        }
        else
            here = pop(&s);
    }
    printf("성공\n");
    return 0;
}
```

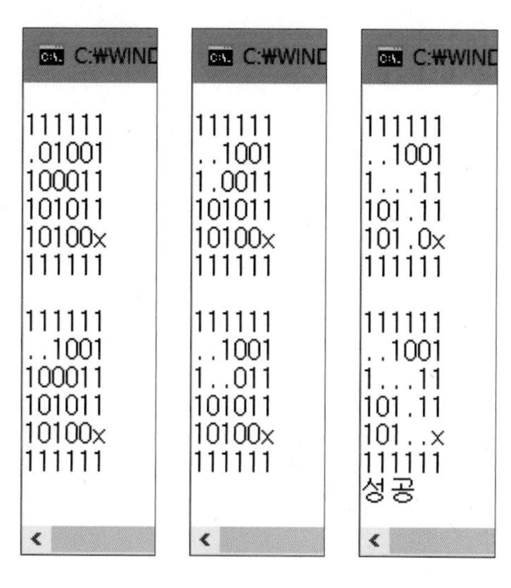

Quiz

01 다음과 같은 미로에서 탐색을 하였을 경우에 알고리즘의 각 단계에서 스택의 모습을 그려라.

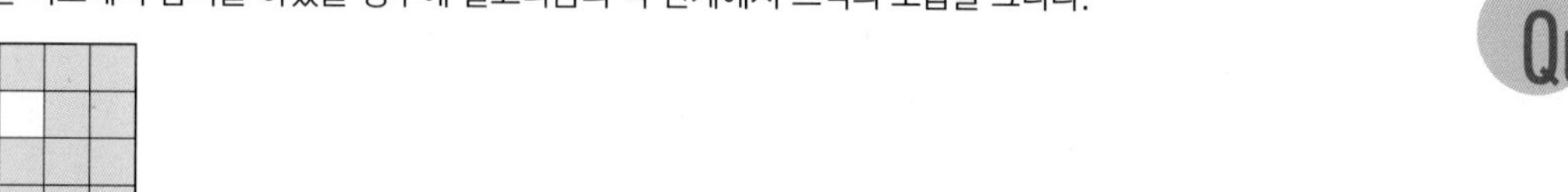

연습문제 EXERCISE

01 스택에서 삽입작업이 발생하면 top의 값은 어떻게 변경되는가?

(1) top=0
(2) top=1
(3) top = top-1
(4) top = top+1

02 문자 A, B, C, D, E를 스택에 넣었다가 다시 꺼내어 출력하면 어떻게 되는가?

(1) A, B, C, D, E
(2) E, D, C, B, A
(3) A, B, C, E, D
(4) B, A, C, D, E

03 10, 20, 30, 40, 50을 스택에 넣었다가 3개의 항목을 삭제하였다. 남아 있는 항목은?

04 배열로 구현된 스택에서 top가 3이면 현재 스택에 저장된 요소들의 개수는?

(1) 1
(2) 2
(3) 3
(4) 4

05 다음 중 배열로 구현된 스택에서 공백상태에 해당하는 조건은? 또 포화상태에 해당되는 조건은?

(1) top == -1
(2) top == 0
(3) top == (MAX_STACK_SIZE-1)
(4) top == MAX_STACK_SIZE

06 스택에 항목들을 삽입하고 삭제하는 연산은 시간 복잡도가 어떻게 되는가?

(1) $O(1)$
(2) $O(\log_2 n)$
(3) $O(n)$
(4) $O(n^2)$

07 다음은 어떤 수식의 후위 표기이다. 이 때 최초로 수행되는 연산은 어느 것인가?

A	B	E	+	D	*	-

(1) B + E
(2) E + A
(3) D * B
(4) B * E

08 크기가 5인, 배열로 구현된 스택 A에 다음과 같이 삽입과 삭제가 되풀이되었을 경우에 각 단계에서의 스택의 내용(1차원 배열의 내용, top의 값)을 나타내시오.

```
push(A, 1);
push(A, 2);
push(A, 3);
```

```
pop(A);
push(A, 4);
push(A, 5);
pop(A);
```

09 A와 B가 스택이라고 하고, a, b, c, d가 객체라고 하자. 다음의 일련의 스택 연산을 수행한 뒤의 각각의 스택을 그려라.

```
push(A, a);
push(A, b);
push(A, c);
push(B, d);
push(B, pop(A));
push(A, pop(B));
pop(B)
```

10 배열에 들어 있는 정수의 순서를 거꾸로 하는 프로그램을 작성해보자. 스택을 사용한다.

실행결과

```
정수 배열의 크기: 6
정수를 입력하시오: 1 2 3 4 5 6
반전된 정수 배열: 6 5 4 3 2 1
```

11 수식에 있는 괄호의 번호를 출력하는 프로그램을 작성하라. 왼쪽 괄호가 나올 때마다 괄호 번호는 하나씩 증가한다. 오른쪽 괄호가 나오면 매칭되는 왼쪽 괄호 번호를 출력한다.

실행결과

```
수식: ((())(()))
괄호 수: 1 2 3 3 2 4 5 5 4 1
```

```
수식: ((((((()
괄호 수: 1 2 3 4 5 5
```

12 다음과 같이 문자열을 압축하는 프로그램을 작성하라. "4a3b"는 'a'가 4개, 'b'가 3개 있다는 의미이다. 이러한 압축 방법을 런길이(run length) 압축이라고 한다. 소문자와 대문자는 구별하지 않는다. 압축된 문자열에서는 소문자로 출력한다. 스택의 peek() 연산을 고려해보자.

실행결과

```
문자열을 입력하시오: aaaAbBb
압축된 문자열: 4a3b
```

13 주어진 정수에서 반복되는 숫자를 제거하는 프로그램을 작성해보자. 스택 사용을 고려해보자.

실행결과

```
정수를 입력하시오: 122233
출력: 123
```

14 배열로 구현된 스택에 저장된 요소의 수를 반환하는 size 연산을 구현하여 보라.

15 미로 탐색 프로그램에서 탐색 성공 시에 입구부터 출구까지의 경로를 출력하도록 수정하라.

16 회문(palindrome)이란 앞뒤 어느 쪽에서 읽어도 같은 단어를 의미한다. 예를 들면 "eye". "madam, I'm Adam", "race car" 등이다. 여기서 물론 구두점이나 스페이스, 대소문자 등은 무시하여야 한다. 스택을 이용하여 주어진 문자열이 회문인지 아닌지를 결정하는 프로그램을 작성하라.

실행결과

```
문자열을 입력하시오: madam
회문입니다.
```

Hint 많은 방법이 있을 수 있다. 스택에 삽입했다 꺼내면 순서가 반대로 된다는 것을 이용하여야 한다. 하나의 방법은 입력 문자열의 모든 문자를 스택에 삽입한 다음, 스택에서 문자들을 다시 꺼내면서 입력 문자열의 문자와 하나씩 맞추어 보는 것이다. 만약 한 문자라도 맞지 않으면 회문이 아니다. 여기서 주의할 점은 스택에 삽입하기 전에 만약 문자가 스페이스거나 구두점 이면 스택에 삽입하지 말아야한다. 그리고 대소문자를 처리하기 위하여 문자들을 비교하기 전에 모든 문자를 소문자로 변경한다.

CHAPTER

05 큐

■ **학습목표**

- 큐(queue)의 개념과 추상 자료형을 이해한다.
- 덱(deque)의 개념과 구현 방법을 이해한다.
- 큐를 이용하여 프로그램 할 수 있는 능력을 키운다.

05 큐

5.1 큐 추상 데이터 타입

스택의 경우, 나중에 들어온 데이터가 먼저 나가는 구조인데 반하여 큐(queue)는 먼저 들어온 데이터가 먼저 나가는 구조로 이러한 특성을 선입선출(FIFO: First-In First-Out)이라고 한다. 큐의 예로는 매표소에서 표를 사기 위해 늘어선 줄을 들 수 있겠다. 줄에 있는 사람들 중 가장 앞에 있는 사람(즉 가장 먼저 온 사람)이 가장 먼저 표를 사게 될 것이다. 나중에 온 사람들은 줄의 맨 뒤에 서야 할 것이다.

[그림 5-1] 일상생활에서의 큐

큐는 뒤에서 새로운 데이터가 추가되고 앞에서 데이터가 하나씩 삭제되는 구조를 가지고 있다. 구조상으로 큐가 스택과 다른 점은 스택의 경우, 삽입과 삭제가 같은 쪽에서 일어나지만 큐에서는 삽입과 삭제가 다른 쪽에서 일어난다는 것이다. [그림 5-2]와 같이, 큐에서 삽입이 일어나는 곳을 후단(rear)라고 하고 삭제가 일어나는 곳을 전단(front)라고 한다.

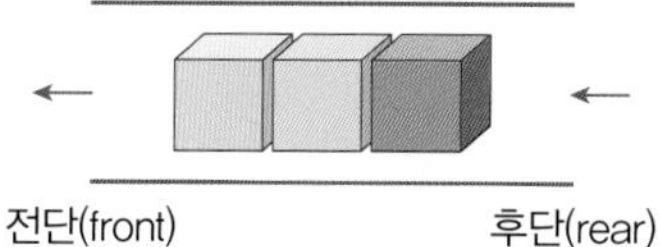

[그림 5-2] 큐의 구조

ADT 5.1 큐

```
·객체: 0개 이상의 요소들로 구성된 선형 리스트
·연산:
  create(max_size) ::=
       최대 크기가 max_size인 공백큐를 생성한다.
  init(q) ::=
       큐를 초기화한다.
  is_empty(q) ::=
       if(size == 0) return TRUE;
       else return FALSE;
  is_full(q) ::=
       if(size == max_size) return TRUE;
       else return FALSE;
  enqueue(q, e) ::=
       if( is_full(q) ) queue_full 오류;
       else q의 끝에 e를 추가한다.
  dequeue(q) ::=
       if( is_empty(q) ) queue_empty 오류;
       else q의 맨 앞에 있는 e를 제거하여 반환한다.
  peek(q) ::=
       if( is_empty(q) ) queue_empty 오류;
       else q의 맨 앞에 있는 e를 읽어서 반환한다.
```

추상 자료형 큐의 연산들은 추상 자료형 스택과 아주 유사하다. is_empty 연산은 큐가 비어 있으면 TRUE를 반환하고 그렇지 않으면 FALSE를 반환한다. is_full 연산은 큐가 가득 찼으면 TRUE를, 그렇지 않으면 FALSE를 반환한다.

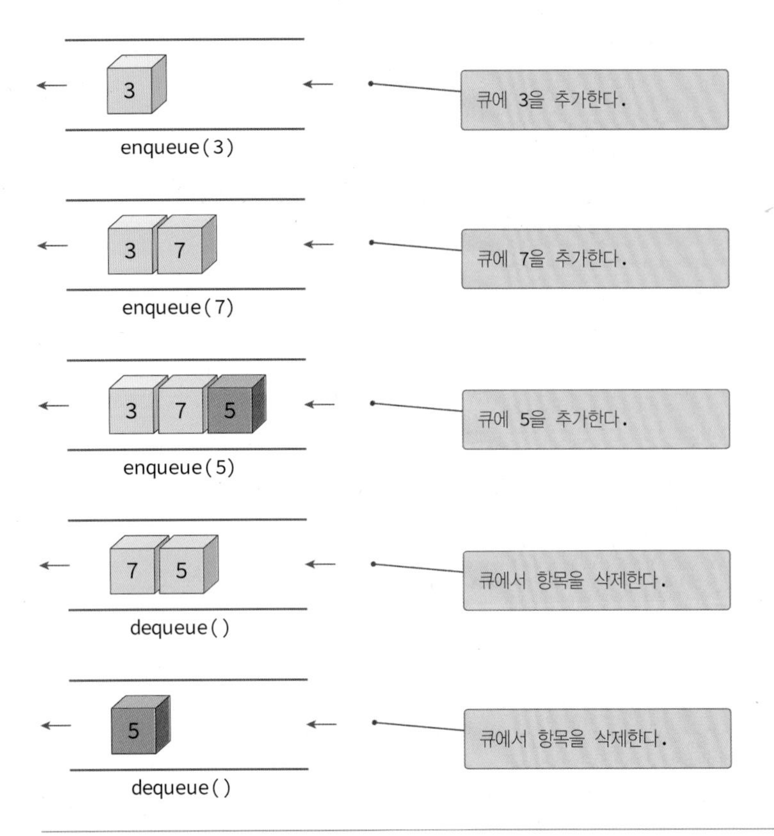

[그림 5-3] 큐의 삽입, 삭제 연산들

가장 중요한 연산은 삽입과 삭제 연산인 enqueue와 dequeue이다. enqueue 연산은 큐에 요소를 추가하는 연산으로서 큐의 맨 뒤에 새로운 요소를 추가한다. dequeue 연산은 큐의 맨 앞에 있는 요소를 꺼내서 외부로 반환한다. [그림 5-3]은 enqueue와 dequeue 연산을 설명한 것이다. 데이터들이 들어온 순서대로 나가는 것을 알 수 있다. 스택과는 달리 삽입, 삭제가 큐의 양끝에서 일어나기 때문에 양단을 잘 살펴보아야 함을 주의하라. 스택에서는 삽입, 삭제와 관련하여 top이라 불리는 변수가 1개만 존재하는데 비해 큐에서는 두개의 변수가 사용된다. 삽입과 관련된 변수를 rear라고 하고 삭제와 관련된 변수를 front라고 한다.

큐도 스택과 마찬가지로 "프로그래머의 도구"로서 폭넓게 이용된다. 많이 이용되는 분야는 컴퓨터를 이용하여 현실 세계의 실제상황을 시뮬레이션 하는 곳이다. 예를 들면 은행에서 기다리는 사람들의 대기열, 공항에서 이륙하는 비행기들, 인터넷에서 전송되는 데이터 패킷들을 모델링하는데 큐가 이용된다. 큐는 운영 체제에서도 중요하게 사용된다. 보통 컴퓨터와 주변기기 사이에는 항상 큐가 존재한다. 그 이유는 컴퓨터의 CPU와 주변기기 사이에는 속도 차이가 있기 때문에 CPU를 효율적으로 사용하기 위하여 큐가 존재한다. 예를 들면 운영 체제에는 인쇄 작업큐가 존재한다. 프린터는 속도가 늦고 상대적으로 컴퓨터의 CPU는 속도가 빠르기 때문에 CPU는 빠른 속도로 인쇄 데이터를 만든 다음, 인쇄 작업 큐에 저장하고 다른 작업으로 넘어간다. 프린터는 인쇄 작업 큐에서 데이터를 가져다가 인쇄한다. 키보드와 컴퓨터 사이에도 큐가 존재한다. 컴퓨터가 다른 작업을 하고 있더라도 사용자가 키보드를 누르면 키 스트로크 데이터가 큐에 저장된다. 애플리케이션은 시간이 날 때마다 키 스트로크 데이터를 큐에서 가져가게 된다.

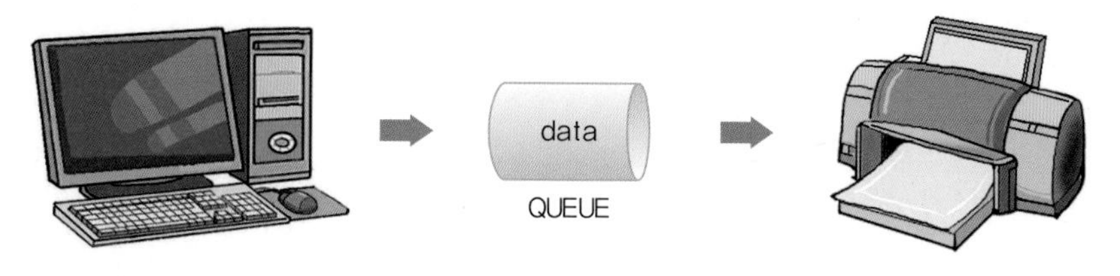

[그림 5-4] 큐의 사용 예

큐도 스택과 마찬가지로 배열과 연결 리스트를 이용하여 구현할 수 있다. 이번 장에서는 배열을 이용한 구현을 살펴보고 7장에서 연결 리스트를 이용한 구현을 살펴보자.

Quiz

01 큐와 같은 입출력 형태를 ________(FIFO)라고 한다.

02 enqueue('a'), enqueue('b'), enqueue('c') 연산 후에 dequeue() 연산을 하면 어떤 데이터가 삭제되는가?

5.2 선형큐

큐도 스택과 마찬가지로 구현하는 방법이 여러 가지이나 여기서는 가장 간단한 방법, 즉 1차원 배열을 쓰는 방법을 먼저 살펴보자. 정수를 저장할 수 있는 큐를 만들어 보자. 먼저 정수의 1차원 배열을 정의하고 삽입, 삭제를 위한 변수인 `front`와 `rear`를 만든다. `front`는 큐의 첫 번째 요소를 가리키고 `rear`는 큐의 마지막 요소를 가리킨다.

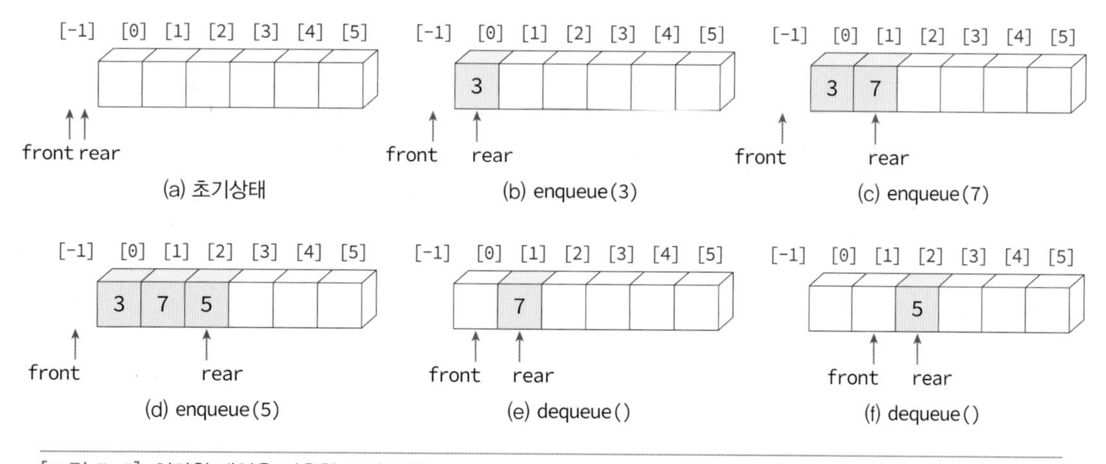

[그림 5-5] 일차원 배열을 이용한 큐의 구현

front와 rear의 초기값은 −1이다. 데이터가 증가되면 rear를 하나 증가하고 그 위치에 데이터가 저장된다. 삭제할 때도 front를 하나 증가하고 front가 가리키는 위치에 있는 데이터를 삭제한다. 위와 같은 큐를 선형큐(linear queue)라고 한다.

가상 실습5.1

선형큐

* 선형큐 애플릿을 이용하여 다음의 실습을 수행하라.

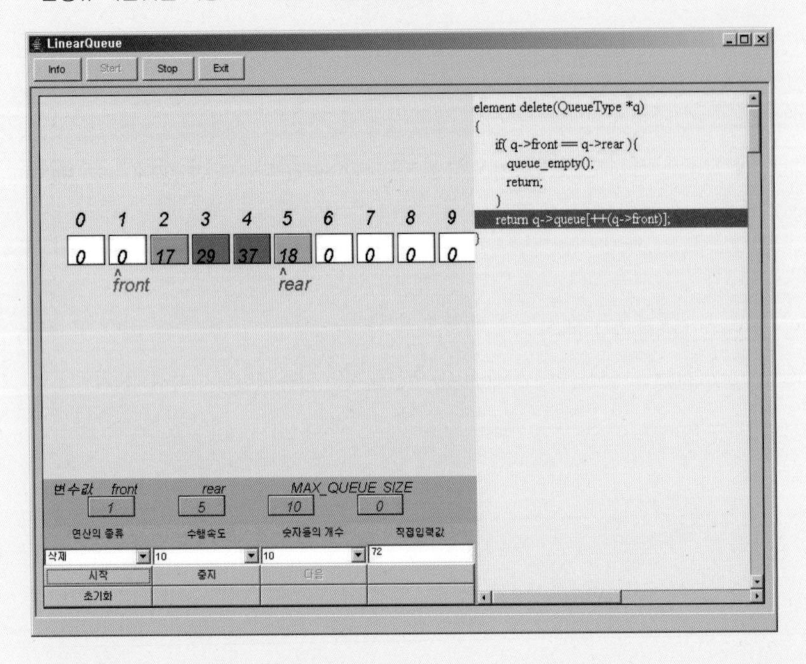

(1) 10개의 데이터를 추가, 2개의 데이터를 삭제해보자. 이 상태에서 데이터 추가가 가능한가? 만약 추가가 불가능하다면 그 이유는 무엇인가?

(2) 선형큐의 초기상태와 포화상태는 어떻게 판단할 수 있는가?

선형큐의 구현

선형 큐를 간단히 구현해보자. 스택과 아주 유사하다.

프로그램 5.1 선형큐 프로그램

```
#include <stdio.h>
#include <stdlib.h>
#define MAX_QUEUE_SIZE 5

typedef int element;
typedef struct {                  // 큐 타입
    int front;
```

```
    int rear;
    element data[MAX_QUEUE_SIZE];
} QueueType;

// 오류 함수
void error(char *message)
{
    fprintf(stderr, "%s\n", message);
    exit(1);
}

void init_queue(QueueType *q)
{
    q->rear = -1;
    q->front = -1;
}
void queue_print(QueueType *q)
{
    for (int i = 0; i<MAX_QUEUE_SIZE; i++) {
        if (i <= q->front || i> q->rear)
            printf("  | ");
        else
            printf("%d | ", q->data[i]);
    }
    printf("\n");
}

int is_full(QueueType *q)
{
    if (q->rear == MAX_QUEUE_SIZE - 1)
        return 1;
    else
        return 0;
}

int is_empty(QueueType *q)
{
    if (q->front == q->rear)
        return 1;
    else
        return 0;
}

void enqueue(QueueType *q, int item)
{
    if (is_full(q)) {
        error("큐가 포화상태입니다.");
        return;
```

```
    }
    q->data[++(q->rear)] = item;
}

int dequeue(QueueType *q)
{
    if (is_empty(q)) {
        error("큐가 공백상태입니다.");
        return -1;
    }
    int item = q->data[++(q->front)];
    return item;
}

int main(void)
{
    int item = 0;
    QueueType q;

    init_queue(&q);

    enqueue(&q, 10); queue_print(&q);
    enqueue(&q, 20); queue_print(&q);
    enqueue(&q, 30); queue_print(&q);

    item = dequeue(&q); queue_print(&q);
    item = dequeue(&q); queue_print(&q);
    item = dequeue(&q); queue_print(&q);
    return 0;
}
```

실행결과

```
10 |    |    |    |    |
10 | 20 |    |    |    |
10 | 20 | 30 |    |    |
   | 20 | 30 |    |    |
   |    | 30 |    |    |
   |    |    |    |    |
```

선형 큐의 응용: 작업 스케줄링

큐는 운영 체제에서도 사용된다. 운영 체제는 많은 작업들을 동시에 실행해야 한다. 만약 CPU가 하나뿐이고 모든 작업들은 우선순위를 가지지 않는다고 가정하면 작업들은 운영 체제에 들어간 순서대로 처리될 것이다. 이럴 때는 큐를 사용하여서 작업들을 처리할 수 있다.

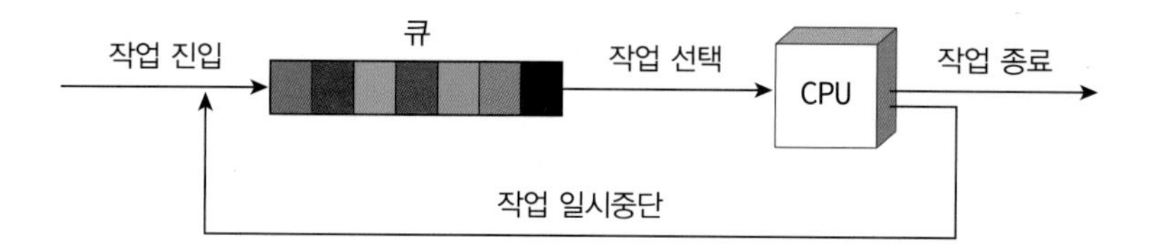

여기서는 선형 큐를 사용하여서 작업들을 저장하고 처리한다고 가정하고 몇 가지 경우를 따져 보면 다음 표와 같다.

Q[0]	Q[1]	Q[2]	Q[3]	Q[4]	front	rear	설명
					–1	–1	공백 큐
Job#1					–1	0	Job#1이 추가
Job#1	Job#2				–1	1	Job#2이 추가
Job#1	Job#2	Job#3			–1	2	Job#3이 추가
	Job#2	Job#3			0	2	Job#1이 삭제
		Job#3			1	2	Job#2이 삭제

01 선형 큐의 문제점은 무엇인가?

Quiz

5.3 원형큐

선형큐는 이해하기는 쉽지만 문제점이 있다. 즉 front와 rear의 값이 계속 증가만 하기 때문에 언젠가는 배열의 끝에 도달하게 되고 배열의 앞부분이 비어 있더라도 사용하지를 못한다는 점이다. 따라서 주기적으로 모든 요소들을 왼쪽으로 이동시켜야 한다. 예를 들어 큐는 [그림 5-6]과 같은 상태에 있을 수 있고 오른쪽에 삽입을 위한 공간을 만들기 위해서는 모든 요소들을 왼쪽으로 이동시켜야 한다. 이런 식으로 요소들을 이동시키면 해결은 되지만 매번 이동시키려면 상당한 시간이 걸리고 또한 프로그램 코딩이 복잡해진다.

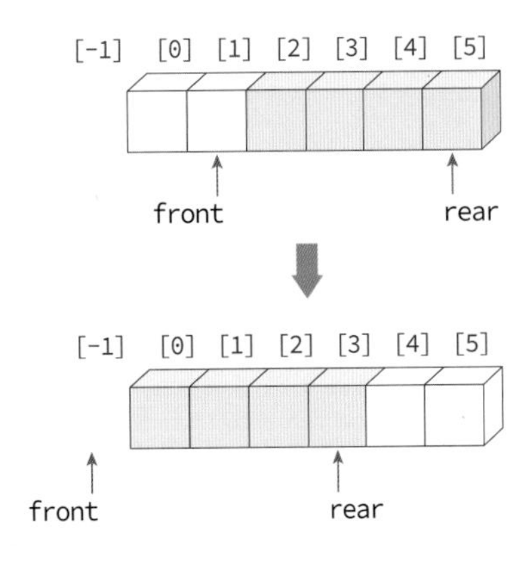

[그림 5-6] 선형큐의 경우 이동이 필요하다.

이 문제는 배열을 선형으로 생각하지 말고 원형으로 생각하면 쉽게 해결된다. 즉, front와 rear의 값이 배열의 끝인 (MAX_QUEUE_SIZE-1)에 도달하면 다음에 증가되는 값은 0이 되도록 하는 것이다. 즉 다음과 같이 배열이 원형으로 처음과 끝이 연결되어 있다고 생각하는 것이다. 여기서 실제 배열이 원형으로 변화되는 것은 아니다. 그냥 개념상으로 원형으로 배열의 인덱스를 변화시켜주는 것뿐이다.

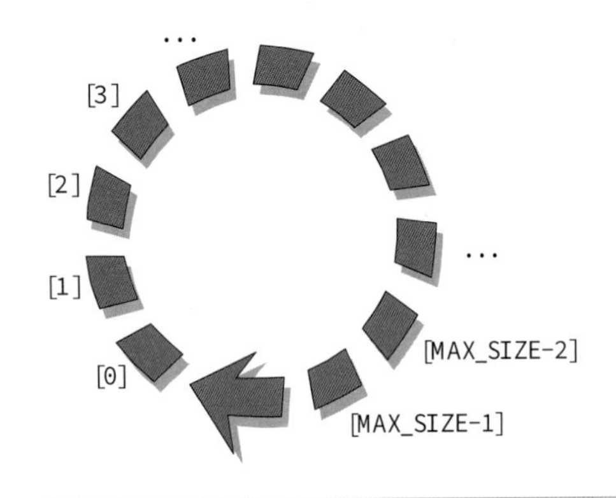

[그림 5-7] 원형큐의 개념

원형큐에서는 front와 rear의 개념이 약간 변경된다. 먼저 초기값은 -1이 아닌 0이다. 또 front는 항상 큐의 첫 번째 요소의 하나 앞을, rear는 마지막 요소를 가리킨다. [그림 5-8]에서 원형큐에 데이터가 삽입, 삭제될 때에 front와 rear가 어떻게 변화되는지를 보였다. 처음에 front, rear는 모두 0이고 삽입 시에는 rear가 먼저 증가되고, 증가된 위치에 새로운 데이터가 삽입된다. 또 삭제 시에도 front가 먼저 증가된 다음, 증가된 위치에서 데이터를 삭제한다. 이런 식으로 생각하면 착오가 없다.

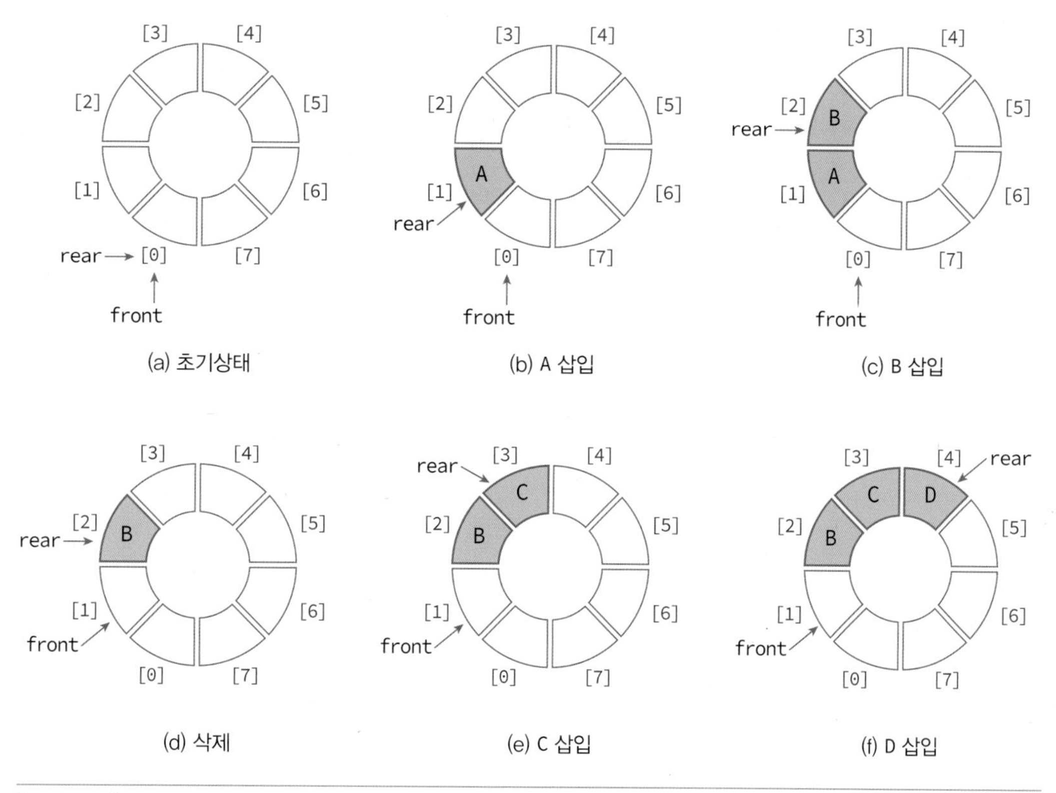

[그림 5-8] 원형큐의 삽입,삭제 과정

front와 rear의 값이 같으면 원형 큐가 비어 있음을 나타낸다. 원형큐에서는 하나의 자리는 항상 비워둔다. 왜냐하면 포화 상태와 공백 상태를 구별하기 위해서이다. 만약 한 자리를 비워두지 않는다면 [그림 5-9]처럼 되어 공백 상태와 포화 상태를 구분할 수 없을 것이다. 따라서 원형큐에서 만약 front==rear이면 공백 상태가 되고 만약 front가 rear보다 하나 앞에 있으면 포화 상태가 된다. 만약 요소들의 개수를 저장하고 있는 추가적인 변수 count 변수를 사용할 수 있다면 한자리를 비워두지 않아도 된다. 이것은 연습문제에서 다루었다.

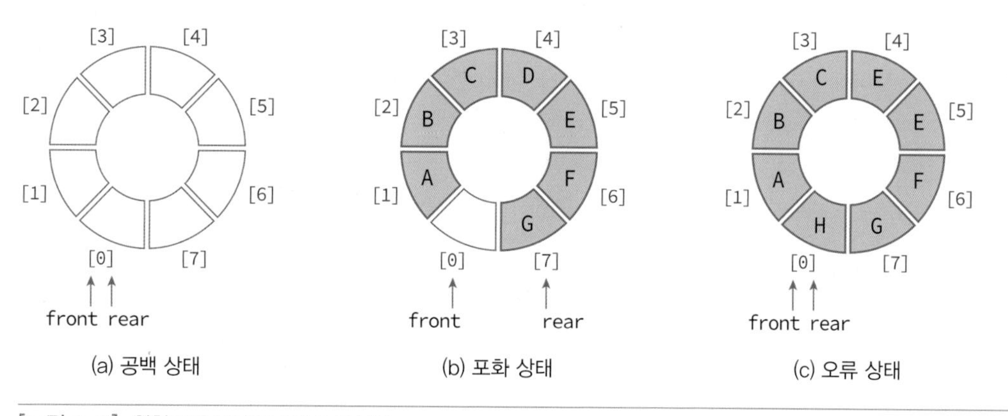

[그림 5-9] 원형큐의 공백상태와 오류상태

가상 실습 5.2

원형큐

* 원형큐 애플릿을 이용하여 다음의 실습을 수행하라.

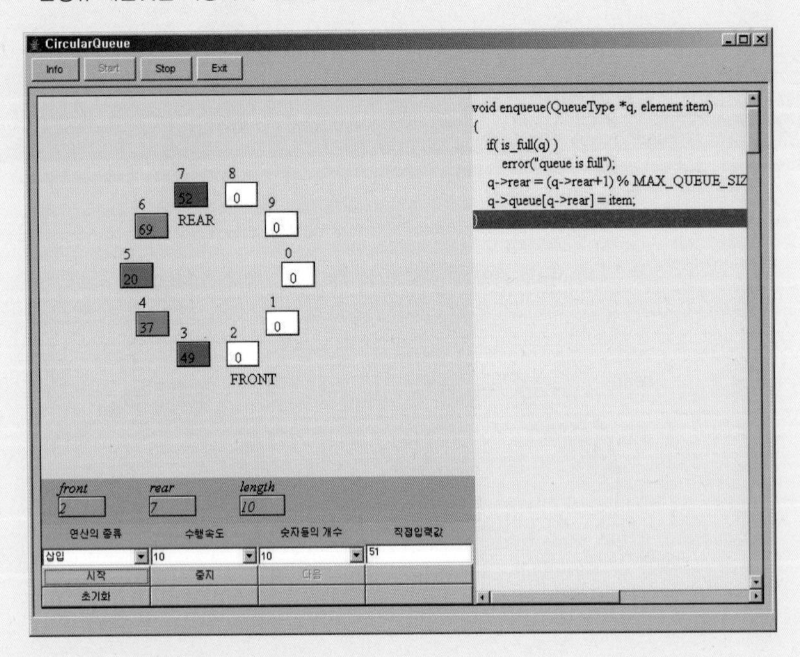

(1) 숫자들을 삽입하고 삭제하면서 front와 rear가 어떻게 변화하는지를 살펴본다.

(2) 포화 상태와 공백 상태가 되도록 삽입과 삭제를 되풀이 해본다. 포화 상태와 공백 상태에서 front와 rear의 값을 관찰하라.

(3) 원형큐에 '삽입' 버튼을 이용하여 MAX_QUEUE_SIZE개의 데이터를 삽입하여보라. 크기가 MAX_QUEUE_SIZE인 원형큐에 저장될 수 있는 데이터의 최대개수는 몇 개인가?

(4) 3개의 데이터를 삽입, 1개의 데이터를 삭제, 2개의 데이터를 삽입하였다면, front와 rear는 어떤 위치를 가리키고 있는가? front와 rear의 위치에 대하여 어떤 결론을 내릴 수 있는가?

원형큐의 삽입, 삭제 알고리즘

원형큐의 삽입, 삭제 알고리즘의 유사코드는 알고리즘 5.1과 알고리즘 5.2와 같다. 먼저 삽입이나 삭제를 하기 전에 front와 rear를 원형 회전시켜서 하나 증가시키고 증가된 위치에 데이터를 삽입 또는 삭제한다. 원형큐의 구현에 있어서 중요한 것은 front와 rear를 원형으로 회전시켜야 한다는 것이다. 이는 나머지 연산자 %를 이용하여 쉽게 구현할 수 있다.

```
front ← (front+1) % MAX_QUEUE_SIZE;
rear ← (rear+1) % MAX_QUEUE_SIZE;
```

위의 식에 의하여 front와 rear값은 (MAX_QUEUE_SIZE-1)에서 하나 증가되면 0으로 된다. 즉 만약 MAX_QUEUE_SIZE를 5로 정의하면, front와 rear값은 0, 1, 2, 3, 4, 0과 같이 변화된다.

알고리즘 5.1 원형큐에서의 삽입 알고리즘

```
enqueue(Q,x):
    rear←(rear+1) % MAX_QUEUE_SIZE;
    Q[rear]←x;
```

알고리즘 5.2 원형큐에서의 삭제 알고리즘

```
dequeue(Q):
    front←(front+1) % MAX_QUEUE_SIZE;
    return Q[front];
```

원형큐의 구현

원형큐를 C언어를 이용하여 구현한다면 프로그램 5.2과 같다. 나머지 연산자는 C에서는 %에 해당됨을 유의하라. 여기서 주의할 것은 front와 rear가 가리키고 있는 위치의 의미이다. 다시 설명하면 원형큐에서의 front는 첫 번째 요소 하나 앞을, rear는 마지막 요소를 가리킨다. 따라서 삽입을 할 때는 rear를 무조건 먼저 하나 증가시키고 증가된 위치에 삽입을 하여야 하고, 삭제를 할 때도 먼저 front를 증가시킨 다음, 그 위치에서 데이터를 꺼내 와야 한다.

공백 상태 검출은 front와 rear가 같으면 공백 상태로 판단할 수 있다. 포화 상태 검출은 (rear+1)%MAX_QUEUE_SIZE이 front와 같으면 포화상태라고 판단한다.

프로그램 5.2 원형큐 프로그램

```
#include <stdio.h>
#include <stdlib.h>

// ===== 원형큐 코드 시작 ======
#define MAX_QUEUE_SIZE 5
typedef int element;
typedef struct {      // 큐 타입
    element data[MAX_QUEUE_SIZE];
    int front, rear;
} QueueType;

// 오류 함수
void error(char *message)
{
```

```
    fprintf(stderr, "%s\n", message);
    exit(1);
}

// 공백 상태 검출 함수
void init_queue(QueueType *q)
{
    q->front = q->rear = 0;
}

// 공백 상태 검출 함수
int is_empty(QueueType *q)
{
    return (q->front == q->rear);
}

// 포화 상태 검출 함수
int is_full(QueueType *q)
{
    return ((q->rear + 1) % MAX_QUEUE_SIZE == q->front);
}

// 원형큐 출력 함수
void queue_print(QueueType *q)
{
    printf("QUEUE(front=%d rear=%d) = ", q->front, q->rear);
    if (!is_empty(q)) {
            int i = q->front;
            do {
                    i = (i + 1) % (MAX_QUEUE_SIZE);
                    printf("%d | ", q->data[i]);
                    if (i == q->rear)
                        break;
            } while (i != q->front);
        }
    printf("\n");
}

// 삽입 함수
void enqueue(QueueType *q, element item)
{
    if (is_full(q))
        error("큐가 포화상태입니다");
    q->rear = (q->rear + 1) % MAX_QUEUE_SIZE;
    q->data[q->rear] = item;
}
```

```
// 삭제 함수
element dequeue(QueueType *q)
{
    if (is_empty(q))
        error("큐가 공백상태입니다");
    q->front = (q->front + 1) % MAX_QUEUE_SIZE;
    return q->data[q->front];
}

// 삭제 함수
element peek(QueueType *q)
{
    if (is_empty(q))
        error("큐가 공백상태입니다");
    return q->data[(q->front + 1) % MAX_QUEUE_SIZE];
}
// ===== 원형큐 코드 끝 ======

int main(void)
{
    QueueType queue;
    int element;

    init_queue(&queue);
    printf("--데이터 추가 단계--\n");
    while (!is_full(&queue))
    {
        printf("정수를 입력하시오: ");
        scanf("%d", &element);
        enqueue(&queue, element);
        queue_print(&queue);
    }
    printf("큐는 포화상태입니다.\n\n");

    printf("--데이터 삭제 단계--\n");
    while (!is_empty(&queue))
    {
        element = dequeue(&queue);
        printf("꺼내진 정수: %d \n", element);
        queue_print(&queue);
    }
    printf("큐는 공백상태입니다.\n");
    return 0;
}
```

실행결과

```
--데이터 추가 단계--
정수를 입력하시오: 10
QUEUE(front=0 rear=1) = 10 |
정수를 입력하시오: 20
QUEUE(front=0 rear=2) = 10 | 20 |
정수를 입력하시오: 30
QUEUE(front=0 rear=3) = 10 | 20 | 30 |
정수를 입력하시오: 40
QUEUE(front=0 rear=4) = 10 | 20 | 30 | 40 |
큐는 포화상태입니다.

--데이터 삭제 단계--
꺼내진 정수: 10
QUEUE(front=1 rear=4) = 20 | 30 | 40 |
꺼내진 정수: 20
QUEUE(front=2 rear=4) = 30 | 40 |
꺼내진 정수: 30
QUEUE(front=3 rear=4) = 40 |
꺼내진 정수: 40
QUEUE(front=4 rear=4) =
큐는 공백상태입니다.
```

01 원형 큐에서 front와 rear가 가리키는 것은 무엇인가?

02 크기가 10인 원형큐에서 front와 rear가 모두 0으로 초기화되었다고 가정하고 다음과 같은 연산 후에 front와 rear의 값을 말하라.

enqueue(a), enqueue(b), enqueue(c), dequeue(), enqueue(d)

5.4 큐의 응용: 버퍼

큐는 어디에 사용될까? 큐는 서로 다른 속도로 실행되는 두 프로세스 간의 상호 작용을 조화시키는 버퍼 역할을 담당한다. 예를 들면 CPU와 프린터 사이의 프린팅 버퍼, 또는 CPU와 키보드 사이의 키보드 버퍼 등이 이에 해당한다. 대개 데이터를 생산하는 생산자 프로세스가 있고 데이터를 소비하는 소비자 프로세스가 있으며 이 사이에 큐로 구성되는 버퍼가 존재한다. 다음과 같은 분야가 큐의 대표적인 응용 분야이다.

- 생산자–소비자 프로세스: 큐를 버퍼로 사용한다.
- 교통 관리 시스템: 컴퓨터로 제어되는 신호등에서는 신호등을 순차적으로 제어하는데 원형큐

가 사용된다.

- CPU 스케줄링: 운영체제는 실행 가능한 프로세스들을 저장하거나 이벤트를 기다리는 프로세스들을 저장하기 위하여 몇 개의 큐를 사용한다.

[그림 5-10] 생산자와 버퍼, 소비자의 개념

여기서 큐를 버퍼처럼 사용해본다. 큐에 일정한 비율(20%)로 난수를 생성하여 큐에 입력하고, 일정한 비율(10%)로 큐에서 정수를 꺼내는 프로그램을 작성해보자. 생산자가 소비자보다 빠르므로 큐가 포화 상태가 될 가능성이 높아진다.

프로그램 5.3 큐 응용 프로그램

```
#include <stdio.h>
#include <stdlib.h>

// 프로그램 5.2에서 다음과 같은 부분을 복사한다.
// ================ 원형큐 코드 시작 =================
// ...
// ================ 원형큐 코드 종료 =================

int main(void)
{
    QueueType queue;
    int element;

    init_queue(&queue);
    srand(time(NULL));
```

```
    for(int i=0;i<100; i++){
        if (rand() % 5 == 0) {    // 5로 나누어 떨어지면
            enqueue(&queue, rand()%100);
        }
        queue_print(&queue);
        if (rand() % 10 == 0) {   // 10로 나누어 떨어지면
            int data = dequeue(&queue);
        }
        queue_print(&queue);
    }
    return 0;
}
```

실행결과

```
...
QUEUE(front=0 rear=1) = 53 |
QUEUE(front=1 rear=1) =
QUEUE(front=1 rear=2) = 73 |
QUEUE(front=1 rear=2) = 73 |
QUEUE(front=1 rear=2) = 73 |
QUEUE(front=1 rear=3) = 73 | 96 |
QUEUE(front=1 rear=3) = 73 | 96 |
QUEUE(front=1 rear=3) = 73 | 96 |
...
```

5.5 덱이란?

덱(deque)은 double-ended queue의 줄임말로서 큐의 전단(front)과 후단(rear)에서 모두 삽입과 삭제가 가능한 큐를 의미한다. 그렇지만 여전히 중간에 삽입하거나 삭제하는 것은 허용하지 않는다. [그림 5-11]은 덱의 구조를 보여준다.

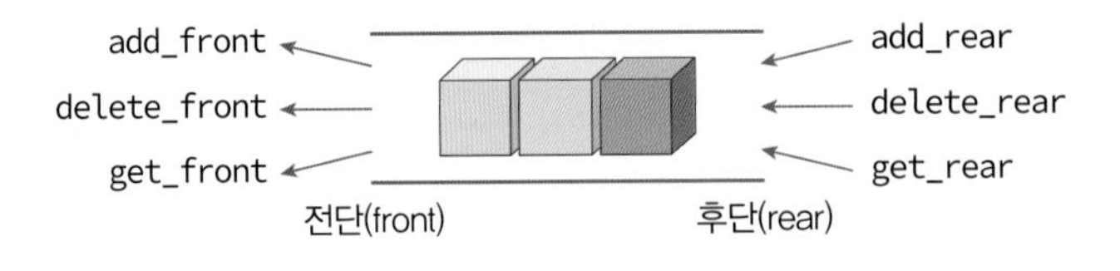

[그림 5-11] 덱의 구조

덱의 추상 자료형

덱을 추상 자료형으로 정의하면 다음과 같다.

ADT 5.2 Deque

```
·객체: n개의 element형의 요소들의 순서 있는 모임
·연산:
  create() ::= 덱을 생성한다.
  init(dq) ::= 덱을 초기화한다.
  is_empty(dq) ::= 덱이 공백 상태인지를 검사한다.
  is_full(dq) ::= 덱이 포화 상태인지를 검사한다.
  add_front(dq, e) ::= 덱의 앞에 요소를 추가한다.
  add_rear(dq, e) ::= 덱의 뒤에 요소를 추가한다.
  delete_front(dq) ::= 덱의 앞에 있는 요소를 반환한 다음 삭제한다.
  delete_rear(dq) ::= 덱의 뒤에 있는 요소를 반환한 다음 삭제한다.
  get_front(q) ::= 덱의 앞에서 삭제하지 않고 앞에 있는 요소를 반환한다.
  get_rear(q) ::= 덱의 뒤에서 삭제하지 않고 뒤에 있는 요소를 반환한다.
```

덱은 스택과 큐의 연산들을 모두 가지고 있다. 예를 들면 add_front와 delete_front 연산은 스택의 push와 pop 연산과 동일하다. 또한 add_rear 연산과 delete_front 연산은 각각 큐의 enqueue와 dequeue 연산과 같다. 추가로 덱은 get_front, get_rear, delete_rear 연산을 갖는다. 따라서 덱은 스택이나 큐에 비해 더 융통성이 많은 자료 구조로 볼 수 있다. 만약, 덱의 전단과 관련된 연산들만을 사용하면 스택이 되고, 삽입은 후단, 삭제는 전단만을 사용하면 큐로 동작한다. [그림 5-12]는 공백 상태의 덱에 일련의 연산들이 수행되는 예를 보여주고 있다. 덱을 구현하기 위해서도 배열과 연결 리스트를 사용할 수 있다. 이 장에서는 배열을 이용한 덱을 살펴보자.

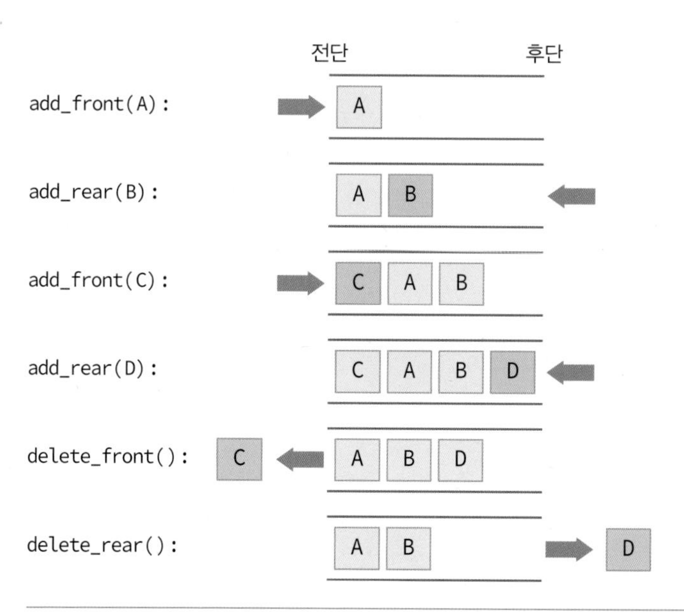

[그림 5-12] 덱에서의 일련의 연산

배열을 이용한 덱의 구현

원형 큐와 덱은 공통점이 많은데, 원형 큐를 확장하면 덱도 손쉽게 구현할 수 있다. 덱도 원형 큐와 같이 전단과 후단을 사용한다. 따라서 큐에서 사용한 배열 data와 front, rear를 그대로 사용하면 되고, 추가적인 데이터는 필요 없다.

```
#define MAX_DEQUE_SIZE 5
typedef int element;
typedef struct {    // 덱 타입
    element data[MAX_QUEUE_SIZE];
    int front, rear;
} DequeType;
```

원형 큐에서 그대로 사용할 수 있는 많은 연산들이 있다. is_empty(), is_full(), size(), init_queue(), print_deque(), add_rear(), delete_front(), get_front() 등은 원형 큐의 연산들과 동일하다. 다만 이름이 변경된 것들이 있다. 예를 들어서 add_rear()는 enqueue()와 동일하다.

덱에서 새롭게 추가된 연산에는 delete_rear(), add_front(), get_rear()가 있다. get_rear()가 가장 간단한데, 공백상태가 아닌 경우 rear가 가리키는 항목을 반환하면 된다. delete_rear()와 add_front()에서는 원형 큐에서와 다르게 반대 방향의 회전이 필요하다. front나 rear를 감소시켜야 하는데, 만약 음수가 되면 MAX_QUEUE_SIZE를 더해주어야 한다. 따라서 front나 rear는 다음과 같이 변경된다.

```
front ← (front-1 + MAX_QUEUE_SIZE) % MAX_QUEUE_SIZE;
rear ← (rear-1 + MAX_QUEUE_SIZE) % MAX_QUEUE_SIZE;
```

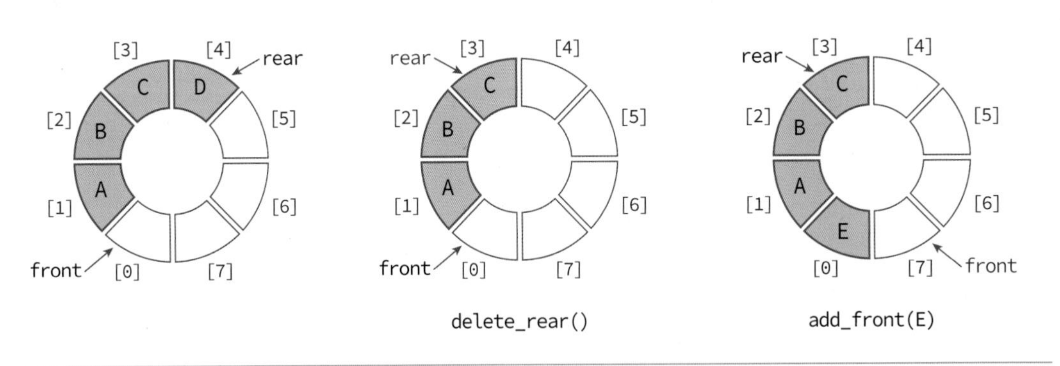

[그림 5-13] 덱의 추가된 연산

전체 소스는 다음과 같다.

프로그램 5.4 **원형 덱 프로그램**

```
#include <stdio.h>
#include <stdlib.h>

#define MAX_QUEUE_SIZE 5
typedef int element;
typedef struct {     // 큐 타입
    element data[MAX_QUEUE_SIZE];
    int front, rear;
} DequeType;

// 오류 함수
void error(char *message)
{
    fprintf(stderr, "%s\n", message);
    exit(1);
}

// 초기화
void init_deque(DequeType *q)
{
    q->front = q->rear = 0;
}

// 공백 상태 검출 함수
int is_empty(DequeType *q)
{
    return (q->front == q->rear);
}

// 포화 상태 검출 함수
int is_full(DequeType *q)
{
    return ((q->rear + 1) % MAX_QUEUE_SIZE == q->front);
}

// 원형큐 출력 함수
void deque_print(DequeType *q)
{
    printf("DEQUE(front=%d rear=%d) = ", q->front, q->rear);
    if (!is_empty(q)) {
        int i = q->front;
        do {
            i = (i + 1) % (MAX_QUEUE_SIZE);
            printf("%d | ", q->data[i]);
            if (i == q->rear)
                break;
```

```
        } while (i != q->front);
    }
    printf("\n");
}

// 삽입 함수
void add_rear(DequeType *q, element item)
{
    if (is_full(q))
        error("큐가 포화상태입니다");
    q->rear = (q->rear + 1) % MAX_QUEUE_SIZE;
    q->data[q->rear] = item;
}

// 삭제 함수
element delete_front(DequeType *q)
{
    if (is_empty(q))
        error("큐가 공백상태입니다");
    q->front = (q->front + 1) % MAX_QUEUE_SIZE;
    return q->data[q->front];
}

// 삭제 함수
element get_front(DequeType *q)
{
    if (is_empty(q))
        error("큐가 공백상태입니다");
    return q->data[(q->front + 1) % MAX_QUEUE_SIZE];
}

void add_front(DequeType *q, element val)
{
    if (is_full(q))
        error("큐가 포화상태입니다");
    q->data[q->front] = val;
    q->front = (q->front - 1 + MAX_QUEUE_SIZE) % MAX_QUEUE_SIZE;
}

element delete_rear(DequeType *q)
{
    int prev = q->rear;
    if (is_empty(q))
        error("큐가 공백상태입니다");
    q->rear = (q->rear - 1 + MAX_QUEUE_SIZE) % MAX_QUEUE_SIZE;
    return q->data[prev];
}
```

```
element get_rear(DequeType *q)
{
    if (is_empty(q))
        error("큐가 공백상태입니다");
    return q->data[q->rear];
}

int main(void)
{
    DequeType queue;

    init_deque(&queue);
    for (int i = 0; i < 3; i++) {
        add_front(&queue, i);
        deque_print(&queue);
    }
    for (int i = 0; i < 3; i++) {
        delete_rear(&queue);
        deque_print(&queue);
    }
    return 0;
}
```

실행결과

```
DEQUE(front=4 rear=0) = 0 |
DEQUE(front=3 rear=0) = 1 | 0 |
DEQUE(front=2 rear=0) = 2 | 1 | 0 |
DEQUE(front=2 rear=4) = 2 | 1 |
DEQUE(front=2 rear=3) = 2 |
DEQUE(front=2 rear=2) =
```

연결된 덱의 구현

스택이나 큐와 같이 덱도 연결 리스트로 구현할 수 있다. 그러나 연결된 덱을 구현하는 것은 연결된 스택이나 큐에 비해 더 복잡하다. 스택이나 큐와는 달리 덱은 전단과 후단에서 모두 삽입, 삭제가 가능하기 때문에 하나의 노드에서 알아야 할 정보가 더 많다. 구체적으로는 선행노드와 후속노드를 가리키는 포인터 변수를 가져야 하는데, 이러한 구조를 이중 연결 리스트(double linked list)라고 부른다. 이중 연결 리스트는 7장에서 공부한다.

01 덱을 큐처럼 사용하려면 enqueue()와 dequeue() 대신에 어떤 연산들을 호출하여야 하는가?

02 덱을 스택처럼 사용하려면 push()와 pop() 대신에 어떤 연산들을 호출하여야 하는가?

5.6 큐의 응용: 시뮬레이션

큐는 주로 컴퓨터로 큐잉이론에 따라 시스템의 특성을 시뮬레이션하여 분석하는 데 이용된다. 큐잉모델은 고객에 대한 서비스를 수행하는 서버와 서비스를 받는 고객들로 이루어진다. 제한된 수의 서버 때문에 고객들은 서비스를 받기 위하여 대기 행렬에서 기다리게 된다. 이 대기 행렬이 큐로 구현된다. 대기 행렬이란 상점이나 극장, 세차장 같은 곳에서 서비스를 받기 위하여 기다리는 줄을 의미한다. 여기서는 은행에서 고객이 들어와서 서비스를 받고 나가는 과정을 시뮬레이션해보자. 우리에게 필요한 것은 고객들이 기다리는 평균시간이 얼마나 되느냐이다. 만약 기다리는 시간이 너무 길다면 행원을 더 투입하여 대기시간을 줄여야 할 것이다.

여기서는 최대한 간단하게 설정하여 시뮬레이션의 핵심적인 내용만 알아보자. 먼저 서비스하는 행원은 한사람이라고 가정하자. 고객의 대기행렬은 큐로 시뮬레이션된다. 주어진 시간동안 고객은 랜덤한 간격으로 큐에 들어온다. 고객들의 서비스 시간도 한계값 안에서 랜덤하게 결정된다. 큐에 들어있는 고객들은 순서대로 서비스를 받는다. 한 고객의 서비스가 끝나면 큐의 맨 앞에 있는 다른 고객이 서비스를 받기 시작한다. 정해진 시간동안의 시뮬레이션이 끝나면 고객들의 평균대기시간을 계산하여 출력한다.

[그림 5-14] 은행에서의 서비스 대기큐

시뮬레이션은 하나의 반복 루프로 이루어진다.

(1) 먼저 현재시각을 나타내는 clock이라는 변수를 하나 증가한다.
(2) [0, 10] 사이의 난수를 생성하여 3보다 작으면 새로운 고객이 들어왔다고 판단한다. 새로운 고객이 들어오면 구조체를 생성하고 여기에 고객의 아이디, 도착시간, 서비스 시간 등의 정보를 복사한다. 여기서 고객이 필요로 하는 서비스 시간도 역시 난수로 생성한다. 이 구조체를 enqueue()를 호출하여서 큐에 추가한다. 전역 변수인 service_time에 현재 처리 중인 고객의 서비스 시간을 저장해둔다.
(3) service_time이 0인지 아닌지를 살펴본다. 만약 service_time이 0이 아니면 어떤 고객이 지금 서비스를 받고 있는 중임을 의미한다. clock이 하나 증가했으므로 service_time

을 하나 감소시킨다. 만약 service_time이 0이면 현재 서비스 받는 고객이 없다는 것을 의미한다. 따라서 큐에서 고객 구조체를 하나 꺼내어 서비스를 시작한다. 즉 서비스를 시작한다는 의미는 전역 변수 service_time에 고객의 서비스 시간을 저장한다는 것이다. 보다 복잡한 처리를 시뮬레이션하려면 코드를 추가해야 한다.

(4) 60분의 시간이 지나면 고객들이 기다린 시간을 전부 합하여 화면에 출력한다.

프로그램 5.5 은행 서비스 시뮬레이션 프로그램

```
#include <stdio.h>
#include <stdlib.h>


// 프로그램 5.2에서 다음과 같은 부분을 복사한다.
// ================ 원형큐 코드 시작 =================
typedef struct { // 요소 타입
    int id;
    int arrival_time;
    int service_time;
} element;        // 교체!
// ...
// ================ 원형큐 코드 종료 =================

int main(void)
{
    int minutes = 60;
    int total_wait = 0;
    int total_customers = 0;
    int service_time = 0;
    int service_customer;
    QueueType queue;
    init_queue(&queue);

    srand(time(NULL));
    for (int clock = 0; clock < minutes; clock++) {
        printf("현재시각=%d\n", clock);
        if ((rand()%10) < 3) {
            element customer;
            customer.id = total_customers++;
            customer.arrival_time = clock;
            customer.service_time = rand() % 3+1;
            enqueue(&queue, customer);
            printf("고객 %d이 %d분에 들어옵니다. 업무처리시간= %d분\n",
                customer.id, customer.arrival_time, customer.service_time);
        }
        if (service_time > 0) {
            printf("고객 %d 업무처리중입니다. \n", service_customer);
```

```
            service_time--;
        }
        else {
            if (!is_empty(&queue)) {
                element customer = dequeue(&queue);
                service_customer = customer.id;
                service_time = customer.service_time;
                printf("고객 %d이 %d분에 업무를 시작합니다. 대기시간은 %d분이었습니다.\n",
                    customer.id, clock, clock - customer.arrival_time);
                total_wait += clock - customer.arrival_time;
            }
        }
    }
    printf("전체 대기 시간=%d분 \n", total_wait);
    return 0;
}
```

실행결과

```
현재시각=0
현재시각=1
고객 0이 1분에 들어옵니다. 업무처리시간= 2분
고객 0이 1분에 업무를 시작합니다. 대기시간은 0분이었습니다.
현재시각=2
고객 0 업무처리중입니다.
현재시각=3
고객 1이 3분에 들어옵니다. 업무처리시간= 1분
고객 0 업무처리중입니다.
현재시각=4
고객 1이 4분에 업무를 시작합니다. 대기시간은 1분이었습니다.
현재시각=5
고객 1 업무처리중입니다.
현재시각=6
고객 2이 6분에 들어옵니다. 업무처리시간= 2분
```

도전문제 위의 소스에서는 은행원이 1명이라고 가정하고 있다. 만약 은행의 행원이 2명이라면 위의 소스를 어떻게 수정하여야 하는가?

연습문제 EXERCISE

01 문자 A, B, C, D, E를 큐에 넣었다가 다시 꺼내어 출력하면 어떻게 되는가?

(a) A, B, C, D, E
(b) E, D, C, B, A
(c) A, B, C, E, D
(d) B, A, C, D, E

02 원형큐에서 front가 3이고 rear가 5라고 하면 현재 원형큐에 저장된 요소들의 개수는?(단, MAX_QUEUE_SIZE는 8이다.)

(a) 1
(b) 2
(c) 3
(d) 4

03 10, 20, 30, 40, 50을 큐에 넣었다고 가정하고 3개의 항목을 삭제하였다. 남아 있는 항목은?

04 다음 중 원형큐에서 공백상태에 해당하는 조건은?

(a) front ==0 && rear == 0
(b) front == (MAX_QUEUE_SIZE-1) && rear == (MAX_QUEUE_SIZE-1)
(c) front == rear
(d) front == (rear+1) % MAX_QUEUE_SIZE

05 크기가 10이고 front가 3, rear가 5인 원형큐에서 새로운 항목이 삽입되었을 경우, front와 rear의 새로운 값은?

(1) front은 4, rear는 5
(2) front은 3, rear는 6
(3) front은 4, rear는 6
(4) 포화상태가 된다.

06 다음과 같은 원형큐에서 (a)에서 (c)까지의 연산을 차례로 수행한다고 하자. 수행이 완료된 후의 큐의 상태를 그려라. 현재 front는 0이고 rear는 2라고 하자.

[0]	[1]	[2]	[3]	[4]
	B	C		

(a) A 추가
(b) D 추가
(c) 삭제

07 큐에 항목들을 삽입하고 삭제하는 연산은 시간 복잡도가 어떻게 되는가?

(a) $O(1)$
(b) $O(\log_2 n)$
(c) $O(n)$
(d) $O(n^2)$

08 원형큐에 큐에 존재하는 요소의 개수를 반환하는 연산 get_count를 추가하여 보라. C언어를 이용하여 구현하여 보라.

09 2개의 스택을 사용하여 큐를 구현할 수 있을까? 2개의 스택을 사용하여 큐를 구현해보자. 입력이 들어오면 스택 #1에 넣는다. 출력 요청이 들어보면 스택 #2에서 요소를 꺼낸다. 스택 #2가 비어 있을 때는 스택 #1의 모든 요소를 꺼내서 스택 #2에 넣는다. 프로그램으로 작성해보자.

10 피보나치 수열을 효과적으로 계산하기 위하여 큐를 이용할 수 있다. 만일 피보나치 수열을 순환에 의하여 계산하게 되면 경우에 따라서는 많은 순환 함수의 호출에 의해 비효율적일 수 있다. 이를 개선하기 위하여 큐를 사용하는데 큐에는 처음에는 F(0)와 F(1)의 값이 들어가 있어 다음에 F(2)를 계산할 때 F(0)를 큐에서 제거한다. 그 다음에 계산된 F(b)를 다시 큐에 넣는다. 피보나치 수열은 다음과 같이 정의된다. 큐를 이용하여 피보나치 수열을 계산하는 프로그램을 작성하라.

$F(0)=0,\ F(1)=1$
$F(n)=F(n-1)+F(n-2)$

11 회문(palindrome)이란 앞뒤 어느 쪽에서 읽어도 같은 말·구·문 등을 의미한다. 예를 들면 “eye”, “madam, “radar” 등이다. 여기서 물론 구두점이나 스페이스, 대소문자 등은 무시하여야 한다. 덱을 이용하여 주어진 문자열이 회문인지 아닌지를 결정하는 프로그램을 작성하라. 다음 그림을 참조한다.

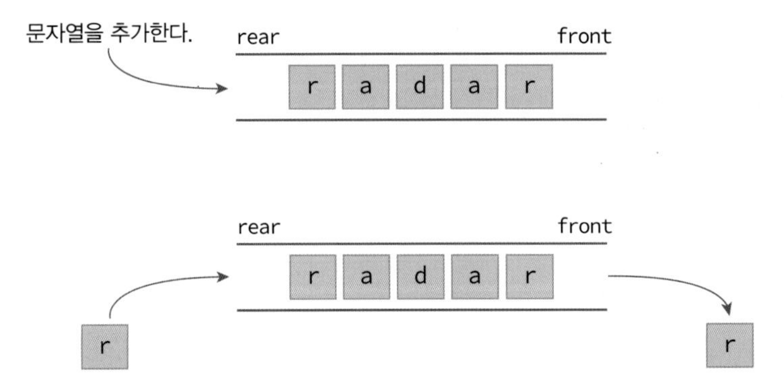

12 태스크 스케줄링 알고리즘으로 A-Steal 알고리즘이 있다. A-Steal 알고리즘에서 각각의 CPU는 자신이 실행할 태스크가 저장된 덱을 가지고 있다. 하나의 CPU가 자신의 태스크를 종료했다면 다른 CPU가 실행할 태스크를 훔쳐서 실행할 수 있다. 이때 다른 CPU의 덱의 끝에 있는 요소를 가져온다. 간단하게 A-Steal 알고리즘을 구현해보자.

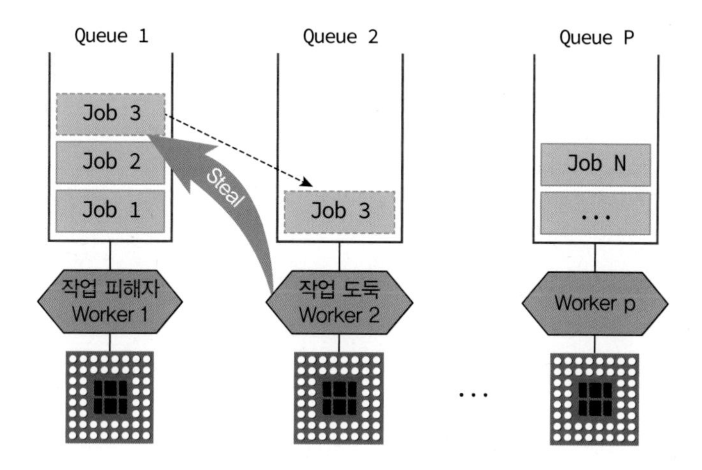
Queue 1
Queue 2
Queue P
Job 3
Job 2
Job 1
Steal
Job 3
Job N
...
작업 피해자
Worker 1
작업 도둑
Worker 2
Worker p
...

CHAPTER

06

연결 리스트 I

■ **학습목표**

- 추상 데이터 타입 "리스트"를 이해한다.
- 추상 데이터 타입 "리스트"를 배열을 이용하여 구현할 수 있다.
- 추상 데이터 타입 "리스트"를 연결 리스트를 이용하여 구현할 수 있다.

06 연결 리스트 I

6.1 리스트 추상 데이터 타입

리스트의 소개

리스트(list)는 우리들이 자료를 정리하는 방법 중의 하나이다. [그림 6-1]처럼 우리는 일상생활에서 많은 리스트를 사용하고 있다. 예를 들어서 오늘 해야 할일이나 쇼핑해야할 항목들을 리스트로 관리한다. 다음과 같은 것들이 전형적인 리스트이다.

- 오늘 해야 할 일: (청소, 쇼핑, 영화관람)
- 버킷 리스트: (세계여행하기, 새로운 언어 배우기, 마라톤 뛰기)
- 요일들: (일요일, 월요일, … ,토요일)
- 카드 한 벌의 값: (Ace, 2, 3,…, King)

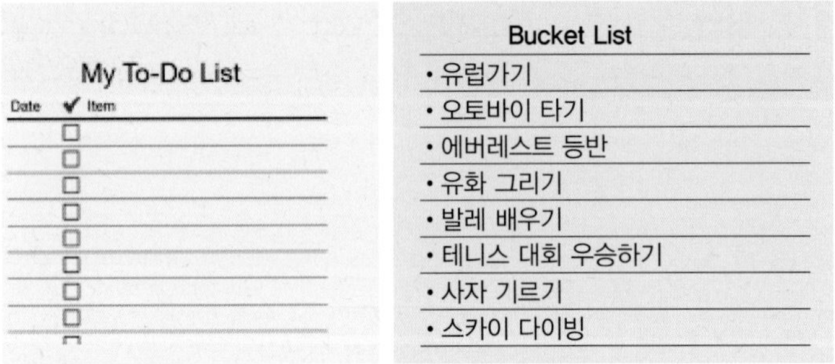

My To-Do List
Date ✔ Item

Bucket List
• 유럽가기
• 오토바이 타기
• 에버레스트 등반
• 유화 그리기
• 발레 배우기
• 테니스 대회 우승하기
• 사자 기르기
• 스카이 다이빙

[그림 6-1] 리스트의 예

리스트에는 항목들이 차례대로 저장되어 있다. 리스트의 항목들은 순서 또는 위치를 가진다. 앞에서 살펴본 스택과 큐도 넓게 보면 리스트의 일종이다. 리스트는 기호로 다음과 같이 표현한다. 리스트는 집합하고는 다르다. 집합은 각 항목 간에 순서의 개념이 없다.

$$L = (\ item_0,\ item_1,\ item_2,\ \ldots,\ item_{n-1}\ )$$

이들 리스트를 가지고 할 수 있는 연산들은 무엇이 있을까? 다음과 같은 기본적인 연산들을 생각할 수 있다.

- 리스트에 새로운 항목을 추가한다(삽입 연산).
- 리스트에서 항목을 삭제한다(삭제 연산).
- 리스트에서 특정한 항목을 찾는다(탐색 연산).

리스트 ADT

다음은 리스트를 추상 데이터 타입으로 정의한 것이다. 앞에서 생각해본 연산들에 이름을 붙이고 설명을 한 것이다.

ADT 6.1 리스트

```
·객체: n개의 element형으로 구성된 순서 있는 모임
·연산:
  insert(list, pos, item) ::= pos 위치에 요소를 추가한다.
  insert_last(list, item) ::= 맨 끝에 요소를 추가한다.
  insert_first(list, item) ::= 맨 처음에 요소를 추가한다.
  delete(list, pos) ::= pos 위치의 요소를 제거한다.
  clear(list) ::= 리스트의 모든 요소를 제거한다.
  get_entry(list, pos) ::= pos 위치의 요소를 반환한다.
  get_length(list) ::= 리스트의 길이를 구한다.
  is_empty(list) ::= 리스트가 비었는지를 검사한다.
  is_full(list) ::= 리스트가 꽉 찼는지를 검사한다.
  print_list(list) ::= 리스트의 모든 요소를 표시한다.
```

리스트의 구현

이제부터는 리스트 ADT를 어떻게 구현할 것인지를 생각해보자. 리스트는 배열과 연결 리스트를 이용하여 구현할 수 있다. 배열을 이용하면 리스트 ADT를 가장 간단하게 구현할 수 있다. 하지만 크기가 고정되는 점은 단점이다. 다른 방법으로는 포인터를 이용하여 연결 리스트를 만드는 방법이 있다. 연결 리스트는 필요할 때마다 중간에 속지를 추가해서 사용할 수 있는 바인더 공책과 비슷하다.

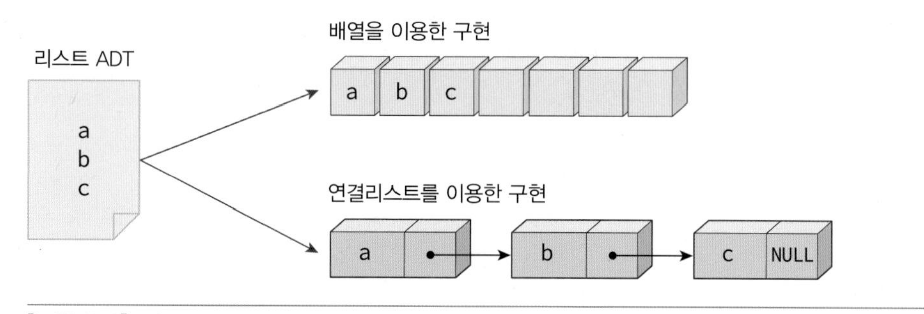

[그림 6-2] 리스트 ADT를 구현하는 2가지 방법

배열을 사용하여 리스트를 구현하면 장점과 단점이 존재한다. 장점은 구현이 간단하고 속도가 빠르다는 것이다. 단점으로는 리스트의 크기가 고정된다는 것을 들 수 있다. 즉 배열의 특성상 동적으로 크기를 늘리거나 줄이는 것이 힘들다. 따라서 만약 데이터를 추가하고 싶은데 더 이상 남은 공간이 없다면 문제가 발생한다. 물론 메모리 공간이 부족해지면 더 큰 배열을 만들어서 기존 배열의 데이터들을 전부 복사하면 되지만 이것은 CPU 시간을 낭비한다. 또한 리스트의 중간에 새로운 데이터를 삽입하거나 삭제하기 위해서는 기존의 데이터들을 이동하여야 한다.

연결 리스트는 크기가 제한되지 않고, 중간에서 쉽게 삽입하거나 삭제할 수 있는 유연한 리스트를 구현할 수 있다. 하지만 연결 리스트도 단점이 있는데, 구현이 복잡하고, 임의의 항목(i번째 항목)을 추출하려고 할 때는 배열을 사용하는 방법보다 시간이 많이 걸린다.

Quiz

01 리스트 ADT가 이미 구현되었다고 가정하고 다음과 같은 작업을 수행하는 코드를 작성하여 보시오.

* 리스트를 생성한다.
* 리스트의 끝에 10을 추가한다.
* 리스트의 끝에 20을 추가한다.
* 리스트의 첫 번째 요소를 삭제한다.
* 리스트의 요소를 모두 출력한다.

6.2 배열로 구현된 리스트

배열로 연결 리스트를 구현해보자. 배열을 이용하여 리스트를 구현하면 순차적인 메모리 공간이 할당되므로, 이것을 리스트의 순차적 표현(sequential representation)라고도 한다.

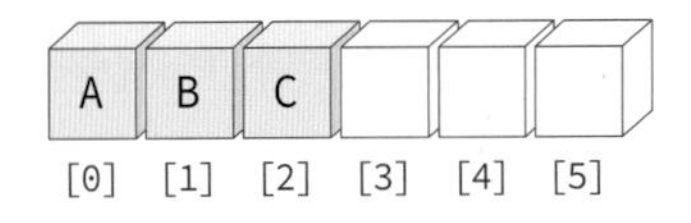

배열을 사용하면 리스트의 항목을 아주 자연스럽게 저장할 수 있다. 좀 더 자세한 내용은 다음의 가상 실습 소프트웨어를 이용해서 살펴보자.

가상 실습 6.1

배열로 구현된 리스트 ADT

배열로 구현된 리스트 애플릿을 이용하여 다음의 실험을 수행하라.

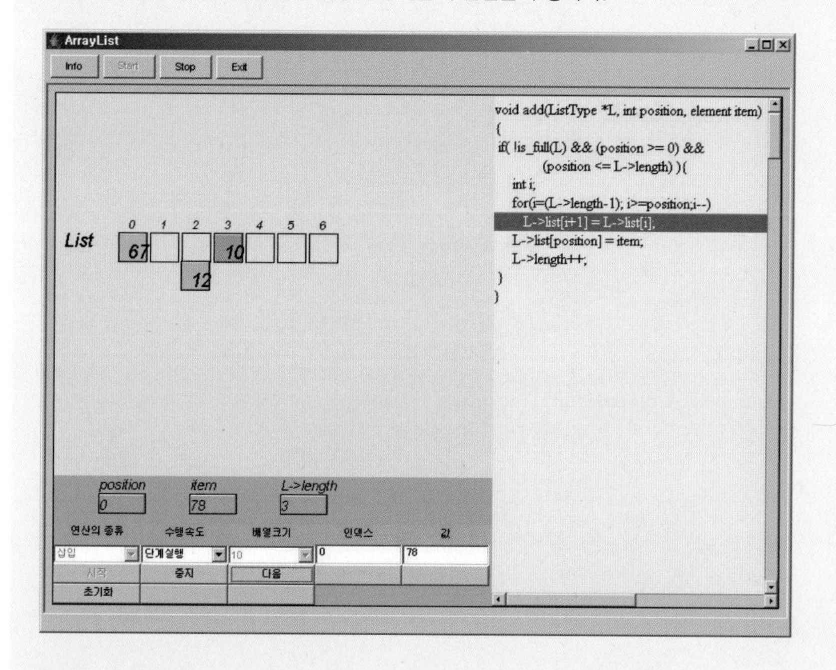

(1) 먼저 '연산의 종류' 필드를 선택하여 '삽입'과 '삭제 '중의 하나를 선택한다.
(2) '배열의 크기'필드를 이용하여 배열의 크기를 입력한다.
(3) '인덱스' 필드와 '값' 필드를 이용하여 삽입 또는 삭제하고 싶은 위치와 값을 입력한다.
(4) '시작' 버튼을 누르거나 '다음' 버튼을 눌러서 삽입과 삭제가 진행되는 모습을 살펴본다. 삽입이나 삭제 시에 항목들의 이동이 어떻게 일어나는지를 살핀다.

리스트의 정의

배열로 리스트를 구현하기 위하여 배열과 항목의 개수를 구조체로 묶어서 ArrayListType이라는 새로운 타입을 정의하도록 하자.

```
#define MAX_LIST_SIZE 100  // 리스트의 최대크기

typedef int element;         // 항목의 정의
typedef struct {
    element array[MAX_LIST_SIZE]; // 배열 정의
    int size;                     // 현재 리스트에 저장된 항목들의 개수
} ArrayListType;
```

기초 연산

리스트의 연산들을 함수로 구현해보자. 모든 연산은 구조체 포인터를 받는다. 구조체 포인터를

받아야 하는 이유는 함수 안에서 구조체를 변경할 필요도 있기 때문이다. 포인터를 사용하지 않으면 구조체의 복사본이 전달되어서 원본 구조체를 변경할 수 없다. 일단 쉽게 구현할 수 있는 연산부터 구현해보자.

```
// 오류 처리 함수
void error(char *message)
{
    fprintf(stderr, "%s\n", message);
    exit(1);
}
// 리스트 초기화 함수
void init(ArrayListType *L)
{
    L->size = 0;
}
// 리스트가 비어 있으면 1을 반환
// 그렇지 않으면 0을 반환
int is_empty(ArrayListType *L)
{
    return L->size == 0;
}
// 리스트가 가득 차 있으면 1을 반환
// 그렇지 많으면 1을 반환
int is_full(ArrayListType *L)
{
    return L->size == MAX_LIST_SIZE;
}
element get_entry(ArrayListType *L, int pos)
{
    if (pos < 0 || pos >= L->size)
        error("위치 오류");
    return L->array[pos];
}
// 리스트 출력
void print_list(ArrayListType *L)
{
    int i;
    for (i = 0; i<L->size; i++)
        printf("%d->", L->array[i]);
    printf("\n");
}
```

항목 추가 연산

이제 리스트의 맨 끝에 항목을 추가하는 insert_last() 함수를 구현해보자.

```
void insert_last(ArrayListType *L, element item)
{
    if( L->size >= MAX_LIST_SIZE ) {
        error("리스트 오버플로우");
    }
    L->array[L->size++] = item;
}
```

insert_last() 함수에서는 리스트에 빈공간이 없으면 오류를 발생시킨다.

이제 리스트의 pos 위치에 새로운 항목을 추가하려면 어떻게 해야 할까? 이런 경우에는 pos 번째부터 마지막 항목까지 한 칸씩 오른쪽으로 이동하여 빈자리를 만든 후에, 새로운 항목을 pos 위치에 저장하여야 한다.

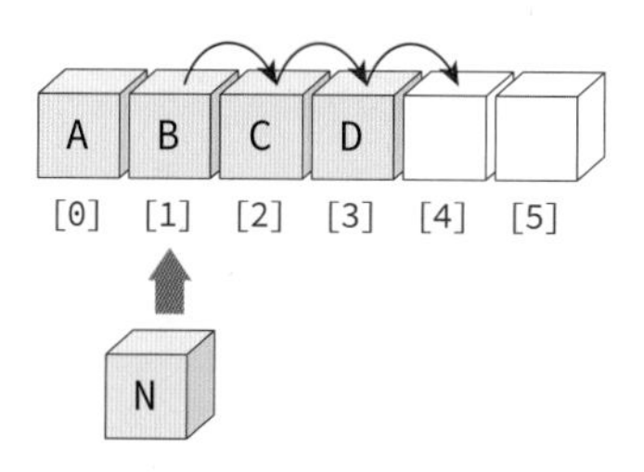

위의 그림에서는 pos=1에 새로운 항목을 추가하는 것을 나타낸다. 빈자리를 만들기 위하여 array[1] 부터 array[3]까지를 한 칸씩 오른쪽으로 이동한다. 이때 순서가 중요하다. 먼저 array[3]를 array[4]로 이동하고 이어서 array[2]을 array[3]으로, array[1]을 array[2]로 이동하여야 한다. 이어서 새로운 항목을 array[1]에 저장한다.

임의의 위치에 삽입하는 insert() 함수를 구현해보자.

```
void insert(ArrayListType *L, int pos, element item)
{
    if (!is_full(L) && (pos >= 0) && (pos <= L->size)) {
        for (int i = (L->size - 1); i >= pos; i--)
            L->array[i + 1] = L->array[i];
        L->array[pos] = item;
        L->size++;
    }
}
```

항목 삭제 연산

pos 위치의 항목을 삭제하는 delete(list, pos)를 구현해보자. 이때도 마찬가지로 삭제한 후에 array[pos+1]부터 array[size-1]까지를 한 칸씩 앞으로 이동하여야 한다.

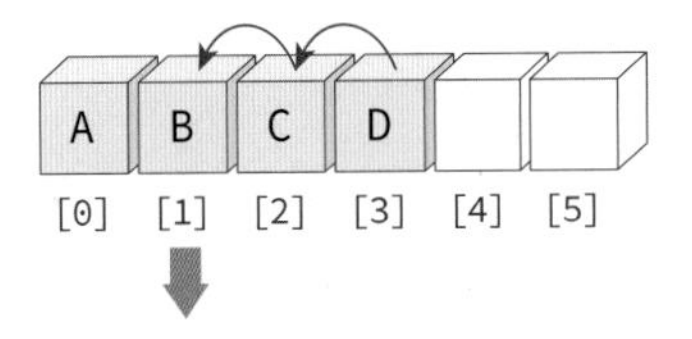


```
element delete(ArrayListType *L, int pos)
{
    element item;

    if (pos < 0 || pos >= L->size)
        error("위치 오류");
    item = L->array[pos];
    for (int i = pos; i<(L->size - 1); i++)
        L->array[i] = L->array[i + 1];
    L->size--;
    return item;
}
```

테스트 프로그램

지금까지 작성된 ArrayListType을 테스트해보자.

프로그램 6.1 배열 리스트

```
#include <stdio.h>
#include <stdlib.h>

// 앞의 코드를 여기에 추가한다.
// ...
int main(void)
{
    // ArrayListType를 정적으로 생성하고 ArrayListType를
    // 가리키는 포인터를 함수의 매개변수로 전달한다.
    ArrayListType list;

    init(&list);
    insert(&list, 0, 10);  print_list(&list); // 0번째 위치에 10 추가
    insert(&list, 0, 20);  print_list(&list); // 0번째 위치에 20 추가
    insert(&list, 0, 30);  print_list(&list); // 0번째 위치에 30 추가
    insert_last(&list, 40);print_list(&list); // 맨 끝에 40 추가
    delete(&list, 0);      print_list(&list); // 0번째 항목 삭제
    return 0;
}
```

실행결과

```
10->
20->10->
30->20->10->
30->20->10->40->
20->10->40->
```

10이 리스트의 0번째 위치에 추가된다. 이어서 20이 0번째 위치에 추가되므로 기존의 10은 뒤로 밀리게 된다. 30이 0번째 위치에 추가되면 "30->20->10"과 같이 저장된다. `insert_last()`를 호출하여 40을 맨 끝에 추가하면 "30->20->10->40"이 된다. `delete()`를 호출하여서 0번째 항목을 삭제하면 "20->10->40"이 된다.

실행 시간 분석

배열로 구현한 리스트의 시간 복잡도를 살펴보자. 임의의 항목에 접근하는 연산인 get_entry 연산은 인덱스를 사용하여 항목에 바로 접근할 수 있으므로 명백히 $O(1)$이다. 삽입이나 삭제 연산은 다른 항목들을 이동하는 경우가 많으므로 최악의 경우 $O(n)$이 된다. 예를 들어서 리스트가 거의 차있고 새로운 항목을 맨 처음에 삽입하는 경우가 그렇다. 하지만 리스트의 맨 끝에 삽입하는 경우는 $O(1)$이다.

도전문제 추상 자료형 "리스트"의 연산중에서 insert_first(list, item) 연산을 구현하여 테스트하라.

도전문제 ArrayListType을 malloc() 함수를 이용하여 동적으로 생성하고 여기에 10, 20, 30을 추가하는 코드를 작성하고 테스트하라.

01 본문에 나와 있지 않은 다음과 같은 리스트 ADT의 연산을 구현하여 보자.

```
* clear(list)
* replace(list, pos, item)
* get_length(list)
```

6.3 연결 리스트

이번 절에서 동적으로 크기가 변할 수 있고 삭제나 삽입 시에 데이터를 이동할 필요가 없는 연결된 표현(linked representation)에 대하여 배운다. 이 연결된 표현은 포인터를 사용하여 데이터들을 연결한다. 연결된 표현은 널리 사용되며 추상 데이터 타입 "리스트"의 구현에만 사용되는 것이 아니고 다른 여러 가지의 자료구조(트리, 그래프, 스택, 큐) 등을 구현하는데도 많이 사용된다.

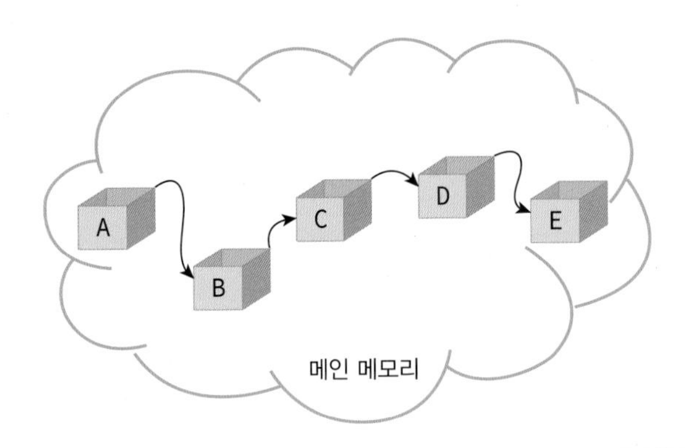

[그림 6-3] 연결된 표현

[그림 6-3]에서 보듯이 연결된 표현은 줄로 연결된 상자라고 생각할 수 있다. 상자 안에는 데이터가 들어가고 상자에 연결된 줄을 따라가면 다음 상자를 찾을 수 있다. 연결된 표현은 일단 데이터를 한군데 모아두는 것을 포기하는 것이다. 데이터들은 메인 메모리상의 어디에나 흩어져서 존재할 수 있다. 이런 식으로 물리적으로 흩어져 있는 자료들을 서로 연결하여 하나로 묶는 방법을 연결 리스트(linked list)라고 한다. 상자를 연결하는 줄은 포인터(pointer)로 구현한다.

연결 리스트를 사용하면 어떤 장점이 있을까? 배열을 이용한 리스트에서 가장 문제가 되었던 중간에 삽입하는 문제를 생각하여 보자. 연결 리스트에서는 앞뒤에 있는 데이터들을 이동할 필요가 없이 줄만 변경시켜주면 된다. [그림 6-4]에서 데이터 N이 B와 C사이에 삽입되며 실선은 삽입전의 링크이고 점선은 삽입후의 링크이다.

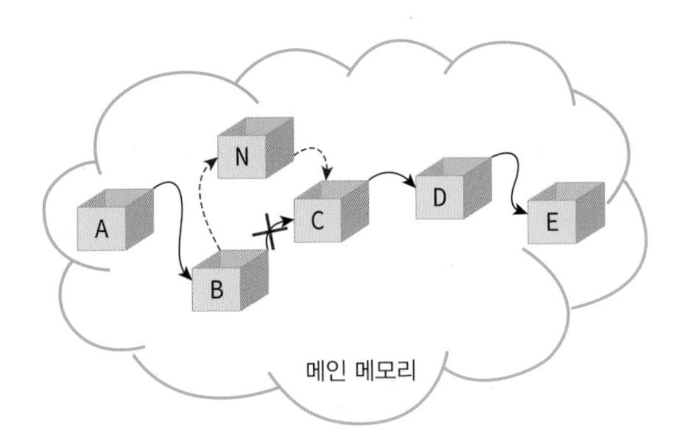

[그림 6-4] 연결 리스트에서의 삽입연산

삭제 시에도 마찬가지이다. [그림 6-5]와 같이 항목 C를 삭제하려고 하면 데이터들을 옮길 필요가 없이 그냥 데이터들을 연결하는 줄만 수정하면 된다.

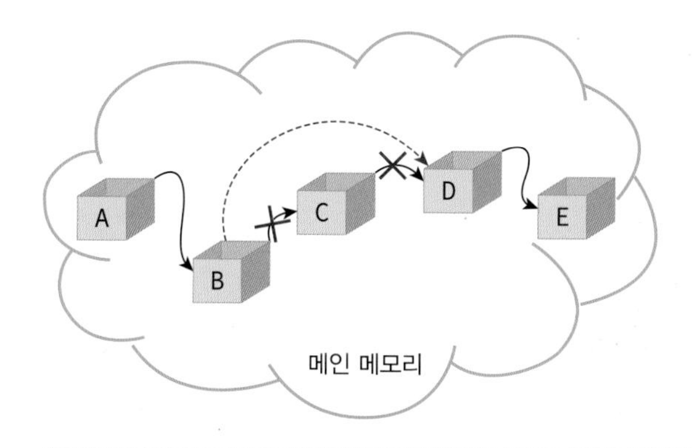

[그림 6-5] 연결리스트에서의 삭제연산

하나의 프로그램 안에는 동시에 여러 개의 연결 리스트가 존재할 수 있다. 이런 경우, 연결 리스트들을 구별하는 것은 첫 번째 데이터이다. 첫 번째 데이터만 알 수 있으면 연결 리스트의 나머지 데이터들은 줄만 따라가면 얻을 수 있다. 연결 리스트의 또 하나의 장점은 데이터를 저장할 공간이 필요할 때마다 동적으로 공간을 만들어서 쉽게 추가할 수 있다는 것이다. 이것은 순차적인 표현 방법인 배열에 비하여 상당한 장점이 된다.

그러나 장점만 있는 것은 아니고 배열에 비하여 상대적으로 구현이 어렵고 오류가 나기 쉬운 점은 단점이라 할 수 있다. 또 데이터뿐만 아니라 포인터도 저장하여야 하므로 메모리 공간을 많이 사용한다. 또 i번째 데이터를 찾으려면 앞에서부터 순차적으로 접근하여야 한다. 세상사가 그러하듯이 모든 방법에는 장점과 단점이 있다.

연결 리스트의 구조

앞의 그림에서 상자를 컴퓨터 용어로 노드(node)라고 부른다. 연결 리스트는 이들 노드(node)들의 집합이다. 노드들은 메모리의 어떤 위치에나 있을 수 있으며 다른 노드로 가기 위해서는 현재 노드가 가지고 있는 포인터를 이용하면 된다. 노드는 [그림 6-6]과 같이 데이터 필드(data field)와 링크 필드(link field)로 구성되어 있다.

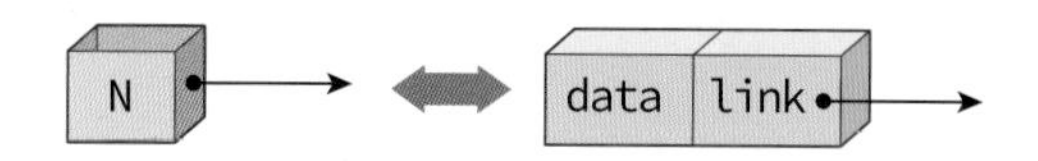

[그림 6-6] 연결 리스트에서의 노드의 구조

데이터 필드에는 우리가 저장하고 싶은 데이터가 들어간다. 데이터는 정수가 될 수도 있고 구조체와 같은 복잡한 데이터가 될 수도 있다. 링크 필드에는 다른 노드를 가리키는 포인터가 저장된다. 이 포인터를 이용하여 다음 노드로 건너갈 수 있다. 연결 리스트에서는 연결 리스트의 첫 번째 노드를 알아야 만이 전체의 노드에 접근할 수 있다. 따라서 연결 리스트마다 첫 번째 노드를 가리키고 있는 변수가 필요한데 이것을 헤드 포인터(head pointer)라고 한다. 그리고 마지막 노드의 링크 필드는 NULL으로 설정되는데 이는 더 이상 연결된 노드가 없다는 것을 의미한다. 연결 리스트의 노드들은 필요할 때마다 `malloc()`을 이용하여 동적으로 생성된다.

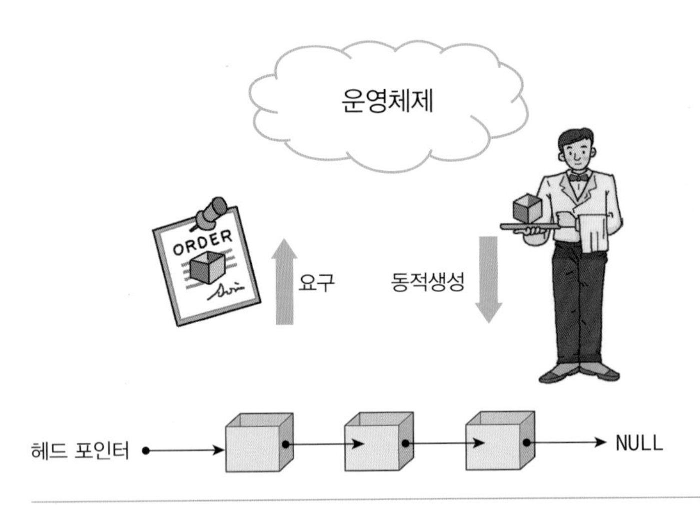

[그림 6-7] 연결 리스트에서의 노드의 동적 생성

연결 리스트의 종류

다음과 같은 3가지 종류의 연결 리스트가 있다. 단순 연결 리스트(singly linked list)는 하나의 방향으로만 연결되어 있는 연결 리스트이다. 단순 연결 리스트는 체인(chain)이라고도 한다. 단순 연결 리스트에서 마지막 노드의 링크는 NULL값을 가진다. 원형 연결 리스트(circular linked list)는 단순 연결 리스트와 같으나 마지막 노드의 링크가 첫 번째 노드를 가리킨다. 이중 연결 리스트(doubly linked list)는 각 노드마다 2개의 링크가 존재한다. 하나의 링크는 앞에 있는 노드를 가리키고 또 하나의 링크는 뒤에 있는 노드를 가리킨다.

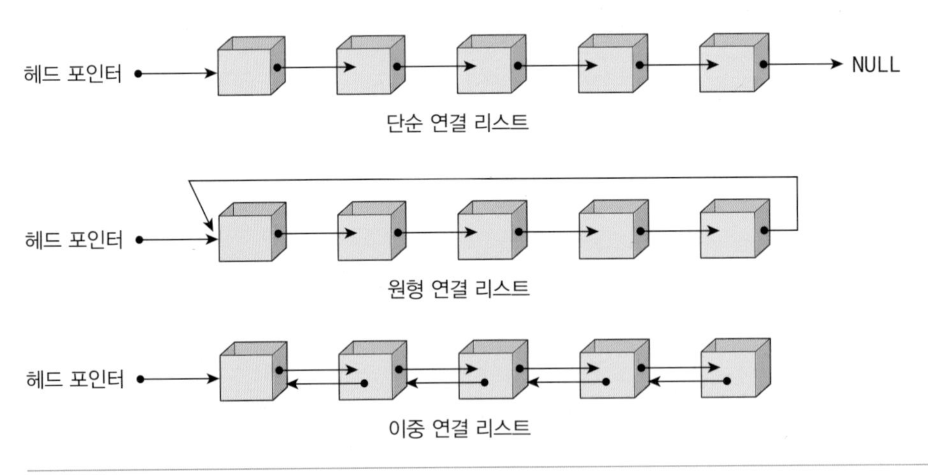

[그림 6-8] 연결 리스트의 3가지 종류

이번 장에서는 단순 연결 리스트만을 다룬다. 원형 연결 리스트와 이중 연결 리스트는 7장에서 살펴보자.

6.4 단순 연결 리스트

단순 연결 리스트에서는 노드들이 하나의 링크 필드를 가지며 이 링크 필드를 이용하여 모든 노드들이 연결되어 있다. 마지막 노드의 링크 필드 값은 NULL이 된다. 예를 들어서 아래 그림에서는 정수 "10", "30", "40"이 단순 연결 리스트에 저장되어 있다.

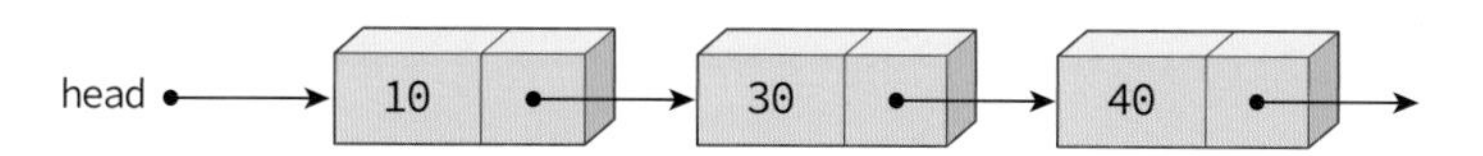

[그림 6-9] 단순 연결 리스트

우리는 단순 연결 리스트에서의 핵심적인 연산인 삽입 연산과 삭제 연산을 추상적으로 학습해 볼 것이다. 일단 다음과 같은 애플릿으로 단순 연결 리스트에 대하여 감을 잡아보자.

가상 실습 6.2

단순 연결 리스트

* 단순 연결 리스트 애플릿을 이용하여 다음의 실험을 수행하라.

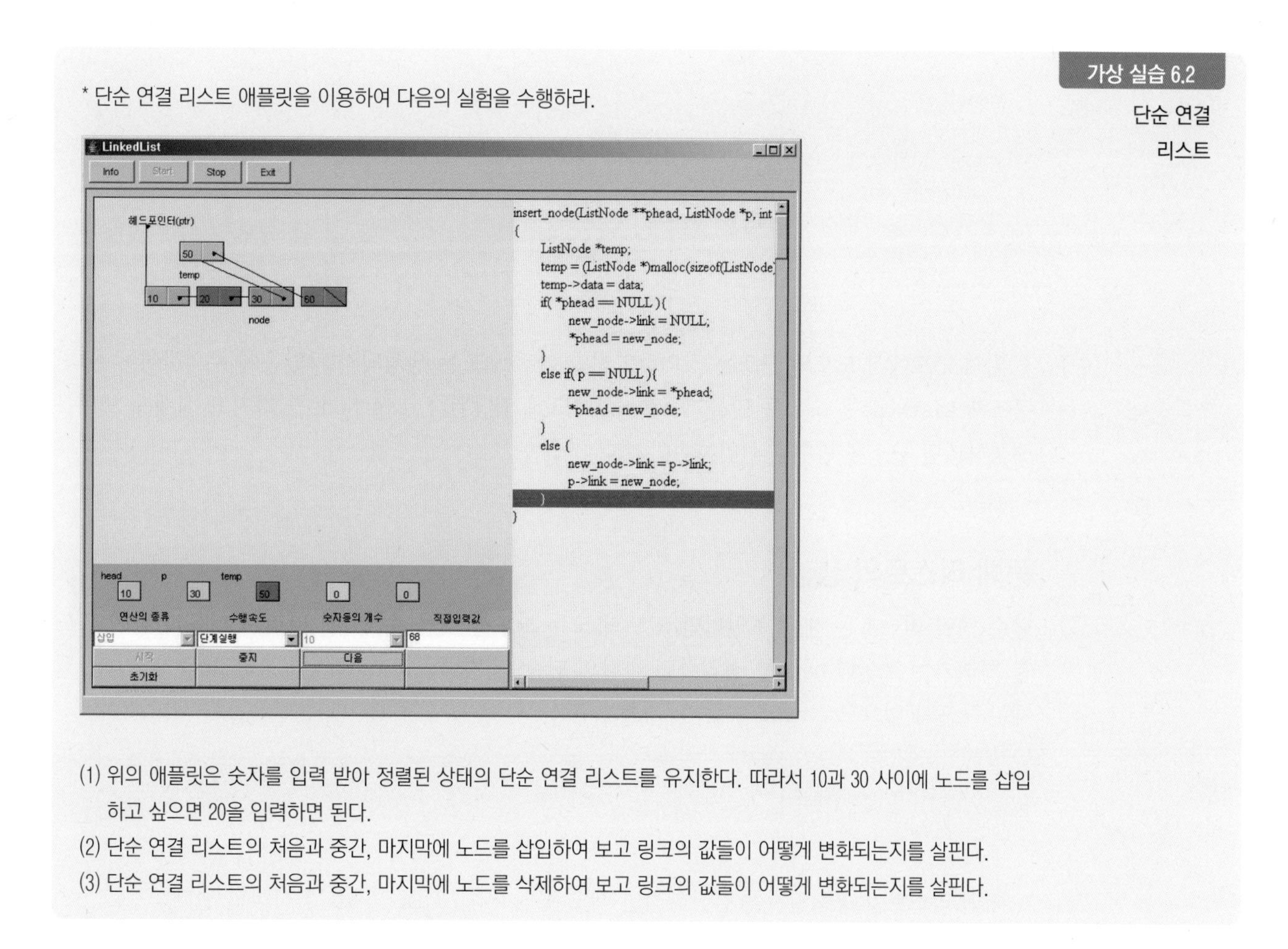

(1) 위의 애플릿은 숫자를 입력 받아 정렬된 상태의 단순 연결 리스트를 유지한다. 따라서 10과 30 사이에 노드를 삽입하고 싶으면 20을 입력하면 된다.
(2) 단순 연결 리스트의 처음과 중간, 마지막에 노드를 삽입하여 보고 링크의 값들이 어떻게 변화되는지를 살핀다.
(3) 단순 연결 리스트의 처음과 중간, 마지막에 노드를 삭제하여 보고 링크의 값들이 어떻게 변화되는지를 살핀다.

단순 연결 리스트를 C 언어로 구현하기 위해서는 다음과 같은 질문에 답하여야 한다.

• 노드는 어떻게 정의할 것인가? → 자기 참조 구조체를 이용한다.
• 노드는 어떻게 생성할 것인가? → malloc()을 호출하여 동적 메모리로 생성한다.
• 노드는 어떻게 삭제할 것인가? → free()를 호출하여 동적 메모리를 해제한다.

노드의 정의

노드는 자기 참조 구조체를 이용하여 정의된다. 자기 참조 구조체란 자기 자신을 참조하는 포인터를 포함하는 구조체이다. 구조체 안에는 데이터를 저장하는 data 필드와 포인터가 저장되어 있는 link 필드가 존재한다. data 필드는 element 타입의 데이터를 저장하고 있다. link 필드는 ListNode를 가리키는 포인터로 정의되며 다음 노드의 주소가 저장된다.

```
typedef int element;

typedef struct ListNode {  // 노드 타입을 구조체로 정의한다.
    element data;
    struct ListNode *link;
} ListNode;
```

위의 코드에서 노드의 구조는 정의하였지만 아직 노드는 생성되지 않았음에 주의하여야 한다. 구조체 ListNode는 노드를 만들기 위한 설계도에 해당된다. ListNode를 가지고 실제 구조체를 생성하려면 구조체 변수를 선언하여야 한다.

공백 리스트의 생성

단순 연결 리스트는 헤드 포인터만 있으면 모든 노드를 찾을 수 있다. 따라서 다음과 같이 노드를 가리키는 포인터 head를 정의하면 하나의 단순 연결 리스트가 만들어 졌다고 볼 수 있다. 현재는 노드가 없으므로 head의 값은 NULL이 된다.

```
ListNode *head = NULL;
```

어떤 리스트가 공백인지를 검사하려면 헤드 포인터가 NULL인지를 검사하면 된다.

노드의 생성

일반적으로는 연결 리스트에서는 필요할 때마다 동적 메모리 할당을 이용하여 노드를 동적으로 생성한다. 다음의 코드에서는 malloc() 함수를 이용하여 노드의 크기만큼의 동적 메모리를 할당 받는다. 이 동적 메모리가 하나의 노드가 된다. 동적 메모리의 주소를 헤드 포인터인 head에 저장한다.

```
head = (ListNode *)malloc(sizeof(ListNode));
```

위의 코드까지 실행되면 아래 그림처럼 노드가 하나 생성된다. 아직도 노드에는 아무것도 채워지지 않았음을 유의하라.

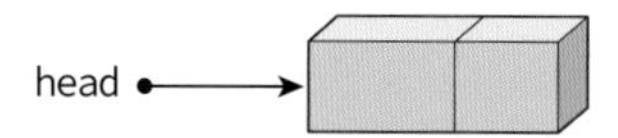

다음 절차는 새로 만들어진 노드에 데이터를 저장하고 링크필드를 NULL로 설정하는 것이다. 여기까지 진행되면 아래와 같이 된다.

```
head->data = 10;
head->link = NULL;
```

노드의 연결

일반적으로 연결 리스트에는 여러 개의 노드가 서로 연결되어 있다 따라서 동일한 방식으로 두 번째 노드를 동적으로 생성하고 노드에 20을 저장해보자.

```
ListNode *p;
p = (ListNode *)malloc(sizeof(ListNode));
p->data = 20;
p->link = NULL;
```

이제 생성된 2개의 노드를 서로 연결해보자. 어떻게 하면 될까? head->link에 p를 저장하면,

첫 번째 노드의 링크가 두 번째 노드를 가리키게 된다.

```
head->link = p;
```

최종적으로는 다음과 같은 연결 리스트가 될 것이다.

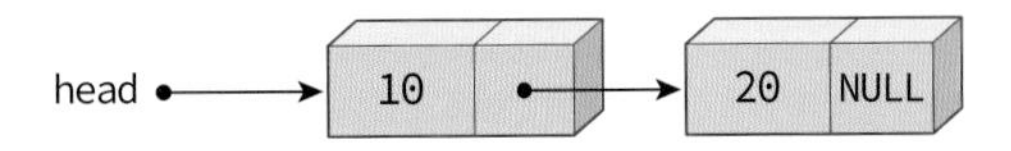

노드를 더 생성하여 붙이고 싶으면 위의 과정을 되풀이하면 된다.

01 단순 연결 리스트에서 첫 번째 노드를 가리키고 있는 포인터를 ______라고 한다.

02 노드는 데이터 필드와 ______필드로 이루어져 있다.

03 배열에 비하여 연결 리스트는 어떤 장점을 가지는가?

6.5 단순 연결 리스트의 연산 구현

우리는 앞 절에서 노드를 하나씩 만들어서 서로 연결하였다. 작은 리스트이면 이렇게 만들어도 되지만 리스트가 커지면 추상 데이터 타입에 정의된 전용 함수들을 통하여 노드를 추가하는 것이 편리하다. 단순 연결 리스트에서 우리가 작성할 함수들은 다음과 같다.

- insert_first(): 리스트의 시작 부분에 항목을 삽입하는 함수
- insert(): 리스트의 중간 부분에 항목을 삽입하는 함수
- delete_first(): 리스트의 첫 번째 항목을 삭제하는 함수
- delete(): 리스트의 중간 항목을 삭제하는 함수(도전 문제)
- print_list(): 리스트를 방문하여 모든 항목을 출력하는 함수

단순 연결 리스트 정의

단순 연결 리스트는 원칙적으로 헤드 포인터만 있으면 된다.

```
ListNode *head;
```

삽입 연산 insert_first()

단순 연결 리스트의 경우, 리스트의 처음이나 끝에 새로운 노드를 추가하는 경우가 많다. 여기서는 리스트의 첫 부분에 새로운 노드를 추가하는 함수 insert_first()를 작성해보자. 여기서 매개 변수 head는 헤드 포인터이고 value는 새롭게 추가되는 데이터이다.

```
ListNode* insert_first(ListNode *head, element value);
```

head가 첫 번째 노드를 가리키기 때문에 리스트의 시작 부분에 노드를 추가하는 것은 비교적 쉽다. 새로운 노드를 하나 생성하고 새로운 노드의 link에 현재의 head 값을 저장한 후에, head를 변경하여 새로 만든 노드를 가리키도록 하면 된다. insert_first()은 변경된 헤드 포인터를 반환한다. 따라서 반환된 값을 헤드포인트에 저장하여야 한다.

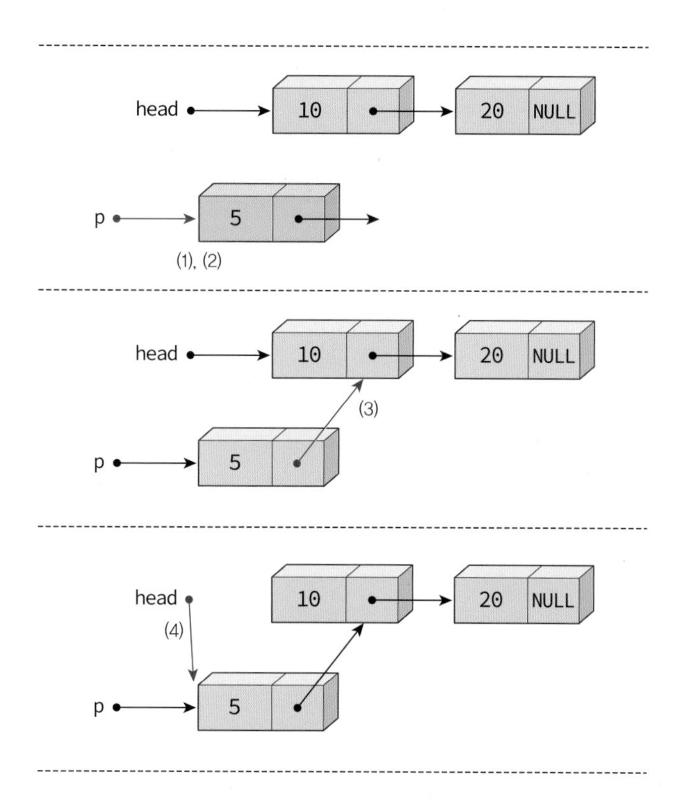

이것을 알고리즘으로 만들면 다음과 같다.

알고리즘 6.1 연결 리스트 삽입 I

```
insert_first(head, value):    // L: 연결 리스트, value: 추가할 값
1. p ← malloc()
```

```
2.  p->data ← value
3.  p->link ← head
4.  head ← p
5.  return head
```

알고리즘 설명

```
1. 동적 메모리 할당을 통하여 새로운 노드 p를 생성한다.
2. p->data에 value를 저장한다.
3. p->link를 현재의 head값으로 변경한다.
4. head를 p값으로 변경한다.
5. 변경된 헤드 포인터 반환
```

위의 알고리즘에 따라서 insert_first()를 구현해보면 다음과 같다.

프로그램 6.1 단순 연결 리스트의 삽입함수

```
ListNode* insert_first(ListNode *head, int value)
{
    ListNode *p = (ListNode *)malloc(sizeof(ListNode)); // (1)
    p->data = value;                                    // (2)
    p->link = head;      // 헤드 포인터의 값을 복사          // (3)
    head = p;            // 헤드 포인터 변경                // (4)
    return head;         // 변경된 헤드 포인터 반환
}
```

삽입 연산 insert()

insert()는 가장 일반적인 경우로서 연결 리스트의 중간에 새로운 노드를 추가한다. 이때는 반드시 삽입되는 위치의 선행 노드를 알아야 삽입이 가능하다. 선행 노드를 pre가 가리키고 있다고 가정하자. 예를 들어서 아래 그림에서 "20"과 "30" 사이에 "35"를 삽입하여보자. 다음과 같은 절차가 필요하다.

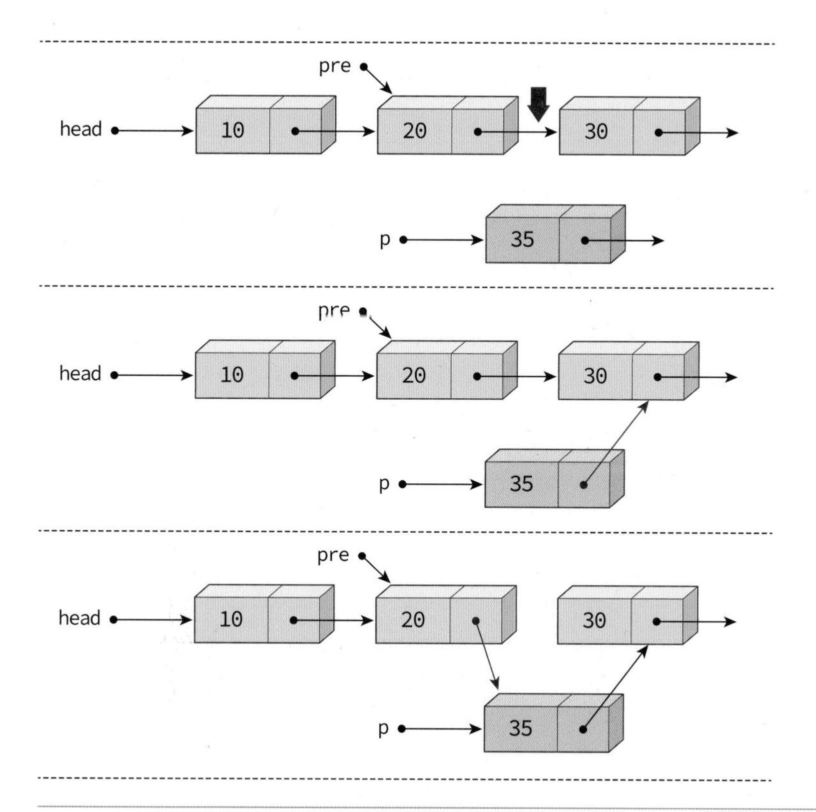

[그림 6-10] 단순 연결 리스트에서의 삽입연산

이것을 알고리즘으로 만들면 다음과 같다.

알고리즘 6.2 연결 리스트 삽입 I

```
insert(head, pre, value): // list: 연결 리스트, pre: 선행 노드, value: 추가할 값
1. p ← malloc()
2. p->data ← value
3. p->link ← pre->link
4. pre->link ← p
5. return head
```

알고리즘 설명

1. 새로운 노드를 생성하여 변수 p로 가리킨다.
2. p의 데이터 필드에 "20"을 저장한다.
3. p의 링크 필드가 노드 "30"을 가리키게 변경한다.
4. "10"의 링크 필드가 "20"을 가리키도록 한다.
5. 변경된 헤드 포인터 반환

여기서 중요한 사실은 새로운 데이터를 삽입한 후에 다른 노드들을 이동할 필요가 없다는 점이다.

프로그램 6.3 단순 연결 리스트의 삽입함수

```
// 노드 pre 뒤에 새로운 노드 삽입
ListNode* insert(ListNode *head, ListNode *pre, element value)
{
    ListNode *p = (ListNode *)malloc(sizeof(ListNode)); // (1)
    p->data = value;          // (2)
    p->link = pre->link;      // (3)
    pre->link = p;            // (4)
    return head;              // (5)
}
```

delete_first() 함수

첫 번째 노드를 삭제하는 함수 delete_first() 함수는 다음과 같은 원형을 가진다.

```
ListNode* delete_first(ListNode *head)
```

연결 리스트의 시작 부분에서 노드를 삭제하려면 어떤 절차가 필요한가?

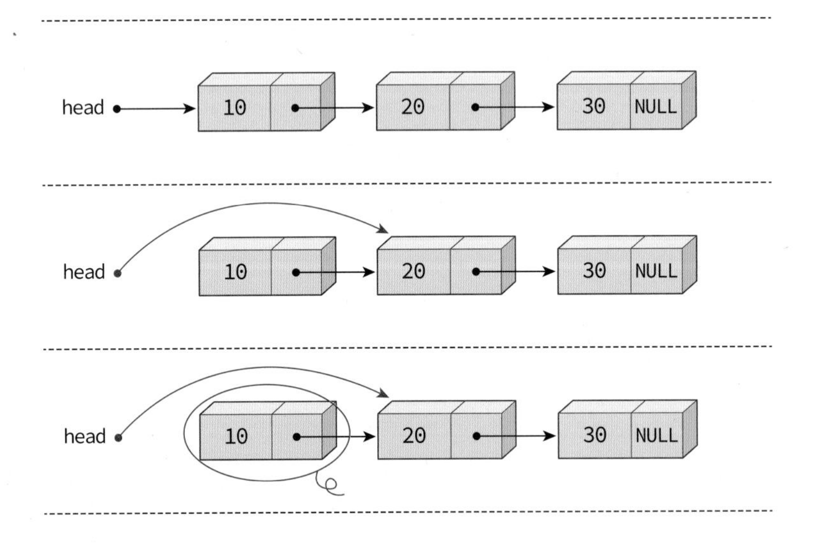

이것을 알고리즘으로 만들면 다음과 같다.

알고리즘 6.3 연결 리스트 삭제 I

```
delete_first(head):
1.  removed ← head
2.  head ← head->link
3.  free(removed)
4.  return head
```

알고리즘 설명

1. 헤드 포인터의 값을 removed에 복사한다.
2. 헤드 포인터의 값을 head->link로 변경한다.
3. removed가 가리키는 동적 메모리를 반환한다.
4. 변경된 헤드 포인터를 반환한다.

프로그램 6.4 단순 연결 리스트의 삭제함수

```
ListNode* delete_first(ListNode *head)
{
    ListNode *removed;
    if (head == NULL) return NULL;
    removed = head;          // (1)
    head = removed->link;    // (2)
    free(removed);           // (3)
    return head;             // (4)
}
```

삭제 연산 delete()

리스트의 중간에서 삭제하는 알고리즘을 살펴보자. 다음과 같은 단순 연결 리스트에서 노드 "30"을 삭제한다고 하자.

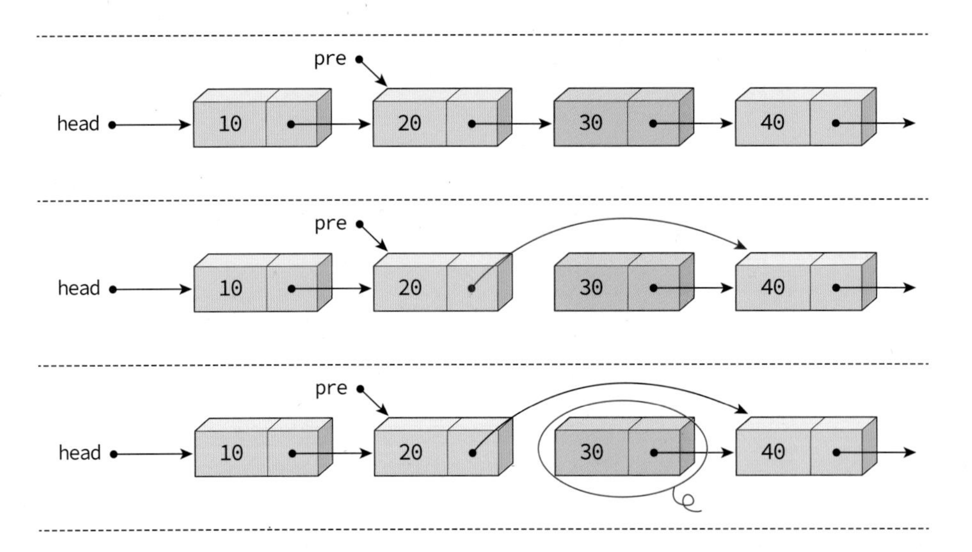

[그림 6-11] 단순 연결 리스트에서의 삭제연산

다음과 같은 알고리즘을 이용하여 노드 "30"을 삭제할 수 있다.

알고리즘 6.4 연결 리스트 삭제 II

```
delete(head, pre):
1.  removed ← pre->link
2.  pre->link ← removed->link
3.  free(removed)
4.  return head
```

알고리즘 설명

```
1. 삭제할 노드를 찾는다.
2. 노드 "10"의 링크 필드가 노드 "30"을 가리키게 한다.
3. 삭제할 노드의 동적 메모리를 반납한다.
4. 변경된 헤드 포인터를 반환한다.
```

프로그램 6.5 단순 연결 리스트의 삭제함수

```
// pre가 가리키는 노드의 다음 노드를 삭제한다.
ListNode* delete(ListNode *head, ListNode *pre)
{
    ListNode *removed;
    removed = pre->link;
    pre->link = removed->link;    // (2)
```

```
    free(removed);                // (3)
    return head;                  // (4)
}
```

print_list() 함수

우리는 연결 리스트의 노드를 방문하면서 노드를 대상으로 다양한 작업을 할 수 있다. 예를 들면 노드를 방문하면서 노드의 데이터를 화면에 출력할 수 있다. 연결 리스트 안의 모든 노드의 데이터를 출력하는 함수 print_list를 작성해보자. 노드의 링크값이 NULL이 아니면 계속 링크를 따라 가면서 노드를 방문한다. 링크값이 NULL이면 연결 리스트의 끝에 도달한 것이므로 반복을 중단한다. 방문 연산은 연결 리스트에서 가장 기본이 되는 연산이므로 그 개념을 확실하게 이해해야 한다.

프로그램 6.6 **리스트 방문 알고리즘**

```
void print_list(ListNode *head)
{
    for (ListNode *p = head; p != NULL; p = p->link)
        printf("%d->", p->data);
    printf("NULL \n");
}
```

전체 테스트 프로그램

앞에서 작성한 함수들을 모아서 테스트하는 프로그램을 작성하여 보자.

프로그램 6.7 **전체 테스트 프로그램**

```
#include <stdio.h>
#include <stdlib.h>

typedef int element;
typedef struct ListNode {  // 노드 타입
    element data;
    struct ListNode *link;
} ListNode;
```

```
// 오류 처리 함수
void error(char *message)
{
    fprintf(stderr, "%s\n", message);
    exit(1);
}
ListNode* insert_first(ListNode *head, int value)
{
    ListNode *p = (ListNode *)malloc(sizeof(ListNode)); // (1)
    p->data = value;                                    // (2)
    p->link = head; // 헤드 포인터의 값을 복사          // (3)
    head = p;       // 헤드 포인터 변경                 // (4)
    return head;    // 변경된 헤드 포인터 반환
}

// 노드 pre 뒤에 새로운 노드 삽입
ListNode* insert(ListNode *head, ListNode *pre, element value)
{
    ListNode *p = (ListNode *)malloc(sizeof(ListNode)); // (1)
    p->data = value;        // (2)
    p->link = pre->link;    // (3)
    pre->link = p;          // (4)
    return head;            // (5)
}

ListNode* delete_first(ListNode *head)
{
    ListNode *removed;
    if (head == NULL) return NULL;
    removed = head;         // (1)
    head = removed->link;   // (2)
    free(removed);          // (3)
    return head;            // (4)
}
// pre가 가리키는 노드의 다음 노드를 삭제한다.
ListNode* delete(ListNode *head, ListNode *pre)
{
    ListNode *removed;
    removed = pre->link;
    pre->link = removed->link;    // (2)
    free(removed);                // (3)
    return head;                  // (4)
}

void print_list(ListNode *head)
{
    for (ListNode *p = head; p != NULL; p = p->link)
        printf("%d->", p->data);
```

```
    printf("NULL \n");
}

// 테스트 프로그램
int main(void)
{
    ListNode *head = NULL;

    for (int i = 0; i < 5; i++) {
        head = insert_first(head, i); //insert_first()가 반환된 헤드 포인터를 head에 대입한다.
        print_list(head);
    }
    for (int i = 0; i < 5; i++) {
        head = delete_first(head);
        print_list(head);
    }
    return 0;
}
```

위의 프로그램의 출력 화면은 다음과 같다.

실행결과

```
0->NULL
1->0->NULL
2->1->0->NULL
3->2->1->0->NULL
4->3->2->1->0->NULL
3->2->1->0->NULL
2->1->0->NULL
1->0->NULL
0->NULL
NULL
```

도전문제 element get_entry(ListType *L, int index)를 구현해보자. 단순 연결 리스트에서 index 번째의 데이터를 찾아서 반환한다.

Quiz

01 단순 연결 리스트에서 하나의 노드를 삭제하려면 어떤 노드를 가리키는 포인터 변수가 필요한가?

02 단순 연결 리스트에 존재하는 노드의 수를 계산하는 함수 get_length()를 작성하라.

LAb 단어들을 저장하는 연결 리스트를 만들어보자.

우리는 앞에서 정수를 저장하는 연결 리스트를 작성하였다. 이번에는 과일의 이름을 저장하는 단순 연결 리스트를 작성해보자.

실행결과

```
APPLE->NULL
KIWI->APPLE->NULL
BANANA->KIWI->APPLE->NULL
```

이번에는 element를 배열을 포함하고 있는 구조체로 정의하여야 한다.

```
typedef struct {
    char name[100];
} element;
```

print_list() 함수도 데이터 필드에 저장된 문자열을 출력하도록 수정하여야 한다.

```
void print_list(ListNode *L)
{
    for (ListNode *p = head; p != NULL; p = p->link)
        printf("%s->", p->data.name);
    printf("NULL \n");
}
```

Solution 단어들을 저장하는 연결 리스트를 만들어보자.

```
#include <stdio.h>
#include <stdlib.h>
#include <string.h>

typedef struct {
    char name[100];
} element;
```

```
typedef struct ListNode {  // 노드 타입
    element data;
    struct ListNode *link;
} ListNode;

// 오류 처리 함수
void error(char *message)
{
    fprintf(stderr, "%s\n", message);
    exit(1);
}
ListNode* insert_first(ListNode *head, element value)
{
    ListNode *p = (ListNode *)malloc(sizeof(ListNode));  //(1)
    p->data = value;                    // (2)
    p->link = head;  // 헤드 포인터의 값을 복사 //(3)
    head = p; // 헤드 포인터 변경    //(4)
    return head;
}

void print_list(ListNode *head)
{
    for (ListNode *p = head; p != NULL; p = p->link)
        printf("%s->", p->data.name);
    printf("NULL \n");
}

// 테스트 프로그램
int main(void)
{
    ListNode *head = NULL;
    element data;

    strcpy(data.name, "APPLE");
    head = insert_first(head, data);
    print_list(head);

    strcpy(data.name, "KIWI");
    head = insert_first(head, data);
    print_list(head);

    strcpy(data.name, "BANANA");
    head = insert_first(head, data);
    print_list(head);
    return 0;
}
```

LAb 특정한 값을 탐색하는 함수를 작성해보자.

리스트에서 특정한 값을 탐색하는 연산도 기본적인 연산이다. 먼저 헤드 포인터가 가리키는 노드부터 순서대로 링크를 따라가면서 노드가 저장하고 있는 데이터와 찾는 값을 비교하면 된다. 링크값이 NULL이면 연결 리스트의 끝에 도달한 것이므로 탐색을 중단한다. 반환값은 탐색값을 가지고 있는 노드의 주소이다.

프로그램 6.8 노드값 탐색 알고리즘

```
ListNode* search_list(ListNode *head, element x)
{
    ListNode *p = head;

    while (p != NULL) {
        if (p->data == x) return p;
        p = p->link;
    }
    return NULL; // 탐색 실패
}
```

실행결과

```
10->NULL
20->10->NULL
30->20->10->NULL
리스트에서 30을 찾았습니다.
```

Solution 특정한 값을 탐색하는 함수를 작성해보자.

```
#include <stdio.h>
#include <stdlib.h>

typedef int element;

typedef struct ListNode {  // 노드 타입
    element data;
```

```
    struct ListNode *link;
} ListNode;

ListNode* insert_first(ListNode *head, element value)
{
    ListNode *p = (ListNode *)malloc(sizeof(ListNode)); // (1)
    p->data = value;                                    // (2)
    p->link = head; // 헤드 포인터의 값을 복사          //(3)
    head = p;       // 헤드 포인터 변경                 // (4)
    return head;
}

void print_list(ListNode *head)
{
    for (ListNode *p = head; p != NULL; p = p->link)
        printf("%d->", p->data);
    printf("NULL \n");
}
ListNode* search_list(ListNode *head, element x)
{
    ListNode *p = head;

    while (p != NULL) {
        if (p->data == x) return p;
        p = p->link;
    }
    return NULL; // 탐색 실패
}

// 테스트 프로그램
int main(void)
{
    ListNode *head = NULL;

    head = insert_first(head, 10);
    print_list(head);
    head = insert_first(head, 20);
    print_list(head);
    head = insert_first(head, 30);
    print_list(head);
    if (search_list(head, 30) != NULL)
        printf("리스트에서 30을 찾았습니다. \n");
    else
        printf("리스트에서 30을 찾지 못했습니다. \n");
    return 0;
}
```

LAb 두개의 리스트를 하나로 합치는 함수 작성

두 개의 리스트를 합치려면 먼저 첫 번째 리스트의 맨 끝으로 간 다음, 마지막 노드의 링크가 두 번째 리스트의 첫 번째 노드를 가리키도록 변경하면 된다. 주의할 점은 list1이나 list2가 NULL인 경우를 반드시 처리해주어야 한다.

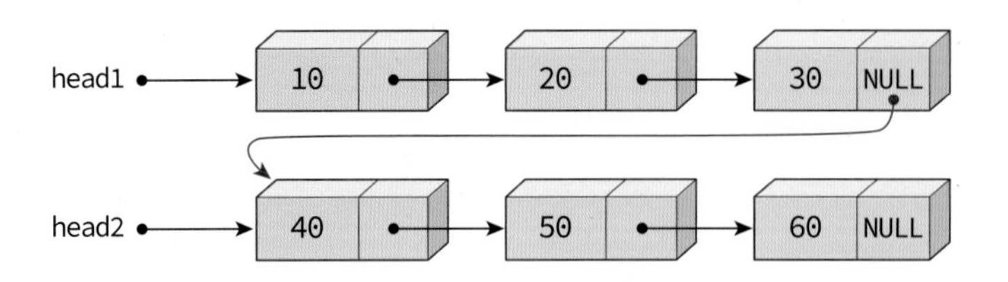


```
ListNode* concat_list(ListNode *head1, ListNode *head2)
{
    if (head1 == NULL) return head2;
    else if (head2 == NULL) return head1;
    else {
        ListNode *p;
        p = head1;
        while (p->link != NULL)
            p = p->link;
        p->link = head2;
        return head1;
    }
}
```

실행결과

```
30->20->10->NULL
50->40->NULL
30->20->10->50->40->NULL
```

Solution 두개의 리스트를 하나로 합치는 함수 작성

```
#include <stdio.h>
#include <stdlib.h>
```

```
typedef int element;

typedef struct ListNode {  // 노드 타입
    element data;
    struct ListNode *link;
} ListNode;

ListNode* insert_first(ListNode *head, element value)
{
    ListNode *p = (ListNode *)malloc(sizeof(ListNode)); // (1)
    p->data = value;                                    // (2)
    p->link = head;  // 헤드 포인터의 값을 복사           //(3)
    head = p;        // 헤드 포인터 변경                 //(4)
    return head;
}

void print_list(ListNode *head)
{
    for (ListNode *p = head; p != NULL; p = p->link)
        printf("%d->", p->data);
    printf("NULL \n");
}
ListNode* concat_list(ListNode *head1, ListNode *head2)
{
    if (head1 == NULL) return head2;
    else if (head2 == NULL) return head1;
    else {
        ListNode *p;
        p = head1;
        while (p->link != NULL)
            p = p->link;
        p->link = head2;
        return head1;
    }
}
// 테스트 프로그램
int main(void)
{
    ListNode* head1 = NULL;
    ListNode* head2 = NULL;

    head1 = insert_first(head1, 10);
    head1 = insert_first(head1, 20);
    head1 = insert_first(head1, 30);
    print_list(head1);

    head2 = insert_first(head2, 40);
    head2 = insert_first(head2, 50);
    print_list(head2);
```

```
    ListNode *total = concat_list(head1, head2);
    print_list(total);
    return 0;
}
```

LAb 리스트를 역순으로 만드는 연산

연결 리스트를 역순으로 만드는 프로그램을 작성하여 보자. 이 함수에서는 세 개의 포인터 p, q, r 포인터를 사용하여 연결 리스트를 순회하면서 링크의 방향을 역순으로 바꾸면 된다. 새로운 연결 리스트를 만들지 않고 이와 같이 3개의 포인터를 사용하여 현재의 연결 리스트 안에서 문제를 해결하는 기법은 상당히 흥미롭다. 다만 주의할 점은 링크의 방향을 역순으로 바꾸기 전에 미리 뒤의 노드를 알아놓아야 한다. p는 역순으로 만들 리스트이고 q는 현재 역순으로 만들 노드를 가리키며, r은 이미 역순으로 변경된 리스트를 가리킨다. r은 q, q는 p를 차례로 따라간다.

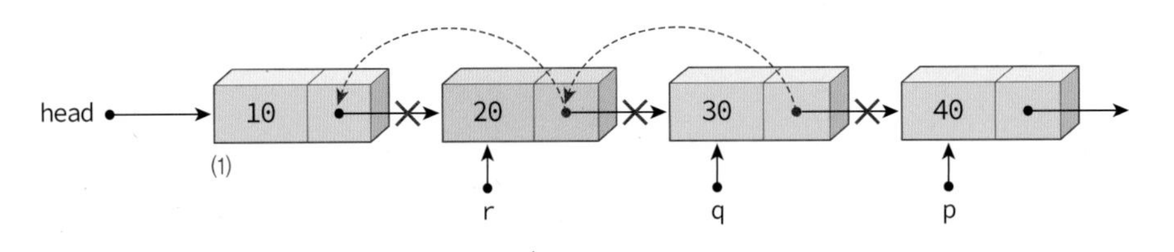

[그림 6-12] 역순 알고리즘에서의 각 변수들의 위치

```
ListNode* reverse(ListNode *head)
{
    // 순회 포인터로 p, q, r을 사용
    ListNode *p, *q, *r;

    p = head;     // p는 역순으로 만들 리스트
    q = NULL;     // q는 역순으로 만들 노드
    while (p != NULL) {
        r = q;    // r은 역순으로 된 리스트.
                  // r은 q, q는 p를 차례로 따라간다.
        q = p;
        p = p->link;
        q->link = r; // q의 링크 방향을 바꾼다.
    }
    return q;
}
```

실행결과

```
30->20->10->NULL
10->20->30->NULL
```

Solution 리스트를 역순으로 만드는 연산

```
#include <stdio.h>
#include <stdlib.h>

typedef int element;

typedef struct ListNode {  // 노드 타입
    element data;
    struct ListNode *link;
} ListNode;

ListNode* insert_first(ListNode *head, element value)
{
    ListNode *p = (ListNode *)malloc(sizeof(ListNode)); // (1)
    p->data = value;                                    // (2)
    p->link = head;  // 헤드 포인터의 값을 복사          //(3)
    head = p;        // 헤드 포인터 변경                 //(4)
    return head;
}

void print_list(ListNode *head)
{
    for (ListNode *p = head; p != NULL; p = p->link)
        printf("%d->", p->data);
    printf("NULL \n");
}
ListNode* reverse(ListNode *head)
{
    // 순회 포인터로 p, q, r을 사용
    ListNode *p, *q, *r;

    p = head;     // p는 역순으로 만들 리스트
    q = NULL;     // q는 역순으로 만들 노드
    while (p != NULL) {
        r = q;    // r은 역순으로 된 리스트.
                  // r은 q, q는 p를 차례로 따라간다.
        q = p;
```

```
        p = p->link;
        q->link = r; // q의 링크 방향을 바꾼다.
    }
    return q;
}
// 테스트 프로그램
int main(void)
{
    ListNode* head1 = NULL;
    ListNode* head2 = NULL;

    head1 = insert_first(head1, 10);
    head1 = insert_first(head1, 20);
    head1 = insert_first(head1, 30);
    print_list(head1);

    head2 = reverse(head1);
    print_list(head2);
    return 0;
}
```

6.6 연결 리스트의 응용: 다항식

3장에서 배열을 이용하여 다항식을 표현한바 있다. 여기서는 연결 리스트를 이용하여 동일한 다항식을 표현해보고 이 두 가지의 표현 방식을 비교하여 보자. 다항식은 다음과 같은 구조를 가지고 있다.

$$A(x)=a_{m-1}x^{e_{m-1}}+\quad +a_0x^{e_0}$$

다항식을 단순 연결 리스트로 표현 가능한데 각 항을 하나의 노드로 표현해보자. 각 노드는 계수(coef)와 지수(exp) 그리고, 다음 항을 가리키는 링크(link) 필드로 구성되어 있다.

```
typedef struct ListNode {  // 노드 타입
    int coef;
    int expon;
    struct ListNode *link;
} ListNode;
```

ceof	expon	link

[그림 6-13] 다항식에서의 노드의 구조

각 다항식은 다항식의 첫 번째 항을 가리키는 포인터로 표현된다.

```
ListNode *A, *B;
```

예를 들면 다항식 $A(x)=3x^{12}+2x^8+1$과 $B(x)=8x^{12}-3x^{10}+10x^6$은 다음과 같이 표현된다.

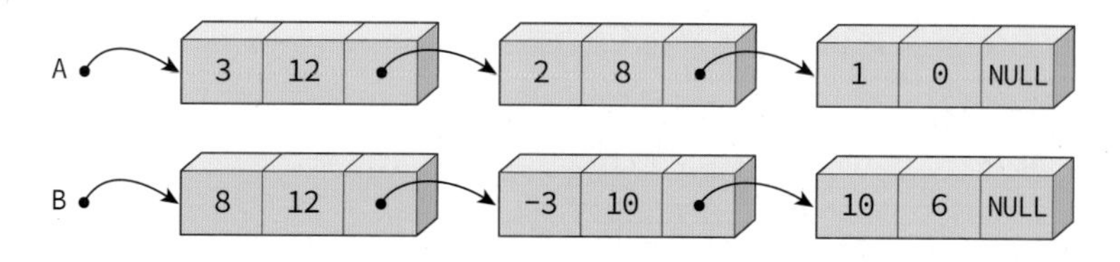

[그림 6-14] 연결 리스트로 표현된 2개의 다항식

2개의 다항식을 더하는 덧셈 연산 $C(x)=A(x)+B(x)$을 구현하여 보자. 참고로 앞의 다항식 $A(x)$와 $B(x)$를 더하면 아래와 같이 된다.

$$(3x^{12}+2x^8+1)+(8x^{12}-3x^{10}+10x^6)=11x^{12}-3x^{10}+2x^8+10x^6+1$$

다항식이 연결리스트로 표현되어 있기 때문에 포인터 변수 p와 q를 이용하여 다항식 A와 B의 항들을 따라 순회하면서 각 항들을 더하면 된다. p와 q가 가리키는 항의 지수에 따라 3가지 경우로 나누어 처리할 수 있다.

① p.expon == q.expon :
두 계수를 더해서 0이 아니면 새로운 항을 만들어 결과 다항식 C에 추가한다. 그리고 p와 q는 모두 다음 항으로 이동한다.

② p.expon < q.expon :
q가 지시하는 항을 새로운 항으로 복사하여 결과 다항식 C에 추가한다. 그리고 q만 다음 항으로 이동한다.

③ p.expon > q.expon :
p가 지시하는 항을 새로운 항으로 복사하여 결과 다항식 C에 추가한다. 그리고 p만 다음 항으로 이동한다.

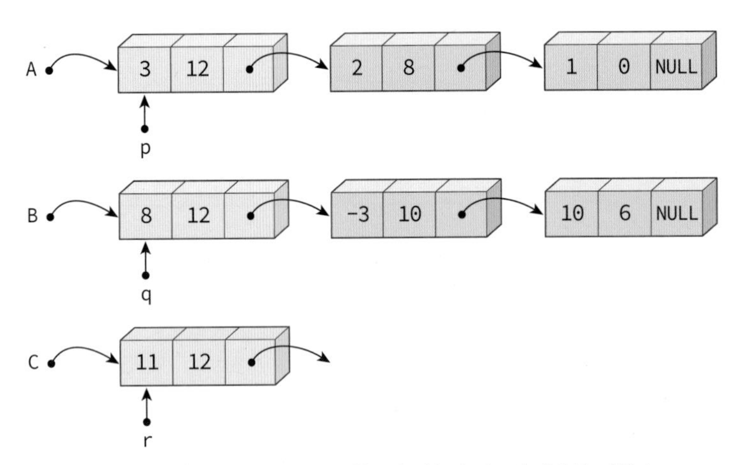

(a) p와 q가 가리키는 항들의 지수가 같으면 계수를 더한다.

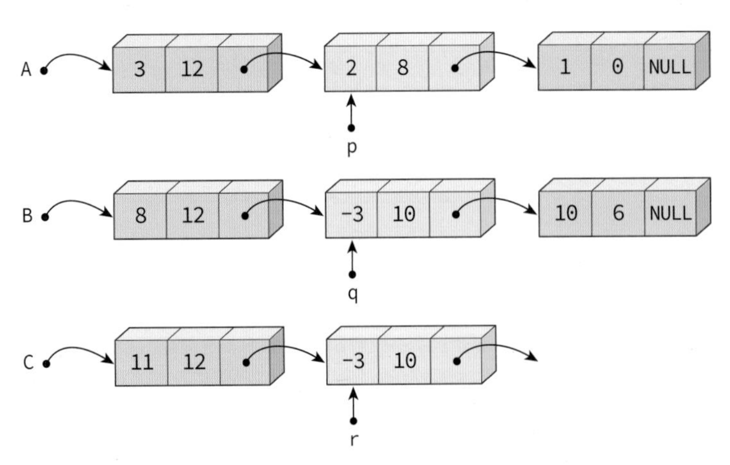

(b) q가 가리키는 항의 지수가 높으면 그대로 C로 옮긴다.

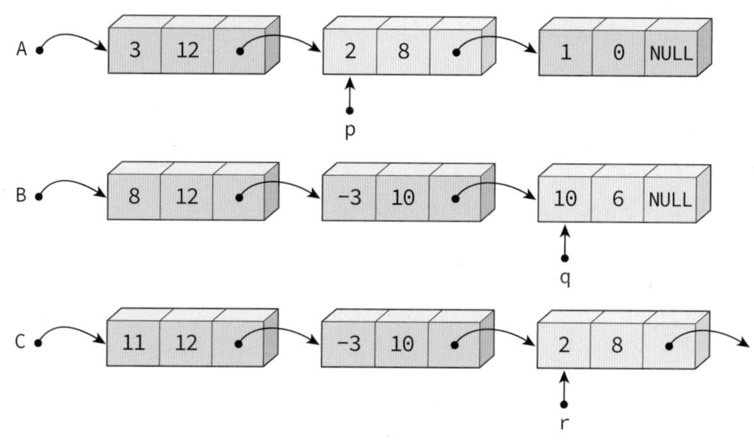

(c) p가 가리키는 항의 지수가 높으면 그대로 C로 옮긴다.

[그림 6-15] p나 q중에서 어느 하나가 NULL이 되면 아직 남아 있는 항들을 전부 C로 가져온다.

위의 과정들을 p나 q 둘 중에서 어느 하나가 NULL이 될 때 까지 되풀이 한다. p나 q중에서 어느 하나가 NULL이 되면 아직 남아 있는 항들을 전부 C로 가져오면 된다.

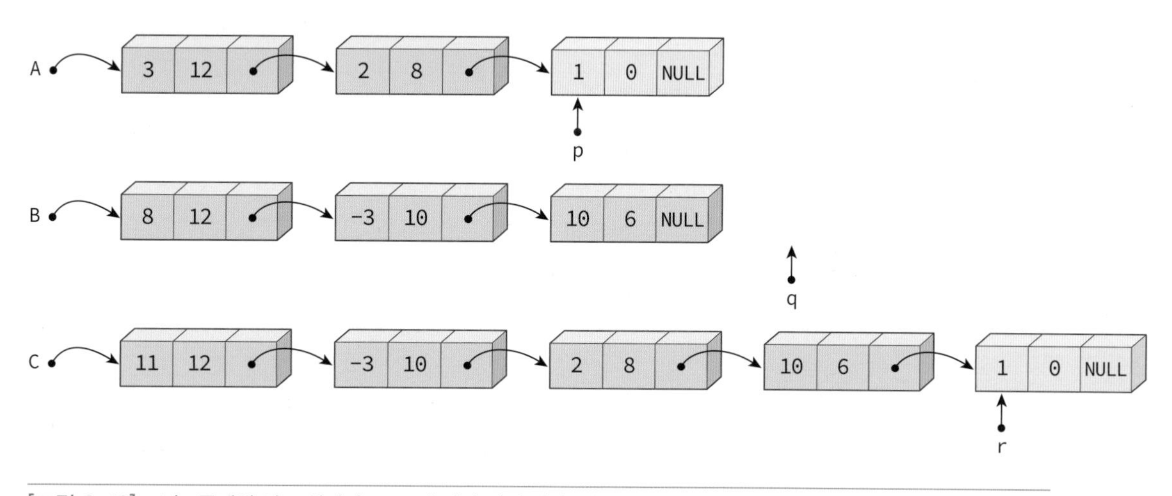

[그림 6-16] p나 q중에서 어느 하나가 NULL이 되면 아직 남아 있는 항들을 전부 C로 가져온다.

프로그램 6.9은 앞에서 설명한 알고리즘을 구현한 것이다. 먼저 포인터 a,b는 두 개의 입력 다항식을 가리킨다. a, b가 가리키는 맨 처음 노드에서부터 비교를 시작한다. 만일 두 개의 노드의 지수가 같으면 계수를 합하여 결과 다항식에 새로운 항을 만들고, 다음 노드를 가리키도록 포인터 a와 b를 전진시킨다. 만약 a가 가리키는 노드의 지수가 b가 가리키는 노드의 지수보다 높으면 a의 노드와 같은 노를 만들어서 결과 다항식에 추가시키고 다음 노드를 가리키도록 a를 전진시킨다. 반대의 경우도 마찬가지로 하면 된다. a나 b중의 하나가 먼저 끝나게 되면 남아있는 항들을 모두 결과 다항식으로 옮기면 된다.

이상과 같은 알고리즘을 바탕으로 다항식의 덧셈을 구현한 것이 프로그램 6.9이다. 여기서는 하나의 연결 리스트가 두개의 포인터 head와 tail로 표현되고 있다. head는 첫 번째 노드를,

tail은 마지막 노드를 가리킨다. 이런 식으로 효율적인 계산을 위하여 첫 번째 노드와 마지막 노드를 가리키는 포인터를 동시에 사용하는 수도 많다. 보통은 헤더 노드(header node)라고 하는 특수한 노드가 있고 이 헤더 노드가 head와 tail 포인터를 동시에 가지고 있다. 추가로 연결 리스트에 들어 있는 항목들의 개수인 size 변수도 가지는 경우가 많다. 이런 경우, 하나의 연결 리스트는 하나의 헤더 노드에 의하여 표현된다. 우리는 이미 헤더 노드를 구조체 ListType으로 사용해왔다. [그림 6-17]에 헤더노드를 사용하여 연결 리스트를 표현하였다. 실제로 헤더 노드를 사용하게 되면 편리한 점이 매우 많다. 하나의 예를 들면 맨 끝에 노드를 추가하는 경우, 단순 연결 리스트의 경우, 매번 추가할 때마다 처음부터 포인터를 따라서 끝까지 가야 한다. 그러나 만일 마지막 노드를 항상 가리키는 포인터가 있는 경우에는 아주 효율적으로 추가하는 것이 가능해진다.

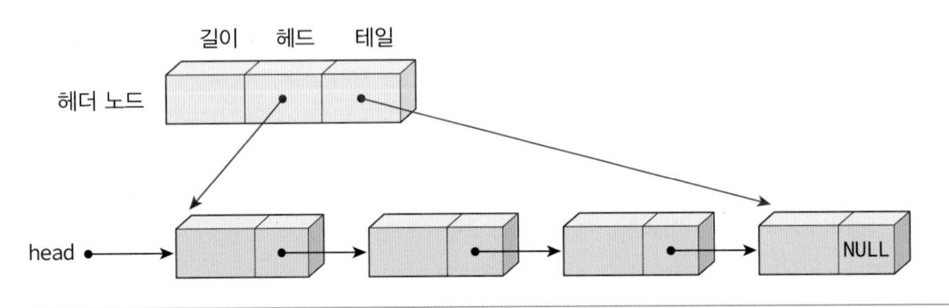

[그림 6-17] 연결 리스트를 헤더 노드로 표현한 예

반면 헤더 노드의 개념을 사용하기 위해서는 항상 연결 리스트를 생성한 다음, 초기화를 해주어야 한다. 여기서는 create() 함수를 이용하여 헤더 노드를 동적으로 생성하고 초기화하였다. 여기서도 새로운 노드가 만들어질 때마다 결과 다항식의 마지막 노드를 찾는 작업을 피하기 위하여 마지막 노드를 가리키는 tail 포인터를 헤더 노드 안에서 유지한다. insert_last() 함수는 새로운 노드를 만들어서 다항식의 마지막에 추가하는 역할을 한다. 이때 헤더 노드를 가리키는 포인터가 함수의 매개 변수로 전달되는 것을 유의하라. 이는 헤드와 테일 포인터를 변경하기 위한 것이다. 많은 연결 리스트 연산들이 이 함수처럼 헤드 포인터에서 시작하여 노드들을 하나씩 따라가면서 어떤 처리를 하는 형식으로 되어 있다.

프로그램 6.9 연결 리스트로 구현한 다항식 덧셈 프로그램

```
#include <stdio.h>
#include <stdlib.h>

typedef struct ListNode {  // 노드 타입
    int coef;
    int expon;
    struct ListNode *link;
} ListNode;
```

```c
// 연결 리스트 헤더
typedef struct ListType { // 리스트 헤더 타입
    int size;
    ListNode *head;
    ListNode *tail;
} ListType;

// 오류 함수
void error(char *message)
{
    fprintf(stderr, "%s\n", message);
    exit(1);
}

// 리스트 헤더 생성 함수
ListType* create()
{
    ListType *plist = (ListType *)malloc(sizeof(ListType));
    plist->size = 0;
    plist->head = plist->tail = NULL;
    return plist;
}

// plist는 연결 리스트의 헤더를 가리키는 포인터, coef는 계수,
// expon는 지수
void insert_last(ListType* plist, int coef, int expon)
{
    ListNode* temp =
        (ListNode *)malloc(sizeof(ListNode));
    if (temp == NULL) error("메모리 할당 에러");
    temp->coef = coef;
    temp->expon = expon;
    temp->link = NULL;
    if (plist->tail == NULL) {
        plist->head = plist->tail = temp;
    }
    else {
        plist->tail->link = temp;
        plist->tail = temp;
    }
    plist->size++;
}

// list3 = list1 + list2
void poly_add(ListType* plist1, ListType* plist2, ListType* plist3)
{
    ListNode* a = plist1->head;
    ListNode* b = plist2->head;
```

```
    int sum;

    while (a && b) {
        if (a->expon == b->expon) {      // a의 차수 > b의 차수
            sum = a->coef + b->coef;
            if (sum != 0) insert_last(plist3, sum, a->expon);
            a = a->link; b = b->link;
        }
        else if (a->expon > b->expon) {  // a의 차수 == b의 차수
            insert_last(plist3, a->coef, a->expon);
            a = a->link;
        }
        else {                           // a의 차수 < b의 차수
            insert_last(plist3, b->coef, b->expon);
            b = b->link;
        }
    }

    // a나 b중의 하나가 먼저 끝나게 되면 남아있는 항들을 모두
    // 결과 다항식으로 복사
    for (; a != NULL; a = a->link)
        insert_last(plist3, a->coef, a->expon);
    for (; b != NULL; b = b->link)
        insert_last(plist3, b->coef, b->expon);
}

//
//
void poly_print(ListType* plist)
{
    ListNode* p = plist->head;

    printf("polynomial = ");
    for (; p; p = p->link) {
        printf("%d^%d + ", p->coef, p->expon);
    }
    printf("\n");
}

//
int main(void)
{
    ListType *list1, *list2, *list3;

    // 연결 리스트 헤더 생성
    list1 = create();
    list2 = create();
    list3 = create();
```

```
    // 다항식 1을 생성
    insert_last(list1, 3, 12);
    insert_last(list1, 2, 8);
    insert_last(list1, 1, 0);

    // 다항식 2를 생성
    insert_last(list2, 8, 12);
    insert_last(list2, -3, 10);
    insert_last(list2, 10, 6);

    poly_print(list1);
    poly_print(list2);

    // 다항식 3 = 다항식 1 + 다항식 2
    poly_add(list1, list2, list3);
    poly_print(list3);

    free(list1); free(list2); free(list3);
}
```

실행결과

```
polynomial = 3^12 + 2^8 + 1^0 +
polynomial = 8^12 + -3^10 + 10^6 +
polynomial = 11^12 + -3^10 + 2^8 + 10^6 + 1^0 +
```

연습문제 EXERCISE

01 다음 중 NULL 포인터(NULL pointer)가 존재하지 않는 구조는 어느 것인가?

(1) 단순 연결 리스트 (2) 원형 연결 리스트
(3) 이중 연결 리스트 (4) 헤더 노드를 가지는 단순 연결 리스트

02 리스트의 n번째 요소를 가장 빠르게 찾을 수 있는 구현 방법은 무엇인가?

(1) 배열 (2) 단순 연결 리스트
(3) 원형 연결 리스트 (4) 이중 연결 리스트

03 단순 연결 리스트에서 포인터 last가 마지막 노드를 가리킨다고 할 때 다음 수식 중, 참인 것은?

(1) last == NULL (2) last->data == NULL
(3) last->link == NULL (4) last->link->link == NULL

04 단순 연결 리스트의 노드들을 포인터 p로 방문하고자 한다. 현재 p가 가리키는 노드에서 다음 노드로 가려면 어떤 코드를 사용해야 하는가?

(a) p++; (b) p--;
(c) p=p->link; (d) p=p->data;

05 다음과 같이 변수 p가 2를 저장하는 노드를 가리키도록 하는 문장을 작성하라.

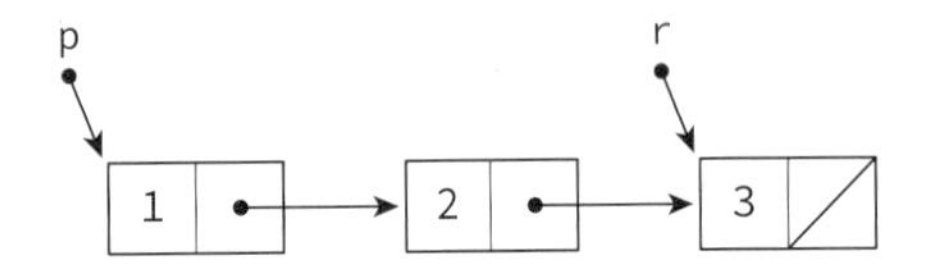

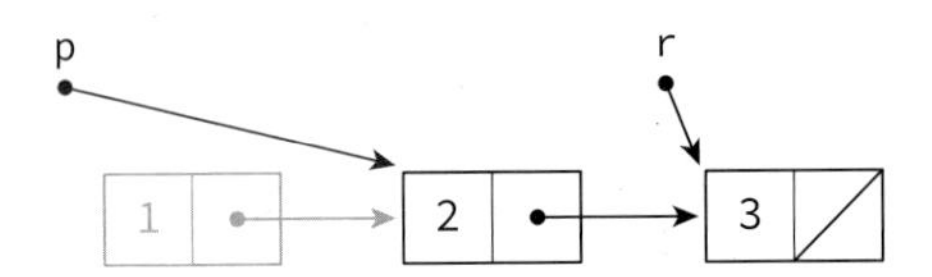

06 다음과 같이 변수 q가 1를 저장하는 노드를 가리키도록 하는 문장을 작성하라.

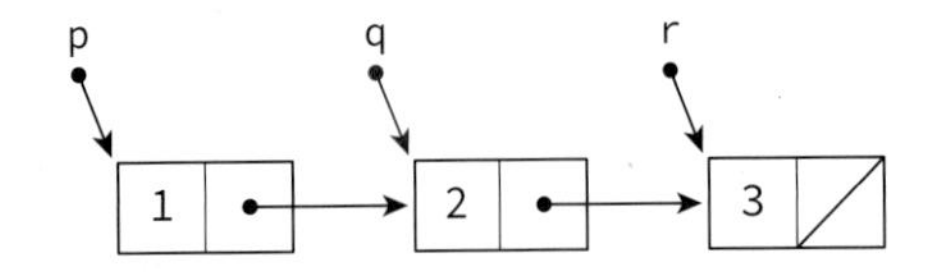

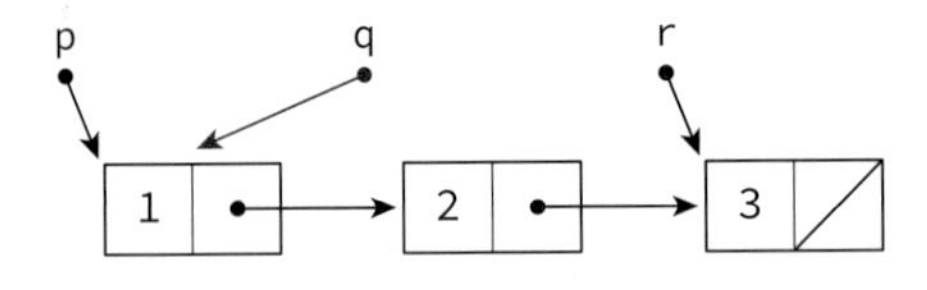

07 다음과 같은 연결 리스트에 아래와 같은 코드를 실행한다고 하자. 실행이 끝난 후에 포인터 p가 가리키는 노드는 어떤 노드인가?

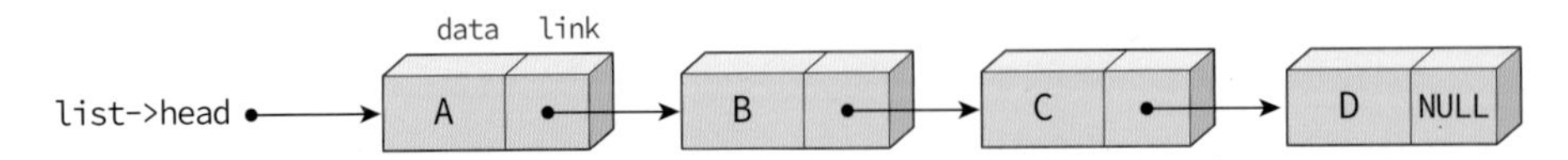


```
for(p=list->head; p->link!= NULL; p=p->link)
    ;
```

08 덱(deque: double-ended queue)은 삽입과 삭제가 양끝에서 임의로 수행되는 자료 구조이다. 다음 그림과 같이 단순 연결 리스트(singly linked list)로 덱을 구현한다고 할 때 O(1) 시간 내에 수행할 수 없는 연산은? (단, first와 last는 각각 덱의 첫 번째 원소와 마지막 원소를 가리키며, 연산이 수행된 후에도 덱의 원형이 유지되어야 한다) (국가시험 기출문제)

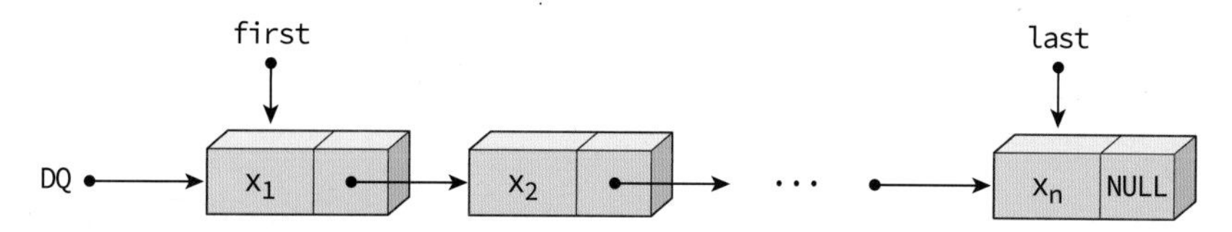

① insertFirst 연산: 덱의 첫 번째 원소로 삽입
② insertLast 연산: 덱의 마지막 원소로 삽입
③ deleteFirst 연산: 덱의 첫 번째 원소를 삭제
④ deleteLast 연산: 덱의 마지막 원소를 삭제

09 다음과 같이 단순 연결 리스트에 사용자가 입력하는 값을 저장했다가 출력하는 프로그램을 작성하라.

```
노드의 개수 : 3 Enter↵
노드 #1 데이터 : 5 Enter↵
노드 #2 데이터 : 6 Enter↵
노드 #3 데이터 : 7 Enter↵
생성된 연결 리스트: 5->6->7
```

10 다음과 같이 단순 연결 리스트의 노드들의 개수를 계산하는 프로그램을 작성해보자.

```
노드의 개수 : 3 Enter↵
노드 #1 데이터 : 5 Enter↵
노드 #2 데이터 : 6 Enter↵
노드 #3 데이터 : 7 Enter↵
연결 리스트 노드의 개수 = 3
```

11 단순 연결 리스트에 정수가 저장되어 있다. 연결 리스트에 있는 모든 노드의 데이터 값을 합한 결과를 출력하는 프로그램을 작성하시오.

```
노드의 개수 : 3 Enter↵
노드 #1 데이터 : 5 Enter↵
노드 #2 데이터 : 6 Enter↵
노드 #3 데이터 : 7 Enter↵
연결 리스트의 데이터 합: 18
```

12 연결 리스트에서 특정한 데이터 값을 갖는 노드의 개수를 계산하는 함수를 작성하라.

```
노드의 개수 : 3 Enter↵
노드 #1 데이터 : 5 Enter↵
노드 #2 데이터 : 5 Enter↵
노드 #3 데이터 : 7 Enter↵
탐색할 값을 입력하시오: 5 Enter↵
5는 연결 리스트에서 2번 나타납니다.
```

13 단순 연결 리스트에서의 탐색함수를 참고하여 특정한 데이터값을 갖는 노드를 삭제하는 함수를 작성하라.

14 다음 그림과 같은 데이터를 저장할 수 있는 단순 연결 리스트를 생성하는 프로그램을 작성해 보자.

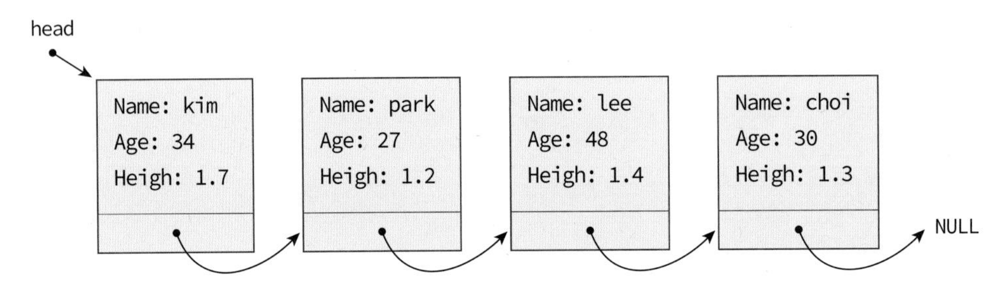

15 단순 연결 리스트가 정렬되지 않은 정수들의 리스트를 저장하고 있다. 리스트에서 최대값과 최소값을 찾는 프로그램을 작성하라.

16 단순 연결 리스트의 헤드 포인터가 주어져 있을 때 첫 번째노드에서부터 하나씩 건너서 있는 노드를 전부 삭제하는 함수를 작성하라. 즉 홀수번째 있는 노드들이 전부 삭제된다.

17 두 개의 단순연결 리스트 A, B가 주어져 있을 경우, alternate 함수를 작성하라. alternate 함수는 A와 B로부터 노드를 번갈아 가져와서 새로운 리스트 C를 만드는 연산이다. 만약 입력리스트 중에서 하나가 끝나게 되면 나머지 노드들을 전부 C로 옮긴다. 함수를 구현하여 올바르게 동작하는지 테스트하라. 작성된 함수의 시간 복잡도를 구하라.

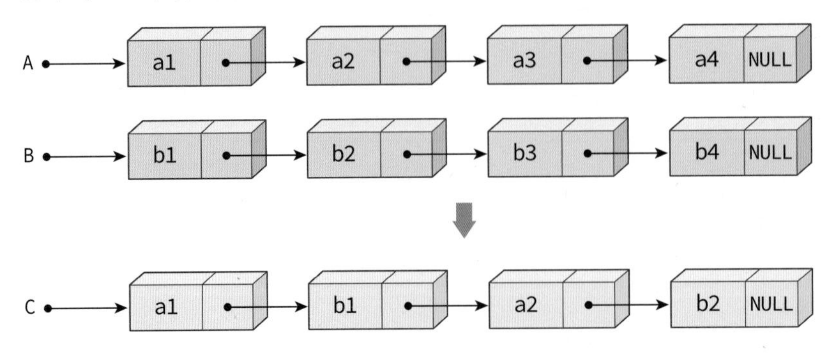

18 2개의 단순 연결 리스트를 병합하는 함수를 조금 변경하여 보자. 두 개의 연결리스트 $a=(a_1, a_2, \cdots, a_n)$, $b=(b_1, b_2, \cdots, b_m)$가 데이터값의 오름차순으로 노드들이 정렬되어 있는 경우, 이러한 정렬상태를 유지하면서 합병을 하여 새로운 연결리스트를 만드는 알고리즘 merge를 작성하라. a와 b에 있는 노드들은 전부 새로운 연결 리스트로 옮겨진다. 작성된 알고리즘의 시간복잡도도 구하라.

19 단순 연결 리스트 C를 두 개의 단순 연결 리스트 A와 B로 분리하는 함수 split를 작성하여 보자. C의 홀수 번째 노드들은 모두 A로 이동되고 C의 짝수 번째 노드들은 모두 B로 이동된다. 이 함수가 C를 변경하여서는 안 된다. 작성된 알고리즘의 시간 복잡도를 구하고 구현하여 수행하여 보라.

20 두개의 다항식이 다음과 같이 주어졌다. 이들을 연결 리스트를 이용하여 나타내고 본문의 프로그램을 이용하여 두 다항식의 합을 구해보시오.

$A(x)=3x^6+7x^3-2x^2-9,\qquad B(x)=-2x^6-4x^4+6x^2+6x+1$

21 다항식을 연결 리스트로 표현할 수 있음을 보였다. 다항식이 연결 리스트로 표현되어 있고, p를 다항식을 가리키는 포인터라고 할 때, 어떤 실수 x에 대하여 이 다항식의 값을 계산하는 함수 poly_eval을 작성하라. 즉 다항식이 x^3+2x+6이고 $x=2$이면 $2^3+2*2+6$를 계산하는 함수를 작성하여보라.

22 배열을 이용하여 숫자들을 입력 받아 항상 오름차순으로 정렬된 상태로 유지하는 리스트 SortedList를 구현하여 보라. 다음의 연산들을 구현하면 된다.

ADT 6.2 SortedList

```
·객체: n개의 element형으로 구성된 순서있는 모임
·연산:
  add(list, item) ::= 정렬된 리스트에 요소를 추가한다.
  delete(list, item) ::= 정렬된 리스트에서 item을 제거한다.
  clear(list) ::= 리스트의 모든 요소를 제거한다.
  is_in_list(list, item) ::= item이 리스트안에 있는지를 검사한다.
  get_length(list) ::= 리스트의 길이를 구한다.
  is_empty(list) ::= 리스트가 비었는지를 검사한다.
  is_full(list) ::= 리스트가 꽉찼는지를 검사한다.
  display(list) ::= 리스트의 모든 요소를 표시한다.
```

23 단순 연결 리스트를 이용하여 숫자들을 항상 오름차순으로 정렬된 상태로 유지하는 리스트 SortedList를 구현하여 보라. 앞의 문제의 연산들을 구현하면 된다.

24 행렬(matrix)은 숫자나 문자를 정사각형 또는 직사각형으로 배열하여 그 양끝을 괄호로 묶은 것으로 많은 문제를 수학적으로 해결하는 도구이다. 희소 행렬(sparse matrix)은 많은 항들이 0인 행렬이다. 연결 리스트를 이용하여 희소 행렬을 표현하는 방법을 생각하여 보고 구현하라.

CHAPTER

07

연결 리스트 II

■ **학습목표**

- 원형 연결 리스트의 개념과 여러 가지 연산들을 이해한다.
- 이중 연결 리스트의 개념과 여러 가지 연산들을 이해한다.
- 연결된 스택과 연결된 큐를 이해한다.

7.1 원형 연결 리스트

원형 연결 리스트의 소개

원형 연결 리스트란 마지막 노드가 첫 번째 노드를 가리키는 리스트이다. 즉 마지막 노드의 링크 필드가 널(NULL)이 아니라 첫 번째 노드 주소가 되는 리스트이다. 어떤 장점이 있을까? 원형 연결 리스트에서는 하나의 노드에서 다른 모든 노드로의 접근이 가능하다. 하나의 노드에서 링크를 계속 따라 가면 결국 모든 노드를 거쳐서 자기 자신으로 되돌아 올 수 있는 것이다. 따라서 노드의 삽입과 삭제가 단순 연결 리스트보다는 용이해진다는 것이다. 삭제나 삽입 시에는 항상 선행 노드를 가리키는 포인터가 필요함을 기억하라.

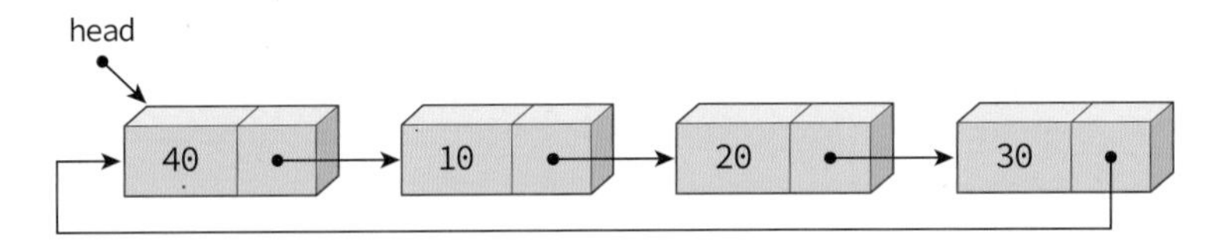

[그림 7-1] 원형 리스트

원형 연결 리스트가 특히 유용한 경우는 리스트의 끝에 노드를 삽입하는 연산이 단순 연결 리스트보다 효율적일 수 있다는 것이다. 단순 연결 리스트에서 리스트의 끝에 노드를 추가하려면 첫 번째 노드에서부터 링크를 따라서 노드의 개수만큼 진행하여 마지막 노드까지 가야한다. 그러나 만약 원형 연결 리스트에서 다음과 같이 헤드 포인터가 마지막 노드를 가리키도록 구성한다면 상수 시간 안에 리스트의 처음과 끝에 노드를 삽입할 수 있다.

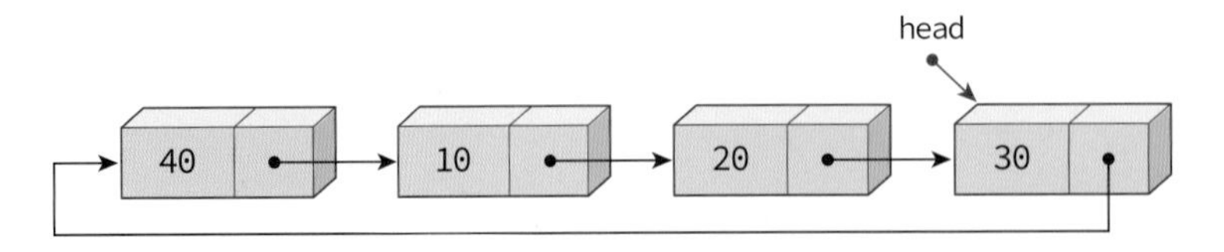

[그림 7-2] 변형된 원형 연결 리스트

이 변형된 원형 연결 리스트에서 마지막 노드는 헤드 포인터인 head가 가리키고 있고, 첫 번째 노드는 head->link가 가리키고 있으므로, 리스트의 마지막에 노드를 삽입하거나 삭제하기 위하여 리스트의 맨 끝까지 힘들게 가지 않아도 된다.

원형 연결 리스트 정의

원형 연결 리스트도 원칙적으로 헤드 포인터만 있으면 된다.

```
ListNode *head;
```

원형 리스트의 처음에 삽입

이 변형된 원형 연결 리스트를 이용하여 리스트의 처음에 삽입하는 함수를 작성하여 보자. [그림 7-3]과 같이 먼저 새로운 노드의 링크인 node->link가 첫 번째 노드를 가리키게 하고 다음에 마지막 노드의 링크가 node를 가리키게 하면 된다. 헤드 포인터인 head가 마지막 노드를 가리키는 것만 기억하면 소스를 이해하는데 별 문제가 없을 것이다.

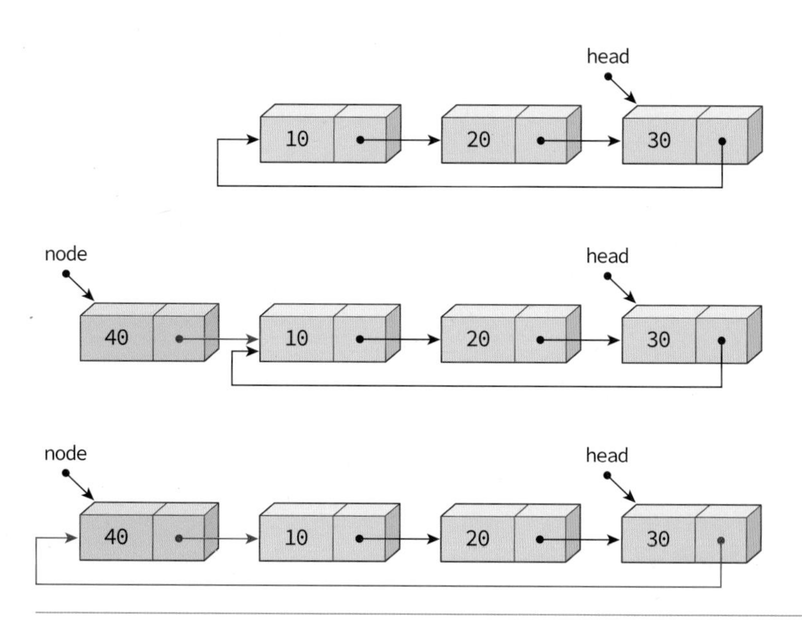

[그림 7-3] 원형 연결 리스트의 첫 번째 노드로 삽입

프로그램 7.1 원형 연결 리스트 처음에 삽입하는 함수

```
ListNode* insert_first(ListNode* head, element data)
{
    ListNode *node = (ListNode *)malloc(sizeof(ListNode));
    node->data = data;
    if (head == NULL) {
        head = node;
        node->link = head;
    }
    else {
        node->link = head->link;  // (1)
        head->link = node;        // (2)
    }
    return head; // 변경된 헤드 포인터를 반환한다.
}
```

원형 리스트의 끝에 삽입

앞의 코드에 한 문장만 추가하면 원형 연결 리스트의 끝에 삽입할 수 있다. 즉 원형 연결 리스트는 어차피 원형으로 연결되어 있으므로 어디가 처음이고 어디가 끝인지는 불분명하다. 따라서 [그림 7-4]처럼 head의 위치만 새로운 노드로 바꾸어주면 새로운 노드가 마지막 노드가 된다. 프로그램 7.2를 참조하라.

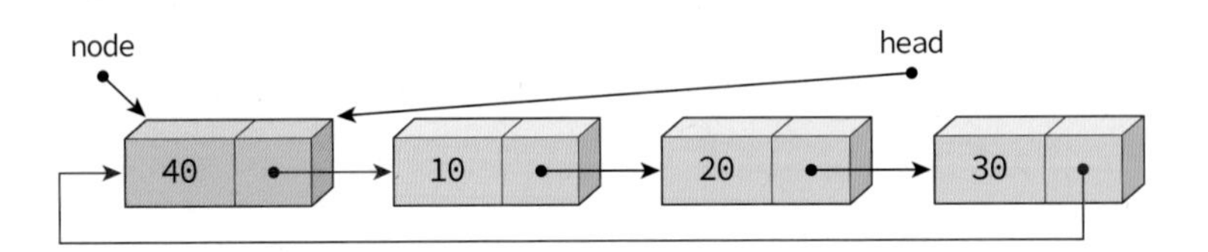

[그림 7-4] 원형 연결 리스트의 끝에 삽입

프로그램 7.2 원형연결리스트의 끝에 삽입하는 함수

```
ListNode* insert_last(ListNode* head, element data)
{
    ListNode *node = (ListNode *)malloc(sizeof(ListNode));
    node->data = data;
    if (head == NULL) {
        head = node;
        node->link = head;
    }
```

```
    else {
        node->link = head->link;  // (1)
        head->link = node;        // (2)
        head = node;              // (3)
    }
    return head; // 변경된 헤드 포인터를 반환한다.
}
```

테스트 프로그램

위의 삽입 함수들을 테스트하는 프로그램을 프로그램 7.3에 보였다. 원형 리스트가 이와 같은 장점이 있지만 마지막 노드의 링크가 NULL이 아니기 때문에 리스트의 끝에 도달했는지를 검사하려면 헤드 포인터와 비교하여야 한다. 또한 while 루프 대신에 do-while 루프를 써야 함을 유의하라.

프로그램 7.3 **원형 연결 리스트 테스트 프로그램**

```
#include <stdio.h>
#include <stdlib.h>

typedef int element;
typedef struct ListNode {  // 노드 타입
    element data;
    struct ListNode *link;
} ListNode;

// 리스트의 항목 출력
void print_list(ListNode* head)
{
    ListNode* p;

    if (head == NULL) return;
    p = head->link;
    do {
        printf("%d->", p->data);
        p = p->link;
    } while (p != head->link);
}

ListNode* insert_first(ListNode* head, element data)
{
```

```
    ListNode *node = (ListNode *)malloc(sizeof(ListNode));
    node->data = data;
    if (head == NULL) {
        head = node;
        node->link = head;
    }
    else {
        node->link = head->link;  // (1)
        head->link = node;        // (2)
    }
    return head; // 변경된 헤드 포인터를 반환한다.
}

ListNode* insert_last(ListNode* head, element data)
{
    ListNode *node = (ListNode *)malloc(sizeof(ListNode));
    node->data = data;
    if (head == NULL) {
        head = node;
        node->link = head;
    }
    else {
        node->link = head->link;  // (1)
        head->link = node;        // (2)
        head = node;              // (3)
    }
    return head; // 변경된 헤드 포인터를 반환한다.
}
// 원형 연결 리스트 테스트 프로그램
int main(void)
{
    ListNode *head = NULL;

    // list = 10->20->30->40
    head = insert_last(head, 20);  // insert_last()가 반환한 헤드 포인터를 head에 대입한다.
    head = insert_last(head, 30);
    head = insert_last(head, 40);
    head = insert_first(head, 10);
    print_list(head);
    return 0;
}
```

위의 프로그램의 출력 화면은 다음과 같다.

실행결과

```
10->20->30->40->
```

01 단순 연결 리스트에 비하여 원형 연결 리스트의 장점은?

02 원형 연결 리스트에 존재하는 노드의 수를 계산하는 함수 get_length()를 작성하라.

7.2 원형 연결 리스트는 어디에 사용될까?

원형 연결 리스트는 어디에 사용될까? 첫 번째로 컴퓨터에서 여러 응용 프로그램을 하나의 CPU를 이용하여 실행할 때에 필요하다. 현재 실행중인 모든 응용 프로그램은 원형 연결 리스트에 보관되며 운영 체제는 원형 연결 리스트에 있는 프로그램의 실행을 위해 고정된 시간 슬롯을 제공한다. 운영 체제는 모든 응용 프로그램이 완료될 때까지 원형 연결 리스트를 계속 순회한다.

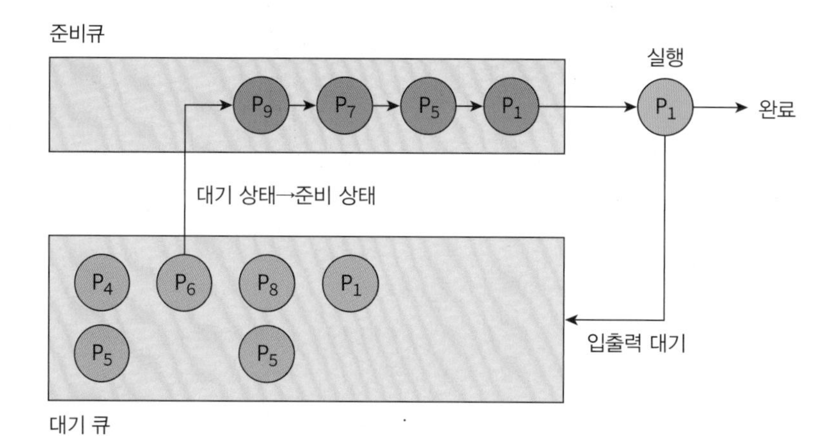

두 번째 예는 멀티 플레이어 게임이다. 모든 플레이어는 원형 연결 리스트에 저장되며 한 플레이어의 기회가 끝나면 포인터를 앞으로 움직여서 다음 플레이어의 순서가 된다.

세 번째로 원형 연결 리스트는 원형 큐를 만드는데도 사용할 수 있다. 우리는 4장에서 배열을 사용하여 원형 큐를 구현하였지만 원형 연결 리스트를 이용하여 원형 큐를 구현할 수 있다는 것은 너무 명백하다. 원형 큐에서는 두 개의 포인터, front와 rear가 있어야 한다.

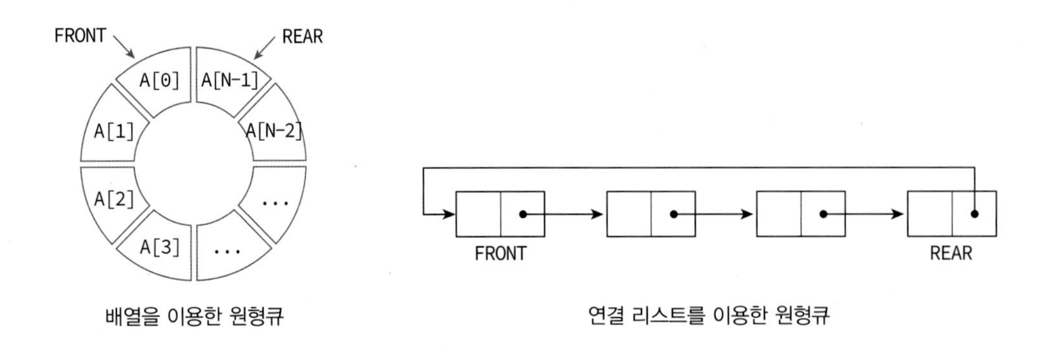

멀티 플레이어 게임

3명의 플레이어가 보드 게임을 한다고 하자. 게임에 빠지면 누구 순서인지도 잊어버릴 수 있다. 프로그램을 작성하여서 현재 누구 순서인지를 알리도록 하자.

실행결과

```
현재 차례=KIM
현재 차례=CHOI
현재 차례=PARK
현재 차례=KIM
현재 차례=CHOI
현재 차례=PARK
현재 차례=KIM
현재 차례=CHOI
현재 차례=PARK
현재 차례=KIM
```

프로그램 7.4 multigame.c

```c
#include <stdio.h>
#include <stdlib.h>
#include <string.h>

typedef char element[100];
typedef struct ListNode {  // 노드 타입
    element data;
    struct ListNode *link;
```

```
} ListNode;


ListNode* insert_last(ListNode* head, element data)
{
    ListNode *node = (ListNode *)malloc(sizeof(ListNode));
    strcpy(node->data, data);
    if (head == NULL) {
        head = node;
        node->link = head;
    }
    else {
        node->link = head->link;  // (1)
        head->link = node;        // (2)
        head = node;              // (3)
    }
    return head;  // 변경된 헤드 포인터를 반환한다.
}

// 원형 연결 리스트 테스트 프로그램
int main(void)
{
    ListNode *head = NULL;

    head = insert_last(head, "KIM");
    head = insert_last(head, "PARK");
    head = insert_last(head, "CHOI");

    ListNode* p = head->link;
    for (int i = 0; i < 10; i++) {
        printf("현재 차례=%s \n", p->data);
        p = p->link;
    }
    return 0;
}
```

7.3 이중 연결 리스트

단순 연결 리스트에서 어떤 노드에서 후속 노드를 찾기는 쉽지만, 선행 노드를 찾으려면 구조상 아주 어렵다. 원형 연결 리스트라고 하더라도 거의 전체 노드를 거쳐서 돌아 와야 한다. 따라서 응용 프로그램에서 특정 노드에서 양방향으로 자유롭게 움직일 필요가 있다면 단순 연결 리스트 구조는 부적합하다. 이중 연결 리스트는 이러한 문제점을 해결하기 위하여 만들어진 자료구조이다.

[그림 7-5] 단순 연결 리스트에서의 선행 노드를 찾는 것은 어렵다

이중 연결 리스트는 하나의 노드가 선행 노드와 후속 노드에 대한 두 개의 링크를 가지는 리스트이다. 링크가 양방향이므로 양방향으로 검색이 가능해진다. 단점으로는 공간을 많이 차지하고 코드가 복잡해진다는 것이다. 그러나 그럼에도 불구하고 여러 가지 장점이 많기 때문에 널리 쓰인다.

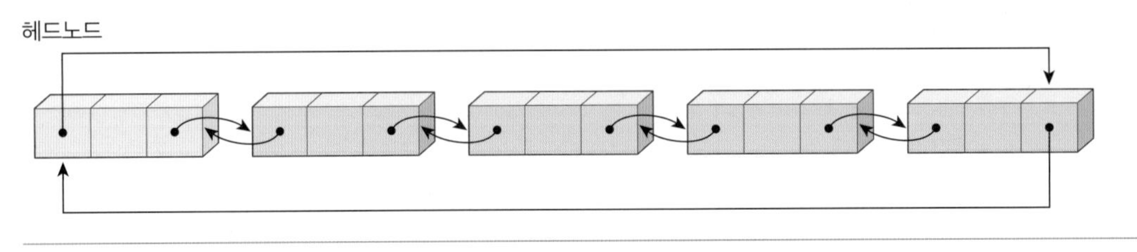

[그림 7-6] 이중 연결 리스트

실제 응용에서는 [그림 7-6]처럼 이중 연결 리스트와 원형 연결 리스트를 혼합한 형태가 많이 사용된다. 또 헤드 노드(head node)라는 특별한 노드를 추가하는 경우가 많다. 헤드 포인터와는 구별하여야 한다. 헤드 포인터는 리스트의 첫 번째 노드를 가리키는 포인터이고, 헤드 노드는 데이터를 가지고 있지 않는 특별한 노드를 추가하는 것이다. 헤드 노드가 존재하게 되면 삽입, 삭제 알고리즘이 간편해진다. 헤드 노드의 데이터 필드는 아무런 정보도 담고 있지 않다. 다만 삽입과 삭제 알고리즘을 간편하게 하기 위하여 존재한다.

이중 연결 리스트를 구현해보자. 먼저 노드의 구조를 정의해야 할 것이다. 이중 연결 리스트에서의 노드는 3개의 필드(왼쪽 링크 필드, 데이타 필드, 오른쪽 링크 필드)로 이루어져 있다. 링크 필드는 포인터로 이루어진다.

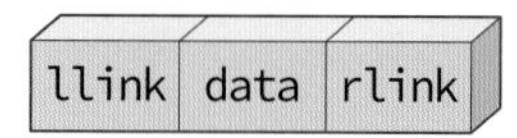

[그림 7-7] 이중 연결 리스트에서의 노드의 구조

이중 연결 리스트에서 임의의 노드를 가리키는 포인터를 p이라 하면, 다음의 관계가 항상 성립한다.

```
p = p->llink->rlink = p->rlink->llink
```

즉 앞뒤로 똑같이 이동할 수 있음을 나타낸다. 이러한 관계는 공백 리스트에서도 성립한다. 즉 헤드 노드가 존재하기 때문에 공백 리스트의 경우, 다음과 같은 상태가 된다.

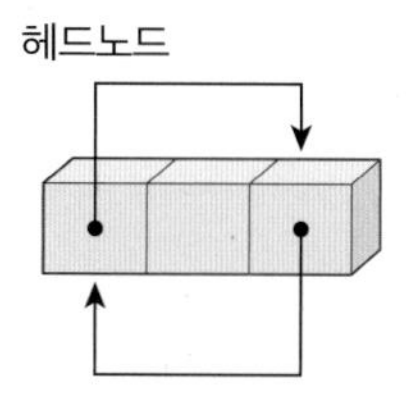

[그림 7-8] 공백상태

노드의 구조를 구조체를 이용하여 정의해보면 다음과 같다. 노드의 왼쪽 링크 필드 llink는 바로 선행 노드를 가리키며, 오른쪽 링크 필드 rlink는 후속 노드를 가리킨다.

```
typedef int element;
typedef struct DListNode {     // 이중 연결 노드 타입
    element data;
    struct DListNode* llink;
    struct DListNode* rlink;
} DListNode;
```

삽입 연산

먼저 삽입 연산에 대하여 살펴보자. 따라서 [그림 7-9]의 순서대로 링크 필드의 값을 바꾸면 된다. 새로 만들어진 노드의 링크를 먼저 바꾸는 것을 알 수 있다. 새로 만들어진 노드의 링크는 아무런 정보도 가지고 있지 않기 때문에 변경하여도 안전하기 때문이다.

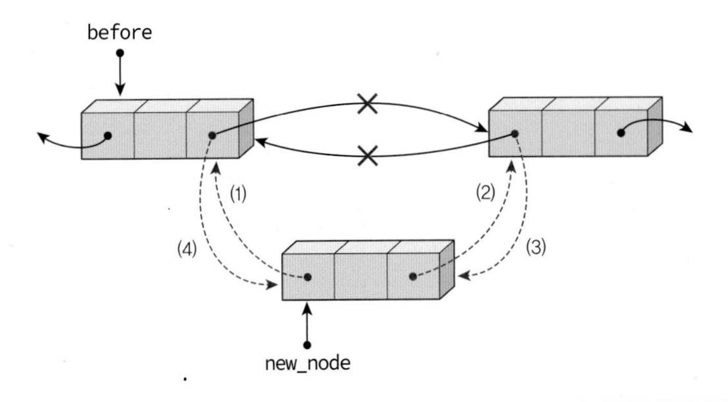

[그림 7-9] 이중 연결 리스트에서의 삽입순서

프로그램 7.5 이중 연결 리스트에서의 삽입함수

```
// 새로운 데이터를 노드 before의 오른쪽에 삽입한다.
void dinsert(DListNode *before, element data)
{
    DListNode *newnode = (DListNode *)malloc(sizeof(DListNode));
    newnode->data = data;
    newnode->llink = before;
    newnode->rlink = before->rlink;
    before->rlink->llink = newnode;
    before->rlink = newnode;
}
```

삭제연산

삭제 연산은 [그림 7-10]의 순서로 링크들의 값을 변화시키면 된다.

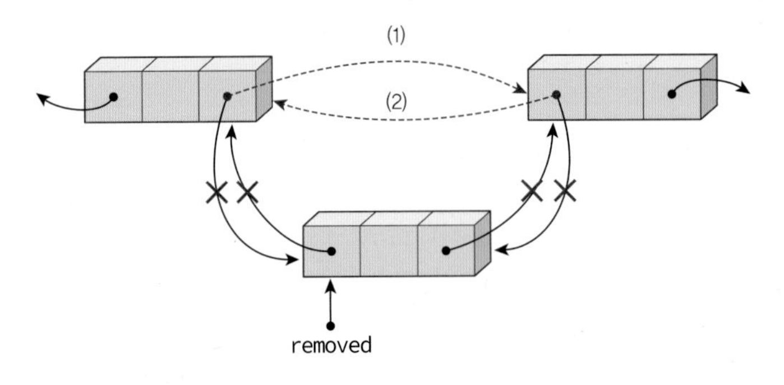

[그림 7-10] 이중 연결 리스트에서의 삭제순서

프로그램 7.6 **이중 연결 리스트에서의 삭제함수**

```
// 노드 removed를 삭제한다.
void ddelete(DListNode* head, DListNode* removed)
{
    if (removed == head) return;
    removed->llink->rlink = removed->rlink;
    removed->rlink->llink = removed->llink;
    free(removed);
}
```

가상 실습 7.1
이중 연결 리스트

이중 연결 리스트 애플릿을 이용하여 다음의 실험을 수행하라.

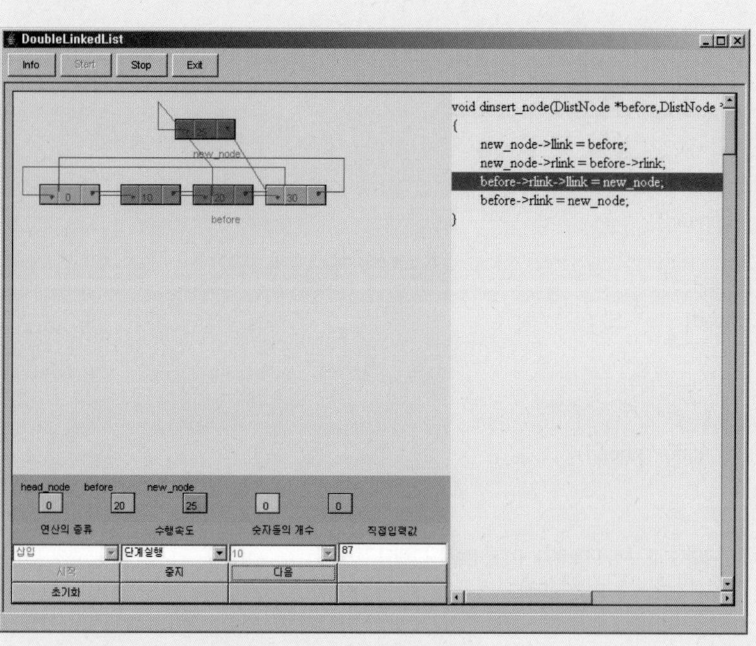

(1) 위의 애플릿은 숫자를 입력 받아 정렬된 상태의 이중 연결 리스트를 유지한다. 따라서 10과 30 사이에 노드를 삽입하고 싶으면 20을 입력하면 된다.
(2) 이중 연결 리스트의 처음과 중간, 마지막에 노드를 삽입하여 보고 링크의 값들이 어떻게 변화되는지를 살핀다.
(3) 이중 연결 리스트의 처음과 중간, 마지막의 노드를 삭제하여 보고 링크의 값들이 어떻게 변화되는지를 살핀다.

완전한 프로그램

아래의 프로그램은 이중 연결 리스트를 사용한 간단한 프로그램이다. 이중 연결 리스트의 내용을 출력할 수 있는 `print_dlist` 함수가 있으며 이중 연결 리스트를 초기화하는 함수인 `init()`가 추가되어 있다. 한 가지 주의할 것은 이중 연결 리스트에서는 보통 헤드 노드가 존재하므로 단순 연결 리스트처럼 헤드 포인터가 필요 없다. 즉 헤드 노드만 알고 있으면 어떤 노드로도 접근할 수 있다. 헤드 노드는 main 함수 안에 변수로 head라는 이름으로 생성되어 있다. head는 포인터 변수가 아니고 구조체 변수임을 유의해야 한다. 이중 연결 리스트는 사용하기 전에 반드시 초기화를 해야 된다는 점을 유의하라. 즉 헤더 노드의 링크필드들이 자기 자신을 가리키도록 초기화를 하여야 한다.

프로그램 7.7 **이중 연결 리스트에서의 삭제함수**

```
#include <stdio.h>
#include <stdlib.h>

typedef int element;
typedef struct DListNode { // 이중연결 노드 타입
    element data;
    struct DListNode* llink;
    struct DListNode* rlink;
} DListNode;

// 이중 연결 리스트를 초기화
void init(DListNode* phead)
{
    phead->llink = phead;
    phead->rlink = phead;
}

// 이중 연결 리스트의 노드를 출력
void print_dlist(DListNode* phead)
{
    DListNode* p;
    for (p = phead->rlink; p != phead; p = p->rlink) {
        printf("<-| |%d| |-> ", p->data);
    }
    printf("\n");
}

// 새로운 데이터를 노드 before의 오른쪽에 삽입한다.
void dinsert(DListNode *before, element data)
{
    DListNode *newnode = (DListNode *)malloc(sizeof(DListNode));
    newnode->data=data;
    newnode->llink = before;
    newnode->rlink = before->rlink;
    before->rlink->llink = newnode;
    before->rlink = newnode;
}
```

```c
// 노드 removed를 삭제한다.
void ddelete(DListNode* head, DListNode* removed)
{
    if (removed == head) return;
    removed->llink->rlink = removed->rlink;
    removed->rlink->llink = removed->llink;
    free(removed);
}

// 이중 연결 리스트 테스트 프로그램
int main(void)
{
    DListNode* head = (DListNode *)malloc(sizeof(DListNode));
    init(head);
    printf("추가 단계\n");
    for (int i = 0; i < 5; i++) {
        // 헤드 노드의 오른쪽에 삽입
        dinsert(head, i);
        print_dlist(head);
    }
    printf("\n삭제 단계\n");
    for (int i = 0; i < 5; i++) {
        print_dlist(head);
        ddelete(head, head->rlink);
    }
    free(head);
    return 0;
}
```

위의 프로그램의 출력은 다음과 같다.

실행결과

```
추가 단계
<-| |0| |->
<-| |1| |-> <-| |0| |->
<-| |2| |-> <-| |1| |-> <-| |0| |->
<-| |3| |-> <-| |2| |-> <-| |1| |-> <-| |0| |->
<-| |4| |-> <-| |3| |-> <-| |2| |-> <-| |1| |-> <-| |0| |->

삭제 단계
<-| |4| |-> <-| |3| |-> <-| |2| |-> <-| |1| |-> <-| |0| |->
<-| |3| |-> <-| |2| |-> <-| |1| |-> <-| |0| |->
<-| |2| |-> <-| |1| |-> <-| |0| |->
<-| |1| |-> <-| |0| |->
<-| |0| |->
```

현재 헤드노드를 제외한 5개의 노드가 존재하며 각 노드가 가지고 있는 데이터 값은 위와 같다. 맨 마지막에 삽입된 노드부터 삭제된 점을 유의하라.

01 이중 연결 리스트에서 헤드 노드를 사용하는 이유는 무엇인가?

02 헤드 노드만 있는 이중 연결 리스트에 노드를 삽입하기 위하여 dinsert()를 호출하였다면 포인터들은 어떻게 변경되는가? 그림으로 설명하라.

7.4 예제: mp3 재생 프로그램 만들기

우리는 차안에서나 PC에서 mp3 음악을 리스트로 저장하였다가 듣곤 한다. 어떤 리스트 형태가 mp3 재생 프로그램에 적합할까?

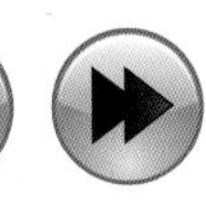

mp3 재생기를 보면 현재 곡에서 이전 곡으로 가기도 하고 다음 곡으로 가기도 한다. 또 처음 곡이나 마지막 곡으로 가기도 한다. 따라서 현재 항목에서 이전 항목이나 다음 항목으로 쉽게 이동할 수 있는 자료 구조를 사용하여야 한다. 우리는 이중 연결 리스트를 이용하여서 음악을 저장하고 사용자의 명령에 맞추어 곡을 선택하는 프로그램을 작성해보자.

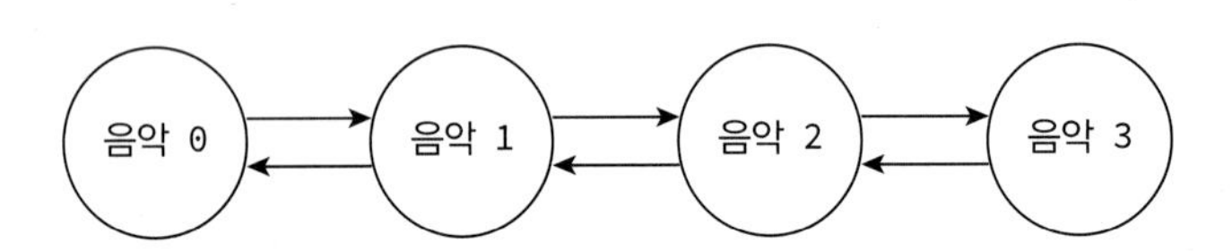

실행결과

```
<-| #Fernando# |-> <-| Dancing Queen |-> <-| Mamamia |->

명령어를 입력하시오(<, >, q): >
<-| Fernando |-> <-| #Dancing Queen# |-> <-| Mamamia |->

명령어를 입력하시오(<, >, q): >
<-| Fernando |-> <-| Dancing Queen |-> <-| #Mamamia# |->

명령어를 입력하시오(<, >, q): <
<-| Fernando |-> <-| #Dancing Queen# |-> <-| Mamamia |->

명령어를 입력하시오(<, >, q):
```

프로그램 7.8 **mp3 플레이어 프로그램**

```
#include <stdio.h>
#include <stdlib.h>
#include <string.h>

typedef char element[100];
typedef struct DListNode { // 이중연결 노드 타입
    element data;
    struct DListNode* llink;
    struct DListNode* rlink;
} DListNode;

DListNode* current;

// 이중 연결 리스트를 초기화
void init(DListNode* phead)
{
    phead->llink = phead;
    phead->rlink = phead;
}

// 이중 연결 리스트의 노드를 출력
void print_dlist(DListNode* phead)
{
    DListNode* p;
    for (p = phead->rlink; p != phead; p = p->rlink) {
        if (p == current)
            printf("<-| #%s# |-> ", p->data);
        else
            printf("<-| %s |-> ", p->data);
    }
    printf("\n");
}

// 노드 newnode를 노드 before의 오른쪽에 삽입한다.
void dinsert(DListNode *before, element data)
{
    DListNode *newnode = (DListNode *)malloc(sizeof(DListNode));
    strcpy(newnode->data, data);
    newnode->llink = before;
    newnode->rlink = before->rlink;
    before->rlink->llink = newnode;
    before->rlink = newnode;
}

// 노드 removed를 삭제한다.
void ddelete(DListNode* head, DListNode* removed)
```

```
{
    if (removed == head) return;
    removed->llink->rlink = removed->rlink;
    removed->rlink->llink = removed->llink;
    free(removed);
}

// 이중 연결 리스트 테스트 프로그램
int main(void)
{
    char ch;
    DListNode* head = (DListNode *)malloc(sizeof(DListNode));
    init(head);

    dinsert(head, "Mamamia");
    dinsert(head, "Dancing Queen");
    dinsert(head, "Fernando");

    current = head->rlink;
    print_dlist(head);

    do {
        printf("\n명령어를 입력하시오(<, >, q): ");
        ch = getchar();
        if (ch == '<') {
            current = current->llink;
            if (current == head)
                current = current->llink;
        }
        else if (ch == '>') {
            current = current->rlink;
            if (current == head)
                current = current->rlink;
        }
        print_dlist(head);
        getchar();
    } while (ch != 'q');
    // 동적 메모리 해제 코드를 여기에
}
```

7.5 연결 리스트로 구현한 스택

스택을 연결 리스트로 만들 수 있을까? 3장에서 배열을 이용하여 구현하는 방법이 소개되었다. 그러나 스택은 [그림 7-11]과 같이 연결리스트를 이용해서도 구현될 수 있다.

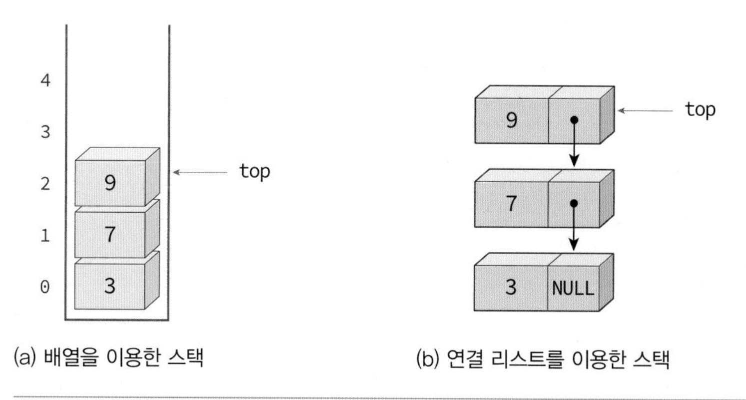

[그림 7-11] 배열을 이용한 스택과 연결리스트를 이용한 스택의 비교

이러한 스택이나 큐를 연결된 스택(linked stack)이라고 한다. 외부에서 보기에는 배열을 이용한 스택이나 연결 리스트를 이용한 스택이나 전혀 차이가 없다. 즉 제공되는 외부 인터페이스는 완전히 동일하다. 달라지는 것은 스택의 내부구현이다. 연결 리스트를 이용하여 스택을 만들게 되면 큰 장점이 있다. 즉 크기가 제한되지 않는다는 것이다. 동적 메모리 할당만 할 수만 있으면 스택에 새로운 요소를 삽입할 수 있다. 반면에 연결 리스트를 이용한 스택은 동적 메모리 할당이나 해제를 해야 하므로 삽입이나 삭제 시간은 좀 더 걸린다.

연결된 스택은 기본적으로 연결 리스트이기 때문에 다음과 같이 노드를 정의한다. 노드는 우리가 저장하고 싶은 데이터 필드와 다음 노드를 가리키기 위한 포인터가 들어 있는 링크 필드로 구성된다. 또한 top은 더 이상 정수가 아니고 노드를 가리키는 포인터로 선언된다. 또한 연결된 스택에 관련된 데이터는 top 포인터뿐이지만 일관성을 위하여 LinkedStackType이라는 구조체 타입으로 정의되었다. 모든 함수들은 이 구조체의 포인터를 매개 변수로 받아서 사용한다.

```
typedef int element;
typedef struct StackNode {
    element data;
    struct StackNode *link;
} StackNode;

typedef struct {
    StackNode *top;
} LinkedStackType;
```

가상 실습 7.2

연결 리스트로 구현된 스택

* 연결 리스트로 구현된 스택 애플릿을 이용하여 다음의 실험을 수행하라.

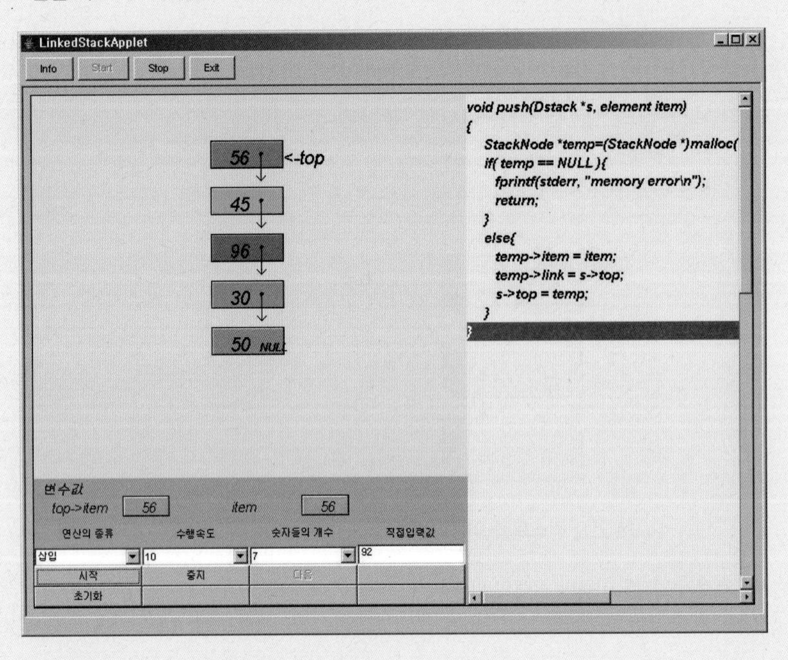

(1) 숫자들을 입력하면서 temp와 top의 값이 어떻게 변경되는지 살펴본다.

(2) temp->link= s->top; 문장과 s->top=temp; 문장이 순서가 바뀌면 어떻게 되겠는가? 애니메이션을 보고 예측하여 보라.

연결된 스택에서 삽입 연산을 구현해보자. 연결된 스택은 개념적으로 단순 연결 리스트에서 맨 앞에 데이터를 삽입하는 것과 동일하다. 연결된 스택에서는 헤드 포인터가 top이라는 이름으로 불리는 것 이외에는 별 차이점이 없다. 삽입 연산에서는 먼저 동적 메모리 할당으로 노드를 만들고 이 노드를 첫 번째 노드로 삽입한다. [그림 7-12]와 같이 top의 값을 temp->link에 복사한 다음, temp를 top에 복사하면 된다.

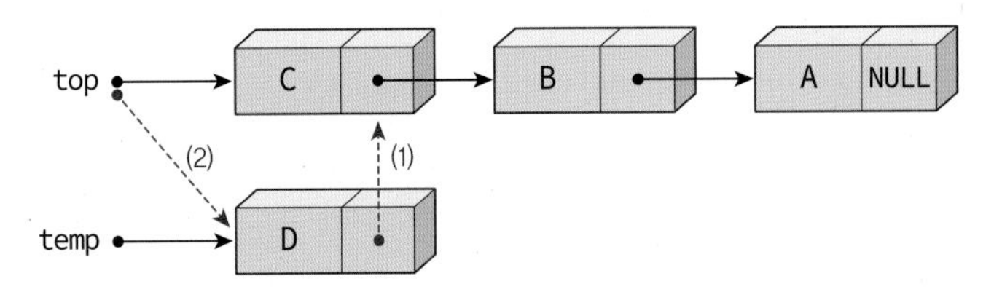

[그림 7-12] 연결된 스택에서의 삽입 연산: 실선은 삽입전, 점선은 삽입후의 모습이다.

삭제 연산에서는 top의 값을 top->link로 바꾸고 기존의 top이 가리키는 노드를 동적 메모리 해제하면 된다. 스택에서 삭제 연산 시에 링크 필드의 변화는 [그림 7-13]에 나와 있다.

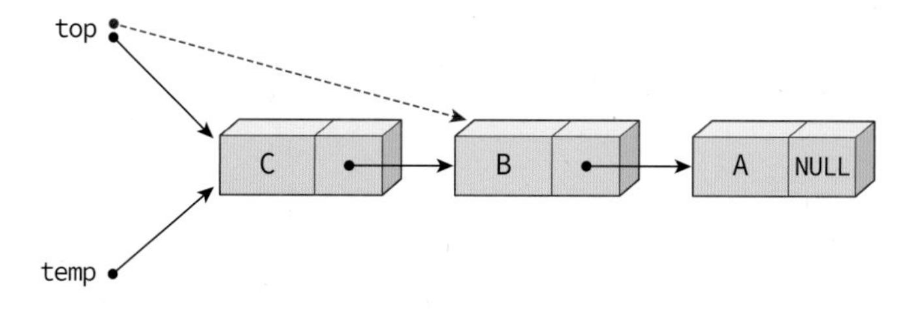

[그림 7-13] 동적 스택에서의 삽입 연산: 실선은 삽입전, 점선은 삽입후의 모습이다.

연결된 스택에서 공백상태는 연결 리스트와 마찬가지로 top 포인터가 NULL인 경우이다. 그리고 포화상태는 동적 메모리 할당만 된다면 노드를 생성할 수 있기 때문에 없는 거나 마찬가지이다.

프로그램 7.9 **연결된 스택 프로그램**

```
#include <stdio.h>
#include <stdlib.h>
#include <malloc.h>

typedef int element;
typedef struct StackNode {
    element data;
    struct StackNode *link;
} StackNode;

typedef struct {
    StackNode *top;
} LinkedStackType;
// 초기화 함수
void init(LinkedStackType *s)
{
    s->top = NULL;
}
// 공백 상태 검출 함수
int is_empty(LinkedStackType *s)
{
    return (s->top == NULL);
}
// 포화 상태 검출 함수
int is_full(LinkedStackType *s)
{
    return 0;
}
// 삽입 함수
void push(LinkedStackType *s, element item)
{
    StackNode *temp = (StackNode *)malloc(sizeof(StackNode));
    temp->data = item;
```

```
    temp->link = s->top;
    s->top = temp;
}
void print_stack(LinkedStackType *s)
{
    for (StackNode *p = s->top; p != NULL; p = p->link)
        printf("%d->", p->data);
    printf("NULL \n");
}
// 삭제 함수
element pop(LinkedStackType *s)
{
    if (is_empty(s)) {
        fprintf(stderr, "스택이 비어있음\n");
        exit(1);
    }
    else {
        StackNode *temp = s->top;
        int data = temp->data;
        s->top = s->top->link;
        free(temp);
        return data;
    }
}
// 피크 함수
element peek(LinkedStackType *s)
{
    if (is_empty(s)) {
        fprintf(stderr, "스택이 비어있음\n");
        exit(1);
    }
    else {
        return s->top->data;
    }
}
// 주 함수
int main(void)
{
    LinkedStackType s;
    init(&s);
    push(&s, 1); print_stack(&s);
    push(&s, 2); print_stack(&s);
    push(&s, 3); print_stack(&s);
    pop(&s); print_stack(&s);
    pop(&s); print_stack(&s);
    pop(&s); print_stack(&s);
    return 0;
}
```

실행결과

```
1->NULL
2->1->NULL
3->2->1->NULL
2->1->NULL
1->NULL
NULL
```

01 연결 리스트로 스택을 구현하는 경우의 장점은?

02 연결 리스트로 구현된 스택의 경우 top 변수의 의미는 무엇인가?

7.5 연결 리스트로 구현한 큐

연결 리스트를 이용하여 스택을 만들 수 있는 것처럼 큐도 연결 리스트를 이용하여 만들 수 있다. 연결 리스트로 만들어진 큐를 연결된 큐(linked queue)라고 한다. 연결 리스트로 구현된 큐는 배열로 구현된 큐에 비하여 크기가 제한되지 않는다는 장점을 지니고 있다. 반면 배열로 구현된 큐에 비하여 코드가 약간 더 복잡해지고, 링크 필드 때문에 메모리 공간을 더 많이 사용한다.

기본적인 구조는 단순 연결 리스트에다가 2개의 포인터를 추가한 것과 같다. front 포인터는 삭제와 관련되며 rear 포인터는 삽입과 관련된다. [그림 7-14]와 같이 front는 연결 리스트의 맨 앞에 있는 요소를 가리키며, rear 포인터는 맨 뒤에 있는 요소를 가리킨다. 큐에 요소가 없는 경우에는 front와 rear는 NULL값이 된다. 큐의 요소들은 구조체로 정의되며 이 구조체는 데이터를 저장하는 data 필드와 다음 노드를 가리키기 위한 포인터가 들어 있는 link 필드로 이루어져 있다.

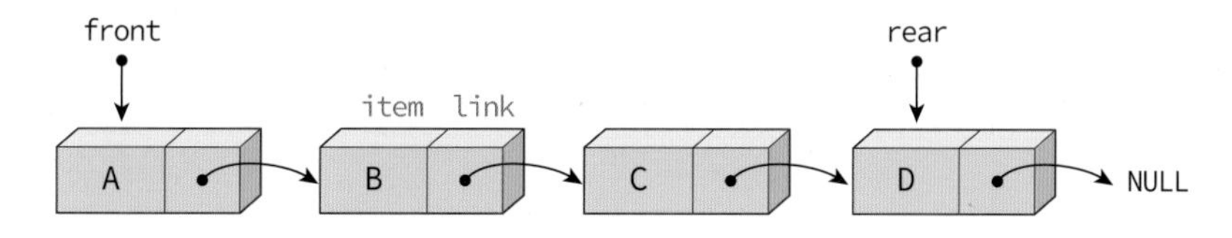

[그림 7-14] 연결리스트를 이용한 큐

가상 실습 7.3

연결된 큐

* 연결된 큐의 자바 애플릿을 이용하여 다음의 실험을 수행하라.

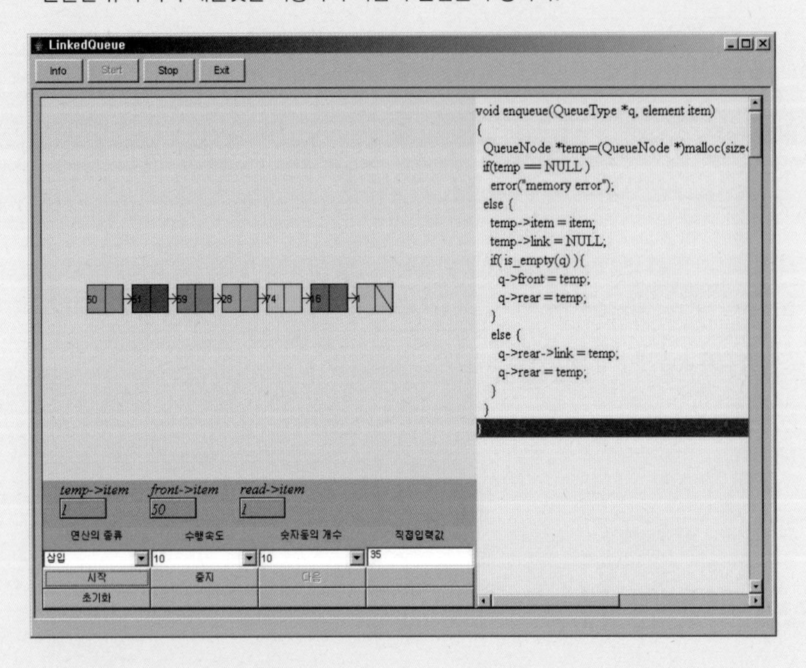

(1) 삽입과 삭제를 되풀이 하면서 temp, front, rear가 어떻게 변화되는지를 살펴본다.

(2) 공백 상태와 포화 상태일때 front와 rear의 값이 어떻게 되는지를 확인한다.

연결된 큐 정의

연결된 큐는 다음과 같이 정의된다.

```
typedef int element;         // 요소의 타입
typedef struct QueueNode {  // 큐의 노드의 타입
    element data;
    struct QueueNode *link;
} QueueNode;

typedef struct {             // 큐 ADT 구현
    QueueNode *front, *rear;
} LinkedQueueType;
```

삽입 연산

삽입 연산은 먼저 동적 메모리 할당을 통하여 새로운 노드를 생성한 다음, 데이터를 저장하고 연결 리스트의 끝에 새로운 노드를 추가하면 된다. [그림 7-15]는 삽입 연산의 과정을 보여준다. 그림 [그림 7-15] (a)와 같이 만약 큐가 공백상태이면(즉 front와 rear가 모두 NULL이면) front와

rear 모두 새로운 노드를 가리키도록 해야 한다. 만약 [그림 7-15] (b)와 같이 공백상태가 아니고 기존의 노드가 있는 경우라면 rear가 가리키고 있는 노드의 링크 필드와 rear를 새로운 노드를 가리키도록 변경하면 된다.

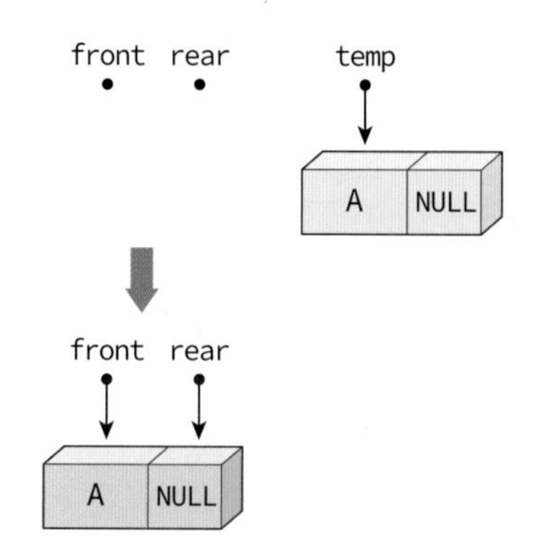

(a) 연결된 큐가 공백상태 일 때의 삽입 연산

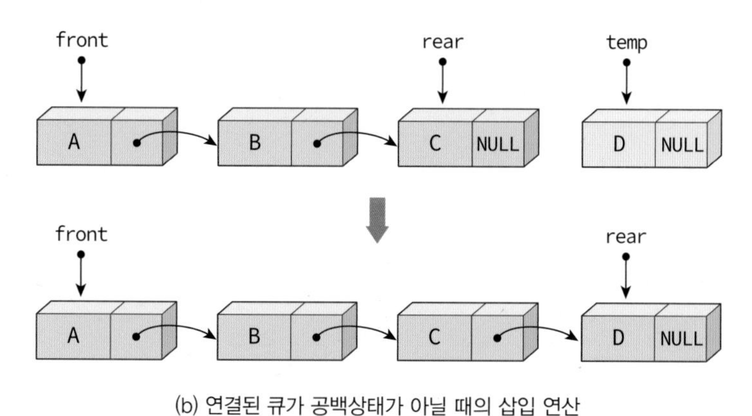

(b) 연결된 큐가 공백상태가 아닐 때의 삽입 연산

[그림 7-15] 연결된 큐에서 삽입 연산

프로그램 7.10 **연결된 큐 삽입 연산**

```
// 삽입 함수
void enqueue(LinkedQueueType *q, element data)
{
    QueueNode *temp = (QueueNode *)malloc(sizeof(QueueNode));
    temp->data = data;      // 데이터 저장
    temp->link = NULL;      // 링크 필드를 NULL
    if (is_empty(q)) {      // 큐가 공백이면
        q->front = temp;
        q->rear = temp;
    }
```

```
    else {          // 큐가 공백이 아니면
        q->rear->link = temp;  // 순서가 중요
        q->rear = temp;
    }
}
```

삭제 연산

삭제 연산은 연결 리스트의 처음에서 노드를 꺼내오면 된다. [그림 7-16]은 삭제 연산의 과정을 보여준다. 삭제 연산은 먼저 큐가 공백상태인가를 검사하여야 한다. 만약 공백상태라면 당연히 오류가 된다. 현재 구현에서는 오류이면 오류 메시지를 출력하고 종료하도록 되어 있다. 만약 공백상태가 아니라면 front가 가리키는 노드를 temp가 가리키도록 하고 front는 front의 링크값으로 대입한다. 그러면 front는 현재 가리키는 노드의 다음 노드를 가리키게 될 것이다. 그런 다음, temp가 가리키는 노드로부터 데이터를 꺼내오고 동적 메모리 해제를 통하여 이 노드를 삭제하면 된다.

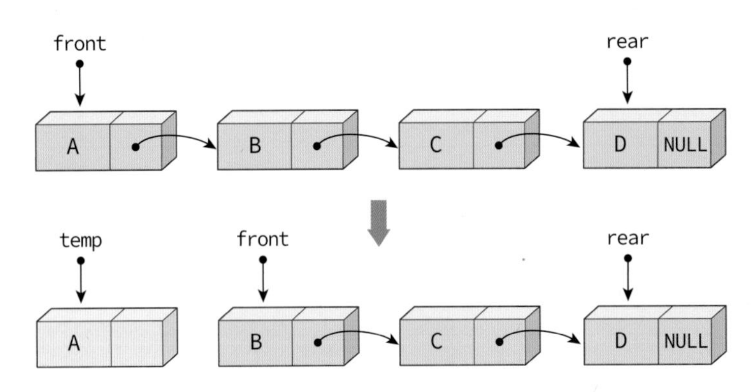

(a) 공백 상태가 아닌 연결된 큐에서의 삭제 연산

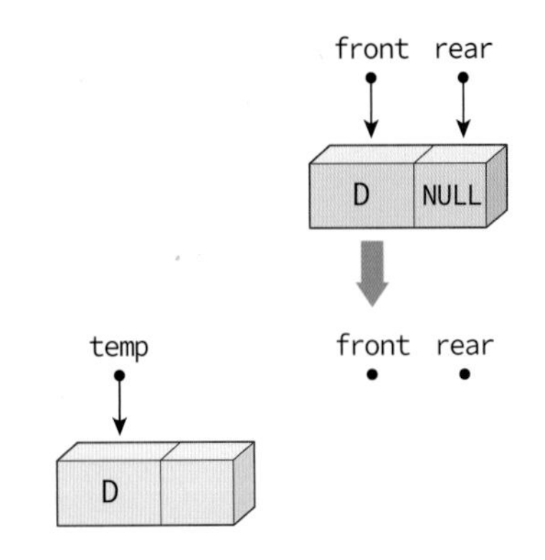

(b) 노드가 하나있는 연결된 큐에서의 삭제 연산

[그림 7-16] 연결된 큐에서 삭제 연산

프로그램 7.11 연결된 큐 삭제 연산

```
// 삭제 함수
element dequeue(LinkedQueueType *q)
{
    QueueNode *temp =q-> front;
    element data;
    if (is_empty(q)) {  // 공백상태
        fprintf(stderr, "스택이 비어있음\n");
        exit(1);
    }
    else {
        data = temp->data;              // 데이터를 꺼낸다.
        q->front = q->front->link;      // front를 다음노드를 가리키도록 한다.
        if (q->front == NULL)           // 공백 상태
            q->rear = NULL;
        free(temp);                     // 동적메모리 해제
        return data;                    // 데이터 반환
    }
}
```

연결된 큐 프로그램

다음은 연결된 큐를 사용하는 전체 프로그램이다. 공백 상태 검출은 front나 rear가 NULL이면 공백 상태로 판단할 수 있다. 연결 리스트의 경우, 메모리 할당과정에서 오류가 있지 않는 한 포화 상태는 없다고 보아야 한다. 따라서 포화 상태 검출 함수인 is_full 함수는 항상 0를 반환한다.

프로그램 7.12 연결된 큐 프로그램

```
#include <stdio.h>
#include <stdlib.h>

typedef int element;        // 요소의 타입
typedef struct QueueNode { // 큐의 노드의 타입
    element data;
    struct QueueNode *link;
} QueueNode;

typedef struct {      // 큐 ADT 구현
    QueueNode *front, *rear;
} LinkedQueueType;
```

```
// 큐 초기화 함수
void init(LinkedQueueType *q)
{
	q->front = q->rear = 0;
}

// 공백 상태 검출 함수
int is_empty(LinkedQueueType *q)
{
	return (q->front == NULL);
}
// 포화 상태 검출 함수
int is_full(LinkedQueueType *q)
{
	return 0;
}
// 삽입 함수
void enqueue(LinkedQueueType *q, element data)
{
	QueueNode *temp = (QueueNode *)malloc(sizeof(QueueNode));
	temp->data = data;      // 데이터 저장
	temp->link = NULL;      // 링크 필드를 NULL
	if (is_empty(q)) {      // 큐가 공백이면
		q->front = temp;
		q->rear = temp;
	}
	else {                       // 큐가 공백이 아니면
		q->rear->link = temp;  // 순서가 중요
		q->rear = temp;
	}
}
// 삭제 함수
element dequeue(LinkedQueueType *q)
{
	QueueNode *temp =q-> front;
	element data;
	if (is_empty(q)) {      // 공백상태
		fprintf(stderr, "스택이 비어있음\n");
		exit(1);
	}
	else {
		data = temp->data;             // 데이터를 꺼낸다.
		q->front = q->front->link;    // front를 다음노드를 가리키도록 한다.
		if (q->front == NULL)          // 공백 상태
			q->rear = NULL;
		free(temp);             // 동적메모리 해제
		return data;            // 데이터 반환
	}
```

```c
}
void print_queue(LinkedQueueType *q)
{
    QueueNode *p;
    for (p= q->front; p != NULL; p = p->link)
        printf("%d->", p->data);
    printf("NULL\n");
}

// 연결된 큐 테스트 함수
int main(void)
{
    LinkedQueueType queue;

    init(&queue);    // 큐 초기화

    enqueue(&queue, 1); print_queue(&queue);
    enqueue(&queue, 2); print_queue(&queue);
    enqueue(&queue, 3); print_queue(&queue);
    dequeue(&queue);    print_queue(&queue);
    dequeue(&queue);    print_queue(&queue);
    dequeue(&queue);    print_queue(&queue);
    return 0;
}
```

실행결과

```
1->NULL
1->2->NULL
1->2->3->NULL
2->3->NULL
3->NULL
NULL
```

Quiz

01 연결된 큐에서 다음과 같은 연산 후의 상태를 그림으로 그려라.

enqueue(a), enqueue(b), enqueue(c), dequeue(), enqueue(d)

02 연결된 큐가 공백 상태일 때 front와 rear의 값은?

연습문제 EXERCISE

01 다음은 연결 리스트를 이용하여 스택을 표현한 것이다. 이에 대한 설명으로 옳지 않은 것은? (단, push는 스택에 자료를 삽입하는 연산이고, pop은 스택에서 자료를 삭제하는 연산이다) (국가시험 기출문제)

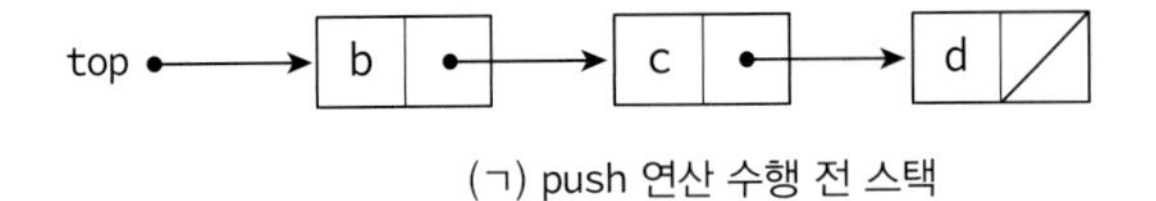

(ㄱ) push 연산 수행 전 스택

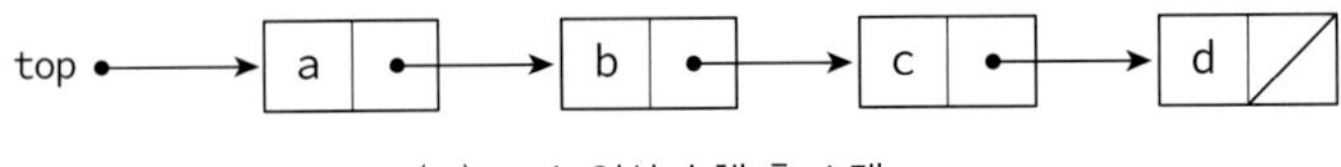

(ㄴ) push 연산 수행 후 스택

① 스택에 가장 최근에 입력된 자료는 top이 지시한다.
② 스택에 입력된 자료 중 d가 가장 오래된 자료이다.
③ (ㄴ)에서 자료 c를 가져오려면 pop 연산이 2회 필요하다.
④ (ㄱ)에서 자료의 입력된 순서는 d, c, b이다.

02 삽입과 삭제작업이 자주 발생할 때 실행시간이 가장 많이 소요되는 자료구조는?

(1) 배열로 구현된 리스트
(2) 단순 연결 리스트
(3) 원형 연결 리스트
(4) 이중 연결 리스트

03 원형 연결 리스트에서 특정한 값을 탐색하는 함수 search()를 작성하고 테스트하라. search()는 다음과 같은 원형을 가진다.

```
// 원형 연결 리스트 L에서 data를 가지고 있는 노드를 찾아서 반환한다.
ListNode *search(ListNode *L, element data);
```

04 원형 연결 리스트에 저장된 데이터의 개수를 반환하는 함수 get_size()를 작성하고 테스트하라. get_size()는 다음과 같은 원형을 가진다.

```
// 원형 연결 리스트 L에 저장된 데이터의 개수를 반환한다.
int get_size(ListNode *L);
```

05 이중 연결 리스트의 장점과 단점은 무엇인가?

06 이중 연결 리스트를 역순으로 순회하면서 저장된 데이터 값을 출력하는 프로그램을 작성해보자.

실행결과

```
데이터의 개수를 입력하시오 : 3

노드 #1의 데이터를 입력하시오: 2
노드 #2의 데이터를 입력하시오: 6
노드 #3의 데이터를 입력하시오: 9

데이터를 역순으로 출력: 9 6 2
```

07 이중 연결 리스트에서 특정한 값을 탐색하는 함수 search()를 작성하고 테스트하라. search()는 다음과 같은 원형을 가진다.

```
// 이중 연결 리스트 L에서 data를 가지고 있는 노드를 찾아서 반환한다.
DListNode *search(DListNode *L, element data);
```

CHAPTER

08 트리

■ 학습목표

- 트리의 개념을 이해한다.
- 트리의 순회 알고리즘을 이해한다.
- 이진 탐색 트리의 동작 원리를 이해한다.
- 이진 탐색 트리의 효율성을 이해한다.

08 트리

8.1 트리의 개념

우리는 지금까지는 리스트, 스택, 큐 등의 선형 자료 구조(linear data structure)만을 공부하였다. 선형 자료 구조는 자료들이 선형으로 나열되어 있는 구조를 의미한다. 만약 자료가 계층적인 구조(hierarchical structure)를 가지고 있다면 어떻게 해야 할까? 예를 들어 가족의 가계도, 회사의 조직도, 컴퓨터의 디렉토리 구조 등의 계층적인 자료는 어떻게 표현해야 하는가? 이러한 경우에 선형 자료구조는 더 이상 적합하지 않다.

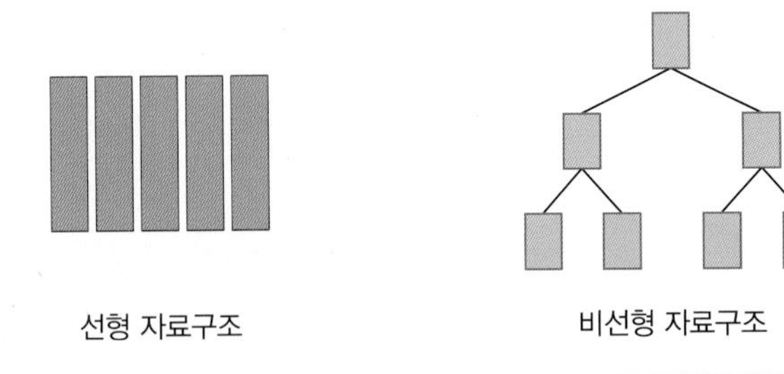

[그림 8-1] 선형 자료구조와 비선형 자료구조

트리(tree)는 이러한 계층적인 자료를 표현하는데 적합한 자료구조이다. [그림 8-1]은 계층적인 자료의 예를 보여주고 있다. 이러한 구조를 트리라고 부르는 이유는 마치 실제 트리를 거꾸로 엎어놓은 것 같은 모양을 하고 있기 때문이다.

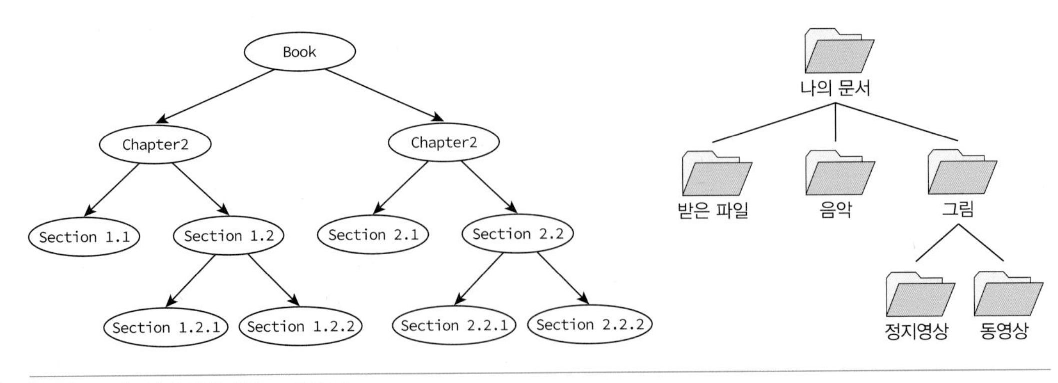

[그림 8-2] 일상 생활에서 트리의 예

또한 인공 지능 문제에서도 트리가 사용된다. 대표적인 것이 결정 트리(decision tree)이다. 결정 트리는 인간의 의사 결정 구조를 표현하는 한 가지 방법이다. [그림 8-3]은 골프를 치러 나갈 것인지를 결정하여 주는 결정 트리를 보여 준다.

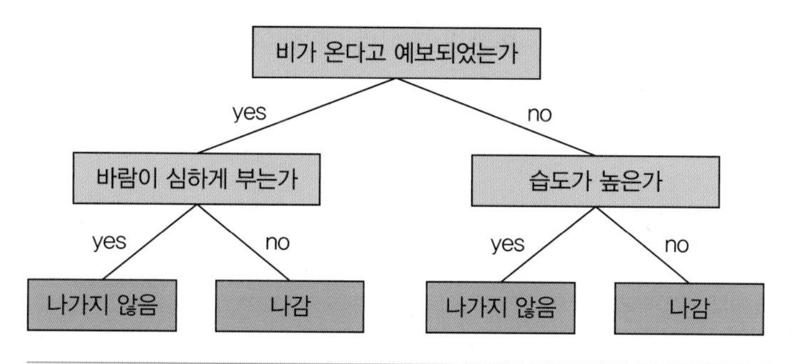

[그림 8-3] 트리의 예:결정 트리

트리의 용어들

[그림 8-4]를 사용하여 트리와 관련된 용어들을 정의하여 보자. 트리의 구성 요소에 해당하는 A, B, C, D, E, F, G, H, I, J를 노드(node)라 한다.

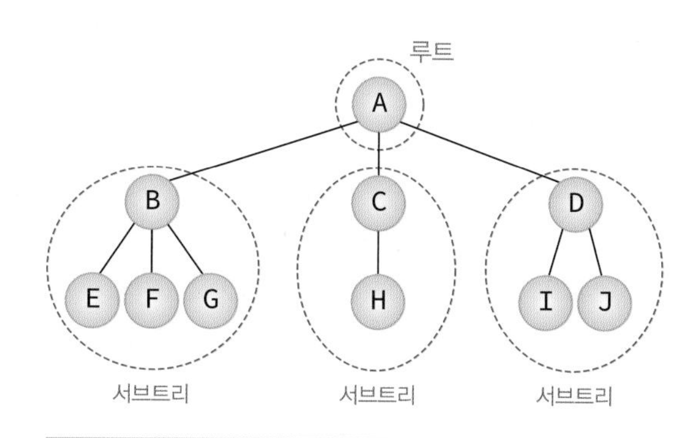

[그림 8-4] 트리의 용어: 루트, 서브트리

트리는 한 개 이상의 노드로 이루어진 유한 집합이다. 이들 중 하나의 노드는 루트(root) 노드라 불리고 나머지 노드들은 서브 트리(subtree)라고 불린다. 계층적인 구조에서 가장 높은 곳에 있는 노드인 A가 루트가 된다. [그림 8-4]에서 전체 노드 집합 {A, B, C, D, E, F, G, H, I} 중에서 루트 노드는 A이고 나머지 노드들은 {B, E, F, G}, {C, H}, {D, I, J}로 3개의 집합으로 나누어지는데 이들을 A의 서브트리라고 한다. 다시 서브 트리인 {B, E, F, G}의 루트는 B가 되고 나머지 노드들은 다시 3개의 서브트리, 즉 {E}, {F}, {G}로 나누어진다. {C, H}과 {D, I, J}도 같은 식으로 다시 루트와 서브트리로 나누어질 수 있다.

트리에서 루트와 서브트리는 선으로 연결된다. 이 연결선을 간선(edge)라고 한다. 노드들 간에는 부모 관계, 형제 관계, 조상과 자손 관계가 존재한다. 이들은 모두 인간의 관계와 동일하다.

즉 [그림 8-4]에서 A는 B의 부모 노드(parent node)가 된다. 반대로 B는 A의 자식 노드(children node)이 된다. B와 C와 D은 형제 관계(sibling)이다. 조상, 후손, 손자, 조부모 노드도 마찬가지이다. 조상 노드(ancestor node)란 루트 노드에서 임의의 노드까지의 경로를 이루고 있는 노드들을 말한다. 후손 노드(descendent node)는 임의의 노드 하위에 연결된 모드 노드들을 의미한다. 즉 어떤 노드의 서브 트리에 속하는 모든 노드들은 후손 노드이다. 또한 자식 노드가 없는 노드를 단말노드(terminal node, 또는 leaf node)라고 한다. 그 반대가 비단말 노드(nonterminal node)이다.

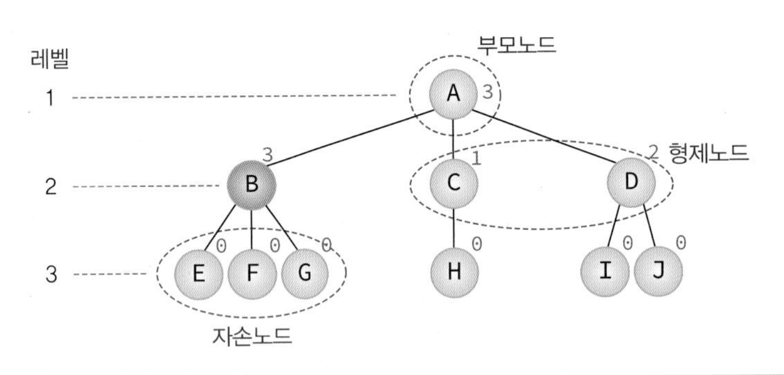

[그림 8-5] 트리의 용어: 레벨, 부모, 형제, 자손 노드

노드의 차수(degree)는 어떤 노드가 가지고 있는 자식 노드의 개수를 의미한다. [그림 8-5]에서는 루트 노드의 경우, 자식 노드가 3개이기 때문에 차수도 3이 된다. 단말 노드는 차수가 0인 노드이다. [그림 8-5]에서 { E, F, G, H, I, J }가 단말 노드이다. 트리의 차수는 트리가 가지고 있는 노드의 차수 중에서 가장 큰 값이다. [그림 8-5]에서는 A와 B 노드의 차수가 3으로 가장 크므로 전체 트리의 차수가 3이 된다. 트리에서의 레벨(level)은 트리의 각층에 번호를 매기는 것으로서 정의에 의하여 루트의 레벨은 1이 되고 한 층씩 내려갈수록 1씩 증가한다. [그림 8-5]에서 A의 레벨은 1이고 B의 레벨은 2이다. 트리의 높이(height)는 트리가 가지고 있는 최대 레벨을 말한다. 위의 트리의 높이는 3이다. 또한 나무가 모이는 숲이 되듯이 트리들의 집합을 포리스트(forest)라고 한다.

예제 8.1 트리의 용어

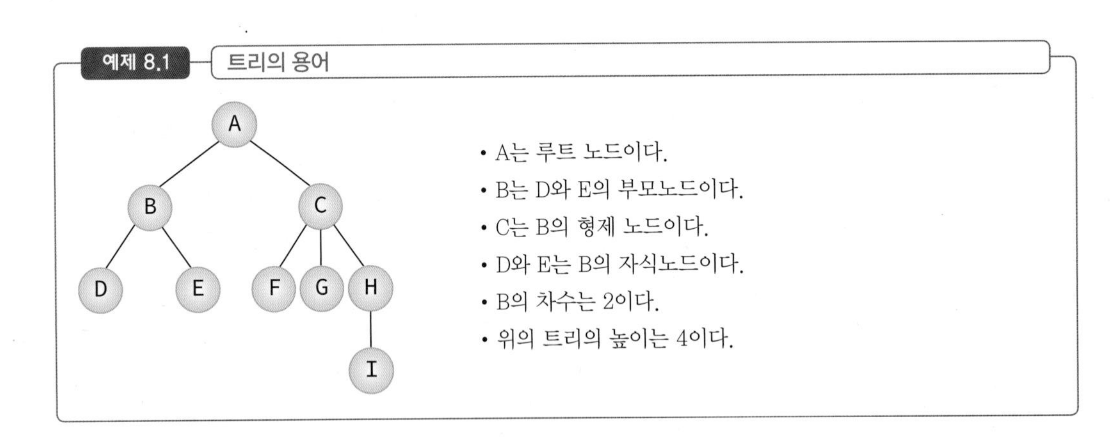

- A는 루트 노드이다.
- B는 D와 E의 부모노드이다.
- C는 B의 형제 노드이다.
- D와 E는 B의 자식노드이다.
- B의 차수는 2이다.
- 위의 트리의 높이는 4이다.

트리의 종류

트리를 컴퓨터 메모리상에서 표현하는 방법은 여러 가지가 있을 수 있다. 트리를 프로그램 안에서 표현하는 가장 일반적인 방법은 [그림 8-6] (a)와 같이, 각 노드가 데이터를 저장하는 데이터 필드와 자식 노드를 가리키는 링크 필드를 가지게 하는 것이다. [그림 8-6] (a)에서 n은 자식 노드의 개수, 즉 노드의 차수이다. 일반적인 트리에서 각 노드들은 서로 다른 개수의 자식 노드를 가지므로 노드에 따라서 링크 필드의 개수가 달라진다.

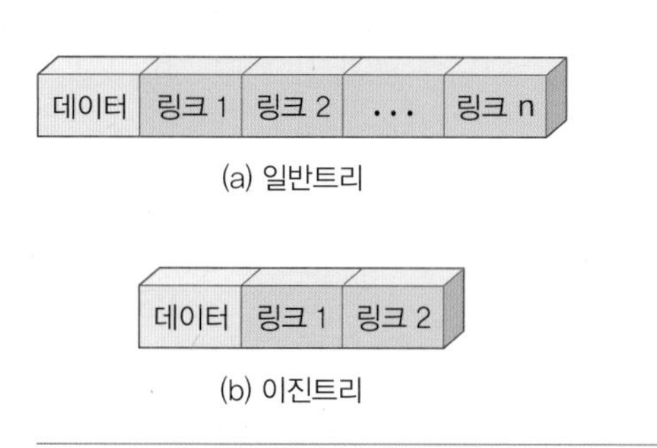

[그림 8-6] 일반 트리와 이진트리

이 방법의 문제점은 노드의 크기가 고정되지 않는다는 것이다. 즉 노드에 붙어 있는 자식 노드의 개수에 따라서 노드의 크기가 커지기도 하고 작아지기도 한다. 이와 같이 노드의 크기가 일정하지 않으면 프로그램이 복잡하게 된다. 따라서 이 책에서는 [그림 8-6] (b)와 같이 자식 노드의 개수가 2개인 이진트리만을 다루기로 한다. 사실 일반 트리도 이진 트리로 변환할 수 있는 방법이 존재한다.

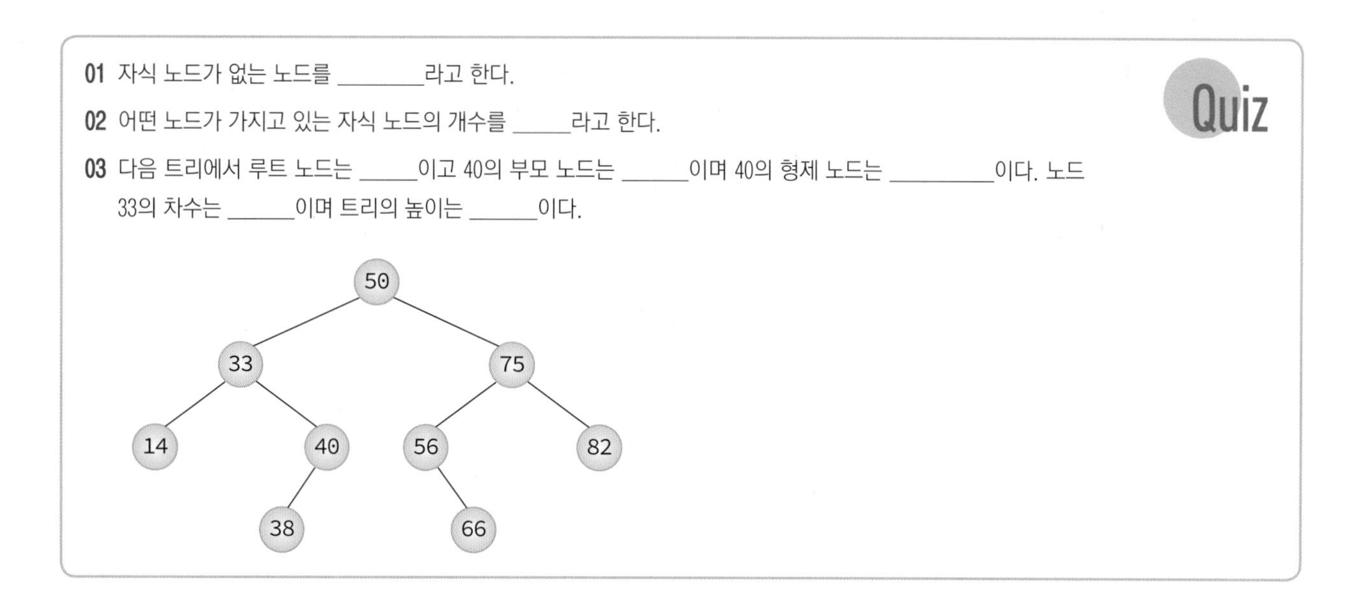

8.2 이진 트리 소개

이진 트리의 정의

트리 중에서 가장 많이 쓰이는 트리가 이진트리이다. 모든 노드가 2개의 서브 트리를 가지고 있는 트리를 이진 트리(binary tree)라고 한다. 서브 트리는 공집합일 수 있다. 따라서 이진트리의 노드에는 최대 2개까지의 자식 노드가 존재할 수 있고 모든 노드의 차수가 2 이하가 된다. 공집합도 이진 트리라는 점에 주의하라. 또한 이진 트리에는 서브 트리간의 순서가 존재한다. 따라서 왼쪽 서브 트리와 오른쪽 서브 트리는 서로 구별된다.

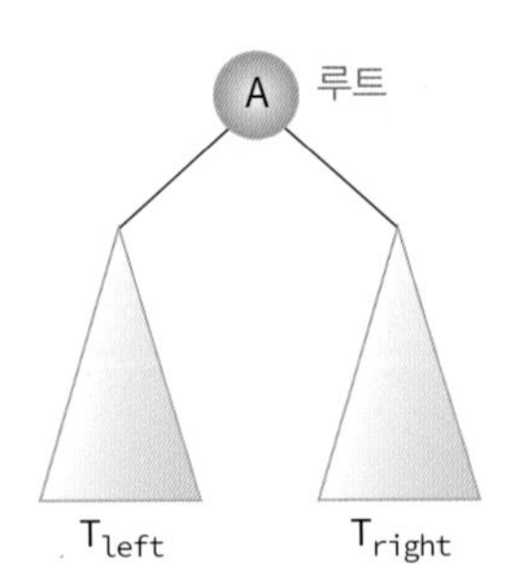

[그림 8-7] 이진트리의 정의

이진트리는 다음과 같이 정의된다. 이진트리가 순환적으로 정의되고 있음에 유의하여야 한다. 이 순환적인 정의는 이진트리의 모든 알고리즘을 작성하는데 아주 중요하게 사용된다.

정의 8.1 이진트리

(1) 공집합이거나
(2) 루트와 왼쪽 서브 트리, 오른쪽 서브 트리로 구성된 노드들의 유한 집합으로 정의된다. 이진트리의 서브 트리들은 모두 이진트리여야 한다.

위의 정의에서 보면 이진트리의 서브 트리도 이진트리의 성질을 만족하여야 한다는 것을 알 수 있다.

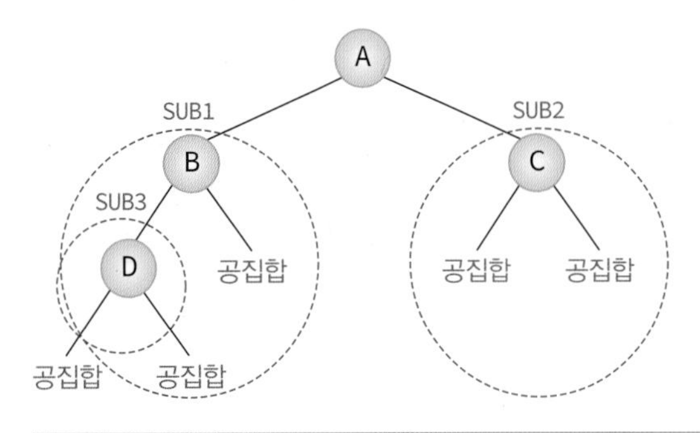

[그림 8-8] 이진트리 검증

이진트리의 정의를 이용하여 [그림 8-8]의 트리가 이진트리인지를 알아보자. 먼저 밑에서부터 위로 올라가면서 살펴보자. 먼저 SUB3를 보자. SUB3는 하나의 노드 D로만 이루어져 있다. 만약 노드 D를 SUB3의 루트라고 생각하면 SUB3의 서브 트리는 공집합이다. 정의 (1)에 의하여 공집합도 이진트리이므로 정의 (2)에 의하여 SUB3는 루트와 공집합 서브 트리 2개를 가지는 어엿한 이진트리이다. 같은 식으로 SUB2도 루트와 공집합 서브 트리 2개를 가지는 이진트리이다. SUB1은 SUB1의 루트 노드 B와 서브 트리 SUB3와 공집합 서브 트리를 가지고 있으므로 역시 이진트리이다. 최종적으로 전체 트리는 루트 노드 A와 SUB1, SUB2의 두개의 서브 트리를 가지고 있는데 이 두개의 서브 트리가 이진트리이므로 전체 트리도 이진트리라고 결론내릴 수 있다.

이진트리와 일반 트리의 차이점을 생각해보면 다음과 같다.

- 이진트리의 모든 노드는 차수가 2이하이다. 즉 자식 노드의 개수가 2이하이다. 반면 일반 트리는 자식 노드의 개수에 제한이 없다.
- 일반 트리와는 달리 이진 트리는 노드를 하나도 갖지 않을 수도 있다.
- 서브 트리간에 순서가 존재한다는 점도 다른 점이다. 따라서 왼쪽 서브트리와 오른쪽 서브트리를 구별한다.

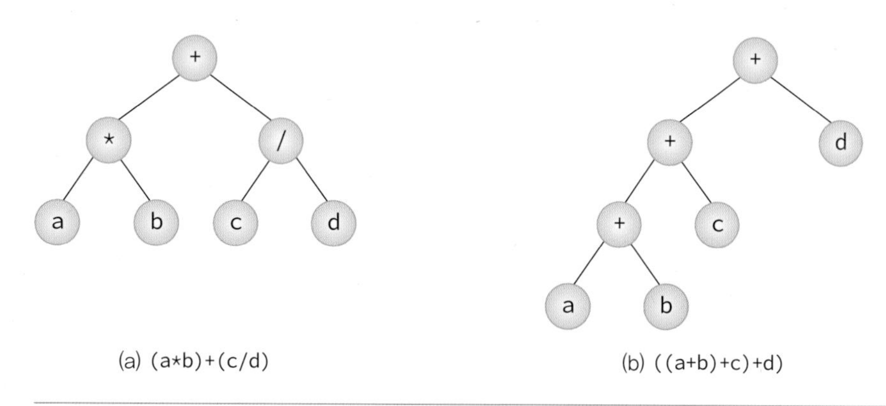

(a) (a*b)+(c/d) (b) ((a+b)+c)+d)

[그림 8-9] 이진트리의 예

이진트리의 예로서 [그림 8-9]에 수식을 표현하는 이진트리를 나타내었다. 수식에서 각 연산자들은 하나 또는 2개의 피연산자를 가지고 있다. 왼쪽 피연산자는 왼쪽 서브트리가 되고 오른쪽 피연산자는 오른쪽 서브트리로 표현된다. 단말노드는 상수이거나 변수이다.

이진트리의 성질

- n개의 노드를 가진 이진트리는 정확하게 $n-1$의 간선을 가진다. 그 이유는 이진트리에서의 노드는 루트를 제외하면 정확하게 하나의 부모노드를 가진다. 그리고 부모와 자식 간에는 정확하게 하나의 간선만이 존재한다. 따라서 간선의 개수는 $n-1$이다. [그림 8-10]을 참조하라.

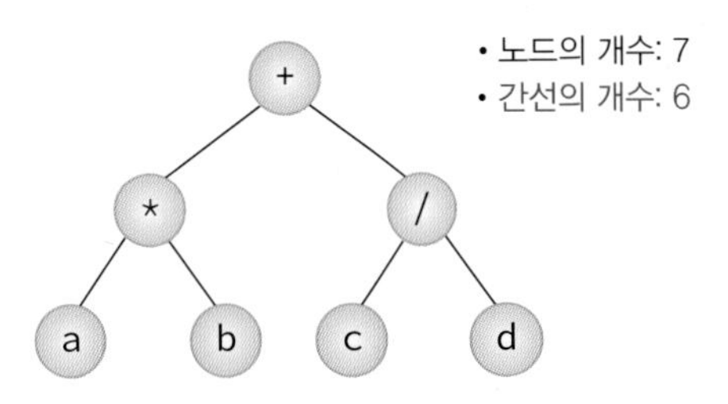

[그림 8-10] 노드의 개수와 간선의 개수와의 관계

- 높이가 h인 이진트리의 경우, 최소 h개의 노드를 가지며 최대 2^h-1개의 노드를 가진다. 그 이유는 한 레벨에는 적어도 하나의 노드는 존재해야 하므로 높이가 h인 이진트리는 적어도 h개의 노드를 가진다. 또한 하나의 노드는 최대 2개의 자식을 가질 수 있으므로 레벨 i에서의 노드의 최대개수는 2^{i-1}이 된다. 따라서 전체 노드 개수는 $\sum_{i=1}^{h} 2^{i-1} = 2^h - 1$ 이 된다.

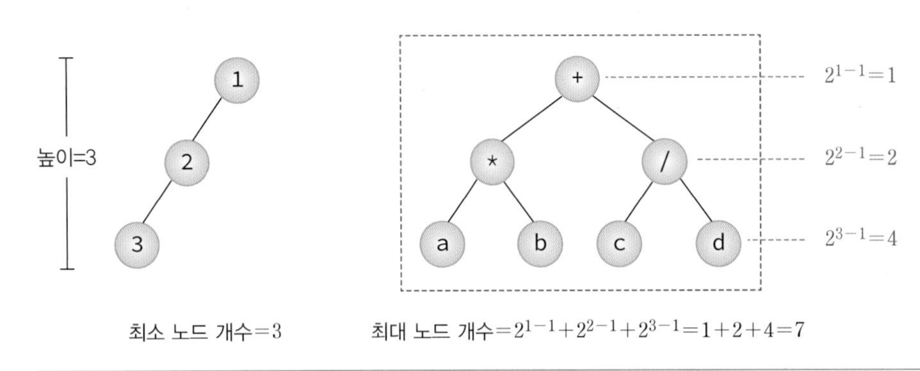

[그림 8-11] 같은 높이의 이진트리에서의 노드의 최소 개수와 최대 개수

- n개의 노드를 가지는 이진트리의 높이는 최대 n이거나 최소 $\lceil \log_2(n+1) \rceil$이 된다. 그 이유는 레벨 당 최소한 하나의 노드는 있어야 하므로 높이가 n을 넘을 수는 없다. 그리고 앞의 성질에서 높이 h의 이진트리가 가질 수 있는 노드의 최대값은 2^h-1이다. 따라서 $n \le 2^h-1$의 부등식이 성립하고 양변에 log를 취하여 정리하면 $h \ge \log_2(n+1)$이 된다. h는 정수이어야 하므로 $h \ge \lceil \log_2(n+1) \rceil$이 된다. $\lceil \cdots \rceil$은 올림 연산으로 $\lceil 2.4 \rceil$는 3이 된다.

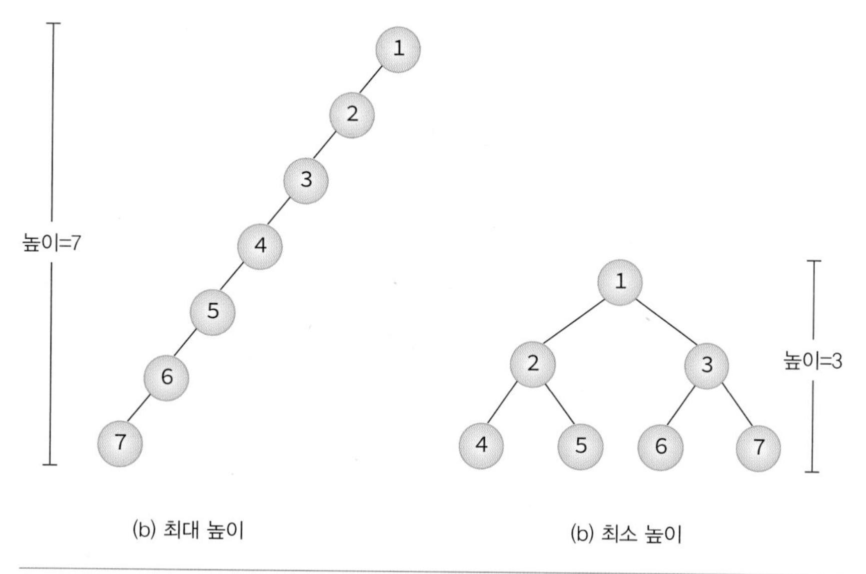

[그림 8-12] 노드의 개수가 동일한 이진트리에서의 높이의 차이

이진트리의 분류

이진트리는 [그림 8-13]과 같이 형태에 따라 다음과 같이 분류할 수 있다.

- 포화 이진 트리(full binary tree)
- 완전 이진 트리(complete binary tree)
- 기타 이진 트리

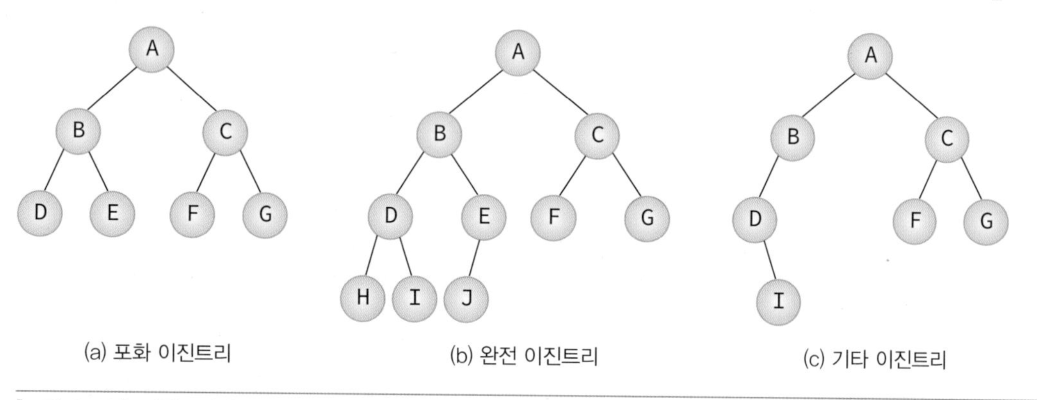

[그림 8-13] 이진트리의 종류

포화 이진 트리(full binary tree)는 용어 그대로 트리의 각 레벨에 노드가 꽉 차있는 이진트리를 의미한다. 즉 높이 k인 포화 이진트리는 정확하게 2^k-1개의 노드를 가진다. [그림 8-14]는 높이가 4인 포화 이진트리이다. 일반적으로 포화 이진트리에서의 노드의 개수는 다음과 같이 계산된다.

$$\text{전체 노드 개수 : } 2^{1-1}+2^{2-1}+2^{3-1}+\cdots+2^{k-1}=\sum_{i=0}^{k-1}2^i=2^k-1$$

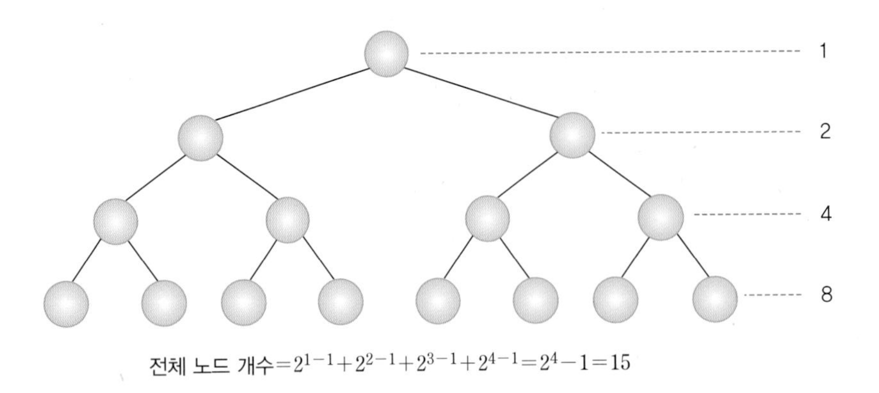

[그림 8-14] 포화이진트리에서의 노드의 개수

포화 이진 트리에는 다음과 같이 각 노드에 번호를 붙일 수 있다. 노드에 번호를 부여하는 방법은 레벨 단위로 왼쪽에서 오른쪽으로 번호를 붙이면 된다. 그리고 이 번호는 항상 일정하다. 즉 루트 노드의 오른쪽 자식 노드의 번호는 항상 3이다.

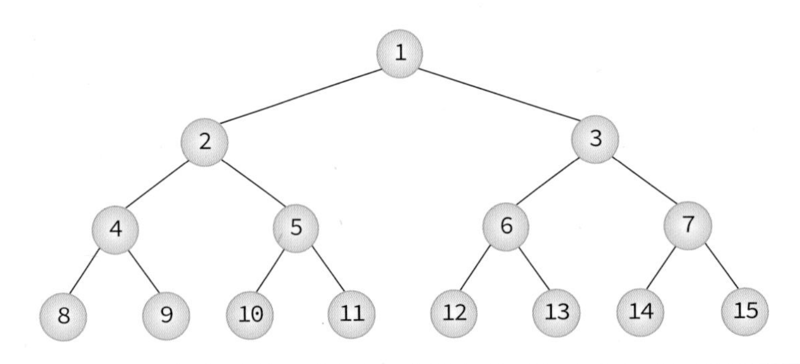

[그림 8-15] 포화이진트리에서의 노드의 번호

완전 이진 트리(complete binary tree)는 높이가 k일 때 레벨 1부터 $k-1$까지는 노드가 모두 채워져 있고 마지막 레벨 k에서는 왼쪽부터 오른쪽으로 노드가 순서대로 채워져 있는 이진트리이다. 마지막 레벨에서는 노드가 꽉차있지 않아도 되지만 중간에 빈곳이 있어서는 안된다. 따라서 포화 이진트리는 항상 완전 이진트리이지만 그 역은 항상 성립하지 않는다. 포화 이진트리의 노드 번호와 완전 이진트리의 노드 번호는 1대1로 대응한다. [그림 8-16]의 (a)는 완전 이진트리이나 (b)는 마지막 레벨에서 중간이 비어 있으므로 완전 이진트리가 아니다.

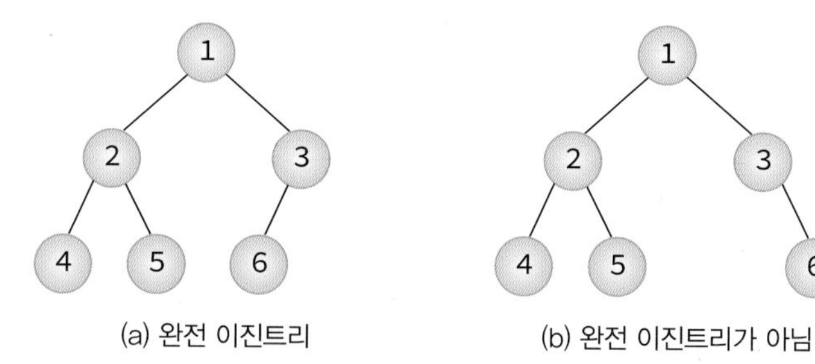

[그림 8-16] 완전 이진트리의 예

Quiz

01 이진 트리에서 간선 수 e와 노드 수 n의 관계는?

02 높이가 h인 이진 트리에서 최대 노드 수는?

03 노드가 n개인 트리에서 최소 높이와 최대 높이는?

8.3 이진 트리의 표현

이진 트리를 컴퓨터 프로그램 안에서 어떻게 표현할 수 있는지 알아보자. 다음의 2가지의 방법이 있다.

- 배열을 이용하는 방법
- 포인터를 이용하는 방법

배열 표현법

배열을 이용하는 방법은 주로 포화 이진 트리나 완전 이진 트리의 경우 많이 쓰이는 방법이나 그 외의 이진 트리도 저장이 불가능한 것은 아니다. 이 방법은, 저장하고자 하는 이진 트리를 일단 완전 이진 트리라고 가정하고 이진 트리의 깊이가 k이면 최대 2^k-1개의 공간을 연속적으로 할당한 다음, 완전 이진 트리의 번호대로 노드들을 저장한다.

예를 들면 [그림 8-17] (a)에서 트리들은 먼저 번호가 매겨진 다음, 이 번호에 따라서 배열에 저장된다. 예를 들면, 노드 A는 노드 번호가 1이므로 배열의 인덱스 1에 저장되었고 노드 B는 노드 번호가 2이므로 배열의 인덱스 2에 저장되었다. 여기서 인덱스 0은 사용되지 않음을 유의하라. 인덱스 0을 사용하지 않는 편이 계산을 간단하게 만든다. 완전 이진트리가 아닌 일반적인 이진 트리인 경우에는 아래의 [그림 8-17] (b)에서 보듯이, 배열 표현법을 사용하면 저장할 수는 있지만 기억공간의 낭비가 심해진다.

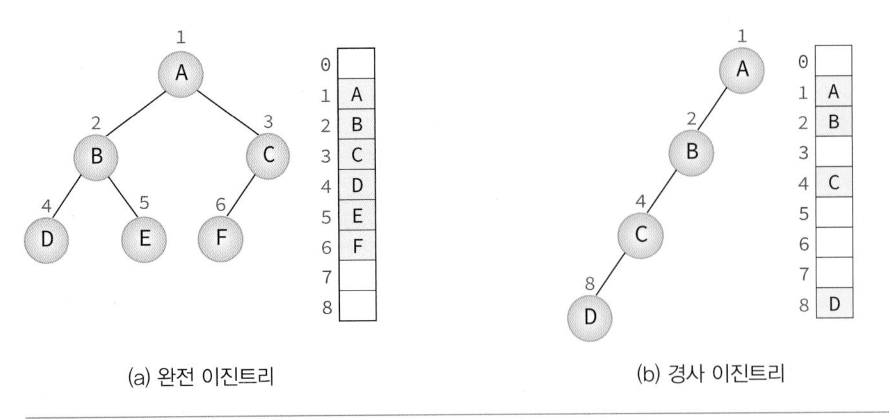

[그림 8-17] 완전 이진트리의 배열 표현법

배열 표현법에서의 부모와 자식의 인덱스의 관계를 살펴보자. 배열 표현법에서는 인덱스만 알면 노드의 부모나 자식을 쉽게 알 수 있다. 부모와 자식의 인덱스 사이에는 다음과 같은 공식이 성립된다.

- 노드 i의 부모 노드 인덱스 = i/2
- 노드 i의 왼쪽 자식 노드 인덱스 = 2i
- 노드 i의 오른쪽 자식 노드 인덱스 = 2i+1

[그림 8-17] (a)에서 보면 노드 B의 인덱스는 2이고 부모 노드인 A의 인덱스는 1이다. 또한 노드 B의 왼쪽 자식 노드인 노드 D의 인덱스는 4이고 오른쪽 자식 노드인 노드 E의 인덱스는 5로서 위의 공식이 성립함을 확인할 수 있다.

링크 표현법

링크 표현법에서는 트리에서의 노드가 구조체로 표현되고, 각 노드가 포인터를 가지고 있어서 이 포인터를 이용하여 노드와 노드를 연결하는 방법이다. 이진트리를 링크 표현법으로 표현하여 보면 [그림 8-18]과 같이 하나의 노드가 3개의 필드를 가지는데, 데이터를 저장하는 필드와 왼쪽 자식 노드와 오른쪽 자식노드를 가리키는 2개의 포인터 필드를 가진다. 이 2개의 포인터를 이용하여 부모노드와 자식 노드를 연결한다.

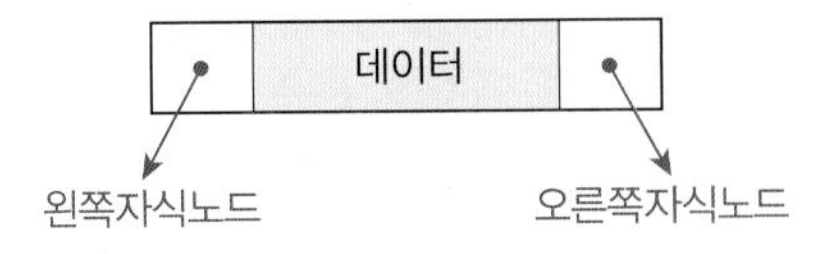

[그림 8-18] 링크표현법에서의 노드의 구조

앞의 [그림 8-17]의 이진트리를 링크 표현법으로 다시 그려보면 다음과 같다.

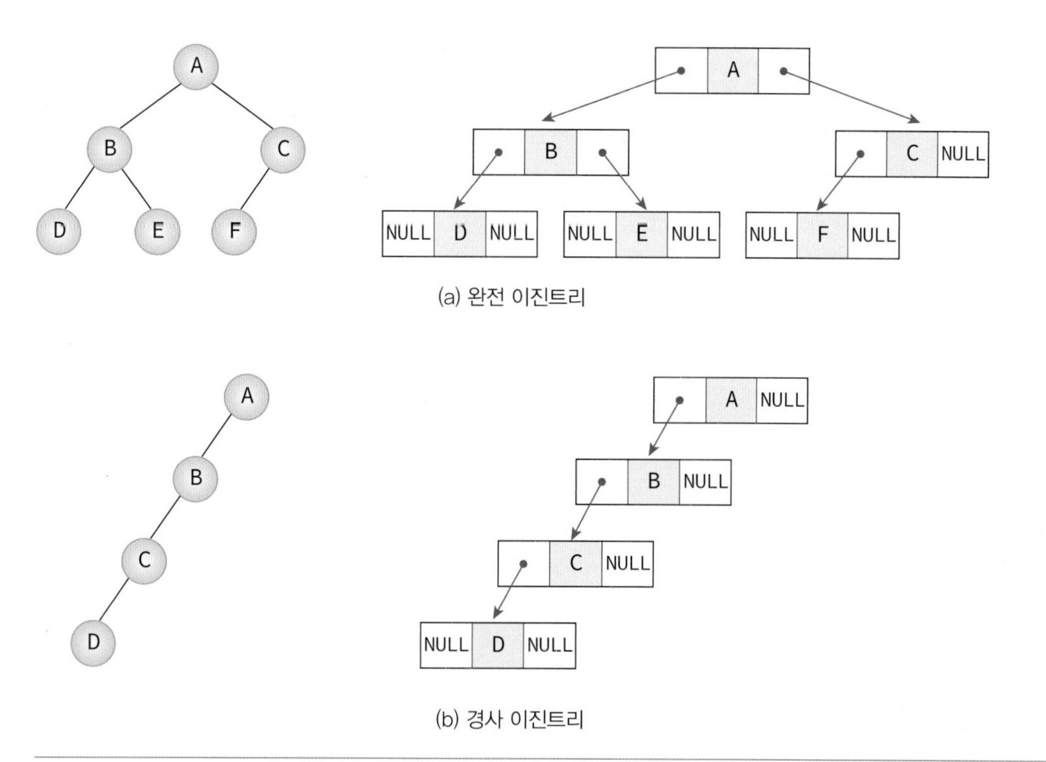

[그림 8-19] 이진트리의 링크표현법

이진트리를 링크 표현에 의해 나타내기 위해서는 C 언어의 구조체와 포인터 개념을 이용하여야 한다. 먼저 구조체를 이용하여 노드의 구조를 정의하고 링크는 포인터의 개념을 이용하여 정의하면 된다. 저장되는 데이터는 정수라고 가정하자. 여기서 TreeNode는 트리 노드에 대한 타입이다.

```
typedef struct TreeNode {
    int data;
    struct TreeNode *left, *right;
} TreeNode;
```

링크법으로 표현된 트리는 루트 노드를 가리키는 포인터만 있으면 트리안의 모든 노드들에 접근할 수 있다. 이것은 연결 리스트와 아주 유사한데, 연결 리스트도 포인터에 의하여 연결된 구조이기 때문이다. 연결 리스트는 1차원적인 연결된 구조라면 링크법으로 표현된 이진 트리는 2차원적으로 연결된 구조라 할 수 있다. 3개의 노드로 이루어진 간단한 이진트리를 생성하는 간단한 프로그램을 아래에 보였다. 노드들은 모두 동적 메모리 할당을 이용하여 생성되었다.

프로그램 8.1 링크법으로 생성된 이진트리

```c
#include <stdio.h>
#include <stdlib.h>
#include <memory.h>

typedef struct TreeNode {
    int data;
    struct TreeNode *left, *right;
} TreeNode;
//       n1
//      / |
//     n2 n3
int main(void)
{
    TreeNode *n1, *n2, *n3;
    n1 = (TreeNode *)malloc(sizeof(TreeNode));
    n2 = (TreeNode *)malloc(sizeof(TreeNode));
    n3 = (TreeNode *)malloc(sizeof(TreeNode));
    n1->data = 10;      // 첫 번째 노드를 설정한다.
    n1->left = n2;
    n1->right = n3;
    n2->data = 20;      // 두 번째 노드를 설정한다.
    n2->left = NULL;
    n2->right = NULL;
    n3->data = 30;      // 세 번째 노드를 설정한다.
    n3->left = NULL;
    n3->right = NULL;
    free(n1); free(n2); free(n3);
    return 0;
}
```

Quiz

01 다음과 같은 트리를 배열 표현법으로 저장된 모습을 그려라. 각 노드는 어떤 인덱스에 저장되는가?

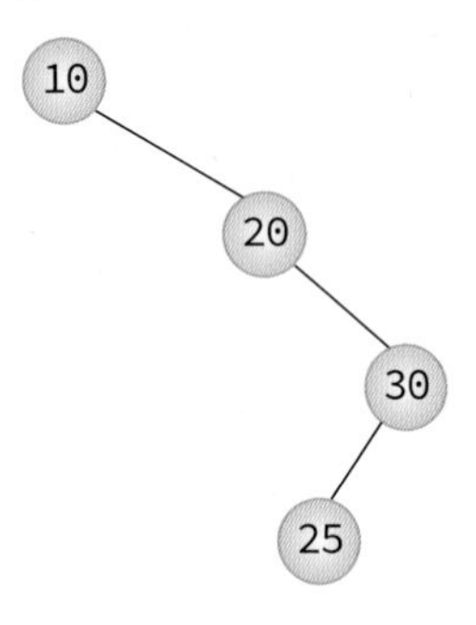

02 위의 트리가 링크 표현법으로 저장된 모습을 그려라.

8.4 이진 트리의 순회

기본적으로 이진 트리도 데이터를 저장하기 위한 자료 구조이다. 데이터는 노드의 데이터 필드를 이용하여 저장된다. 이진 트리를 순회(traversal)한다는 것은 이진트리에 속하는 모든 노드를 한 번씩 방문하여 노드가 가지고 있는 데이터를 목적에 맞게 처리하는 것을 의미한다. 우리가 트리를 사용하는 목적은 트리의 노드에 자료를 저장하고 필요에 따라서 이 자료를 처리하기 위함이다. 따라서 트리가 가지고 있는 자료를 순차적으로 순회하는 것은 이진 트리에서 중요한 연산이다. 지금까지 공부한 자료구조, 즉 스택이나, 큐들은 대개 데이터를 선형으로 저장하고 있었다. 따라서 자료에 순차적으로 순회하는 방법은 하나뿐이었다. 그러나 트리는 그렇지 않다. 즉 [그림 8-20]과 같이 여러 가지 순서로 노드가 가지고 있는 자료에 접근할 수 있다.

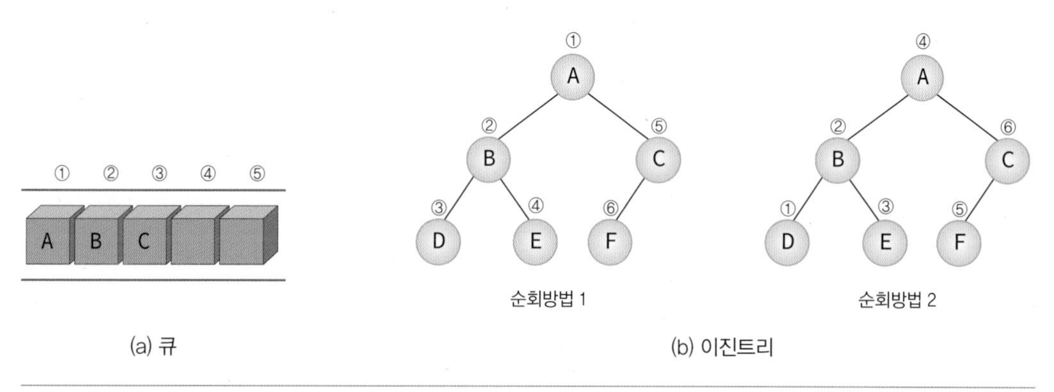

[그림 8-20] 큐와 이진트리의 순회방법비교

이진 트리 순회방법

이진트리를 순회하는 표준적인 방법에는 전위, 중위, 후위의 3가지 방법이 있다. 이는 루트와 왼쪽 서브트리, 오른쪽 서브트리 중에서 루트를 언제 방문하느냐에 따라 구분된다. 만약 루트를 방문하는 작업을 V라고 하고 왼쪽서브트리방문을 L, 오른쪽 서브트리 방문을 R이라고 하면 다음과 같이 3가지 방법을 생각할 수 있다. 즉 루트를 서브 트리에 앞서서 먼저 방문하면 전위순회, 루트를 왼쪽과 오른쪽 서브트리 중간에 방문하면 중위순회, 루트를 서브 트리 방문 후에 방문하면 후위순회가 된다. 여기서 항상 왼쪽 서브 트리를 오른쪽 서브 트리에 앞서서 방문한다고 가정하자.

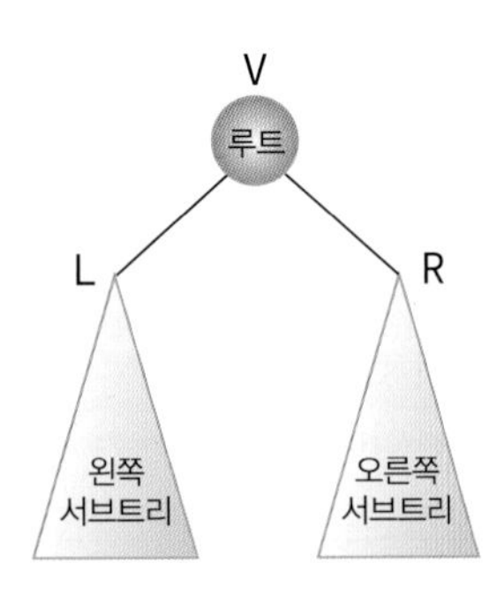

[그림 8-21] 이진트리의 순회 환경

- 전위순회(preorder traversal) : VLR
- 중위순회(inorder traversal) : LVR
- 후위순회(postorder traversal) : LRV

그러면 각 서브 트리들은 또 어떤 식으로 방문되는 것일까? 이진 트리에서 각각의 서브 트리도 이진 트리임을 정의한 적이 있다. 따라서 서브 트리에게도 전체 이진 트리와 똑같은 방법을 적용할 수 있다. 즉 전위 순회라면 서브 트리에 들어 있는 노드들도 VLR의 순서대로 순회된다.

트리 순회 알고리즘은 우리가 앞에서 공부하였던 순환 기법을 사용한다. 사실 복잡한 이진트리를 순회하여야 할 때 순환을 사용하지 않고서는 도저히 순회 알고리즘을 만들 수 없다. 그러면 순회 알고리즘은 어떻게 순환을 이용하는 것일까? [그림 8-22]의 이진트리에서 보면 전체 트리나 서브 트리나 그 구조는 완전히 동일하다. 따라서 전체 트리 순회에 사용된 알고리즘은 똑같이 서브 트리에 적용할 수 있는 것이다. 다만 문제의 크기가 작아진다. 따라서 순환에서 공부했듯이 문제의 구조는 같고 크기만 작아지는 경우라면 순환을 적용할 수 있다. 따라서 전체 순회에 사용된 알고리즘을 다시 서브 트리에 적용하는 것이 가능해진다. 전위 순회부터 차례대로 살펴보자.

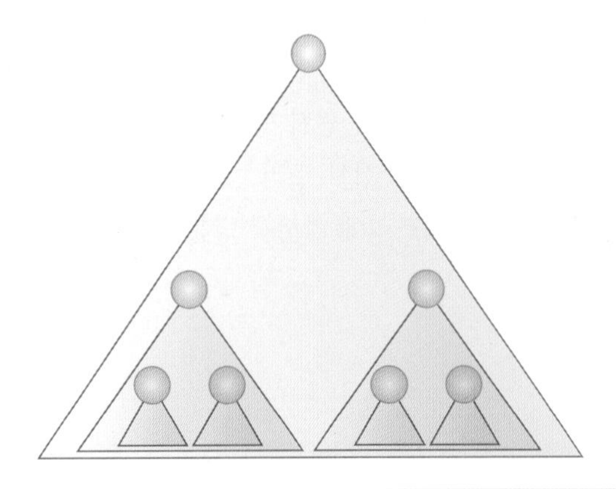

[그림 8-22] 전체 트리나 서브 트리나 구조는 동일하다.

전위 순회

전위 순회는 루트를 먼저 방문하고 그 다음에 왼쪽 서브트리를 방문하고 오른쪽 서브트리를 마지막으로 방문하는 것이다.

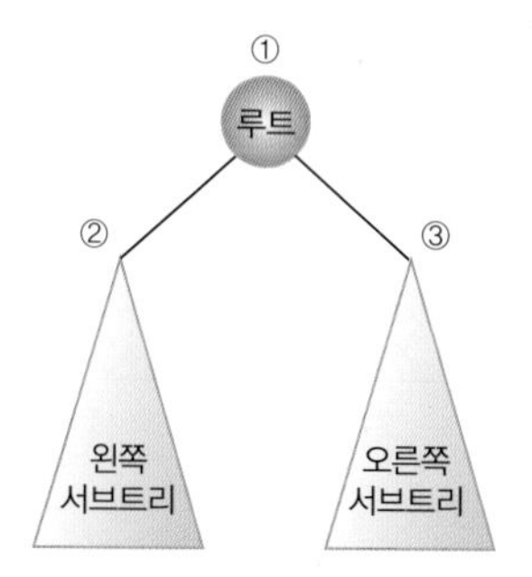

[그림 8-23] 중위순회

① 루트 노드를 방문한다.
② 왼쪽 서브트리를 방문한다.
③ 오른쪽 서브트리를 방문한다.

전위 순회 알고리즘을 유사 코드로 표현하면 다음과 같다.

알고리즘 8.1 트리 전위 순회 알고리즘

```
preorder(x):

1.  if x≠NULL
2.      then  print DATA(x);
3.            preorder(LEFT(x));
4.            preorder(RIGHT(x));
```

알고리즘 설명

1. 노드 x가 NULL이면 더 이상 순환호출을 하지 않는다.
2. x의 데이터를 출력한다.
3. x의 왼쪽 서브트리를 순환호출하여 방문한다.
4. x의 오른쪽 서브트리를 순환호출하여 방문한다.

전위순회에서 루트노드의 방문을 마쳤다고 가정하자. 그러면 왼쪽 서브트리를 방문할 차례이다. 그러면 왼쪽 서브트리의 어떤 노드를 먼저 방문하여야 할까? 힌트는 왼쪽 서브트리도 하나의 이진트리라는 것이다. 따라서 전체트리와 똑같은 방식으로 서브트리를 방문하면 된다. 즉 왼쪽 서브트리의 루트를 먼저 방문하고 왼쪽 서브트리의 왼쪽 서브트리를 그 다음에, 마지막으로 왼쪽 서브트리의 오른쪽 서브트리를 방문하면 된다. 즉 모든 서브트리에 대하여 같은 알고리즘을 반복한다.

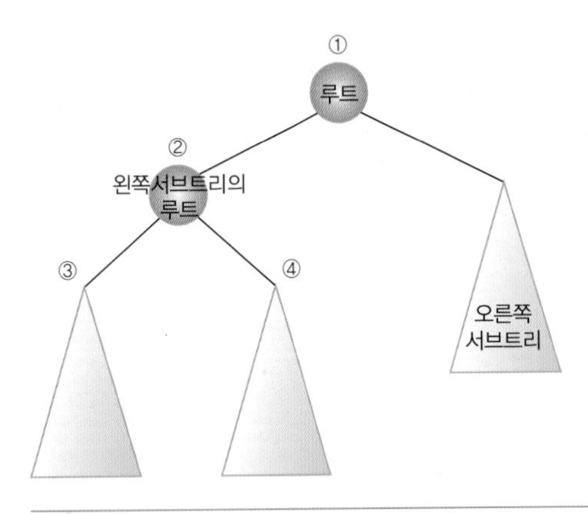

[그림 8-24] 전위순회에서의 서브트리 방문

[그림 8-25]는 전위순회의 방문 순서를 보여준다.

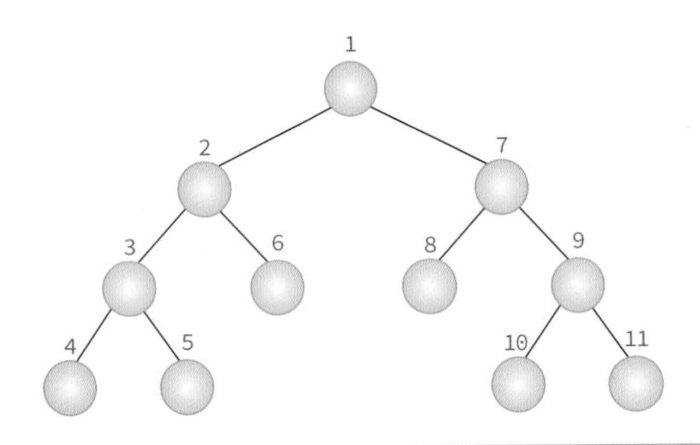

[그림 8-25] 전위순회에서의 노드 방문 순서

중위순회

중위순회는 먼저 왼쪽 서브트리, 루트, 오른쪽 서브트리 순으로 방문한다.

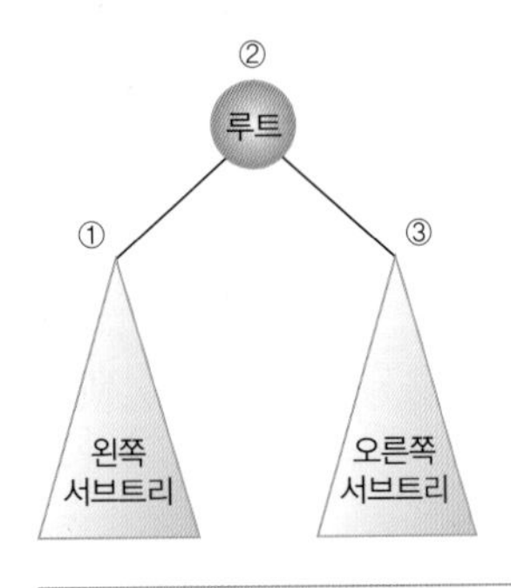

[그림 8-26] 중위 순회

① 왼쪽 서브트리를 방문한다.
② 루트노드를 방문한다.
③ 오른쪽 서브트리를 방문한다.

의사 코드는 다음과 같다.

알고리즘 8.2 트리 중위 순회 알고리즘

```
inorder(x):

1. if x≠NULL
2.     then  inorder(LEFT(x));
3.           print DATA(x);
4.           inorder(RIGHT(x));
```

알고리즘 설명

```
1. 노드 x가 NULL이면 더 이상 순환 호출을 하지 않는다.
2. x의 왼쪽 서브트리를 순환 호출하여 방문한다.
3. x의 데이터를 출력한다.
4. x의 오른쪽 서브트리를 순환 호출하여 방문한다.
```

[그림 8-27]은 예제 트리에 대하여 중위 순회의 방문 순서를 보여준다.

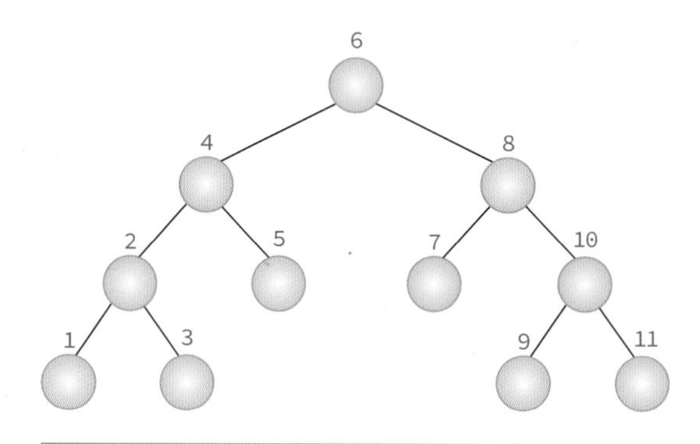

[그림 8-27] 중위 순회의 예

후위 순회

후위 순회는 왼쪽 서브트리, 오른쪽 서브트리, 루트 순으로 방문한다. 다음은 후위순회를 정리한 것이다.

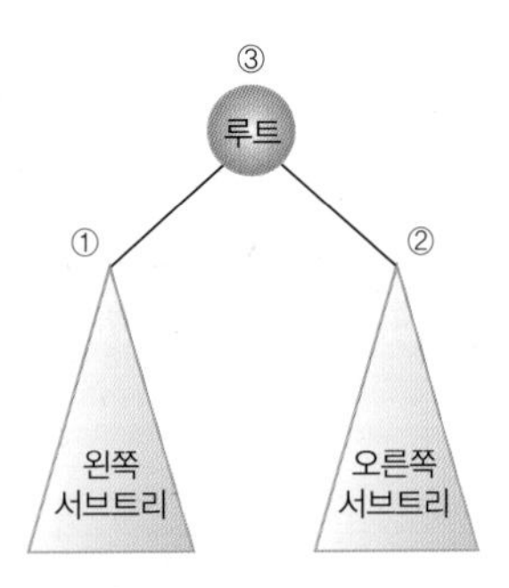

[그림 8-28] 후위 순회

① 왼쪽 서브트리의 모든 노드를 방문한다.
② 오른쪽 서브트리의 모든 노드를 방문한다.
③ 루트노드를 방문한다.

알고리즘 8.3 트리 후위 순회 알고리즘

```
postorder(x):

1.  if x≠NULL
2.      then  postorder(LEFT(x));
3.            postorder(RIGHT(x));
4.            print DATA(x);
```

알고리즘 설명

1. 노드 x가 NULL이면 더 이상 순환호출을 하지 않는다.
2. x의 왼쪽 서브트리를 순환호출하여 방문한다.
3. x의 오른쪽 서브트리를 순환호출하여 방문한다.
4. x의 데이터를 출력한다.

[그림 8-29]는 동일한 트리에 대하여 후위 순회의 방문 순서를 보여준다.

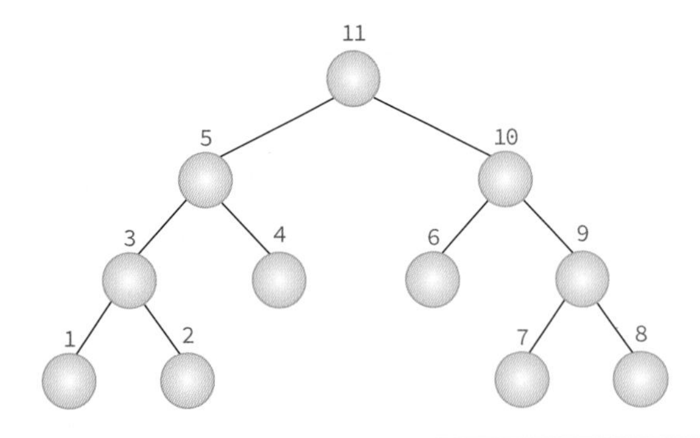

[그림 8-29] 후위 순회

가상 실습 8.1

이진 트리 순회

이진 트리 순회 애플릿을 이용하여 다음의 실험을 수행하라.

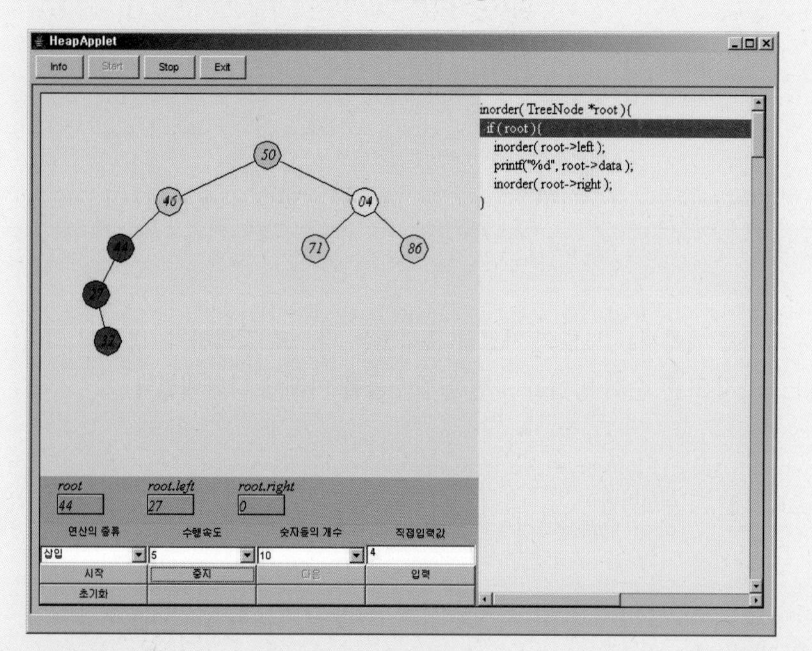

(1) 숫자를 직접 입력하여 이진 탐색 트리를 만들어보고 이진 탐색 트리를 중위 순회로 순회하면 정렬된 결과가 얻어지는 것을 확인하라.
(2) 중위, 전위, 후위 순회가 진행되면서 순환호출이 어떻게 일어나는지를 관찰하라. 동시에 순환 호출되는 함수의 매개변수를 기록하라.

전위, 중위, 후위 순회 구현

3가지의 표준적인 순회 방법을 C언어 함수로 구현하여 보자. 함수의 매개변수는 루트를 가리키는 포인터가 된다. 먼저 표준적인 순회방법이 순환적으로 정의되어 있다는 것에 착안하여야 한다. 왼쪽이나 오른쪽 서브트리를 방문하는 것은, 전체 트리를 방문하는 거나 다를 바가 없다. 즉 전체 트리를 방문 함수를 다시 한 번 호출해주면 되는 것이다. 다만 다른 점은 함수의 매개변수가 달라지게 된다. 즉 서브트리를 방문하는 경우에는 서브트리의 루트 노드 포인터를 함수의 매개변수로 전달하면 된다. 만약 순환의 개념을 사용하지 않는다면 순회 함수의 구현은 아주 어렵게 된다.

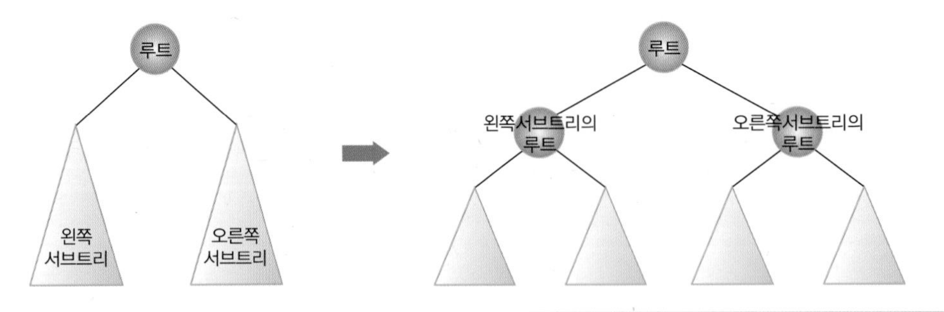

[그림 8-30] 순환호출의 적용

노드를 방문한다는 의미를 여기서는 노드의 자료를 출력하는 것으로 정의하자. 방문의 의미는 응용에 따라 달라진다. 3가지 표준 순회 방법을 구현한 함수들을 아래에 나타내었다.

프로그램 8.2 이진트리의 3가지 순회방법

```
// 중위 순회
void inorder(TreeNode *root) {
    if (root != NULL) {
        inorder(root->left);          // 왼쪽서브트리 순회
        printf("[%d] ", root->data); // 노드 방문
        inorder(root->right);         // 오른쪽서브트리 순회
    }
}
// 전위 순회
void preorder(TreeNode *root) {
    if (root != NULL) {
        printf("[%d] ", root->data); // 노드 방문
        preorder(root->left);         // 왼쪽서브트리 순회
        preorder(root->right);        // 오른쪽서브트리 순회
    }
}
// 후위 순회
void postorder(TreeNode *root) {
    if (root != NULL) {
        postorder(root->left);        // 왼쪽서브트리 순회
        postorder(root->right);       // 오른쪽서브트리순회
        printf("[%d] ", root->data); // 노드 방문
    }
}
```

전체 프로그램

위의 3가지 순회함수들은 전체적인 형태는 동일하고 if 문안의 문장들의 순서만 바뀌어 있다. 이진트리를 3가지 방법으로 순회하는 완전한 프로그램을 다음에 보였다. 여기서 이진트리가 정적으로 만들어졌음을 유의하라. 즉 malloc() 함수를 사용하지 않고 노드를 전역 변수로 정의하여 생성하였다. 이 방식은 노드를 간편하게 노드를 만들 수 있으나 노드의 개수를 실행 중에 변경할 수 없으므로 실제로는 잘 사용되지 않는다.

프로그램 8.3 **링크법으로 생성된 이진트리**

```
#include <stdio.h>
#include <stdlib.h>
#include <memory.h>

typedef struct TreeNode {
    int data;
    struct TreeNode *left, *right;
} TreeNode;

//      15
//  4       20
// 1    16    25
TreeNode n1 = { 1, NULL, NULL };
TreeNode n2 = { 4, &n1, NULL };
TreeNode n3 = { 16, NULL, NULL };
TreeNode n4 = { 25, NULL, NULL };
TreeNode n5 = { 20, &n3, &n4 };
TreeNode n6 = { 15, &n2, &n5 };
TreeNode *root = &n6;

// 중위 순회
void inorder(TreeNode *root) {
    if (root != NULL) {
        inorder(root->left);            // 왼쪽서브트리 순회
        printf("[%d] ", root->data);    // 노드 방문
        inorder(root->right);           // 오른쪽서브트리 순회
    }
}

// 전위 순회
void preorder(TreeNode *root) {
    if (root != NULL) {
        printf("[%d] ", root->data);    // 노드 방문
        preorder(root->left);           // 왼쪽서브트리 순회
        preorder(root->right);          // 오른쪽서브트리 순회
    }
}
```

```
// 후위 순회
void postorder(TreeNode *root) {
    if (root != NULL) {
        postorder(root->left);        // 왼쪽서브트리 순회
        postorder(root->right);       // 오른쪽서브트리순회
        printf("[%d] ", root->data); // 노드 방문
    }
}
int main(void)
{
    printf("중위 순회=");
    inorder(root);
    printf("\n");

    printf("전위 순회=");
    preorder(root);
    printf("\n");

    printf("후위 순회=");
    postorder(root);
    printf("\n");
    return 0;
}
```

실행결과

```
중위 순회=[1] [4] [15] [16] [20] [25]
전위 순회=[15] [4] [1] [20] [16] [25]
후위 순회=[1] [4] [16] [25] [20] [15]
```

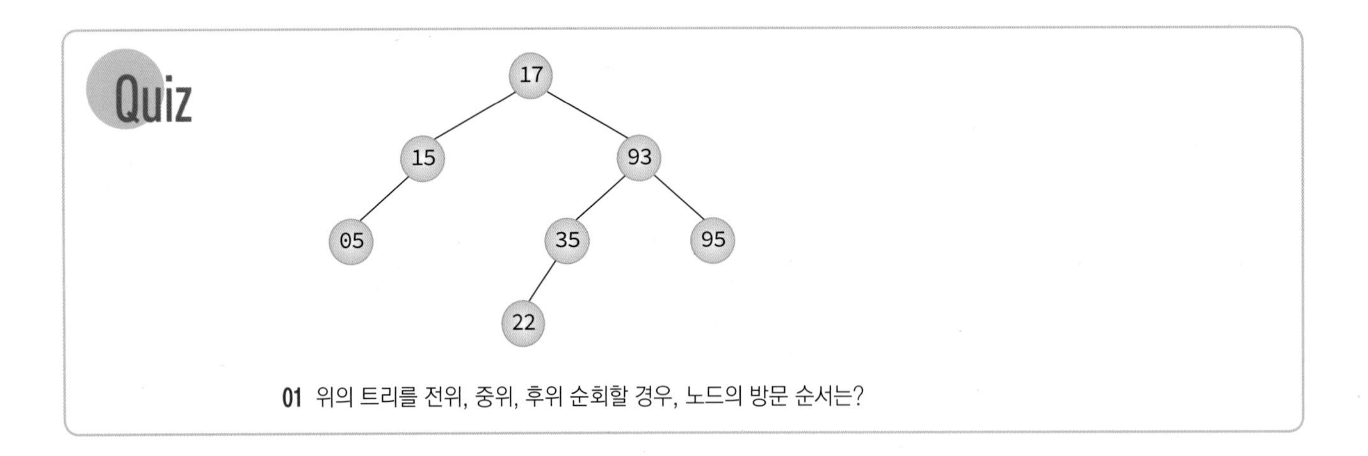

01 위의 트리를 전위, 중위, 후위 순회할 경우, 노드의 방문 순서는?

8.5 반복적 순회

앞에서는 순회를 순환 호출을 이용하여 구현하였다. 물론 이것이 표준적인 방법이고 쉽게 이해될 수 있는 방법이지만 우리는 반복을 이용해서도 트리 순회를 할 수 있다. 물론, 이 경우에는 스택이 필요하다. 스택에 자식 노드들을 저장하고 꺼내면서 순회를 할 수 있는 것이다. 순환 호출도 사실은 시스템 스택을 사용하고 있는 것이기 때문에 별도의 스택을 사용하면 순환 호출을 흉내 낼 수 있는 것이다. 실제로 이 방법은 인공지능에서 지능적인 탐색을 할 때 사용된다. 예를 들어서 중위 순회를 별도의 스택을 이용하여 구현해보자.

프로그램 8.4 반복적인 중위 순회

```
#include <stdio.h>
#include <stdlib.h>
#include <memory.h>

typedef struct TreeNode {
    int data;
    struct TreeNode *left, *right;
} TreeNode;

#define SIZE 100
int top = -1;
TreeNode *stack[SIZE];

void push(TreeNode *p)
{
    if (top < SIZE - 1)
        stack[++top] = p;
}

TreeNode *pop()
{
    TreeNode *p = NULL;
    if (top >= 0)
        p = stack[top--];
    return p;
}

void inorder_iter(TreeNode *root)
{
    while (1) {
        for (; root; root = root->left)
            push(root);
        root = pop();
```

```
        if (!root) break;
        printf("[%d] ", root->data);
        root = root->right;
    }
}
//      15
// 4        20
// 1    16     25
TreeNode n1 = { 1, NULL, NULL };
TreeNode n2 = { 4, &n1, NULL };
TreeNode n3 = { 16, NULL, NULL };
TreeNode n4 = { 25, NULL, NULL };
TreeNode n5 = { 20, &n3, &n4 };
TreeNode n6 = { 15, &n2, &n5 };
TreeNode *root = &n6;

int main(void)
{
    printf("중위 순회=");
    inorder_iter(root);
    printf("\n");
    return 0;
}
```

실행결과

```
중위 순회=[1] [4] [15] [16] [20] [25]
```

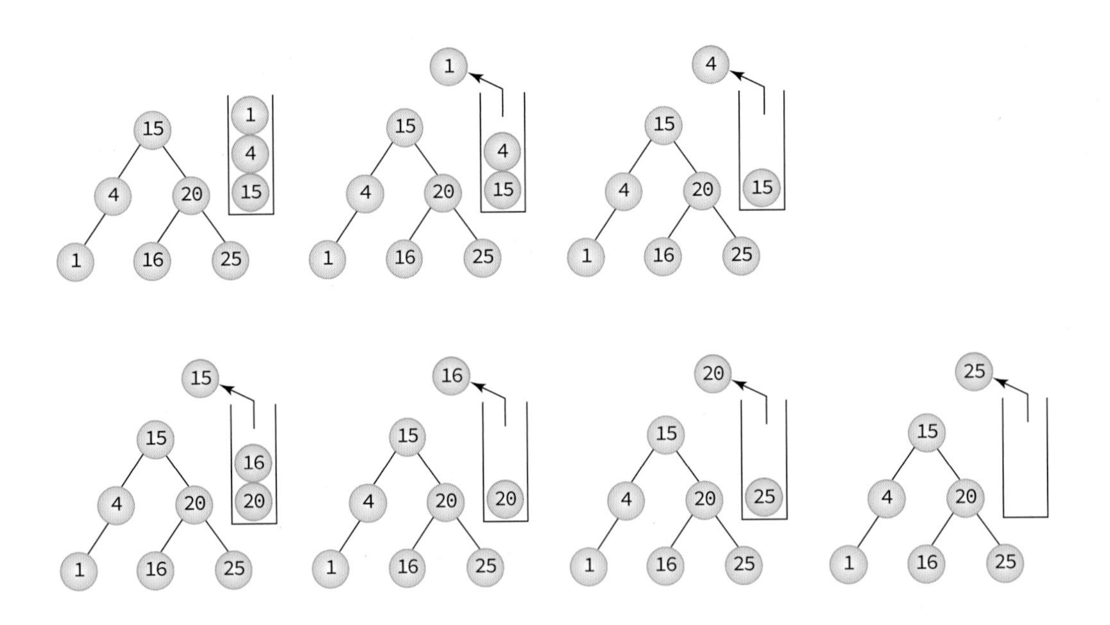

이진 트리의 왼쪽 노드들은 NULL 노드에 도달할 때까지 스택에 추가되었다가 NULL 노드에 도달하면 스택에서 하나씩 삭제된다. 이 삭제된 노드를 방문한 후에 노드의 오른쪽 노드로 이동한다. 다시 이 노드의 왼쪽 노드들을 NULL 노드에 도달할 때까지 스택에 추가한다. 이 과정을 공백 스택이 될 때까지 되풀이 하면 이진 트리를 중위 순회할 수 있다.

8.6 레벨 순회

표준적인 순회 방법은 아니지만 레벨 순회도 많이 사용된다. 레벨 순회(level order)는 각 노드를 레벨 순으로 검사하는 순회 방법이다. 루트 노드의 레벨이 1이고 아래로 내려갈수록 레벨은 증가한다. 동일한 레벨의 경우에는 좌에서 우로 방문한다. 지금까지의 순회법이 스택을 사용했던 것에 비해(코드에는 스택이 나타나지는 않았지만 순환 호출을 하였기 때문에 간접적으로 스택을 사용한 것이다.) 레벨 순회는 큐를 사용하는 순회법이다.

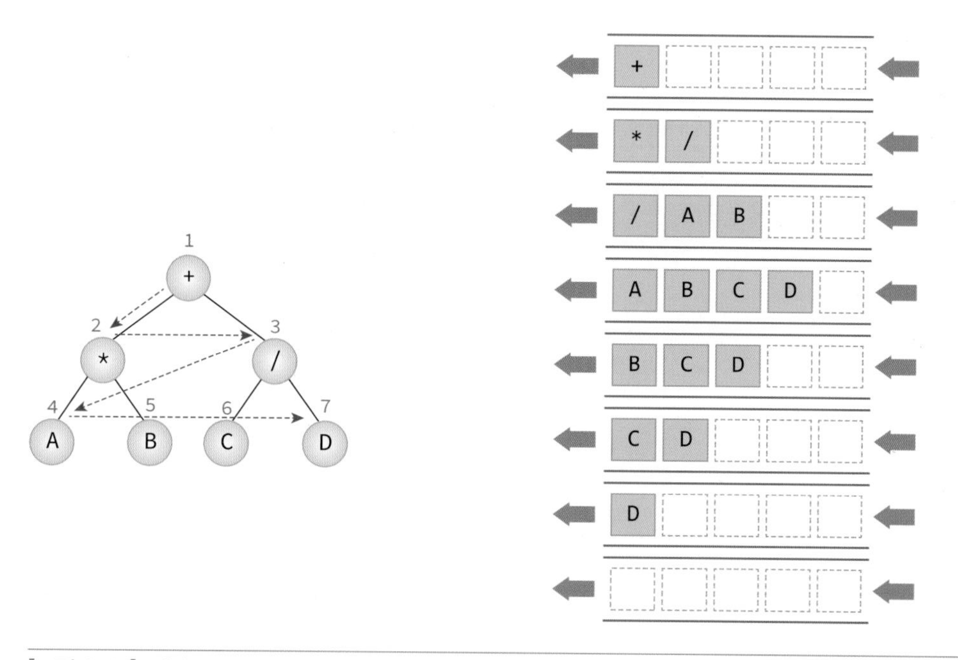

[그림 8-31] 레벨 순회

레벨 순회 코드는 큐에 하나라도 노드가 있으면 계속 반복하는 코드로 이루어져 있다. 먼저 큐에 있는 노드를 꺼내어 방문한 다음, 그 노드의 자식 노드를 큐에 삽입하는 것으로 한번의 반복을 끝낸다. 이러한 반복을 큐에 더 이상의 노드가 없을 때까지 계속한다. [그림 8-31]에서 보듯이 먼저 루트 노드인 +가 큐에 입력된 상태에서 순회가 시작된다. 큐에서 하나를 삭제하면 +가 나오게 되고 노드 +를 방문한 다음, 노드 +의 자식 노드인 노드 *와 노드 /를 큐에 삽입한 다음,

다시 반복의 처음으로 되돌아 간다.

알고리즘 8.4 트리 레벨 순회 알고리즘

```
level_order(root):

1. initialize queue;
2. if(root == null) then return;
3. enqueue(queue, root);
4. while is_empty(queue)≠TRUE do
5.     x ← dequeue(queue);
6.     print x->data;
7.     if(x->left != NULL) then
8.               enqueue(queue, x->left);
9.     if(x->right != NULL) then
10.              enqueue(queue, x->left);
```

레벨 순회를 구현하면 다음과 같다. 앞에서의 큐의 소스를 이 프로그램에 연결하여 컴파일하면 된다. 다만 큐의 요소 타입이 정수가 아니라 포인터이므로 프로그램 8.5와 같이 큐의 element 타입을 다시 정의해주어야 한다.

프로그램 8.5 레벨 순회 프로그램

```c
#include <stdio.h>
#include <stdlib.h>
#include <memory.h>

typedef struct TreeNode {
    int data;
    struct TreeNode *left, *right;
} TreeNode;

// ================ 원형큐 코드 시작 =================
#define MAX_QUEUE_SIZE 100
typedef TreeNode * element;
typedef struct {      // 큐 타입
    element data[MAX_QUEUE_SIZE];
    int front, rear;
} QueueType;

// 오류 함수
void error(char *message)
```

```
{
    fprintf(stderr, "%s\n", message);
    exit(1);
}

// 공백 상태 검출 함수
void init_queue(QueueType *q)
{
    q->front = q->rear = 0;
}

// 공백 상태 검출 함수
int is_empty(QueueType *q)
{
    return (q->front == q->rear);
}

// 포화 상태 검출 함수
int is_full(QueueType *q)
{
    return ((q->rear + 1) % MAX_QUEUE_SIZE == q->front);
}

// 삽입 함수
void enqueue(QueueType *q, element item)
{
    if (is_full(q))
        error("큐가 포화상태입니다");
    q->rear = (q->rear + 1) % MAX_QUEUE_SIZE;
    q->data[q->rear] = item;
}

// 삭제 함수
element dequeue(QueueType *q)
{
    if (is_empty(q))
        error("큐가 공백상태입니다");
    q->front = (q->front + 1) % MAX_QUEUE_SIZE;
    return q->data[q->front];
}

void level_order(TreeNode *ptr)
{
    QueueType q;

    init_queue(&q); // 큐 초기화

    if (ptr == NULL) return;
```

```
    enqueue(&q, ptr);
    while (!is_empty(&q)) {
        ptr = dequeue(&q);
        printf(" [%d] ", ptr->data);
        if (ptr->left)
            enqueue(&q, ptr->left);
        if (ptr->right)
            enqueue(&q, ptr->right);
    }
}
//      15
//  4       20
// 1    16    25
TreeNode n1 = { 1, NULL, NULL };
TreeNode n2 = { 4, &n1, NULL };
TreeNode n3 = { 16, NULL, NULL };
TreeNode n4 = { 25, NULL, NULL };
TreeNode n5 = { 20, &n3, &n4 };
TreeNode n6 = { 15, &n2, &n5 };
TreeNode *root = &n6;

int main(void)
{
    printf("레벨 순회=");
    level_order(root);
    printf("\n");
    return 0;
}
```

실행결과

```
레벨 순회= [15] [4] [20] [1] [16] [25]
```

어떤 순회를 선택하여야 할까?

트리를 순회하기만 하면 해결되는 문제도 많다. 이런 경우에 어떤 순회 방법을 사용하여야 할까? 만일 순서는 중요치 않고 노드를 전부 방문하면 된다면 3가지의 방법 중에 어느 것을 사용하여도 된다. 그러나 자식 노드를 처리한 다음에 부모 노드를 처리해야 한다면 후위순회를 사용하여야 하고, 부모 노드를 처리한 다음에 자식 노드를 처리해야 한다면 전위순회를 사용하여야 한다. 예를 들면 디렉토리의 용량을 계산하려면 후위순회를 사용하여야 한다. 왜냐하면 하위 디렉토리의 용량이 계산되어야 만이 현재의 디렉토리 용량을 계산할 수 있기 때문이다.

01 레벨 순회 결과가 [1], [2], [3], [4], [5]로 나온 트리를 그려보자.

Quiz

8.7 트리의 응용: 수식 트리 처리

이진 트리는 수식 트리(expression tree)를 처리하는데 사용될 수 있다. 수식 트리는 산술 연산자와 피연산자로 만들어진다. 피연산자들은 단말노드가 되며 연산자는 비단말 노드가 된다. [그림 8-32]에서 다양한 수식을 수식 트리로 보여주고 있다. [그림 8-32] (a)는 a+b라는 수식을 수식 트리로 표현한 것이다.

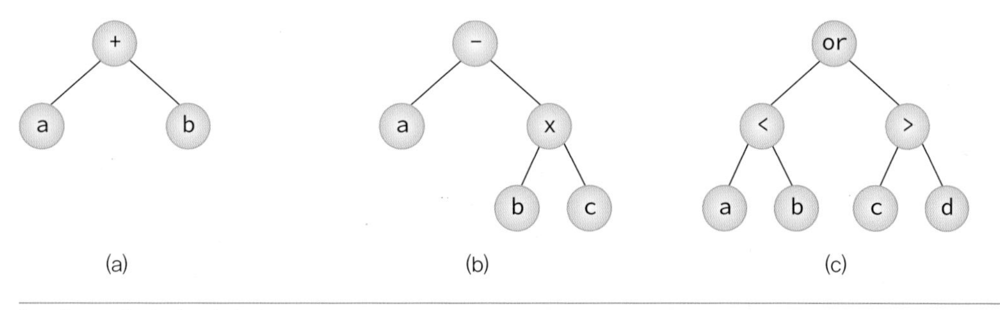

[그림 8-32] 수식트리의 예

이들 수식 트리를 전위, 중위, 후위의 순회 방법으로 읽으면 각각 전위 표기 수식, 중위 표기 수식, 후위 표기 수식이 된다.

〈표 8-1〉

수식	a + b	a − (b × c)	(a 〈 b) or (c 〈 d)
전위순회	+ a b	- a × b c	or < a b < c d
중위순회	a + b	a - (b × c)	(a < b) or (c < d)
후위순회	a b +	a b c × -	a b < c d < or

수식 트리로 표현된 수식의 값을 계산하는 문제를 생각해보자. 4장에서 우리는 스택을 이용하여 후위 표기 수식을 계산한 바 있다. 지금은 입력이 후위 표기 수식이 아니고 수식 트리임을 유의하여야 한다. 수식 트리의 루트 노드는 연산자이고 따라서 이 연산자의 피연산자인 자식 노드들만 계산되면 전체 수식을 계산할 수 있다. 따라서 우리는 루트보다 자식 노드들이 먼저 방문되는 순회 방법을 사용하여야 수식의 값을 계산할 수 있을 것이다. 루트 노드보다 자식 노드를 먼저 방문하는 순회 방법은 후위 순회이다.

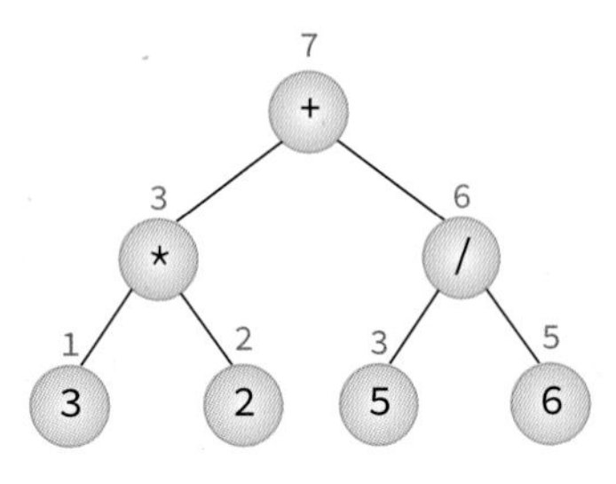

[그림 8-33] 수식트리의 계산 순서

수식 트리의 계산 알고리즘을 유사 코드로 살펴보면 다음과 같다.

알고리즘 8.5 수식 트리 계산 프로그램

```
evaluate(exp):

1. if exp == NULL
2.     then  return 0;
3.     else  x←evaluate(exp.left);
4.           y←evaluate(exp.right);
5.           op←exp.data;
6.           return (x op y);
```

알고리즘 설명

1. 만약 수식 트리가 공백 상태이면
2. 그냥 복귀한다.
3. 그렇지 않으면 왼쪽 서브 트리를 계산하기 위하여 evaluate를 다시 순환호출한다. 이때 매개변수는 왼쪽 자식 노드가 된다.
4. 똑같은 식으로 오른쪽 서브 트리를 계산한다.
5. 루트 노드의 데이터 필드에서 연산자를 추출한다.
6. 추출된 연산자를 가지고 연산을 수행해서 반환한다.

다음은 이 알고리즘을 C언어를 이용하여 구현한 것이다. 트리의 데이터 필드는 정수로 정의되어 있고 여기에 피연산자인 숫자를 저장하거나 아니면 연산자인 경우에는 연산자에 해당하는 하나의 문자('+', '−', '*', '/')가 저장된다.

프로그램 8.6 수식 트리 계산 프로그램

```
#include <stdio.h>
#include <stdlib.h>
```

```
typedef struct TreeNode {
    int data;
    struct TreeNode *left, *right;
} TreeNode;

//       +
//   *         +
// 1    4  16  25
TreeNode n1 = { 1, NULL, NULL };
TreeNode n2 = { 4, NULL, NULL };
TreeNode n3 = { '*', &n1, &n2 };
TreeNode n4 = { 16, NULL, NULL };
TreeNode n5 = { 25, NULL, NULL };
TreeNode n6 = { '+', &n4, &n5 };
TreeNode n7 = { '+', &n3, &n6 };
TreeNode *exp = &n7;

// 수식 계산 함수
int evaluate(TreeNode *root)
{
    if (root == NULL)
        return 0;
    if (root->left == NULL && root->right == NULL)
        return root->data;
    else {
        int op1 = evaluate(root->left);
        int op2 = evaluate(root->right);
        printf("%d %c %d을 계산합니다.\n", op1, root->data, op2);
        switch (root->data) {
        case '+':
            return op1 + op2;
        case '-':
            return op1 - op2;
        case '*':
            return op1 * op2;
        case '/':
            return op1 / op2;
        }
    }
    return 0;
}
//
int main(void)
{
    printf("수식의 값은 %d입니다. \n", evaluate(exp));
    return 0;
}
```

실행결과

```
1 * 4을 계산합니다.
16 + 25을 계산합니다.
4 + 41을 계산합니다.
수식의 값은 45입니다.
```

8.8 트리의 응용: 디렉토리 용량 계산

이진 트리 순회는 컴퓨터 디렉토리의 용량을 계산하는데도 사용될 수 있다. 단 이진 트리를 사용하기 때문에 하나의 디렉토리 안에 다른 디렉토리가 2개를 초과하면 안 된다. 예를 들어 다음과 같은 디렉토리 구조에서 루트 디렉토리인 "나의 문서"의 용량을 알려면 어떻게 하여야 할까?

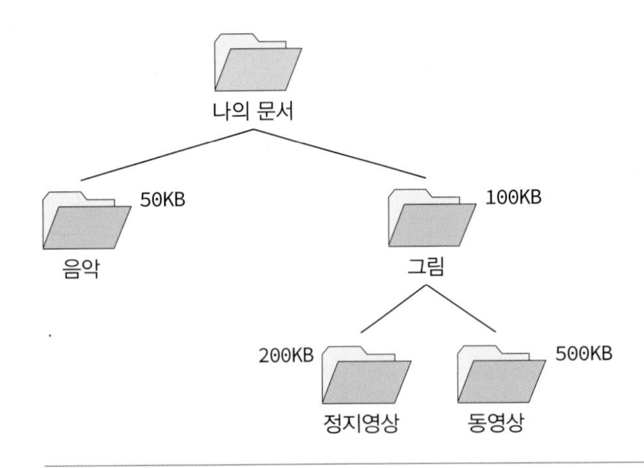

[그림 8-34] 디렉토리의 용량 계산 문제

하나의 디렉토리 안에 다른 디렉토리가 있을 수 있으므로 먼저 서브 디렉토리의 용량을 모두 계산한 다음에 루트 디렉토리의 용량을 계산하여야 할 것이다. 따라서 후위 순회를 사용하여야 한다. 후위 순회를 사용하되 순환 호출되는 순회 함수가 용량을 반환하도록 만들어야 한다. 따라서 순회 함수를 조금 변경하면 된다. 다음 프로그램 8.7에 소스를 나타내었다. 프로그램을 간단하게 하기 위하여 트리의 노드를 정적으로 생성하였지만 실제로는 동적으로 생성하는 편이 좋다.

프로그램 8.7 **디렉토리 용량 계산 프로그램**

```
#include <stdio.h>
#include <stdlib.h>

typedef struct TreeNode {
    int data;
    struct TreeNode *left, *right;
} TreeNode;

int calc_dir_size(TreeNode *root)
{
    int left_size, right_size;
    if (root == NULL) return 0;

    left_size = calc_dir_size(root->left);
    right_size = calc_dir_size(root->right);
    return (root->data + left_size + right_size);
}
//
int main(void)
{
    TreeNode n4 = { 500, NULL, NULL };
    TreeNode n5 = { 200, NULL, NULL };
    TreeNode n3 = { 100, &n4, &n5 };
    TreeNode n2 = { 50, NULL, NULL };
    TreeNode n1 = { 0, &n2, &n3 };

    printf("디렉토리의 크기=%d\n", calc_dir_size(&n1));
}
```

실행결과

```
디렉토리의 크기=850
```

8.9 이진 트리의 추가 연산

이진 트리와 관련된 여러 가지 추가적인 연산들에 대하여 살펴보자.

노드의 개수

탐색 트리안의 노드의 개수를 세어 표시한다. 노드의 개수를 세기 위해서는 트리안의 노드들을 전체적으로 순회하여야 한다. 각각의 서브트리에 대하여 순환 호출한 다음, 반환되는 값에 1을 더하여 반환하면 된다. 다음은 의사 코드로 표시된 알고리즘이다.

알고리즘 8.6 이진 탐색 트리에서 노드 개수 구하는 알고리즘

```
get_node_count(x):

if x ≠NULL then
   return 1+get_count(x.left)+get_count(x.right);
```

다음은 의사 코드를 C언어로 구현한 함수이다.

```c
int get_node_count(TreeNode *node)
{
   int count = 0;

   if (node != NULL)
      count = 1 + get_node_count(node->left) +
      get_node_count(node->right);

   return count;
}
```

단말 노드 개수 구하기

단말 노드의 개수를 세기 위해서는 트리안의 노드들을 전체적으로 순회하여야 한다. 순회하면서 만약 왼쪽자식과 오른쪽 자식이 동시에 0이 되면 단말노드이므로 1을 반환한다. 만약 그렇지 않으면 비단말 노드이므로 각각의 서브트리에 대하여 순환 호출한 다음, 반환되는 값을 서로 더하면 된다. 다음은 의사코드로 표시된 알고리즘이다.

알고리즘 8.7 이진 탐색 트리에서 단말노드 개수 구하는 알고리즘

```
get_leaf_count(T):

if T ≠NULL then
   if T.left==NULL and T.right==NULL
      then return 1;
      else return get_leaf_count(T.left)+get_leaf_count(T.right);
```

다음은 의사 코드를 C언어로 구현한 함수이다.

```
int get_leaf_count(TreeNode *node)
{
    int count = 0;

    if (node != NULL) {
        if (node->left == NULL && node->right == NULL)
            return 1;
        else
            count = get_leaf_count(node->left) + get_leaf_count(node->right);
    }
    return count;
}
```

높이 구하기

트리의 높이를 구하는 알고리즘이 가장 까다롭다. 순환 호출을 완벽하게 이해하고 있어야 한다. 이것도 마찬가지로 먼저 각 서브 트리에 대하여 순환 호출을 하여야 한다. 순환 호출이 끝나면 각각 서브 트리로부터 서브 트리의 높이가 반환되어 왔을 것이다. 자 지금부터 어떻게 해야 하는가? 서브 트리의 반환값을 서로 더하는 것은 의미가 없다. 트리의 높이가 서브 트리의 높이를 더해서 얻어지는 것은 아니기 때문이다. 여기서는 서브 트리들의 반환값 중에서 최대값을 구하여 반환하여야 한다. 다음은 높이를 구하는 알고리즘이다.

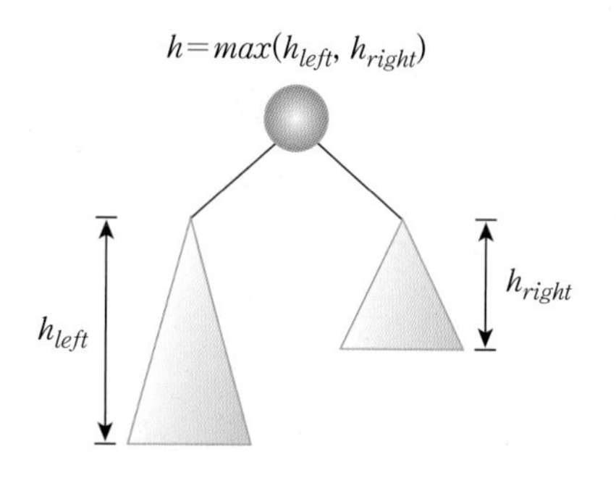

[그림 8-35] 트리의 높이 구하기

알고리즘 8.8 이진 탐색 트리에서 높이 구하는 알고리즘

```
get_height(T):

if T≠NULL
    return 1 + max(get_height(T.left), get_height(T.right));
```

다음은 의사 코드를 C언어로 구현한 함수이다.

```
int get_height(TreeNode *node)
{
    int height = 0;

    if (node != NULL)
        height = 1 + max(get_height(node->left),
            get_height(node->right));

    return height;
}
```

Quiz

01 get_node_count(), get_hight(), get_leaf_count() 함수들을 테스트하는 전체 프로그램을 작성해보자.

02 이진 트리에서 비단말노드의 개수를 계산하는 함수 get_nonleaf_count(TreeNode * t)를 작성하여보자.

03 두 개의 트리가 같은 구조를 가지고 있고, 대응되는 노드들이 같은 데이터를 가지고 있는지를 검사하는 함수 equal(TreeNode * t1, TreeNode * t2)를 작성하여보자. 여기서 t1과 t2는 트리의 루트 노드를 가리키는 포인터이다.

8.10 스레드 이진 트리

이진 트리 순회는 순환 호출을 사용한다. 2장에서 살펴보았듯이 순환 호출은 함수를 호출해야 되므로 상당히 비효율적일 수가 있다. 이진 트리 순회도 노드의 개수가 많아지고 트리의 높이가 커지게 되면 상당히 비효율적일 수도 있다. 따라서 순회를 순환 호출 없이, 즉 스택의 도움 없이 할 수는 없는 것일까?

우리는 이진 트리의 노드에 많은 NULL 링크들이 존재함을 알고 있다. 만약 트리의 노드의 개수를 n개라고 하면 각 노드당 2개의 링크가 있으므로 총 링크의 개수는 $2n$이 되고 이들 링크 중에서 $n-1$개의 링크들이 루트 노드를 제외한 $n-1$개의 다른 노드들을 가리킨다. 따라서 $2n$개중에서 $n-1$은 NULL 링크가 아니지만 나머지 $n+1$개의 링크는 NULL임을 알 수 있다. 따라서 하나의 아이디어는 이들 NULL 링크를 잘 사용하여 순환호출 없이도 트리의 노드들을 순회할 수 있도록 하자는 것이다.

이들 NULL 링크에 중위 순회 시에 선행 노드인 중위 선행자(inorder predecessor)나 중위 순회시에 후속 노드인 중위 후속자(inorder successor)를 저장시켜 놓은 트리가 스레드 이진 트리(threaded binary tree)이다. 스레드(thread), 즉 실을 이용하여 노드들은 순회 순서대로 연결시켜 놓은 트리이다. 여기서는 문제를 간단하게 하기 위하여 중위 후속자만 저장되어 있다고 가정하자.

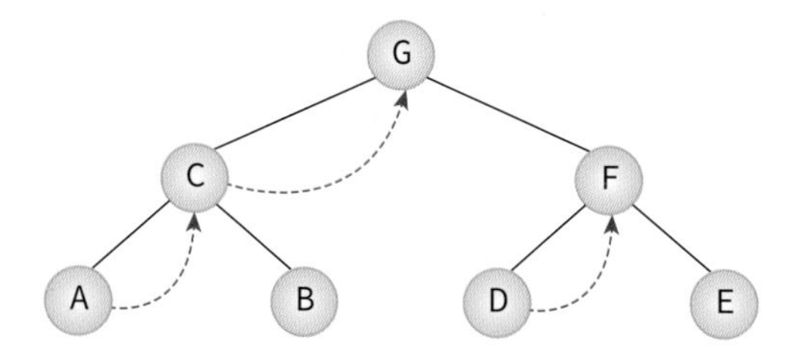

[그림 8-36] 스레드 이진 트리

그러나 만약 이런 식으로 NULL 링크에 스레드가 저장되면 링크에 자식을 가리키는 포인터가 저장되어 있는지 아니면 NULL이 저장되어야 하는데 대신 스레드가 저장되어 있는지를 구별해주는 태그 필드가 필요하다. 따라서 노드의 구조가 다음과 같이 변경되어야 한다.

```
typedef struct TreeNode {
    int data;
    struct TReeNode *left, *right;
    int is_thread;   // 만약 오른쪽 링크가 스레드이면 TRUE
} TreeNode;
```

따라서 is_thread가 TRUE이면 right는 중위 후속자이고 is_thread가 FALSE이면 오른쪽 자식을 가리키는 포인터가 된다. 만약 스레드 이진 트리가 구성되었다고 가정하였을 경우, 중위 순회 연산은 어떻게 변경되어야 할까? 먼저 노드 p의 중위 후속자를 반환하는 함수 find_successor를 제작하자. find_successor는 p의 is_thread가 TRUE로 되어 있으면 바로 오른쪽 자식이 중위 후속자가 되므로 오른쪽 자식을 반환한다. 만약 오른쪽 자식이 NULL이면 더 이상 후속자가 없다는 것이므로 NULL를 반환한다.

만약 is_thread가 TRUE가 아닌 경우는 서브 트리의 가장 왼쪽 노드로 가야한다. 따라서 왼쪽 자식이 NULL이 될 때까지 왼쪽 링크를 타고 이동한다.

```
TreeNode * find_successor(TreeNode * p)
{
    // q는 p의 오른쪽 포인터
    TreeNode * q = p->right;
    // 만약 오른쪽 포인터가 NULL이거나 스레드이면 오른쪽 포인터를 반환
    if (q == NULL || p->is_thread == TRUE)
        return q;

    // 만약 오른쪽 자식이면 다시 가장 왼쪽 노드로 이동
    while (q->left != NULL) q = q->left;
    return q;
}
```

스레드 이진 트리에서 중위 순회를 하는 함수 thread_inorder를 제작하여 보자. 먼저 중위

순회는 가장 왼쪽 노드부터 시작하기 때문에 따라서 왼쪽 자식이 NULL이 될 때까지 왼쪽 링크를 타고 이동한다. 다음으로 데이터를 출력하고 중위 후속자를 찾는 함수를 호출하여 후속자가 NULL이 아니면 계속 루프를 반복한다.

```
void thread_inorder(TreeNode * t)
{
    TreeNode * q;

    q = t;
    while (q->left) q = q->left;     // 가장 왼쪽 노드로 간다.
    do {
        printf("%c -> ", q->data);   // 데이터 출력
        q = find_successor(q);       // 후속자 함수 호출
    } while (q);                     // NULL이 아니면
}
```

전체 프로그램은 다음과 같다. 여기서도 코드를 간편하게 하기 위하여 노드들을 동적이 아닌 정적으로 생성하였다.

프로그램 8.8 스레드 이진 트리 순회 프로그램

```
#include <stdio.h>
#define TRUE 1
#define FALSE 0

typedef struct TreeNode {
    int data;
    struct TreeNode *left, *right;
    int is_thread;   // 스레드이면 TRUE
} TreeNode;

//       G
//   C       F
// A   B D E
TreeNode n1 = { 'A', NULL, NULL, 1 };
TreeNode n2 = { 'B', NULL, NULL, 1 };
TreeNode n3 = { 'C', &n1, &n2, 0 };
TreeNode n4 = { 'D', NULL, NULL, 1 };
TreeNode n5 = { 'E', NULL, NULL, 0 };
TreeNode n6 = { 'F', &n4, &n5, 0 };
TreeNode n7 = { 'G', &n3, &n6, 0 };
TreeNode * exp = &n7;

TreeNode * find_successor(TreeNode * p)
{
```

```c
    // q는 p의 오른쪽 포인터
    TreeNode * q = p->right;
    // 만약 오른쪽 포인터가 NULL이거나 스레드이면 오른쪽 포인터를 반환
    if (q == NULL || p->is_thread == TRUE)
        return q;

    // 만약 오른쪽 자식이면 다시 가장 왼쪽 노드로 이동
    while (q->left != NULL) q = q->left;
    return q;
}

void thread_inorder(TreeNode * t)
{
    TreeNode * q;

    q = t;
    while (q->left) q = q->left;     // 가장 왼쪽 노드로 간다.
    do {
        printf("%c -> ", q->data);   // 데이터 출력
        q = find_successor(q);       // 후속자 함수 호출
    } while (q);                     // NULL이 아니면
}
int main(void)
{
    // 스레드 설정
    n1.right = &n3;
    n2.right = &n7;
    n4.right = &n6;
    // 중위 순회
    thread_inorder(exp);
    printf("\n");
    return 0;
}
```

실행결과

```
A -> C -> B -> G -> D -> F -> E ->
```

스레드 트리는 순회를 빠르게 하는 장점이 있으나 문제는 스레드를 설정하기 위하여 삽입이나 삭제 함수가 더 많은 일을 하여야 한다.

01 이진 트리의 노드의 개수가 n개라면 NULL 링크의 개수는?

02 스레드 이진 트리에서 NULL 링크 필드에 저장되는 것은 무엇인가?

8.11 이진 탐색 트리

이진 탐색 트리(binary search tree)는 이진 트리 기반의 탐색을 위한 자료 구조이다. 탐색(search)은 가장 중요한 컴퓨터 응용의 하나이다. 탐색은 우리의 일상생활에서 많이 사용되는데 전화번호부에서 전화번호를 찾거나, 사전에서 단어를 찾거나, 어떤 특정한 날에 선약이 없는가를 검사할 때 사용된다. 탐색은 컴퓨터 프로그램에서도 많이 사용되며, 가장 시간이 많이 걸리는 작업 중의 하나이므로 탐색을 효율적으로 수행하는 것은 무척 중요하다.

[그림 8-37] 탐색

먼저 탐색에 관련된 용어를 살펴보자. 컴퓨터 프로그램에서 탐색은 레코드(record)의 집합에서 특정한 레코드를 찾아내는 작업을 의미한다. 레코드는 하나 이상의 필드(field)로 구성된다. 예를 들면 학생의 레코드는 이름, 주소, 주민등록번호 등의 필드들을 포함할 수 있다. 일반적으로 레코드들의 집합을 테이블(table)이라고 한다. 레코드들은 보통 키(key)라고 불리는 하나의 필드에 의해 식별할 수 있다. 일반적인 경우 어떤 키는 다른 키와 중복되지 않는 고유한 값을 가지며 이러한 키를 사용하면 각각의 레코드들을 구별할 수 있을 것이다. 이러한 키를 주요키(primary key)라고 부르며 학생의 경우, 주민등록번호나 학번이 여기에 해당된다. 탐색 작업을 할 때는 이러한 키가 입력이 되어 특정한 키를 가진 레코드를 찾는다. 이진 탐색 트리는 이러한 탐색 작업을 효율적으로 하기 위한 자료 구조이다.

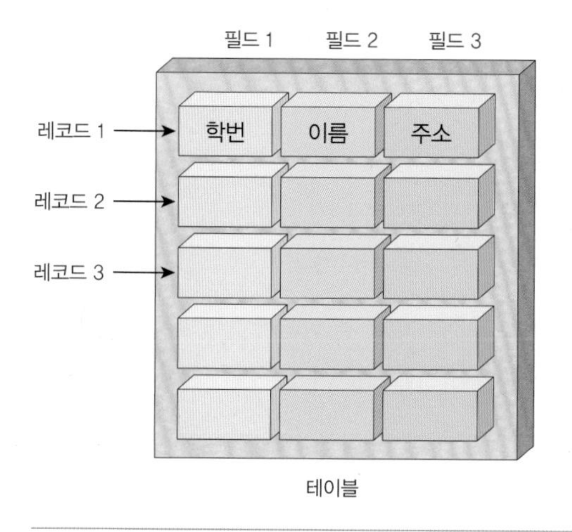

[그림 8-38] 탐색문제에서의 용어

이진 탐색 트리의 정의

이진 탐색 트리란 이진 탐색 트리의 성질을 만족하는 이진트리를 말한다. 이진 탐색 트리의 정의는 다음과 같다.

정의 8.2 이진 탐색 트리

- 모든 원소의 키는 유일한 키를 가진다.
- 왼쪽 서브 트리 키들은 루트 키보다 작다.
- 오른쪽 서브 트리의 키들은 루트의 키보다 크다.
- 왼쪽과 오른쪽 서브 트리도 이진 탐색 트리이다.

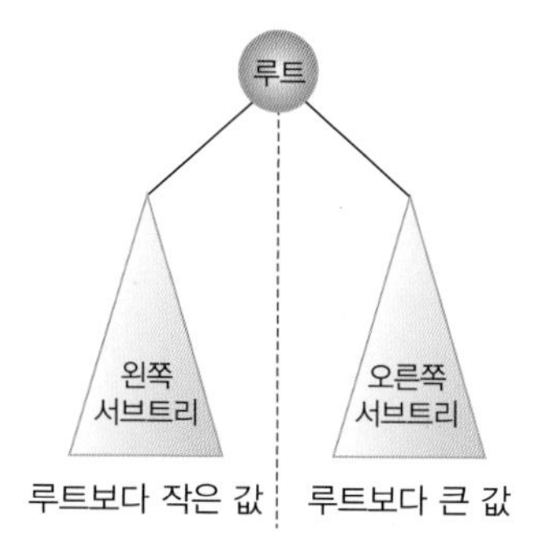

[그림 8-39] 이진탐색트리의 정의

따라서 찾고자 하는 키값이 이진트리의 루트 노드의 킷값과 비교하여 루트 노드보다 작으면 원하는 키값은 왼쪽 서브 트리에 있고 루트 노드보다 크면 원하는 키값은 오른쪽 서브 트리에 있음을 쉽게 알 수 있다. 이러한 성질을 이용하여 탐색을 쉽게 할 수 있다.

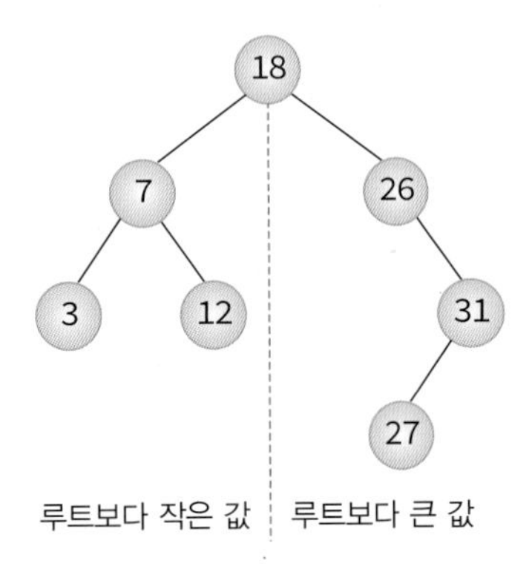

[그림 8-40] 이진탐색트리의 예

예를 들어 [그림 8-40]의 트리는 이진 탐색 트리가 된다. 왼쪽 서브 트리에 있는 값들(3, 7, 12)은 루트 노드인 18보다 작다. 또 오른쪽 서브트리에 있는 값들(26, 31, 27)은 루트 노드인 18보다 크다. 이 성질은 모든 노드에서 만족된다. 그리고 이진 탐색 트리를 중위 순회 방법으로 순회하면 3, 7, 12, 18, 26, 27, 31으로 숫자들의 크기 순이 된다. 이러한 성질은 모든 이진 탐색 트리에서 만족된다. 이것은 이진 탐색 트리가 어느 정도 정렬된 상태를 유지하고 있음을 보여준다.

가상 실습 8.2

이진 탐색 트리

이진 탐색 트리 애플릿을 이용하여 다음의 실험을 수행하라.

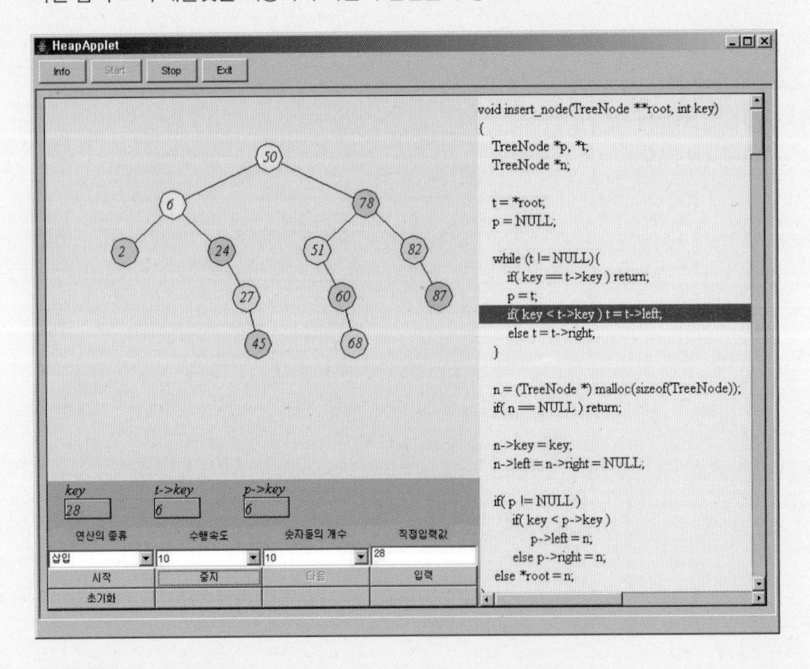

(1) 이진 탐색 트리 삭제 연산에서 나타나는 3가지의 경우를 확인해보라.

(2) 20개 정도의 서로 다른 트리를 랜덤입력 버튼을 이용하여 생성해보라. 트리가 불균형이 되는 확률이 어느 정도인가?

순환적인 탐색연산

이진 탐색 트리에서 특정한 키값을 가진 노드를 찾기 위해서는 먼저 주어진 탐색키 값과 루트 노드의 키값을 비교한다. 비교한 결과에 따라, 다음의 3가지로 나누어진다.

- 비교한 결과가 같으면 탐색이 성공적으로 끝난다.
- 비교한 결과가, 주어진 키 값이 루트 노드의 키값보다 작으면 탐색은 이 루트 노드의 왼쪽 자식을 기준으로 다시 시작한다.
- 비교한 결과가, 주어진 키 값이 루트 노드의 키값보다 크면 탐색은 이 루트 노드의 오른쪽 자식을 기준으로 다시 시작한다.

이것을 알고리즘으로 정리하면 다음과 같다.

알고리즘 8.9 이진 탐색 트리 탐색 알고리즘(순환적)

```
search (root, key):

if root == NULL
    then return NULL;
if key == KEY(root)
    then return root;
    else if key < KEY(root)
        then return search(LEFT(root), k);
        else return search(RIGHT(root), k);
```

[그림 8-41]에 이진 탐색 트리에서 12를 찾는 과정을 보였다.

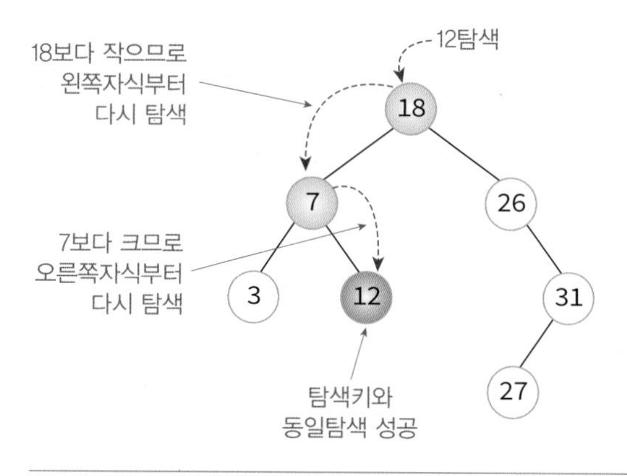

[그림 8-41] 이진탐색트리에서의 탐색연산

이진 탐색 트리에서 탐색을 구현하는 방법은 순환적 방법과 반복적인 방법이 있다. 먼저 순환적인 함수를 만들어보자.

프로그램 8.9 순환적인 탐색함수

```
// 순환적인 탐색 함수
TreeNode * search(TreeNode * node, int key)
{
    if (node == NULL) return NULL;
    if (key == node->key) return node;
    else if (key < node->key)
        return search(node->left, key);
    else
        return search(node->right, key);
}
```

반복적인 탐색연산

이진 탐색트리를 탐색하는 방법에는 반복적인 방법도 존재한다. 사실 효율성을 따지면 반복적인 함수가 훨씬 우수하다. 다음 프로그램 8.10은 반복적인 기법으로 탐색 연산을 구현한 것이다.

프로그램 8.10 반복적인 탐색함수

```
// 반복적인 탐색 함수
TreeNode * search(TreeNode * node, int key)
{
    while (node != NULL) {
        if (key == node->key) return node;
        else if (key < node->key)
            node = node->left;
        else
            node = node->right;
    }
    return NULL; // 탐색에 실패했을 경우 NULL 반환
}
```

반복적인 탐색 함수는 먼저 매개변수 node가 NULL이 아니면 반복을 계속한다. 반복 루프 안에서는 현재 node의 키값이 key와 같은지를 검사한다. 만약 같으면 탐색 성공이므로 현재 노드 포인터를 반환하고 끝낸다. 만약 key가 현재 노드 키값보다 작으면 node 변수를 node의 왼쪽 자식을 가리키도록 변경한다. 또한 key값이 현재 노드 키값보다 크면 node 변수를 node의 오른쪽 자

식을 가리키도록 변경한다. 이러한 반복은 node가 결국 단말노드까지 내려가서 NULL값이 될 때까지 계속된다. 만약 반복이 종료되었는데도 아직 함수가 리턴되지 않았다면 탐색이 실패한 것이므로 NULL을 반환한다. 여기서는 함수의 매개변수 node를 직접 사용하였는데, 사실 매개변수는 원본 변수의 복사본이므로 변경하여도 원본 변수에는 별 영향이 없다. 안심하고 사용해도 된다.

이진탐색트리에서 삽입연산

이진 탐색 트리에 원소를 삽입하기 위해서는 먼저 탐색을 수행하는 것이 필요하다. 이유는 이진 탐색 트리에서는 같은 키값을 갖는 노드가 없어야 하기 때문이고 또한 탐색에 실패한 위치가 바로 새로운 노드를 삽입하는 위치가 되기 때문이다.

[그림 8-42]는 이진 탐색 트리에 위의 알고리즘에 따라서 9를 삽입하는 예이다. 먼저 (a)와 같이 루트에서부터 9를 탐색해본다. 만약 탐색이 성공하면 이미 9가 트리 안에 존재하는 것이고, 키가 중복되므로 삽입이 불가능하다. 만약 9가 트리 안에 없으면 어디선가 탐색이 실패로 끝날 것이다. 바로 실패로 끝난 위치가 9가 있어야 할 곳이다. 따라서 [그림 8-42] (b)와 같이 탐색이 실패로 끝난 위치인 12의 왼쪽에 9를 삽입하면 된다.

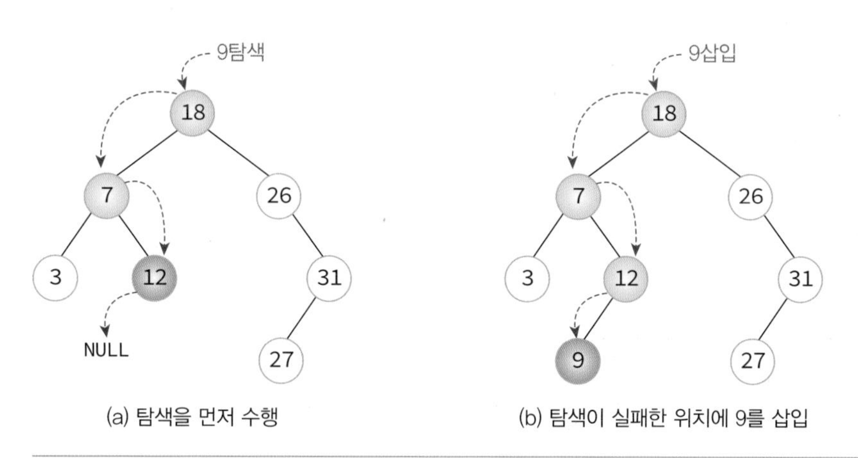

[그림 8-42] 이진탐색트리에서의 삽입연산

다음은 루트노드가 root인 이진탐색트리에 새로운 노드 n을 삽입하는 알고리즘을 보여주고 있다. 새로운 노드는 항상 단말노드에 추가된다. 우리는 단말 노드를 발견할 때까지 루트에서 키를 검색하기 시작한다. 단말 노드가 발견되면 새로운 노드가 단말 노드의 하위 노드로 추가된다. 알고리즘은 순환적으로 기술되었다.

알고리즘 8.2 이진탐색트리 삽입 알고리즘

```
insert (root, n):

if KEY(n) == KEY(root)                // root와 키가 같으면
   then return;                       // return
else if KEY(n) < KEY(root) then       // root보다 키가 작으면
   if LEFT(root) == NULL              // root의 왼쪽 자식이
      then LEFT(root) ← n;            // 없으면 n이 왼쪽 자식
      else insert(LEFT(root),n);      // 있으면 순환 호출
else                                  // root보다 키가 크면
   if RIGHT(root) == NULL
      then RIGHT(root) ← n;
      else insert(RIGHT(root),n);
```

다음은 이진 탐색 트리에서의 삽입 연산을 C언어로 구현한 것이다. 매개변수 root는 이진 탐색 트리의 루트 노드를 가리킨다. 삽입 함수에서는 루트 노드 포인터가 변경되어야 하므로 변경된 루트 포인터를 반환하였다. key는 삽입할 탐색키값을 의미한다.

프로그램 8.11 이진트리 삽입 프로그램

```
TreeNode * insert_node(TreeNode * node, int key)
{
   // 트리가 공백이면 새로운 노드를 반환한다.
   if (node == NULL) return new_node(key);

   // 그렇지 않으면 순환적으로 트리를 내려간다.
   if (key < node->key)
      node->left = insert_node(node->left, key);
   else if (key > node->key)
      node->right = insert_node(node->right, key);

   // 변경된 루트 포인터를 반환한다.
   return node;
}
```

위에서 new_node() 함수는 다음과 같이 동적으로 메모리를 할당하여 새로운 노드를 생성하여 반환하는 유틸리티 함수이다.

```
TreeNode * new_node(int item)
{
    TreeNode * temp = (TreeNode *)malloc(sizeof(TreeNode));
    temp->key = item;
    temp->left = temp->right = NULL;
    return temp;
}
```

이진 탐색 트리에서 삭제 연산

노드를 삭제하는 것은 이진탐색트리에서 가장 복잡한 연산이다. 먼저 노드를 삭제하기 위해서 먼저 노드를 탐색하여야 한다는 것은 삽입과 마찬가지이다. 일단 우리가 삭제하려고 하는 키값이 트리 안에 어디 있는지를 알아야 지울 수 있을 것이다. 노드를 탐색하였으면 다음의 3가지 경우를 고려하여야 한다.

1. 삭제하려는 노드가 단말 노드일 경우
2. 삭제하려는 노드가 하나의 왼쪽이나 오른쪽 서브 트리중 하나만 가지고 있는 경우
3 삭제하려는 노드가 두개의 서브 트리 모두 가지고 있는 경우

지금부터 이 3가지 경우를 차례로 살펴보자. 첫 번째가 가장 쉽고, 두 번째도 그런대로 쉽고 세 번째가 조금 복잡하다.

● 첫 번째 경우: 삭제하려는 노드가 단말 노드일 경우

삭제하려는 노드가 단말 노드일 경우를 생각해보자. 이 경우에는 단말노드 아래에 더 이상의 노드가 없으므로 가장 쉽게 할 수 있다. 단말노드만 지우면 된다. 단말 노드를 지운다는 것은 단말노드의 부모노드를 찾아서 부모노드안의 링크필드를 NULL로 만들어서 연결을 끊으면 된다. 다음으로 만약 노드를 동적으로 생성하였다면 이 단말노드를 동적 메모리 해제시키면 된다.

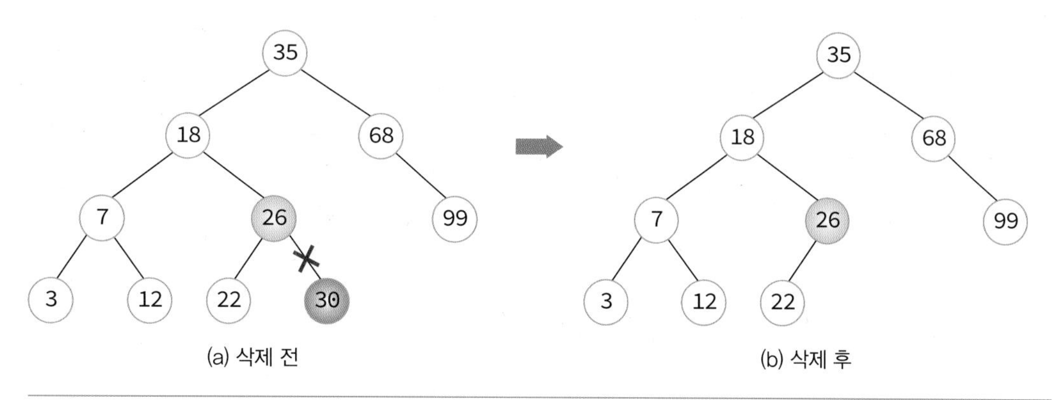

[그림 8-43] 이진탐색트리의 삭제연산: 삭제노드가 단말노드인 경우

● 두 번째 경우: 삭제하려는 노드가 하나의 서브트리만 가지고 있는 경우

두 번째 경우도 그다지 나쁘지 않다. 즉 삭제되는 노드가 왼쪽이나 오른쪽 서브 트리중 하나만 가지고 있는 경우에는 자기 노드는 삭제하고 서브 트리는 자기 노드의 부모 노드에 붙여주면 된다.

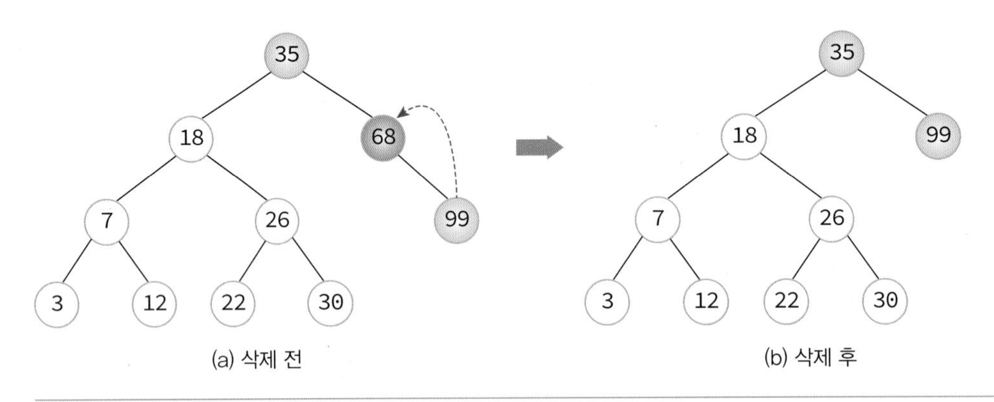

[그림 8-44] 이진탐색트리의 삭제연산: 삭제노드가 하나의 서브트리를 가지고 있는 경우

● 세 번째 경우: 삭제하려는 노드가 두개의 서브트리를 가지고 있는 경우

가장 복잡한 경우지만 가장 재미있는 경우이다. 문제를 서브트리에 있는 어떤 노드를 삭제 노드 위치로 가져올 것이냐이다. 확실한 것은 왼쪽자식이나 오른쪽 자식을 그냥 가져오면 안 된다는 것이다. [그림 8-44] (a)에서 18을 삭제하고 자식노드인 7이나 26을 그대로 연결하면 이진 탐색 트리의 조건이 만족이 되지 않는다. 그러면 어떤 노드를 가져와야만 다른 노드들을 변경시키지 않고 이진 탐색 트리의 조건을 만족할까?

앞에서 비유하였듯이 서브 트리들을 정치 파벌이라고 생각하였을 경우, 삭제되는 노드와 가장 값이 비슷한 노드를 후계자로 선택하여야 다른 사람들과 마찰이 적을 것이다. 그래야만 다른 노드를 이동시키지 않아도 이진 탐색 트리가 그대로 유지된다. 그러면 가장 값이 가까운 노드는 어디에 있을까? [그림 8-45]를 보면 왼쪽 서브트리에서 가장 큰 값이나 오른쪽 서브트리에서 가장 작은 값이 삭제되는 노드와 가장 가깝다는 것을 쉽게 알 수 있다. 왼쪽 서브트리에서 가장 큰 값은 왼쪽 서브트리의 가장 오른쪽에 있는 노드이며 오른쪽 서브트리에서 가장 작은 값은 오른쪽 서브트리의 가장 왼쪽에 있는 노드가 된다. 또한 이들 노드는 이진 탐색 트리를 중위순회하였을 경우, 각각 선행노드와 후속노드에 해당한다.

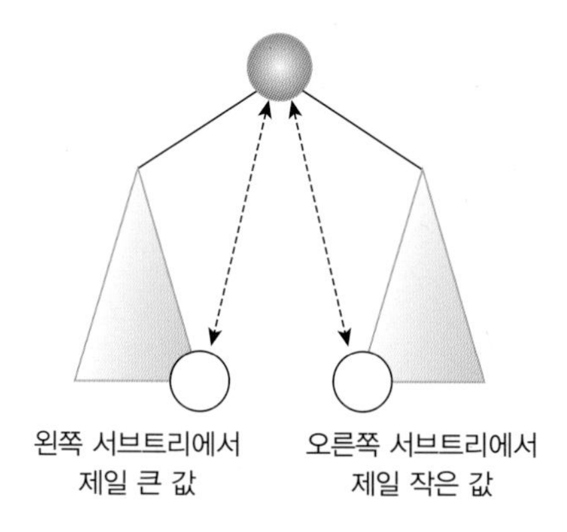

[그림 8-45] 이진탐색트리의 삭제연산: 삭제노드가 두개의 서브트리를 가지고 있는 경우의 후계자 노드

따라서 [그림 8-46]의 이진 탐색트리에서 구체적으로 살펴보면 삭제노드가 18이라고 하였을 경우, 후계자가 될 수 있는 대상 노드는 [그림 8-46]과 같이 12와 22가 된다. 실제 이들 노드를 18 자리로 옮겨보아도 아무런 문제가 일어나지 않음을 알 수 있다.

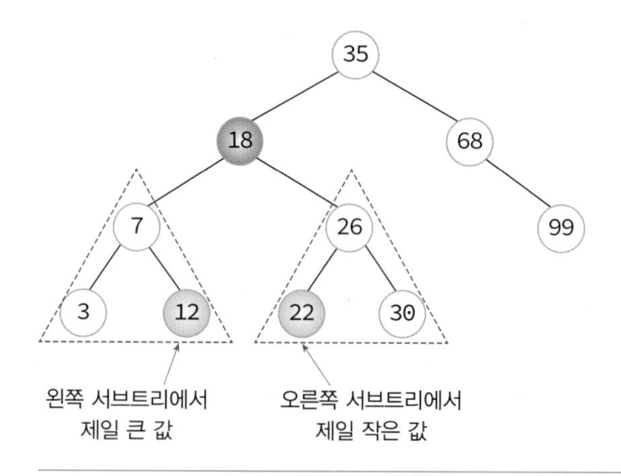

[그림 8-46] 노드 18을 삭제하려고 했을 경우의 후계자 대상 노드는 12와 22가 된다.

그러면 이들 후계자 대상 노드 중에서 어떤 노드를 선택하여야 할까? 어느 것을 선택하여도 상관이 없다. 여기서는 오른쪽 서브 트리에서 제일 작은 값을 후계자로 하기로 하자. 그러면 후계자 노드는 어떻게 찾을까? 삭제되는 노드의 오른쪽 서브트리에서 가장 작은 값을 갖는 노드는 오른쪽 서브 트리에서 왼쪽 자식 링크를 타고 NULL을 만날 때까지 계속 진행하면 된다.

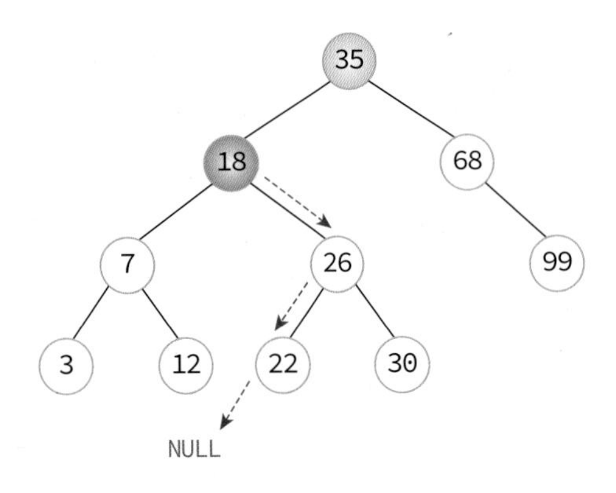

[그림 8-47] 후계자 노드 탐색 방법

최종적으로 [그림 8-48]처럼 22가 후계자가 되고 22가 18 자리로 이동되게 된다.

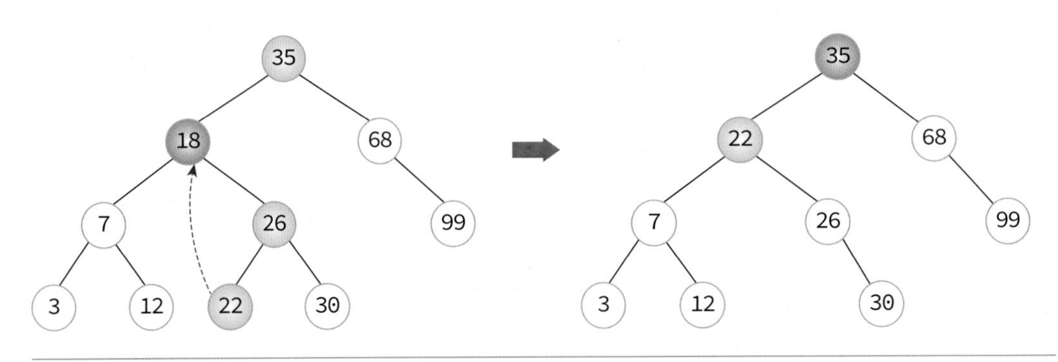

[그림 8-48] 이진탐색트리의 삭제연산: 삭제노드가 두 개의 서브트리를 가지고 있는 경우

아래 프로그램에서 변수 p는 부모노드를, t는 현재노드를 succ는 후계자 노드를, succ_p는 후계자 노드의 부모를 각각 나타낸다. 그리고 삭제 함수도 루트 노드 포인터를 변경시키므로 변경된 루트 노드 포인터를 반환한다.

프로그램 8.12 이진 탐색 트리에서의 삭제 함수

```
// 이진 탐색 트리와 키가 주어지면 키가 저장된 노드를 삭제하고
// 새로운 루트 노드를 반환한다.
TreeNode * delete_node(TreeNode * root, int key)
{
    if (root == NULL) return root;
    // 만약 키가 루트보다 작으면 왼쪽 서브 트리에 있는 것임
    if (key < root->key)
        root->left = delete_node(root->left, key);
    // 만약 키가 루트보다 크면 오른쪽 서브 트리에 있는 것임
    else if (key > root->key)
        root->right = delete_node(root->right, key);
```

```
    // 키가 루트와 같으면 이 노드를 삭제하면 됨
    else {
        // 첫 번째나 두 번째 경우
        if (root->left == NULL) {
            TreeNode * temp = root->right;
            free(root);
            return temp;
        }
        else if (root->right == NULL) {
            TreeNode * temp = root->left;
            free(root);
            return temp;
        }
        // 세 번째 경우
        TreeNode * temp = min_value_node(root->right);

        // 중외 순회시 후계 노드를 복사한다.
        root->key = temp->key;
        // 중외 순회시 후계 노드를 삭제한다.
        root->right = delete_node(root->right, temp->key);
    }
    return root;
}
```

위의 코드 중에서 min_value_node() 함수는 주어진 이진 탐색 트리에서 최소 키값을 가지는 노드를 찾아서 반환한다.

```
TreeNode * min_value_node(TreeNode * node)
{
    TreeNode * current = node;

    // 맨 왼쪽 단말 노드를 찾으러 내려감
    while (current->left != NULL)
        current = current->left;

    return current;
}
```

전체 프로그램

프로그램 8.13 이진 탐색 트리

```
#include <stdio.h>
#include <stdlib.h>

typedef int element;
typedef struct TreeNode {
    element key;
    struct TreeNode *left, *right;
} TreeNode;

// 순환적인 탐색 함수
TreeNode * search(TreeNode * node, int key)
{
    if (node == NULL) return NULL;
    if (key == node->key) return node;
    else if (key < node->key)
        return search(node->left, key);
    else
        return search(node->right, key);
}

TreeNode * new_node(int item)
{
    TreeNode * temp = (TreeNode *)malloc(sizeof(TreeNode));
    temp->key = item;
    temp->left = temp->right = NULL;
    return temp;
}

TreeNode * insert_node(TreeNode * node, int key)
{
    // 트리가 공백이면 새로운 노드를 반환한다.
    if (node == NULL) return new_node(key);

    // 그렇지 않으면 순환적으로 트리를 내려간다.
    if (key < node->key)
        node->left = insert_node(node->left, key);
    else if (key > node->key)
        node->right = insert_node(node->right, key);

    // 변경된 루트 포인터를 반환한다.
    return node;
}
```

```
TreeNode * min_value_node(TreeNode * node)
{
    TreeNode * current = node;

    // 맨 왼쪽 단말 노드를 찾으러 내려감
    while (current->left != NULL)
        current = current->left;

    return current;
}

// 이진 탐색 트리와 키가 주어지면 키가 저장된 노드를 삭제하고
// 새로운 루트 노드를 반환한다.
TreeNode * delete_node(TreeNode * root, int key)
{
    if (root == NULL) return root;

    // 만약 키가 루트보다 작으면 왼쪽 서브 트리에 있는 것임
    if (key < root->key)
        root->left = delete_node(root->left, key);
    // 만약 키가 루트보다 크면 오른쪽 서브 트리에 있는 것임
    else if (key > root->key)
        root->right = delete_node(root->right, key);
    // 키가 루트와 같으면 이 노드를 삭제하면 됨
    else {
        // 첫 번째나 두 번째 경우
        if (root->left == NULL) {
            TreeNode * temp = root->right;
            free(root);
            return temp;
        }
        else if (root->right == NULL) {
            TreeNode * temp = root->left;
            free(root);
            return temp;
        }
        // 세 번째 경우
        TreeNode * temp = min_value_node(root->right);

        // 중외 순회시 후계 노드를 복사한다.
        root->key = temp->key;
        // 중외 순회시 후계 노드를 삭제한다.
        root->right = delete_node(root->right, temp->key);
    }
    return root;
}
```

```c
// 중위 순회
void inorder(TreeNode * root) {
    if (root) {
        inorder(root->left);          // 왼쪽서브트리 순회
        printf("[%d] ", root->key);   // 노드 방문
        inorder(root->right);         // 오른쪽서브트리 순회
    }
}

int main(void)
{
    TreeNode * root = NULL;
    TreeNode * tmp = NULL;

    root = insert_node(root, 30);
    root = insert_node(root, 20);
    root = insert_node(root, 10);
    root = insert_node(root, 40);
    root = insert_node(root, 50);
    root = insert_node(root, 60);

    printf("이진 탐색 트리 중위 순회 결과 \n");
    inorder(root);
    printf("\n\n");
    if (search(root, 30) != NULL)
        printf("이진 탐색 트리에서 30을 발견함 \n");
    else
        printf("이진 탐색 트리에서 30을 발견못함 \n");
    return 0;
}
```

실행결과

```
이진 탐색 트리 중위 순회 결과
[10] [20] [30] [40] [50] [60]

이진 탐색 트리에서 30을 발견함
```

이진 탐색 트리를 중위 순회하면 정렬된 데이터가 얻어지는 것을 알 수 있다.

이진 탐색 트리의 분석

이진 탐색 트리에서의 탐색, 삽입, 삭제 연산의 시간 복잡도는 트리의 높이를 h라고 했을 때 $O(h)$가 된다. 따라서 n개의 노드를 가지는 이진 탐색 트리의 경우, 일반적인 이진 트리의 높이는 $\lceil \log_2 n \rceil$이므로 이진 탐색 트리 연산의 평균적인 경우의 시간 복잡도는 $O(\log_2 h)$이다.

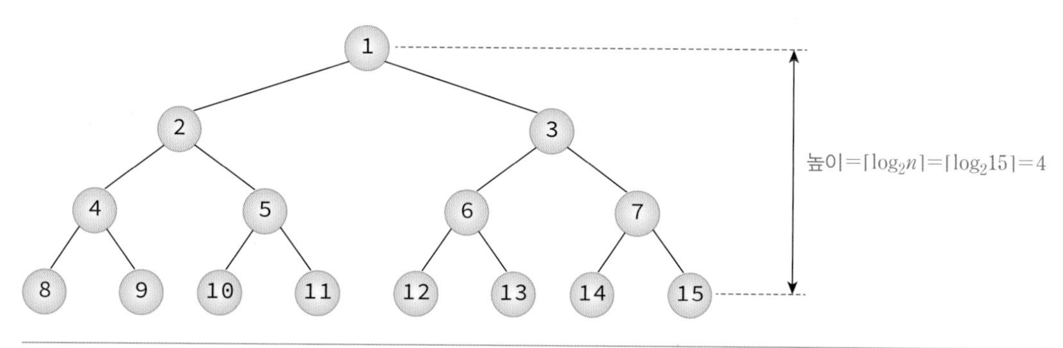

[그림 8-49] 이진탐색트리의 높이

그러나 이는 좌우의 서브 트리가 균형을 이룰 경우이고 최악의 경우에는 한쪽으로 치우치는 경사 트리가 되어서 트리의 높이가 n이 된다. 이 경우에는 탐색, 삭제, 삽입시간이 거의 선형 탐색와 같이 $O(n)$이 된다.

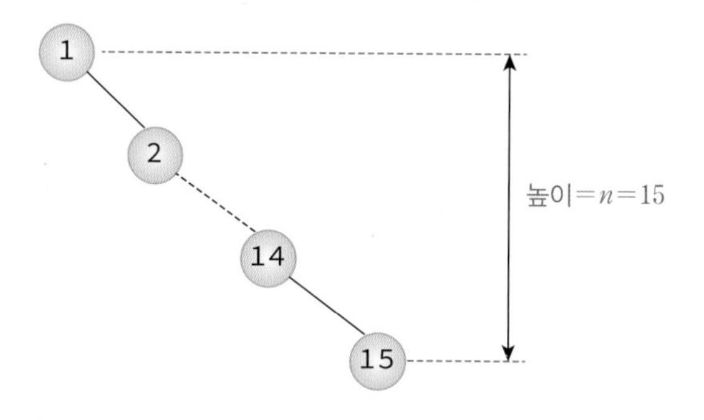

[그림 8-50] 경사이진탐색트리의 경우의 높이

따라서 선형탐색에 비하여 전혀 시간적으로 이득이 없다. 따라서 이러한 최악의 경우를 방지하기 위하여 트리의 높이를 $\lceil \log_2 n \rceil$으로 한정시키는 균형기법이 필요하다. 따라서 트리를 균형지게 만드는 기법으로 AVL트리를 비롯한 여러 기법들이 개발되었다. 균형 트리에 대한 내용은 12장에서 다루었다.

01 다음과 같이 입력하여서 이진 탐색 트리를 구성하는 경우에 평균 검색 횟수는?

7 1 9 5 8 2 3 4 6

02 다음의 이진 탐색 트리에서 입력한 데이터의 순서를 추측하여 보라.

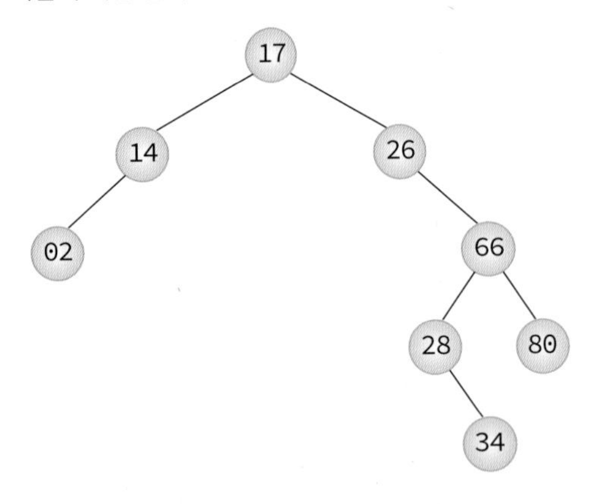

03 위의 이진 탐색 트리에서 17을 삭제했을 경우, 어떻게 되는가?

8.12 이진 탐색 트리의 응용: 영어 사전

이진 탐색 트리를 이용하여 영어 사전을 구현하여 보자. 이진 탐색 트리는 탐색을 위한 자료 구조이기 때문에 탐색이 효율적으로 될 것임을 기대할 수 있다. 프로그램의 메뉴는 다음과 같다.

```
**** i: 입력, d: 삭제, s: 탐색, p: 출력, q: 종료 ****
```

가장 중요한 메뉴는 입력과 탐색, 삭제이다. 입력이 선택되면 사용자로부터 단어와 그 의미를 입력받아 insert_node 함수를 이용하여 이진 탐색 트리에 저장한다. 탐색이 선택되면 사용자로부터 단어를 입력받아 이진 탐색 트리에서 search 함수를 이용하여 탐색한 다음, 그 의미를 화면에 출력한다. 삭제가 선택되면 delete_node 함수를 이용하여 입력된 단어를 찾아서 삭제한다.

실행결과

```
**** i: 입력, d: 삭제, s: 탐색, p: 출력, q: 종료 ****: i
단어:tree
의미:나무

**** i: 입력, d: 삭제, s: 탐색, p: 출력, q: 종료 ****: i
단어:student
```

```
의미:학생

**** i: 입력, d: 삭제, s: 탐색, p: 출력, q: 종료 ****: i
단어:information
의미:정보

**** i: 입력, d: 삭제, s: 탐색, p: 출력, q: 종료 ****: s
단어:student
의미:정보

**** i: 입력, d: 삭제, s: 탐색, p: 출력, q: 종료 ****:
```

여기서는 이진 탐색 트리에 저장되는 데이터가 정수가 아니다. 따라서 element 타입을 구조체로 정의하고 구조체 안에 우리가 필요한 필드들을 넣어야 한다. 필수적으로 영어 단어와 그 의미가 각각 저장되어야 하므로 우리는 두 개의 문자열 배열이 필요하다. 따라서 element 타입은 다음과 같이 word 배열과 meaning 필드를 가지도록 정의된다. 여기서 element 타입의 word 필드는 탐색의 기준이 되는 키 필드가 된다. 트리 노드도 element 타입을 데이터로 저장하도록 변경되었다.

```
#define MAX_WORD_SIZE    100
#define MAX_MEANING_SIZE 200

// 데이터 형식
typedef struct {
    char word[MAX_WORD_SIZE];      // 키필드
    char meaning[MAX_MEANING_SIZE];
} element;
// 노드의 구조
typedef struct TreeNode {
    element key;
    struct TreeNode *left, *right;
} TreeNode;
```

추가로 두 개의 element 항목의 순서를 비교하는 함수 compare가 필요하다. compare(e1, e2) 함수는 e1과 e2를 알파벳 순서로 비교하여 e1이 e2보다 작으면 −1, 같으면 0, 크면 1을 각각 반환한다. compare 함수는 strcmp 함수를 이용하여 구현되었다.

```
// 만약 e1 < e2 이면 -1 반환
// 만약 e1 == e2 이면 0 반환
// 만약 e1 > e2 이면 1 반환
int compare(element e1, element e2)
{
    return strcmp(e1.word, e2.word);
}
```

전체 소스를 프로그램 8.14에 보였다. 각종 연산에서 변경된 부분은 붉은색으로 표시하였다.

프로그램 8.14 이진 탐색 트리를 이용한 영어 사전 프로그램

```
// 이진 탐색 트리를 사용한 영어 사전
#include <stdio.h>
#include <stdlib.h>
#include <string.h>
#include <memory.h>

#define MAX_WORD_SIZE    100
#define MAX_MEANING_SIZE 200

// 데이터 형식
typedef struct {
    char word[MAX_WORD_SIZE];     // 키필드
    char meaning[MAX_MEANING_SIZE];
} element;
// 노드의 구조
typedef struct TreeNode {
    element key;
    struct TreeNode *left, *right;
} TreeNode;

// 만약 e1 < e2 이면 -1 반환
// 만약 e1 == e2 이면 0 반환
// 만약 e1 > e2 이면 1 반환
int compare(element e1, element e2)
{
    return strcmp(e1.word, e2.word);
}
// 이진 탐색 트리 출력 함수
void display(TreeNode * p)
{
    if (p != NULL) {
        printf("(");
        display(p->left);
        printf("%s:%s", p->key.word, p->key.meaning);
        display(p->right);
        printf(")");
    }
}

// 이진 탐색 트리 탐색 함수
TreeNode * search(TreeNode * root, element key)
{
    TreeNode * p = root;
```

```
    while (p != NULL) {
        if (compare(key, p->key) == 0)
            return p;
        else if (compare(key, p->key) < 0)
            p = p->left;
        else if (compare(key, p->key) > 0)
            p = p->right;
    }
    return p; // 탐색에 실패했을 경우 NULL 반환
}
TreeNode * new_node(element item)
{
    TreeNode * temp = (TreeNode *)malloc(sizeof(TreeNode));
    temp->key = item;
    temp->left = temp->right = NULL;
    return temp;
}
TreeNode * insert_node(TreeNode * node, element key)
{
    // 트리가 공백이면 새로운 노드를 반환한다.
    if (node == NULL) return new_node(key);

    // 그렇지 않으면 순환적으로 트리를 내려간다.
    if (compare(key, node->key)<0)
        node->left = insert_node(node->left, key);
    else if (compare(key, node->key)>0)
        node->right = insert_node(node->right, key);
    // 루트 포인터를 반환한다.
    return node;
}
TreeNode * min_value_node(TreeNode * node)
{
    TreeNode * current = node;
    // 맨 왼쪽 단말 노드를 찾으러 내려감
    while (current->left != NULL)
        current = current->left;
    return current;
}

// 이진 탐색 트리와 키가 주어지면 키가 저장된 노드를 삭제하고 새로운 루트 노드를 반환한다.
TreeNode * delete_node(TreeNode * root, element key)
{
    if (root == NULL) return root;
    // 만약 키가 루트보다 작으면 왼쪽 서브 트리에 있는 것임
    if (compare(key, root->key)<0)
        root->left = delete_node(root->left, key);
    // 만약 키가 루트보다 크면 오른쪽 서브 트리에 있는 것임
    if (compare(key, root->key)>0)
```

```
        root->right = delete_node(root->right, key);
    // 키가 루트와 같으면 이 노드를 삭제하면 됨
    else {
        // 첫 번째나 두 번째 경우
        if (root->left == NULL) {
            TreeNode * temp = root->right;
            free(root);
            return temp;
        }
        else if (root->right == NULL) {
            TreeNode * temp = root->left;
            free(root);
            return temp;
        }
        // 세 번째 경우
        TreeNode * temp = min_value_node(root->right);

        // 중외 순회시 후계 노드를 복사한다.
        root->key = temp->key;
        // 중외 순회시 후계 노드를 삭제한다.
        root->right = delete_node(root->right, temp->key);
    }
    return root;
}

//
void help()
{
    printf("\n**** i: 입력, d: 삭제, s: 탐색, p: 출력, q: 종료 ****: ");
}

// 이진 탐색 트리를 사용하는 영어 사전 프로그램
int main(void)
{
    char command;
    element e;
    TreeNode * root = NULL;
    TreeNode * tmp;

    do {
        help();
        command = getchar();
        getchar();      // 엔터키 제거
        switch (command) {
        case 'i':
            printf("단어:");
            gets_s(e.word, MAX_WORD_SIZE);
            printf("의미:");
```

```c
                gets_s(e.meaning, MAX_MEANING_SIZE);
                root = insert_node(root, e);
                break;
            case 'd':
                printf("단어:");
                gets_s(e.word, MAX_WORD_SIZE);
                root=delete_node(root, e);
                break;
            case 'p':
                display(root);
                printf("\n");
                break;
            case 's':
                printf("단어:");
                gets_s(e.word, MAX_WORD_SIZE);
                tmp = search(root, e);
                if (tmp != NULL)
                    printf("의미:%s\n", e.meaning);
                break;
            }

    } while (command != 'q');
    return 0;
}
```

실행결과

```
**** i: 입력, d: 삭제, s: 탐색, p: 출력, q: 종료 ****: i
단어:tree
의미:나무

**** i: 입력, d: 삭제, s: 탐색, p: 출력, q: 종료 ****: i
단어:student
의미:학생

**** i: 입력, d: 삭제, s: 탐색, p: 출력, q: 종료 ****: i
단어:information
의미:정보

**** i: 입력, d: 삭제, s: 탐색, p: 출력, q: 종료 ****: s
단어:student
의미:정보

**** i: 입력, d: 삭제, s: 탐색, p: 출력, q: 종료 ****:
```

연습문제 EXERCISE

01 다음 트리에 대한 중위 순회 결과는? [정보처리기사 기출문제]

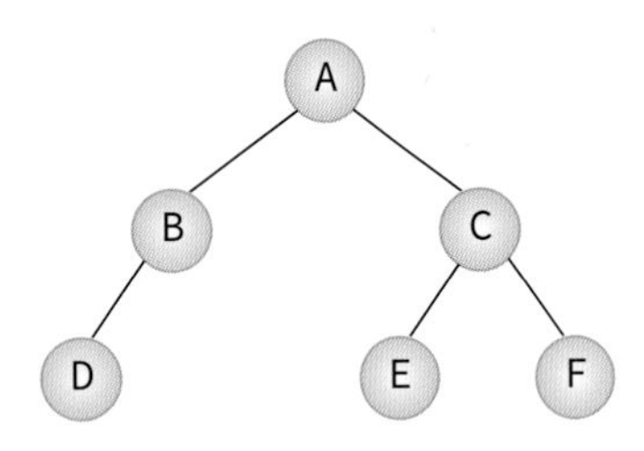

① A B D C E F
② A B C D E F
③ D B E C F A
④ D B A E C F

02 다음 트리를 전위 순회로 운행할 경우 다섯 번째로 탐색되는 것은? [정보처리기사 기출문제]

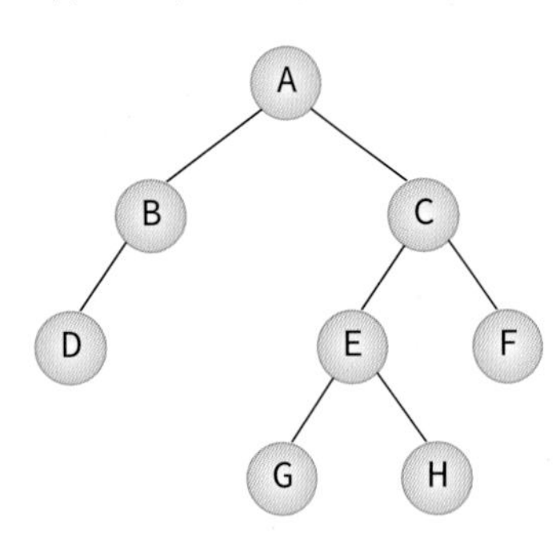

① C
② E
③ G
④ H

03 다음 그림과 같은 이진트리를 후위 순회(postorder traversal)한 결과는? [정보처리기사 기출문제]

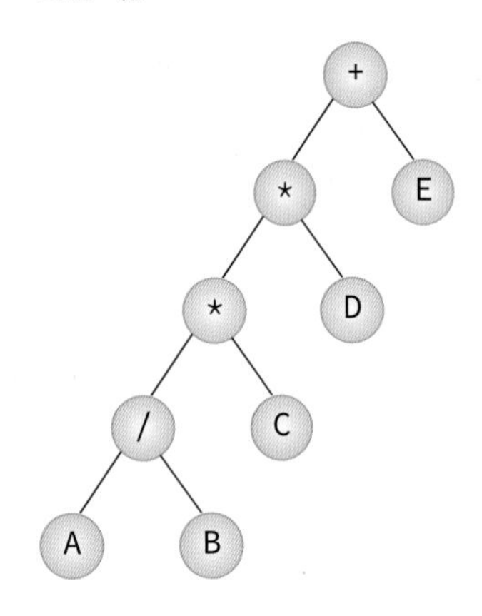

① + * * / A B C D E
② A / B * C * D + E
③ + * A B / * C D E
④ A B / C * D * E +

04 다음 트리에서 단말 노드 수는? [정보처리기사 기출문제]

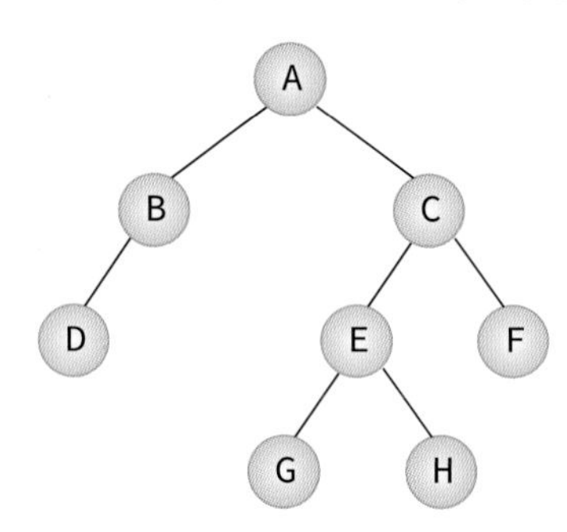

① 2
② 3
③ 4
④ 8

05 다음 그림에서 트리의 차수는? [정보처리기사 기출문제]

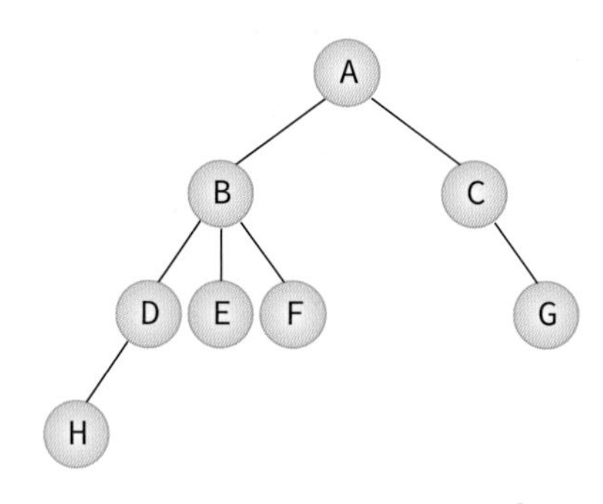

① 3
② 4
③ 6
④ 8

06 Y = A * B + C / D를 전위 표기 수식으로 표기하면?

(1) A * B C D / +
(2) + * C D / A B
(3) + * A B / C D
(4) * + / A B C D

07 이진 트리에서 높이가 5일 때, 이 트리는 최대 몇 개의 노드를 가질 수 있는가?

(1) 26개
(2) 8개
(3) 32개
(4) 31개

08 NULL 포인터를 트리의 순회에 이용하는 트리를 무엇이라 하는가?

(1) 완전 이진 트리(complete binary tree)
(2) 포화 이진 트리(full binary tree)
(3) 스레드 이진 트리(threaded binary tree)
(4) 경사 트리(skewed tree)

09 배열에 정렬된 값이 들어 있는 경우에 우리는 이진 탐색이라는 효과적인 탐색 기법을 사용할 수 있다. 하지만 배열의 특성상 중간에서 요소를 삽입하거나 삭제하는 것은 비효율적이다. 이진 탐색 트리는 삽입이나 삭제가 비교적 효율적으로 이루어진다. 크기가 n인 이진 탐색 트리에서 다음 표를 채워보자.

알고리즘	평균의 시간복잡도	최악의 시간복잡도
탐색연산	$O(\log n)$	$O(n)$
삽입연산		

10 다음의 이진트리에 대하여 다음 질문에 답하라.

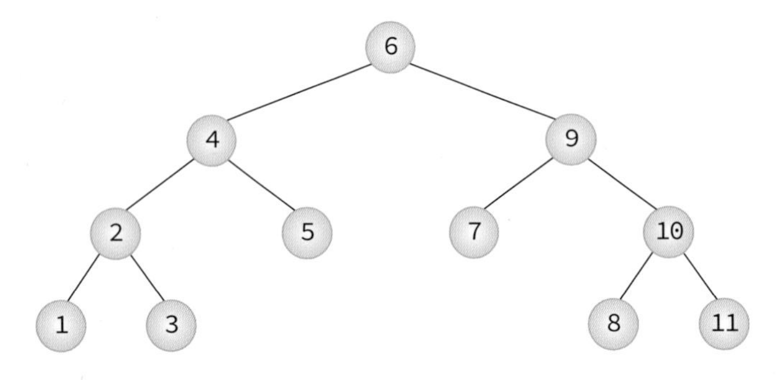

(1) 위의 트리를 1차원 배열로 표현하시오.
(2) 위의 트리를 전위 순회한 결과를 쓰시오.
(3) 위의 트리를 후위 순회한 결과를 쓰시오.
(4) 위의 트리를 중위 순회한 결과를 쓰시오.
(5) 위의 트리를 레벨 순회한 결과를 쓰시오.
(6) 위의 트리는 이진 탐색 트리인가? 그 이유는?

11 다음 순서로 자료가 입력되었다고 가정하여 이진 탐색 트리를 생성하라.

11, 6, 8, 19, 4, 10, 5, 17, 43, 49, 31

(1) 생성된 이진탐색트리를 그리시오.
(2) 여기서 11를 삭제하면 어떻게 변경되는가?
(3) 여기에 12를 추가하면 어떻게 변경되는가?
(4) 생성된 이진탐색트리에서 8을 탐색할 때 거치는 노드들을 나열하시요.
(5) 생성된 이진탐색트리를 1차원 배열을 이용하여 저장하여 보시오. 저장된 결과를 그리시오.

12 다음과 같은 함수가 아래에 표시된 이진트리의 루트 노드에 대해 호출된다고 하자. 함수가 반환하는 값은 무엇인가?

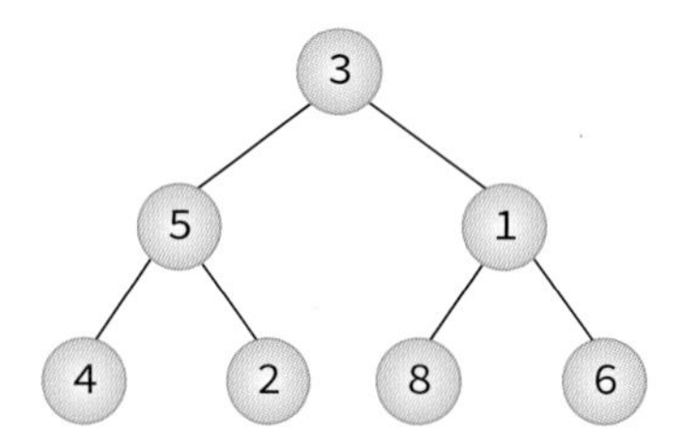


```
int mystery(TreeNode* p) {
   if (p == NULL)  return 0;
   else if (p->left == NULL && p->right == NULL)
      return p->data;
   else
      return max(mystery(p->left), mystery(p->right));
}
```

13 이진 트리의 서브 트리 높이가 최대 1 차이나는 트리를 "균형 트리(balanced tree)"라고 한다. 주어진 이진 트리가 균형 트리인지를 검사하는 함수 isBalanced()를 작성하고 테스트하라.

14 주어진 이진트리에서 노드가 가지고 있는 값의 합을 계산하는 프로그램을 작성해보자.

실행결과

```
노드의 합은 129입니다.
```

15 주어진 이진트리에서 노드가 가지고 있는 값이 주어진 value보다 작으면 노드의 값을 출력하는 프로그램을 작성해보자.

실행결과

```
값을 입력하시오: 30
30보다 작은 노드: 10
30보다 작은 노드: 9
30보다 작은 노드: 29
...
```

16 주어진 이진 트리에서 자식이 하나만 있는 노드의 개수를 반환하는 함수를 작성하라.

17 일반 이진 트리에서 최대값과 최소값을 탐색하기 위한 함수를 작성하라. 이진 탐색 트리가 아니다.

HINT 순환호출을 사용하라.

실행결과

```
최소값=1
최대값=120
```

18 숫자들이 들어 있는 이진 탐색 트리를 중위 순회하면 정렬된 숫자가 얻어진다. 이를 이용하여 다음 배열에 들어 있는 숫자들을 정렬시키는 함수를 작성하여 보라. 배열에 들어 있는 숫자들을 이진 탐색 트리에 추가한 후에 트리를 중위 순회하면서 숫자들을 출력한다. 단 숫자들은 중복되지 않는다고 가정하자.

0	1	2	3	4	5	6	7	8	9	10
11	3	4	1	56	5	6	2	98	32	23

19 18번은 오름차순으로 정렬시키는 경우이다. 이진 탐색 트리를 이용하여 배열에 저장된 숫자들을 내림차순으로 정렬시키는 함수를 작성하여 보라.

20 이진 탐색 트리의 모든 노드의 값을 1씩 증가시키는 함수를 작성하여 보라.

21 이진 탐색 트리를 사용하여 우선순위 큐를 구현할 수도 있다. 우선순위 큐란 항목들이 우선순위를 가지고 있고 우선순위가 가장 큰 항목이 먼저 삭제되는 큐이다. 이진 탐색 트리에서 가장 큰 값을 찾으려면 어떻게 해야 하는가?

22 이진 탐색 트리의 가장 큰 용도가 map(사전)이라는 자료구조를 구현하는 것이다. 본문에서 우리는 단어장을 구현해보았다. 여기서는 이진 탐색 트리를 이용하여 친구들의 연락처를 저장하고 탐색하는 프로그램을 작성해보자.

실행결과

```
삽입(i), 탐색(s), 삭제(d): i
친구의 이름: 홍길동
친구의 전화번호: 010-1234-5678
삽입(i), 탐색(s), 삭제(d): i
친구의 이름: 김철수
친구의 전화번호: 010-1234-5679
삽입(i), 탐색(s), 삭제(d): s
친구의 이름: 김철수
김철수의 전화번호: 010-1234-5679
...
```

CHAPTER

우선순위 큐

■ **학습목표**

- 우선순위 큐의 개념을 이해한다.
- 배열, 리스트로 구현된 우선 순위큐의 장단점을 이해한다.
- 히프의 동작 원리를 이해한다.
- 히프의 효율성을 이해한다.
- 히프의 배열을 이용한 구현을 이해한다.

9.1 우선순위 큐 추상 데이터 타입

우선순위 큐의 소개

[그림 9-1]처럼 도로에서 차량의 우선 순위를 생각해보자. 보통은 먼저 진입하는 차가 먼저 가게 되지만 만약 구급차나 소방차가 나타나면 모든 자동차들은 이러한 긴급 차량을 위하여 도로를 양보하여야 한다. 이러한 긴급한 차량들은 도로 교통법에 의하여 우선 순위(priority)를 가지고 있기 때문이다 컴퓨터에서도 우선 순위의 개념이 필요할 때가 상당히 많이 있다. 예를 들면 네트워크 패킷 중에서 네트워크 관리와 관련된 패킷은 다른 일반 패킷보다 우선 순위를 가진다. 또한 운영 체제에서도 시스템 프로세스는 응용 프로세스보다 더 우선 순위를 가지게 된다. 따라서 자료 구조에서도 이러한 우선 순위를 지원하는 것이 필요하다.

[그림 9-1] 일상생활에서의 우선순위의 예

우선순위 큐는 이러한 우선 순위의 개념을 큐에 도입한 자료구조이다. 보통의 큐는 선입 선출(FIFO)의 원칙에 의하여 먼저 들어온 데이터가 먼저 나가게 된다. 그러나 우선순위 큐(priority queue)에서는 데이터들이 우선 순위를 가지고 있고 우선 순위가 높은 데이터가 먼저 나가게 된다. 우선순위 큐를 스택이나 큐와 비교해보자. 스택에서는 먼저 들어간 데이터가 가장 늦게 나오게 된다. 큐에서는 가장 먼저 들어간 데이터가 가장 먼저 나오게 된다. 우선순위 큐를 스택, 큐에 비교하면 〈표 9-1〉과 같다.

〈표 9-1〉 스택, 큐, 우선순위 큐 비교

자료구조	삭제되는 요소
스택	가장 최근에 들어온 데이터
큐	가장 먼저 들어온 데이터
우선순위큐	가장 우선순위가 높은 데이터

우선순위 큐는 사실 가장 일반적인 큐라 할 수 있는데 왜냐하면 스택이나 큐도 우선순위 큐를 사용하여 얼마든지 구현할 수 있기 때문이다. 즉 적절한 우선 순위만 부여하면 우선순위 큐는 스택이나 큐로 동작할 것이다. 예를 들어 데이터가 들어온 시각을 우선 순위로 잡으면 일반적인 큐처럼 동작할 것이다.

우선순위 큐는 컴퓨터의 여러 분야에서 이용되는 데, 대표적으로 시뮬레이션 시스템(여기서의 우선 순위는 대개 사건의 시각이다.), 네트워크 트래픽 제어, 운영 체제에서의 작업 스케쥴링, 수치 해석적인 계산 등에 사용된다.

우선순위 큐는 배열, 연결 리스트 등의 여러 가지 방법으로 구현이 가능한데, 가장 효율적인 구조는 히프(heap)이다. 따라서 여기서는 히프를 중점적으로 다루도록 하겠다.

우선순위 큐 추상자료형

ADT 8.1 우선순위 큐 추상자료형

```
·객체: n개의 element형의 우선 순위를 가진 요소들의 모임
·연산:
  create() ::=우선순위 큐를 생성한다.
  init(q) ::= 우선순위 큐 q를 초기화한다.
  is_empty(q) ::= 우선순위 큐 q가 비어있는지를 검사한다.
  is_full(q) ::= 우선순위 큐 q가 가득 찼는가를 검사한다.
  insert(q, x) ::= 우선순위 큐 q에 요소 x를 추가한다.
  delete(q) ::= 우선순위 큐로부터 가장 우선순위가 높은 요소를 삭제하고 이 요소를 반환한다.
  find(q) ::= 우선 순위가 가장 높은 요소를 반환한다.
```

우선순위 큐는 0개 이상의 요소의 모임이다. 각 요소들은 우선 순위값을 가지고 있다. 가장 중요한 연산은 insert 연산(요소 삽입), delete 연산(요소 삭제)이다. 우선순위 큐는 2가지로 구분할 수 있는데, 최소 우선순위 큐는 가장 우선 순위가 낮은 요소를 먼저 삭제한다. 최대 우선순위 큐는 반대로 가장 우선 순위가 높은 요소가 먼저 삭제된다. 우선순위 큐를 사용하는 예를 예제 9.1에서 보였다.

예제 9.1 우선순위 큐의 사용

만약 어떤 사업자가 기계들을 보유하고 있고 이 기계들의 서비스를 제공하는 사업을 하고 있다고 가정하자. 각 사용자는 사용할 때마다 고정된 금액을 낸다. 그러나 사용시간은 사용자마다 다르다. 수익을 최대로 하기 위하여 사용시간에 가장 짧은 사용자부터 처리하는 것이 좋을 것이다. 따라서 사업자는 사용자들을 우선순위 큐에 추가하고 기계가 사용 가능하게 될 때마다 가장 시간을 적게 요구한 사용자를 우선순위 큐에서 선택한다. 이때 우선 순위는 사용자들이 필요로 하는 사용 시간이 된다.

만약 각 사용자가 동일한 시간만 기계를 사용하고 사용자마다 서로 다른 금액을 낸다면 우선순위 큐의 우선 순위는 사용자가 지불하고자 하는 금액이 될 것이다. 기계가 사용 가능하게 될 때마다 큐에서 가장 많은 금액을 지불하고자 하는 사용자가 선택된다. 이때의 우선순위 큐는 최대 우선순위 큐가 된다.

01 왜 우선순위 큐가 가장 일반적인 큐라고 할 수 있는가?

02 스택이나 큐도 우선순위 큐로 구현할 수 있는가?

9.2 우선순위 큐의 구현 방법

우선순위 큐를 구현하는 방법은 여러 가지가 있는데 배열, 연결 리스트, 히프 등을 이용하는 방법이 있다.

배열을 사용하는 방법

먼저 정렬이 되어 있지 않은 배열을 사용하는 경우를 분석해보자. 정렬이 안 된 배열을 사용하게 되면 삽입은 가장 간단하다. 그냥 배열의 맨 끝에 새로운 요소를 추가하면 된다. 따라서 삽입의 시간 복잡도는 $O(1)$이다. 그러나 삭제를 할 때는 가장 우선 순위가 높은 요소를 찾아야 한다. 정렬이 안 되어 있으므로 처음부터 끝까지 모든 요소들을 스캔하여야 한다. 따라서 삭제의 복잡도는 $O(n)$이 된다. 그리고 요소가 삭제된 다음, 뒤에 있는 요소들을 앞으로 이동시켜야 하는 부담도 있다.

이번에는 정렬이 되어 있는 배열의 경우를 생각해보자. 새로운 요소를 삽입할 때에는 다른 요소와 값을 비교하여 적절한 삽입 위치를 결정하여야 한다. 삽입 위치를 찾기 위하여 순차탐색이나 이진탐색과 같은 방법을 이용할 수 있다. 삽입 위치를 찾은 다음에는 삽입 위치 뒤에 있는 요소들을 이동시켜서 빈자리를 만든 다음, 삽입해야 한다. 따라서 삽입시의 시간복잡도는 일반적으로 $O(n)$이다. 그 대신 삭제 시에는 간단하다. 숫자가 높은 것이 우선 순위가 높다고 가정하면 맨 뒤에 위치한 요소를 삭제하면 된다. 이 경우 삭제의 시간 복잡도는 $O(1)$이 될 것이다.

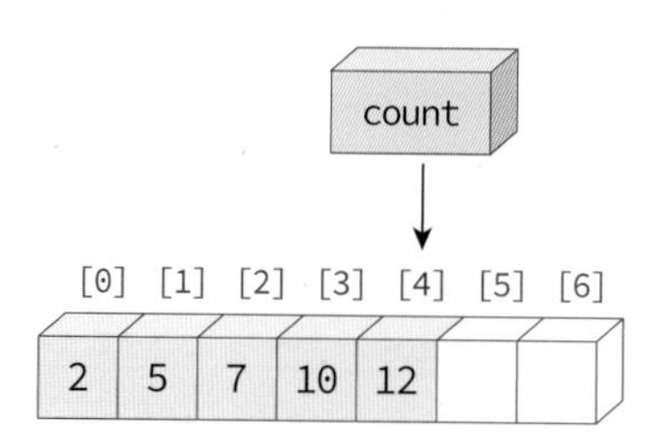

[그림 9-2] 정렬된 배열로 구현된 우선순위 큐

연결 리스트를 사용하는 방법

연결 리스트를 이용하는 방법도 배열의 경우와 크게 다르지 않다. 정렬된 상태로 연결 리스트를 유지할 수도 있고 정렬이 안 된 채로 연결 리스트를 사용할 수 있다. 정렬이 안 된 리스트라면 삽입 시에는 첫 번째 노드로 삽입시키는 것이 유리하다. 또한 삽입 시에 배열과 달리 다른 노드를 이동할 필요가 없다. 포인터만 변경하면 된다. 따라서 삽입의 시간 복잡도는 $O(1)$이다. 삭제 시에는 포인터를 따라서 모든 노드를 뒤져보아야 한다. 이 경우 시간 복잡도는 $O(n)$이 될 것이다.

만약 연결 리스트를 정렬시킨 상태로 사용한다면 시간 복잡도는 어떻게 될까? 이 경우에는 우선 순위가 높은 요소가 앞에 위치하는 것이 유리하다. 따라서 우선순위가 높은 요소가 첫 번째 노드가 되도록 한다. 삽입시에는 우선 순위값을 기준으로 삽입위치를 찾아야 하므로 $O(n)$이 된다. 삭제 시에는 첫 번째 노드를 삭제하면 되므로 $O(1)$이다.

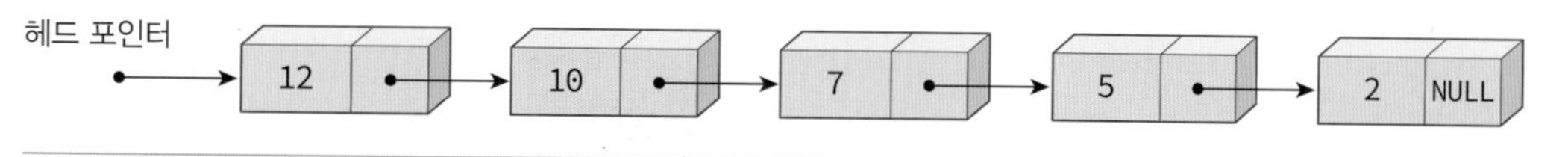

[그림 9-3] 정렬된 연결 리스트로 구현된 우선순위 큐

히프를 사용하는 방법

히프(heap)는 완전 이진 트리의 일종으로 우선순위 큐를 위하여 특별히 만들어진 자료 구조이다 히프는 일종의 느슨한 정렬 상태를 유지한다. 즉 완전히 정렬된 것은 아니지만 전혀 정렬이 안

된 것도 아닌 상태를 유지한다. 히프는 이러한 느슨한 정렬 상태를 이용하여 우선순위 큐를 구현한다. 8.4절에서 자세히 다루겠지만 히프의 효율은 $O(\log_2 n)$으로서 다른 방법보다 상당히 유리하다. 여기서 다시 한 번 $O(n)$과 $O(\log_2 n)$은 큰 차이가 있다는 것을 유념해야 한다. 만약 n이 1000인 경우, $O(n)$ 알고리즘이 1000초가 걸린다면 $O(\log_2 n)$ 알고리즘은 10초에 불과하다.

〈표 9-2〉 우선순위 큐를 구현하는 여러 가지 방법의 비교

표현 방법	삽 입	삭 제
순서 없는 배열	$O(1)$	$O(n)$
순서 없는 연결 리스트	$O(1)$	$O(n)$
정렬된 배열	$O(n)$	$O(1)$
정렬된 연결 리스트	$O(n)$	$O(1)$
히프	$O(\log n)$	$O(\log n)$

01 순서 없는 배열에 데이터를 삽입하였다가 가장 우선순위가 높은 데이터를 삭제하는 알고리즘을 의사 코드로 고안해보라.

02 이 경우의 삽입 연산과 삭제 연산의 시간 복잡도 함수를 계산하여 보자.

9.3 히프

히프의 개념

히프(heap)을 영어사전에 찾아보면 "더미"라고 되어 있다. 컴퓨터 분야에서 히프는 완전이진트리 기반의 "더미"와 모습이 비슷한 특정한 자료 구조를 의미한다.

[그림 9-4] 일상생활에서의 히프(더미)의 예

히프는 여러 개의 값들 중에서 가장 큰 값이나 가장 작은 값을 빠르게 찾아내도록 만들어진 자료 구조이다. 히프는 간단히 말하면 부모 노드의 키 값이 자식 노드의 키 값보다 항상 큰 이진 트리를 말한다. 히프는 부모 노드와 자식 노드 간에 다음과 같은 조건이 항상 성립하는 트리이다.

$$key(\text{부모노드}) \geq key(\text{자식노드})$$

예를 들어 다음과 같은 트리가 히프이다. 히프트리에서는 중복된 값을 허용함에 유의하라. 이진 탐색 트리에서는 중복된 값을 허용하지 않았었다.

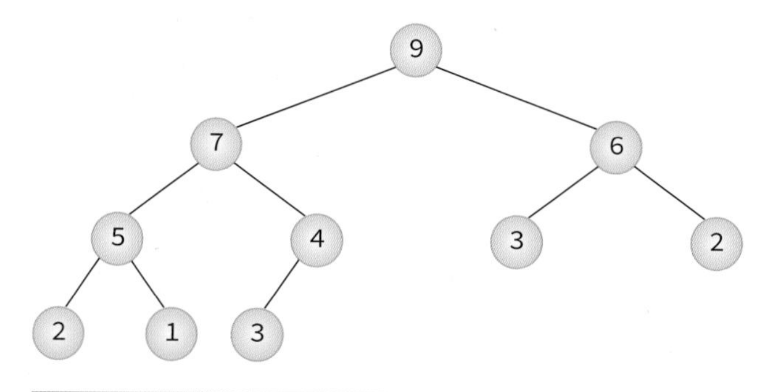

[그림 9-5] 히프트리의 예

다른 용어로 이야기하면 히프 안에서 데이터들은 느슨한 정렬 상태를 유지한다. 즉 큰 값이 상위 레벨에 있고 작은 값이 하위 레벨에 있다는 정도이다. 히프의 목적은 삭제 연산이 수행될 때마다 가장 큰 값을 찾아내기만 하면 되는 것이므로(가장 큰 값은 루트 노드에 있다.) 전체를 정렬할 필요는 없다.

히프는 완전 이진 트리(complete binary tree)이다. [그림 9-6]은 히프의 특성을 만족하는 것처럼 보이지만 완전 이진 트리가 아니기 때문에 히프는 아니다.

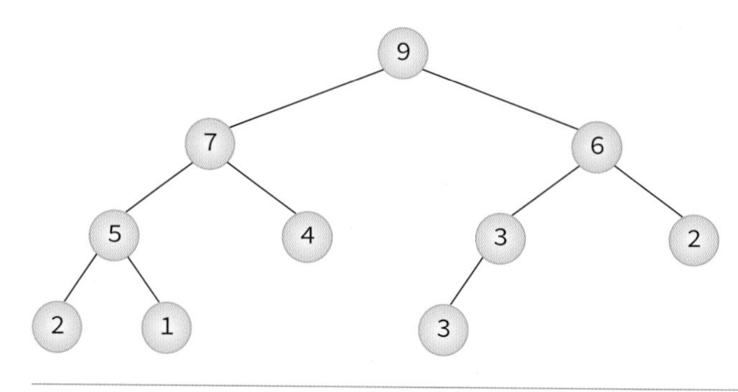

[그림 9-6] 히프가 아닌 예

히프의 종류

히프에는 두 가지 종류의 히프트리가 존재한다. 하나는 위의 그림 처럼 부모 노드의 키 값이 자식 노드보다 큰 최대 히프(max heap), 또 하나는 반대로 노드의 키 값이 자식 노드보다 작은 최소 히프(min heap)이다. 두 가지의 히프는 단지 부등호만 달라지고 나머지는 완전히 동일하다. 따라서 여기서는 편의상 최대 히프만을 다루기로 한다.

최대 히프(max heap):
부모 노드의 키값이 자식 노드의 키값보다
크거나 같은 완전 이진 트리

key(부모 노드) ≥ *key*(자식 노드)

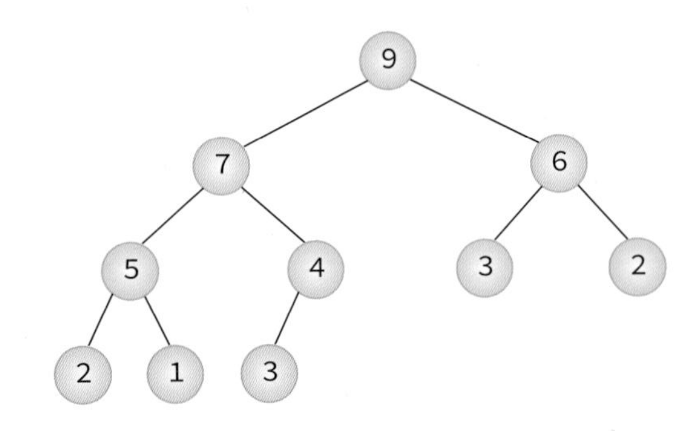

최소 히프(min heap):
부모 노드의 키값이 자식 노드의 키값보다
작거나 같은 완전 이진 트리

key(부모 노드) ≤ *key*(자식 노드)

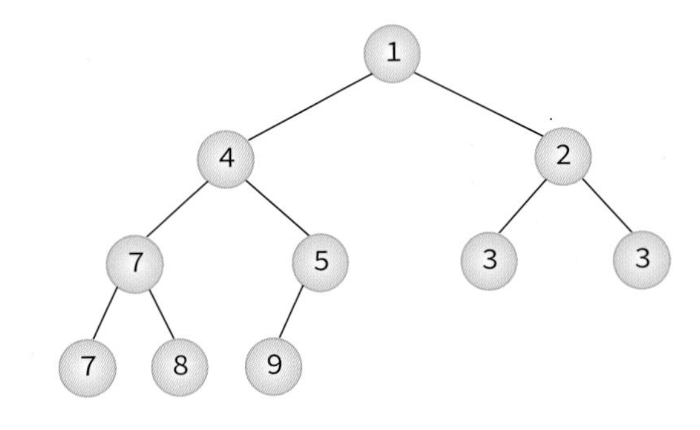

히프의 구현

히프는 완전 이진 트리이기 때문에 각각의 노드에 [그림 9-7]에서처럼 차례대로 번호를 붙일 수 있다. 이 번호를 배열의 인덱스로 생각하면 배열에 히프의 노드들을 저장할 수 있다. 따라서 히프를 저장하는 표준적인 자료구조는 배열이다. 프로그램 구현을 쉽게 하기 위하여 배열의 첫 번째 인덱스인 0는 사용되지 않는다. 특정 위치의 노드 번호는 새로운 노드가 추가되어도 변하지 않음을 유의하라. 예를 들어 루트 노드의 오른쪽 노드의 번호는 항상 3번이다.

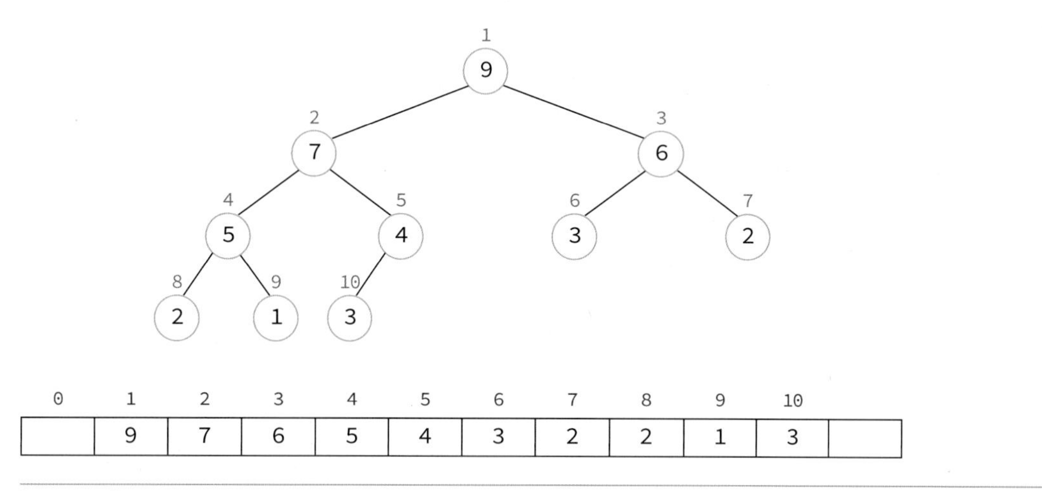

[그림 9-7] 히프트리의 배열을 이용한 구현

배열을 이용하여 히프를 저장하면 완전 이진 트리에서처럼 자식 노드와 부모 노드를 쉽게 알 수 있다.

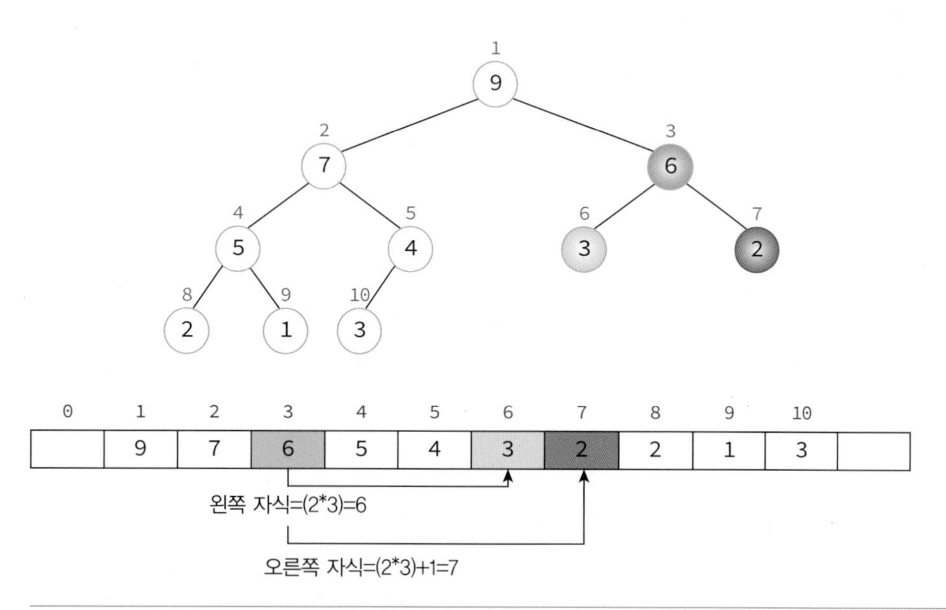

[그림 9-8] 히프트리에서의 자식노드와 부모노드의 관계

어떤 노드의 왼쪽이나 오른쪽 자식의 인덱스를 알고 싶으면 다음과 같은 식을 이용하면 된다.

- 왼쪽 자식의 인덱스 = (부모의 인덱스) * 2
- 오른쪽 자식의 인덱스 = (부모의 인덱스) * 2 + 1

부모의 인덱스를 알고 싶으면 다음과 같은 식을 이용한다.

- 부모의 인덱스 = (자식의 인덱스)/2

9.4 히프의 구현

히프의 정의

히프를 구현하여 보자. 히프는 1차원 배열로 표현될 수 있기 때문에 아래와 같이 히프의 각 요소들을 구조체 element로 정의하고, element의 1차원 배열을 만들어 히프를 구현한다. 여기서 heap_size는 현재 히프 안에 저장된 요소의 개수이다.

```
#define MAX_ELEMENT 200
typedef struct {
    int key;
} element;
typedef struct {
    element heap[MAX_ELEMENT];
    int heap_size;
} HeapType;
```

위의 정의를 이용하여 히프 heap를 생성하고 싶으면 다음과 같이 하면 된다.

```
HeapType heap;
```

또는 다음과 같이 동적으로 생성할 수도 있다.

```
HeapType *heap = create();    // 메모리 동적 할당을 이용한다.
```

삽입 연산

히프에 새로운 요소를 삽입하는 삽입 연산에 대하여 살펴보자. 히프에 있어서 삽입 연산은 [그림 9-9]처럼 회사에서 신입 사원이 들어오면 일단 말단 위치에 앉힌 다음에, 신입 사원의 능력을 봐서 위로 승진시키는 것과 비슷하다.

[그림 9-9] 히프트리에서의 삽입연산은 신입사원을 일단 말단자리에 앉힌 다음, 능력에 따라 승진시키는 것과 유사하다.

히프에 새로운 요소가 들어오면, 일단 새로운 노드를 히프의 마지막 노드로 삽입된다. 마지막 노드 다음에 새로운 노드를 위치시키면 히프트리의 성질이 만족되지 않을 수 있다. 따라서 삽입 후에 새로운 노드를 부모 노드들과 교환해서 히프의 성질을 만족시켜 주어야 한다. 삽입 연산은 아래의 절차를 통하여 히프를 재구성한다. 삽입 과정을 그림으로 살펴보자. [그림 9-8]의 최대 히프에 8을 삽입한다고 가정하자.

(1) 먼저 번호순으로 가장 마지막 위치에 이어서 새로운 요소 8이 삽입된다.

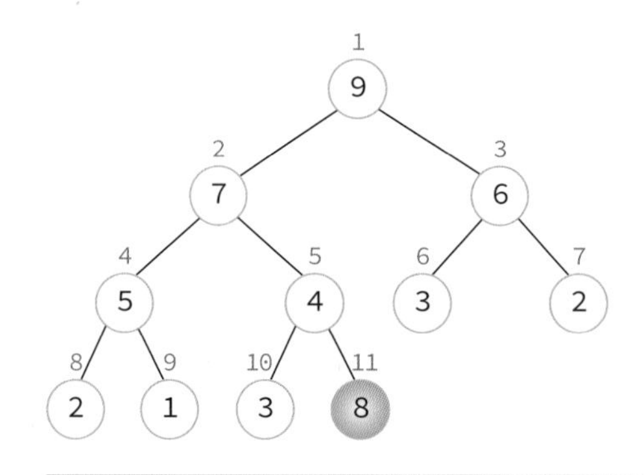

[그림 9-10] 히프트리의 삽입연산 단계 #1

(2) 부모 노드 4와 비교하여 삽입 노드 8이 더 크므로 교환한다.

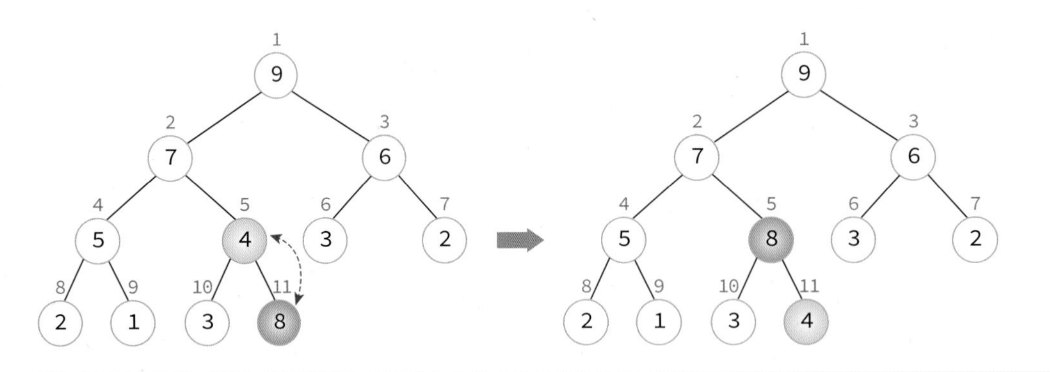

[그림 9-11] 히프트리의 삽입연산 단계 #2

(3) 부모 노드 7과 비교하여 삽입 노드 8이 더 크므로 교환한다.

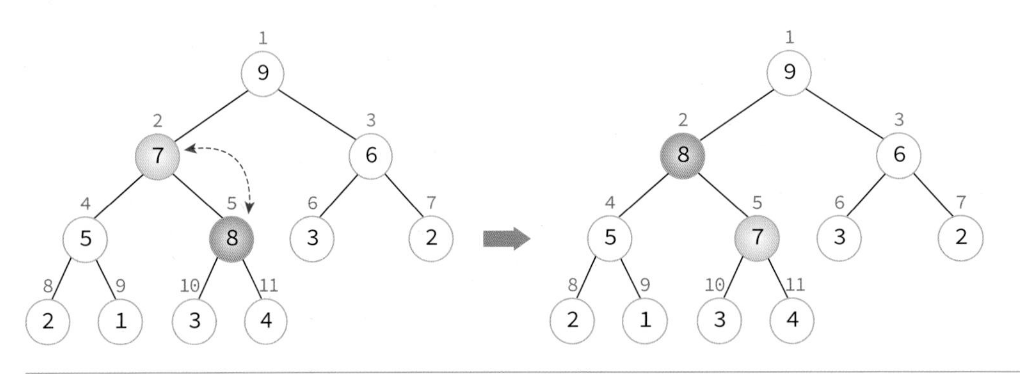

[그림 9-12] 히프트리의 삽입연산 단계 #3

(4) 삽입 노드 8이 부모 노드 9보다 작으므로 더 이상 교환하지 않는다.

가상 실습 9.1

히프

히프 애플릿을 이용하여 다음의 실험을 수행하라.

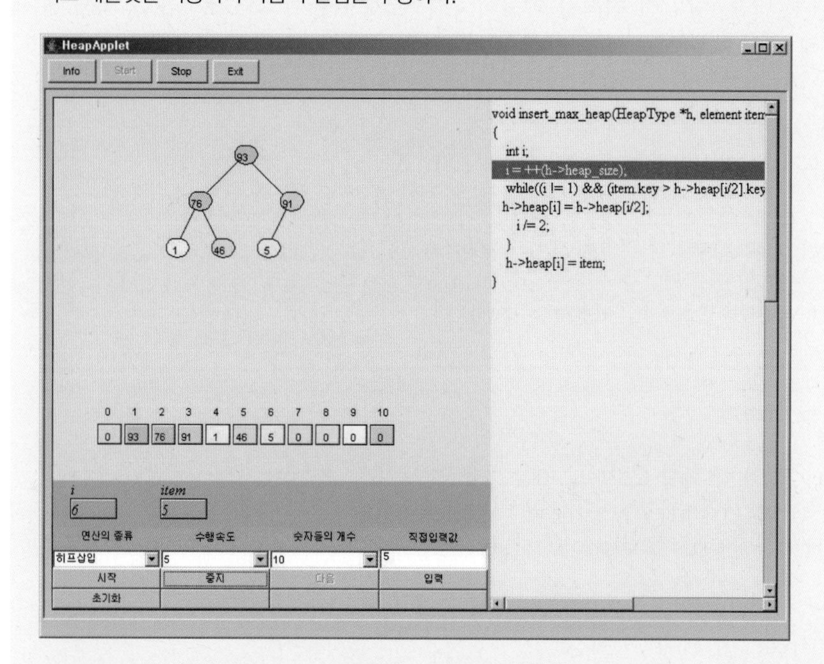

(1) 히프에 데이터가 입력되는 순서가 최종 히프의 구성에 영향을 끼치는가?
(2) 오름차순의 10개의 데이터를 입력하고 제거해보라. 내림차순으로 삭제가 되는가?
(3) 똑같은 값을 갖는 몇 개의 데이터를 입력하고 제거하여 보라. 히프 정렬은 안정된(stable)한 정렬인가?

아래에 의사 코드를 이용하여 우선순위 큐의 삽입 알고리즘을 보였다.

알고리즘 9.1 히프트리에서의 삽입 알고리즘(의사 코드 버전)

```
insert_max_heap(A, key):

1.  heap_size ← heap_size + 1;
2.  i ← heap_size;
3.  A[i] ← key;
4.  while i ≠ 1 and A[i] > A[PARENT(i)] do
5.      A[i] <-> A[PARENT];
6.      i ← PARENT(i);
```

알고리즘 설명

1. 히프 크기를 하나 증가시킨다.
2. 증가된 히프 크기 위치에 새로운 노드를 삽입한다.
4. i가 루트 노드가 아니고 i번째 노드가 i의 부모 노드보다 크면
5. i번째 노드와 부모 노드를 교환
6. 한 레벨 위로 올라간다(승진).

위의 과정을 코드로 살펴보면 다음과 같다. 실제 구현에서는 바로 교환하는 것이 아니고 그냥 부모 노드만을 끌어내린 다음, 삽입될 위치가 확실히 진 다음에 최종적으로 새로운 노드는 그 위치로 이동한다. 이렇게 하는 것이 이동 횟수를 줄일 수 있다.

프로그램 9.1 히프트리에서의 삽입 함수

```
// 현재 요소의 개수가 heap_size인 히프 h에 item을 삽입한다.
// 삽입 함수
void insert_max_heap(HeapType* h, element item)
{
    int i;
    i = ++(h->heap_size);

    // 트리를 거슬러 올라가면서 부모 노드와 비교하는 과정
    while ((i != 1) && (item.key > h->heap[i / 2].key)) {
        h->heap[i] = h->heap[i / 2];
        i /= 2;
    }
    h->heap[i] = item;  // 새로운 노드를 삽입
}
```

히프의 삭제 연산

삭제 연산은 회사에서 사장의 자리가 비게 되면 먼저 제일 말단 사원을 사장 자리로 올린 다음에 강등시키는 것과 비슷하다.

[그림 9-13] 히프트리에서의 삭제연산은 사장 자리가 비게 되면 말단사원을 일단 사장자리에 앉힌 다음, 능력에 따라 강등시키는 것과 유사하다

최대 히프에서 삭제 연산은 최대값을 가진 요소를 삭제하는 것이다. 최대 히프에서 최대값은 루트 노드이므로 루트 노드가 삭제된다. 루트 노드 삭제 후에 히프를 재구성하는 것이 필요하게 된다. 히프의 재구성이란 히프의 성질을 만족하기 위하여 위, 아래 노드를 교환하는 것이다. [그림 9-14]에서 루트 노드를 삭제한다고 가정하자.

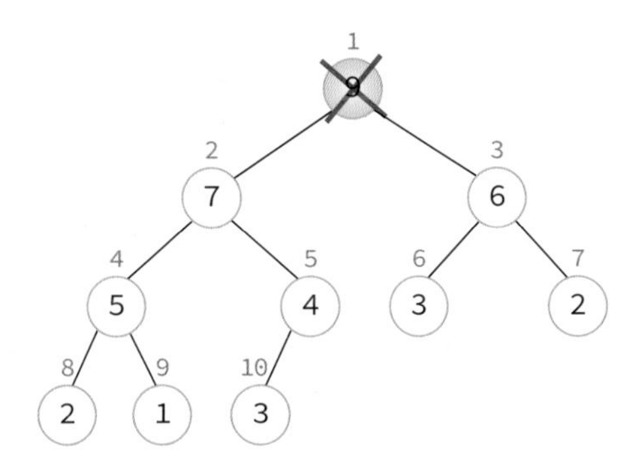

[그림 9-14] 히프트리의 삭제연산

(1) 먼저 루트 노드가 삭제된다. 빈 루트 노드 자리에는 히프의 마지막 노드를 가져온다.

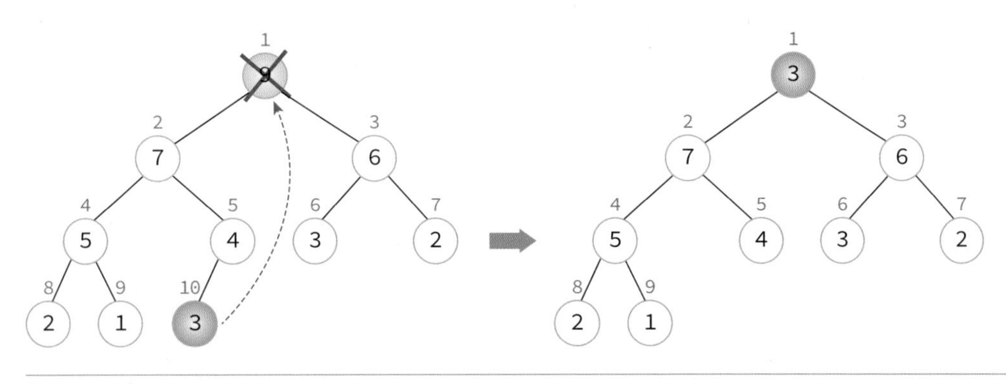

[그림 9-15] 히프트리의 삭제연산 #1

(2) 새로운 루트인 3과 자식 노드들을 비교해보면 자식 노드가 더 크기 때문에 교환이 일어난다. 자식 중에서 더 큰 값과 교환이 일어난다. 따라서 3과 7이 교환된다.

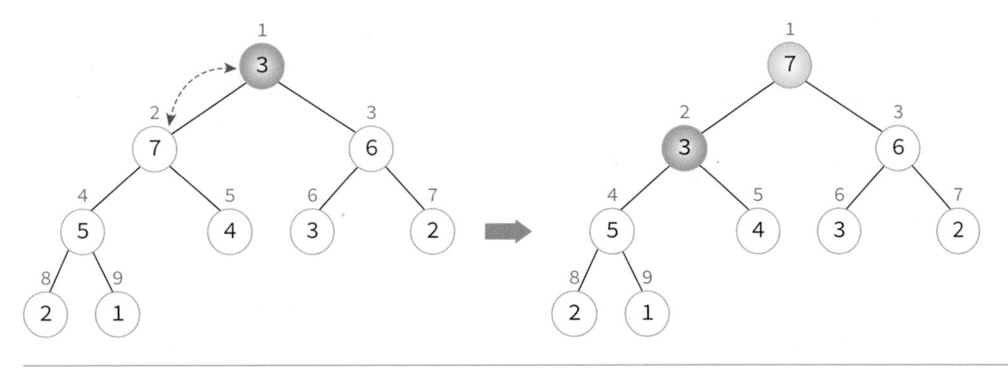

[그림 9-16] 히프트리의 삭제연산 #2

(3) 아직도 3이 자식 노드들보다 더 크기 때문에 3과 자식 노드 5를 교환한다.

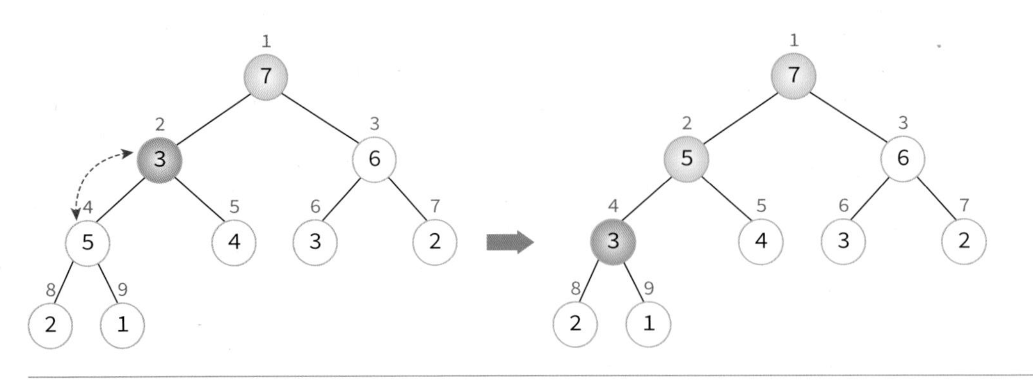

[그림 9-17] 히프트리의 삭제연산 #3

(4) 3이 자식 노드인 2와 1보다 크기 때문에 더 이상의 교환은 필요없다.

위의 과정을 의사 코드로 살펴보면 다음과 같다.

알고리즘 9.2 히프트리에서의 삭제 알고리즘

```
delete_max_heap(A):

1.  item ← A[1];
2.  A[1] ← A[heap_size];
3.  heap_size←heap_size-1;
4.  i ← 2;
5.  while i ≤ heap_size do
6.      if i < heap_size and A[i+1] > A[i]
7.         then largest ← i+1;
8.         else largest ← i;
9.      if A[PARENT(largest)] > A[largest]
10.        then break;
11.     A[PARENT(largest)] <-> A[largest];
12.     i ← CHILD(largest);
13.
14. return item;
```

알고리즘 설명

1. 루트 노드 값을 반환을 위하여 item 변수로 옮긴다.
2. 말단 노드를 루트 노드로 옮긴다.
3. 히프의 크기를 하나 줄인다.
4. 루트의 왼쪽 자식부터 비교를 시작한다.
5. i가 히프트리의 크기보다 작으면 (즉 히프트리를 벗어나지 않았으면)

```
6. 오른쪽 자식이 더 크면
7-8. 두개의 자식 노드 중 큰 값의 인덱스를 largest로 옮긴다.
9. largest의 부모 노드가 largest보다 크면
10. 중지
11. 그렇지 않으면 largest와 largest 부모 노드를 교환한다.
12. 한 레벨 밑으로 내려간다.
14. 최대값을 반환한다.
```

프로그램 9.2 **히프트리에서의 삭제 함수**

```
// 삭제 함수
element delete_max_heap(HeapType* h)
{
    int parent, child;
    element item, temp;

    item = h->heap[1];
    temp = h->heap[(h->heap_size)--];
    parent = 1;
    child = 2;
    while (child <= h->heap_size) {
        // 현재 노드의 자식노드 중 더 큰 자식노드를 찾는다.
        if ((child < h->heap_size) &&
            (h->heap[child].key) < h->heap[child + 1].key)
            child++;
        if (temp.key >= h->heap[child].key) break;
        // 한 단계 아래로 이동
        h->heap[parent] = h->heap[child];
        parent = child;
        child *= 2;
    }
    h->heap[parent] = temp;
    return item;
}
```

전체 프로그램

다음은 삽입과 삭제 연산을 테스트하는 완전한 프로그램 소스이다. 먼저 3개의 요소를 삽입하고 이어서 3개의 요소를 삭제하여 요소들의 킷값을 화면에 출력하였다. 최대 히프이므로 값이 큰 순서대로 출력됨을 알 수 있다.

프로그램 9.3 히프트리 테스트 프로그램

```
#include <stdio.h>
#include <stdlib.h>
#define MAX_ELEMENT 200
typedef struct {
    int key;
} element;
typedef struct {
    element heap[MAX_ELEMENT];
    int heap_size;
} HeapType;


// 생성 함수
HeapType* create()
{
    return (HeapType*)malloc(sizeof(HeapType));
}
// 초기화 함수
void init(HeapType* h)
{
    h->heap_size = 0;
}
// 현재 요소의 개수가 heap_size인 히프 h에 item을 삽입한다.
// 삽입 함수
void insert_max_heap(HeapType* h, element item)
{
    int i;
    i = ++(h->heap_size);

    // 트리를 거슬러 올라가면서 부모 노드와 비교하는 과정
    while ((i != 1) && (item.key > h->heap[i / 2].key)) {
        h->heap[i] = h->heap[i / 2];
        i /= 2;
    }
    h->heap[i] = item;  // 새로운 노드를 삽입
}
// 삭제 함수
element delete_max_heap(HeapType* h)
{
    int parent, child;
    element item, temp;

    item = h->heap[1];
    temp = h->heap[(h->heap_size)--];
    parent = 1;
    child = 2;
```

```
    while (child <= h->heap_size) {
        // 현재 노드의 자식노드 중 더 큰 자식노드를 찾는다.
        if ((child < h->heap_size) &&
            (h->heap[child].key) < h->heap[child + 1].key)
            child++;
        if (temp.key >= h->heap[child].key) break;
        // 한 단계 아래로 이동
        h->heap[parent] = h->heap[child];
        parent = child;
        child *= 2;
    }
    h->heap[parent] = temp;
    return item;
}

int main(void)
{
    element e1 = { 10 }, e2 = { 5 }, e3 = { 30 };
    element e4, e5, e6;
    HeapType* heap;

    heap = create();    // 히프 생성
    init(heap);         // 초기화

    // 삽입
    insert_max_heap(heap, e1);
    insert_max_heap(heap, e2);
    insert_max_heap(heap, e3);

    // 삭제
    e4 = delete_max_heap(heap);
    printf("< %d > ", e4.key);
    e5 = delete_max_heap(heap);
    printf("< %d > ", e5.key);
    e6 = delete_max_heap(heap);
    printf("< %d > \n", e6.key);

    free(heap);
    return 0;
}
```

위 프로그램의 출력은 다음과 같다.

실행결과

```
< 30 > < 10 > < 5 >
```

히프의 복잡도 분석

히프의 삽입과 삭제 연산의 시간 복잡도를 분석하여 보자. 삽입 연산에서 새로운 요소 히프트리를 타고 올라가면서 부모 노드들과 교환을 하게 되는데 최악의 경우, 루트 노드까지 올라가야 하므로 거의 트리의 높이에 해당하는 비교 연산 및 이동 연산이 필요하다. 히프가 완전 이진 트리임을 생각하면 히프의 높이는 $\log_2 n$가 되고 따라서 삽입의 시간 복잡도는 $O(\log_2 n)$이 된다.

삭제도 마찬가지로 마지막 노드를 루트로 가져온 후에 자식 노드들과 비교하여 교환하는 부분이 가장 시간이 걸리는 부분인데 이 역시 최악의 경우, 가장 아래 레벨까지 내려가야 하므로 역시 트리의 높이만큼의 시간이 걸린다. 따라서 삭제의 시간 복잡도도 $O(\log_2 n)$이 된다.

Quiz

01 최대 히프가 다음과 같이 배열에 저장되어 있다. 여기에 11을 삽입하였을 경우에, 재구성된 히프를 그려라.

인덱스	1	2	3	4	5	6	7	8	9
값	12	10	8	4	6	2	5	3	

02 위의 최대 히프에서 우선 순위가 가장 높은 요소를 삭제하였을 경우에, 재구성된 히프를 그려라.

9.5 히프 정렬

여러분들은 이미 알아차렸겠지만 최대 히프를 이용하면 정렬을 할 수 있다. n개의 요소는 $O(n\log_2 n)$시간 안에 정렬된다.

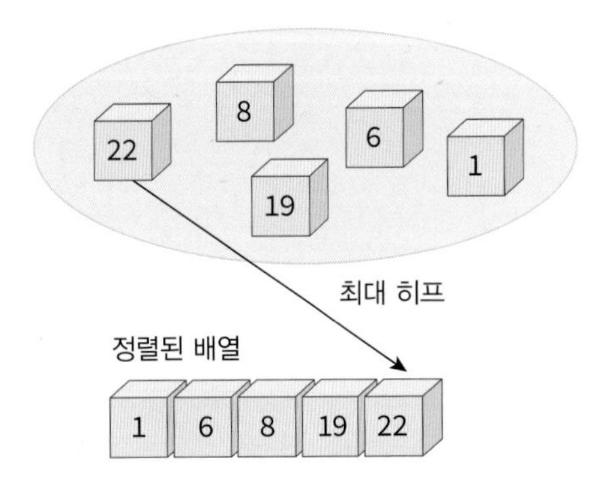

예를 들어서 정렬해야 할 데이터들이 다음과 같이 1차원 배열에 정렬되지 않은 상태로 저장되어 있다고 하자.

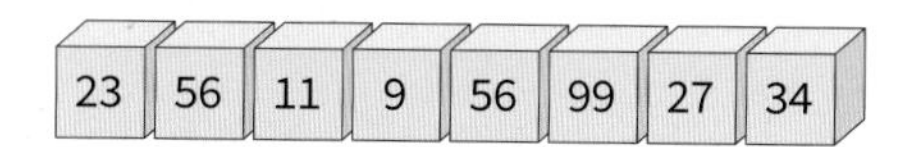

이 데이터들을 차례대로 최대 히프에 추가하여 다음과 같은 히프를 생성한다.

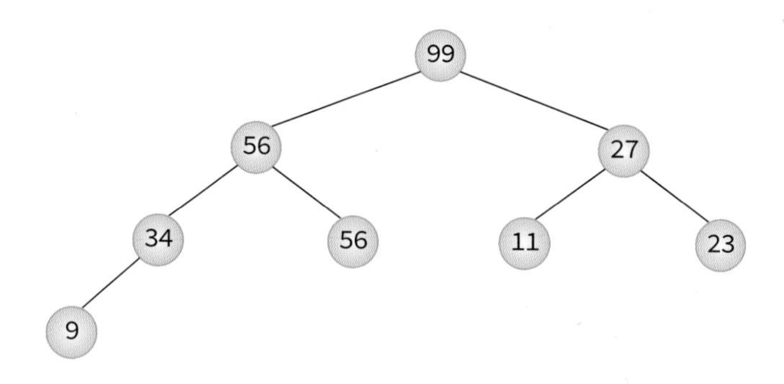

한 번에 하나씩 요소를 히프에서 꺼내서 배열의 뒤쪽부터 저장하면 된다. 배열 요소들은 값이 증가되는 순서로 정렬되게 된다.

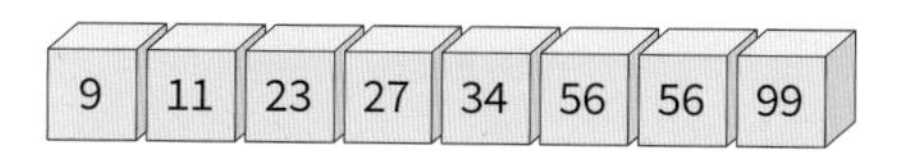

이렇게 히프를 사용하는 정렬 알고리즘을 히프 정렬(heap sort)이라고 한다.

히프 정렬의 구현

프로그램 9.4 **히프 정렬 프로그램**

```
#include <stdio.h>
#include <stdlib.h>

....
// 앞의 최대 히프 코드를 여기에 추가
....

// 우선순위 큐인 히프를 이용한 정렬
void heap_sort(element a[], int n)
{
    int i;
    HeapType* h;

    h = create();
```

```
    init(h);
    for (i = 0; i<n; i++) {
        insert_max_heap(h, a[i]);
    }
    for (i = (n - 1); i >= 0; i--) {
        a[i] = delete_max_heap(h);
    }
    free(h);
}

#define SIZE 8
int main(void)
{
    element list[SIZE] = { 23, 56, 11, 9, 56, 99, 27, 34 };
    heap_sort(list, SIZE);
    for (int i = 0; i < SIZE; i++) {
        printf("%d ", list[i].key);
    }
    printf("\n");
    return 0;
}
```

실행결과

```
9 11 23 27 34 56 56 99
```

히프 정렬의 복잡도

히프트리의 전체 높이가 거의 $\log_2 n$이므로(완전이진트리이므로) 따라서 하나의 요소를 히프에 삽입하거나 삭제할 때 히프를 재정비하는 시간이 $\log_2 n$만큼 소요된다. 요소의 개수가 n개이므로 전체적으로 $O(n\log_2 n)$의 시간이 걸린다. 이 시간 복잡도는 삽입 정렬같은 간단한 정렬 알고리즘이 $O(n^2)$ 걸리는 것에 비하면 좋은 편이다. 또한 히프 정렬이 최대로 유용한 경우는 전체 자료를 정렬하는 것이 아니라 가장 큰 값 몇 개만 필요할 때이다.

01 위의 히프 정렬 코드를 최소 히프를 사용하도록 수정하여 보자.

9.6 머쉰 스케줄링

어떤 공장에 동일한 기계가 m개 있다고 하자. 우리는 처리해야 하는 작업을 n개 가지고 있다. 각 작업이 필요로 하는 기계의 사용시간은 다르다고 하자. 우리의 목표는 모든 기계를 풀가동하여 가장 최소의 시간 안에 작업들을 모두 끝내는 것이다. 이것을 머쉰 스케줄링(machine schedling)이라고 한다.

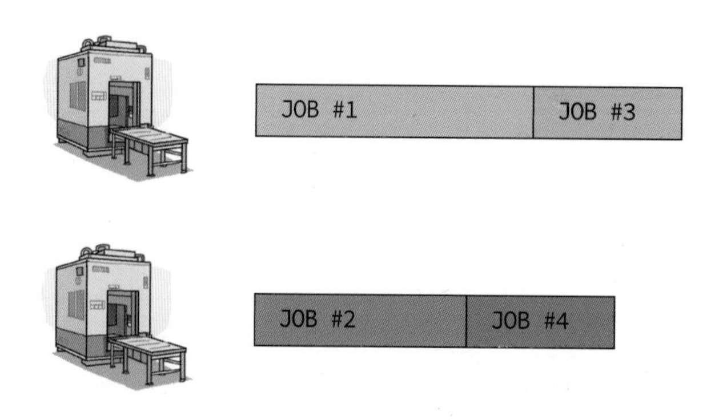

이 문제는 알고리즘 분야에서 상당히 유서 깊은 문제로 많은 응용 분야를 가지고 있다. 예를 들어서 서버가 여러 개 있어서 서버에 작업을 분배할 때도 사용할 수 있다. 최적의 해를 찾는 것은 상당히 어렵다. 하지만 근사의 해를 찾는 방법이 있다. 그 중 한 가지가 LPT(longest processing time first) 방법이다.

LPT는 가장 긴 작업을 우선적으로 기계에 할당하는 것이다. 예를 들어서 다음과 같은 순서대로 7개의 작업이 예정되어 있고 동일한 기계가 3대가 있다고 하자. 각 작업들은 기계 사용 시간에 따라서 다음과 같이 미리 정렬되어 있다고 가정한다(히프 정렬을 사용할 수도 있다).

J1	J2	J3	J4	J5	J6	J7
8	7	6	5	3	2	1

LPT 알고리즘은 각 작업들을 가장 먼저 사용가능하게 되는 기계에 할당하는 것이다. LPT 알고리즘을 사용하면 위의 작업들은 다음과 같이 할당된다.

	0	1	2	3	4	5	6	7	8	9	10	11	12	13	14
M1															
M2															
M3															

여기서는 최대 히프가 아닌 최소 히프를 사용한다. 최소 히프는 모든 기계의 종료 시간을 저장하고 있다. 처음에는 어떤 기계도 사용되지 않으므로 모든 기계의 종료 시간은 0이다. 히프에서 최소의 종료 시간을 가지는 기계를 삭제하여서 작업을 할당한다. 선택된 기계의 종료 시간을 업데이트하고 다시 히프에 저장한다. 예를 들어서 맨 처음에는 M1이 선택되어서 히프에서 삭제되고 작업 J1이 이 기계에 할당된다.

	0	1	2	3	4	5	6	7	8	9	10	11	12	13	14
M1															
M2															
M3															

다음 작업은 J2로서 7시간을 차지한다. M2와 M3가 비어 있으므로 M2에 할당된다.

	0	1	2	3	4	5	6	7	8	9	10	11	12	13	14
M1															
M2															
M3															

다음 작업은 J3로서 6시간을 차지한다. M3가 비어 있으므로 M3에 할당된다.

	0	1	2	3	4	5	6	7	8	9	10	11	12	13	14
M1															
M2															
M3															

다음 작업은 J4로서 5시간을 차지한다. 가장 먼저 사용가능하게 되는 기계는 M3이므로 M3에 할당된다.

	0	1	2	3	4	5	6	7	8	9	10	11	12	13	14
M1															
M2															
M3															

나머지 작업들도 유사한 알고리즘으로 할당된다.

LPT 알고리즘의 구현

여기서는 기계의 종료 시간이 중요하다. 종료 시간이 최소인 기계가 항상 선택되기 때문이다. 따라서 기계의 종료 시간을 최소 히프에 넣고 최소 히프에서 기계를 꺼내서 그 기계에 작업을 할당하면 된다. 작업을 할당한 후에는 기계의 종료 시간을 작업 시간만큼 증가시킨 후에 다시 최소 히프에 넣는다. 다음은 이 알고리즘을 구현한 코드이다.

프로그램 9.5 LPT 프로그램

```
#include <stdio.h>
#define MAX_ELEMENT 200

typedef struct {
    int id;
    int avail;
} element;

typedef struct {
    element heap[MAX_ELEMENT];
    int heap_size;
} HeapType;

// 생성 함수
HeapType* create()
{
    return (HeapType*)malloc(sizeof(HeapType));
}
// 초기화 함수
void init(HeapType* h)
{
    h->heap_size = 0;
}
// 현재 요소의 개수가 heap_size인 히프 h에 item을 삽입한다.
// 삽입 함수
void insert_min_heap(HeapType* h, element item)
{
    int i;
    i = ++(h->heap_size);

    // 트리를 거슬러 올라가면서 부모 노드와 비교하는 과정
    while ((i != 1) && (item.avail < h->heap[i / 2].avail)) {
        h->heap[i] = h->heap[i / 2];
        i /= 2;
    }
    h->heap[i] = item;  // 새로운 노드를 삽입
}
```

```
// 삭제 함수
element delete_min_heap(HeapType* h)
{
    int parent, child;
    element item, temp;

    item = h->heap[1];
    temp = h->heap[(h->heap_size)--];
    parent = 1;
    child = 2;
    while (child <= h->heap_size) {
        // 현재 노드의 자식노드중 더 작은 자식노드를 찾는다.
        if ((child < h->heap_size) &&
            (h->heap[child].avail) > h->heap[child + 1].avail)
            child++;
        if (temp.avail < h->heap[child].avail) break;
        // 한 단계 아래로 이동
        h->heap[parent] = h->heap[child];
        parent = child;
        child *= 2;
    }
    h->heap[parent] = temp;
    return item;
}

#define JOBS 7
#define MACHINES 3

int main(void)
{
    int jobs[JOBS] = { 8, 7, 6, 5, 3, 2, 1 };  // 작업은 정렬되어 있다고 가정
    element m = { 0, 0 };
    HeapType* h;
    h = create();
    init(h);

    // 여기서 avail 값은 기계가 사용 가능하게 되는 시간이다.
    for (int i = 0; i<MACHINES; i++) {
        m.id = i + 1;
        m.avail = 0;
        insert_min_heap(h, m);
    }
    // 최소 히프에서 기계를 꺼내서 작업을 할당하고 사용가능 시간을 증가 시킨 후에
    // 다시 최소 히프에 추가한다.
    for (int i = 0; i< JOBS; i++) {
        m = delete_min_heap(h);
        printf("JOB %d을 시간=%d부터 시간=%d까지 기계 %d번에 할당한다. \n",
            i, m.avail, m.avail + jobs[i] - 1, m.id);
```

```
        m.avail += jobs[i];
        insert_min_heap(h, m);
    }
    return 0;
}
```

실행결과

```
JOB 0을 시간=0부터 시간=7까지 기계 1번에 할당한다.
JOB 1을 시간=0부터 시간=6까지 기계 2번에 할당한다.
JOB 2을 시간=0부터 시간=5까지 기계 3번에 할당한다.
JOB 3을 시간=6부터 시간=10까지 기계 3번에 할당한다.
JOB 4을 시간=7부터 시간=9까지 기계 2번에 할당한다.
JOB 5을 시간=8부터 시간=9까지 기계 1번에 할당한다.
JOB 6을 시간=10부터 시간=10까지 기계 2번에 할당한다.
```

	0	1	2	3	4	5	6	7	8	9	10	11	12	13	14
M1															
M2															
M3															

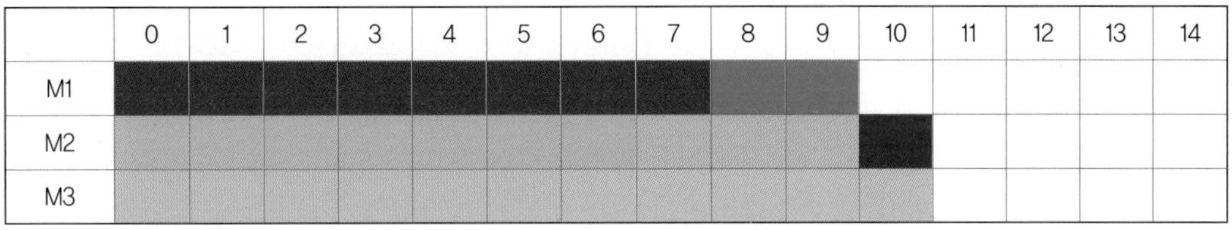

9.7 허프만 코드

이진 트리는 각 글자의 빈도가 알려져 있는 메시지의 내용을 압축하는데 사용될 수 있다. 이런 특별한 종류의 이진트리를 허프만 코딩 트리라고 부른다. 예를 들어 영문 신문에 실린 기사를 분석하여 각 글자들의 빈도수를 분석해보면 다음과 같을 수 있다.

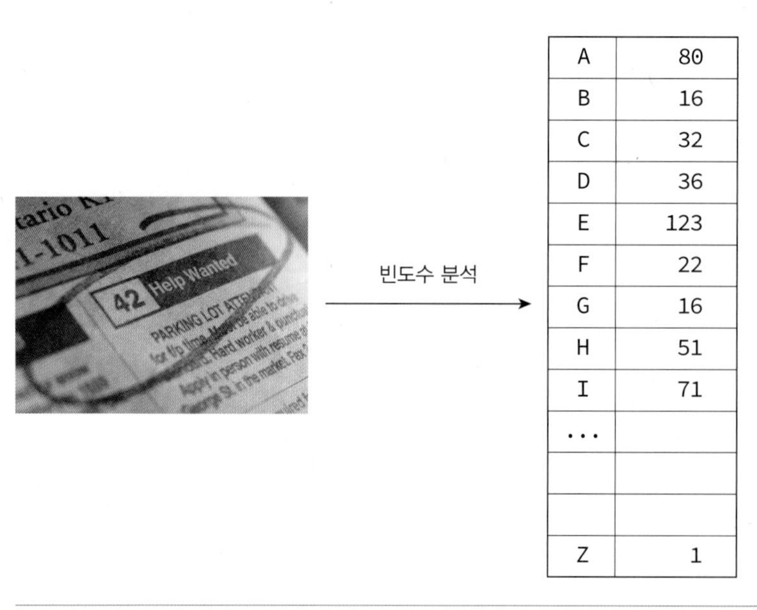

A	80
B	16
C	32
D	36
E	123
F	22
G	16
H	51
I	71
...	
Z	1

[그림 9-18] 허프만 코드

테이블의 숫자는 빈도수(frequencies)라 불리운다. 각 숫자들은 영문 텍스트에서 해당 글자가 나타나는 회수이다. 이 빈도수를 이용하여 데이터를 압축할 때 각 글자들을 나타내는 최소길이의 엔코딩 비트열을 만들 수 있다. 데이터를 압축할 때는 우리가 흔히 사용하는 아스키(ASCII) 코드를 사용하지 않는다. 보통 전체 데이터의 양을 줄이기 위하여 고정된 길이를 사용하지 않고 가변 길이의 코드를 사용한다. 각 글자의 빈도수에 따라서 가장 많이 등장하는 글자에는 짧은 비트열을 사용하고 잘 나오지 않는 글자에는 긴 비트열을 사용하여 전체의 크기를 줄이자는 것이다. 즉 많이 등장하는 e를 나타내기 위하여 2비트를 사용하고 잘 나오지 않는 z를 나타내기 위하여 15비트를 사용하자는 것이다.

예를 들어보자. 만약 텍스트가 e, t, n, i, s의 5개의 글자로만 이루어졌다고 가정하고 각 글자의 빈도수가 다음과 같다고 가정하자.

글자	빈도수
e	15
t	12
n	8
i	6
s	4

텍스트의 길이가 45 글자이므로 한 글자를 3비트로 표시하는 아스키 코드의 경우, 45글자*3비트/글자=135비트가 필요하다. 그러나 만약 다음과 같이 가변길이의 코드를 만들어서 사용했을 경우에는 더 적은 비트로 표현할 수 있다. 15*2+12*2+8*2+6*3+4*3 = 88비트만 있으면 된다. 물론 각각의 글자를 어떤 비트 코드로 표현했는지를 알려주는 테이블이 있어야 한다.

글자	코드	코드길이	빈도수	비트수
e	00	2	15	2*15=30
t	01	2	12	2*12=24
n	11	2	8	2*8=16
i	100	3	6	3*6=18
s	101	3	4	3*4=12
합계				88

글자를 나타내는 비트열은 서로 간에 혼동을 일으키지 않아야 한다. 해결해야 될 문제는 압축해야할 텍스트가 주어졌을 때 어떻게 그러한 비트코드를 자동으로 생성할 것인가와 압축된 텍스트가 주어져 있을 때 어떻게 복원할 것인지가 문제이다.

해독하는 문제를 생각하여 보자. 만약 한 글자당 3비트가 할당된다면 메시지를 해독하는 것은 아주 쉽다. 메시지를 3비트씩 끊어서 읽으면 된다. 만약 가변길이 코드가 사용되었을 경우에는 어떻게 될 것인가? teen의 경우, 가변코드를 사용하여 코딩하면 01000010이 된다. 이 메시지를 어디서 끊어서 읽어서 해독해야 되는가? 첫 번째 글자의 경우, 하나의 글자가 3비트까지 가능하므로 0, 01, 010 중의 하나이다. 그러나 코드 테이블을 보면 0이나 010인 코드는 없기 때문에 첫 번째 글자는 01이 분명하고 01은 t이다. 또 다음 코드는 0, 00, 000 중의 하나이다. 그러나 같은 이유로 다음 코드는 00이 된다. 따라서 e이다. 이런 식으로 계속 진행하면 teen이라고 하는 원문을 추출할 수 있다.

이러한 해독과정을 가능하게 하는 원인은 코드를 관찰하여 보면 모든 코드가 다른 코드의 첫 부분이 아니라는 것이다. 따라서 코딩된 비트열을 왼쪽에서 오른쪽으로 조사하여 보면 정확히 하나의 코드만 일치하는 것을 알 수 있다. 이러한 특수한 코드를 만들기 위하여 이진 트리를 사용할 수 있다. 이런 종류의 코드를 호프만 코드(Huffman codes)라고 한다.

허프만 코드를 만드는 절차를 살펴보자.

글자	빈도수
s	4
i	6
n	8
t	12
e	15

먼저 빈도수에 따라 5개의 글자를 나열하고 (s(4), i(6), n(8), t(12), e(15)) 여기서 가장 작은 빈도수를 가지는 글자 2개(s(4), i(6))를 추출하여 이들을 단말노드로 하여 이진 트리를 구성한다. 루트의 값은 각 자식노드의 값을 합한 값이 된다.

[그림 9-19] 허프만 코드 생성 과정 #1

다시 정렬된 글자들의 리스트로 돌아가서 이 합쳐진 값을 글자들의 리스트에 삽입하여 (10, 8, 12, 15)를 얻는다. 이 빈도수를 정렬하여 (8, 10, 12, 15)를 얻을 수 있고 다시 이중에서 가장 작은 값 2개를 단말노드로 하여 다음과 같은 이진트리를 구성한다.

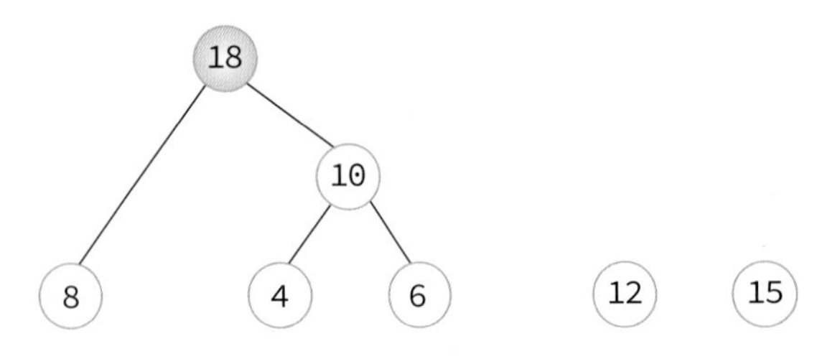

[그림 9-20] 허프만 코드 생성 과정 #2

다시 글자들의 정렬된 리스트로 돌아가서 이 합쳐진 값을 글자들의 리스트에 삽입하여 (12, 15, 18)를 얻는다. 다시 이중에서 가장 작은 값 2개를 단말노드로 하여 다음과 같은 이진트리를 구성한다.

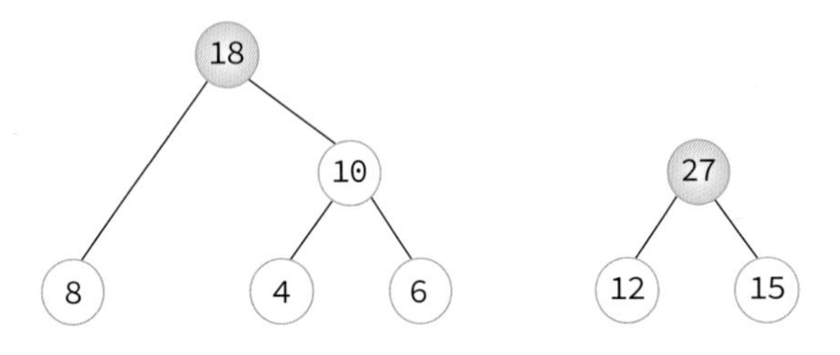

[그림 9-21] 허프만 코드 생성 과정 #3

같은 식으로 하여 (18, 27)이 되고 이 두 값을 단말노드로 하여 이진 트리를 구성하면 다음과 같이 된다. 이 허프만 트리에서 왼쪽 간선은 비트 1을 나타내고 오른쪽 간선은 비트 0을 나타낸다.

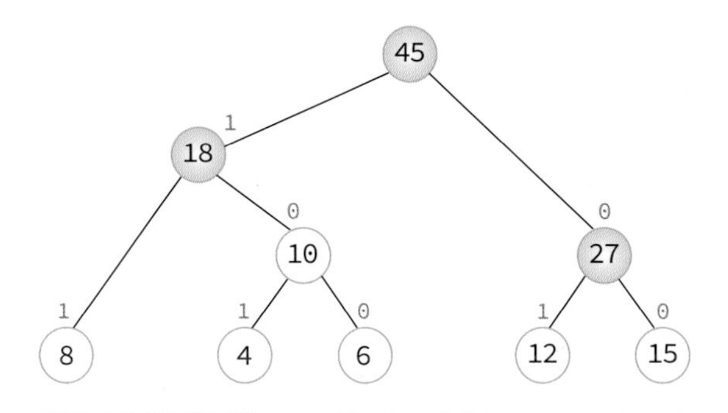

[그림 9-22] 허프만 코드 생성 과정 #4

이상과 같이 이진 트리를 구성하였으면 각 글자에 대한 호프만 코드는 단순히 루트 노드에서 단말 노드까지의 경로에 있는 간선의 라벨값을 읽으면 된다. 즉 빈도수 6에 해당하는 글자인 i의 코드는 110이 된다. 같은 식으로 하여 다른 글자에 대한 허프만 코드 값을 얻을 수 있다.

허프만 코드 알고리즘에서 가장 작은 2개의 빈도수를 얻는 과정이 있다. 이것은 히프트리를 이용하면 가장 효율적으로 구성될 수 있다. 여기서는 최소 히프를 이용하여야 한다. 따라서 히프 트리 코드를 약간 변경하였다. 다음의 프로그램은 먼저 각 빈도수를 단일 노드로 만든 다음에 가장 작은 빈도수를 갖는 노드 2개를 합쳐서 하나의 트리로 만드는 과정을 되풀이 한다.

히프에 저장되는 element 타입은 구조체로서 트리를 가리키는 포인터와 그 트리의 weight값을 key값으로 가진다. 우선 순위는 바로 이 트리의 weight값에 의하여 결정된다.

make_tree 함수는 매개변수로 받은 포인터들을 왼쪽 자식과 오른쪽 자식으로 하는 루트 노드를 만들어서 반환한다. 제일 작은 값 두 개를 꺼내어 합치는 for 루프는 $n-1$번만 수행되어야 한다. 마지막에 남은 노드가 전체 이진 트리의 루트가 되고 이 이진 트리로부터 허프만 코드를 할당할 수 있다.

프로그램 9.6 허프만 코드 프로그램(최소 히프 사용)

```
#include <stdio.h>
#include <stdlib.h>
#define MAX_ELEMENT 200

typedef struct TreeNode {
    int weight;
    char ch;
    struct TreeNode *left;
    struct TreeNode *right;
} TreeNode;

typedef struct {
    TreeNode* ptree;
    char ch;
```

```
    int key;
} element;

typedef struct {
    element heap[MAX_ELEMENT];
    int heap_size;
} HeapType;

// 생성 함수
HeapType* create()
{
    return (HeapType*)malloc(sizeof(HeapType));
}
// 초기화 함수
void init(HeapType* h)
{
    h->heap_size = 0;
}
// 현재 요소의 개수가 heap_size인 히프 h에 item을 삽입한다.
// 삽입 함수
void insert_min_heap(HeapType* h, element item)
{
    int i;
    i = ++(h->heap_size);

    // 트리를 거슬러 올라가면서 부모 노드와 비교하는 과정
    while ((i != 1) && (item.key < h->heap[i / 2].key)) {
        h->heap[i] = h->heap[i / 2];
        i /= 2;
    }
    h->heap[i] = item; // 새로운 노드를 삽입
}
// 삭제 함수
element delete_min_heap(HeapType* h)
{
    int parent, child;
    element item, temp;

    item = h->heap[1];
    temp = h->heap[(h->heap_size)--];
    parent = 1;
    child = 2;
    while (child <= h->heap_size) {
        // 현재 노드의 자식노드중 더 작은 자식노드를 찾는다.
        if ((child < h->heap_size) &&
            (h->heap[child].key) > h->heap[child + 1].key)
            child++;
        if (temp.key < h->heap[child].key) break;
```

```
        // 한 단계 아래로 이동
        h->heap[parent] = h->heap[child];
        parent = child;
        child *= 2;
    }
    h->heap[parent] = temp;
    return item;
}

// 이진 트리 생성 함수
TreeNode* make_tree(TreeNode* left, TreeNode* right)
{
    TreeNode* node =
        (TreeNode*)malloc(sizeof(TreeNode));
    node->left = left;
    node->right = right;
    return node;
}
// 이진 트리 제거 함수
void destroy_tree(TreeNode* root)
{
    if (root == NULL) return;
    destroy_tree(root->left);
    destroy_tree(root->right);
    free(root);
}

int is_leaf(TreeNode* root)
{
    return !(root->left) && !(root->right);
}
void print_array(int codes[], int n)
{
    for (int i = 0; i < n; i++)
        printf("%d", codes[i]);
    printf("\n");
}

void print_codes(TreeNode* root, int codes[], int top)
{

    // 1을 저장하고 순환호출한다.
    if (root->left) {
        codes[top] = 1;
        print_codes(root->left, codes, top + 1);
    }
```

```
    // 0을 저장하고 순환호출한다.
    if (root->right) {
        codes[top] = 0;
        print_codes(root->right, codes, top + 1);
    }

    // 단말노드이면 코드를 출력한다.
    if (is_leaf(root)) {
        printf("%c: ", root->ch);
        print_array(codes, top);
    }
}

// 허프만 코드 생성 함수
void huffman_tree(int freq[], char ch_list[], int n)
{
    int i;
    TreeNode *node, *x;
    HeapType* heap;
    element e, e1, e2;
    int codes[100];
    int top = 0;

    heap = create();
    init(heap);
    for (i = 0; i<n; i++) {
        node = make_tree(NULL, NULL);
        e.ch = node->ch = ch_list[i];
        e.key = node->weight = freq[i];
        e.ptree = node;
        insert_min_heap(heap, e);
    }
    for (i = 1; i<n; i++) {
        // 최소값을 가지는 두개의 노드를 삭제
        e1 = delete_min_heap(heap);
        e2 = delete_min_heap(heap);
        // 두개의 노드를 합친다.
        x = make_tree(e1.ptree, e2.ptree);
        e.key = x->weight = e1.key + e2.key;
        e.ptree = x;
        printf("%d+%d->%d \n", e1.key, e2.key, e.key);
        insert_min_heap(heap, e);
    }
    e = delete_min_heap(heap); // 최종 트리
    print_codes(e.ptree, codes, top);
    destroy_tree(e.ptree);
    free(heap);
}
```

```
int main(void)
{
    char ch_list[] = { 's', 'i', 'n', 't', 'e' };
    int freq[] = { 4, 6, 8, 12, 15 };
    huffman_tree(freq, ch_list, 5);
    return 0;
}
```

실행결과

```
4+6->10
8+10->18
12+15->27
18+27->45
n: 11
s: 101
i: 100
t: 01
e: 00
```

연습문제 EXERCISE

01 히프트리에서 노드가 삭제되는 위치는 어디인가?

① 루트 ② 마지막 노드
③ 가장 최근에 삽입된 노드 ④ 가장 먼저 삽입된 노드

02 히프를 배열로 표현할 수 있는 이유는 무엇인가?

① 완전 이진 트리이기 때문에 ② 어느 정도 정렬되어 있기 때문에
③ 이진 트리이기 때문에 ④ 히프 조건을 만족하기 때문에

03 히프 연산 중에서 하나의 노드가 삽입되거나 삭제되는 시간은 무엇에 비례하는가?

① 노드의 개수 ② 트리의 높이
③ 항상 일정하다. ④ 예측 불가능하다.

04 다음 중 히프 정렬이 특히 유용하게 사용될 수 있는 경우는?

① 데이터 100개 중에서 오름차순으로 20개만 뽑고자 할때
② 비교적 데이터의 개수가 적을 때
③ 정렬의 대상이 되는 레코드의 크기가 클 때
④ 데이터가 역순으로 정렬되어 있을 때

05 최소 히프에서 가장 작은 데이터가 있는 노드는?

① 마지막 노드 ② 첫 번째 노드
③ 간 노드 ④ 알 수 없다.

06 최소 히프에서 2번째로 작은 데이터가 있는 노드는?

07 10개의 데이터를 저장하고 있는 히프트리의 높이는?

08 최소 히프를 구현한 배열의 내용이 다음과 같을 때 해당하는 히프트리를 그려라.

	0	1	2	3	4	5	6	7	8
a[i]		2	9	18	6	15	7	3	14

(1) 이 힙에서 삭제 연산을 한번 수행한 후의 배열의 내용을 적어라.
(2) 이 힙에서 데이터 7을 삽입한 후의 배열의 내용을 적어라.

09 다음의 최소 히프트리에서 답하라.

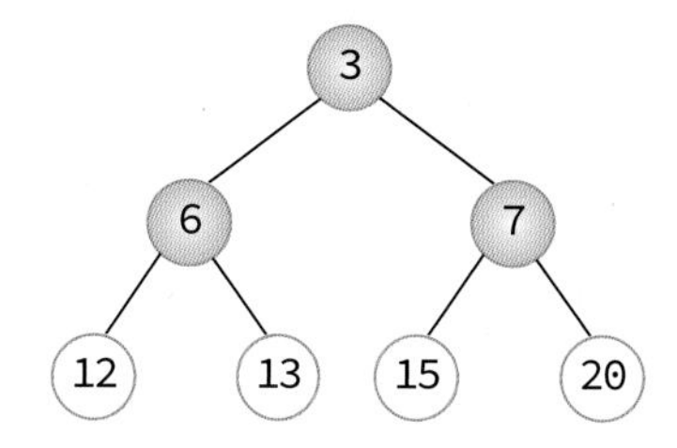

(1) 2를 삽입하였을 경우, 히프트리를 재구성하는 과정을 보여라.
(2) 삭제연산이 한번 이루어진 다음에 히프를 재구성하는 과정을 보여라.

10 다음의 파일에 대하여 다음 물음에 답하시오.

```
10, 40, 30, 5, 12, 6, 15, 9, 60
```

(1) 위의 파일을 순차적으로 읽어서 최대 히프트리를 구성하라. 공백 트리에서 최대 히프트리가 만들어지는 과정을 보여라.
(2) 구성된 최대 히프트리가 저장된 배열의 내용을 표시하라.
(3) 구성된 최대 히프트리에서 최댓값을 제거한 다음 재정비하는 과정을 설명하라.

11 자신의 할일에 우선순위를 매겨서 힙에 저장했다가 우선순위 순으로 꺼내서 출력하는 프로그램을 작성하여 보자.

실행결과

```
삽입(i), 삭제(d): i
할일: 이메일 작성
우선순위: 10
삽입(i), 삭제(d): i
할일: 청소하기
우선순위: 3
삽입(i), 삭제(d): d
제일 우선 순위가 높은 일은 "이메일 작성“
...
```

12 아래의 이진트리는 최소 히프트리인가? 그 이유는?

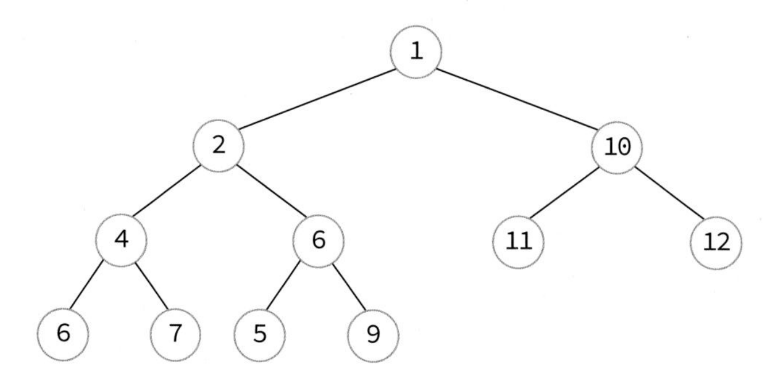

13 히프트리가 비어있는 상태에서 다음의 연산들을 차례대로 수행한 후의 최소 히프트리의 모습을 그려라.

```
insert(20), insert(12), insert(3), insert(2), delete(), insert(5), insert(16),
delete(), insert(1), is_empty()
```

14 정렬되지 않은 배열(array)을 이용하여 우선순위 큐 추상자료형의 각종 연산들을 구현하여 보라.

15 연결리스트(linked list)를 이용하여 우선순위 큐 추상자료형의 각종 연산들을 구현하여 보라.

16 최소 히프에서 임의의 요소를 삭제하는 C 함수를 작성하라. 결과 히프는 히프의 조건을 만족하여야 한다.

17 다음과 같이 각 글자들의 빈도가 있을 때, 호프만 코드를 계산해보자. 생성되는 트리를 그려보자.

a:1 b:1 c:2 d:3 e:5 f:8 g:13 h:21

CHAPTER

10

그래프 I

■ **학습목표**

- 그래프의 개념을 이해한다.
- 그래프를 표현하는 2가지의 방법을 이해한다.
- 그래프 순회 방법을 이해한다.

10.1 그래프란?

그래프의 소개

그래프(graph)는 객체 사이의 연결 관계를 표현할 수 있는 자료 구조다. 그래프의 대표적인 예는 지도이다. [그림 10-1]의 지하철 노선도는 여러 개의 역들이 어떻게 연결되었는지를 보여준다. 지도를 그래프로 표현하면 지하철의 특정한 역에서 다른 역으로 가는 최단 경로를 쉽게 프로그래밍해서 찾을 수 있다.

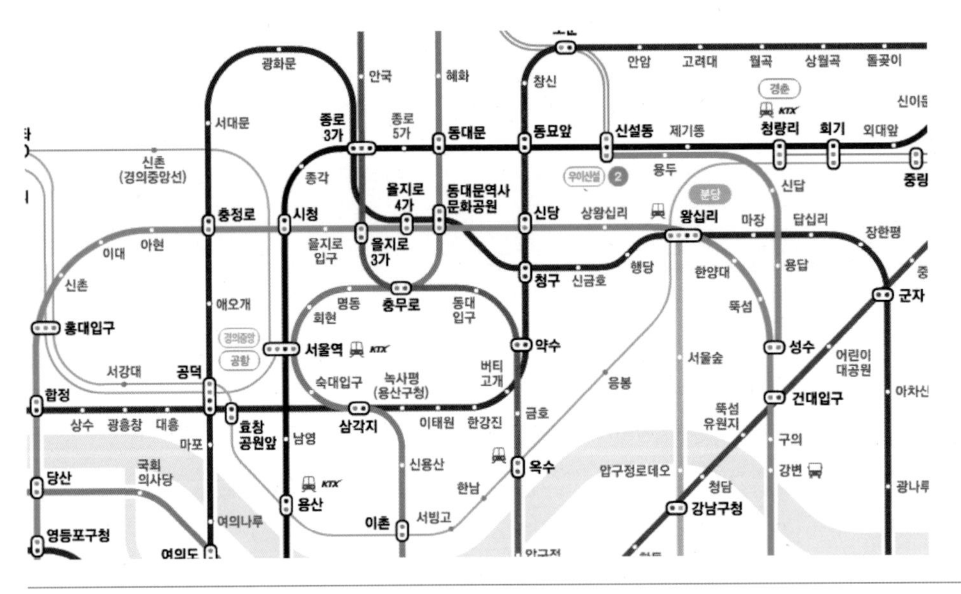

[그림 10-1] 그래프의 예: 서울 지하철 노선도의 일부

또한 전기 소자를 그래프로 표현하게 되면 전기 회로의 소자들이 어떻게 연결되어 있는지를 표현해야 회로가 제대로 동작하는지 분석할 수 있으며, 운영 체제에서는 프로세스와 자원들이 어떻게 연관되는지를 그래프로 분석하여 시스템의 효율이나 교착상태 유무 등을 알아낼 수 있다.

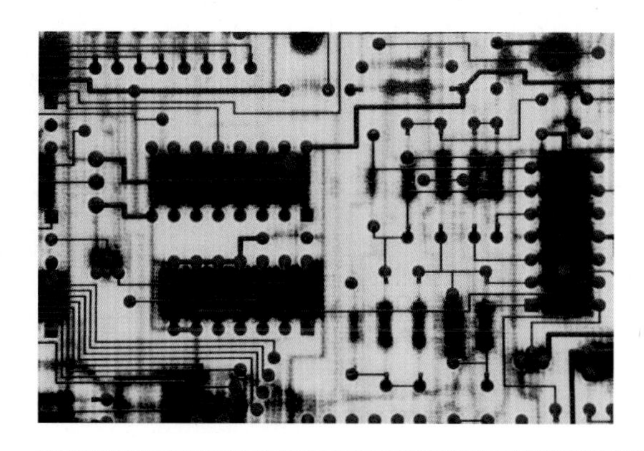

[그림 10-2] 그래프의 예: 전기회로

이러한 많은 문제들은 공통적으로 도시, 소자, 자원, 프로젝트 등의 객체들이 서로 연결되어 있는 구조로 표현 가능하다. 그래프는 이러한 많은 문제들을 표현할 수 있는 훌륭한 논리적 도구이다. 우리가 여태까지 배워온 선형리스트나 트리의 구조로는 위와 같은 복잡한 문제들을 표현할 수 없다. 그래프 구조는 인접 행렬이나 인접 리스트로 메모리에 표현되고 처리될 수 있으므로 광범위한 분야의 다양한 문제들을 그래프로 표현하여 컴퓨터 프로그래밍에 의해 해결할 수 있다.

그래프는 아주 일반적인 자료 구조로서 앞에서 배웠던 트리도 그래프의 하나의 특수한 종류로 볼 수 있다. 그래프 이론(graph theory)은 컴퓨터 학문 분야의 활발한 연구 주제이며 문제 해결을 위한 도구로서 많은 이론과 응용이 존재한다. 우리는 여기서 그래프의 기본적인 알고리즘에 대해서 학습한다.

그래프의 역사

1736년에 수학자 오일러(Euler)는 "Konigsberg의 다리" 문제를 해결하기 위하여 그래프를 처음으로 사용하였다. Konigsberg시의 한 가운데는 Pregel 강이 흐르고 있고 여기에는 7개의 다리가 있다. "Konigsberg의 다리" 문제란 "임의의 지역에서 출발하여 모든 다리를 단 한번만 건너서 처음 출발했던 지역으로 돌아올 수 있는가"이다.

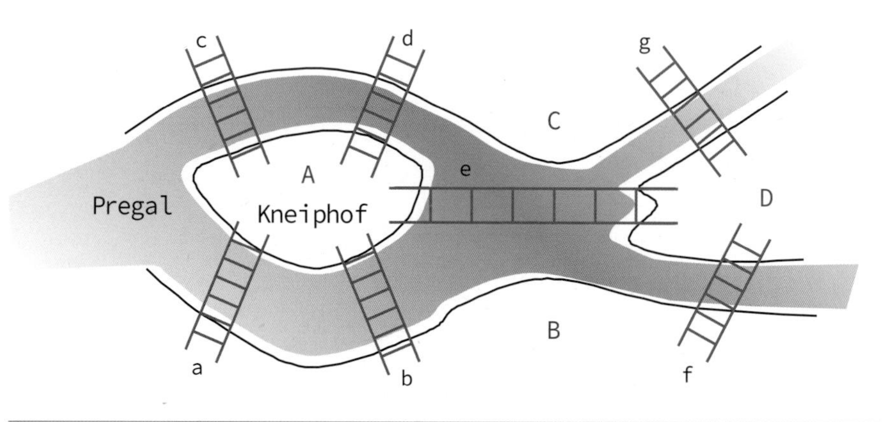

[그림 10-3] "Konigsberg의 다리" 문제

많은 사람들이 이 문제의 답을 찾기 위해 노력을 했다. 여러분도 한번 시도해보면 알 수 있지만 그런 방법은 없다는 것이 정답이다. 오일러는 어떤 한 지역에서 시작하여 모든 다리를 한 번씩만 지나서 처음 출발점으로 되돌아오려면 각 지역에 연결된 다리의 개수가 모두 짝수이어야 함을 증명하였다. 오일러는 위의 문제를 다음과 같이 간단하게 변경하였다.

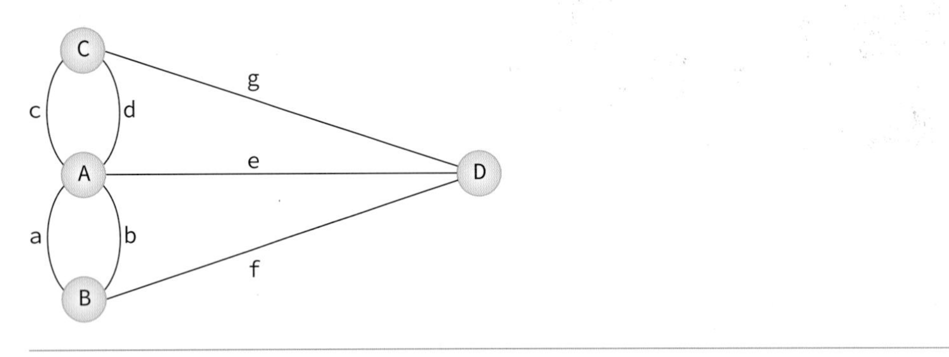

[그림 10-4] 오일러 문제

오일러는 이 문제에서 핵심적이고 중요한 것은 'A, B, C, D의 위치가 어떠한 관계로 연결되었는가?' 라고 생각하고, 특정 지역은 정점(node)로, 다리는 간선(edge)로 표현하여 [그림 10-4]와 같은 그래프(graph) 문제로 변환하였다. 오일러는 이러한 그래프에 존재하는 모든 간선을 한번만 통과하면서 처음 정점으로 되돌아오는 경로를 오일러 경로(Eulerian tour)라 정의하고, 그래프의 모든 정점에 연결된 간선의 개수가 짝수일 때만 오일러 경로가 존재한다는 오일러의 정리를 증명하였다. 따라서 [그림 10-4]의 그래프는 오일러의 정리에 의해 오일러 경로가 존재하지 않는다는 것을 복잡한 시행착오를 거치지 않고도 손쉽게 알 수 있게 한다.

그래프로 표현할 수 있는 것들

● 도로

도로의 교차점과 일방통행길 등을 그래프로 효과적으로 표현할 수 있다.

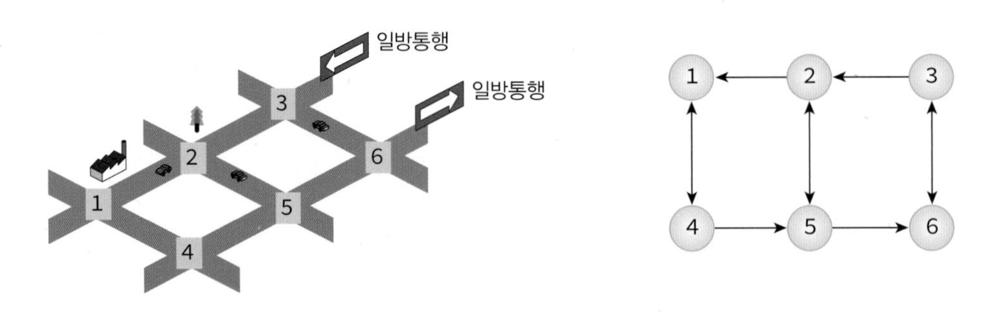

[그림 10-5] 도로를 그래프로 표현한 예

● 미로

미로도 그래프를 이용하여 효과적으로 표현이 가능하다.

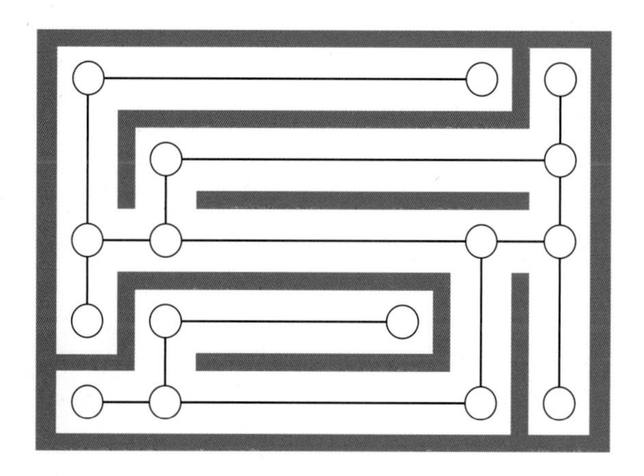

[그림 10-6] 미로를 그래프로 표현한 예

● 선수과목

대학교에서 전공과목을 수강하기 위해서는 미리 들어야 하는 선수과목들이 있다. 그래프는 이러한 선수과목 관계를 효과적으로 표현할 수 있다.

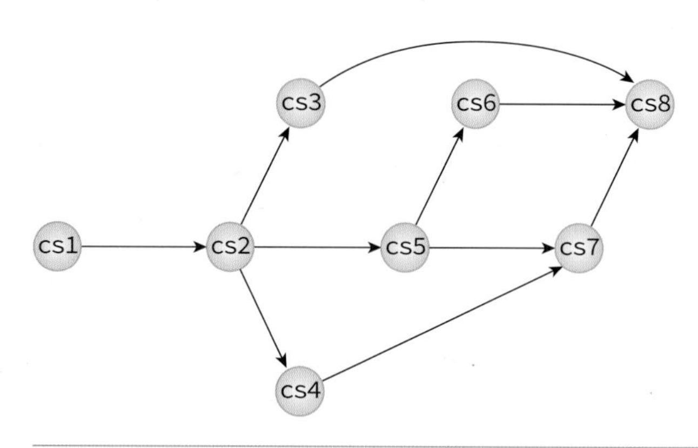

[그림 10-7] 선수과목관계를 그래프로 표현한 예

10.2 그래프의 정의와 용어

그래프의 정의

그래프는 정점(vertex)와 간선(edge)들의 유한 집합이라 할 수 있다. 수학적으로는 G = (V, E)와 같이 표시한다. 여기서, V(G)는 그래프 G의 정점들의 집합을, E(G)는 그래프 G의 간선들의 집합을 의미한다. 정점은 여러 가지 특성을 가질 수 있는 객체를 의미하고, 간선은 이러한 정점들 간의 관계를 의미한다. 정점(vertex)는 노드(node)라고도 불리며, 간선(edge)는 링크(link)라고도 불린다. 이 책에서는 '정점'와 '간선'라는 용어로 통일해서 사용하고자 한다.

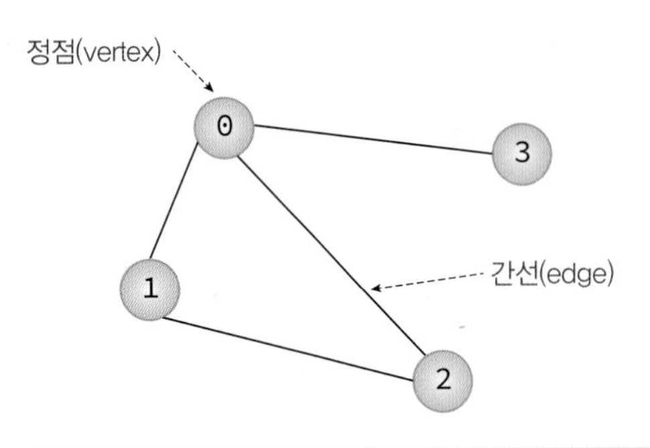

[그림 10-8] 정점과 간선

[그림 10-8]의 그래프는 다음과 같이 집합으로 표현할 수 있다.

```
V(G1)= { 0, 1, 2, 3 }
E(G1)= { (0, 1), (0, 2), (0, 3), (1, 2) }
```

무방향 그래프와 방향 그래프

간선의 종류에 따라 그래프는 무방향 그래프(undirected graph)와 방향 그래프(directed graph)로 구분된다. 무방향 그래프의 간선은 간선을 통해서 양방향으로 갈수 있음을 나타내며 정점 A와 정점 B를 연결하는 간선은 (A, B)와 같이 정점의 쌍으로 표현한다. (A, B)와 (B, A)는 동일한 간선이 된다. 방향 그래프는 간선에 방향성이 존재하는 그래프로서 도로의 일방통행길처럼 간선을 통하여 한쪽 방향으로만 갈 수 있음을 나타낸다. 정점 A에서 정점 B로만 갈 수 있는 간선은 〈A, B〉로 표시한다. 방향 그래프에서 〈A, B〉와 〈B, A〉는 서로 다른 간선이다.

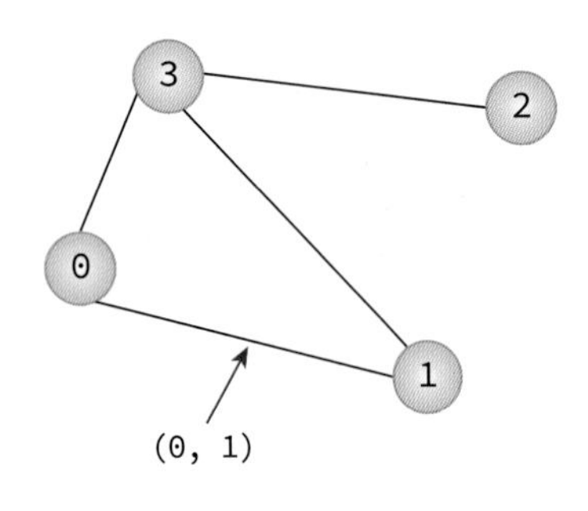


```
V(G1)= {0, 1, 2, 3},
E(G1)= {(0, 1), (0, 3), (1, 3), (2, 3)}
```

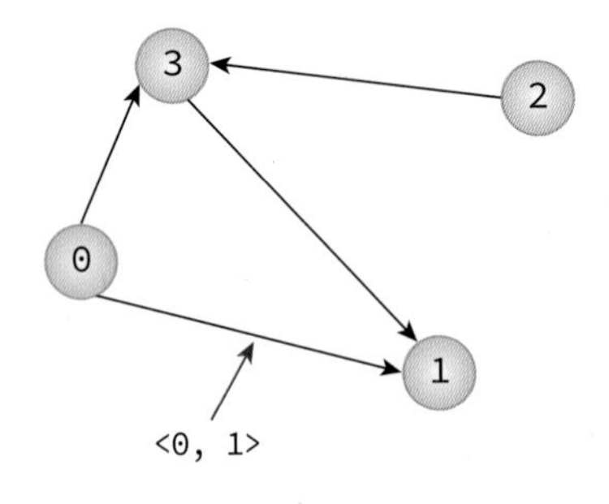


```
V(G2)= {0, 1, 2, 3},
E(G2)= {<0, 1>, <0, 3>, <3, 1>, <2, 3>}
```

[그림 10-9] 무방향 그래프와 방향 그래프

네트워크

간선에 가중치를 할당하게 되면, 간선의 역할이 두 정점간의 연결 유무뿐만 아니라 연결 강도까지 나타낼 수 있으므로 보다 복잡한 관계를 표현할 수 있게 된다. 이렇게 간선에 비용이나 가중치가 할당된 그래프를 가중치 그래프(weighted graph) 또는 네트워크(network)라 하며 [그림 10-10]과 같이 나타낸다. 이 책에서는 "네트워크"로 통일하여 사용하고자 한다. 네트워크는 도시와 도시를 연결하는 도로의 길이, 회로 소자의 용량, 통신망의 사용료 등을 추가로 표현할 수 있으므로 그 응용 분야가 보다 광범위하다.

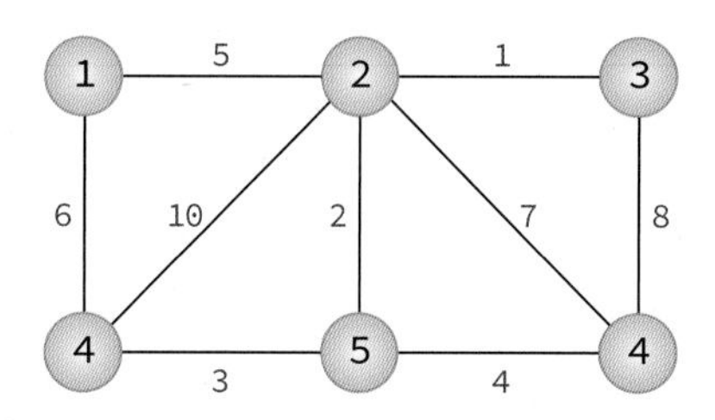

[그림 10-10] 네트워크의 예

부분 그래프

어떤 그래프의 정점의 일부와 간선의 일부로 이루어진 그래프를 부분 그래프(subgraph)라 한다. 그래프 G의 부분 그래프 S는 다음과 같은 수식을 만족시키는 그래프이다.

$$V(S) \subseteq V(G)$$
$$E(S) \subseteq E(G)$$

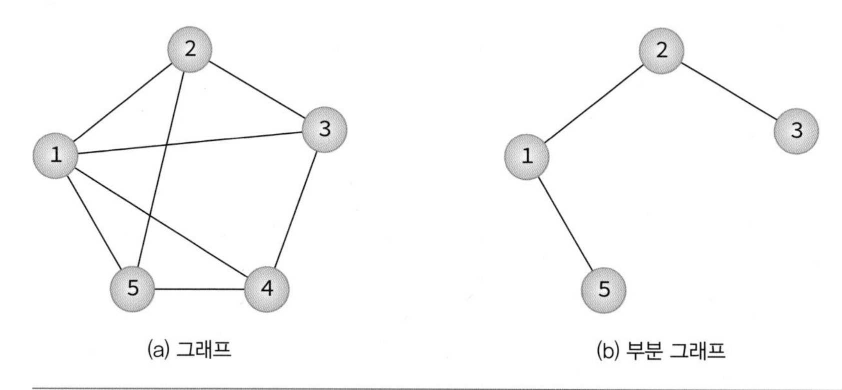

[그림 10-11] 부분 그래프

정점의 차수

그래프에서 인접 정점(adjacent vertex)란 간선에 의해 직접 연결된 정점을 뜻한다. [그림 10-12]의 그래프에서 정점 0의 인접 정점은 정점 1, 정점 2, 정점 3이다. 무방향 그래프에서 정점의 차수(degree)는 그 정점에 인접한 정점의 수를 말한다. [그림 10-12]에서 정점 0의 차수는 3이다.

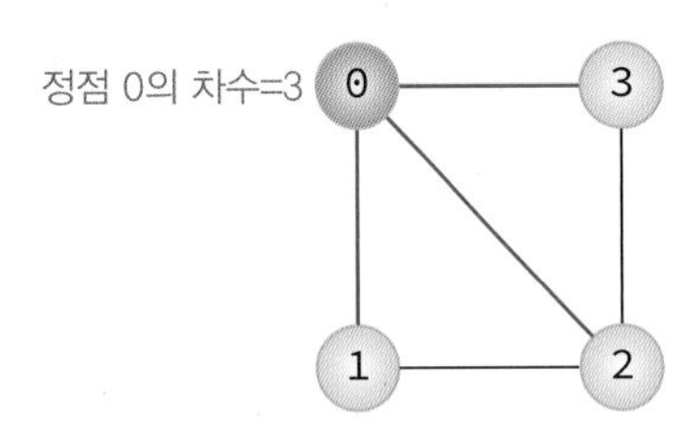

[그림 10-12] 정점의 차수

무방향 그래프에서 모든 정점의 차수를 합하면 간선 수의 2배가 된다. 이것은 하나의 간선이 두개의 정점에 인접하기 때문이다. [그림 10-13]의 그래프에서 모든 정점 차수의 합은 10이고 간선은 5임을 확인해 보라. 방향 그래프에서는 외부에서 오는 간선의 개수를 진입 차수(in-degree)라 하고 외부로 향하는 간선의 개수를 진출 차수(out-degree)라 한다.

경로

무방향 그래프에서 정점 s로부터 정점 e까지의 경로는 정점의 나열 s, v_1, v_2, ..., v_k, e로서, 나열된 정점들 간에는 반드시 간선 (s, v_1), (v_1, v_2), ... , (v_k, e)가 존재해야 한다. 만약 방향 그래프라면 ⟨s, v_1⟩, ⟨v_1, v_2⟩, ... , ⟨v_k, e⟩가 있어야 한다. [그림 10-13]의 그래프에서 0, 1, 2, 3은 경로지만 0, 1, 3, 2는 경로가 아니다. 왜냐하면 간선 (1, 3)이 존재하지 않기 때문이다.

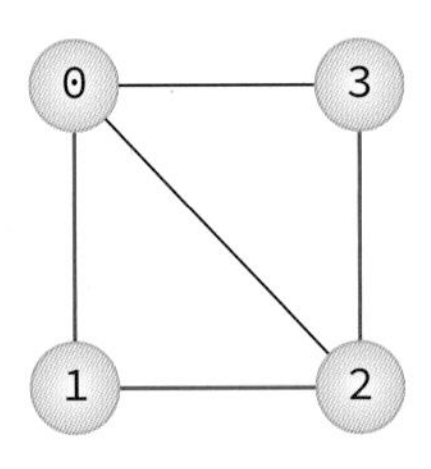

단순경로: 0, 1, 2, 3

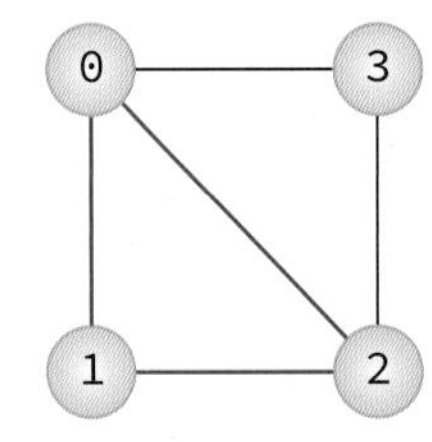

사이클: 0, 1, 2, 0

[그림 10-13] 단순 경로와 사이클

경로 중에서 반복되는 간선이 없을 경우에 이러한 경로를 단순 경로(simple path)라 한다. 만약에 단순 경로의 시작 정점과 종료 정점이 동일하다면 이러한 경로를 사이클(cycle)이라 한다.

연결 그래프

무방향 그래프 G에 있는 모든 정점쌍에 대하여 항상 경로가 존재한다면 G는 연결되었다고 하며, 이러한 무방향 그래프 G를 연결 그래프(connected graph)라 부른다. 그렇지 않은 그래프는 비연결 그래프(unconnected graph)라고 한다. 트리는 그래프의 특수한 형태로서 사이클을 가지지 않는 연결 그래프이다.

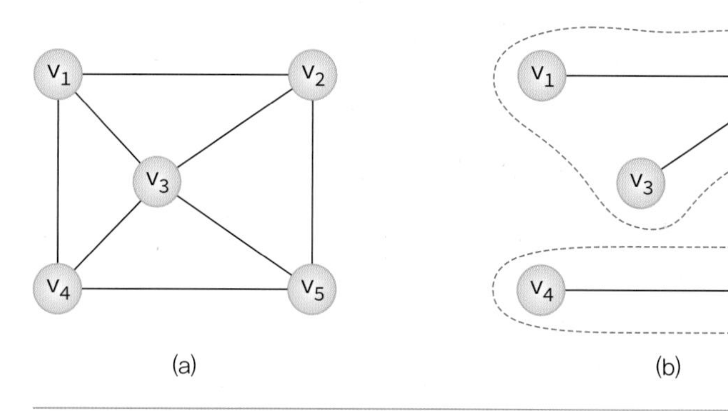

[그림 10-14] 연결 그래프

완전 그래프

그래프에 속해있는 모든 정점이 서로 연결되어 있는 그래프를 완전 그래프(complete graph)라고 한다. 무방향 완전 그래프의 정점 수를 n이라고 하면, 하나의 정점은 $n-1$개의 다른 정점으로 연결되므로 간선의 수는 $n \times (n-1)/2$가 된다. 만약 완전 그래프에서 $n=4$라면 간선의 수는 $(4 \times 3)/2=6$이다.

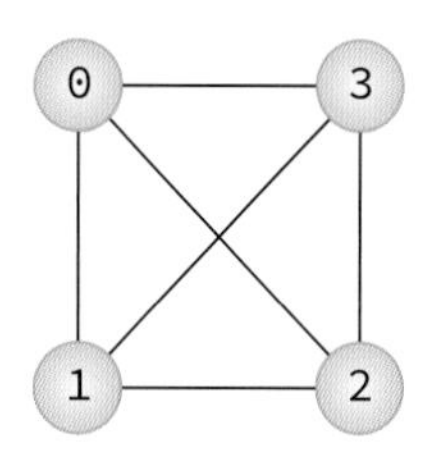

[그림 10-15] 완전 그래프의 예

가상 실습

가상 실습 10.1
그래프의 용어

* 그래프의 용어는 매우 복잡하다. 그래프 용어 애플릿을 이용하여 그래프의 용어를 익히도록 한다.

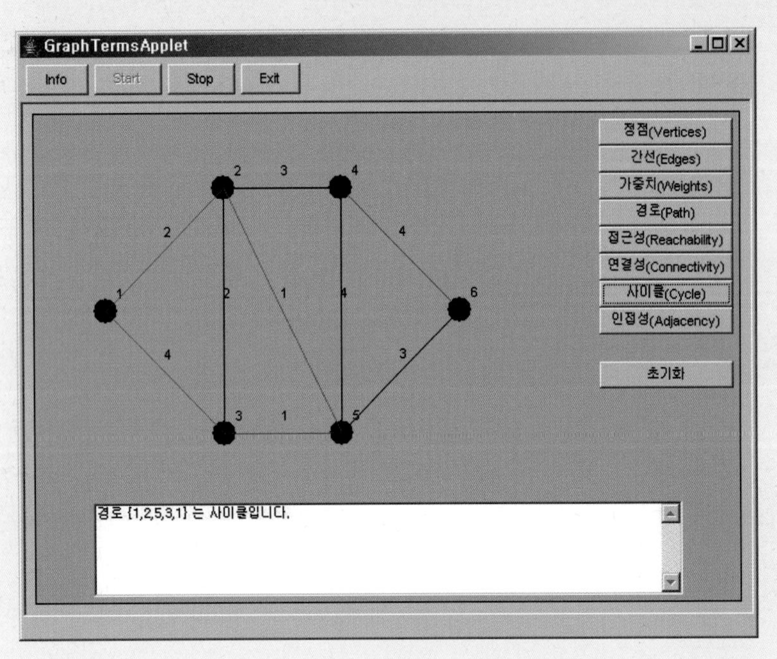

그래프 추상 데이터 타입

그래프를 추상 데이터 타입으로 정의해보면 다음과 같다.

ADT 10.1 추상 자료형: Graph

```
·객체: 정점의 집합과 간선의 집합
·연산:
  create_graph() ::= 그래프를 생성한다.
  init(g) ::= 그래프 g를 초기화한다.
  insert_vertex(g,v) ::= 그래프 g에 정점 v를 삽입한다.
  insert_edge(g,u,v) ::= 그래프 g에 간선 (u,v)를 삽입한다.
  delete_vertex(g,v) ::= 그래프 g의 정점 v를 삭제한다.
  delete_edge(g,u,v) ::= 그래프 g의 간선 (u,v)를 삭제한다.
  is_empty(g) ::= 그래프 g가 공백 상태인지 확인한다.
  adjacent(v) ::= 정점 v에 인접한 정점들의 리스트를 반환한다.
  destroy_graph(g) ::=그래프 g를 제거한다.
```

그래프에 정점을 추가하려면 insert_vertex 연산을 사용하고 간선을 추가하려면 insert_edge 연산을 사용한다. 간선은 2개의 정점을 이용하여 표현됨을 유의하라.

01 아래 그래프를 집합으로 표현하고, 각 노드의 차수를 보여라.

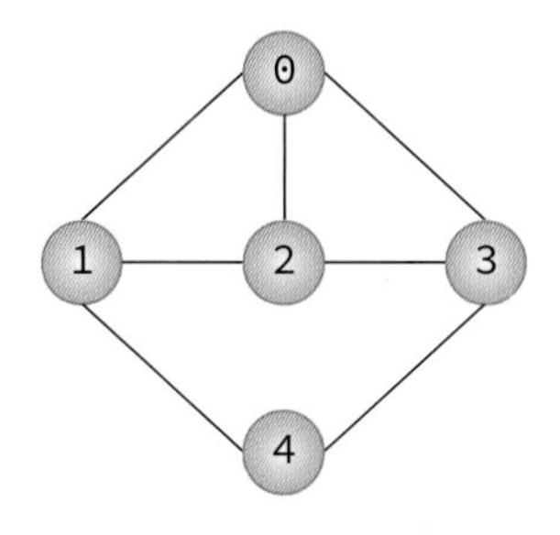

02 아래 그래프를 집합으로 표현하고, 각 노드의 진입 차수와 진출 차수를 보여라.

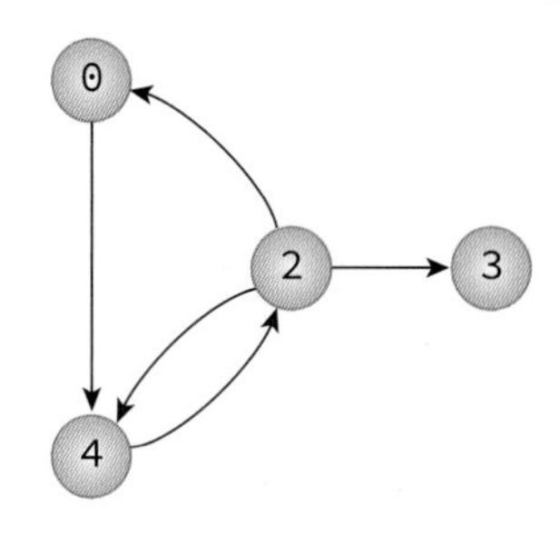

10.3 그래프의 표현 방법

그래프를 표현하는 방법에는 다음과 같이 2가지의 방법이 있다. 그래프 문제의 특성에 따라 위의 두 가지 표현 방법은 각각 메모리 사용량과 처리 시간 등에서 장단점을 가지므로, 문제에 적합한 표현 방법을 선택해야 한다.

- 인접 행렬(adjacency matrix): 2차원 배열을 사용하여 그래프를 표현한다.
- 인접 리스트(adjacency list): 연결 리스트를 사용하는 그래프를 표현한다.

인접 행렬

그래프의 정점 수가 n이라면 $n \times n$의 2차원 배열인 인접 행렬(adjacency matrix) M의 각 원소를 다음의 규칙에 의해 할당함으로써 그래프를 메모리에 표현할 수 있다.

```
if(간선 (i, j)가 그래프에 존재)   M[i][j] = 1,
otherwise                      M[i][j] = 0.
```

우리가 다루고 있는 그래프에서는 자체 간선을 허용하지 않으므로 인접 행렬의 대각선 성분은 모두 0으로 표시된다. [그림 10-16]의 (a), (b)와 같이 무방향 그래프의 인접 행렬은 대칭 행렬이 된다. 이는 무방향 그래프의 간선 (i, j)는 정점 i에서 정점 j로의 연결뿐만 아니라 정점 j에서 정점 i로의 연결을 동시에 의미하기 때문이다. 따라서 무방향 그래프의 경우, 배열의 상위 삼각이나 하위 삼각만 저장하면 메모리를 절약할 수 있다. 그러나 [그림 10-16] (c)의 방향 그래프의 예에서 보듯이 방향 그래프의 인접 행렬은 일반적으로 대칭이 아니다.

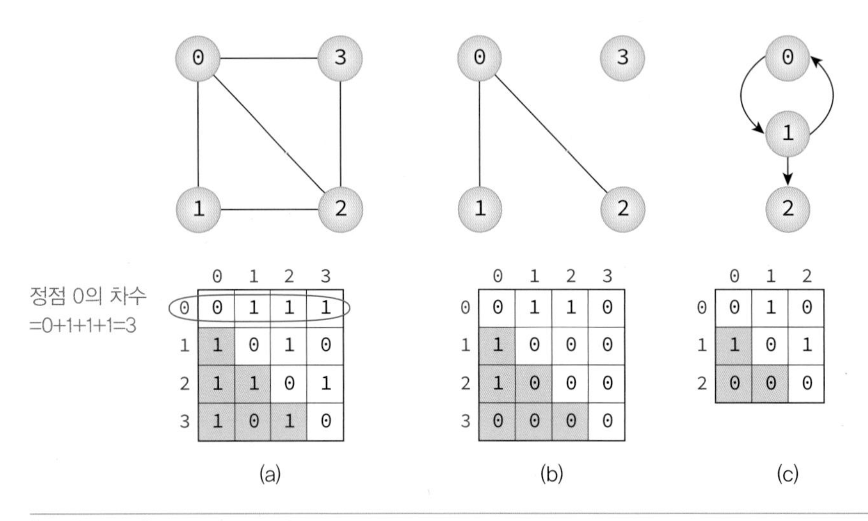

[그림 10-16] 인접행렬을 이용한 그래프 표현

n개의 정점을 가지는 그래프를 인접 행렬로 표현하기 위해서는 간선의 수에 무관하게 항상 n^2개의 메모리 공간이 필요하다. 이에 따라 인접 행렬은 [그림 10-16] (a)와 같이 그래프에 간선이 많이 존재하는 밀집 그래프(dense graph)를 표현하는 경우에는 적합하나, [그림 10-16] (b)와 같이 그래프 내에 적은 숫자의 간선만을 가지는 희소 그래프(sparse graph)의 경우에는 메모리의 낭비가 크므로 적합하지 않다.

인접 행렬을 이용하면 두 정점을 연결하는 간선의 존재 여부를 $O(1)$시간 안에 즉시 알 수 있는 장점이 있다. 즉 정점 u와 정점 v를 연결하는 정점이 있는지를 알려면 M[u][v]의 값을 조사하면 바로 알 수 있다. 또한 정점의 차수는 인접 행렬의 행이나 열을 조사하면 알 수 있으므로 $O(n)$의 연산에 의해 알 수 있다. 정점 i에 대한 차수는 다음과 같이 인접 배열의 i번째 행에 있는 값을 모두 더하며 된다.

$$degree(i) = \sum_{k=0}^{n-1} M[i][k]$$

반면에 그래프에 존재하는 모든 간선의 수를 알아내려면 인접 행렬 전체를 조사해야 하므로 n^2번의 조사가 필요하게 되어 $O(n^2)$의 시간이 요구된다.

가상 실습 10.2

그래프 표현

* 그래프 표현 애플릿을 이용하여 그래프의 인접 행렬 표현을 익히도록 한다.

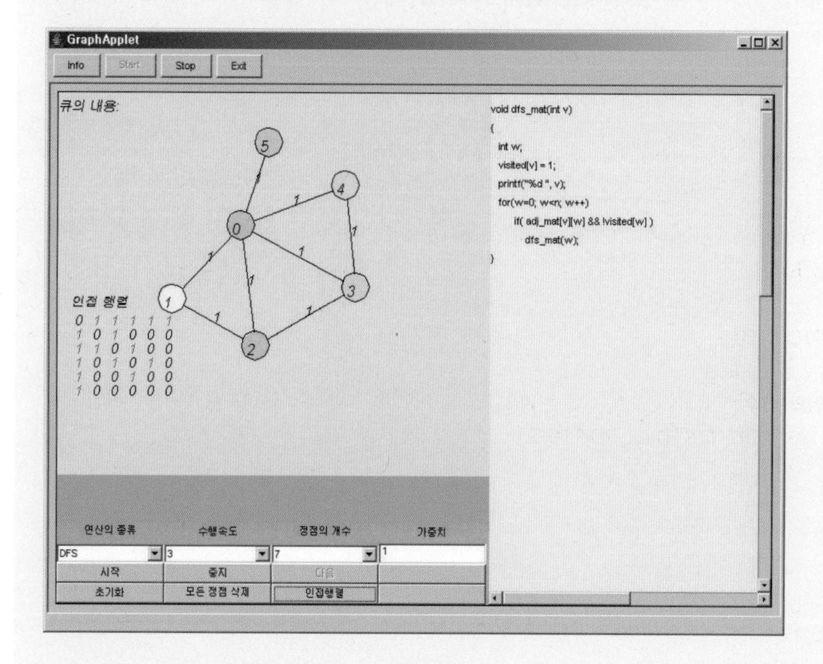

(1) 원하는 정점의 개수를 선택하면 임의의 위치에 정점들이 만들어진다. 마우스를 더블클릭하면 정점이 만들어진다.
(2) 간선을 추가하려면 정점 사이를 마우스로 드래그하면 간선이 만들어진다.
(3) 간선을 삭제하려면 가중치를 0으로 하고 정점 사이를 마우스로 드래그한다. 정점을 이동하려면 컨트롤 키를 누른 상태에서 정점을 마우스로 드래그한다.
(4) 인접 행렬이 간선이 추가 또는 삭제됨에 따라 어떻게 변화하는지를 살펴본다. 인접 행렬을 나타내려면 '인접행렬' 버튼을 누른다.

인접 행렬을 이용한 그래프 추상 데이터 타입의 구현

그래프에 관련된 변수들을 하나의 구조체 GraphType에 정리하도록 하자. 먼저 그래프에 존재하는 정점의 개수 n이 필요하다. 인접 행렬을 이용하여 구현하려면 또한 크기가 $n \times n$인 2차원 배열인 인접 행렬이 필요하다. 인접 행렬의 이름을 adj_mat라고 하면 GraphType 구조체는 다음과 같이 정의할 수 있다.

```
#define MAX_VERTICES 50
typedef struct GraphType {
    int n;     // 정점의 개수
    int adj_mat[MAX_VERTICES][MAX_VERTICES];
} GraphType;
```

물론 이런 식으로 구현하면 한정된 개수의 정점까지만 그래프에 삽입할 수 있다. 만약 동적 배열로 구현한다면 사용자가 정점을 삽입할 때마다 다시 크기를 조정할 수 있을 것이다.

정점을 삽입하는 연산은 n을 하나 증가하면 된다. 정점의 번호는 순차적으로 증가한다고 가정하자. 간선을 삽입하는 연산은 adj_mat[start][end]와 adj_mat[end][start]에 1을 삽입하면 된다. 물론 방향 그래프인 경우에는 adj_mat[start][end]에만 1을 삽입하여야 한다. 전체 프로그램은 다음과 같다.

프로그램 10.1 adj_mat.c

```
#include <stdio.h>
#include <stdlib.h>

#define MAX_VERTICES 50
typedef struct GraphType {
    int n; // 정점의 개수
    int adj_mat[MAX_VERTICES][MAX_VERTICES];
} GraphType;

// 그래프 초기화
void init(GraphType* g)
{
    int r, c;
    g->n = 0;
    for (r = 0; r<MAX_VERTICES; r++)
        for (c = 0; c<MAX_VERTICES; c++)
            g->adj_mat[r][c] = 0;
}
// 정점 삽입 연산
void insert_vertex(GraphType* g, int v)
{
    if (((g->n) + 1) > MAX_VERTICES) {
        fprintf(stderr, "그래프: 정점의 개수 초과");
        return;
    }
    g->n++;
}
// 간선 삽입 연산
void insert_edge(GraphType* g, int start, int end)
{
    if (start >= g->n || end >= g->n) {
        fprintf(stderr, "그래프: 정점 번호 오류");
        return;
    }
    g->adj_mat[start][end] = 1;
    g->adj_mat[end][start] = 1;
```

```
}
// 인접 행렬 출력 함수
void print_adj_mat(GraphType* g)
{
    for (int i = 0; i < g->n; i++) {
        for (int j = 0; j < g->n; j++) {
            printf("%2d ", g->adj_mat[i][j]);
        }
        printf("\n");
    }
}

void main()
{
    GraphType *g;
    g = (GraphType *)malloc(sizeof(GraphType));
    init(g);
    for(int i=0;i<4;i++)
        insert_vertex(g, i);
    insert_edge(g, 0, 1);
    insert_edge(g, 0, 2);
    insert_edge(g, 0, 3);
    insert_edge(g, 1, 2);
    insert_edge(g, 2, 3);
    print_adj_mat(g);

    free(g);
}
```

실행결과

```
0 1 1 1
1 0 1 0
1 1 0 1
1 0 1 0
```

인접 리스트

인접 리스트(adjacency list)는 그래프를 표현함에 있어 각각의 정점에 인접한 정점들을 연결 리스트로 표시한 것이다. 각 연결 리스트의 노드들은 인접 정점을 저장하게 된다. 각 연결 리스트들은 헤더 노드를 가지고 있고 이 헤더 노드들은 하나의 배열로 구성되어 있다. 따라서 정점의 번호만 알면 이 번호를 배열의 인덱스로 하여 각 정점의 연결 리스트에 쉽게 접근할 수 있다.

무방향 그래프의 경우 정점 i와 정점 j를 연결하는 간선 (i, j)는 정점 i의 연결 리스트에 인접 정점 j로서 한번 표현되고, 정점 j의 연결 리스트에 인접 정점 i로 다시 한번 표현된다. 인접 리스트의 각각의 연결 리스트에 정점들이 입력되는 순서에 따라 연결 리스트 내에서 정점들의 순서가 달라질 수 있다. 우리는 그래프 표현의 일관성을 유지하기 위하여 [그림 10-17]과 같이 인접 리스트가 정점의 오름차순으로 연결된다고 가정한다.

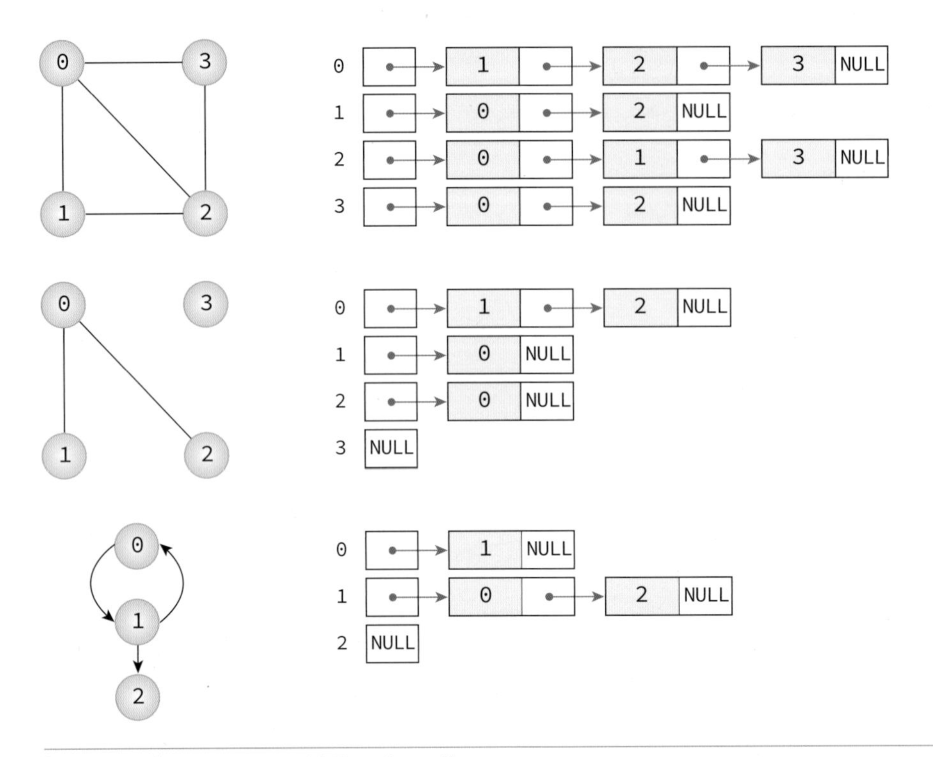

[그림 10-17] 인접리스트를 이용한 그래프 표현

따라서 정점의 수가 n 개이고 간선의 수가 e개인 무방향 그래프를 표시하기 위해서는 n개의 연결 리스트가 필요하고, n개의 헤더 노드와 $2e$개의 노드가 필요하다. 따라서 인접 행렬 표현은 간선의 개수가 적은 희소 그래프(sparse graph)의 표현에 적합하다.

그래프에 간선 (i, j)의 존재 여부나 정점 i의 차수를 알기 위해서는 인접 리스트에서의 정점 i의 연결 리스트를 탐색해야 하므로 연결 리스트에 있는 노드의 수만큼, 즉 정점차수만큼의 시간이 필요하다. 즉 n개 정점과 e개의 간선을 가진 그래프에서 전체 간선의 수를 알아내려면 헤더 노드를 포함하여 모든 인접 리스트를 조사해야 하므로 $O(n+e)$의 연산이 요구된다.

인접 리스트를 이용한 그래프 추상 데이터 타입의 구현

그래프에 관련된 변수들을 하나의 구조체 GraphType에 정리하도록 하자. 먼저 그래프에 존재하는 정점의 개수 n이 필요하다. 인접 리스트를 이용하여 구현하려면 각 정점마다 하나의 연결 리스트가 필요하다. 따라서 정점의 개수만큼의 포인터 배열이 필요하다. 포인터 배열의 이름을 adj_list라고 하고 연결 리스트의 하나의 노드를 GraphNode라는 구조체를 이용하여 나타내자. 전체 소스는 다음과 같다.

프로그램 10.2 adj_list.c

```
#include <stdio.h>
#include <stdlib.h>

#define MAX_VERTICES 50
typedef struct GraphNode
{
    int vertex;
    struct GraphNode* link;
} GraphNode;

typedef struct GraphType {
    int n; // 정점의 개수
    GraphNode* adj_list[MAX_VERTICES];
} GraphType;

// 그래프 초기화
void init(GraphType* g)
{
    int v;
    g->n = 0;
    for (v = 0; v<MAX_VERTICES; v++)
        g->adj_list[v] = NULL;
}

// 정점 삽입 연산
void insert_vertex(GraphType* g, int v)
{
    if (((g->n) + 1) > MAX_VERTICES) {
        fprintf(stderr, "그래프: 정점의 개수 초과");
        return;
    }
    g->n++;
}

// 간선 삽입 연산, v를 u의 인접 리스트에 삽입한다.
void insert_edge(GraphType* g, int u, int v)
{
    GraphNode* node;
    if (u >= g->n || v >= g->n) {
        fprintf(stderr, "그래프: 정점 번호 오류");
        return;
    }
    node = (GraphNode*)malloc(sizeof(GraphNode));
    node->vertex = v;
    node->link = g->adj_list[u];
    g->adj_list[u] = node;
```

정점 u에 간선 (u, v)를 삽입하는 연산은 정점 u의 인접 리스트에 간선을 나타내는 노드를 하나 생성하여 삽입하면 된다. 위치는 상관이 없으므로 삽입을 쉽게 하기 위하여 연결 리스트의 맨 처음에 삽입하자.

```
}

void print_adj_list(GraphType* g)
{
    for (int i = 0; i<g->n; i++) {
        GraphNode* p = g->adj_list[i];
        printf("정점 %d의 인접 리스트 ", i);
        while (p!=NULL) {
            printf("-> %d ", p->vertex);
            p = p->link;
        }
        printf("\n");
    }
}

int main()
{
    GraphType *g;
    g = (GraphType *)malloc(sizeof(GraphType));
    init(g);
    for(int i=0;i<4;i++)
        insert_vertex(g, i);
    insert_edge(g, 0, 1);
    insert_edge(g, 1, 0);
    insert_edge(g, 0, 2);
    insert_edge(g, 2, 0);
    insert_edge(g, 0, 3);
    insert_edge(g, 3, 0);
    insert_edge(g, 1, 2);
    insert_edge(g, 2, 1);
    insert_edge(g, 2, 3);
    insert_edge(g, 3, 2);
    print_adj_list(g);
    free(g);
    return 0;
}
```


실행결과

```
정점 0의 인접 리스트 -> 3 -> 2 -> 1
정점 1의 인접 리스트 -> 2 -> 0
정점 2의 인접 리스트 -> 3 -> 1 -> 0
정점 3의 인접 리스트 -> 2 -> 0
```

위의 코드에서 정점 0의 인접 리스트가 형성되는 과정을 살펴보자. insert_edge(0, 1)가 호출되면 다음과 같은 상태가 된다.

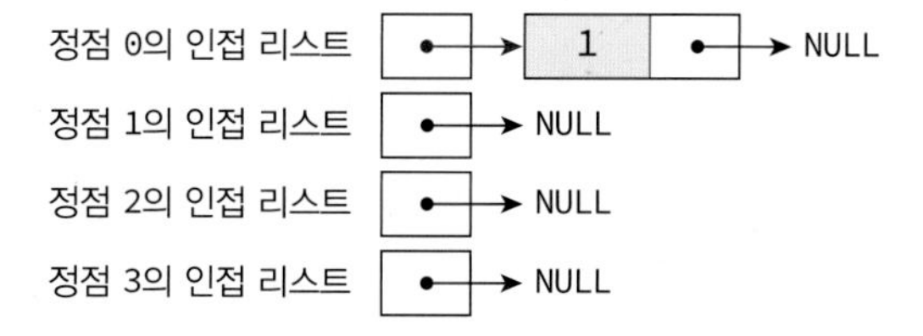

이 상태에서 insert_edge(1, 0)가 호출되면 정점 1의 인접 리스트 맨 처음에 정점 0이 추가된다.

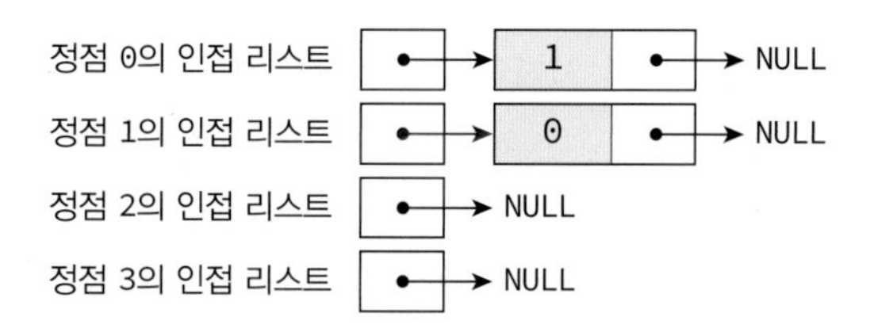

이 상태에서 insert_edge(0, 2)가 호출되면 인접 리스트 맨 처음에 정점 2가 추가된다.

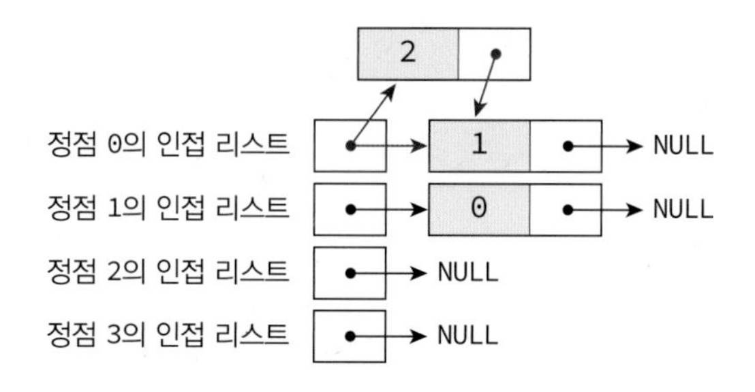

Quiz

01 아래 그래프를 인접 행렬과 인접 리스트로 각각 표현하라.

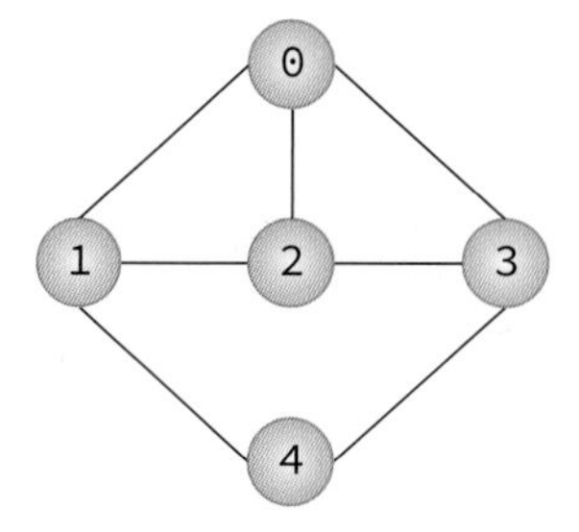

02 아래 그래프를 인접 행렬과 인접 리스트로 각각 표현하라.

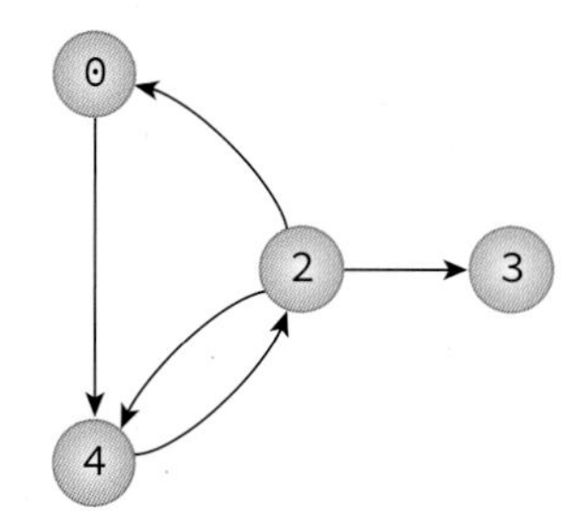

03 정점의 차수를 계산하는 함수 get_degree(g, v)를 인접 행렬 버전과 인접 리스트 버전으로 각각 구현해보자.

10.4 그래프의 탐색

그래프 탐색은 가장 기본적인 연산으로서 하나의 정점으로부터 시작하여 차례대로 모든 정점들을 한 번씩 방문하는 것이다. 그래프 탐색은 아주 중요하다. 많은 문제들이 단순히 그래프의 노드를 탐색하는 것으로 해결된다. 대표적으로 특정한 정점에서 다른 정점으로 갈 수 있는지 없는지를 탐색을 통하여 알 수 있다. 예를 들어 도시를 연결하는 그래프가 있을 때, 특정 도시에서 다른 도시로 갈 수 있는지 없는지는 그래프를 특정 노드에서 시작하여 탐색하여 보면 알 수 있다. 또한 다음과 같은 전자 회로에서 특정 단자와 단자가 서로 연결되어 있는지 연결되어 있지 않은지를 탐색을 통하여 알 수 있다.

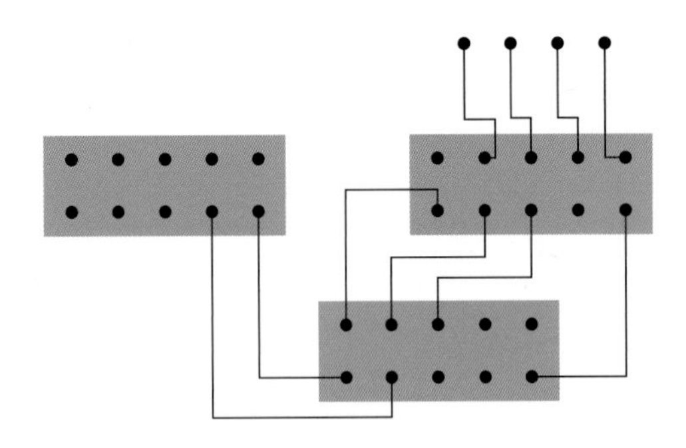

그래프의 탐색 방법은 깊이 우선 탐색과 너비 우선 탐색의 두 가지가 있다.

- 깊이 우선 탐색(DFS: depth first search)
- 너비 우선 탐색(BFS: breath first search)

깊이 우선 탐색(depth first search: DFS)은 트리에서 생각하면 이해하기 쉽다(트리도 그래프의 일종이라는 점을 명심하자). 트리를 탐색할 때 시작 정점에서 한 방향으로 계속 가다가 더 이상 갈 수 없게 되면 다시 가장 가까운 갈림길로 돌아와서 다른 방향으로 다시 탐색을 진행하는 방법과 유사하다. [그림 10-18]에서 0→1→3→4→2→5→6의 순서대로 탐색이 진행된다.

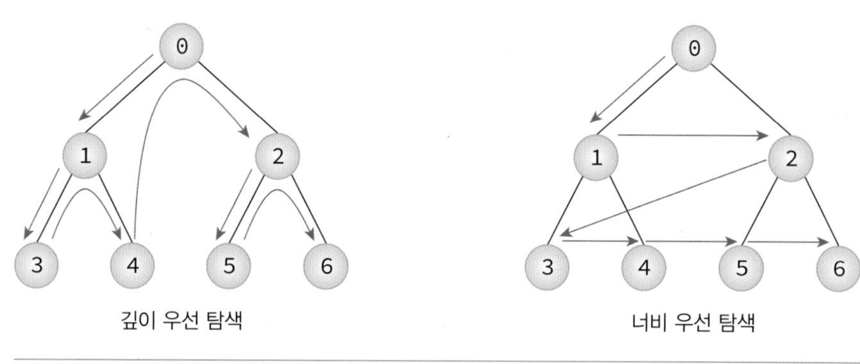

[그림 10-18] DFS와 BFS

너비 우선 탐색(breath first search: BFS)은 시작 정점으로부터 가까운 정점을 먼저 방문하고 멀리 떨어져 있는 정점을 나중에 방문하는 순회 방법이다. [그림 10-18]에서 0→1→2→3→4→5→6의 순서대로 탐색이 진행된다.

10.5 깊이 우선 탐색

그래프에서 깊이 우선 탐색은 어떻게 진행될까? 깊이 우선 탐색은 그래프의 시작 정점에서 출발하여 시작 정점 v을 방문하였다고 표시한다. 이어서 v에 인접한 정점들 중에서 아직 방문하지 않은 정점 u를 선택한다. 만약 그러한 정점이 없다면 탐색은 종료한다. 만약 아직 방문하지 않은 정점 u가 있다면 u를 시작 정점으로 하여 깊이 우선 탐색을 다시 시작한다. 이 탐색이 끝나게 되면 다시 v에 인접한 정점들 중에서 아직 방문이 안 된 정점을 찾는다. 만약 없으면 종료하고 있다면 다시 그 정점을 시작 정점으로 하여 깊이 우선 탐색을 다시 시작한다. 깊이 우선 탐색도 자기 자신을 다시 호출하는 순환 알고리즘의 형태를 가지고 있음을 알 수 있다.

알고리즘 10.1 깊이우선탐색

```
depth_first_search(v):

    v를 방문되었다고 표시;
    for all u ∈ (v에 인접한 정점) do
        if (u가 아직 방문되지 않았으면)
            then depth_first_search(u)
```

[그림 10-19]에 예제 그래프를 깊이 우선 탐색한 결과를 보였다. 여기서 0번 정점을 시작 정점으로 선택하였다.

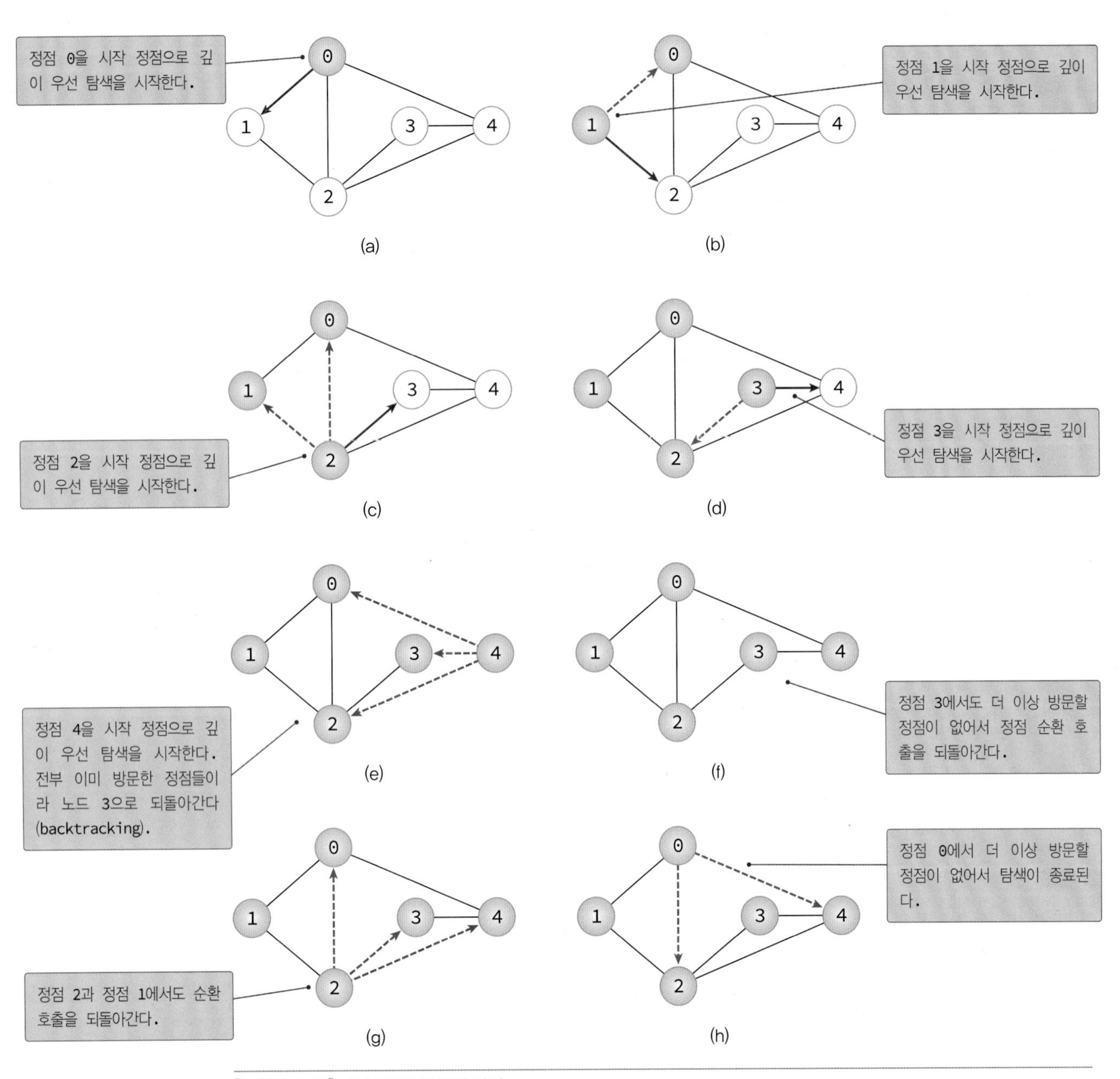

[그림 10-19] 깊이 우선 탐색의 과정

가상 실습 10.3

그래프 순회

* 그래프 순회 애플릿을 이용하여 그래프의 순회 알고리즘을 익히도록 한다.

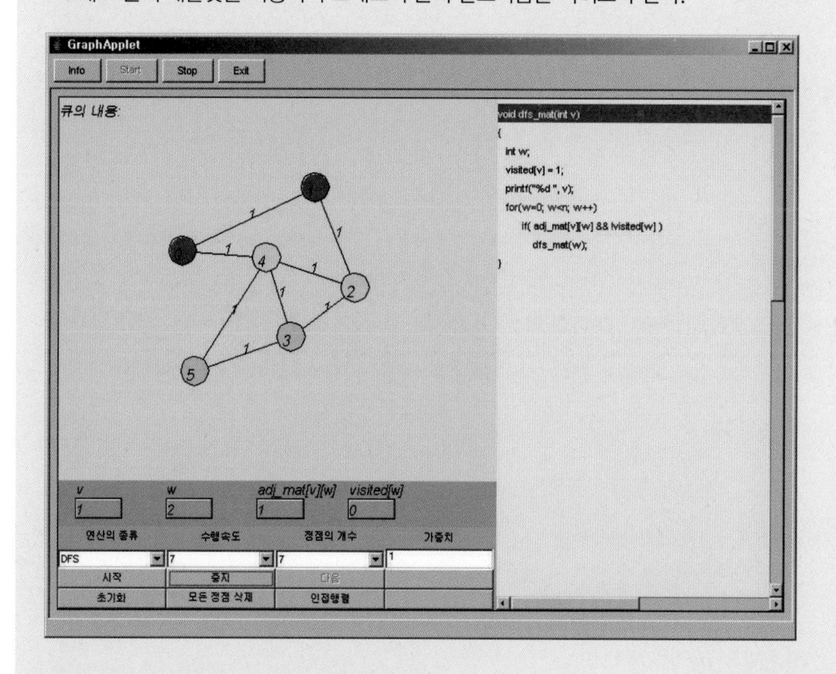

(1) 마우스를 더블클릭하면 정점이 만들어진다.
(2) 마우스로 정점들을 드래그하여 간선을 만든다.
(3) 깊이 우선 탐색은 DFS를, 너비 우선 탐색은 BFS를 선택한다.
(4)'시작' 버튼을 눌러서 알고리즘이 진행되는 절차를 관찰한다.

깊이 우선 탐색의 구현(인접 행렬 버전)

깊이 우선 탐색을 구현하는 데는 2가지의 방법이 있다. 순환 호출을 이용하는 것이 첫 번째 방법이고 두 번째 방법은 명시적인 스택을 사용하여 인접한 정점들을 스택에 저장하였다가 다시 꺼내어 작업을 하는 것이다.

여기서는 순환 호출을 이용하는 방법으로 구현하기로 한다. 방문 여부를 기록하기 위해 배열 visited를 사용하며, 모든 정점의 visited 배열값은 FALSE으로 초기화되고 정점이 방문될 때마다 해당 정점의 visited 배열값은 TRUE로 변경된다.

또한 그래프가 인접 행렬 또는 인접 리스트로 표현되었는가에 따라 깊이 우선 탐색 프로그램이 약간 달라지는데, 여기서는 먼저 인접 행렬을 이용하여 그래프가 표현되었다고 가정하고 깊이 우선 탐색 프로그램을 구현하였다.

adj_mat[v][w] 값이 1이면 정점 v와 정점 w는 인접한 것이고 정점 w가 아직 방문되지 않았으면 정점 w를 시작 정점으로 하여 깊이 우선 탐색을 다시 시작한다.

프로그램 10.3 인접 배열로 표현된 그래프에 대한 깊이우선탐색 프로그램

```
#include <stdio.h>
#include <stdlib.h>

#define TRUE 1
#define FALSE 0
#define MAX_VERTICES 50
typedef struct GraphType {
    int n; // 정점의 개수
    int adj_mat[MAX_VERTICES][MAX_VERTICES];
} GraphType;

int visited[MAX_VERTICES];

// 그래프 초기화
void init(GraphType* g)
{
    int r, c;
    g->n = 0;
    for (r = 0; r<MAX_VERTICES; r++)
        for (c = 0; c<MAX_VERTICES; c++)
            g->adj_mat[r][c] = 0;
}
// 정점 삽입 연산
void insert_vertex(GraphType* g, int v)
{
    if (((g->n) + 1) > MAX_VERTICES) {
        fprintf(stderr, "그래프: 정점의 개수 초과");
        return;
    }
    g->n++;
}
// 간선 삽입 연산
void insert_edge(GraphType* g, int start, int end)
{
    if (start >= g->n || end >= g->n) {
        fprintf(stderr, "그래프: 정점 번호 오류");
        return;
    }
    g->adj_mat[start][end] = 1;
    g->adj_mat[end][start] = 1;
}
// 인접 행렬로 표현된 그래프에 대한 깊이 우선 탐색
void dfs_mat(GraphType* g, int v)
{
    int w;
    visited[v] = TRUE;      // 정점 v의 방문 표시
```

```
    printf("정점 %d -> ", v);      // 방문한 정점 출력
    for (w = 0; w<g->n; w++)      // 인접 정점 탐색
        if (g->adj_mat[v][w] && !visited[w])
            dfs_mat(g, w);  //정점 w에서 DFS 새로 시작
}
int main(void)
{
    GraphType *g;
    g = (GraphType *)malloc(sizeof(GraphType));
    init(g);
    for (int i = 0; i<4; i++)
        insert_vertex(g, i);
    insert_edge(g, 0, 1);
    insert_edge(g, 0, 2);
    insert_edge(g, 0, 3);
    insert_edge(g, 1, 2);
    insert_edge(g, 2, 3);

    printf("깊이 우선 탐색\n");
    dfs_mat(g, 0);
    printf("\n");
    free(g);
    return 0;
}
```

실행결과

```
깊이 우선 탐색
정점 0 -> 정점 1 -> 정점 2 -> 정점 3 ->
```

깊이 우선 탐색의 구현(인접 리스트 버전)

프로그램 10.4는 그래프가 인접 리스트로 표현되었을 경우의 깊이 우선 탐색 프로그램이다. 인접 리스트는 다수의 연결 리스트로 구성되는데, 각 연결 리스트의 노드는 데이터 필드와 링크 필드로 이루어지는데, 데이터 필드에는 인접 정점의 번호가 저장되고 링크 필드에는 다음 인접 정점을 가리키는 포인터가 저장된다. 연결 리스트의 노드는 구조체 타입 GraphNode로 정의되었다. 포인터 배열 adj_list의 각 요소는 각 연결 리스트의 첫번째 노드를 가리킨다. 역시 방문 여부를 기록하기 위하여 visited를 사용하였다.

프로그램 10.4 인접배열로 표현된 그래프에 대한 깊이우선탐색 프로그램

```
int visited[MAX_VERTICES];

// 인접 리스트로 표현된 그래프에 대한 깊이 우선 탐색
void dfs_list(GraphType* g, int v)
{
    GraphNode* w;
    visited[v] = TRUE;              // 정점 v의 방문 표시
    printf("정점 %d -> ", v);        // 방문한 정점 출력
    for (w = g->adj_list[v]; w; w = w->link)   // 인접 정점 탐색
        if (!visited[w->vertex])
            dfs_list(g, w->vertex);  // 정점 w에서 DFS 새로 시작
}
```

도전문제 위의 dfs_list()를 프로그램 10-3과 결합하여 연결 리스트로 표현된 그래프를 탐색하는 완전한 프로그램으로 만들어보자.

명시적인 스택을 이용한 깊이 우선 탐색의 구현

깊이 우선 탐색은 명시적인 스택을 사용하여 구현이 가능하다. 다음은 의사 코드이다.

```
DFS-iterative(G, v):

    스택 S를 생성한다.
    S.push(v)
    while (not is_empty(S)) do
        v = S.pop()
        if (v가 방문되지 않았으면)
            v를 방문되었다고 표시
            for all u ∈ (v에 인접한 정점) do
                if (u가 아직 방문되지 않았으면)
                    S.push(u)
```

스택을 하나 생성하여서 시작 정점을 스택에 넣는다. 이어서 스택에서 하나의 정점을 꺼내서 탐색을 시작한다. 정점을 방문한 후에 정점의 모든 인접 정점들을 스택에 추가한다. 스택에 하나도 남지 않을 때까지 알고리즘은 계속된다.

도전문제 위의 의사 코드를 참조하여 완전한 프로그램으로 작성해보자.

깊이 우선 탐색의 분석

깊이 우선 탐색은 그래프의 모든 간선을 조사하므로 정점의 수가 n이고 간선의 수가 e인 그래프인 경우, 그래프가 인접 리스트로 표현되어 있다면 시간 복잡도가 $O(n+e)$이고, 인접 행렬로 표시되어 있다면 $O(n^2)$이다. 이는 희소 그래프인 경우 깊이 우선 탐색은 인접 리스트의 사용이 인접 행렬보다 시간적으로 유리함을 뜻한다.

Quiz

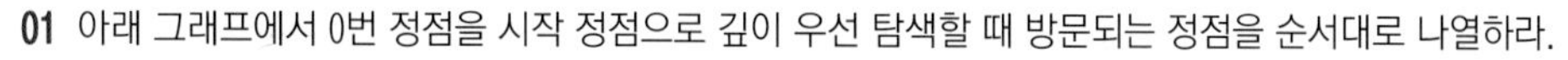
01 아래 그래프에서 0번 정점을 시작 정점으로 깊이 우선 탐색할 때 방문되는 정점을 순서대로 나열하라.

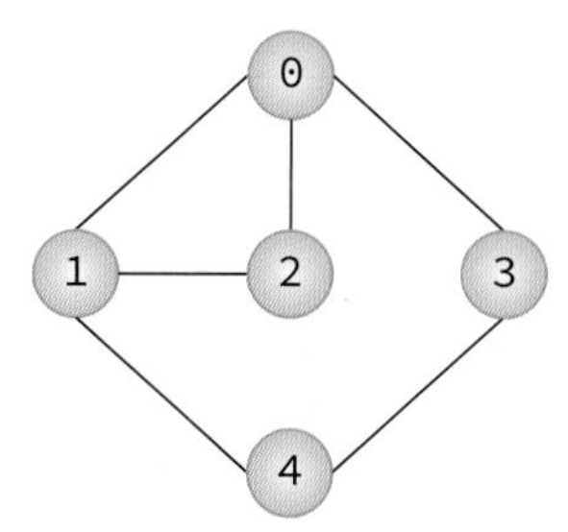

10.6 너비 우선 탐색

너비 우선 탐색(breath first search: BFS)은 시작 정점으로부터 가까운 정점을 먼저 방문하고 멀리 떨어져 있는 정점을 나중에 방문하는 순회 방법이다.

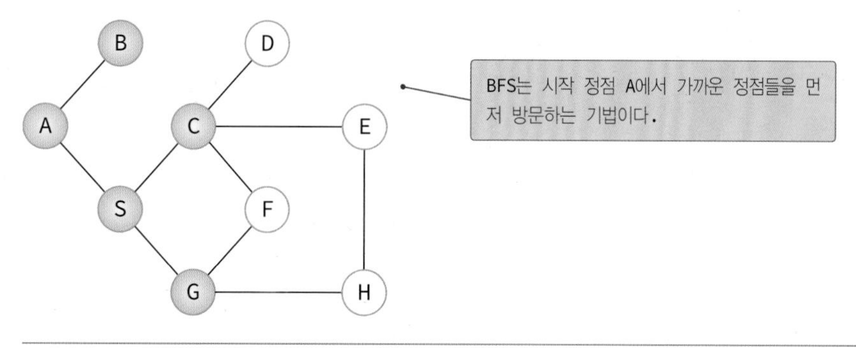

[그림 10-20] 너비 우선 탐색의 과정

[그림 10-20]의 그래프를 방문한다고 가정하자. 먼저 시작 정점인 A를 방문한다. 다음에는 정점 A의 인접 정점인 {B, S}를 차례대로 방문한다. 다음으로 정점 {B, S}에 인접한 정점 {C, G}를 방문한다.

너비 우선 탐색을 위해서는 가까운 거리에 있는 정점들을 차례로 저장한 후 꺼낼 수 있는 자료

구조인 큐(queue)가 필요하다. 알고리즘은 무조건 큐에서 정점을 꺼내서 정점을 방문하고 인접 정점들을 큐에 추가한다. 큐가 소진될 때까지 동일한 코드를 반복한다. 다음은 너비 우선 탐색의 의사 코드이다.

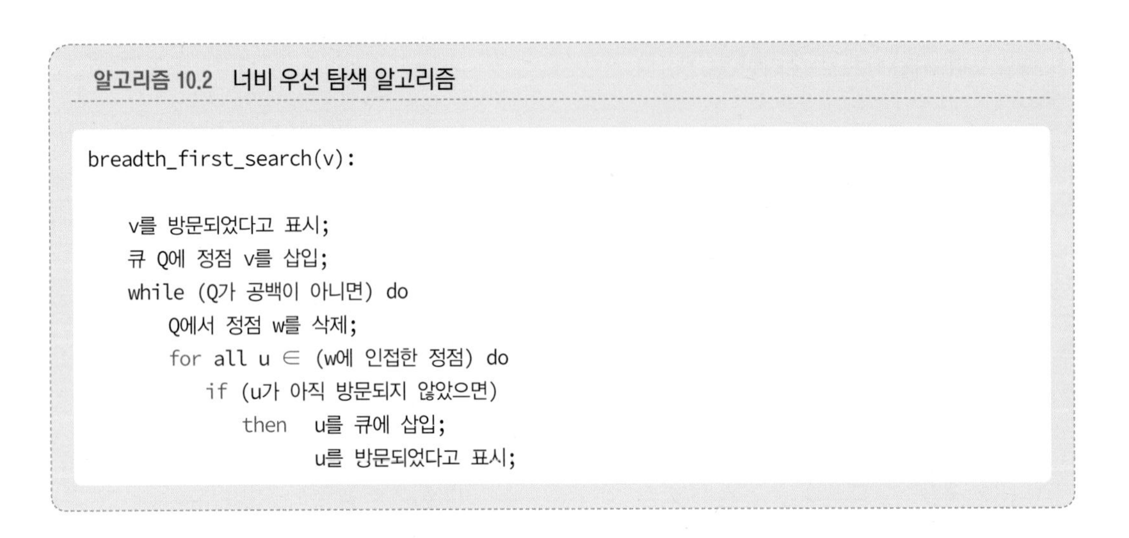

알고리즘 10.2 너비 우선 탐색 알고리즘

```
breadth_first_search(v):

    v를 방문되었다고 표시;
    큐 Q에 정점 v를 삽입;
    while (Q가 공백이 아니면) do
        Q에서 정점 w를 삭제;
        for all u ∈ (w에 인접한 정점) do
           if (u가 아직 방문되지 않았으면)
              then   u를 큐에 삽입;
                     u를 방문되었다고 표시;
```

이 의사코드를 다음의 그래프에 적용시켜서 몇 번의 과정을 진행해보면 다음과 같다.

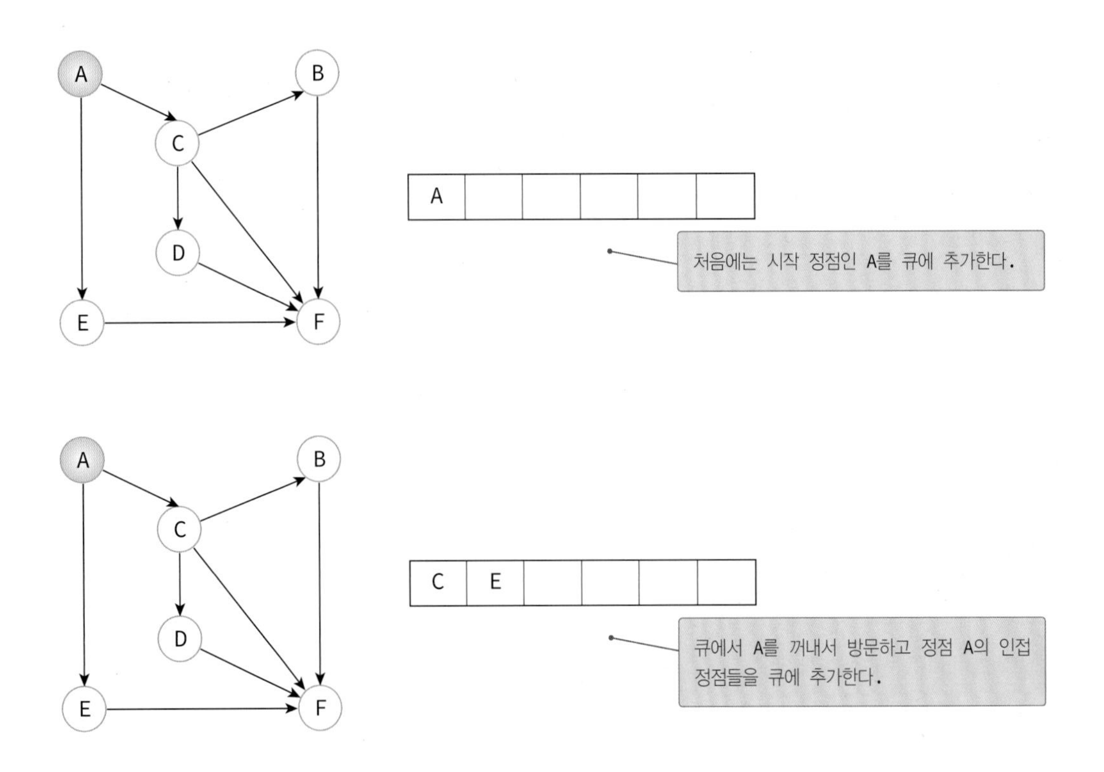

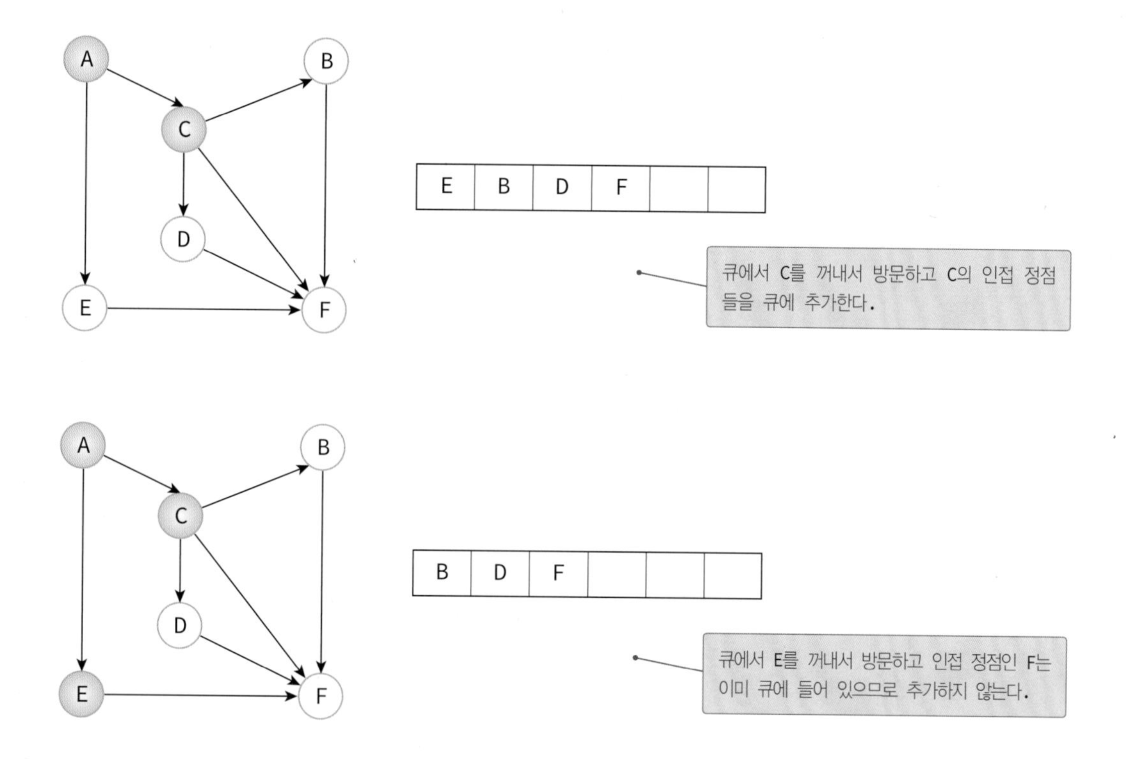

위의 과정을 큐가 공백 상태가 될 때까지 계속한다. 너비 우선 탐색의 특징은 시작 정점으로부터 거리가 가까운 정점의 순서로 탐색을 진행된다는 것이다. 너비우선 탐색은 거리가 d인 정점들을 모두 방문한 다음, 거리가 (d+1)인 정점들을 모두 방문하게 된다. 즉 거리가 0인 시작 정점을 방문한 후, 거리가 1인 정점, 거리가 2인 정점, 거리가 3인 정점 등의 순서로 정점들을 방문해 간다.

너비 우선 탐색의 구현(인접 행렬 버전)

다음은 인접 행렬을 이용하여 너비 우선 탐색을 구현한 것이다. 너비 우선 탐색은 큐를 사용하여야 하므로 깊이 우선 탐색보다 코드가 약간 복잡해진다. 6장에서 배운 큐를 사용하면 된다.

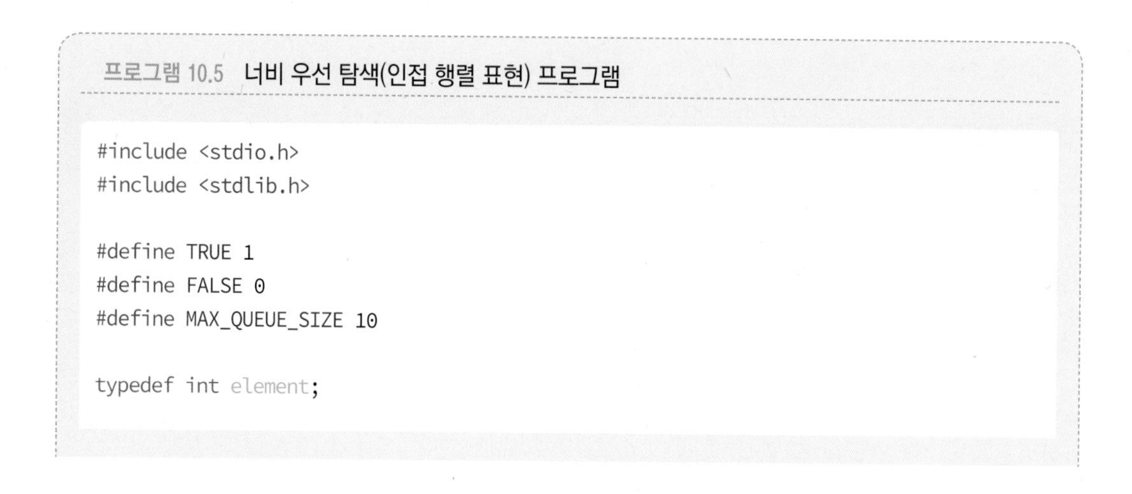
프로그램 10.5 너비 우선 탐색(인접 행렬 표현) 프로그램

```
#include <stdio.h>
#include <stdlib.h>

#define TRUE 1
#define FALSE 0
#define MAX_QUEUE_SIZE 10

typedef int element;
```

```
typedef struct {     // 큐 타입
    element queue[MAX_QUEUE_SIZE];
    int front, rear;
} QueueType;

// 오류 함수
void error(char *message)
{
    fprintf(stderr, "%s\n", message);
    exit(1);
}

// 공백 상태 검출 함수
void queue_init(QueueType *q)
{
    q->front = q->rear = 0;
}

// 공백 상태 검출 함수
int is_empty(QueueType *q)
{
    return (q->front == q->rear);
}

// 포화 상태 검출 함수
int is_full(QueueType *q)
{
    return ((q->rear + 1) % MAX_QUEUE_SIZE == q->front);
}

// 삽입 함수
void enqueue(QueueType *q, element item)
{
    if (is_full(q))
        error("큐가 포화상태입니다");
    q->rear = (q->rear + 1) % MAX_QUEUE_SIZE;
    q->queue[q->rear] = item;
}

// 삭제 함수
element dequeue(QueueType *q)
{
    if (is_empty(q))
        error("큐가 공백상태입니다");
    q->front = (q->front + 1) % MAX_QUEUE_SIZE;
    return q->queue[q->front];
}
```

```
#define MAX_VERTICES 50
typedef struct GraphType {
    int n;    // 정점의 개수
    int adj_mat[MAX_VERTICES][MAX_VERTICES];
} GraphType;
int visited[MAX_VERTICES];

// 그래프 초기화
void graph_init(GraphType* g)
{
    int r, c;
    g->n = 0;
    for (r = 0; r<MAX_VERTICES; r++)
        for (c = 0; c<MAX_VERTICES; c++)
            g->adj_mat[r][c] = 0;
}
// 정점 삽입 연산
void insert_vertex(GraphType* g, int v)
{
    if (((g->n) + 1) > MAX_VERTICES) {
        fprintf(stderr, "그래프: 정점의 개수 초과");
        return;
    }
    g->n++;
}
// 간선 삽입 연산
void insert_edge(GraphType* g, int start, int end)
{
    if (start >= g->n || end >= g->n) {
        fprintf(stderr, "그래프: 정점 번호 오류");
        return;
    }
    g->adj_mat[start][end] = 1;
    g->adj_mat[end][start] = 1;
}
void bfs_mat(GraphType* g, int v)
{
    int w;
    QueueType q;

    queue_init(&q);         // 큐 초기화
    visited[v] = TRUE;      // 정점 v 방문 표시
    printf("%d 방문 -> ", v);
    enqueue(&q, v);         // 시작 정점을 큐에 저장
    while (!is_empty(&q)) {
        v = dequeue(&q);    // 큐에 정점 추출
        for (w = 0; w<g->n; w++)  // 인접 정점 탐색
            if (g->adj_mat[v][w] && !visited[w]) {
```

```
                visited[w] = TRUE; // 방문 표시
                printf("%d 방문 -> ", w);
                enqueue(&q, w); // 방문한 정점을 큐에 저장
            }
    }
}

int main(void)
{
    GraphType *g;
    g = (GraphType *)malloc(sizeof(GraphType));
    graph_init(g);
    for (int i = 0; i<6; i++)
        insert_vertex(g, i);
    insert_edge(g, 0, 2);
    insert_edge(g, 2, 1);
    insert_edge(g, 2, 3);
    insert_edge(g, 0, 4);
    insert_edge(g, 4, 5);
    insert_edge(g, 1, 5);

    printf("너비 우선 탐색\n");
    bfs_mat(g, 0);
    printf("\n");
    free(g);
    return 0;
}
```

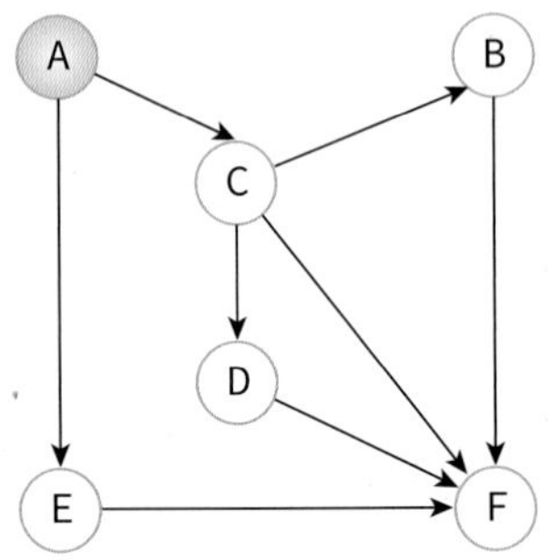

실행결과

```
너비 우선 탐색
0 방문 -> 2 방문 -> 4 방문 -> 1 방문 -> 3 방문 -> 5 방문 ->
```

너비 우선 탐색의 구현(인접 리스트 버전)

너비 우선 탐색을 인접 리스트로 구현된 그래프에 적용시키면 다음과 같다.

프로그램 10.6 **너비 우선 탐색(인접 리스트 표현) 프로그램**

```
void bfs_list(GraphType* g, int v)
{
    GraphNode* w;
    QueueType q;

    init(&q);                  // 큐 초기 화
    visited[v] = TRUE;         // 정점 v 방문 표시
    printf("%d 방문 -> ", v);
    enqueue(&q, v);            // 시작정점을 큐에 저장
    while (!is_empty(&q)) {
        v = dequeue(&q);       // 큐에 저장된 정점 선택
        for (w = g->adj_list[v]; w; w = w->link)  // 인접 정점 탐색
            if (!visited[w->vertex]) {              // 미방문 정점 탐색
                visited[w->vertex] = TRUE;          // 방문 표시
                printf("%d 방문 -> ", w->vextex);
                enqueue(&q, w->vertex);             // 정점을 큐에 삽입
            }
    }
}
```

너비 우선 탐색의 분석

너비 우선 탐색은 그래프가 인접 리스트로 표현되어 있으면 전체 수행시간이 $O(n+e)$이며, 인접행렬로 표현되어 있는 경우는 $O(n^2)$ 시간이 걸린다. 너비우선 탐색도 깊이우선 탐색과 같이 희소 그래프를 사용할 경우 인접리스트를 사용하는 것이 효율적이다.

01 아래 그래프에서 2번 정점을 시작 정점으로 너비 우선 탐색할 때, 큐의 변화 과정을 보이고 방문되는 정점을 순서대로 나열하라.

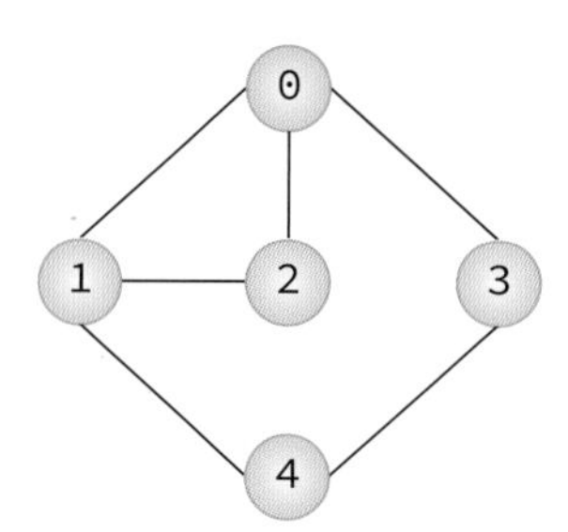

연습문제 EXERCISE

01 인접 행렬 adj_mat[][]에서 어떤 정점 v의 진출 차수를 알고 싶으면 어떻게 하면 되는가?

(1) 인접 행렬의 v번째 행의 값들을 전부 더한다.
(2) 인접 행렬의 v번째 열의 값들을 전부 더한다.
(3) 인접 행렬의 v번째 행의 값들을 전부 더해서 2로 나눈다.
(4) 인접 행렬의 v번째 열의 값들을 전부 더해서 2로 나눈다.

02 인접 행렬이 {0,1,0,0}, {1,0,1,1}, {0,1,0,0}, {0,1,0,0} 이라면 여기에 대응되는 인접 리스트를 그려라.

03 정점의 개수를 n, 간선의 개수를 e라고 할 때, 인접 행렬에서 특정 정점의 차수를 계산하는 연산의 시간 복잡도는?

(1) $O(\log_2 n)$
(2) $O(n)$
(3) $O(n+e)$
(4) $O(e)$

04 정점의 개수를 n, 간선의 개수가 e인 그래프를 인접 리스트로 표현하였을 경우, 인접 리스트 상의 총 노드의 개수는?

(1) e개
(2) $2e$개
(3) n개
(4) $2n$개

05 다음 중 큐를 사용하는 알고리즘은?

(1) 깊이 우선 탐색
(2) 너비 우선 탐색
(3) 최단 거리 알고리즘
(4) 최소 비용 신장 트리

06 다음 그래프를 인접 행렬과 인접 리스트로 표현해보자.

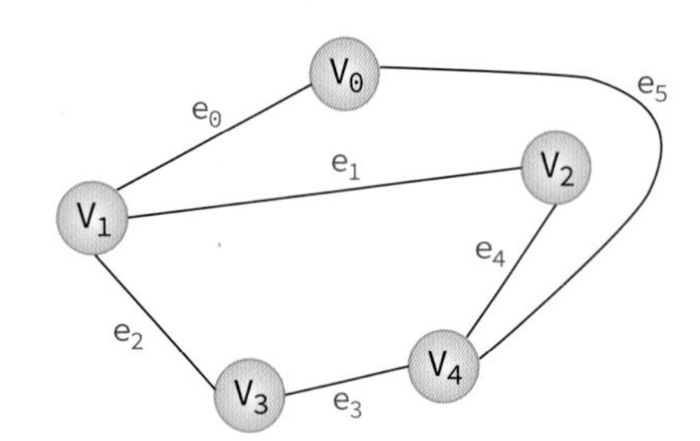

07 다음의 방향 그래프에 대하여 다음 질문에 답하라.

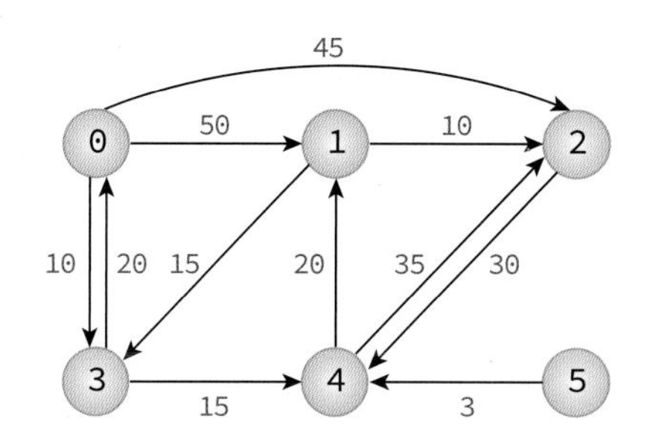

(1) 각 정점의 진입차수와 진출차수
(2) 각 정점에 인접한 정점들의 집합
(3) 인접 행렬 표현
(4) 인접 리스트 표현
(5) 모든 사이클과 그 길이

08 정점 V={1,2,3,4,5}이고, 간선 E={<1,2>, <1,3>, <1,4>, <2,1>, <2,3>, <2,5>, <3,1>, <3,2>, <3,4>, <3,5>, <4,2>, <5,1>, <5,3>}으로 정의되는 방향 그래프를 그려라.

09 크기가 $n \times n$인 방향 그래프 a가 $n \times n$ 인접 배열을 사용하여 표현되어 있다.

(1) 주어진 정점의 진출차수(out-degree)을 계산하는 함수를 작성하라. 진출차수란 어떤 정점에서 출발하여 외부가 나가는 간선의 개수이다. 이 함수의 시간 복잡도는?
(2) 주어진 정점의 진입차수(in-degree)을 계산하는 함수를 작성하라. 진입차수란 어떤 정점으로 들어오는 간선의 개수이다. 이 함수의 시간 복잡도는?
(3) 그래프 안에 있는 간선들의 개수를 계산하는 함수를 작성하라. 이 함수의 시간 복잡도는?

10 만약 그래프가 인접 리스트로 표현되어 있다고 가정하고 앞의 문제를 다시 작성하라.

11 3개, 4개, 5개의 정점으로 된 무방향 완전 그래프를 그려보라. n개의 정점을 갖는 완전 그래프의 간선의 개수가 $n(n-1)/2$인지를 확인하라.

12 하드 디스크에 파일로 그래프의 인접 행렬이 저장되어 있다고 가정하고 다음과 같은 함수를 작성하라. 그래프 파일의 형식은 다음과 같다.

```
4         /* 정점의 개수 */
0 1 1 1   /* 인접 행렬 */
1 0 1 1
1 1 0 1
1 1 1 0
```

read_graph_mat (GraphType* g, char *name) :	이름이 name인 그래프 파일을 읽어서 그래프 g의 인접 행렬에 저장
write_graph_mat(GraphType* g, char *name) :	그래프 g의 인접 행렬을 이름이 name인 그래프 파일에 저장

13 다음의 그래프에 대하여 답하라. 그래프는 인접행렬로 표현되어 있다고 가정하라.

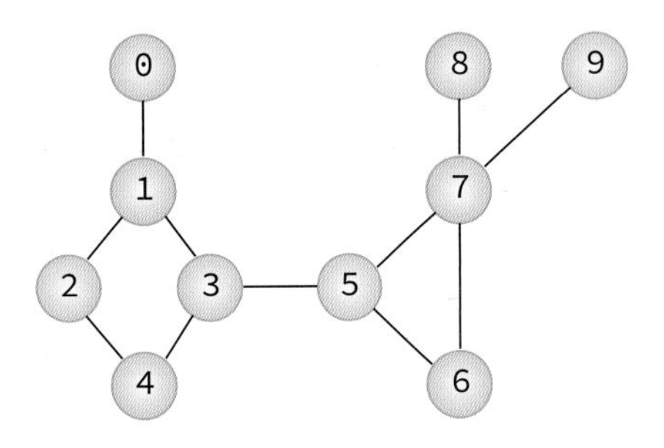

(1) 정점 3에서 출발하여 깊이 우선탐색했을 경우의 방문순서
(2) 정점 6에서 출발하여 깊이 우선탐색했을 경우의 방문순서
(3) 정점 3에서 출발하여 너비 우선탐색했을 경우의 방문순서
(4) 정점 6에서 출발하여 너비 우선탐색했을 경우의 방문순서

14 연결된 그래프 G의 간선들 중에서 그 간선을 제거하면 연결이 끊어지는 간선 (u, v)를 브리지 (bridge)라고 한다. 주어진 그래프에서 브리지를 찾아내는 함수를 작성하라.

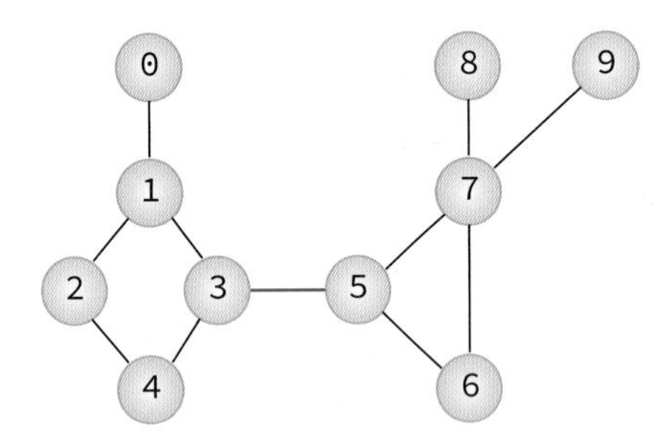

15 다음의 인접 리스트는 어떤 그래프를 표현한 것이다. 이 그래프를 정점 A에서부터 깊이 우선 탐색할 때, 정점이 방문되는 순서로 옳은 것은?

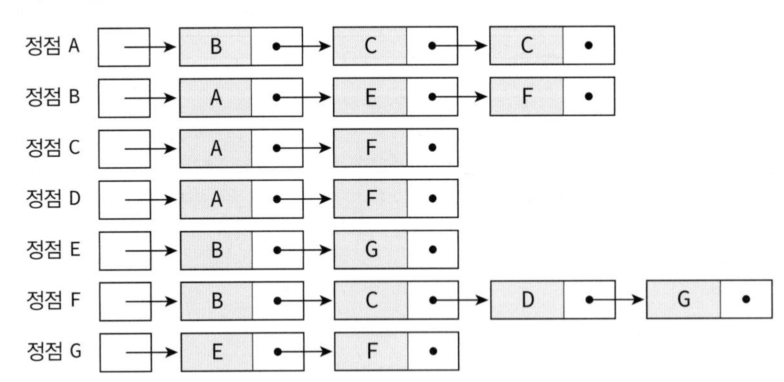

CHAPTER

11

그래프 II

■ **학습목표**

- 최소 신장트리 알고리즘을 이해한다.
- 최단 경로 알고리즘을 이해한다.
- 위상 정렬 알고리즘을 이해한다.

11 그래프 II

11.1 최소 비용 신장 트리

신장 트리

신장 트리(spanning tree)란 그래프내의 모든 정점을 포함하는 트리다. 신장 트리는 트리의 특수한 형태이므로 모든 정점들이 연결되어 있어야 하고 또한 사이클을 포함해서는 안 된다. 따라서 신장 트리는 그래프에 있는 n개의 정점을 정확히 $(n-1)$개의 간선으로 연결하게 된다. 하나의 그래프에는 많은 신장 트리가 존재 가능하다. [그림 11-1]은 그래프와 신장 트리를 보여주고 있다.

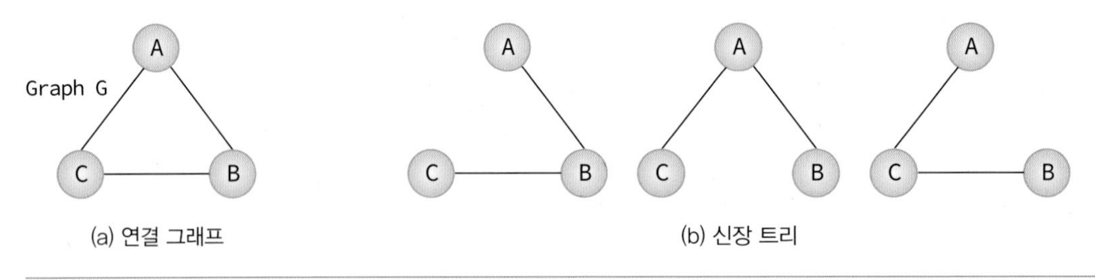

[그림 11-1] 신장 트리의 예

신장 트리는 깊이 우선이나 너비 우선 탐색 도중에 사용된 간선만 모으면 만들 수 있다. 신장 트리를 만들려면 깊이 우선이나 너비 우선 탐색 때 사용한 간선들을 표시하면 된다. 예를 들어 깊이 우선 탐색 알고리즘을 변경하여 신장 트리를 구해보면 다음과 같다. 큐를 사용하여 간선들을 저장할 수 있다.

알고리즘 11.1 신장 트리

```
depth_first_search(v):

    v를 방문되었다고 표시;
    for all u ∈ (v에 인접한 정점) do
        if (u가 아직 방문되지 않았으면)
            then  (v,u)를 신장 트리 간선이라고 표시;
                  depth_first_search(u)
```

신장 트리는 그래프의 최소 연결 부분 그래프가 된다. 여기서 최소의 의미는 간선의 수가 가장 적다는 의미이다. n개의 정점을 가지는 그래프는 최소한 $(n-1)$개의 간선을 가져야 하며 $(n-1)$개의 간선으로 연결되어 있으면 필연적으로 트리 형태가 되고 이것은 바로 신장 트리가 된다.

신장 트리는 어디에 사용될까? 신장 트리는 통신 네트워크 구축에 많이 사용된다. 예를 들어 n개의 위치를 연결하는 통신 네트워크를 최소의 링크를 이용하여 구축하고자 할 경우, 최소 링크수는 $(n-1)$이 되고 따라서 신장 트리들이 가능한 대안이 된다. 예를 들어, 회사 내의 모든 전화기를 가장 적은 수의 케이블을 사용하여 연결하고자 한다면 신장 트리를 구함으로써 해결할 수 있다.

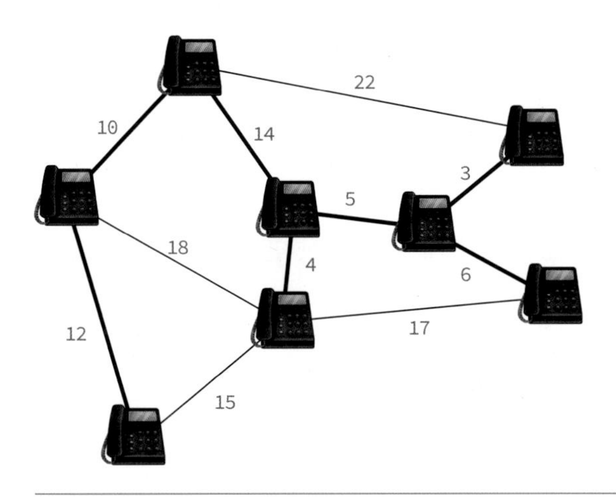

[그림 11-2] 신장 트리의 응용: 전화망 구축

그러나 각 링크의 구축 비용은 똑같지가 않다. 따라서 단순히 가장 적은 링크만을 사용한다고 해서 최소 비용이 얻어지는 것은 아니다. 따라서 각 링크, 즉 간선에 비용을 붙여서 링크의 구축 비용까지를 고려하여 최소 비용의 신장 트리를 선택할 필요가 있다. 바로 이것이 우리가 다음 절에 공부하게 될 최소 비용 신장 트리의 개념이다.

도전문제 위의 신장 트리 알고리즘을 참조하여 신장 트리를 출력하는 완전한 프로그램을 작성해보자.

최소 비용 신장 트리

통신망, 도로망, 유통망 등은 간선에 가중치가 부여된 네트워크로 표현될 수 있다. 가중치는 길이, 구축 비용, 전송 시간 등을 나타낸다. 이러한 도로망, 통신망, 유통망을 가장 적은 비용으로 구축하고자 한다면, 네트워크에 있는 모든 정점들을 가장 적은 수의 간선과 비용으로 연결하는 최소 비용 신장 트리(MST: minimum spanning tree)가 필요하게 된다. 최소 비용 신장 트리는 신장 트리 중에서 사용된 간선들의 가중치 합이 최소인 신장 트리를 말한다.

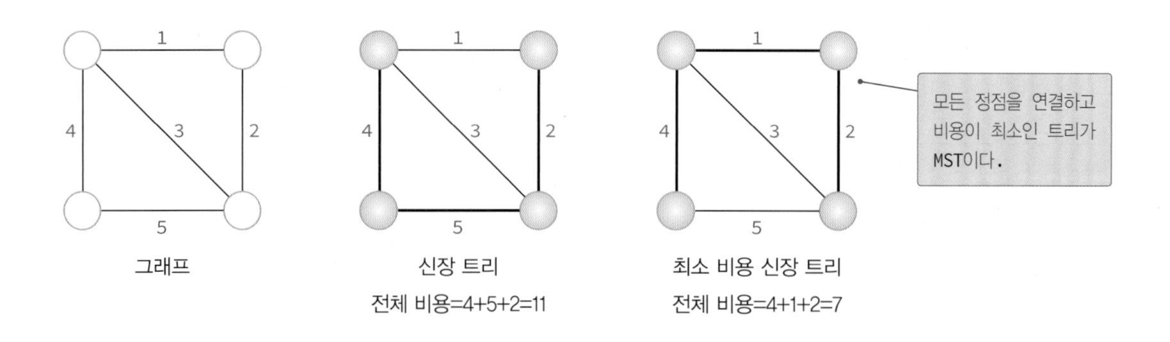

최소 비용 신장 트리의 응용의 예를 들면 다음과 같다.

- 도로 건설 – 도시들을 모두 연결하면서 도로의 길이가 최소가 되도록 하는 문제
- 전기 회로 – 단자들을 모두 연결하면서 전선의 길이가 가장 최소가 되도록 하는 문제
- 통신 – 전화선의 길이가 최소가 되도록 전화 케이블 망을 구성하는 문제
- 배관 – 파이프를 모두 연결하면서 파이프의 총 길이가 최소가 되도록 연결하는 문제

최소 비용 신장 트리를 구하는 방법으로는 Kruskal과 Prim이 제안한 알고리즘이 대표적으로 사용되고 있으며, 이 알고리즘들은 최소 비용 신장 트리가 간선의 가중치의 합이 최소이어야 하고, 반드시 $(n-1)$개의 간선만 사용해야 하며, 사이클이 포함되어서는 안 된다는 조건들을 적절히 이용하고 있다.

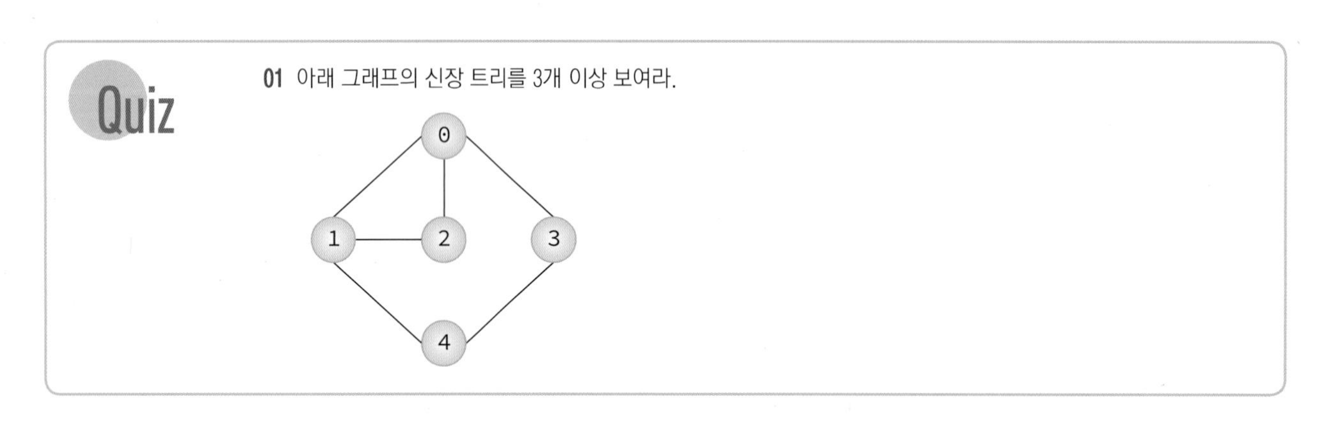

11.2 Kruskal의 MST 알고리즘

Kruskal의 알고리즘은 탐욕적인 방법(greedy method)을 이용한다. 탐욕적인 방법은 알고리즘 설계에서 있어서 중요한 기법 중의 하나이다. 탐욕적인 방법이란 선택할 때마다 그 순간 가장 좋다고 생각되는 것을 선택함으로써 최종적인 해답에 도달하는 방법이다. 마치 음식을 먹을 때 가

장 맛있는 것부터 먹는 것과 같다. "탐욕적"이라는 단어의 뉘앙스는 안 좋지만 실제로는 상당히 좋은 알고리즘을 만들어 내는 알고리즘 설계 기법이다.

[그림 11-3] 탐욕적인 알고리즘의 비유

탐욕적인 알고리즘에서 순간의 선택은 그 당시에는 최적이다. 하지만 최적이라고 생각했던 지역적인 해답들을 모아서 최종적인 해답을 만들었다고 해서, 그 해답이 반드시 전역적으로 최적이라는 보장은 없다. 따라서 탐욕적인 방법은 항상 최적의 해답을 주는지를 검증해야 한다. 다행히 Kruskal의 알고리즘은 최적의 해답을 주는 것으로 증명되어 있다.

Kruskal의 알고리즘은 최소 비용 신장 트리가 최소 비용의 간선으로 구성됨과 동시에 사이클을 포함하지 않는다는 조건에 근거하여, 각 단계에서 사이클을 이루지 않는 최소 비용 간선을 선택한다. 이러한 과정을 반복함으로써 네트워크의 모든 정점을 최소 비용으로 연결하는 최적 해답을 구할 수 있다. Kruskal의 알고리즘은 먼저 그래프의 간선들을 가중치의 오름차순으로 정렬한다. 정렬된 간선들의 리스트에서 사이클을 형성하지 않는 간선을 찾아서 현재의 최소 비용 신장 트리의 집합에 추가한다. 만약 사이클을 형성하면 그 간선은 제외된다. 최소 비용 신장 트리를 구하는 Kruskal의 알고리즘은 알고리즘 11.2와 같이 요약된다.

알고리즘 11.2 Kruskal의 최소 비용 신장 트리 알고리즘

```
// 최소비용 신장 트리를 구하는 Kruskal의 알고리즘
// 입력: 가중치 그래프 G=(V, E), n은 노드의 개수
// 출력: E_T, 최소비용 신장 트리를 이루는 간선들의 집합
kruskal(G):

    E를 w(e_1)≤…≤w(e_e)가 되도록 정렬한다.
    E_T←Φ; ecounter←0
    k←0
    while ecounter<(n-1) do
        k←k+1
        if E_T∪{e_k}이 사이클을 포함하지 않으면
            then E_T←E_T∪{e_k};   ecounter←ecounter+1
    return E_T
```

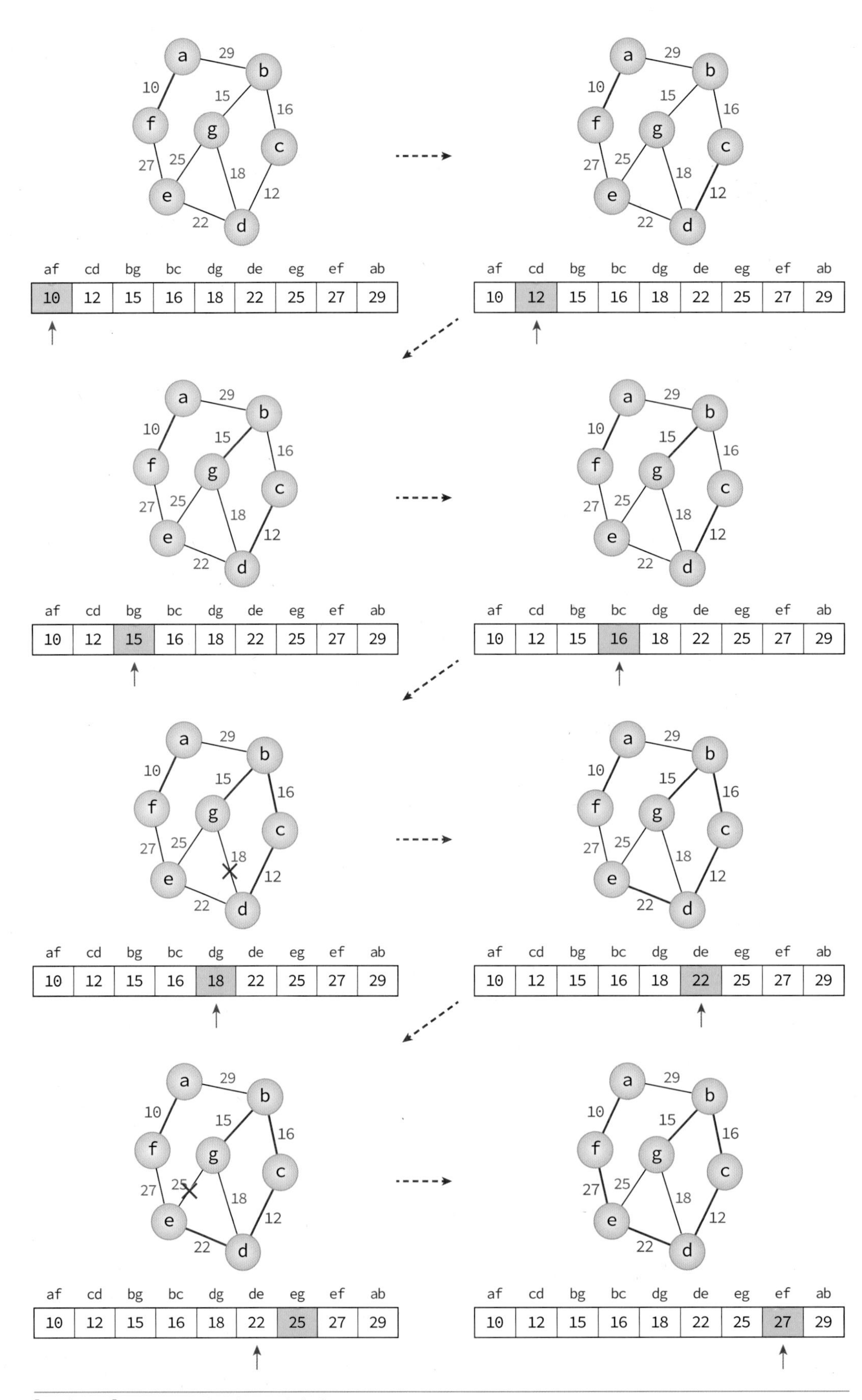

[그림 11-4] Kruskal 알고리즘 동작의 예

[그림 11-4]는 Kruskal의 알고리즘을 이용하여 최소 비용 신장 트리를 만드는 과정을 보여준다. 먼저 간선들을 가중치의 오름차순으로 정렬한다. 먼저 가장 가중치가 낮은 간선을 먼저 선택한다. 예제 그래프에서는 (a, f)가 가중치 10으로서 가장 낮기 때문에 먼저 선택되고 E_T에 포함시킨다. 다음에도 계속 가중치가 낮은 간선들인 (c, d), (b, g), (b, c)까지 차례로 선택하여 E_T에 포함시킨다. 다음 차례는 간선 (d, g) 차례이지만 (d, g)를 추가하게 되면 사이클 b, c, d, g, b가 형성된다. 따라서 (d, g)는 제외되고 다음 간선인 (d, e)가 선택된다. 다음 간선 (e, g)도 역시 사이클을 형성시키기 때문에 제외되고 (e, f)가 선택된다. (e, f)까지 선택되면 간선의 개수가 6개가 되어 정점의 개수인 7보다 하나 적어져서 알고리즘이 종료하게 된다.

가상 실습 11.1

최소 비용 신장 트리 Kruskal 알고리즘

최소 비용 신장 트리 Kruskal 애플릿을 이용하여 다음과 같이 실습을 진행한다.

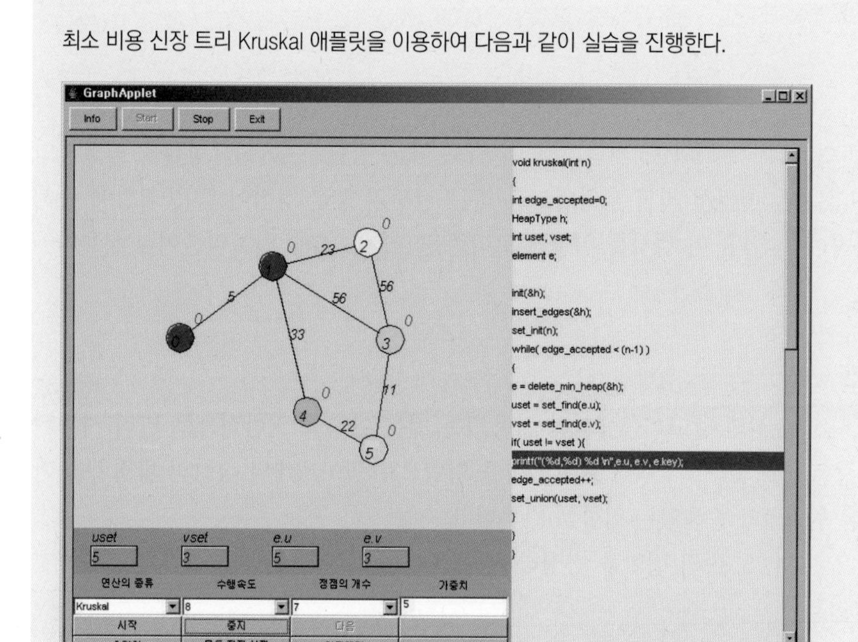

(1) 정점을 더블 클릭하여 생성한다.
(2) 간선을 생성할 때는 먼저 가중치를 입력한 다음, 정점과 정점 사이를 드래그하여 생성한다.
(3) 정점을 이동하고자 하는 경우에는 컨트롤 키를 누른채로 마우스로 원하는 정점을 드래그하면 된다.
(4) '시작' 버튼과 '다음' 버튼을 클릭하여 프로그램을 단계적으로 실행하여 본다.

Kruskal의 알고리즘은 최소 비용 신장 트리를 구하는 다른 알고리즘보다 간단해 보인다. 하지만 다음 간선을 이미 선택된 간선들의 집합에 추가할 때 사이클을 생성하는 지를 체크하여야 한다. 새로운 간선이 이미 다른 경로에 의하여 연결되어 있는 정점들을 연결할 때 사이클이 형성된다.

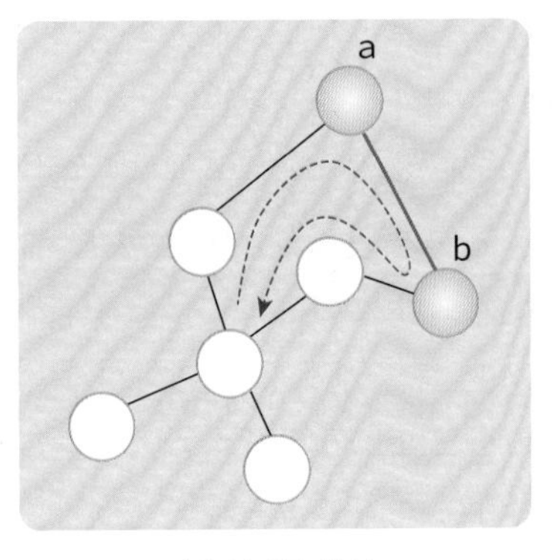

(a) 사이클 형성

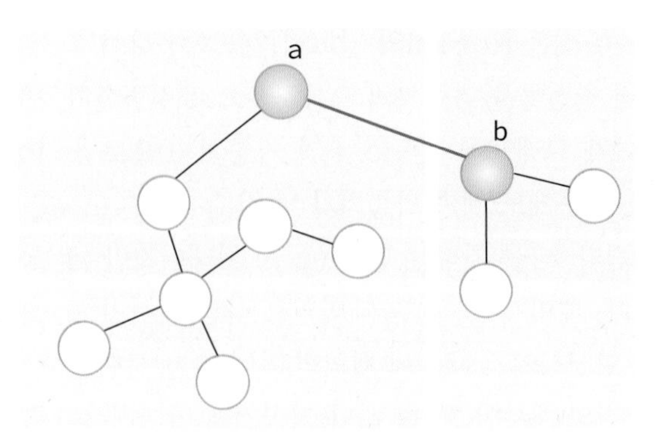

(b) 사이클 형성되지 않음

[그림 11-5] 사이클 체크

즉 [그림 11-5]의 (a)처럼 간선의 양끝 정점이 같은 집합에 속하면 간선을 추가하였을 경우, 사이클이 형성된다. 반면 [그림 11-5]의 (b)처럼 간선이 서로 다른 집합에 속하는 정점을 연결하면 사이클이 형성되지 않는다. 따라서 지금 추가하고자 하는 간선의 양끝 정점이 같은 집합에 속해 있는지를 먼저 검사하여야 한다. 이 검사를 위한 알고리즘을 union-find 알고리즘이라 부른다.

union-find 연산

union-find 연산은 Kruskal의 알고리즘에서만 사용되는 것은 아니고 일반적으로 널리 사용된다. union(x, y) 연산은 원소 x와 y가 속해있는 집합을 입력으로 받아 2개의 집합의 합집합을 만든다. find(x) 연산은 원소 x가 속해있는 집합을 반환한다.

예를 들어 S={1, 2, 3, 4, 5, 6}의 집합을 가정하자. 처음에는 집합의 원소를 하나씩 분리하여 독자적인 집합으로 만든다.

{1}, {2}, {3}, {4}, {5}, {6}

여기에 union(1, 4)와 union(5, 2)를 하면 다음과 같은 집합으로 변화된다.

{1, 4}, {5, 2}, {3}, {6}

또한 이어서 union(4, 5)와 union(3, 6)을 한다면 다음과 같은 결과를 얻을 수 있다.

{1, 4, 5, 2}, {3, 6}

union-find 연산의 구현

집합을 구현하는 데는 여러 가지 방법이 있을 수 있다. 즉 비트 벡터, 배열, 연결 리스트를 이용하여 구현될 수 있다. 그러나 가장 효율적인 방법은 트리 형태를 사용하는 것이다. 우리는 부모 노드만 알면 되므로 “부모 포인터 표현”을 사용한다. “부모 포인터 표현”이란 각 노드에 대해 그 노드의 부모에 대한 포인터만 저장하는 것이다. 이것은 일반적인 목적에는 부적합하다. 즉 노드의 가장 왼쪽 자식 또는 오른쪽 자식을 찾는 것과 같은 중요한 작업에는 부적절하기 때문이다. 하지만 “두 노드가 같은 트리에 있습니까?”와 같은 질문에 대답하는데 필요한 정보는 저장하고 있다. 따라서 union-find 연산은 이것으로 구현할 수 있다. 부모 포인터 표현은 포인터를 사용하지 않고 1차원 배열로 구현이 가능하다. 배열은 부모 노드의 인덱스를 저장한다. 배열의 값이 -1이면 부모 노드가 없다.

예를 들어서 다음과 같은 노드들이 있다고 하자. 처음에는 전부 분리되어 있다.

A B C D E F G H I J

A	B	C	D	E	F	G	H	I	J
-1	-1	-1	-1	-1	-1	-1	-1	-1	-1

여기서 union(A, B)가 실행되었다면 다음과 같이 변경된다.

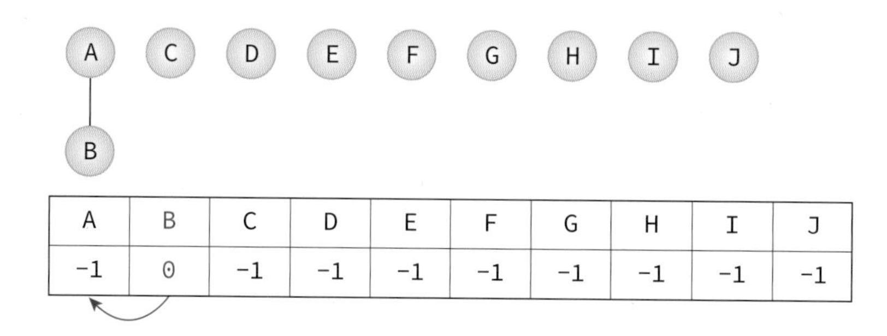

이어서 union(C, H)가 호출되면 다음과 같이 변경된다.

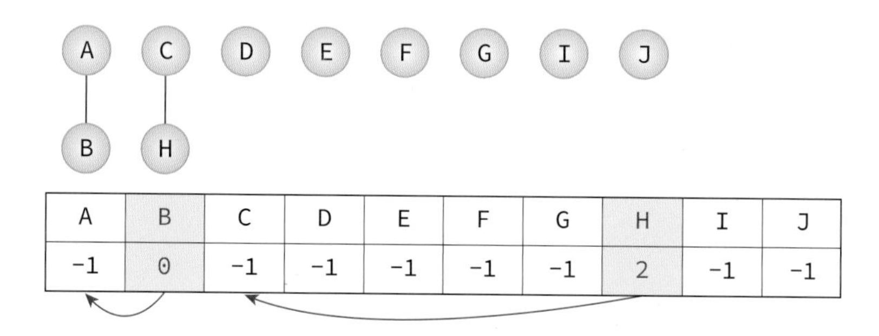

아래의 알고리즘은 집합의 연산을 구현한 것이다. 트리는 부모 노드를 가리키는 배열로 구성된다. 루트 노드는 부모 노드 배열에서 −1을 가진다.

알고리즘 11.3 union-find 알고리즘

```
UNION(a, b):
   root1 = FIND(a);     // 노드 a의 루트를 찾는다.
   root2 = FIND(b);     // 노드 b의 루트를 찾는다.
   if root1 ≠ root2     // 합한다.
      parent[root1] = root2;

   FIND(curr):                 // curr의 루트를 찾는다.
   if (parent[curr] == -1)
            return curr;    // 루트
   while (parent[curr] != -1) curr = parent[curr];
   return curr;
```

위의 알고리즘을 C언어로 구현하면 다음과 같다.

프로그램 11.7 union-find 프로그램

```
int parent[MAX_VERTICES];      // 부모 노드
                               // 초기화
void set_init(int n)
{
   for (int i = 0; i<n; i++)
      parent[i] = -1;
}
// curr가 속하는 집합을 반환한다.
int set_find(int curr)
{
   if (parent[curr] == -1)
      return curr;           // 루트
   while (parent[curr] != -1) curr = parent[curr];
   return curr;
}

// 두개의 원소가 속한 집합을 합친다.
void set_union(int a, int b)
{
   int root1 = set_find(a);  // 노드 a의 루트를 찾는다.
   int root2 = set_find(b);  // 노드 b의 루트를 찾는다.
   if (root1 != root2)       // 합한다.
      parent[root1] = root2;
}
```

Kruskal의 알고리즘 구현

위의 union 연산과 find 연산을 이용하여 Kruskal의 알고리즘을 구현해보면 다음과 같다. Kruskal의 알고리즘에서는 간선들을 정렬하여야 하므로 그래프가 간선들의 집합으로 저장되었다. 즉 GraphType 안에 간선들만을 저장한다. 정렬 알고리즘으로는 C언어에서 기본적으로 제공되는 qsort() 함수를 사용하였다. 최소 히프를 사용하여도 된다.

프로그램 11.8 Kruskal의 최소 비용 신장 트리 프로그램

```
#include <stdio.h>
#include <stdlib.h>

#define TRUE 1
#define FALSE 0

#define MAX_VERTICES 100
#define INF 1000

int parent[MAX_VERTICES];      // 부모 노드
                               // 초기화
void set_init(int n)
{
    for (int i = 0; i<n; i++)
        parent[i] = -1;
}
// curr가 속하는 집합을 반환한다.
int set_find(int curr)
{
    if (parent[curr] == -1)
        return curr;           // 루트
    while (parent[curr] != -1) curr = parent[curr];
    return curr;
}

// 두개의 원소가 속한 집합을 합친다.
void set_union(int a, int b)
{
    int root1 = set_find(a);  // 노드 a의 루트를 찾는다.
    int root2 = set_find(b);  // 노드 b의 루트를 찾는다.
    if (root1 != root2)       // 합한다.
        parent[root1] = root2;
}

struct Edge {         // 간선을 나타내는 구조체
    int start, end, weight;
};
```

```
typedef struct GraphType {
    int n;     // 간선의 개수
    int nvertex; // 정점의 개수
    struct Edge edges[2 * MAX_VERTICES];
} GraphType;

// 그래프 초기화
void graph_init(GraphType* g)
{
    g->n = g->nvertex = 0;
    for (int i = 0; i < 2 * MAX_VERTICES; i++) {
        g->edges[i].start = 0;
        g->edges[i].end = 0;
        g->edges[i].weight = INF;
    }
}
// 간선 삽입 연산
void insert_edge(GraphType* g, int start, int end, int w)
{
    g->edges[g->n].start = start;
    g->edges[g->n].end = end;
    g->edges[g->n].weight = w;
    g->n++;
}
// qsort()에 사용되는 함수
int compare(const void* a, const void* b)
{
    struct Edge* x = (struct Edge*)a;
    struct Edge* y = (struct Edge*)b;
    return (x->weight - y->weight);
}

// kruskal의 최소 비용 신장 트리 프로그램
void kruskal(GraphType *g)
{
    int edge_accepted = 0; // 현재까지 선택된 간선의 수
    int uset, vset;        // 정점 u와 정점 v의 집합 번호
    struct Edge e;

    set_init(g->nvertex);          // 집합 초기화
    qsort(g->edges, g->n, sizeof(struct Edge), compare);

    printf("크루스칼 최소 신장 트리 알고리즘 \n");
    int i = 0;
    while (edge_accepted < (g->nvertex - 1))   // 간선의 수 < (n-1)
    {
        e = g->edges[i];
        uset = set_find(e.start);              // 정점 u의 집합 번호
```

```
        vset = set_find(e.end);    // 정점 v의 집합 번호
        if (uset != vset) {        // 서로 속한 집합이 다르면
            printf("간선 (%d,%d) %d 선택\n", e.start, e.end, e.weight);
            edge_accepted++;
            set_union(uset, vset); // 두개의 집합을 합친다.
        }
        i++;
    }
}
int main(void)
{
    GraphType *g;
    g = (GraphType *)malloc(sizeof(GraphType));
    graph_init(g);

    g->nvertex = 7;
    insert_edge(g, 0, 1, 29);
    insert_edge(g, 1, 2, 16);
    insert_edge(g, 2, 3, 12);
    insert_edge(g, 3, 4, 22);
    insert_edge(g, 4, 5, 27);
    insert_edge(g, 5, 0, 10);
    insert_edge(g, 6, 1, 15);
    insert_edge(g, 6, 3, 18);
    insert_edge(g, 6, 4, 25);

    kruskal(g);
    free(g);
    return 0;
}
```

실행결과

```
크루스칼 최소 신장 트리 알고리즘
간선 (5,0) 10 선택
간선 (2,3) 12 선택
간선 (6,1) 15 선택
간선 (1,2) 16 선택
간선 (3,4) 22 선택
간선 (4,5) 27 선택
```

시간 복잡도 분석

이 union-find 알고리즘을 이용하면 Kruskal의 알고리즘의 시간 복잡도는 간선들을 정렬하는 시간에 좌우된다. 따라서 효율적인 정렬 알고리즘을 사용한다면 Kruskal의 알고리즘의 시간 복잡도는 $(|e|\log_2|e|)$이다.

Quiz

01 아래 그래프에 Kruskal의 알고리즘을 이용해 최소 비용 신장 트리를 만드는 과정을 보여라.

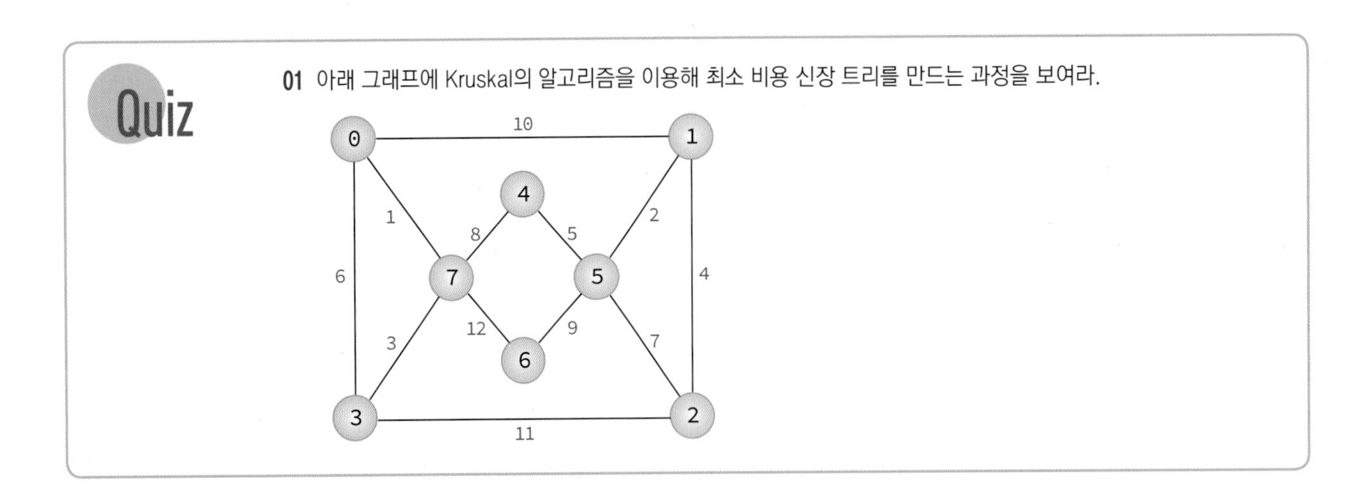

11.3 Prim의 MST 알고리즘

Prim의 알고리즘은 시작 정점에서부터 출발하여 신장 트리 집합을 단계적으로 확장해나가는 방법이다. 시작 단계에서는 시작 정점만이 신장 트리 집합에 포함된다. Prim의 방법은 앞 단계에서 만들어진 신장 트리 집합에, 인접한 정점들 중에서 최저 간선으로 연결된 정점을 선택하여 트리를 확장한다. 이 과정은 트리가 $n-1$개의 간선을 가질 때까지 계속된다.

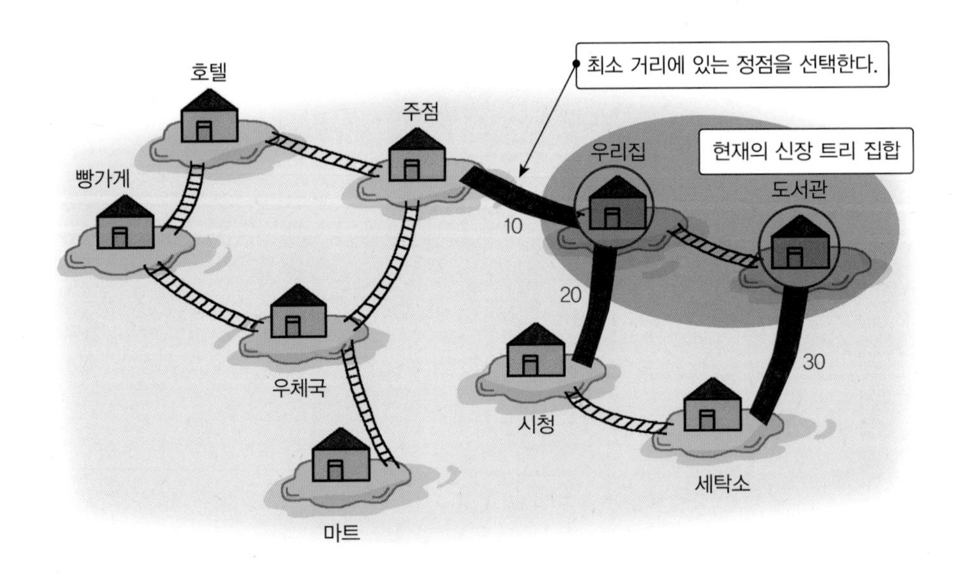

Prim의 알고리즘을 이용하여 [그림 11-6]의 그래프에서 정점 a를 시작정점으로 하여 최소 비용 신장 트리를 만드는 과정을 보였다. Kruskal의 알고리즘과 그 결과는 동일함을 확인하라.

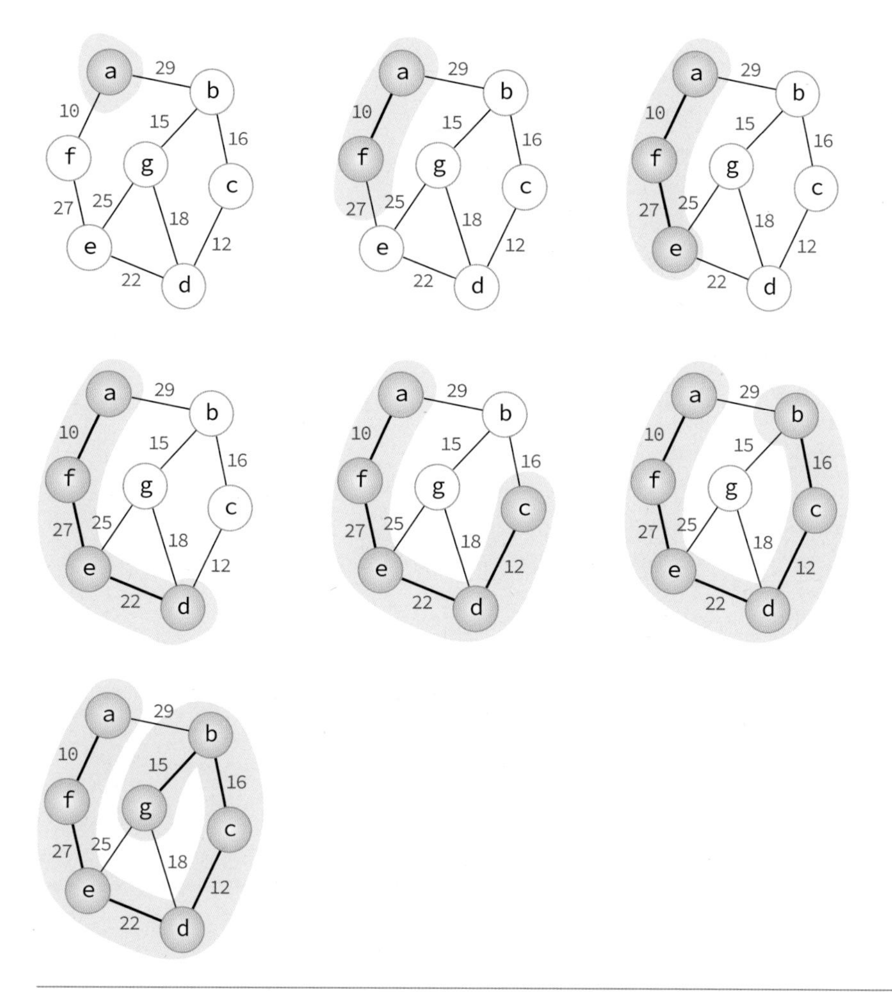

[그림 11-6] Prim의 최소비용 신장 트리 예제

우리의 예제 그래프로 Prim의 방법을 설명해보자. 정점 a에서 출발한다고 하자. 맨 처음에는 신장 트리 집합은 { a }가 된다. 이 상태에서 인접 정점 중에서 최소 간선을 선택하면 신장 트리 집합은 { a, f }가 된다. 이 상태에서 신장 트리 집합에 인접한 정점을 살펴보면 b와 e가 있다. 간선 (a, b)와 간선 (f, e)의 가중치를 비교해보면 (f, e)가 27로서 (a, b)의 29보다 작다. 따라서 (f, e) 간선이 선택되고 정점 e가 신장 트리 집합에 포함된다. 다음 단계에서 신장 트리 집합은 { a, f, e }가 되고 같은 과정이 되풀이 된다. 신장 트리 집합에 정점의 개수가 $n-1$개가 될 때까지 이 과정은 계속된다.

Kruskal의 알고리즘과 비교를 해보면 먼저 Kruskal의 알고리즘은 간선을 기반으로 하는 알고리즘인 반면 Prim의 알고리즘은 정점을 기반으로 하는 알고리즘이다. 또한 Kruskal의 알고리즘에서는 이전 단계에서 만들어진 신장 트리와는 상관없이 무조건 최저 간선만을 선택하는 방법이었던데 반하여 Prim의 알고리즘은 이전 단계에서 만들어진 신장 트리를 확장하는 방식이다.

알고리즘 11.4 Prim의 최소 비용 신장 트리 알고리즘 #1

```
// 최소 비용 신장 트리를 구하는 Prim의 알고리즘
// 입력: 네트워크 G=(V, E), S는 시작 정점
// 출력: V_T, 최소 비용 신장 트리를 이루는 정점들의 집합
Prim(G, s):

    V_T←{ s }; vcounter←1
    while vcounter<n do
        (u,v)는 u∈V_T and v∉V_T인 최저 비용 간선;
        if (그러한 (u,v)가 존재하면)
            then V_T← V_T∪v ; vcounter←vcounter+1
        else 실패
    return V_T
```

가상 실습 11.2

최소 비용
신장 트리
Prim 알고리즘

최소 비용 신장 트리 Prim 애플릿을 이용하여 다음과 같이 실습을 진행한다.

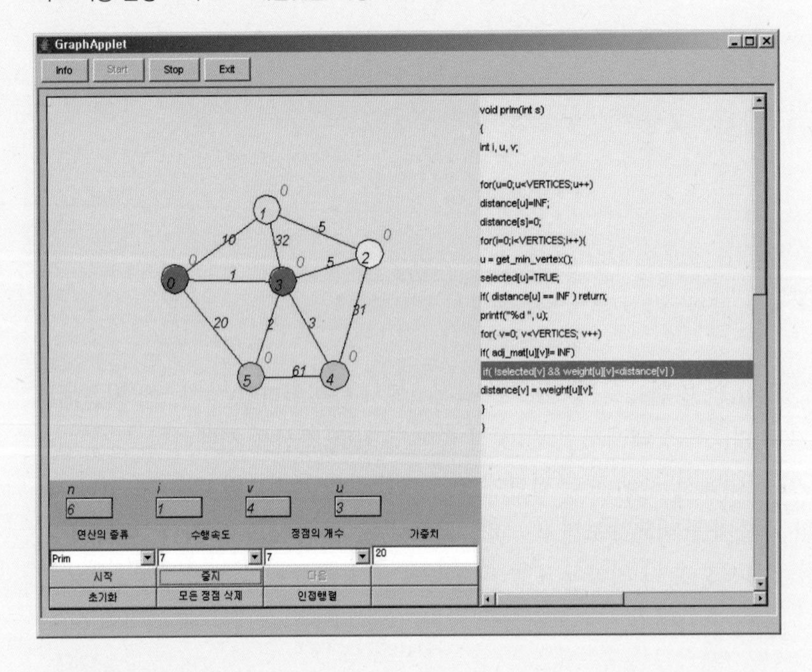

(1) 정점을 더블 클릭하여 생성한다.
(2) 간선을 생성할때는 먼저 가중치를 입력한 다음, 정점과 정점 사이를 드래그하여 생성한다.
(3) 정점을 이동하고자 하는 경우에는 컨트롤 키를 누른채로 마우스로 원하는 정점을 드래그하면 된다.
(4) '시작' 버튼과 '다음' 버튼을 클릭하여 프로그램을 단계적으로 실행하여 본다.

Prim의 알고리즘의 구현

Prim의 알고리즘을 구현하기 위하여 보다 구체적으로 의사 코드로 알고리즘을 작성하여 보자. 먼저 distance라는 정점의 개수 크기의 배열이 필요하다. distance는 현재까지 알려진, 신장 트리 정점 집합에서 각 정점까지의 거리를 가지고 있다. 처음에는 시작 노드만 값이 0이고 다른 노드는 전부 무한대의 값을 가진다. 명백하게 처음에는 트리 집합에 아무것도 없으므로 당연하다.

알고리즘 11.5 Prim의 최소 비용 신장 트리 알고리즘 #2

```
// 최소 비용 신장 트리를 구하는 Prim의 알고리즘
// 입력: 네트워크 G=(V, E), s는 시작 정점
// 출력: 최소 비용 신장 트리를 이루는 정점들의 집합
Prim(G, s):

    for each u∈V do
        distance[u]←∞
    distance[s]←0
    우선 순위큐 Q에 모든 정점을 삽입(우선순위는 dist[])
    for i←0 to n-1 do
        u←delete_min(Q)
        화면에 u를 출력
        for each v∈(u의 인접 정점)
            if( v∈Q and weight[u][v]<dist[v] )
                then dist[v]←weight[u][v]
```

정점들이 트리 집합에 추가되면서 distance 값은 변경된다. 다음에 우선 순위 큐 Q가 하나 필요하다. 배열로 구현할 수도 있고 아니면 히프를 사용하면 보다 효율적인 프로그램이 될 것이다. 우선 순위큐에 모든 정점을 삽입한다. 이때의 우선 순위는 distance 배열값이 된다. 다음은 while 루프로 우선순위 큐에서 가장 작은 distance 값을 가지는 정점을 끄집어낸다. 바로 이 정점이 트리 집합에 추가된다. 여기서는 그냥 화면에 이 정점의 번호를 출력하기로 하는 것으로 만족하자.

다음에는 트리 집합에 새로운 정점 u가 추가되었으므로 u에 인접한 정점 v들의 distance 값을 변경시켜준다. 즉 기존의 distance[v] 값보다 간선 (u, v)의 가중치 값이 적으면 간선 (u, v)의 가중치값으로 dist[v]를 변경시킨다. Q에 있는 모든 정점들이 소진될 때까지 이것을 되풀이하면 된다. 한번 선택된 정점은 Q에서 삭제되므로 다시 선택되지는 않음을 명심하라. 그리고 트리 집합에 인접하지 않은 정점들의 distance 값은 무한대이므로 역시 선택되지 않을 것이다. 코드를 간단하게 하기 위하여 오류 처리를 생략했음을 유의해야 한다. 즉 만약 알고리즘 도중에 선택된 정점의 a 값이 무한대이면 오류가 된다.

다음은 위의 의사 코드를 배열만을 이용하여 구현한 것이다. 우선 순위큐를 사용해서도 가능하나 문제는 우선 순위큐에 들어 있는 우선 순위를 중간에 변경시켜야 한다.

프로그램 11.9 Prim의 최소 비용 신장 트리 프로그램

```
#include <stdio.h>
#include <stdlib.h>

#define TRUE 1
#define FALSE 0
#define MAX_VERTICES 100
#define INF 1000L

typedef struct GraphType {
    int n;     // 정점의 개수
    int weight[MAX_VERTICES][MAX_VERTICES];
} GraphType;

int selected[MAX_VERTICES];
int distance[MAX_VERTICES];

// 최소 dist[v] 값을 갖는 정점을 반환
int get_min_vertex(int n)
{
    int v, i;
    for (i = 0; i <n; i++)
        if (!selected[i]) {
            v = i;
            break;
        }
    for (i = 0; i < n; i++)
        if (!selected[i] && (distance[i] < distance[v])) v = i;
    return (v);
}
//
void prim(GraphType* g, int s)
{
    int i, u, v;

    for (u = 0; u<g->n; u++)
        distance[u] = INF;
    distance[s] = 0;
    for (i = 0; i<g->n; i++) {
        u = get_min_vertex(g->n);
        selected[u] = TRUE;
        if (distance[u] == INF) return;
        printf("정점 %d 추가\n", u);
        for (v = 0; v<g->n; v++)
            if (g->weight[u][v] != INF)
                if (!selected[v] && g->weight[u][v]< distance[v])
                    distance[v] = g->weight[u][v];
```

```
    }
}

int main(void)
{
    GraphType g = { 7,
    {{ 0, 29, INF, INF, INF, 10, INF },
    { 29, 0, 16, INF, INF, INF, 15 },
    { INF, 16, 0, 12, INF, INF, INF },
    { INF, INF, 12, 0, 22, INF, 18 },
    { INF, INF, INF, 22, 0, 27, 25 },
    { 10, INF, INF, INF, 27, 0, INF },
    { INF, 15, INF, 18, 25, INF, 0 } }
    };
    prim(&g, 0);
    return 0;
}
```

실행결과

```
정점 0 추가
정점 5 추가
정점 4 추가
정점 3 추가
정점 2 추가
정점 1 추가
정점 6 추가
```

Prim의 알고리즘의 분석

Prim의 알고리즘은 주 반복문이 정점의 수 n만큼 반복하고, 내부 반복문이 n번 반복하므로 Prim의 알고리즘은 $O(n^2)$의 복잡도를 가진다. Kruskal의 알고리즘은 복잡도가 $O(e\log_2 e)$이므로 희소 그래프를 대상으로 할 경우에는 Kruskal의 알고리즘이 적합하고, 밀집 그래프의 경우에는 Prim의 알고리즘이 유리하다고 할 수 있다.

Quiz

01 아래 그래프에 0번 정점을 시작 정점으로 Prim의 알고리즘을 이용해 최소 비용 신장 트리를 만드는 과정을 보여라.

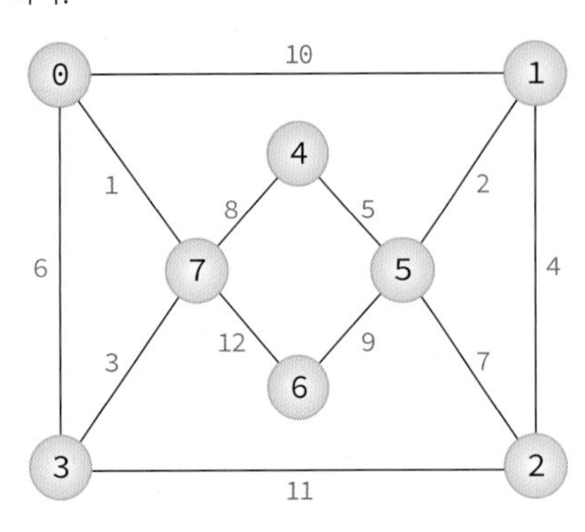

11.4 최단 경로

최단 경로(shortest path) 문제는 네트워크에서 정점 i와 정점 j를 연결하는 경로 중에서 간선들의 가중치 합이 최소가 되는 경로를 찾는 문제이다. 간선의 가중치는 비용, 거리, 시간 등을 나타낸다. [그림 11-7]은 네이버 지도에서 강남역에서 서울역까지 가는 최단 경로를 탐색한 결과이다.

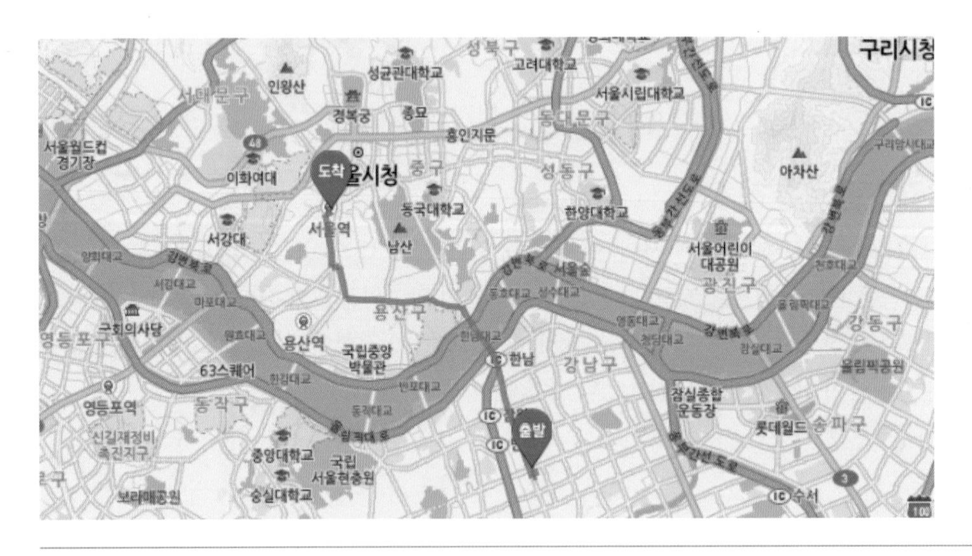

[그림 11-7] 최단경로의 예

지도를 나타내는 그래프에서 정점은 각 도시들을 나타내고 가중치는 한 도시에서 다른 도시로 가는 거리를 의미한다. 여기서의 문제는 도시 u에서 도시 v로 가는 거리 중에서 전체 길이가 최소가 되는 경로를 찾는 것이다.

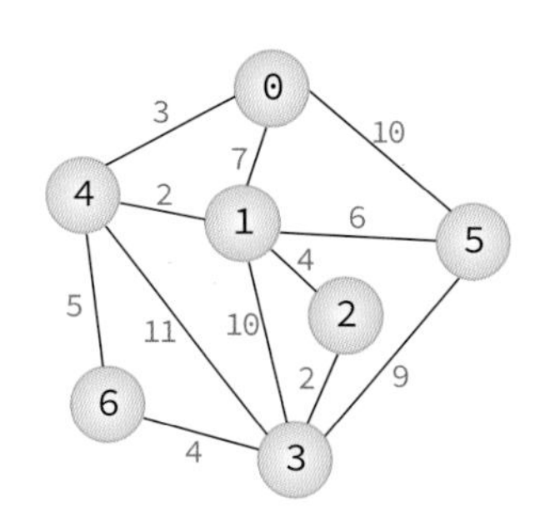

	0	1	2	3	4	4	5
0	0	7	∞	∞	3	10	∞
1	7	0	4	10	2	6	∞
2	∞	4	0	2	∞	∞	∞
3	∞	10	2	0	11	9	4
4	3	2	∞	11	0	∞	5
5	10	6	∞	9	∞	0	∞
6	∞	∞	∞	4	5	∞	0

[그림 11-8] 네트워크와 가중치 인접 행렬

예를 들어 [그림 11-8]의 그래프를 생각하자. 정점 0에서 정점 3으로 가는 최단 경로는 (0,4,1,2,3)이고 이때의 비용은 3+2+4+2=11이다. 정점 0에서 정점 3으로 가는 다른 경로가 존재하지만 이 경로가 가장 최단 거리이다. 예를 들어 다른 경로인 (0,1,2,3)은 비용이 7+4+2=13이 되어 경로 (0,4,1,2,3)보다 더 비용이 많이 든다. 문제는 이때 어떤 식으로 최단 경로를 발견할 것인가이다.

2가지의 알고리즘이 있다. Dijkstra 알고리즘은 하나의 시작 정점에서 다른 정점까지의 최단 경로를 구한다. Floyd 알고리즘은 모든 정점에서 다른 모든 정점까지의 최단 경로를 구한다. 가중치는 가중치 인접 행렬에 저장되어 있다고 가정하자. 만약 정점 u와 정점 v사이에 간선이 없다면 무한대값이 저장되어 있다고 가정하자.

여기서 인접 행렬과 가중치 인접 행렬과의 차이점을 주의 깊게 살펴보아야 한다. 인접 행렬에서는 간선이 없으면 인접 행렬의 값이 0이었다. 그러나 가중치 인접 행렬에서는 간선의 가중치가 0일 수도 있기 때문에 0의 값이 간선이 없음을 나타내지 못한다. 따라서 다른 방법을 강구하여야 한다. 이론적으로는 무한대의 값을 가중치 인접 행렬에 저장하면 된다. 즉 무한대의 값이면 간선이 없다고 생각하면 된다. 그러나 컴퓨터에서는 무한대의 값이 없다. 따라서 만약 간선이 존재하지 않으면 정수 중에서 상당히 큰 값을 무한대라고 생각하고 가중치 인접 행렬에 저장하는 것으로 한다.

11.5 Dijkstra의 최단 경로 알고리즘

Dijkstra의 최단 경로 알고리즘은 네트워크에서 하나의 시작 정점으로부터 모든 다른 정점까지의 최단 경로를 찾는 알고리즘이다. 최단경로는 경로의 길이 순으로 구해진다. 먼저 집합 S를 시작 정점 v로부터의 최단경로가 이미 발견된 정점들의 집합이라고 하자. Dijkstra의 알고리즘에서는 시작 정점에서 집합 S에 있는 정점만을 거쳐서 다른 정점으로 가는 최단거리를 기록하는 배열이 반드시 있어야 한다. 이 1차원 배열을 `distance`라고 한다. 시작 정점을 v이라 하면 `distance[v]=0`이고 다른 정점에 대한 `distance`값은 시작정점과 해당 정점간의 가중치값이 된다.

가중치는 보통 가중치 인접 행렬에 저장되므로 가중치 인접 행렬을 weight이라 하면 distance[w]=weight [v][w]가 된다. 정점 v에서 정점 w로의 직접 간선이 없을 경우에는 무한대의 값을 저장한다. 시작단계에서는 아직 최단경로가 발견된 정점이 없으므로 S = {v}일 것이다. 즉 처음에는 시작정점 v를 제외하고는 최단거리가 알려진 정점이 없다. 알고리즘이 진행되면서 최단거리가 발견되는 정점들이 S에 하나씩 추가될 것이다.

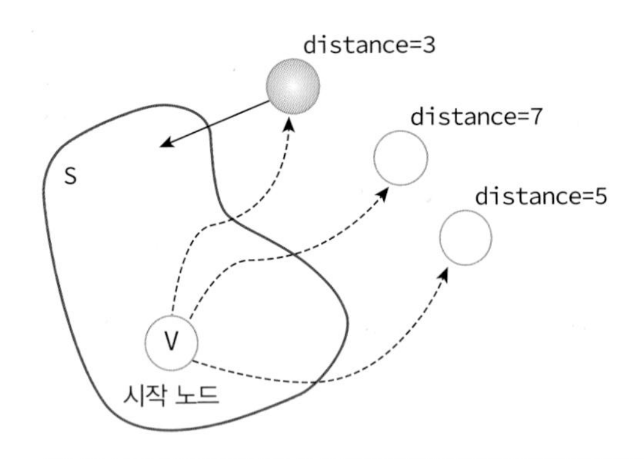

[그림 11-9] 최단 경로 알고리즘의 각 단계

알고리즘의 각 단계에서 S안에 있지 않은 정점 중에서 가장 distance값이 작은 정점을 S에 추가한다. 그 이유를 다음 그림에서 알아보자. 현재 S에 들어있지 않은 정점 중 에서 distance 값이 가장 작은 정점을 u라고 하자. 그러면 시작 정점 v에서 정점 u까지의 최단거리는 경로 ① 이 된다. 만약 더 짧은 경로, 예를 들어 정점 w를 거쳐서 가는 가상적인 더 짧은 경로가 있다고 가정해보자. 그러면 정점 v에서의 정점 u까지의 거리는 정점 v에서 정점 w까지의 거리 ②와 정점 w에서 정점 u로 가는 거리③을 합한 값이 될 것이다. 그러나 경로 ②는 경로 ①보다 항상 길 수 밖에 없다. 왜냐하면 현재 distance값이 가장 작은 정점은 u이기 때문이다. 다른 정점은 정점 u까지의 거리보다 항상 더 길 것이다. 따라서 매 단계에서 집합 S에 속하지 않는 정점 중에서 distance값이 가장 작은 정점들을 추가해나가면 시작 정점에서 모든 정점까지의 최단거리를 구할 수 있다.

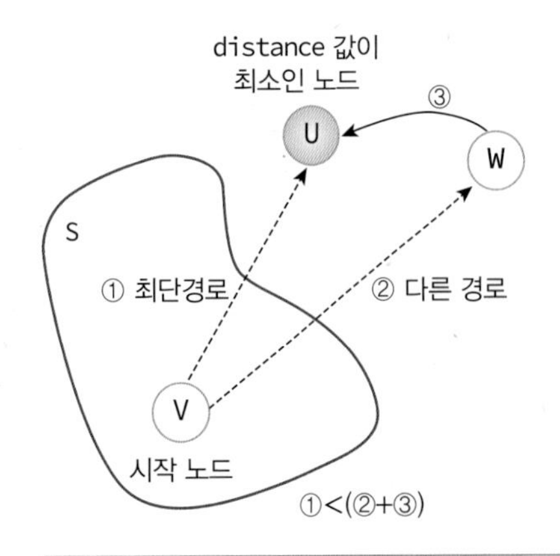

[그림 11-10] 최단 경로 알고리즘에서의 최단경로 증명

새로운 정점 u가 S에 추가되면, S에 있지 않은 다른 정점들의 distance값을 수정한다. 새로 추가된 정점 u를 거쳐서 정점까지 가는 거리와 기존의 거리를 비교하여 더 작은 거리로 distance값을 수정한다. 즉 다음과 같은 수식을 이용한다.

```
distance[w]= min(distance[w],distance[u]+weight[u][w])
```

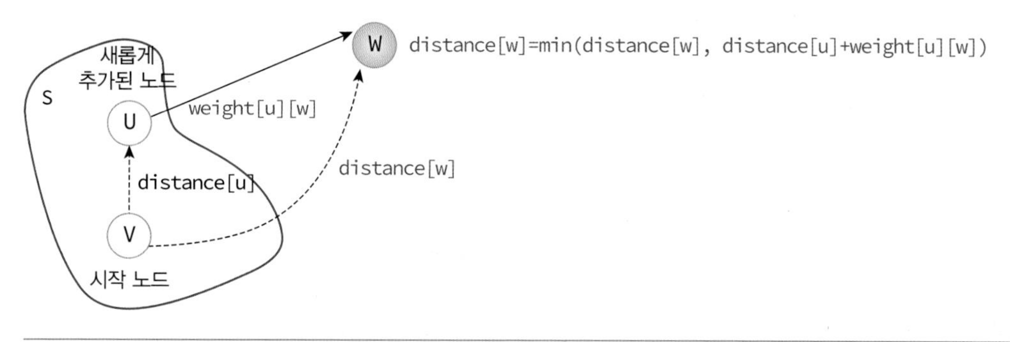

[그림 11-11] 최단 경로 알고리즘에서의 distance값 갱신

이상과 같은 최단 거리 알고리즘을 의사 코드로 정리하면 다음과 같다.

알고리즘 11.6 최단거리 알고리즘

```
// 입력: 가중치 그래프 G, 가중치는 음수가 아님.
// 출력: distance 배열, distance[u]는 v에서 u까지의 최단 거리이다.
shortest_path(G, v):

    S←{v}
    for 각 정점 w∈G do
        distance[w]←weight[v][w];
    while 모든 정점이 S에 포함되지 않으면 do
        u←집합 S에 속하지 않는 정점 중에서 최소 distance 정점;
        S←S∪{u}
        for u에 인접하고 S에 있는 각 정점 z do
            if distance[u]+weight[u][z] < distance[z]
                then distance[z]←distance[u]+weight[u][z];
```

다음의 예제 그래프를 이용하여 알고리즘의 각 단계에서의 distance값을 알아보자.

STEP 1: 다음의 예제 그래프에서 집합 S와 distance의 초기값을 구해보면 다음과 같다.

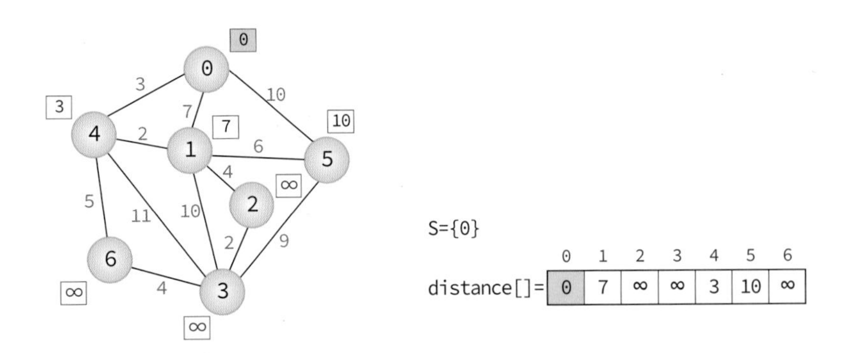


```
S={ 0 }
distance[0] = weight[0][0] = 0
distance[1] = weight[0][1] = 7
distance[2] = weight[0][2] = ∞
distance[3] = weight[0][3] = ∞
distance[4] = weight[0][4] = 3
distance[5] = weight[0][5] = 10
distance[6] = weight[0][6] = ∞
```

STEP 2: 위의 예제에서는 정점 4가 가장 작은 값인 3을 가지고 있고 이것은 실제로 정점 0에서 정점 4까지의 최단 경로이다. 그 이유는 다른 정점을 통과해서 정점 4로 가더라도 그 값은 3보다 클 수밖에 없다. 그 이유는 다른 정점으로 가기위한 비용이 이미 3을 초과하기 때문이다. 일단 새로운 정점이 S에 추가되면 다른 정점들의 distance 값이 변경한다. 새로운 정점을 통해서 그 정점에 갈수 있는 경로값이 현재의 distance 값보다 더 작으면 현재의 distance 값을 새로운 경로값으로 변경한다. 위의 예에서는 정점 4를 통하여 6으로 갈수 있고 그 경로값이 8이므로 현재의 값인 ∞를 8로 변경한다. 정점 3도 ∞에서 14로 변경된다. 정점 1까지의 값인 7도 정점 4를 통하여 가는 값인 5가 더 작으므로 5로 변경된다.

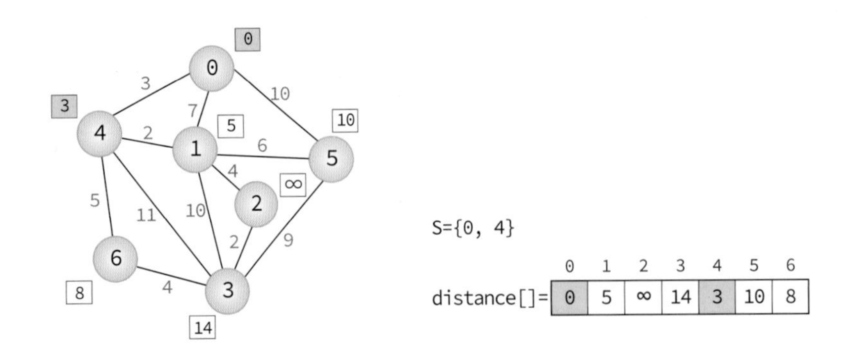

```
S = { 0, 4 }
distance[0] = 0
distance[1] = min(distance[1],distance[4]+weight[4][1]) = min(7, 3+2) = 5
distance[2] = min(distance[2],distance[4]+weight[4][2]) = ∞
distance[3] = min(distance[3],distance[4]+weight[4][3]) = min(∞, 3+11) = 14
distance[4] = 3
distance[5] = min(distance[5],distance[4]+weight[4][5]) = min(10, 3+∞) = 10
distance[6] = min(distance[5],distance[4]+weight[4][5]) = min(10, 3+∞) = 10
```

STEP 3:

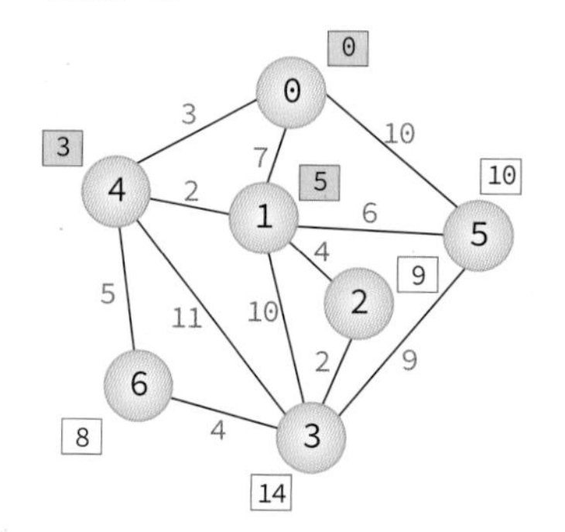

S={0, 4, 1}

	0	1	2	3	4	5	6
distance[]=	0	5	9	14	3	10	8

```
S = { 0, 4, 1 }
distance[0] = 0
distance[1] = 5
distance[2] = min(distance[2],distance[1]+weight[1][2]) = min(∞, 5+4) = 9
distance[3] = min(distance[3],distance[1]+weight[1][3]) = min(14, 5+10) = 14
distance[4] = 3
distance[5] = min(distance[5],distance[1]+weight[1][5]) = min(10, 5+6) = 10
distance[6] = min(distance[6],distance[1]+weight[1][5])= min(8, 3+∞) = 8
```

STEP 4:

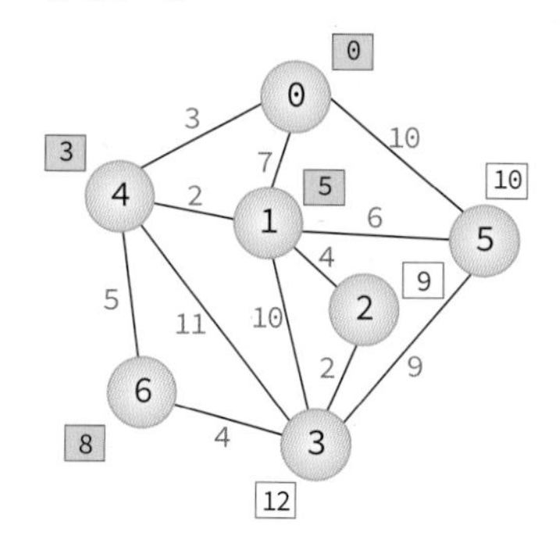

S={0, 4, 1, 6}

	0	1	2	3	4	5	6
distance[]=	0	5	9	12	3	10	8

```
S = { 0, 4, 1, 6 }
distance[0] = 0
distance[1] = 5
distance[2] = min(distance[2],distance[6]+weight[6][2]) = min(9, 8+∞) = 9
distance[3] = min(distance[3],distance[6]+weight[6][3]) = min(14, 8+4) = 12
distance[4] = 3
distance[5] = min(distance[5],distance[6]+weight[6][5]) = min(10, 8+∞) = 10
distance[6] = 8
```

STEP 5:

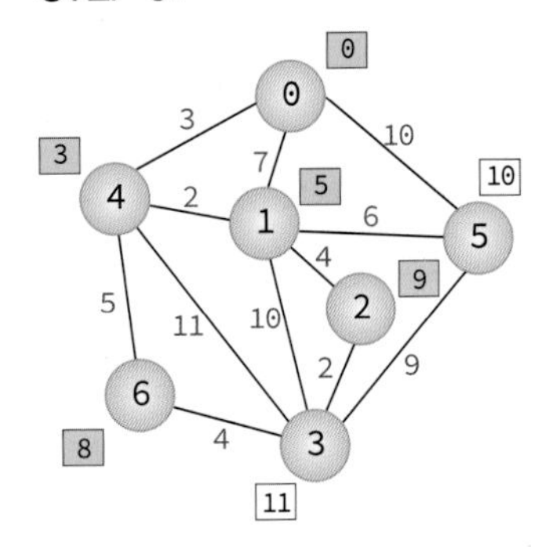

S={0, 4, 1, 6, 2}

	0	1	2	3	4	5	6
distance[]=	0	5	9	11	3	10	8

```
S = { 0, 4, 1, 6, 2 }
distance[0] = 0
distance[1] = 5
distance[2] = 9
distance[3] = min(distance[3],distance[2]+weight[2][3]) = min(12, 9+2) = 11
distance[4] = 3
distance[5] = min(distance[5],distance[2]+weight[2][5]) = min(10, 9+∞) = 10
distance[6] = 8
```

STEP 6:

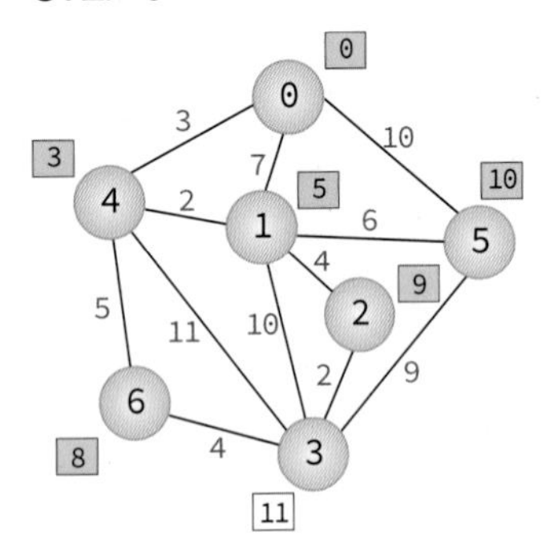

S={0, 4, 1, 6, 2, 5}

	0	1	2	3	4	5	6
distance[]=	0	5	9	11	3	10	8

```
S = { 0, 4, 1, 6, 2, 5 }
distance[0] = 0
distance[1] = 5
distance[2] = 9
distance[3] = min(distance[3],distance[5]+weight[5][3]) = min(11, 10+9) = 11
distance[4] = 3
distance[5] = 10
distance[6] = 8
```

STEP 7:

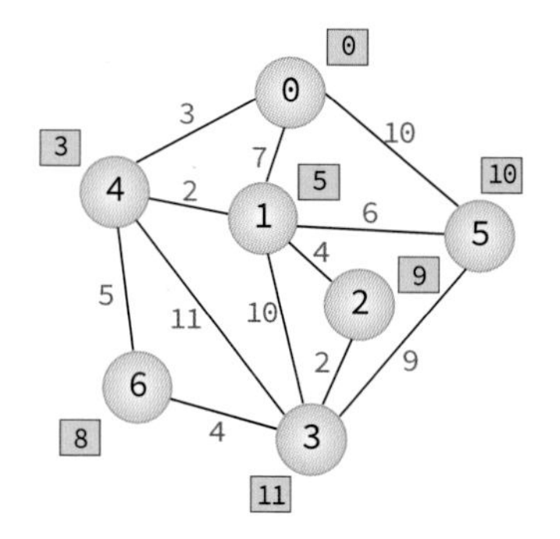

S={0, 4, 1, 6, 2, 5, 3}

	0	1	2	3	4	5	6
distance[]=	0	5	9	11	3	10	8

```
S = { 0, 4, 1, 6, 2, 5, 3 }
distance[0] = 0
distance[1] = 5
distance[2] = 9
distance[3] = 11
distance[4] = 3
distance[5] = 10
distance[6] = 8
```

가상 실습 11.3

최단 경로 Dijstra 알고리즘

최단 경로 Dikstra 애플릿을 이용하여 다음과 같이 실습을 진행한다.

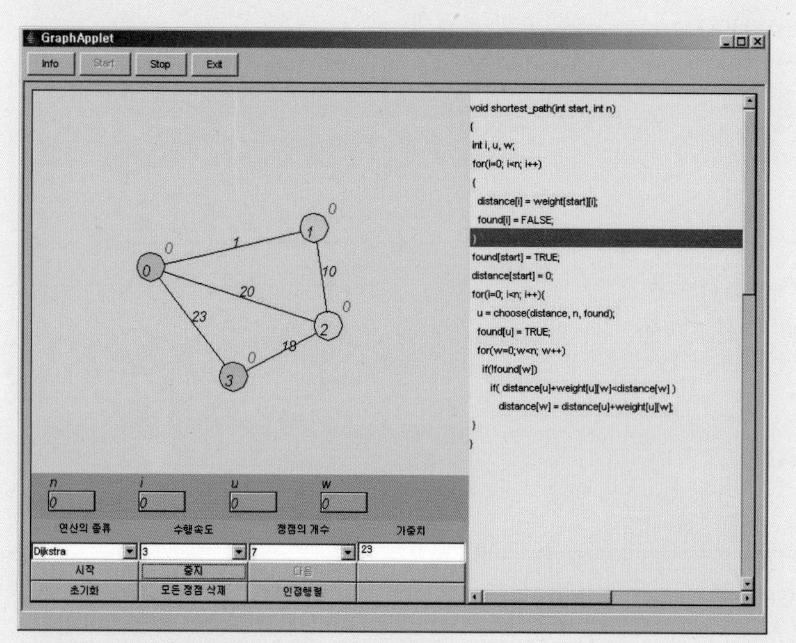

(1) 정점을 더블 클릭하여 생성한다.
(2) 간선을 생성할 때는 먼저 가중치를 입력한 다음, 정점과 정점 사이를 드래그 하여 생성한다.
(3) 정점을 이동하고자 하는 경우에는 컨트롤키를 누른 채로 마우스로 원하는 정점을 드래그하면 된다.
(4) '시작' 버튼과 '다음' 버튼을 클릭하여 프로그램을 단계적으로 실행하여 본다.

Dijkstra의 알고리즘 구현

시작 정점이 0번인 경우, main() 함수는 shortest_path(0, MAX_VERTICES)로 Dijkstra의 최단 경로 알고리즘을 호출한다. 알고리즘 수행 결과로써 배열 distance에 0번 정점으로부터 다른 모든 정점으로의 최단 경로 거리를 저장하게 된다.

프로그램 11.10 최단 경로 Dijkstra 프로그램

```
#include <stdio.h>
#include <stdlib.h>
#include <limits.h>

#define TRUE 1
#define FALSE 0
#define MAX_VERTICES 100
#define INF 1000000 /* 무한대 (연결이 없는 경우) */

typedef struct GraphType {
    int n;     // 정점의 개수
    int weight[MAX_VERTICES][MAX_VERTICES];
} GraphType;

int distance[MAX_VERTICES];   /* 시작정점으로부터의 최단경로 거리 */
int found[MAX_VERTICES];      /* 방문한 정점 표시 */

int choose(int distance[], int n, int found[])
{
    int i, min, minpos;
    min = INT_MAX;
    minpos = -1;
    for (i = 0; i<n; i++)
        if (distance[i]< min && !found[i]) {
            min = distance[i];
            minpos = i;
        }
    return minpos;
}
void print_status(GraphType* g)
{
    static int step=1;
    printf("STEP %d: ", step++);
    printf("distance: ");
    for (int i = 0; i < g->n; i++) {
        if (distance[i] == INF)
            printf(" * ");
        else
            printf("%2d ", distance[i]);
```

```
    }
    printf("\n");
    printf(" found: ");
    for (int i = 0; i<g->n; i++)
        printf("%2d ", found[i]);
    printf("\n\n");
}

//
void shortest_path(GraphType* g, int start)
{
    int i, u, w;
    for (i = 0; i<g->n; i++)  /* 초기화 */
    {
        distance[i] = g->weight[start][i];
        found[i] = FALSE;
    }
    found[start] = TRUE;    /* 시작 정점 방문 표시 */
    distance[start] = 0;
    for (i = 0; i<g->n-1; i++) {
        print_status(g);
        u = choose(distance, g->n, found);
        found[u] = TRUE;
        for (w = 0; w<g->n; w++)
            if (!found[w])
                if (distance[u] + g->weight[u][w]<distance[w])
                    distance[w] = distance[u] + g->weight[u][w];
    }
}

int main(void)
{
    GraphType g = { 7,
    {{ 0, 7, INF, INF, 3, 10, INF },
    { 7, 0, 4, 10, 2, 6, INF },
    { INF, 4, 0, 2, INF, INF, INF },
    { INF, 10, 2, 0, 11, 9, 4 },
    { 3, 2, INF, 11, 0, INF, 5 },
    { 10, 6, INF, 9, INF, 0, INF },
    { INF, INF, INF, 4, 5, INF, 0 } }
    };
    shortest_path(&g, 0);
    return 0;
}
```

실행결과

```
STEP 1: distance: 0 7 * * 3 10 *
found: 1 0 0 0 0 0 0

STEP 2: distance: 0 5 * 14 3 10 8
found: 1 0 0 0 1 0 0

STEP 3: distance: 0 5 9 14 3 10 8
found: 1 1 0 0 1 0 0

STEP 4: distance: 0 5 9 12 3 10 8
found: 1 1 0 0 1 0 1

STEP 5: distance: 0 5 9 11 3 10 8
found: 1 1 1 0 1 0 1

STEP 6: distance: 0 5 9 11 3 10 8
found: 1 1 1 0 1 1 1
```

배열 distance는 프로그램 11.10 Dijkstra의 알고리즘의 실행 결과로서 시작정점으로부터 다른 정점까지의 최단 경로의 거리 정보만을 제공한다. 위의 프로그램의 효율성을 높이기 위해서는 최소값을 선택하는 choose 함수를 우선순위큐로 대치하면 더 빠르게 수행시킬 수 있다.

Dijkstra의 분석

네트워크에 n개의 정점이 있다면, 최단 경로 알고리즘은 주반복문을 n번 반복하고 내부 반복문을 $2n$번 반복하므로 $O(n^2)$의 복잡도를 가진다.

01 아래의 그래프에 0번 정점을 시작 정점으로 Dijkstra의 알고리즘을 이용해 최단 경로를 구하는 과정을 배열 distance[]의 변화 과정으로 보여라.

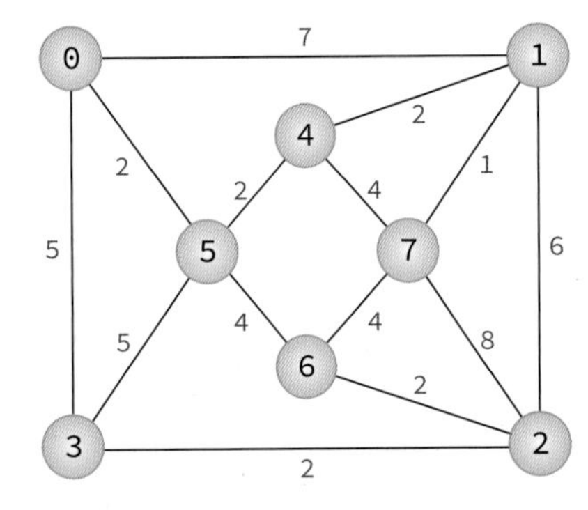

11.6 Floyd의 최단 경로 알고리즘

그래프에 존재하는 모든 정점 사이의 최단 경로를 구하려면 Dijkstra의 알고리즘을 정점의 수만큼 반복 실행하면 된다. 그러나 모든 정점 사이의 최단 거리를 구하려면 더 간단하고 좋은 알고리즘이 존재한다. Floyd의 최단 경로 알고리즘은 그래프에 존재하는 모든 정점 사이의 최단 경로를 한 번에 모두 찾아주는 알고리즘이다.

Floyd의 최단 경로 알고리즘은 2차원 배열 A를 이용하여 3중 반복을 하는 루프로 구성되어 있다. 알고리즘 자체는 아주 간단하다. 먼저 인접 행렬 `weight`는 다음과 같이 만들어 진다. `i==j`이면 `weight[i][j]=0`으로 하고 만약 두개의 정점 i, j 사이에 간선이 존재하지 않으면 `weight[i][j]=∞`라고 하자. 정점 i, j 사이에 간선이 존재하면 물론 `weight[i][j]`는 간선 (i, j)의 가중치가 된다. Floyd의 알고리즘은 다음과 같이 간단한 삼중 반복문으로 표현된다. A의 초기값은 가중치 행렬인 `weight`가 된다.

알고리즘 11.8 Floyd의 최단 경로 알고리즘

```
floyd(G):

   for k ← 0 to n - 1
      for i ← 0 to n - 1
         for j ← 0 to n - 1
            A[i][j] = min(A[i][j], A[i][k] + A[k][j])
```

위의 알고리즘을 설명하기 위하여 $A^k[i][j]$를 0부터 k까지의 정점만을 이용한 정점 i에서 j까지의 최단 경로라고 하자. 우리가 원하는 답은 $A^{n-1}[i][j]$가 된다. 왜냐하면 $A^{n-1}[i][j]$은 0부터 $n-1$까지의 모든 정점을 이용한 최단 경로이기 때문이다. Floyd 알고리즘의 핵심적인 내용은 $A^{-1} \rightarrow A^0 \rightarrow A^1 \rightarrow A^2 \rightarrow \cdots \rightarrow A^{n-1}$순으로 최단 거리를 구하자는 것이다. A^{-1}는 weight 배열의 값과 같다.

예전에 배웠던 수학적인 귀납법과 비슷한 방법을 사용하여 생각하여 보자. 먼저 A^{k-1}까지는 완벽한 최단 거리가 구해져서 있다고 가정하자. 일반적으로 [그림 11-12]과 같이 k번째 정점이 추가로 고려되는 상황을 생각하여 보자. 0부터 k까지의 정점만을 사용하여 정점 i에서 정점 j로 가는 최단 경로는 다음의 2가지의 경우로 나누어서 생각할 수 있다.

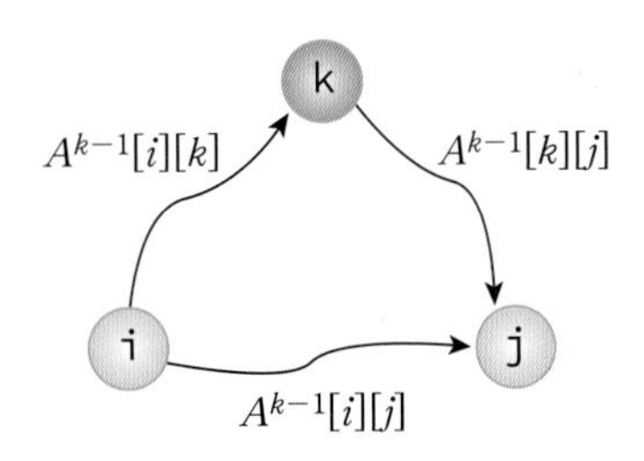

[그림 11-12] Floyd 알고리즘

(1) 정점 k를 거쳐서 가지 않는 경우:
$A^k[i][j]$는 k보다 큰 정점은 통과하지 않으므로 이경우 최단 거리는 $A^{k-1}[i][j]$가 된다.

(2) 정점 k를 통과하는 경우:
이 경우 i에서 k까지의 최단거리 $A^{k-1}[i][k]$에다가 k에서 j까지의 최단거리인 $A^{k-1}[j][k]$를 더한 값이 될 것이다.

따라서 최종적인 최단거리는 당연히 (1)과 (2)중에서 더 적은 값이 될 것이다. 따라서 최종적으로 $A^{k-1}[i][k]$와 $A^{k-1}[i][k]+A^{k-1}[k][j]$ 중 보다 적은 값이 $A^k[i][j]$가 된다. 이는 정점 k를 경유하는 것이 보다 좋은 경로이면 $A^{k-1}[i][j]$의 값이 변경되고, 그렇지 않으면 이전 값을 유지한다는 의미이다. [그림 11-13]에서 예제 그래프에 대하여 A 배열이 변경되는 모습을 보였다.

(1) 그래프의 가중치 행렬로 배열 A를 초기화한다.

```
===============================
  0   7   *   *   3  10   *
  7   0   4  10   2   6   *
  *   4   0   2   *   *   *
  *  10   2   0  11   9   4
  3   2   *  11   0   *   5
 10   6   *   9   *   0   *
  *   *   *   4   5   *   0
===============================
```

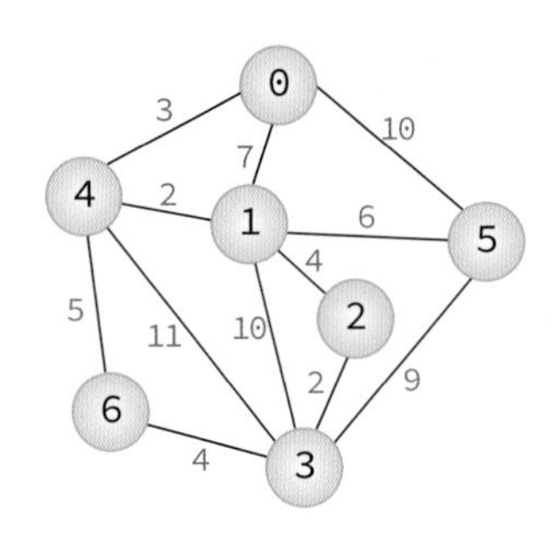

(2) 정점 0을 거쳐서 가는 경로와 비교하여 최단 경로를 수정한다.

```
===============================
  0   7   *   *   3  10   *
  7   0   4  10   2   6   *
  *   4   0   2   *   *   *
  *  10   2   0  11   9   4
  3   2   *  11   0  13   5
 10   6   *   9  13   0   *
  *   *   *   4   5   *   0
===============================
```

$A^0[i][j] = \min(A^{-1}[i][j], A^{-1}[i][0]+A^{-1}[0][j])$

(3) 정점 1을 거쳐서 가는 경로와 비교하여 최단 경로를 수정한다.

```
===============================
  0   7  11  17   3  10   *
  7   0   4  10   2   6   *
 11   4   0   2   6  10   *
 17  10   2   0  11   9   4
  3   2   6  11   0   8   5
 10   6  10   9   8   0   *
  *   *   *   4   5   *   0
===============================
```

$A^1[i][j] = \min(A^0[i][j], A^0[i][1]+A^0[1][j])$

(4) 정점 2을 거쳐서 가는 경로와 비교하여 최단 경로를 수정한다.

```
===============================
   0   7  11  13   3  10   *
   7   0   4   6   2   6   *
  11   4   0   2   6  10   *
  13   6   2   0   8   9   4
   3   2   6   8   0   8   5
  10   6  10   9   8   0   *
   *   *   *   4   5   *   0
===============================
```

$A^2[i][j] = \min(A^1[i][j], A^1[i][2]+A^1[2][j])$

(5) 정점 3을 거쳐서 가는 경로와 비교하여 최단 경로를 수정한다.

```
===============================
   0   7  11  13   3  10  17
   7   0   4   6   2   6  10
  11   4   0   2   6  10   6
  13   6   2   0   8   9   4
   3   2   6   8   0   8   5
  10   6  10   9   8   0  13
  17  10   6   4   5  13   0
===============================
```

$A^3[i][j] = \min(A^2[i][j], A^2[i][3]+A^2[3][j])$

(6) 정점 4을 거쳐서 가는 경로와 비교하여 최단 경로를 수정한다.

```
===============================
   0   5   9  11   3  10   8
   5   0   4   6   2   6   7
   9   4   0   2   6  10   6
  11   6   2   0   8   9   4
   3   2   6   8   0   8   5
  10   6  10   9   8   0  13
   8   7   6   4   5  13   0
===============================
```

$A^4[i][j] = \min(A^3[i][j], A^3[i][3]+A^3[4][j])$

(7) 정점 5를 거쳐서 가는 경로와 비교하여 최단 경로를 수정한다.

```
===============================
   0   5   9  11   3  10   8
   5   0   4   6   2   6   7
   9   4   0   2   6  10   6
  11   6   2   0   8   9   4
   3   2   6   8   0   8   5
  10   6  10   9   8   0  13
   8   7   6   4   5  13   0
===============================
```

$A^5[i][j] = \min(A^4[i][j], A^4[i][5]+A^4[5][j])$

(8) 정점 6를 거쳐서 가는 경로와 비교하여 최단 경로를 수정한다.

```
===============================
   0   5   9  11   3  10   8
   5   0   4   6   2   6   7
   9   4   0   2   6  10   6
  11   6   2   0   8   9   4
   3   2   6   8   0   8   5
  10   6  10   9   8   0  13
   8   7   6   4   5  13   0
===============================
```

$A^6[i][j] = \min(A^5[i][j], A^5[i][6]+A^5[6][j])$

[그림 11-13] Floyd 알고리즘의 결과예

가상 실습 11.4

최단 경로 Floyd 알고리즘

최단 경로 Floyd 애플릿을 이용하여 다음과 같이 실습을 진행한다.

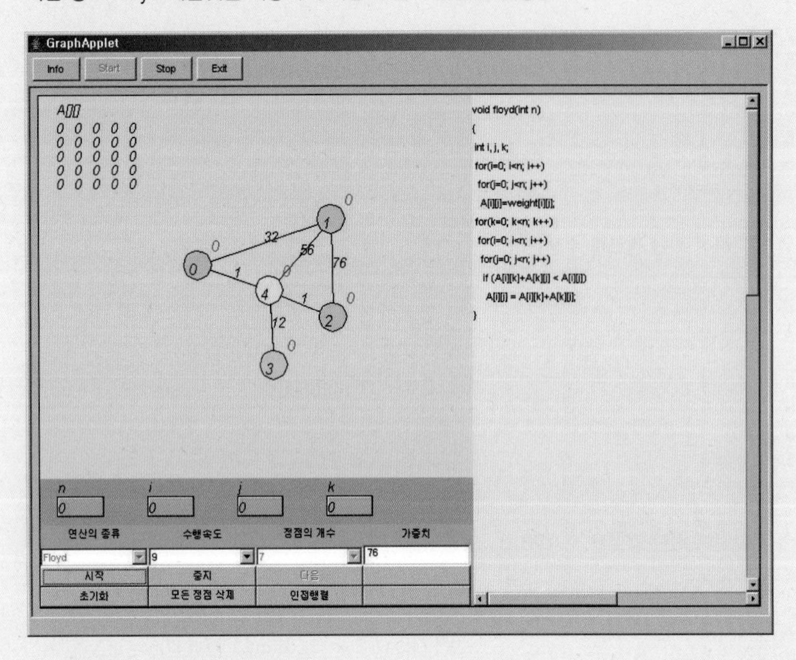

(1) 정점을 더블 클릭하여 생성한다.
(2) 간선을 생성할때는 먼저 가중치를 입력한 다음, 정점과 정점 사이를 드래그하여 생성한다.
(3) 정점을 이동하고자 하는 경우에는 컨트롤 키를 누른채로 마우스로 원하는 정점을 드래그하면 된다.
(4) '시작' 버튼과 '다음' 버튼을 클릭하여 프로그램을 단계적으로 실행하여 본다.

Floyd 최단 경로 알고리즘의 구현

Floyd의 최단 경로 알고리즘의 C언어 구현을 프로그램 11.11에 보였다.

프로그램 11.11 Floyd의 최단 경로 프로그램

```
#include <stdio.h>
#include <stdlib.h>

#define TRUE 1
#define FALSE 0
#define MAX_VERTICES 100
#define INF 1000000 /* 무한대 (연결이 없는 경우) */

typedef struct GraphType {
    int n;     // 정점의 개수
    int weight[MAX_VERTICES][MAX_VERTICES];
} GraphType;
```

```
int A[MAX_VERTICES][MAX_VERTICES];

void printA(GraphType *g)
{
   int i, j;
   printf("===============================\n");
   for (i = 0; i<g->n; i++) {
      for (j = 0; j<g->n; j++) {
         if (A[i][j] == INF)
            printf(" * ");
         else printf("%3d ", A[i][j]);
      }
      printf("\n");
   }
   printf("===============================\n");
}

void floyd(GraphType* g)
{

   int i, j, k;
   for (i = 0; i<g->n; i++)
      for (j = 0; j<g->n; j++)
         A[i][j] = g->weight[i][j];
   printA(g);

   for (k = 0; k<g->n; k++) {
      for (i = 0; i<g->n; i++)
         for (j = 0; j<g->n; j++)
            if (A[i][k] + A[k][j] < A[i][j])
                  A[i][j] = A[i][k] + A[k][j];
      printA(g);
   }
}

int main(void)
{
   GraphType g = { 7,
   {{ 0, 7, INF, INF, 3, 10, INF },
   { 7, 0, 4, 10, 2, 6, INF },
   { INF, 4, 0, 2, INF, INF, INF },
   { INF, 10, 2, 0, 11, 9, 4 },
   { 3, 2, INF, 11, 0, INF, 5 },
   { 10, 6, INF, 9, INF, 0, INF },
   { INF, INF, INF, 4, 5, INF, 0 } }
   };
   floyd(&g);
   return 0;
}
```

Floyd 최단 경로 알고리즘의 분석

두개의 정점 사이의 최단 경로를 찾는 Dijkstra의 알고리즘은 시간 복잡도가 $O(n^2)$이므로, 모든 정점 쌍의 최단 경로를 구하려면 Dijkstra의 알고리즘을 n번 반복해야 하므로 전체 복잡도는 $O(n^3)$이 된다. 한 번에 모든 정점 간의 최단 경로를 구하는 Floyd의 알고리즘은 3중 반복문이 실행되므로 시간 복잡도가 $O(n^3)$으로 표현되고, 이는 Dijkstra의 알고리즘과 비교해 차이는 없다고 할 수 있다. 그러나 Floyd의 알고리즘은 매우 간결한 반복 구문을 사용하므로 Dijkstra의 알고리즘 보다 상당히 빨리 모든 정점 간의 최단 경로를 찾을 수 있다.

Quiz

01 아래의 그래프에 Floyd의 알고리즘을 이용해 최단 경로를 구할 때 2차원 배열 A[]가 변경되는 모습을 보여라.

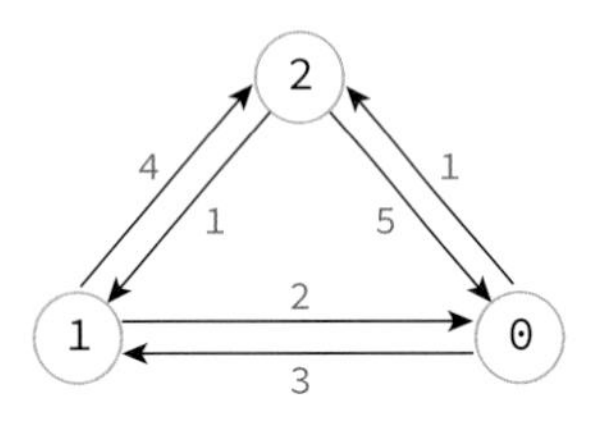

11.7 위상 정렬

큰 프로젝트는 많은 작은 작업으로 나누어서 수행하게 된다. 이 경우 전체 프로젝트는 각각의 작업이 완료되어야만 끝나게 된다. 컴퓨터 관련 전공에서 과목을 수강하는 것도 비슷하다. 성공적으로 학위를 취득하려면 각각의 교과목들을 순서에 따라 성공적으로 수강하여야만 한다.

아래의 표는 많은 과목 중에서 몇 개의 과목을 나열하고 선수 과목을 보여준다. 예를 들어서 자료구조를 수강하려면 먼저 컴퓨터 개론과 이산수학, C언어를 수강하여야 한다. 즉 선수 과목은 과목들의 선행 관계를 표현하게 된다. 그래프를 사용하면 이 같은 각각의 과목들 간의 선행 관계를 명확하게 표현할 수 있다. 다음 [그림 11-14]는 그래프를 사용하여 과목들 간의 선행 관계를 표현하여 본 것이다.

과목번호	과목명	선수과목
0	컴퓨터 개론	없음
1	이산수학	없음
2	C언어	0
3	자료구조	0, 1, 2
4	확률	1
5	알고리즘	2, 3, 4

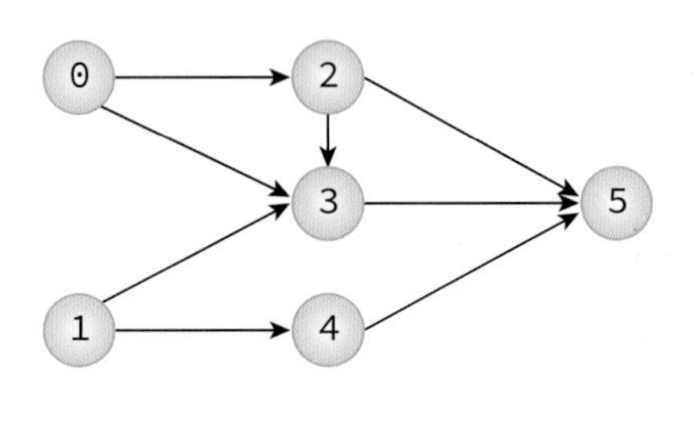

[그림 11-14] 위상정렬의 예

이러한 방향 그래프에서 간선 〈u, v〉가 있다면 정점 u는 정점 v를 선행한다고 말한다. 방향 그래프에 존재하는 각 정점들의 선행 순서를 위배하지 않으면서 모든 정점을 나열하는 것을 방향 그래프의 위상 정렬(topological sort)이라고 한다. 예를 들어 [그림 11-14]의 예제 그래프에서는 많은 위상 정렬이 가능하다. 그중에서 몇 개만 들어보면 0,1,2,3,4,5, 1,0,2,3,4,5 등을 들 수 있다. 0,1,3,2,4,5는 위상 순서가 아니다. 왜냐하면 3번 정점이 2번 정점 앞에 오기 때문이다. 간선 〈2, 3〉이 존재하기 때문에 2번 정점이 끝나야 만이 3번 정점을 시작할 수 있다.

방향 그래프를 대상으로 위상 정렬을 하기 위한 알고리즘은 간단하다. 먼저 진입 차수가 0인 정점을 선택하고, 선택된 정점과 여기에 부착된 모든 간선을 삭제한다. 이와 같은 진입 차수 0인 정점의 선택과 삭제 과정을 반복해서 모든 정점이 선택 · 삭제되면 알고리즘이 종료된다. 진입 차수 0인 정점이 여러 개 존재할 경우 어느 정점을 선택하여도 무방하다(따라서, 하나의 그래프에는 복수의 위상순서가 있을 수 있다). 이 과정에서 선택되는 정점의 순서를 위상 순서(topological order)라 한다. 위의 과정 중에 그래프에 남아 있는 정점 중에 진입 차수 0인 정점이 없다면, 이러한 그래프로 표현된 프로젝트는 실행 불가능한 프로젝트가 되고 위상 정렬 알고리즘은 중단된다. 의사 코드로 알고리즘을 만들어 보면 알고리즘 11.9와 같다.

알고리즘 11.9 그래프 위상 정렬 알고리즘 #1

```
// Input: 그래프 G=(V,E)
// Output: 위상 정렬 순서

topo_sort(G)

for i←0 to n-1 do
    if( 모든 정점이 선행 정점을 가지면 )
        then 사이클이 존재하고 위상 정렬 불가;
    선행 정점을 가지지 않는 정점 v 선택;
    v를 출력;
    v와 v에서 나온 모든 간선들을 그래프에서 삭제;
```

[그림 11-14]에 대한 위상 정렬을 하여보자. 내차수가 0인 정점 1를 시작으로 정점 1와 간선을 제거하면, 다음 단계에서 정점 4의 진입 차수가 0이 되므로 후보 정점은 0, 4가 된다. 만약 정점 4를 선택하면 다음 단계에서는 오직 정점 0만이 후보가 된다. 다음에 정점 0이 선택되고 정점 2가 진입 차수가 0가 되어 선택 가능하게 된다. 다음에 정점 2, 정점 3, 정점 5를 선택하면 결과적으로 1,4,0,2,3,5가 된다.

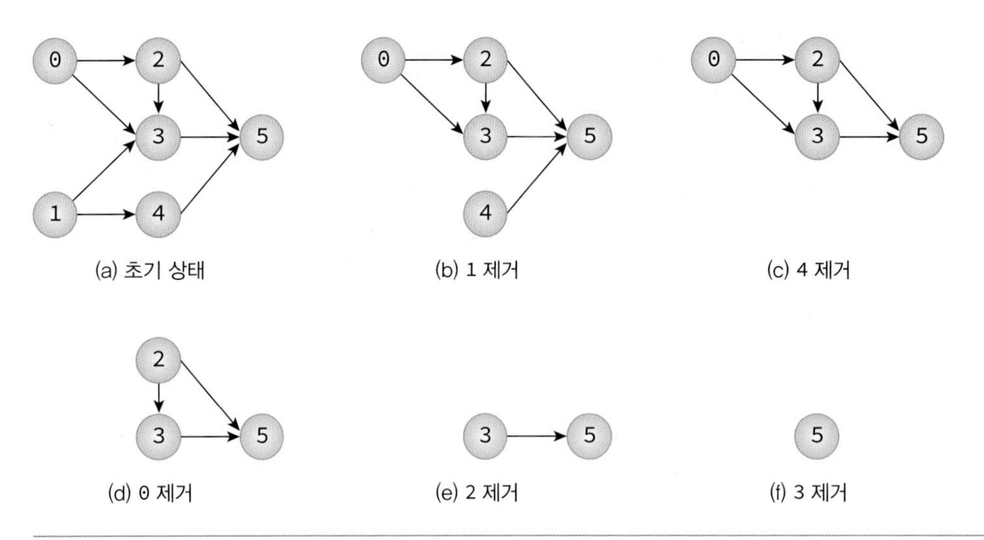

[그림 11-15] 위상정렬의 예: 1,4,0,2,3,5

가상 실습 11.5

위상 정렬

그래프 위상 정렬 애플릿을 이용하여 다음과 같이 실습을 진행한다.

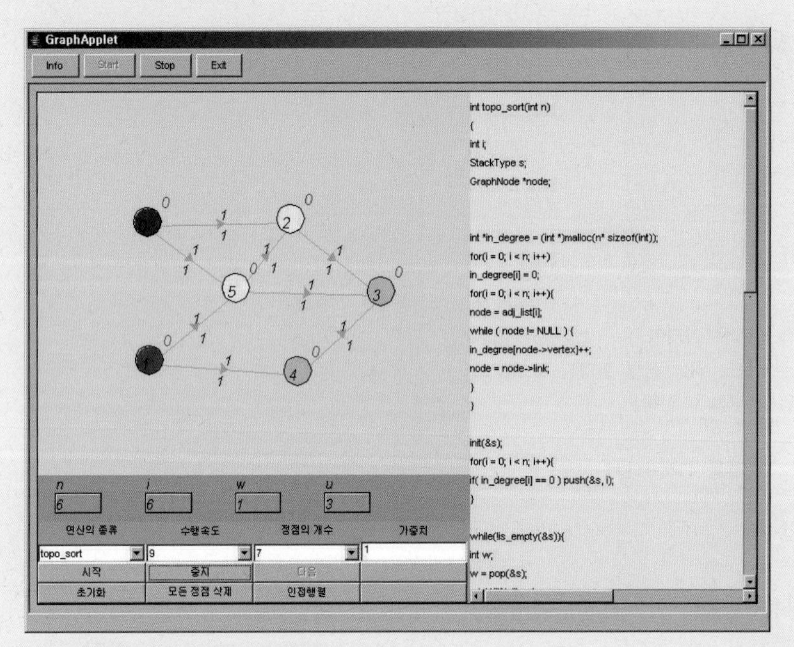

(1) 정점을 더블 클릭하여 생성한다.
(2) 간선을 생성할 때는 먼저 가중치를 입력한 다음, 정점과 정점 사이를 드래그하여 생성한다.
(3) 정점을 이동하고자 하는 경우에는 컨트롤 키를 누른 채로 마우스로 원하는 정점을 드래그하면 된다.
(4) 시작 버튼과 다음 버튼을 클릭하여 프로그램을 단계적으로 실행하여 본다.

위상 정렬 알고리즘의 구현

위상 정렬 알고리즘을 C언어로 구현하여 보자. 먼저 in_degree라는 1차원 배열을 만들고 이 배열에 각 정점의 진입 차수를 기록한다. 즉 in_degree[i]는 정점 i로 들어오는 간선들의 개수이다. 정점 i는 in_degree[i]의 값이 0일 경우에 후보 정점이 된다. 알고리즘이 진행되면서 진입 차수가 0인 정점이 그래프에서 제거되면 그 정점에 인접한 정점의 in_degree[i]는 1만큼 감소하게 된다. 앞의 예제 그래프에서 in_degree[0:5]= [0, 0, 1, 3, 1, 3]이 된다. 따라서 처음에 정점 0와 정점 1이 후보 정점이 된다. 후보 정점들을 어딘가 저장하여야 한다. 여기서는 스택을 선택하여 후보 정점들을 스택에 저장한다. 따라서 정점 0와 정점 1이 스택에 저장된다. 다음 단계에서 스택에서 하나의 정점을 꺼내어 출력하고 그 정점에 인접해있는 정점들의 in_degree 배열값을 감소시킨다. 만약 정점 1이 스택에서 제거되었다면 in_degree[0:5]=[0, 0, 1, 2, 0, 3]이 된다. 정점 3이 in_degree 값이 0가 되었으므로 스택에 새롭게 추가가 된다. 이러한 과정은 전체 정점이 출력이 될 때까지 계속된다. 만약 전체 정점이 출력되지 못하면 그래프에 사이클 등이 존재하여 위상 정렬 순서가 존재하지 않는 것이다.

그래프는 인접 리스트로 표현되었다고 가정한다. 인접 리스트에 간선 (v1, v2)를 추가하는 insert_edge(g, v1, v2)를 사용하였다. 그래프는 간선의 개수만큼 insert_edge 함수를 호출하게 되면 인접 리스트로 생성된다.

또한 후보 정점들을 스택에 저장하기로 하였으므로 스택이 필요하다. 5장에서 학습한 스택 소스를 가져오면 된다. 프로그램 11.13에 전체 프로그램을 보였다. 소스에서는 생략되었지만 main 함수에서 topo_sort 호출이 종료되면 그래프의 모든 간선들을 삭제하여야 한다.

프로그램 11.13 그래프 위상 정렬 전체 프로그램

```
#include <stdio.h>
#include <stdlib.h>
#define TRUE 1
#define FALSE 0
#define MAX_VERTICES 50

typedef struct GraphNode
{
    int vertex;
    struct GraphNode *link;
} GraphNode;

typedef struct GraphType {
    int n;    // 정점의 개수
    GraphNode *adj_list[MAX_VERTICES];
} GraphType;
```

```
// 그래프 초기화
void graph_init(GraphType *g)
{
    int v;
    g->n = 0;
    for (v = 0; v<MAX_VERTICES; v++)
        g->adj_list[v] = NULL;
}
// 정점 삽입 연산
void insert_vertex(GraphType *g, int v)
{
    if (((g->n) + 1) > MAX_VERTICES) {
        fprintf(stderr, "그래프: 정점의 개수 초과");
        return;
    }
    g->n++;
}
// 간선 삽입 연산, v를 u의 인접 리스트에 삽입한다.
void insert_edge(GraphType *g, int u, int v)
{
    GraphNode *node;
    if (u >= g->n || v >= g->n) {
        fprintf(stderr, "그래프: 정점 번호 오류");
        return;
    }
    node = (GraphNode *)malloc(sizeof(GraphNode));
    node->vertex = v;
    node->link = g->adj_list[u];
    g->adj_list[u] = node;
}

#define MAX_STACK_SIZE 100
typedef int element;
typedef struct {
    element stack[MAX_STACK_SIZE];
    int top;
} StackType;

// 스택 초기화 함수
void init(StackType *s)
{
    s->top = -1;
}
// 공백 상태 검출 함수
int is_empty(StackType *s)
{
    return (s->top == -1);
}
```

```
// 포화 상태 검출 함수
int is_full(StackType *s)
{
    return (s->top == (MAX_STACK_SIZE - 1));
}
// 삽입함수
void push(StackType *s, element item)
{
    if (is_full(s)) {
        fprintf(stderr, "스택 포화 에러\n");
        return;
    }
    else s->stack[++(s->top)] = item;
}
// 삭제함수
element pop(StackType *s)
{
    if (is_empty(s)) {
        fprintf(stderr, "스택 공백 에러\n");
        exit(1);
    }
    else return s->stack[(s->top)--];
}

// 위상정렬을 수행한다.
int topo_sort(GraphType *g)
{
    int i;
    StackType s;
    GraphNode *node;

    // 모든 정점의 진입 차수를 계산
    int *in_degree = (int *)malloc(g->n * sizeof(int));
    for (i = 0; i < g->n; i++)            // 초기화
        in_degree[i] = 0;
    for (i = 0; i < g->n; i++) {
        GraphNode *node = g->adj_list[i];   // 정점 i에서 나오는 간선들
        while (node != NULL) {
            in_degree[node->vertex]++;
            node = node->link;
        }
    }

    // 진입 차수가 0인 정점을 스택에 삽입
    init(&s);
    for (i = 0; i < g->n; i++) {
        if (in_degree[i] == 0) push(&s, i);
    }
```

```
    // 위상 순서를 생성
    while (!is_empty(&s)) {
        int w;
        w = pop(&s);
        printf("정점 %d ->", w);   // 정점 출력
        node = g->adj_list[w]; //각 정점의 진입 차수를 변경
        while (node != NULL) {
            int u = node->vertex;
            in_degree[u]--;          // 진입 차수를 감소
            if (in_degree[u] == 0) push(&s, u);
            node = node->link;       // 다음 정점
        }
    }
    free(in_degree);
    printf("\n");
    return (i == g->n);              // 반환값이 1이면 성공, 0이면 실패
}
//
int main(void)
{
    GraphType g;

    graph_init(&g);
    insert_vertex(&g, 0);
    insert_vertex(&g, 1);
    insert_vertex(&g, 2);
    insert_vertex(&g, 3);
    insert_vertex(&g, 4);
    insert_vertex(&g, 5);

    // 정점 0의 인접 리스트 생성
    insert_edge(&g, 0, 2);
    insert_edge(&g, 0, 3);
    // 정점 1의 인접 리스트 생성
    insert_edge(&g, 1, 3);
    insert_edge(&g, 1, 4);
    // 정점 2의 인접 리스트 생성
    insert_edge(&g, 2, 3);
    insert_edge(&g, 2, 5);
    // 정점 3의 인접 리스트 생성
    insert_edge(&g, 3, 5);
    // 정점 4의 인접 리스트 생성
    insert_edge(&g, 4, 5);
    // 위상 정렬
    topo_sort(&g);
    // 동적 메모리 반환 코드 생략
    return 0;
}
```

실행결과

```
정점 1 ->정점 4 ->정점 0 ->정점 2 ->정점 3 ->정점 5 ->
```

01 아래의 그래프에 위상 정렬을 적용하는 과정을 보이고, 이에 해당하는 2개 이상의 위상 순서를 보여라.

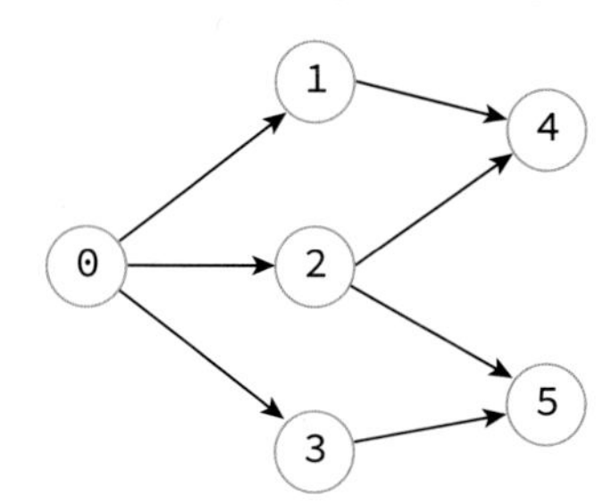

연습문제 EXERCISE

01 다음의 그래프에서 가능한 신장 트리를 모두 나열하라.

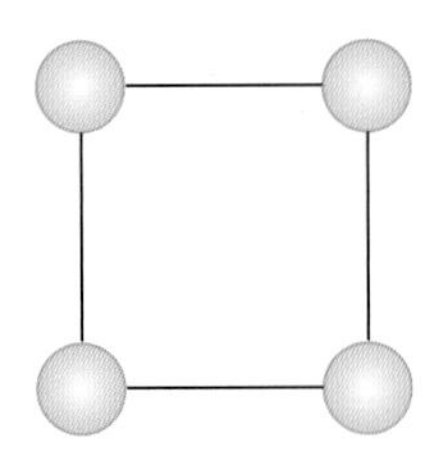

02 아래의 네트워크에 대하여 Kruskal의 MST 알고리즘을 이용해서 최소비용 신장 트리가 구성되는 과정을 보여라.

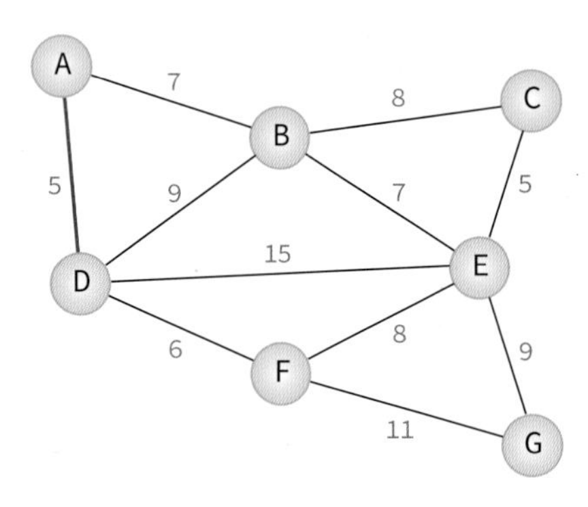

03 앞의 네트워크에 대하여 Prim의 MST 알고리즘을 이용해서 최소비용 신장 트리가 구성되는 과정을 보여라(A번 정점으로 시작할 것).

04 Prim의 함수에서 distance[]와 selected[]의 값을 출력하는 문장을 삽입하여 출력하여 보고 이들의 의미를 설명하라.

05 다음의 방향그래프에서 정점 0에서 다른 모든 정점까지의 최단경로의 길이를 구하여라. 본문에서와 같이 다음의 표에 각 단계에서의 distance 배열의 값과 선택된 정점들을 나타내어라.

단계	선택된 정점	found 배열	distance 배열
1			
2			
...			
n			

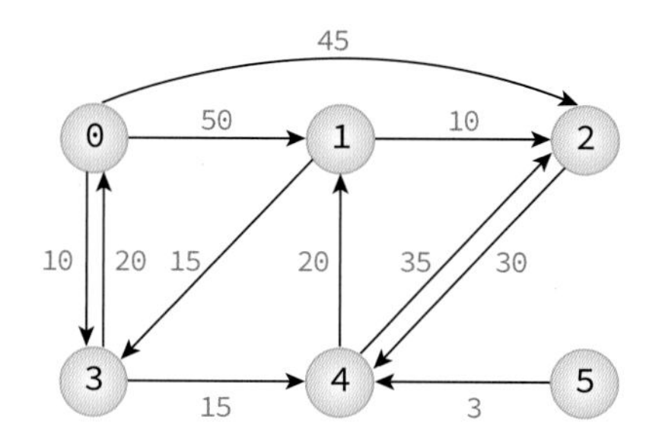

06 5번의 그래프에 대하여 Floyd 알고리즘을 적용하고 배열 A의 내용을 매 단계마다 출력하라.

07 Dijkstra의 최단 경로 함수를 그래프가 인접 리스트로 표현되어 있다고 가정하고 재작성하라.

08 최단 경로 함수를 최단 경로의 길이 뿐만 아니라 그 경로까지 출력할 수 있도록 수정하라.

09 최단 경로 함수에서 distance[] 배열의 내용을 각 단계마다 출력하라. distance[] 배열의 내용의 역할을 설명하라.

10 다음의 그래프에 대하여 위상 정렬을 적용하고 그 결과를 구하라.

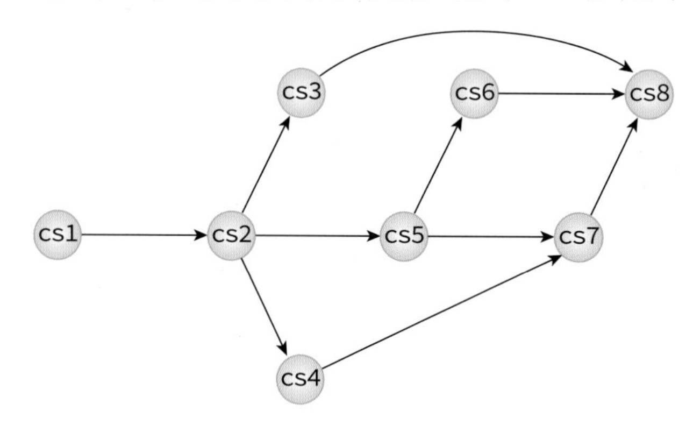

CHAPTER

12 정렬

■ **학습목표**

- 정렬의 개념을 이해한다.
- 각 정렬 알고리즘의 동작 원리를 이해한다.
- 각 정렬 알고리즘의 장점과 단점을 이해한다.
- 각 정렬 알고리즘의 효율성을 이해한다.
- 각 정렬 알고리즘의 C언어 구현을 이해한다.

12 정렬

12.1 정렬이란?

정렬(sorting)은 물건을 크기순으로 오름차순(ascending order)이나 내림차순(descending order)으로 나열하는 것을 의미한다. 예를 들어 책들은 제목순이나 저자순, 또는 발간연도순으로 정렬이 가능하다. 사람도 나이나 키, 이름 등을 이용하여 정렬할 수 있다. 물건뿐만 아니라 어떤 형태의 것도 서로 비교만 가능하면 정렬할 수 있다.

[그림 12-1] 정렬의 예

정렬은 컴퓨터 공학에서 가장 기본적이고 중요한 알고리즘 중의 하나로 일상생활에서 많이 사용된다. 여러분은 스프레드 시트에서 정렬 기능을 이용하여 데이터를 정렬해본 적이 있을 것이다. 또한 인터넷 가격비교사이트에서 제품을 가격 순으로 나열해 본적이 있을 것이다. 이러한 것들은 모두 정렬 알고리즘을 사용하고 있다.

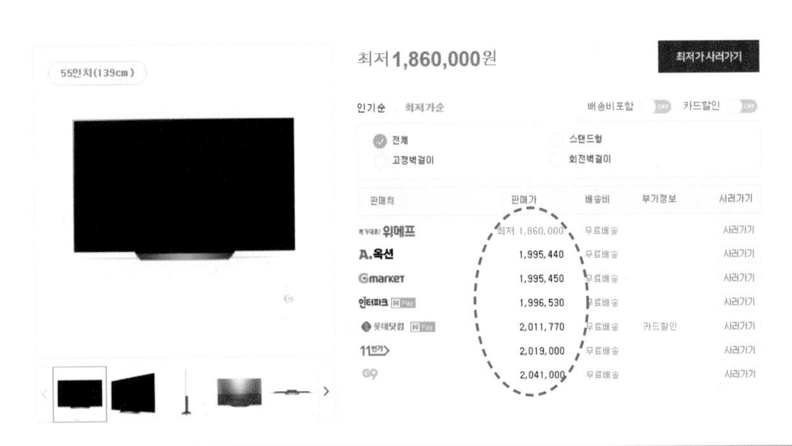

[그림 12-2] 정렬의 예: 가격비교사이트에서의 정렬

또한 정렬은 자료 탐색에 있어서 필수적이다. 예를 들면 사전에서 우리가 단어를 쉽게 찾을 수 있는 것은 사전안의 단어들이 알파벳순으로 정렬되어 있기 때문이다. 만약 사전이 알파벳순으로 정렬되어 있지 않다면 특정 단어를 찾는 것은 거의 불가능할 것이다. 이는 컴퓨터도 마찬가지다. 비록 컴퓨터가 사람보다 속도는 더 빠르지만 정렬되어 있지 않은 자료가 주어지면 탐색의 효율성이 크게 떨어진다.

[그림 12-3] 정렬의 예: 사전

일반적으로 보통 정렬시켜야 될 대상은 레코드(record)라고 불린다. 레코드는 다시 필드(field)라고 하는 단위로 나누어진다. 예를 들어 학생들의 레코드라면 이름, 학번, 주소, 전화번호 등이 필드가 될 것이다. 여러 필드 중에서 특별히 레코드와 레코드를 식별해주는 역할을 하는 필드를 키(key)라고 한다. 학생들의 레코드의 경우에는 학번이 키가 될 수 있다. 정렬이란 결국 레코드들을 키값의 순서로 재배열하는 것이다.

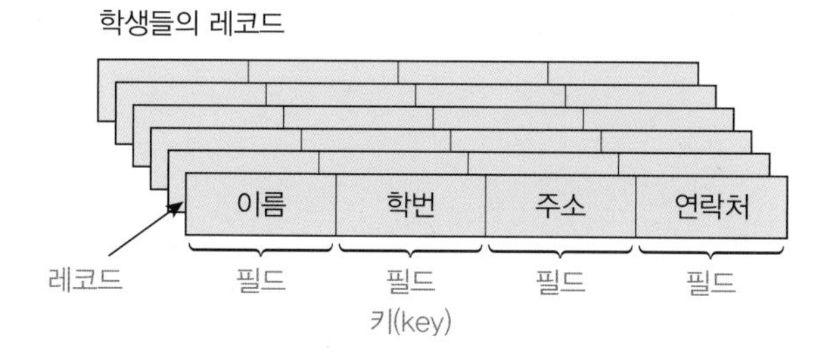

[그림 12-4] 정렬의 대상은 레코드

지금까지 개발된 정렬 알고리즘은 매우 많다. 그러나 아직까지도 모든 경우에 있어서 최상의 성능을 보여주는 최적 알고리즘은 존재하지 않는다. 따라서 이들 방법들 중에서 현재의 프로그램 수행환경에서 가장 효율적인 정렬 알고리즘을 선택하여야 한다. 대개 정렬 알고리즘을 평가하는 효율성의 기준으로는 정렬을 위해 필요한 비교 연산의 횟수와 이동 연산의 횟수이다. 이들 횟수를 정확하게 구하기는 힘들기 때문에 이들 횟수를 빅오 표기법을 이용하여 근사적으로 표현한다. 대개 이들 횟수는 자료의 초기화 여부에 의존적이다. 일반적으로 이동 횟수와 비교 횟수가 서로 비례하지 않는다. 즉 어떤 알고리즘은 비교 횟수는 많지만 이동 횟수는 적을 수 있고 또 그 반대도 가능하다. 숫자와 숫자를 비교하는 것은 시간이 걸리지 않지만 문자열과 문자열을 비교하는 것은 상당히 시간이 걸리는 작업이다. 또 숫자를 이동시키는 것은 간단하지만 큰 구조체를 이동시키려면 상당한 시간이 걸릴 것이다. 따라서 현재 개발 중인 응용에 맞추어서 가장 적절한 정렬 알고리즘을 선택하여야 한다.

[그림 12-5] 비교연산과 이동연산

정렬 알고리즘은 대개 크게 2가지로 나누어진다. 단순하지만 비효율적인 정렬 알고리즘과 복잡하지만 효율적인 정렬 알고리즘이 그것이다. 단순한 정렬 알고리즘은 구현하기가 쉬운 대신에 비효율적이다. 반면 효율적인 알고리즘은 반대로 구현하기는 까다롭지만 효율적이다.

- 단순하지만 비효율적인 방법 – 삽입 정렬, 선택 정렬, 버블 정렬 등
- 복잡하지만 효율적인 방법 – 퀵 정렬, 히프 정렬, 합병 정렬, 기수 정렬 등

대개 자료의 개수가 적다면 단순한 정렬 방법을 사용하는 것도 괜찮지만 자료의 개수가 일정 개수를 넘어가면 반드시 효율적인 알고리즘을 사용하여야 한다.

[그림 12-6] 정렬의 분류

정렬 알고리즘을 내부 정렬(internal sorting)과 외부정렬(external sorting)로 구분할 수도 있다. 내부 정렬은 정렬하기 전에 모든 데이터가 메인 메모리에 올라와 있는 정렬을 의미한다. 반면, 외부정렬은 외부 기억 장치에 대부분의 데이터가 있고 일부만 메모리에 올려놓은 상태에서 정렬을 하는 방법이다. 이 책에서는 내부 정렬만을 다루기로 한다.

정렬 알고리즘을 안정성(stability)의 측면에서 분류할 수도 있다. 정렬 알고리즘에서 안정성이란 입력 데이터에 동일한 키값을 갖는 레코드가 여러 개 존재할 경우, 이들 레코드들의 상대적인 위치가 정렬 후에도 바뀌지 않음을 뜻한다. 이와 반대로 같은 키값을 갖는 레코드들이 정렬 후에 위치가 바뀌게 되면 안정하지 않다고 한다. [그림 12-7]에서는 키값 30을 갖는 두개의 레코드가 정렬 후에 위치가 바뀌었다. 정렬의 안정성이 필수적으로 요구되는 경우에는 정렬 알고리즘 중에서 안정성을 충족하는 삽입정렬, 버블정렬, 합병정렬 등을 사용해야 한다.

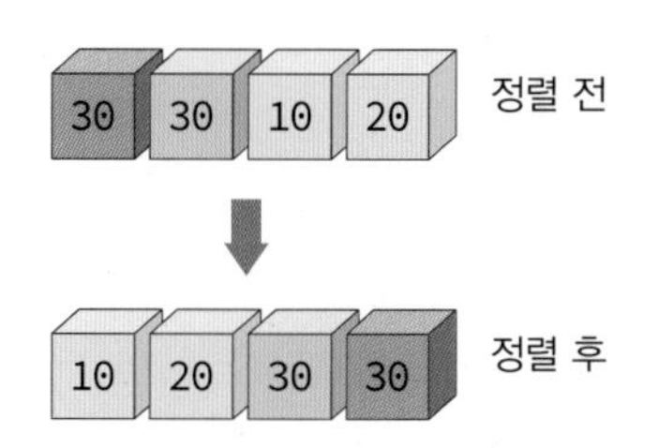

[그림 12-7] 안정하지 않은 정렬의 예

12.2 선택 정렬

선택 정렬의 원리

알고리즘을 본격적으로 설명하기 전에 정렬의 환경을 설명하기로 하자. 정렬의 대상이 되는 것은 설명을 쉽게 하기 위하여 숫자 필드만 가지고 있는 레코드라고 가정하였다. 그리고 이들 숫자들은 1차원 배열에 들어 있다고 가정한다.

선택 정렬(selection sort)은 가장 이해하기가 쉬운 정렬 방법이다. 먼저 왼쪽 리스트와 오른쪽 리스트, 두 개의 리스트가 있다고 가정하자. 왼쪽 리스트에는 정렬이 완료된 숫자들이 들어가게 되며 오른쪽 리스트에는 정렬되지 않은 숫자들이 들어 있다. [그림 12-8]과 같이 초기 상태에서 왼쪽 리스트는 비어 있고 정렬되어야 할 숫자들은 모두 오른쪽 리스트에 들어 있다. 선택 정렬은 오른쪽 리스트에서 가장 작은 숫자를 선택하여 왼쪽 리스트로 이동하는 작업을 되풀이 한다. 선택정렬은 오른쪽 리스트가 공백상태가 될 때까지 이 과정을 되풀이하는 정렬 기법이다.

왼쪽 리스트	오른쪽 리스트	설명
( )	(5,3,8,1,2,7)	초기상태
(1)	(5,3,8,2,7)	1선택
(1,2)	(5,3,8,7)	2선택
(1,2,3)	(5,8,7)	3선택
(1,2,3,5)	(8,7)	5선택
(1,2,3,5,7)	(8)	7선택
(1,2,3,5,7,8)	()	8선택

[그림 12-8] 선택 정렬의 원리

위의 방법은 배열로 구현하기로 하였다면, 위의 방법을 구현하기 위해서는 입력 배열과는 별도로 똑같은 크기의 배열이 하나 더 필요하다. 따라서 메모리를 절약하기 위하여 입력 배열 외에 추가적인 공간을 사용하지 않는 선택 정렬 알고리즘을 생각해보자. 이렇게 입력 배열 이외에는 다른 추가 메모리를 요구하지 않는 정렬 방법을 제자리 정렬(in-place sorting)이라고 한다. [그림 12-8]에서 보면 오른쪽 리스트에 하나의 최소값이 선택되고 그 값이 왼쪽 배열로 이동되면 하나의 빈공간이 생기리라는 것을 예측할 수 있다. 따라서 이점을 이용하도록 하자.

[그림 12-9] 선택정렬

즉 [그림 12-9]와 같이 입력 배열에서 최소값을 발견한 다음, 이 최소값을 배열의 첫번째 요소와 교환한다. 다음에는 첫번째 요소를 제외한 나머지 요소들 중에서 가장 작은 값을 선택하고 이를 두번째 요소와 교환한다. 이 절차를 (숫자 개수-1)만큼 되풀이하면 추가적인 배열을 사용하지 않고서도 전체 숫자들이 정렬된다.

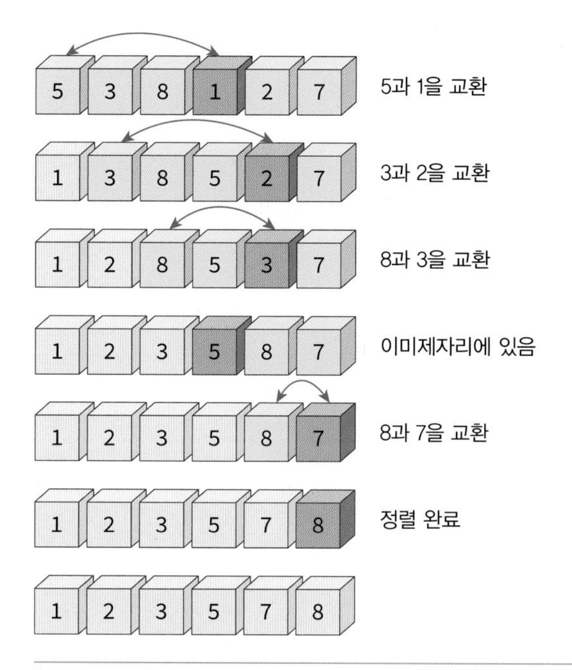

[그림 12-10] 선택 정렬의 과정

가상 실습 12.1

선택정렬

* 정렬 애플릿을 이용하여 다음의 실험을 수행하라.

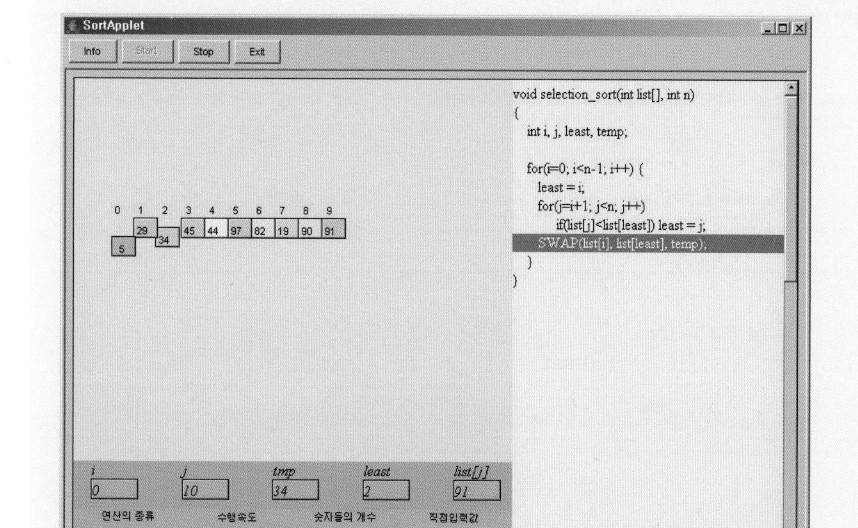

(1) 선택 정렬에서 입력의 개수가 n일 때, 이동의 횟수와 비교의 횟수를 예측하여 보라.

(2) 선택 정렬에서 최선의 경우와 최악의 경우는? 아니면 항상 수행시간은 일정한가?

선택 정렬의 알고리즘

선택 정렬의 알고리즘은 다음과 같다. 여기서 주의할 것은 i 값이 0에서 n−2까지만 변화된다는 점이다. 만약 list[0]부터 list[n−2]까지 정렬이 되었으면 이미 list[n−1]이 가장 큰 값이기 때문에 n−1까지 정렬할 필요가 없다. [그림 12-10]에서 확인하라.

알고리즘 12.1 선택 정렬 알고리즘

```
selection_sort(A, n):

for i←0 to n-2 do
    least ← A[i], A[i+1],..., A[n-1] 중에서 가장 작은 값의 인덱스;
    A[i]와 A[least]의 교환;
    i++;
```

위의 의사 코드를 C언어를 이용하여 구현하여 보면 다음과 같다. 레코드와 레코드를 서로 교환하기 위해 다음과 같은 SWAP 매크로를 사용한다.

프로그램 12.1 선택 정렬 함수

```
#define SWAP(x, y, t) ( (t)=(x), (x)=(y), (y)=(t) )

void selection_sort(int list[], int n)
{
    int i, j, least, temp;
    for (i = 0; i < n - 1; i++) {
        least = i;
        for (j = i + 1; j < n; j++)  // 최소값 탐색
            if (list[j] < list[least]) least = j;
        SWAP(list[i], list[least], temp);
    }
}
```

전체 프로그램

앞에서 기술한 선택 정렬 함수를 호출하여 사용하는 프로그램은 다음과 같다. 입력 배열은 난수를 발생시켜 채웠다. `main()` 함수에서는 *MAX_SIZE*개의 난수를 발생시켜 배열 `list`에 저장한다. 이때 난수의 발생범위는 0~*MAX_SIZE*−1까지가 된다. 앞으로 학습하게 될 다른 정렬의 경우에도 전체 프로그램의 구조는 선택정렬과 같다.

프로그램 12.2 선택 정렬 프로그램

```
#include <stdio.h>
#include <stdlib.h>
#define MAX_SIZE 10
#define SWAP(x, y, t) ( (t)=(x), (x)=(y), (y)=(t) )

int list[MAX_SIZE];
int n;

void selection_sort(int list[], int n)
{
    int i, j, least, temp;
    for (i = 0; i < n - 1; i++) {
        least = i;
        for (j = i + 1; j < n; j++)  // 최소값 탐색
            if (list[j] < list[least]) least = j;
        SWAP(list[i], list[least], temp);
    }
}
//
int main(void)
{
    int i;
    n = MAX_SIZE;
    srand(time(NULL));
    for (i = 0; i<n; i++)          // 난수 생성 및 출력
        list[i] = rand() % 100;    // 난수 발생 범위 0~99

    selection_sort(list, n);       // 선택정렬 호출
    for (i = 0; i<n; i++)
        printf("%d ", list[i]);
    printf("\n");
    return 0;
}
```

실행결과

```
16 24 25 38 48 64 87 90 93 96
```

선택 정렬의 분석

선택 정렬의 성능 분석을 위하여 비교 횟수와 이동 횟수를 따로 구하여 보자. 먼저 비교 횟수를 구하기 위하여 두개의 for 루프의 실행 횟수를 계산하여 보자. 외부루프는 $n-1$번 실행될 것이며 내부루프는 0에서 $n-2$까지 변하는 i에 대하여 $(n-1)-i$번 반복될 것이다. 키값들의 비교

가 내부 루프 안에서 이루어지므로 전체 비교횟 수는 다음과 같이 된다.

$$(n-1)+(n-2)+\cdots+1=n(n-1)/2=O(n^2)$$

레코드 교환 횟수는 외부 루프의 실행 횟수와 같으며 한번 교환하기 위하여 3번의 이동이 필요하므로 전체 이동 횟수는 $3(n-1)$이 된다.

선택 정렬의 장점은 자료 이동 횟수가 미리 결정된다는 점이다. 그러나 이동 횟수는 $3(n-1)$으로 상당히 큰 편이다. 또한 자료가 정렬된 경우에는 불필요하게 자신 자신과의 이동을 하게 된다. 따라서 이 문제를 약간 개선하려면 다음과 같은 if 문을 추가하면 된다.

```
if( i != least )
    SWAP(list[i], list[least], temp);
```

즉 최소값이 자기 자신이면 자료이동을 하지 않는다. 일반적으로 비교 연산 1개가 이동 연산 3개보다 시간이 적게 걸리므로 효과적이다. 선택 정렬의 문제점은 안정성을 만족하지는 않는다는 점이다. 즉 값이 같은 레코드가 있는 경우에 상대적인 위치가 변경될 수 있다.

01 선택정렬이 아래의 key를 정렬할 때 key의 자리 변화를 단계별로 보여라.

0	1	2	3	4	5
1	3	4	9	7	6

02 선택정렬이 안정성을 만족하지 않는 경우의 예를 보여라.

12.3 삽입 정렬

삽입 정렬의 원리

삽입 정렬(insertion sort)은 손안의 카드를 정렬하는 방법과 유사하다. 우리는 카드 게임을 할 때, 새로운 카드가 들어오면 새로운 카드를 기존의 정렬된 카드 사이의 올바른 자리를 찾아 삽입함으로써 정렬이 유지되게 한다. 이와 같은 작업을 카드의 수만큼 반복하게 되면 전체 카드가 정렬된다.

[그림 12-11] 삽입 정렬의 예

삽입 정렬은 정렬되어 있는 리스트에 새로운 레코드를 적절한 위치에 삽입하는 과정을 반복한다. 선택 정렬과 마찬가지로 입력 배열을 선택 정렬과 유사하게 입력배열을 정렬된 부분과 정렬되지 않은 부분으로 나누어서 사용하면 된다.

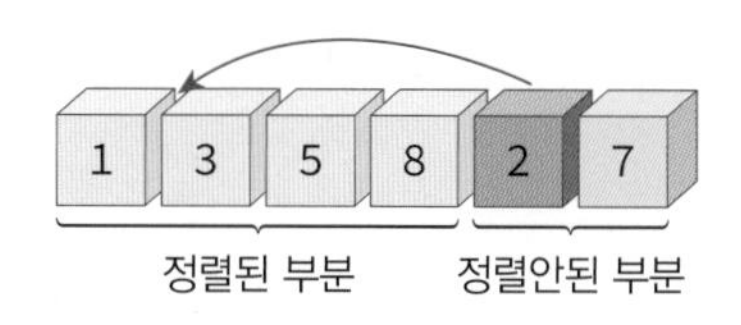

[그림 12-12] 삽입 정렬의 원리

정렬되어 있지 않은 부분의 첫 번째 숫자가 정렬된 부분의 어느 위치에 삽입되어야 하는가를 판단한 후 해당 위치에 이 숫자를 삽입하게 되면, 정렬된 부분의 크기는 하나 커지게 되고, 정렬이 되지 않은 부분의 크기는 하나 줄어들게 된다. 이러한 삽입 연산을 정렬되지 않은 부분이 빌 때까지 반복하게 되면 전체 리스트가 정렬된다. 전체 리스트 (5,3,8,1,2,7)를 삽입 정렬하는 과정을 다음에 보였다.

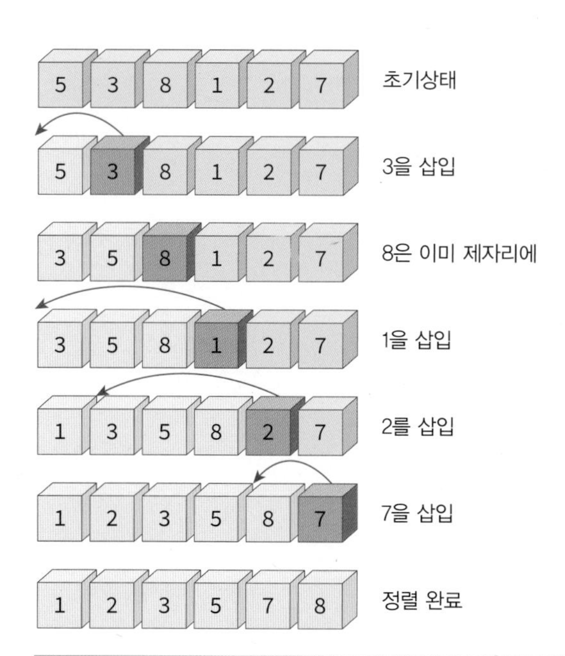

[그림 12-13] 삽입 정렬의 과정

가상 실습 12.2

삽입 정렬

정렬 애플릿을 이용하여 다음의 실험을 수행하라.

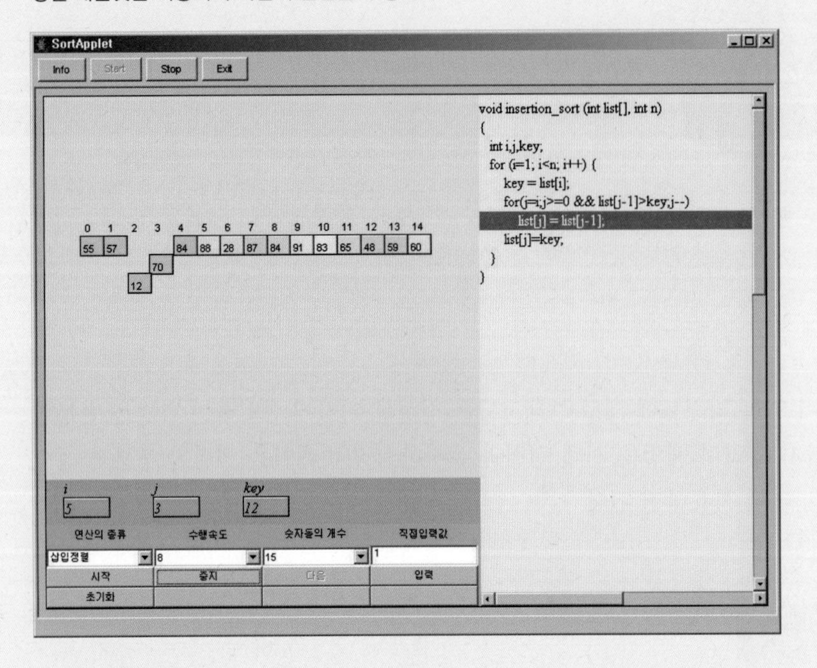

(1) 삽입 정렬에서 입력의 개수가 n일 때, 이동의 횟수와 비교의 횟수를 예측하여 보라.

(2) 삽입 정렬에서 최선의 경우와 최악의 경우는? 아니면 항상 수행시간은 일정한가? 실험을 통하여 살펴보라.

삽입 정렬의 알고리즘

알고리즘 12.2 삽입 정렬 알고리즘

```
insertion_sort(A, n):

1.  for i←1 to n-1 do
2.      key←A[i];
3.      j←i-1;
4.      while j≥0 and A[j]>key do
5.          A[j+1]←A[j];
6.          j←j-1;
7.      A[j+1]←key
```

알고리즘 설명

```
1. 인덱스 1부터 시작한다. 인덱스 0은 이미 정렬된 것으로 볼 수 있다.
2. 현재 삽입될 숫자인 i번째 정수를 key 변수로 복사
3. 현재 정렬된 배열은 i-1까지 이므로 i-1번째부터 역순으로 조사한다.
4. j값이 음수가 아니어야 되고 key값보다 정렬된 배열에 있는 값이 크면
5. j번째를 j+1번째로 이동한다.
6. j를 하나 감소한다
7. j번째 정수가 key보다 작으므로 j+1번째가 key값이 들어갈 위치이다.
```

[그림 12-14]에서 $i=3$인 경우에 정렬된 왼쪽 리스트에 어떻게 삽입되는지를 보였다.

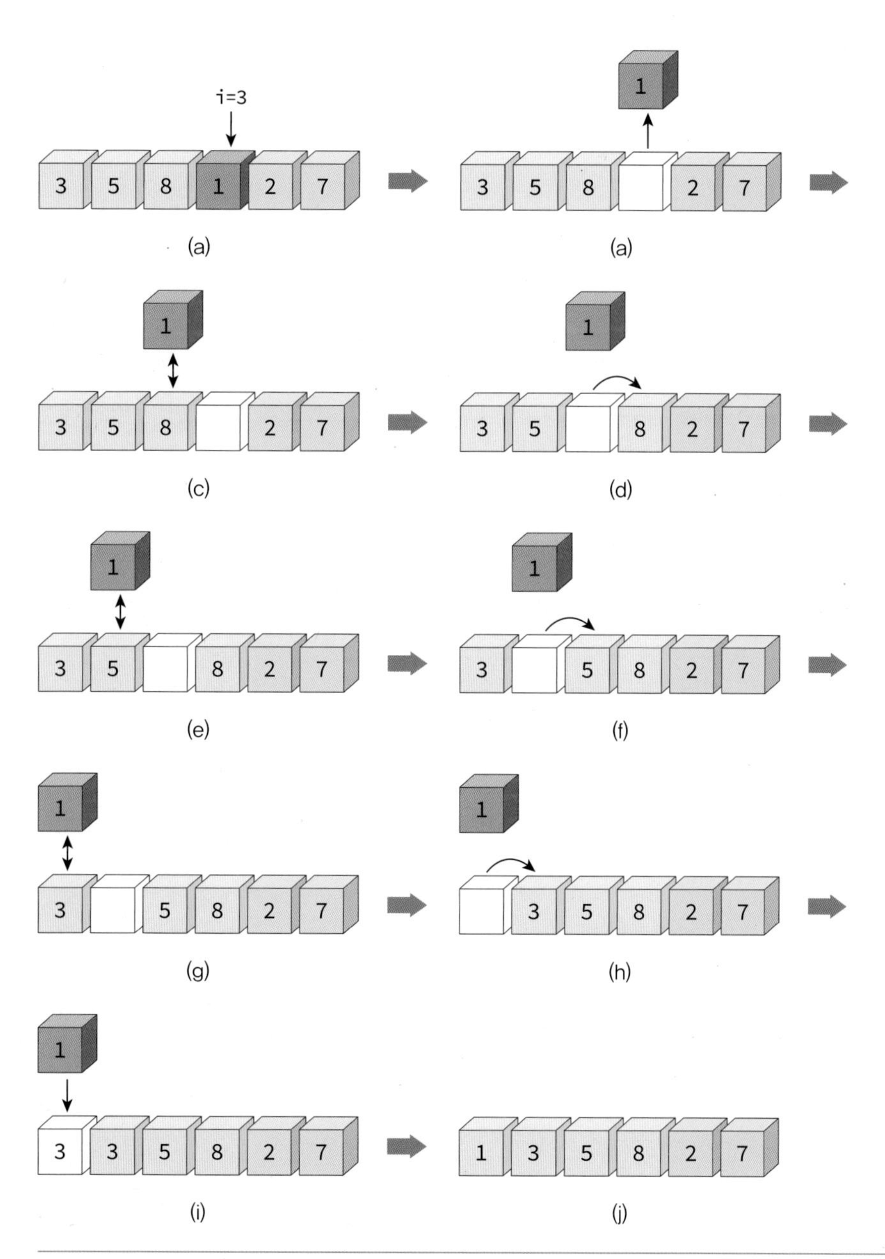

[그림 12-14] 삽입 정렬의 하나의 삽입 과정

삽입 정렬의 C언어 구현

프로그램 12.3 **삽입 정렬 프로그램**

```
// 삽입 정렬
void insertion_sort(int list[], int n)
{
    int i, j, key;
    for (i = 1; i<n; i++) {
        key = list[i];
        for (j = i - 1; j >= 0 && list[j]>key; j--)
            list[j + 1] = list[j];    /* 레코드의 오른쪽 이동 */
        list[j + 1] = key;
    }
}
```

삽입 정렬의 복잡도 분석

삽입 정렬의 복잡도는 입력 자료의 구성에 따라서 달라진다. 먼저 입력 자료가 이미 정렬되어 있는 경우는 가장 빠르다. 삽입 정렬의 외부 루프는 $n-1$번 실행되고 각 단계에서 1번의 비교와 2번의 이동만 이루어지므로 총 비교횟수는 $n-1$번, 총 이동횟수는 $2(n-1)$번이 되어 알고리즘의 시간 복잡도는 $O(n)$이다. 최악의 복잡도는 입력 자료가 역순일 경우이다. 각 단계에서 앞에 놓인 자료들은 전부 한 칸씩 뒤로 이동하여야 한다. 따라서 외부 루프안의 각 반복마다 i번의 비교가 수행되므로 총 비교횟수는 다음과 같다.

$$\sum_{i=0}^{n-1} i = 1+2+\cdots+(n-1) = \frac{n(n-1)}{2} = O(n^2)$$

총 이동횟수는 외부 루프의 각 단계마다 $i+2$번의 이동이 이루어지므로 다음과 같다.

$$\frac{n(n-1)}{2} + 2(n-1) = \frac{n^2+3n-4}{2} = O(n^2)$$

삽입 정렬은 비교적 많은 레코드들의 이동을 포함한다. 결과적으로 삽입정렬은 레코드 양이 많고 레코드 크기가 클 경우에 적합하지 않음을 알 수 있다. 반면에 삽입 정렬은 안정한 정렬 방법으로서 레코드의 수가 적을 경우 알고리즘 자체가 매우 간단하므로 다른 복잡한 정렬 방법보다 유리할 수 있다. 또한 삽입정렬은 대부분의 레코드가 이미 정렬되어 있는 경우에 매우 효율적일 수 있다.

Quiz

01 삽입정렬이 아래의 key를 정렬할 때 key의 자리 변화를 단계별로 보여라.

0	1	2	3	4	5
3	7	9	4	1	6

02 삽입정렬이 안정성을 만족하는 이유를 설명하라.

12.4 버블 정렬

버블 정렬의 원리

버블 정렬(bubble sort)은 인접한 2개의 레코드를 비교하여 크기가 순서대로 되어 있지 않으면 서로 교환하는 비교-교환 과정을 리스트의 왼쪽 끝에서 시작하여 오른쪽 끝까지 진행한다. 이러한 리스트의 비교-교환 과정(스캔)이 한번 완료되면 가장 큰 레코드가 리스트의 오른쪽 끝으로 이동된다. 이러한 레코드의 이동 과정이 마치 물속에서 거품(bubble)이 보글보글 떠오르는 것과 유사하여 버블정렬이라 부른다. 이러한 비교-교환 과정은 전체 숫자가 전부 정렬될 때까지 계속된다.

정렬이 안 된 오른쪽 리스트를 한번 스캔하면 오른쪽리스트의 오른쪽 끝에 가장 큰 레코드가 위치하게 되고, 오른쪽 리스트는 추가된 레코드를 포함하여 정렬된 상태가 된다. 이러한 스캔 과정을 정렬이 안 된 왼쪽 리스트에서 반복하여 적용하면 정렬이 완료된다. 리스트 (5,3,8,1,2,7)를 버블 정렬하는 첫 번째 스캔 과정은 아래와 같다.

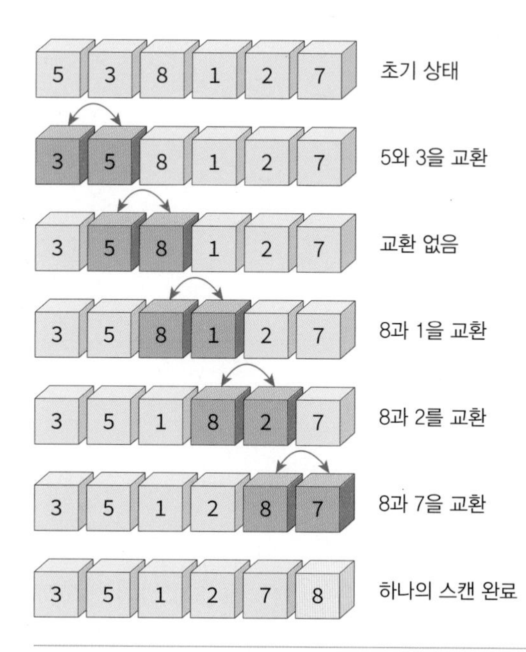

[그림 12-15] 버블 정렬의 한 번의 스캔

[그림 12-15]는 버블 정렬의 위의 과정을 도식화한 것이다. 먼저 5과 3를 비교하면 5가 더 크므로 서로 교환하고, 다음으로 5과 8을 비교하게 되면 8이 더 크므로 교환 없이 다음 단계로 진행한다. 이러한 과정이 반복되면 8이 가장 리스트의 오른쪽 끝으로 이동하게 된다. 이미 자기 위치에 자리 잡은 8을 제외한 나머지 왼쪽 리스트를 대상으로 이 과정을 반복한다.

한 번의 스캔에 의해 가장 큰 레코드가 리스트의 오른쪽 끝으로 이동하게 된다. 이러한 반복 과정이 왼쪽 리스트가 빌 때까지 수행되어 전체 리스트가 정렬되는 과정은 아래와 같다.

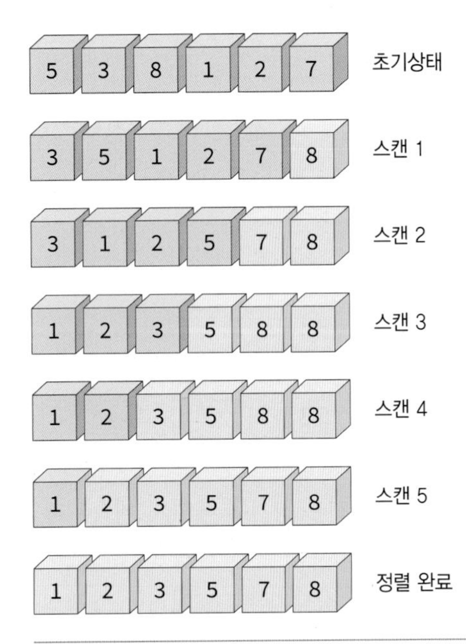

[그림 12-16] 버블 정렬의 전체 정렬 과정

버블정렬의 알고리즘

알고리즘 12.3 버블 정렬 알고리즘

```
BubbleSort(A, n):

for i←n-1 to 1 do
    for j←0 to i-1 do
        j와 j+1번째의 요소가 크기순이 아니면 교환
        j++;
    i--;
```

버블 정렬의 알고리즘은 그야 말로 간단하다. 먼저 하나의 스캔은 j=0부터 j=i-1 까지 반복하는 루프로 구성되고 j번째 요소와 j+1번째 요소를 비교하여 크기순으로 되어 있지 않으면 교환한

가상 실습 12.3

버블정렬

* CD 부록에 포함된 정렬 애플릿을 이용하여 다음의 실험을 수행하라.

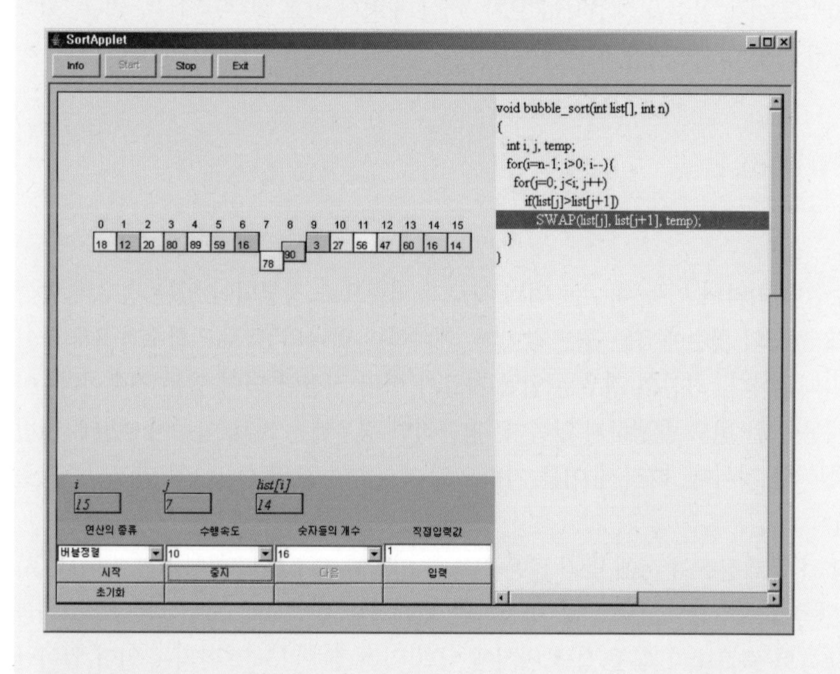

(1) 버블 정렬에서 입력의 개수가 n일 때, 이동의 횟수와 비교의 횟수를 예측하여 보라.

(2) 버블 정렬에서 최선의 경우와 최악의 경우는? 아니면 항상 수행시간은 일정한가? 실험을 통하여 살펴보라.

다. i는 하나의 스캔이 끝날 때마다 1씩 감소한다. 이런 스캔 과정이 n−1번 되풀이되면 정렬이 끝나게 된다.

버블 정렬의 C언어 구현

프로그램 12.4 **버블 정렬 프로그램**

```
#define SWAP(x, y, t) ( (t)=(x), (x)=(y), (y)=(t) )
void bubble_sort(int list[], int n)
{
    int i, j, temp;
    for (i = n - 1; i>0; i--) {
        for (j = 0; j<i; j++)
            /* 앞뒤의 레코드를 비교한 후 교체 */
            if (list[j]>list[j + 1])
                SWAP(list[j], list[j + 1], temp);
    }
}
```

버블 정렬의 복잡도 분석

버블 정렬의 비교 횟수와 이동 횟수를 계산하여 보자. 버블 정렬의 비교 횟수는 최선, 평균, 최악의 어떠한 경우에도 항상 일정하고 다음과 같다.

$$\sum_{i=1}^{n-1} i = \frac{n(n-1)}{2} = O(n^2)$$

다음은 이동 횟수인데 최악의 이동 횟수는 입력 자료가 역순으로 정렬되어 있는 경우에 발생하고 그 횟수는 비교 연산의 횟수에 3을 곱한 값이다. 왜냐하면 하나의 SWAP 함수가 3개의 이동을 포함하고 있기 때문이다. 최선의 경우는 입력 자료가 이미 정렬이 되어 있는 경우이다. 이런 경우에는 자료 이동이 한 번도 발생하지 않는다. 평균적인 경우에는 자료 이동이 0번에서 i번까지 같은 확률로 일어날 것이다. 따라서 이를 기반으로 계산하여 보면 $O(n^2)$의 알고리즘임을 알 수 있다.

버블 정렬의 가장 큰 문제점은 순서에 맞지 않은 요소를 인접한 요소와 교환한다는 것이다. 하나의 요소가 가장 왼쪽에서 가장 오른쪽으로 이동하기 위해서는 배열에서 모든 다른 요소들과 교환되어야 한다. 특히 특정 요소가 최종 정렬 위치에 이미 있는 경우라도 교환되는 일이 일어난다. 일반적으로 자료의 교환(swap) 작업이 자료의 이동(move) 작업보다 더 복잡하기 때문에 버블정렬은 그 단순성에도 불구하고 거의 쓰이지 않고 있다.

Quiz

01 버블정렬이 아래의 key를 정렬할 때 key의 자리 변화를 단계별로 보여라.

0	1	2	3	4	5
3	7	9	4	1	6

02 버블정렬이 선택정렬에 비해 이동 연산이 많은 이유를 설명하라.

12.5 쉘 정렬

쉘 정렬의 원리

셸 정렬(shell sort)은 Donald L. Shell이라는 사람이 제안한 방법으로 삽입 정렬이 어느 정도 정렬된 배열에 대해서는 대단히 빠른 것에 착안한 방법이다. 셸정렬은 삽입 정렬의 $O(n^2)$보다 빠르다.

삽입 정렬의 최대 문제점은 요소들이 삽입될 때, 이웃한 위치로만 이동한다는 것이다. 만약 삽입되어야 할 위치가 현재 위치에서 상당히 멀리 떨어진 곳이라면 많은 이동을 해야 만이 제자리로 갈 수 있다. 쉘정렬에서는 요소들이 멀리 떨어진 위치로도 이동할 수 있다.

삽입 정렬과는 다르게 셀 정렬은 전체의 리스트를 한 번에 정렬하지 않는다. 대신에 먼저 정렬해야할 리스트를 일정한 기준에 따라 분류하여 연속적이지 않은 여러 개의 부분 리스트를 만들고, 각 부분 리스트를 삽입 정렬을 이용하여 정렬한다. 모든 부분 리스트가 정렬되면 셀정렬은 다시 전체 리스트를 더 적은 개수의 부분 리스트로 만든 후에 알고리즘을 되풀이한다. 위의 과정은 부분 리스트의 개수가 1이 될 때까지 되풀이된다.

부분 리스트를 구성할 때는 주어진 리스트의 각 k번째 요소를 추출하여 만든다. 이 k를 간격(gap)이라고 한다. 셀정렬에서는 각 스텝마다 간격 k를 줄여가므로 수행과정이 반복될 때마다 하나의 부분 리스트에 속하는 레코드들의 개수는 증가된다. 마지막 스텝에서는 간격의 값이 1이 된다.

예를 들어 입력 리스트가 (10, 8, 6, 20, 4, 3, 22, 1, 0, 15, 16)와 같을 때 셀정렬이 수행되는 과정은 [그림 12-17]과 같다. 먼저 [그림 12-17] (a)와 같이 입력 리스트의 각 5번째 요소를 추출하여 부분 리스트들을 만든다. 첫 번째 부분 리스트는 10, 3, 16을 포함하고 있고 두 번째 부분 리스트는 8, 22를 포함하고 있고 이런 식으로 부분 리스트들이 구성된다. 다음으로 각각의 부분 리스트에 대하여 삽입 정렬이 수행된다. 부분 리스트들이 정렬된 후에는 전체 리스트도 약간은 정렬된 것을 확인하라. 여기서 실제로 부분 리스트들이 만들어지는 것은 아니고 일정한 간격으로 삽입 정렬을 수행하는 것뿐이다. 따라서 추가적인 공간은 필요 없다.

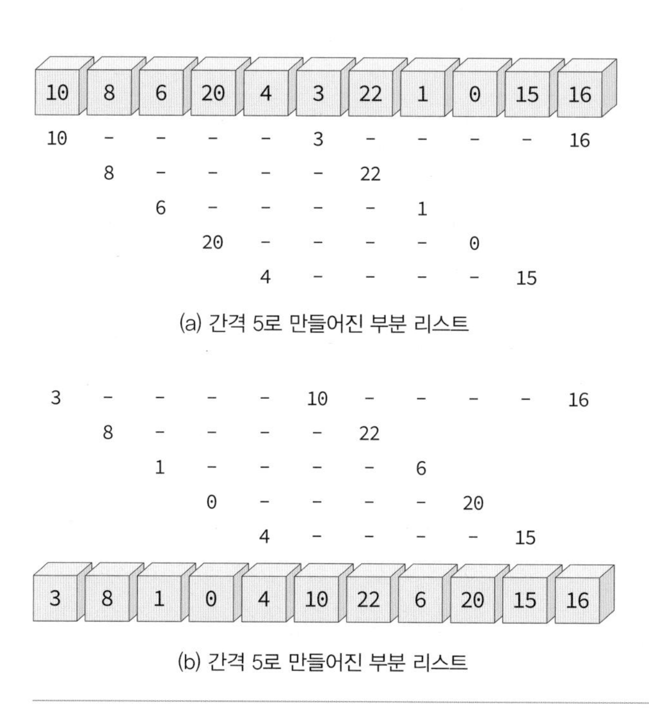

(a) 간격 5로 만들어진 부분 리스트

(b) 간격 5로 만들어진 부분 리스트

[그림 12-17] 쉘 정렬의 첫번째 패스

쉘 정렬의 첫 번째 패스가 끝나면 비슷한 방식으로 다시 부분 리스트를 구성하는데 이번에는 간격을 1/2 줄여서 입력 배열의 각 2번째 요소를 추출하여 부분 리스트를 만든다. 간격은 처음에는 $n/2$정도로 하고 각 패스마다 간격을 절반으로 줄이는 방식을 많이 사용한다. 쉘 정렬의 전체 과정은 다음의 표를 참조하라.

〈표 12-1〉 쉘 정렬의 전체 과정

입력 배열	10	8	6	20	4	3	22	1	0	15	16
	10					3					16
		8					22				
간격 5일 때의 부분 리스트			6					1			
				20					0		
					4					15	
	3					10					16
		8					22				
부분 리스트 정렬 후			1					6			
				0					20		
					4					15	
간격 5 정렬후의 전체 배열	3	8	1	0	4	10	22	6	20	15	16
	3			0			22			15	
간격 3일 때의 부분 리스트		8			4			6			16
			1			10			20		
	0			3			15			22	
부분 리스트 정렬 후		4			6			8			16
			1			10			20		
간격 3 정렬 후의 전체 배열	0	4	1	3	6	10	15	8	20	22	16
간격 1 정렬 후의 전체 배열	0	1	3	4	6	8	10	15	16	20	22

쉘 정렬의 구현

gap가 간격을 나타낸다. `shell_sort` 함수에서는 간격이 1이 될 때까지 간격을 1/2로 줄이면서 반복한다. 부분 리스트의 개수는 gap이 된다. 각 부분 리스트에 대하여 일정한 간격으로 떨어져 있는 요소들을 삽입 정렬하는 함수인 `inc_insertion_sort`를 호출하였다. `inc_insertion_sort` 함수는 앞의 삽입 정렬 함수와 비교하여 보면 쉽게 이해할 수 있다. 만약 간격이 짝수이면 1을 더하는 것이 좋은 것으로 분석되었다. 따라서 소스에서도 짝수인 경우 간격에 1을 더해주었다.

프로그램 12.5 **쉘 정렬 프로그램**

```
// gap 만큼 떨어진 요소들을 삽입 정렬
// 정렬의 범위는 first에서 last
inc_insertion_sort(int list[], int first, int last, int gap)
{
    int i, j, key;
    for (i = first + gap; i <= last; i = i + gap) {
        key = list[i];
        for (j = i - gap; j >= first && key<list[j]; j = j - gap)
            list[j + gap] = list[j];
        list[j + gap] = key;
    }
}
//
void shell_sort(int list[], int n)   // n = size
{
    int i, gap;
    for (gap = n / 2; gap>0; gap = gap / 2) {
        if ((gap % 2) == 0) gap++;
        for (i = 0; i<gap; i++)        // 부분 리스트의 개수는 gap
            inc_insertion_sort(list, i, n - 1, gap);
    }
}
```

쉘 정렬의 분석

삽입 정렬에 비하여 쉘 정렬은 2가지의 장점이 있다.

- 연속적이지 않은 부분 리스트에서 자료의 교환이 일어나면 더 큰 거리를 이동한다. 반면 삽입 정렬에서는 한 번에 한 칸씩만 이동된다. 따라서 교환되는 아이템들이 삽입 정렬보다는 최종 위치에 더 가까이 있을 가능성이 높아진다.
- 부분 리스트는 어느 정도 정렬이 된 상태이기 때문에 부분 리스트의 개소가 1이 되게 되면 셀 정렬은 기본적으로 삽입 정렬을 수행하는 것이지만 빠르게 수행된다. 이것은 삽입정렬이 거의 정렬된 리스트에 대해서는 빠르게 수행되기 때문이다.

실험적인 연구를 통하여 셀 정렬의 시간 복잡도는 대략 최악의 경우에는 $O(n^2)$이지만 평균적인 경우에는 $O(n^{1.5})$로 나타난다.

01 쉘정렬이 gap을 반으로 줄여가면서 아래의 key를 정렬할 때 key의 자리 변화를 단계별로 보여라.

0	1	2	3	4	5	6	7
4	8	5	7	6	2	1	3

02 10,000개의 레코드를 정렬할 때, 쉘정렬이 삽입정렬보다 얼마나 빠르겠는가?

12.6 합병 정렬

우리가 앞에서 살펴본 정렬 방법들은 비효율적이지만 간단하기 때문에 입력 데이터가 많지 않을 때는 충분히 사용할 수 있는 방법이다. 그러나 입력 데이터가 많으면서 자주 정렬해야 할 필요가 있으면 이들 방법은 충분하지 못하다. 본 장에서는 앞장의 방법보다 훨씬 빠른 방법들을 소개한다.

합병 정렬의 개념

합병 정렬(merge sort)은 하나의 리스트를 두 개의 균등한 크기로 분할하고 분할된 부분 리스트를 정렬한 다음, 두 개의 정렬된 부분 리스트를 합하여 전체가 정렬된 리스트를 얻고자 하는 것이다. 합병 정렬은 분할 정복(divide and conquer) 기법에 바탕을 두고 있다. 분할 정복 기법은 문제를 작은 2개의 문제로 분리하고 각각을 해결한 다음, 결과를 모아서 원래의 문제를 해결하는 전략이다. 분리된 문제가 아직도 해결하기 어렵다면, 즉 충분히 작지 않다면 분할 정복 방법을 연속하여 다시 적용한다. 분할 정복 기법은 대개 순환 호출을 이용하여 구현된다. 합병 정렬은 다음의 단계들로 이루어진다.

1. 분할(Divide): 입력 배열을 같은 크기의 2개의 부분 배열로 분할한다.
2. 정복(Conquer): 부분 배열을 정렬한다. 부분 배열의 크기가 충분히 작지 않으면 순환 호출을 이용하여 다시 분할 정복 기법을 적용한다.
3. 결합(Combine): 정렬된 부분 배열들을 하나의 배열에 통합한다.

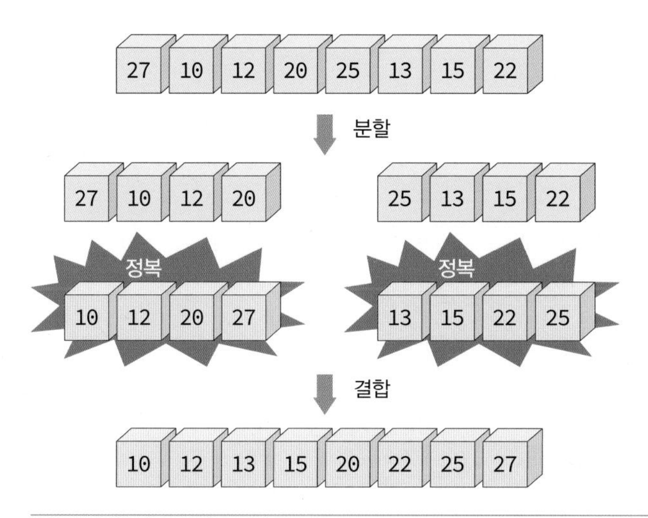

[그림 12-18] 분할 정복 기법의 개념

간단한 예를 들어서 위의 개념을 설명하여 보자. 다음과 같은 배열이 있다고 가정하자.

27 10 12 20 25 13 15 22

1. 분할(Divide): 배열을 27 10 12 20 과 25 13 15 22의 2개의 부분배열로 나눈다.
2. 정복(Conquer): 부분배열을 정렬하여 10 12 20 27 과 13 15 22 25를 얻는다.
3. 결합(Combine): 부분배열을 통합하여 10 12 13 15 20 22 25 27을 얻는다.

각각의 부분 배열들을 어떻게 정렬하여야 할까? 정답은 부분 배열들을 정렬할 때도 합병 정렬을 순환적으로 적용하면 된다는 것이다. 즉 위의 예에서 부분배열인 27 10 12 20을 정렬할 때도 합병 정렬의 개념을 다시 적용한다. 이는 합병 정렬 함수의 순환적인 호출을 이용하여 구현된다. 따라서 위의 예에 대한 합병 정렬의 전체 과정을 그림으로 그려보면 [그림 12-19]와 같다.

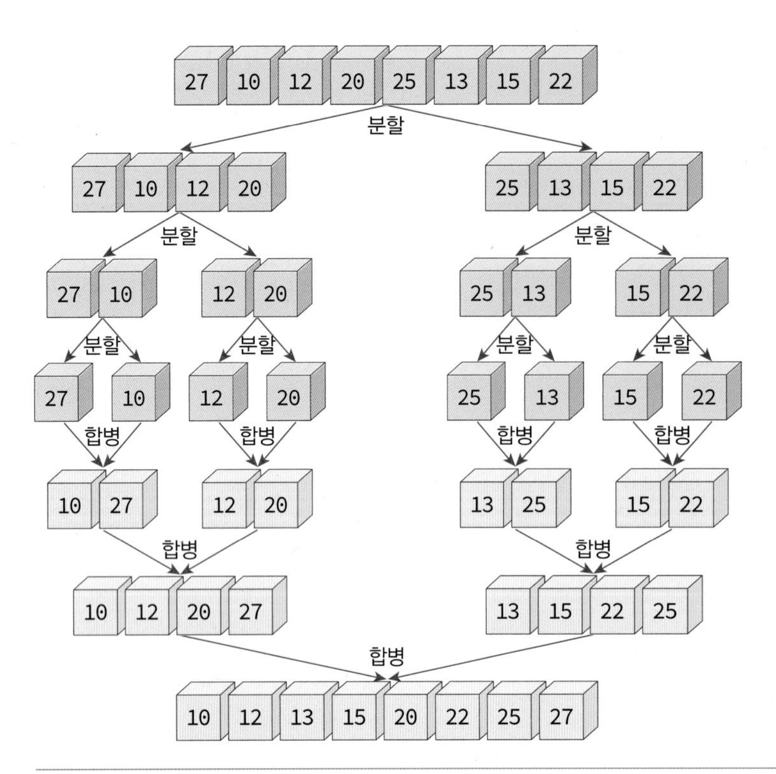

[그림 12-19] 합병 정렬의 과정

가상 실습 12.4

합병 정렬

정렬 애플릿을 이용하여 다음의 실험을 수행하라.

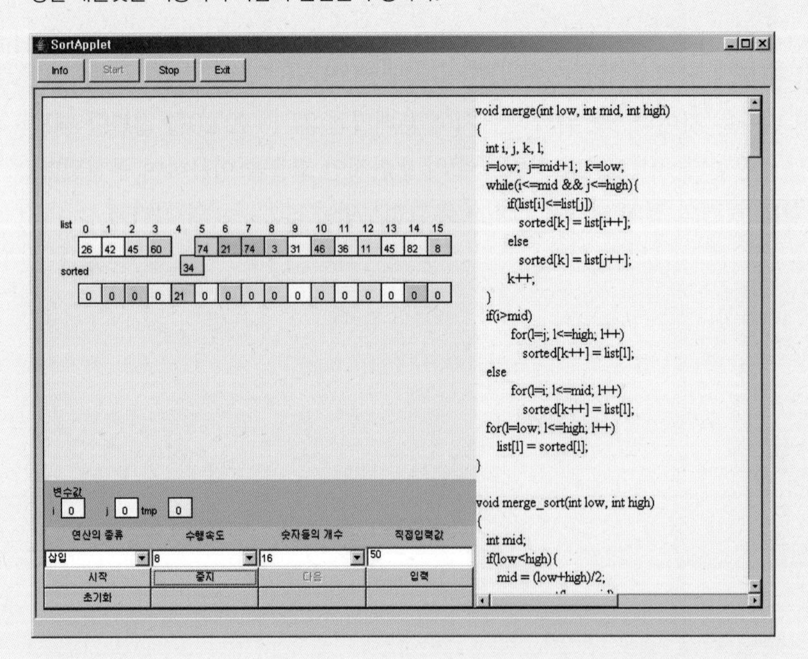

(1) 합병 정렬에서 입력의 개수가 n일 때, 이동의 횟수와 비교의 횟수를 예측하여 보라.

(2) 합병 정렬에서 최선의 경우와 최악의 경우는? 아니면 항상 수행시간은 일정한가? 실험을 통하여 살펴보라.

(3) 합병 정렬에서 sorted 배열과 list 배열간의 데이터의 이동을 주의 깊게 살펴본다.

합병 정렬 알고리즘

합병 정렬의 알고리즘은 다음과 같다.

알고리즘 12.4 합병 정렬 알고리즘

```
merge_sort(list, left, right):

1. if left < right
2.     mid = (left+right)/2;
3.     merge_sort(list, left, mid);
4.     merge_sort(list, mid+1, right);
5.     merge(list, left, mid, right);
```

알고리즘 설명

```
1. 만약 나누어진 구간의 크기가 1이상이면
2. 중간 위치를 계산한다
3. 앞쪽 부분 배열을 정렬하기 위하여 merge_sort 함수를 순환 호출한다.
4. 뒤쪽 부분 배열을 정렬하기 위하여 merge_sort 함수를 순환 호출한다.
5. 정렬된 2개의 부분 배열을 통합하여 하나의 정렬된 배열로 만든다.
```

합병 정렬에서 실제로 정렬이 이루어지는 시점은 2개의 리스트를 합병(merge)하는 단계이다. 정렬된 2개의 배열을 합병하는 알고리즘을 작성하여 보자. 합병정렬이 이 알고리즘을 이용하게 된다. 합병 자체는 어렵지 않으나 추가적인 리스트를 필요로 한다. 합병 알고리즘은 2개의 리스트의 요소들을 처음부터 하나씩 비교하여 두개의 리스트의 요소 중에서 더 작은 요소를 새로운 리스트로 옮긴다. 둘 중에서 하나가 끝날 때 까지 이 과정을 되풀이한다. 만약 둘 중에서 하나의 리스트가 먼저 끝나게 되면 나머지 리스트의 요소들을 전부 새로운 리스트로 복사하면 된다.

[그림 12-20]에서 먼저 배열 A의 첫 번째 요소인 2와 B의 첫 번째 요소인 1을 비교하여 1이 더 작으므로 1을 배열 C로 옮긴다. 다음으로 A의 2와 B의 다음 숫자인 3을 비교한다. 이번에는 A의 2가 B의 3보다 작으므로 이번에는 A의 2를 C로 이동한다. 이런 식으로 두개의 리스트 중에서 하나가 먼저 끝날 때 까지 이 과정을 되풀이 한다. 두개의 리스트 중 하나가 먼저 끝나면 나머지 요소들을 리스트 C로 복사한다.

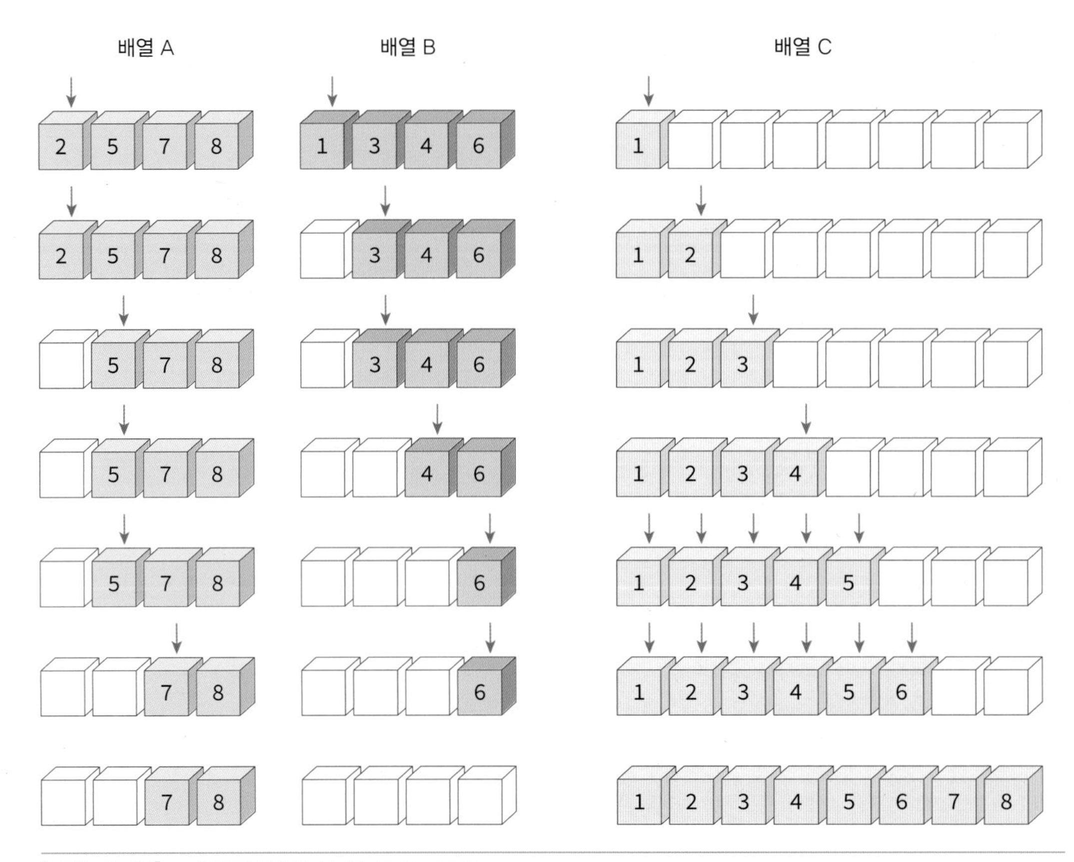

[그림 12-20] 2개의 정렬된 리스트를 합하는 과정

알고리즘 12.5 합병 알고리즘

```
merge(list, left, mid, last):
// 2개의 인접한 배열 list[left..mid]와 list[mid+1..right]를 합병

i←left;
j←mid+1;
k←left;
sorted 배열을 생성;
while i≤mid and j≤right do
   if(list[i]<list[j])
      then
         sorted[k]←list[i];
         k++;
         i++;
      else
         sorted[k]←list[j];
         k++;
         j++;
```

```
요소가 남아있는 부분배열을 sorted로 복사한다;
sorted를 list로 복사한다;
```

위의 합병 알고리즘에서는 하나의 배열 안에 두 개의 정렬된 부분 리스트가 저장되어 있다가 가정하였다. 즉 첫 번째 부분 리스트는 list[left]부터 list[mid]까지 이고, 두 번째 부분 리스트는 list[mid+1]부터 list[right]까지이다. 합병된 리스트를 임시로 저장하기 위해 배열 sorted를 사용한다.

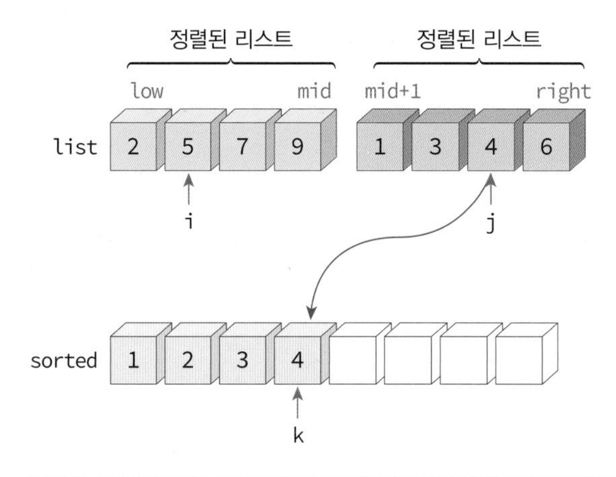

[그림 12-21] merge의 환경

합병 정렬의 C언어 구현

합병 정렬 알고리즘을 C언어를 이용하여 구현하면 다음과 같다. merge_sort 함수에서 주어진 list 배열을 2등분하여 각각의 부분 배열에 대하여 다시 merge_sort 함수를 순환 호출한다. 이러한 과정은 결국 부분 배열에 숫자가 하나 남을 때까지 계속된다. 분할 과정이 끝나면 정렬된 부분 배열을 merge 함수를 이용하여 합병하는 과정이 시작된다. 실제로 숫자들이 정렬되는 곳은 바로 이 합병 과정이다. merge 함수는 부분 배열들의 숫자를 임시 배열에 정렬된 상태로 이것을 다시 원래의 배열에 복사한다.

프로그램 12.6 merge 알고리즘의 구현

```
int sorted[MAX_SIZE];   // 추가 공간이 필요

/* i는 정렬된 왼쪽 리스트에 대한 인덱스
   j는 정렬된 오른쪽 리스트에 대한 인덱스
   k는 정렬될 리스트에 대한 인덱스 */
void merge(int list[], int left, int mid, int right)
{
   int i, j, k, l;
   i = left; j = mid + 1; k = left;

   /* 분할 정렬된 list의 합병 */
   while (i <= mid && j <= right) {
      if (list[i] <= list[j])
         sorted[k++] = list[i++];
      else
         sorted[k++] = list[j++];
   }
   if (i>mid)    /* 남아 있는 레코드의 일괄 복사 */
      for (l = j; l <= right; l++)
         sorted[k++] = list[l];
   else          /* 남아 있는 레코드의 일괄 복사 */
      for (l = i; l <= mid; l++)
         sorted[k++] = list[l];
   /* 배열 sorted[]의 리스트를 배열 list[]로 재복사 */
   for (l = left; l <= right; l++)
      list[l] = sorted[l];
}
//
void merge_sort(int list[], int left, int right)
{
   int mid;
   if (left<right) {
      mid = (left + right) / 2;            /* 리스트의 균등 분할 */
      merge_sort(list, left, mid);         /* 부분 리스트 정렬 */
      merge_sort(list, mid + 1, right);    /* 부분 리스트 정렬 */
      merge(list, left, mid, right);       /* 합병 */
   }
}
```

합병 정렬의 복잡도 분석

합병 정렬에서 비교 연산과 이동 연산이 몇 번이나 수행되는 지를 분석하여 보자. 합병 정렬은 순환 호출 구조로 되어 있다. 따라서 레코드의 개수 n이 2의 거듭제곱이라고 가정하고 순환 호출의 깊이가 얼마나 되는지를 분석하여 보자. 만약 $n=2^3$인 경우에는 부분 배열의 크기

가 $2^3 \rightarrow 2^2 \rightarrow 2^1 \rightarrow 2^0$순으로 줄어들어 순환 호출의 깊이가 3임을 알 수 있다. 따라서 일반적으로 $n=2^k$라고 하면 부분 배열의 크기는 $2^k \rightarrow 2^{k-1} \rightarrow \cdots \rightarrow 2^0$이 되어 순환 호출의 깊이가 k가 될 것임을 쉽게 알 수 있다. 여기서 $k=\log_2 n$임을 쉽게 알 수 있다.

배열이 부분 배열로 나누어지는 단계에서는 비교 연산이나 이동 연산은 수행되지 않는다. 부분 배열이 합쳐지는 merge 함수에서 비교 연산과 이동 연산이 수행되는 것이다. 순환호출의 깊이만큼의 합병 단계가 필요하다. 그러면 각 합병 단계에서 비교 연산은 몇 번이나 수행되는 것일까? 이전의 예제인 $n=2^3$인 경우를 살펴보면 크기 1인 부분 배열 2개를 합병하는 데는 최대 2개의 비교 연산이 필요하고, 부분 배열의 쌍이 4개이므로 $2*4=8$번의 비교 연산이 필요하다. 다음 단계에서는 크기가 2인 부분 배열을 2개를 합치는데 최대 4번의 비교 연산이 필요하고, 부분 배열 쌍이 2쌍이 있으므로 역시 $4*2=8$번의 연산이 필요함을 알 수 있다. 마지막 합병 단계인 크기가 4인 부분 배열 2개를 합병하는 데는 최대 8번의 비교 연산이 필요하다. 따라서 또한 $8*1$번의 연산이 필요함을 알 수 있다.

일반적인 경우를 유추해보면 하나의 합병단계에서는 최대 n번의 비교 연산이 필요함을 알 수 있다. 그러한 합병 단계가 $k=\log_2 n$번 만큼 있으므로 총 비교 연산은 최대 $n\log_2 n$번 필요하다.

이동 연산은 얼마나 수행되는 것일까? 하나의 합병 단계에서 보면 임시 배열에 복사했다가 다시 가져와야 되므로 이동 연산은 총 부분 배열에 들어 있는 요소의 개수가 n인 경우, 레코드의 이동이 $2n$번 발생하므로 하나의 합병 단계에서 $2n$개가 필요하다. 따라서 $\log_2 n$개의 합병 단계가 필요하므로 총 $2n\log_2 n$개의 이동 연산이 필요하다. 결론적으로 합병정렬은 비교 연산과 이동 연산의 경우 $O(n\log_2 n)$의 복잡도를 가지는 알고리즘이다. 합병 정렬의 다른 장점은 안정적인 정렬 방법이며 데이터의 분포에 영향을 덜 받는다. 즉 입력 데이터가 무엇이든간에 정렬되는 시간은 동일하다. 즉 최악, 평균, 최선의 경우가 다같이 $O(n\log_2 n)$인 정렬 방법이다.

합병 정렬의 단점은 임시 배열이 필요하다는 것과 만약 레코드들의 크기가 큰 경우에는 이동 횟수가 많으므로 합병 정렬은 매우 큰 시간적 낭비를 초래한다. 그러나 만약 레코드를 연결 리스트로 구성하여 합병 정렬할 경우, 링크 인덱스만 변경되므로 데이터의 이동은 무시할 수 있을 정도로 작아진다. 따라서 크기가 큰 레코드를 정렬할 경우, 만약 연결 리스트를 사용한다면, 합병 정렬은 퀵 정렬을 포함한 다른 어떤 정렬 방법보다 효율적일 수 있다.

Quiz

01 합병정렬이 아래의 key를 정렬할 때 key의 자리 변화를 단계별로 보여라.

0	1	2	3	4	5	6	7
8	2	5	7	6	4	1	3

02 합병정렬의 시간적복잡도가 최선, 평균, 최악의 경우에 별 차이가 없는 이유를 설명하라.

12.7 퀵 정렬

퀵 정렬의 개념

퀵 정렬(quick sort)은 평균적으로 매우 빠른 수행 속도를 자랑하는 정렬 방법이다. 퀵정렬도 분할-정복법(divide and conquer)에 근거한다. 퀵정렬은 합병 정렬과 비슷하게 전체 리스트를 2개의 부분 리스트로 분할하고, 각각의 부분 리스트를 다시 퀵정렬하는 전형적인 분할-정복법을 사용한다.

그러나 합병 정렬과는 달리 퀵정렬은 리스트를 다음과 같은 방법에 의해 비균등하게 분할한다. 먼저 리스트 안에 있는 한 요소를 피벗(pivot)으로 선택한다. 여기서는 리스트의 첫 번째 요소를 피봇으로 하자. 피벗보다 작은 요소들은 모두 피벗의 왼쪽으로 옮겨지고 피벗보다 큰 요소들은 모두 피벗의 오른쪽으로 옮겨진다. 결과적으로 피벗을 중심으로 왼쪽은 피벗보다 작은 요소들로 구성되고, 오른쪽은 피벗보다 큰 요소들로 구성된다. 이 상태에서 피벗을 제외한 왼쪽 리스트와 오른쪽 리스트를 다시 정렬하게 되면 전체 리스트가 정렬된다.

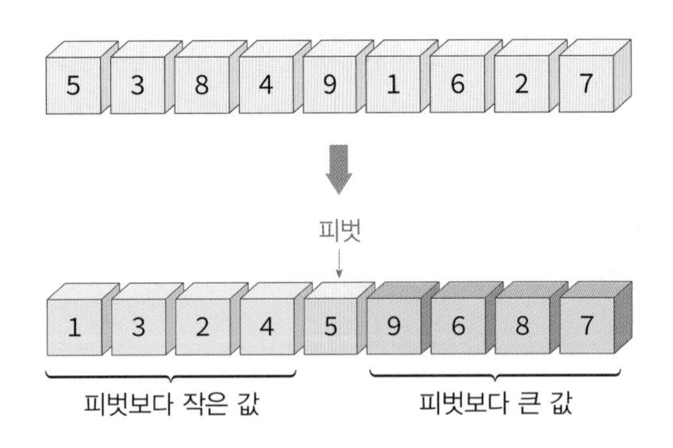

[그림 12-22] 퀵 정렬은 피봇을 기준으로 두 개의 리스트로 나눈다.

그러면 퀵 정렬은 어떻게 피봇을 기준으로 나누어진 왼쪽 부분 리스트와 오른쪽 부분 리스트를 정렬할까? 지금까지 많은 순환 호출의 예제가 나왔기 때문에 이미 알아차렸겠지만 합병 정렬과 마찬가지로 퀵 정렬 함수가 다시 부분 리스트에 대하여 순환 호출된다. 부분 리스트에서도 다시 피봇을 정하고 피봇을 기준으로 2개의 부분 리스트로 나누는 과정이 되풀이 된다. 부분 리스트들이 더 이상이 분할이 불가능할 때까지 나누어진다.

정렬 애플릿을 이용하여 다음의 실험을 수행하라.

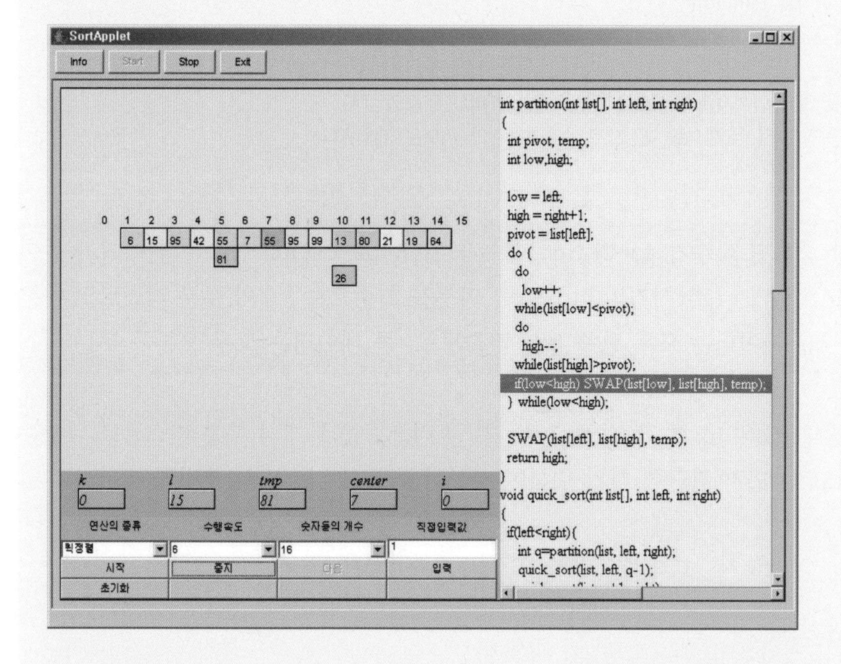

(1) 퀵 정렬에서 입력의 개수가 n일 때, 이동의 횟수와 비교의 횟수를 예측하여 보라.

(2) 퀵 정렬에서 최선의 경우와 최악의 경우는? 아니면 항상 수행시간은 일정한가? 실험을 통하여 살펴보라.

퀵 정렬 알고리즘

앞에서 설명한 퀵 정렬을 C언어로 작성하여 보면 다음과 같다. 정렬 대상은 배열 list로서 정렬하여야 할 범위는 left에서 right까지라고 가정하자.

프로그램 12.6 **퀵 정렬**

```
void quick_sort(int list[], int left, int right)
{
    if (left<right) {
        int q = partition(list, left, right);
        quick_sort(list, left, q - 1);
        quick_sort(list, q + 1, right);
    }
}
```

프로그램 설명

3 정렬할 범위가 2개 이상의 데이터이면
4 partition 함수를 호출하여 피벗을 기준으로 2개의 리스트로 분할한다. partition 함수의 반환값은 피봇의 위치가 된다.
5 left에서 피봇 위치 바로 앞까지를 대상으로 순환호출한다(피봇은 제외된다).
6 피봇 위치 바로 다음부터 right까지를 대상으로 순환호출한다(피봇은 제외된다).

퀵 정렬에서 가장 중요한 함수가 partition 함수가 된다. partition 함수는 데이터가 들어 있는 배열 list의 left부터 right까지의 리스트를, 피봇을 기준으로 2개의 부분 리스트로 나누게 된다. 피벗보다 작은 데이터는 모두 왼쪽 부분 리스트로, 큰 데이터는 모두 오른쪽 부분 리스트로 옮겨진다.

이를 위하여 [그림 12-23]의 (5, 3, 8, 4, 9, 1, 6, 2, 7) 리스트를 두개의 부분 리스트로 나누는 과정을 자세히 살펴보자. 먼저 간단히 하기 위하여 피봇값을 입력 리스트의 첫번째 데이터로 하

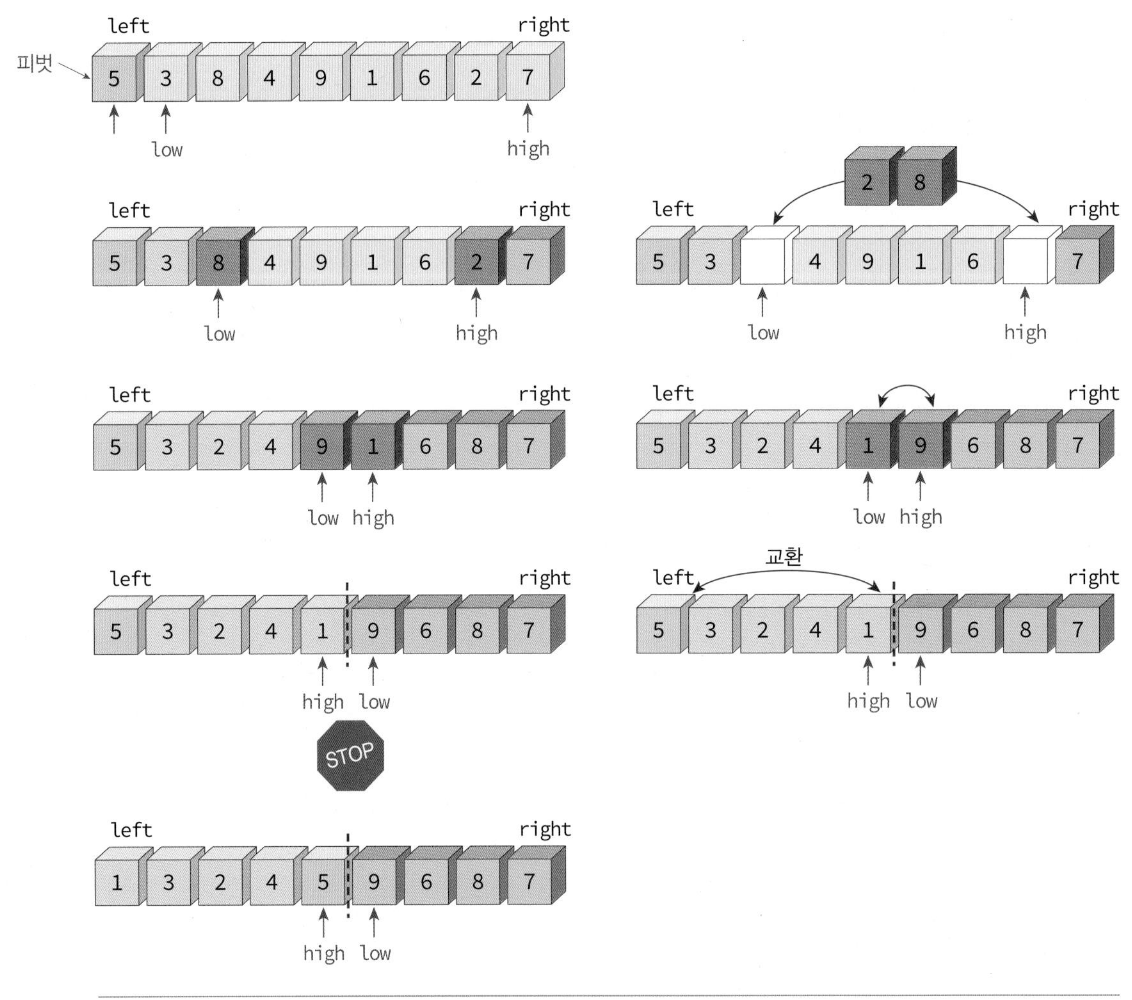

[그림 12-23] 퀵정렬에서 피봇을 기준으로 두 개의 리스트로 나누는 과정.

자. 따라서 이 경우 피봇값은 5가 된다. 2개의 인덱스 변수 low와 high를 이용하도록 하자. low는 왼쪽 부분 리스트를 만드는데 사용되고 high는 오른쪽 부분 리스트를 만드는데 사용된다. 인덱스 변수 low는 왼쪽에서 오른쪽으로 탐색해가다가 피벗 보다 큰 데이터(8)를 찾으면 멈춘다. 인덱스 변수 high는 오른쪽 끝에서부터 왼쪽으로 탐색해가다가 피벗보다 작은 데이터(2)를 찾으면 멈춘다. 탐색이 멈추어진 위치는 각 부분 리스트에 적합하지 않은 데이터이다. 따라서 low와 high가 가리키는 두 데이터를 서로 교환한다. 이러한 탐색-교환 과정은 low와 high가 엇갈려 지나지 않는 한 계속 반복한다. 알고리즘이 진행되면서 언젠가는 low와 high가 엇갈려서 지나가게 되면서 멈추게 된다. 이 때 high가 가리키는 데이터(1)와 피벗(5)을 교환하게 되면, 피벗을 중심으로 왼쪽 리스트에는 피벗보다 작은 데이터만 존재하게 되고 오른쪽 리스트에는 피벗보다 큰 데이터만 존재하게 된다. 정리하자면 low와 high를 왼쪽과 오른쪽에서 출발시켜서 부적절한 데이터를 만나게 되면 교환하고 아니면 계속 진행하다가 서로 엇갈리게 되면 멈춰서 피봇을 중앙으로 이동시키게 되면 피봇을 기준으로 2개의 리스트로 나누어지게 된다.

이상과 같은 알고리즘을 C언어로 구현하여 보면 다음과 같다.

프로그램 12.7 partition 함수

```
int partition(int list[], int left, int right)
{
    int pivot, temp;
    int low, high;

    low = left;
    high = right + 1;
    pivot = list[left];
    do {
        do
            low++;
        while (list[low]<pivot);
        do
            high--;
        while (list[high]>pivot);
        if (low<high) SWAP(list[low], list[high], temp);
    } while (low<high);

    SWAP(list[left], list[high], temp);
    return high;
}
```

설명

6. low는 left+1에서 출발, do-while 루프에서 먼저 증가를 시킴을 주의하라.
7. high는 right에서 출발, do-while 루프에서 먼저 감소를 시킴을 주의하라.
8 .정렬할 리스트의 가장 왼쪽 데이터를 피벗으로 선택한다.

9. low와 high 교차할 때까지 계속 반복한다.
10-12. list[low]가 pivot보다 작으면 계속 low를 증가시킨다.
13-15. list[high]가 pivot보다 크면 계속 high를 증가시킨다.
16. low와 high가 아직 교차하지 않았으면 list[low]와 list[high]를 교환한다.
17. 만약 low와 high가 교차하였으면 반복을 종료한다.
19. 피봇을 중앙에 위치시킨다.
20. 피봇의 위치를 반환한다.

[그림 12-24]의 마지막 상태는 피벗(5)을 기준으로 왼쪽 리스트는 피벗 보다 작은 데이터로 구성되고 오른쪽 리스트는 피벗보다 큰 데이터들로 구성되어 리스트가 분할된 것을 보여준다. 이 상태에서 피벗(5)은 전체 리스트가 정렬될 상태에서 이미 제 위치에 있음을 알 수 있다. 따라서 피벗을 제외한 왼쪽리스트 (1, 3, 2, 4)를 독립적으로 다시 퀵정렬하고, 또한 오른쪽 리스트(9, 6, 8, 7)를 다시 퀵정렬한다면 아래와 같이 전체 리스트가 정렬된다. 전체 리스트가 정렬되는 과정은 [그림 12-24]과 같다. 밑줄친 숫자는 피봇을 나타낸다.

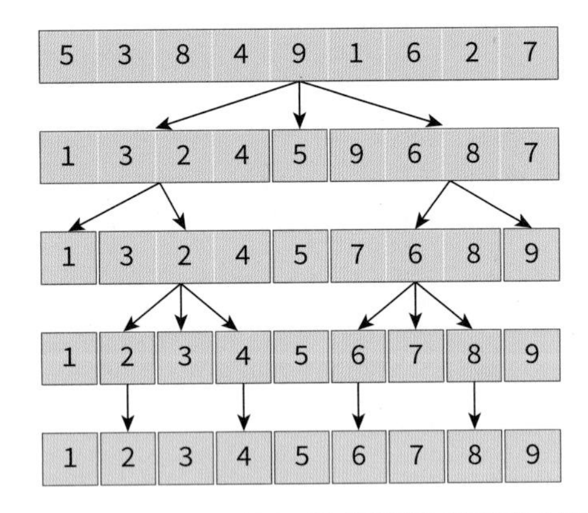

[그림 12-24] 퀵정렬의 전체과정.

전체 프로그램

이러한 과정을 수행하는 코드를 프로그램 12.8에 보였다. 프로그램 12.8에서 left와 right는 인수로 전달된 정렬할 리스트의 범위를 뜻한다. main()에서는 n개의 요소를 전체 리스트를 퀵정렬하기 위해 quick_sort(0, n-1)를 호출한다.

프로그램 12.8 퀵정렬

```
#include <stdio.h>
#include <stdlib.h>
#include <time.h>

#define MAX_SIZE 10
```

```c
#define SWAP(x, y, t) ( (t)=(x), (x)=(y), (y)=(t) )

int list[MAX_SIZE];
int n;

int partition(int list[], int left, int right)
{
    int pivot, temp;
    int low, high;

    low = left;
    high = right + 1;
    pivot = list[left];
    do {
        do
            low++;
        while (list[low]<pivot);
        do
            high--;
        while (list[high]>pivot);
        if (low<high) SWAP(list[low], list[high], temp);
    } while (low<high);

    SWAP(list[left], list[high], temp);
    return high;
}
void quick_sort(int list[], int left, int right)
{
    if (left<right) {
        int q = partition(list, left, right);
        quick_sort(list, left, q - 1);
        quick_sort(list, q + 1, right);
    }
}

//
int main(void)
{
    int i;
    n = MAX_SIZE;
    srand(time(NULL));
    for (i = 0; i<n; i++)      // 난수 생성 및 출력
        list[i] = rand() % 100;

    quick_sort(list, 0, n-1); // 퀵정렬 호출
    for (i = 0; i<n; i++)
        printf("%d ", list[i]);
    printf("\n");
    return 0;
}
```

실행결과

```
16 24 25 38 48 64 87 90 93 96
```

퀵 정렬의 복잡도 분석

n이 2의 거듭제곱이라고 가정하고 만약에 퀵정렬에서의 리스트 분할이 항상 리스트의 가운데에서 이루어진다고 가정하면 합병 정렬의 복잡도 분석과 마찬가지로 n개의 레코드를 가지는 리스트는 $n/2$, $n/4$, $n/8$, ⋯ , $n/2^k$의 크기로 나누어질 것이다. 크기가 1이 될 때까지 나누어지므로 $n/2^k=1$일 때까지 나누어질 것이고 따라서 $k=\log_2 n$개의 패스가 필요하게 된다. 각각의 패스에서는 전체 리스트의 대부분의 레코드를 비교해야 하므로 평균 n번 정도의 비교가 이루어지므로 퀵정렬은 비교 연산을 총 $n\log_2 n$번 실행하게 되어 $O(n\log_2 n)$의 복잡도를 가지는 알고리즘이 된다. 여기서 레코드의 이동 횟수는 비교 횟수보다 적으므로 무시할 수 있다.

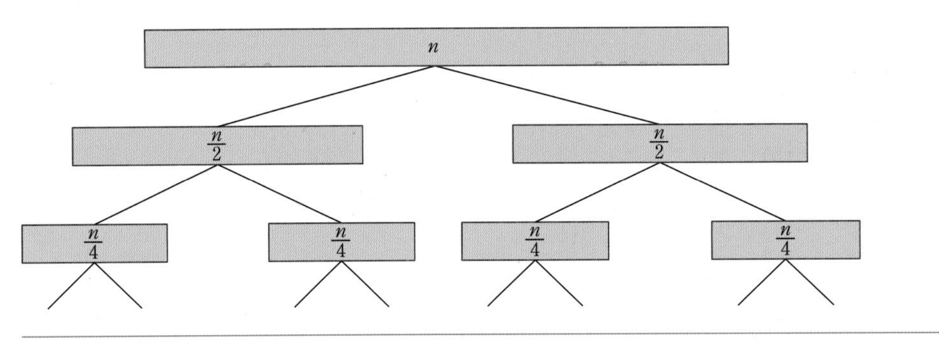

[그림 12-25] 퀵정렬에서의 최선의 경우

퀵 정렬에서의 최악의 경우는 [그림 12-26]처럼 리스트가 계속 불균형하게 나누어지는 것이다. 이런 경우, 퀵 정렬의 패스의 개수는 n이 되고, 한번의 패스에서 평균 n번 정도의 비교 연산이 필요하므로 거의 $O(n^2)$의 시간 복잡도가 된다. 특히 다음과 같이 이미 정렬된 리스트에 대하여 퀵정렬을 실행하는 경우를 생각해보자. 이 경우 리스트의 첫 번째 레코드를 피벗으로 설정하면, 다음과 같이 왼편 리스트가 텅 비게 되는 불균형 분할이 연속해서 이루어진다.

```
(1 2 3 4 5 6 7 8 9)
1 (2 3 4 5 6 7 8 9)
1 2 (3 4 5 6 7 8 9)
1 2 3 (4 5 6 7 8 9)
1 2 3 4 (5 6 7 8 9)
...
1 2 3 4 5 6 7 8 9
```

이 경우 레코드의 수만큼 총 n번의 패스가 실행되고, 각 패스에서 n번의 비교가 이루어지게 되므로 비교 연산을 n^2번 실행하게 된다. 즉, 퀵 정렬은 최악의 경우 $O(n^2)$의 시간 복잡도를 가지게 된다.

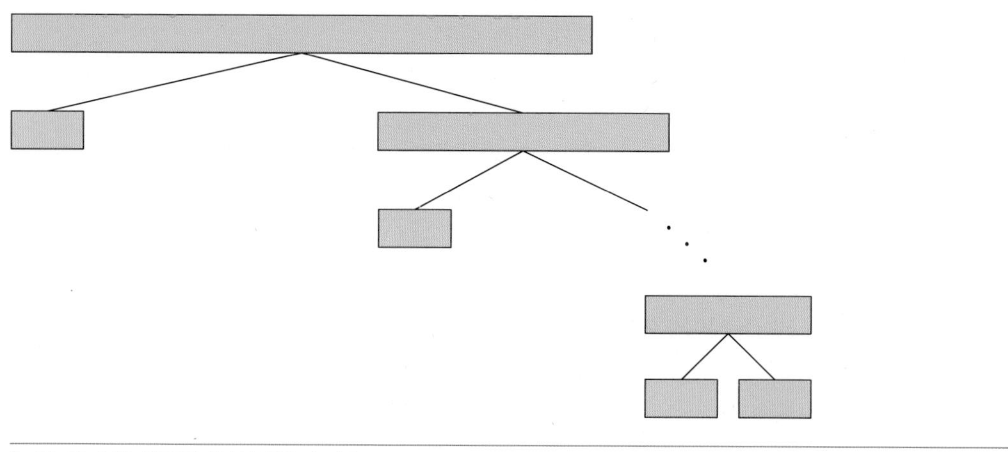

[그림 12-26] 퀵정렬에서의 최악의 경우

그럼에도 불구하고 퀵 정렬은 평균적인 경우의 시간 복잡도가 $O(n\log_2 n)$으로 나타난다. 특히 $O(n\log_2 n)$의 복잡도를 가지는 다른 정렬 알고리즘과 비교하였을 때도 가장 빠른 것으로 나타났다. 이는 퀵정렬이 불필요한 데이터의 이동을 줄이고 먼 거리의 데이터를 교환할 뿐만 아니라, 한번 결정된 피벗들이 추후 연산에서 제외되는 특성 등에 기인한다고 보인다.

퀵 정렬은 속도가 빠르고 추가 메모리 공간을 필요로 하지 않는 등의 장점이 있는 반면에 정렬된 리스트에 대해서는 오히려 수행시간이 더 많이 걸리는 등의 단점도 가진다. 이러한 불균형 분할을 방지하기 위하여 피벗을 선택할 때 단순히 리스트의 왼쪽 데이터를 사용하는 대신에 보다 리스트의 중앙 부분을 분할할 수 있는 데이터를 선택한다. 많이 사용되는 방법은 리스트 내의 몇 개의 데이터 중에서 중간값(median)을 피벗으로 선택하는 것이다. 일반적으로 리스트의 왼쪽, 오른쪽, 중간의 3개의 데이터 중에서 중간 값을 선택하는 방법(median of three)이 많이 사용된다.

퀵 정렬 라이브러리 함수의 사용

대개의 C언어 실행시간 라이브러리에 퀵 정렬 함수가 제공된다. 대개 qsort란 이름으로 제공되며 다음과 같은 함수 원형을 가진다. qsort 함수는 일반적인 구조체 배열을 정렬하기 위하여 제작되었다. 따라서 어떤 식으로 qsort 함수의 사용자 인터페이스를 제공하는지를 아는 것도 유용할 것이다.

● 함수의 원형

```
void qsort(
    void *base,        // 배열의 시작주소
    size_t num,        // 배열 요소의 개수
    size_t width,      // 배열 요소 하나의 크기(바이트 단위)
    int (*compare)(const void *, const void *)
            // 포인터를 통하여 두개의 요소를 비교하여 비교 결과를 정수로
            // 반환하는 함수
);
```

● 함수의 설명

이 함수는 각 요소가 width 바이트인 num개의 요소를 가지는 배열에 대하여 퀵정렬을 수행한다. 입력 배열은 정렬된 값으로 덮어 씌워진다. compare는 배열 요소 2개를 서로 비교하는 사용자 제공 함수로 qsort 함수가 요소들을 비교할 때마다 다음과 같이 호출하여 사용한다.

```
compare( (void *) elem1, (void *) elem2 );
```

반환값	설명
〈 0	elem1이 elem2보다 작으면
0	elem1이 elem2과 같으면
〉 0	elem1이 elem2보다 크면

● 함수의 사용예

프로그램 12.9 qsort.c

```
#include <stdlib.h>
#include <string.h>
#include <stdio.h>

//
int compare(const void *arg1, const void *arg2)
{
    if (*(double *)arg1 > *(double *)arg2) return 1;
    else if (*(double *)arg1 == *(double *)arg2) return 0;
    else return -1;
}

//
int main(void)
```

```
{
    int i;
    double list[5] = { 2.1, 0.9, 1.6, 3.8, 1.2 };
    qsort((void *)list, (size_t)5, sizeof(double), compare);
    for (i = 0; i<5; i++)
        printf("%f ", list[i]);
    return 0;
}
```

실행결과

```
0.900000 1.200000 1.600000 2.100000 3.800000
```

만약 구조체 배열을 정렬하려면 compare 함수 안에서 정렬하고자 하는 구조체 필드를 비교하여 적절한 값을 반환하면 된다.

Quiz

01 퀵정렬이 아래의 key를 정렬할 때 key의 자리 변화를 단계별로 보여라.

0	1	2	3	4	5	6	7
4	7	1	8	6	2	5	3

02 1,000,000개의 레코드를 정렬할 때, 퀵정렬이 삽입정렬보다 얼마나 빠르겠는가?

12.8 히프 정렬

히프 정렬의 개념

히프는 9장의 우선순위 큐에서 자세히 다룬 바 있다. 히프의 응용으로 히프 정렬도 간단히 소개하였다. 히프는 우선순위 큐를 완전 이진 트리로 구현하는 방법으로 히프는 최댓값이나 최솟값을 쉽게 추출할 수 있는 자료 구조이다. 히프에는 최소 히프와 최대 히프가 있고 정렬에서는 최소 히프를 사용하는 것이 프로그램이 더 쉬워진다. 최소 히프는 부모 노드의 값이 자식 노드의 값보다 작다. 따라서 최소 히프의 루트 노드는 가장 작은 값을 가지게 된다. 최소 히프의 이러한 특성을 이용하여 정렬할 배열을 먼저 최소 히프로 변환한 다음, 가장 작은 원소부터 차례대로 추출하여 정렬하는 방법을 히프 정렬(heap sort)이라 한다.

히프는 1차원 배열로 쉽게 구현될 수 있음을 기억하여야 한다. 먼저 최소 히프를 만들고 숫자들을 차례대로 삽입한 다음, 최솟값부터 삭제하면 된다. 자세한 내용은 9장을 참조하라.

Quiz

01 아래의 최소히프를 이용해 히프정렬할 경우 key의 자리 변화를 단계별로 보여라.

1	2	3	4	5	6	7	8
1	2	4	6	3	7	5	8

12.9 기수 정렬

기수 정렬의 원리

이때까지의 정렬 방법들은 모두 레코드들을 비교하여 정렬한다. 따라서 비교가 불가능한 레코드들은 정렬할 수 없다. 기수 정렬은 레코드를 비교하지 않고도 정렬하는 방법이다. 기수 정렬(radix sort)은 입력 데이터에 대해서 어떤 비교 연산도 실행하지 않고 데이터를 정렬할 수 있는 색다른 정렬 기법이다. 정렬에 기초한 방법들은 절대 $O(n\log_2 n)$이라는 이론적인 하한선을 깰 수 없는데 반하여 기수 정렬은 이 하한선을 깰 수 있는 유일한 기법이다. 사실 기수 정렬은 $O(kn)$의 시간 복잡도를 가지는데 대부분 $k<4$이하이다. 다만 문제는 기수 정렬이 추가적인 메모리를 필요로 한다는 것인데 이를 감안하더라도 기수 정렬이 다른 정렬 기법보다 빠르기 때문에 데이터를 정렬하는 상당히 인기 있는 정렬 기법 중의 하나이다. 기수 정렬의 단점은 정렬할 수 있는 레코드의 타입이 한정된다는 점이다. 즉 기수 정렬을 사용하려면 레코드의 키들이 동일한 길이를 가지는 숫자나 문자열로 구성되어 있어야 한다.

기수(radix)란 숫자의 자리수이다. 예를 들면 숫자 42는 4와 2의 두개의 자리수를 가지고 이것이 기수가 된다. 기수 정렬은 이러한 자리수의 값에 따라서 정렬하기 때문에 기수 정렬이라는 이름을 얻었다. 기수 정렬은 다단계 정렬이다. 단계의 수는 데이터의 자리수의 개수와 일치한다.

기수 정렬의 동작 원리에 대하여 알아보자. 기수 정렬을 이용하여 다음과 같은 정수를 정렬한다고 가정하자. 일단 한자리로만 이루어진 수만을 먼저 고려해보자.

(8, 2, 7, 3, 5)

어떻게 서로 비교를 하지 않고 정렬을 할 수 있을까? 십진수에서는 각 자리수가 0에서 9까지의 값만 가지는 것에 착안하면 다음과 같이 10개의 버킷(bucket)을 만들어서 입력 데이터를 각 자리수의 값에 따라 상자에 넣는다. 각 왼쪽상자부터 순차적으로 버킷 안에 들어 있는 숫자를 순차적으로 읽는다. 그러면 정렬된 숫자를 얻을 수 있다.

(2, 3, 5, 7, 8)

주의할 점은 여기서는 비교 연산을 전혀 사용하지 않았다는 점이다. 각 자리수의 값에 따라 버킷에 넣고 빼는 동작을 되풀이 했을 뿐이다.

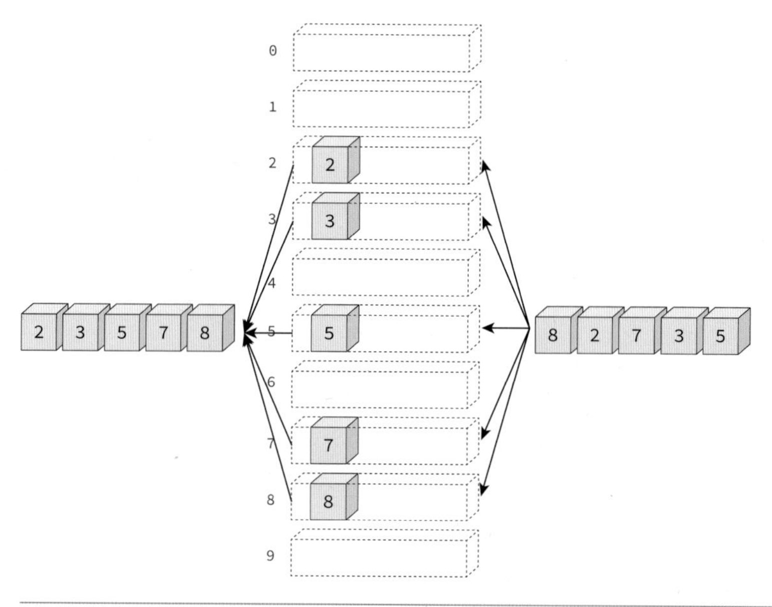

[그림 12-27] 기수 정렬의 원리: 한자리수의 숫자 정렬

자 그러면 여러 자리로 이루어진 수는 어떻게 정렬하여야 하는가? 예를 들면 다음과 같은 정수를 들 수 있다.

(28, 93, 39, 81, 62, 72, 38, 26)

0에서 99번까지 번호가 매겨진 100개의 버킷을 사용하여 앞에서와 마찬가지로 정렬을 할 수 있다. 그러나 보다 효과적인 방법이 있다. 즉 1의 자리수와 10의 자리수를 따로 따로 사용하여 정렬을 하면 10개의 버킷만을 사용하여 2자리 정수도 정렬할 수 있다. 그러면 어떤 자리수를 먼저 사용하여야 할까? 정답은 먼저 낮은 자리수로 정렬한 다음 차츰 높은 자리수로 정렬해야 한다는 것이다.

예를 들어 (28, 93, 39, 81, 62, 72, 38, 26)을 먼저 10의 자리수를 먼저 사용하고 1의 자리수를 나중에 사용하면 (28, 26, 39, 38, 61, 72, 81, 93) → (61, 81, 72, 93, 26, 28, 38, 39)이 되어 잘못된 결과가 된다. 그러나 1의 자리수를 먼저 사용하면 같은 버킷을 사용하더라도 (81, 62, 72, 93, 26, 28, 38, 39) → (26, 28, 38, 39, 62, 72, 81, 93)이 되어서 정렬하는 것이 가능해진다. [그림 12-28]을 참고하라.

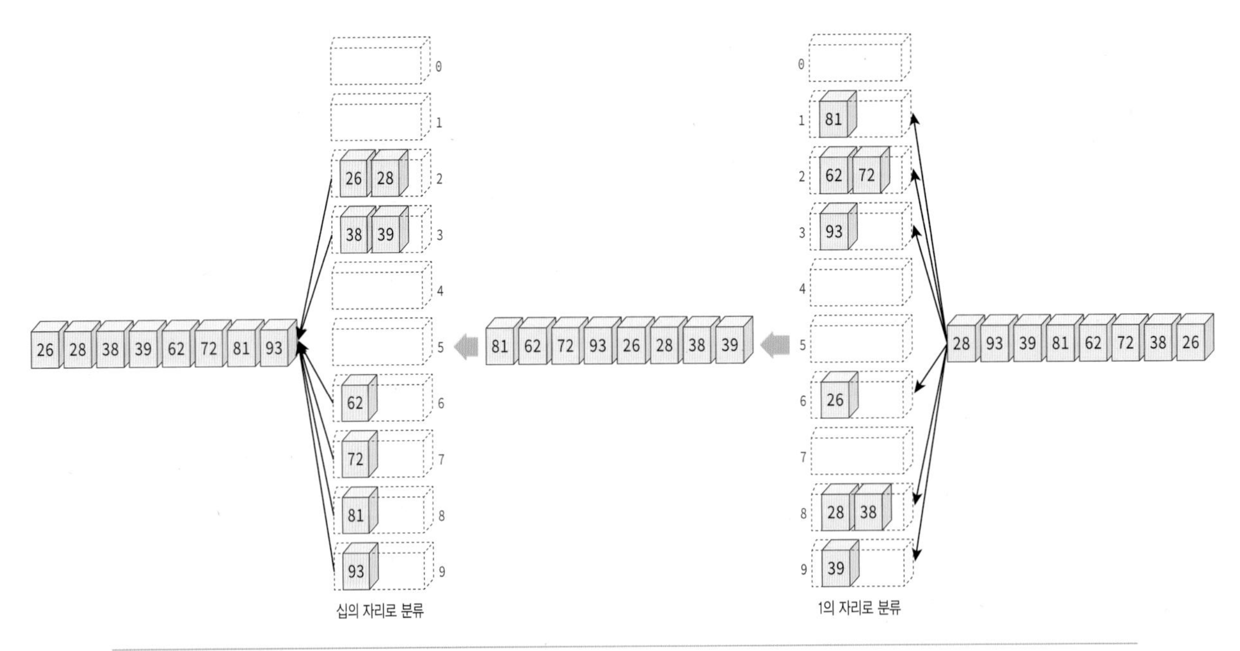

[그림 12-28] 기수정렬의 원리: 2자리수의 숫자 정렬

가상 실습 12.6

기수정렬

* 기수 정렬 애플릿을 이용하여 다음의 실험을 수행하라.

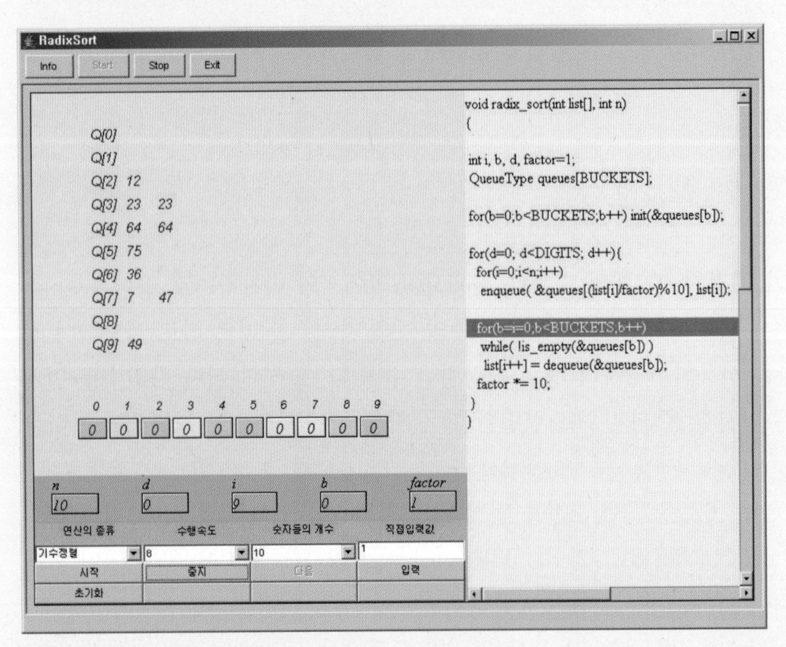

(1) 기수 정렬에서 배열에서 큐로, 큐에서 배열로 이동되는 순서를 주의 깊게 관찰하여 보라.

기수 정렬의 알고리즘

LSD(least significant digit)는 가장 낮은 자리수이고 MSD(most significant digit)는 가장 높은 자리수이다. 의사 코드로 기수 정렬의 알고리즘을 작성하여 보면 다음과 같다.

알고리즘 12.7 기수 정렬 알고리즘

```
RadixSort(list, n):

for d←LSD의 위치 to MSD의 위치 do
{
    d번째 자릿수에 따라 0번부터 9번 버킷에 집어놓는다.
    버킷에서 숫자들을 순차적으로 읽어서 하나의 리스트로 합친다.
    d++;
}
```

각각의 버킷에서 먼저 들어간 숫자들은 먼저 나와야 한다. 따라서 각각의 버킷은 큐로 구현되어야 한다. 큐로 구현되어야 리스트 상에 있는 요소들의 상대적인 순서가 유지된다. 버킷에 숫자를 집어넣는 연산은 큐의 삽입 연산이 되고 버킷에서 숫자를 읽는 연산은 삭제 연산으로 대치하면 된다.

버킷의 개수는 키의 표현 방법과 밀접한 관계가 있다. 만약 키를 2진법을 사용하여 표현하고 정렬한다면 버킷은 2개만 있으며 된다. 또한 키가 알파벳 문자로 되어 있다면 26개의 버킷이 필요하다. 기수정렬은 숫자로 이루어진 키의 경우에는 위와 같이 10개의 버킷을 가지고 분류할 수 있지만 만약 숫자의 이진 표현을 이용해서도 기수정렬을 할 수 있다. 예를 들어 32비트의 정수의 경우, 8비트씩 나누어 기수정렬의 개념을 적용시킬 수 있다. 이럴 경우, 필요한 상자의 수는 256개가 된다. 대신에 필요한 패스의 수는 4개로 십진수 표현보다 줄어든다.

기수 정렬의 구현

버킷으로는 5장에서 학습한 큐를 사용한다. 십진수의 경우, 10개의 버킷이 필요하므로 큐도 10개의 큐가 필요하다. 현재의 2자리수로 된 정수만을 취급한다.

프로그램 12.10 기수 정렬 프로그램

```
#include <stdio.h>
#include <stdlib.h>

#define MAX_QUEUE_SIZE 100
typedef int element;
```

```
typedef struct {     // 큐 타입
    element data[MAX_QUEUE_SIZE];
    int front, rear;
} QueueType;

// 오류 함수
void error(char *message)
{
    fprintf(stderr, "%s\n", message);
    exit(1);
}

// 공백 상태 검출 함수
void init_queue(QueueType *q)
{
    q->front = q->rear = 0;
}

// 공백 상태 검출 함수
int is_empty(QueueType *q)
{
    return (q->front == q->rear);
}

// 포화 상태 검출 함수
int is_full(QueueType *q)
{
    return ((q->rear + 1) % MAX_QUEUE_SIZE == q->front);
}

// 삽입 함수
void enqueue(QueueType *q, element item)
{
    if (is_full(q))
        error("큐가 포화상태입니다");
    q->rear = (q->rear + 1) % MAX_QUEUE_SIZE;
    q->data[q->rear] = item;
}

// 삭제 함수
element dequeue(QueueType *q)
{
    if (is_empty(q))
        error("큐가 공백상태입니다");
    q->front = (q->front + 1) % MAX_QUEUE_SIZE;
    return q->data[q->front];
}
```

```
#define BUCKETS 10
#define DIGITS 4
void radix_sort(int list[], int n)
{
    int i, b, d, factor = 1;
    QueueType queues[BUCKETS];

    for (b = 0; b<BUCKETS; b++) init_queue(&queues[b]);    // 큐들의 초기화

    for (d = 0; d<DIGITS; d++) {
        for (i = 0; i<n; i++)            // 데이터들을 자리수에 따라 큐에 삽입
            enqueue(&queues[(list[i] / factor) % 10], list[i]);

        for (b = i = 0; b<BUCKETS; b++) // 버킷에서 꺼내어 list로 합친다.
            while (!is_empty(&queues[b]))
                list[i++] = dequeue(&queues[b]);
        factor *= 10;                    // 그 다음 자리수로 간다.
    }
}

#define SIZE 10

int main(void)
{
    int list[SIZE];
    srand(time(NULL));
    for (int i = 0; i<SIZE; i++) // 난수 생성 및 출력
        list[i] = rand() % 100;

    radix_sort(list, SIZE);      // 기수정렬 호출
    for (int i = 0; i<SIZE; i++)
        printf("%d ", list[i]);
    printf("\n");
    return 0;
}
```

실행결과

```
22 38 71 76 81 83 89 94 97 98
```

기수 정렬의 분석

만약 입력 리스트가 n개의 정수를 가지고 있다고 하면 알고리즘의 내부 루프는 n번 반복될 것이다. 만약 각 정수가 d개의 자리수를 가지고 있다고 하면 외부 루프는 d번 반복된다. 따라서 기수 정렬은 $O(d \cdot n)$의 시간 복잡도를 가진다. 시간 복잡도가 d에 비례하기 때문에 기수 정렬의 수행

시간은 정수의 크기와 관련이 있다. 그러나 일반적으로 컴퓨터 안에서의 정수의 크기를 제한된다. 32 비트 컴퓨터의 경우에는 대개 10개 정도의 자리수 만을 가지게 된다. 따라서 일반적으로 d는 n에 비하여 아주 작은 수가 되므로 기수 정렬은 $O(n)$이라고 하여도 무리가 없다.

따라서 기수 정렬은 다른 정렬 방법에 비하여 비교적 빠른 수행 시간안에 정렬을 마칠 수 있다. 그러나 문제점은 기수 정렬은 정렬에 사용되는 키값이 숫자로 표현되어야 만이 적용이 가능하다. 만약 예를 들어 실수나 한글, 한자 등으로 이루어진 키값을 기수 정렬하고자 할 경우 매우 많은 버킷이 필요하게 되므로 기수 정렬의 적용이 불가능하다. 다른 정렬 방법들은 모든 종류의 키 형태에 적용될 수 있음을 유의하라.

Quiz

01 기수정렬이 아래의 key를 정렬할 때 key의 자리 변화를 단계별로 보여라.

0	1	2	3	4	5	6	7
52	87	42	77	53	47	85	72

02 5천만 주민등록번호를 키로 사용해서 정렬할 때, 기수정렬과 퀵정렬 중에서 어느 방법이 더 유리한가?

12.10 정렬 알고리즘의 비교

여태까지 배운 여러 가지 정렬 방법의 이론적 성능을 비교해보면 〈표 12-1〉과 같이 요약된다. 최적 정렬 방법은 정렬해야할 레코드의 수, 크기, 타입 등에 따라 달라지므로 여태까지 배운 정렬 방법들의 장단점을 잘 이해하여 적합한 정렬 방법을 사용할 수 있어야 한다.

〈표 12-1〉 정렬방법의 성능 비교

알고리즘	최선	평균	최악
삽입 정렬	$O(n)$	$O(n^2)$	$O(n^2)$
선택 정렬	$O(n^2)$	$O(n^2)$	$O(n^2)$
버블 정렬	$O(n^2)$	$O(n^2)$	$O(n^2)$
쉘 정렬	$O(n)$	$O(n^{1.5})$	$O(n^{1.5})$
퀵 정렬	$O(n\log_2 n)$	$O(n\log_2 n)$	$O(n^2)$
히프 정렬	$O(n\log_2 n)$	$O(n\log_2 n)$	$O(n\log_2 n)$
합병 정렬	$O(n\log_2 n)$	$O(n\log_2 n)$	$O(n\log_2 n)$
기수 정렬	$O(dn)$	$O(dn)$	$O(dn)$

〈표 12-2〉 정렬 알고리즘별 실험결과(정수:60,000개)

알고리즘	실행 시간(단위:sec)
삽입 정렬	7.438
선택 정렬	10.842
버블 정렬	22.894
쉘 정렬	0.056
히프 정렬	0.034
합병 정렬	0.026
퀵 정렬	0.014

12.11 정렬의 응용: 영어 사전을 위한 정렬

우리가 지금까지 꾸준히 해오고 있는 하나의 응용 프로그램은 영어 사전 프로그램이다. 여기서 정렬을 공부하였으므로 정렬을 이용하여 영어 사전에 들어 있는 단어들을 정렬시켜보자. 영어 사전은 단순하게 배열로 구현된다고 가정하자. 즉 구조체에 단어와 의미를 저장하고 이 구조체의 배열을 만든 다음에, 여기서 배운 정렬 방법들을 구현하여 배열을 정렬시켜보자. 배열이 정렬되면 우리는 이진 탐색과 같은 효율적인 알고리즘을 사용할 수 있다. 사용자로부터 단어와 그 의미를 받아서 배열에 저장한 다음, 정렬하도록 하라. 정렬된 배열을 출력하여 보자.

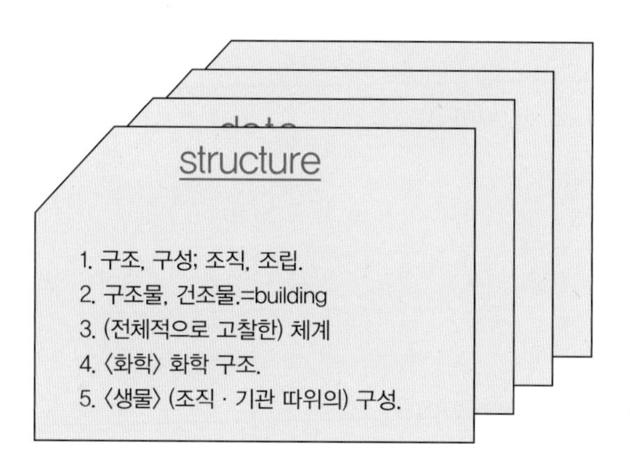

여기에서 유의 깊게 볼 부분은 구조체 배열을 정렬하는 과정이다. 여기서는 간단하게 버블 정렬을 사용하였다. 도전 문제에서 여러분이 좋아하는 다른 정렬 방법으로 구현해보자(아마도 독자 여러분이 좋아하는 정렬 방법이 하나는 있으리라 믿는다).

프로그램 12.11 **영어사전 프로그램**

```
#include<stdio.h>
#include <string.h>

#define SWAP(x, y, t) ( (t)=(x), (x)=(y), (y)=(t) )
#define MAX_WORD_SIZE 50
#define MAX_MEANING_SIZE 500
#define SIZE 5

typedef struct {
    char word[MAX_WORD_SIZE];
    char meaning[MAX_MEANING_SIZE];
} element;
element list[SIZE]; // 구조체 배열의 선언

int main(void)
{
    int i, j;
    element temp;

    printf("5개의 단어와 의미를 입력하시오\n");

    for (i = 0; i < SIZE; i++) {
        scanf("%s[^\n]", list[i].word);      // 엔터키만을 제외하고 받는다.
        scanf("%s[^\n]", list[i].meaning);  // 엔터키만을 제외하고 받는다.
    }

// 버블 정렬
    for (i = 0; i < SIZE - 1; ++i) {
        for (j = i + 1; j < SIZE; ++j) {
            if (strcmp(list[i].word, list[j].word) > 0) {
                SWAP(list[i], list[j], temp);
            }
        }
    }

    printf("\n정렬 후 사전의 내용: \n");
    for (i = 0; i<SIZE; i++)  {
        printf("%s: %s \n", list[i].word, list[i].meaning);
    }

    return 0;
}
```

실행결과

```
5개의 단어와 의미를 입력하시오
dog 강아지
cat 고양이
pen 펜
note 노트
node 정점

정렬 후 사전의 내용:
cat: 고양이
dog: 강아지
node: 정점
note: 노트
pen: 펜
```

도전문제 가장 좋아하는 정렬 방법을 사용하여 영어 사전 안의 단어들을 정렬해보자.

연 습 문 제 EXERCISE

01 다음 초기 자료에 대하여 삽입 정렬(Insertion Sort)을 이용하여 오름차순 정렬한 경우 PASS 1의 결과는?(기사 시험 기출 문제)

초기 자료 : 8, 3, 4, 9, 7

① 3, 4, 8, 7, 9
② 3, 4, 9 ,7, 8
③ 7, 8, 3, 4, 9
④ 3, 8, 4, 9, 7

02 다음 자료를 버블 정렬을 이용하여 오름차순으로 정렬할 경우 PASS 1의 결과는?(기사 시험 기출 문제)

9, 6, 7, 3, 5

① 3, 5, 6, 7, 9
② 6, 7, 3, 5, 9
③ 3, 5, 9, 6, 7
④ 6, 3, 5, 7, 9

03 다음 자료에 대하여 "선택 정렬"를 사용하여 오름차순으로 정렬할 경우 PASS 3의 결과는?(기사 시험 기출 문제)

초기상태 : 8, 3, 4, 9, 7

① 3, 4, 7, 9, 8
② 3, 4, 8, 9, 7
③ 3, 8, 4, 9, 7
④ 3, 4, 7, 8, 9

04 다음은 배열 A에 저장된 n개의 정수를 오름차순으로 정렬하는 삽입 정렬(insertion sort)알고리즘이다. ㉠과 ㉡에 순서대로 들어갈 내용으로 옳은 것은?(공무원 시험 기출 문제)

```
void sort(int A[], int n)
{
   int i, j, key;
   for (i=1; i<n; i++) {
      key=A[i];
      for (j=i-1; __㉠__ ; j--)
          __㉡__
      A[j+1]=key;
   }
}
```

	㉠	㉡
①	j>=0 && key > A[j]	A[j+1]=A[j];
②	j>0 && key >= A[j]	A[j-1]=A[j];
③	j>0 && key < A[j]	A[j]=A[j+1];
④	j>=0 && key < A[j]	A[j+1]=A[j];

05 다음의 정렬기법을 이용하여 다음의 정수 배열을 오름차순으로 정렬하라. 각 단계에서의 배열의 내용을 나타내어라.

7	4	9	6	3	8	7	5

(1) 선택 정렬
(2) 삽입 정렬
(3) 버블 정렬
(4) 쉘 정렬

06 다음의 정렬기법을 이용하여 다음의 정수 배열을 오름차순으로 정렬하라. 각 단계에서의 배열의 내용을 나타내어라.

71	49	92	55	38	82	72	53

(1) 퀵 정렬
(2) 합병 정렬
(3) 히프 정렬

07 다음과 같은 입력 배열을 퀵 정렬을 이용하여 정렬할 때, 피봇을 선택하는 방법을 다르게 하여 각 단계별 내용을 나타내어라.

1	2	3	4	5	6	7	8

(1) 왼쪽 첫 번째 요소를 피봇으로 하는 방법
(2) 왼쪽, 중간, 오른쪽 가운데 중간값(median of three) 방법

08 퀵정렬에서 함수가 수행되면서 정렬의 매 패스마다 다음과 같은 형식으로 화면에 출력하도록 함수를 수정하여 보라.

```
67   90   57   25   84   32   73   54
     low                          high
67   54   57   25   84   32   73   90
                    low       high
67   54   57   25   73   32   84   90
                    low  high
67   90   57   25   32   73   84   54
                   high  low
32   90   57   25   67   73   73   54
                   high  low
```

09 다음 중 안정적인 정렬 방법이 아닌 것은 무엇인가?

(1) 삽입 정렬
(2) 선택 정렬
(3) 히프 정렬
(4) 쉘 정렬

10 다음 중 삽입 정렬이 가장 효율적으로 적용될 수 있는 때는?

(1) 역순으로 정렬되어 있다.
(2) 어느 정도 정렬이 되어 있다.
(3) 레코드들의 크기가 클 때
(4) 메모리 공간이 여유가 있을 때

11 퀵정렬을 이용하여 다음의 정수 배열을 정렬하고자 한다.

5	7	4	9	8	5	6	3

(a) 첫 번째 분할이 끝난 후의 배열의 내용을 나타내라.
(b) 이 첫 번째 분할에서 몇 번의 비교연산이 수행되었는가?
(c) 분할이 이루어지면 피봇값은, 피봇값보다 더 작은 서브배열과 피봇값보다 더 큰 서브배열, 2개의 서브배열의 중간에 위치하게 된다. 이 피봇값의 위치는 다음 단계가 진행되었을 때 변경이 되는가 아니면 되지 않는가? 그 이유는?
(d) 첫 번째 분할 다음에 호출되는 순환호출들은 무엇인가?

12 다음의 정수배열을 기수정렬을 이용하여 정렬하고자 한다 기수정렬의 각 단계를 보여라.

123	398	210	409	528	003	513	129	220	294

13 삽입 정렬의 코드를 수정하여 숫자가 아니고 레코드를 삽입 정렬하는 프로그램을 구성해보자. 즉 정렬이 되는 단위가 숫자가 아니고 레코드이다. 먼저 레코드를 표현하기 위해 다음과 같은 구조체를 사용한다. 실무와 연관된 실제 프로그램들은 대부분 레코드를 정렬하여야 함을 기억해두길 바란다.

```
typedef struct /* 레코드를 정의하기 위한 구조체 */
{
   int key;
   char name[NAME_SIZE];
} record;
```

14 삽입 정렬의 코드를 수정하여 삽입 정렬의 각 단계를 출력하도록 하라. 아래 그림에서 왼쪽 괄호 안에 있는 숫자는 정렬이 되어 있는 숫자들이다. 오른쪽은 정렬을 해야 할 숫자들이다. 삽입정렬의 단계에서 다음과 같이 출력하도록 insertion_sort 함수를 수정하라. 이를 위하여 사용자로부터 숫자들을 입력받을 수 있도록 하라.

```
( )          (17,9,21,6,3,12)
(17)         (9,21,6,3,12)      17삽입
(9,17)       (21,6,3,12)        9삽입
```

(9,17,21)	(6,3,12)	21삽입
(6,9,17,21)	(3,12)	6삽입
(3,6,9,17,21)	(12)	3삽입
(3,6,9,12,17,21)	( )	12삽입

15 삽입 정렬에서 입력과 출력이 모두 동적 연결 리스트로 주어지는 경우의 삽입 정렬 함수를 구현하라.

16 선택 정렬의 코드를 수정하여 선택 정렬의 각 단계를 출력하도록 하라. 아래 그림에서 왼쪽 괄호 안에 있는 숫자는 정렬이 되어 있는 숫자들이다. 오른쪽은 정렬을 해야 할 숫자들이다. 선택 정렬의 단계에서 다음과 같이 출력하도록 selection_sort 함수를 수정하라. 이를 위하여 사용자로부터 숫자들을 입력받을 수 있도록 하라.

( )	(17,9,21,6,3,12)	초기상태
(3)	(9,21,6,17,12)	3선택 후 17과 교환
(3,6)	(21,9,17,12)	6선택 후 9와 교환
(3,6,9)	(21,17,12)	9선택 후 21과 교환
(3,6,9,12)	(17,21)	12선택 후 21과 교환
(3,6,9,12,17)	(21)	17선택 후 17과 교환
(3,6,9,12,17,21)	()	21선택 후 21과 교환

17 재귀 호출을 추적하기 위하여 quick_sort() 함수가 호출될 때마다 함수 이름과 인수의 값을 화면에 출력하라.

```
quick_sort(0,99)
quick_sort(0,50)
quick_sort(0,25)
....
quick_sort(0,1)
...
```

18 퀵정렬함수인 quick_sort 함수에서 피봇 값을 결정할 때, 부분 리스트의 첫 번째, 중간, 마지막 키중 중간 값을 사용하면 성능이 향상된다. quick_sort 함수가 이와 같은 3- 중간값(median of three) 방법을 사용하도록 수정하여라. median{10, 5, 7} = 7 이 된다.

19 합병 정렬에서의 재귀 호출을 추적하기 위하여 함수 merge_sort가 호출되면 함수 이름과 인수의 값을 화면에 출력하게 변경하여보라. 예측한 것처럼 출력되는지를 확인하라.

20 히프 정렬이 진행되는 모습을 좀더 이해하기 쉽게 화면에 출력하여 보라. 즉 히프 정렬이 진행되는 동안의 list[] 배열의 내용을 출력하여 보라. 이미 정렬이 끝난 숫자들과 정렬중인 숫자를 분

리하여 표시하여 보라.

```
숫자의 개수: 10
41 67 34 0 69 24 78 58 62 64

69 67 41 62 64 24 34 58 0 [78]
67 64 41 62 0 24 34 58 [69 78]
64 62 41 58 0 24 34 [67 69 78]
62 58 41 34 0 24 [64 67 69 78]
58 34 41 24 0 [62 64 67 69 78]
41 34 0 24 [58 62 64 67 69 78]
34 24 0 [41 58 62 64 67 69 78]
24 0 [34 41 58 62 64 67 69 78]
0 [24 34 41 58 62 64 67 69 78]
[0 24 34 41 58 62 64 67 69 78]

정렬된 배열 :
0 24 34 41 58 62 64 67 69 78
```

21 기수 정렬 프로그램에서 다음과 같이 각 버킷의 내용을 화면에 출력하는 함수 print_bucket()를 프로그램에 추가하라.

실행결과

```
=============
[0]-> 0
[1]->
[2]-> 62
[3]->
[4]-> 64 24 34
[5]->
[6]->
[7]->
[8]-> 58 78
[9]-> 69
=============
```

CHAPTER

13

탐색

■ **학습목표**

- 순차 탐색, 이진 탐색의 장단점을 이해한다.
- 색인 탐색, 보간 탐색의 개념을 이해한다.
- 균형 트리를 사용하는 목적을 이해한다.
- AVL 트리의 원리를 이해한다.
- AVL 트리의 삽입 연산을 이해한다.
- 2-3 트리, 2-3-4 트리의 개념을 이해한다.

13 탐색

13.1 탐색이란?

사람들은 항상 무엇인가를 찾아 헤맨다. 예를 들면 출근할 때 입을 옷을 찾는다거나 서랍속의 서류를 찾기도 한다. 컴퓨터에서도 마찬가지이다. 실제로 탐색(search)은 컴퓨터가 가장 많이 하는 작업 중의 하나이다. 간단히 여러분이 하루에 인터넷에서 필요한 자료들을 얼마나 많이 탐색하는지를 생각하면 된다. 탐색은 컴퓨터 프로그램에서 가장 많이 사용하는 작업임과 동시에 많은 시간이 요구되므로 탐색을 효율적으로 수행하는 것은 매우 중요하다.

[그림 13-1] 일상생활에서의 탐색의 예

[그림 13-1]에서와 같이 탐색은 기본적으로 여러 개의 자료 중에서 원하는 자료를 찾는 작업이다. 탐색을 위하여 사용되는 자료 구조는 배열, 연결 리스트, 트리, 그래프 등 매우 다양할 수 있다. 탐색 중에서 가장 기초적인 방법은 배열을 사용하여 자료를 저장하고 찾는 것이다. 그러나 탐색 성능을 향상하고자 한다면 이진 탐색 트리과 같은 보다 진보된 방법으로 자료를 저장하고 탐색해야 한다.

탐색의 단위는 항목이다. 항목은 가장 간단하게는 숫자일 수도 있고 아니면 구조체가 될 수도 있다. 항목 안에는 항목과 항목을 구별시켜주는 키(key)가 존재한다. 이를 탐색키(search key)라고 한다. 탐색이란 탐색키와 데이터로 이루어진 여러 개의 항목 중에서 원하는 탐색키를 가지고 있는 항목을 찾는 것이다.

[그림 13-2] 탐색이란 여러 항목 중에서 원하는 탐색키를 가지고 있는 항목을 찾는 것이다.

이번 장에서는 배열과 연결 리스트, 이진 탐색 트리를 사용하여 항목들을 저장하고 탐색하는 방법을 배운다. 제시되는 예제 프로그램들은 이해를 쉽게 하기 위해서 항목안의 데이터로 정수가 저장된다고 가정하였으나 이는 쉽게 구조체 등의 다른 자료형으로도 쉽게 확장할 수 있다.

13.2 정렬되지 않은 배열에서의 탐색

순차 탐색

순차 탐색(sequential search)은 탐색 방법 중에서 가장 간단하고 직접적인 탐색 방법이다. 순차 탐색은 정렬되지 않은 배열의 항목들을 처음부터 마지막까지 하나씩 검사하여 원하는 항목을 찾아가는 방법으로서 프로그램 13.1과 같다. 탐색의 대상이 되는 배열은 `list[]`라고 가정하고 탐색의 범위는 `low`에서 `high`까지로 함수의 매개변수로 주어진다. 탐색 함수는 탐색에 성공하면 그 항목이 발견된 위치를 반환하고 그렇지 않으면 −1을 반환한다.

프로그램 13.1 **순차 탐색**

```
int seq_search(int key, int low, int high)
{
    int i;

    for (i = low; i <= high; i++)
        if (list[i] == key)
            return i; // 탐색에 성공하면 키 값의 인덱스 반환
    return -1;        // 탐색에 실패하면 -1 반환
}
```

[그림 13-3]에 순차 탐색 알고리즘이 수행되는 예를 보였다. 리스트의 앞에서부터 탐색값과 일치하는 항목을 찾을 때까지 순차적으로 탐색한다. 탐색이 성공적으로 수행되면(탐색값과 일치하는 항목을 찾으면) 항목의 인덱스를 반환한다. 만약 탐색값과 일치하는 항목이 배열 안에 없다면 반복문 종료 후 -1을 반환한다. [그림 13-3] (a)는 탐색이 성공하는 경우이고 (b)는 탐색이 실패하는 경우를 나타낸 것이다.

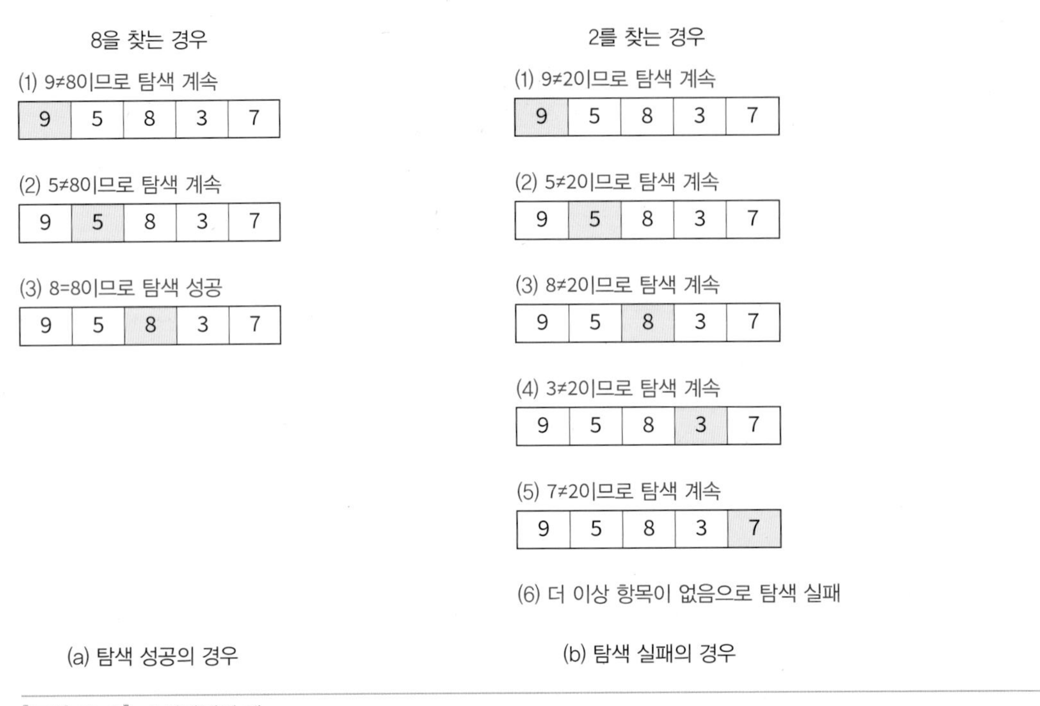

[그림 13-3] 순차탐색의 예

개선된 순차 탐색

순차 탐색에서 비교 횟수를 줄이는 방법을 생각해 보자. 프로그램 13.1의 순차 탐색 프로그램을 살펴보면, 리스트 전체를 탐색하기 위한 반복문에서 리스트의 끝을 테스트하는 비교 연산이 있고 반복문 안에 키 값의 비교 연산이 있다. 리스트의 끝을 테스트하는 비교 연산을 줄이기 위해 리스트의 끝에 찾고자 하는 키 값을 저장하고 반복문의 탈출 조건을 키 값을 찾을 때까지로 설정하도록 수정한 것이 프로그램 13.2이다. 프로그램 13.2는 탐색이 성공했을 때는 반복문의 인덱스 i는 찾은 항목의 위치를 가리키게 되고 이 값을 반환하는 반면에 탐색에 실패했을 경우에는 -1을 반환하다. 수정된 프로그램 13.2는 비교 연산의 수를 반으로 줄일 수 있으므로 탐색 성능을 향상시킨다. 즉 i 값이 리스트의 끝에 도달하였는지를 매번 비교하지 않아도 된다.

프로그램 13.2 개선된 순차탐색

```
int seq_search2(int key, int low, int high)
{
    int i;

    list[high + 1] = key;
    for (i = low; list[i] != key; i++)   // 키값을 찾으면 종료
        ;
    if (i == (high + 1)) return -1;      // 탐색 실패
    else return i;                       // 탐색 성공
}
```

[그림 13-4]에 크기가 5인 리스트에서의 프로그램 13.2의 실행에 의한 탐색 예를 보였다. [그림 13-4] (a)는 8을 탐색하는 경우로, 탐색이 성공했을 경우를 나타내며, [그림 13-4] (b)는 2를 탐색하는 경우로 탐색이 실패하는 경우이다. 만약 리스트에 키값 2가 없다 하더라도 리스트의 마지막에 미리 탐색키 값 2를 저장시켰으므로 반복문을 탈출하게 되고, 인덱스 i값이 (high+1)이 되므로 탐색에 실패했음을 알리게 된다.

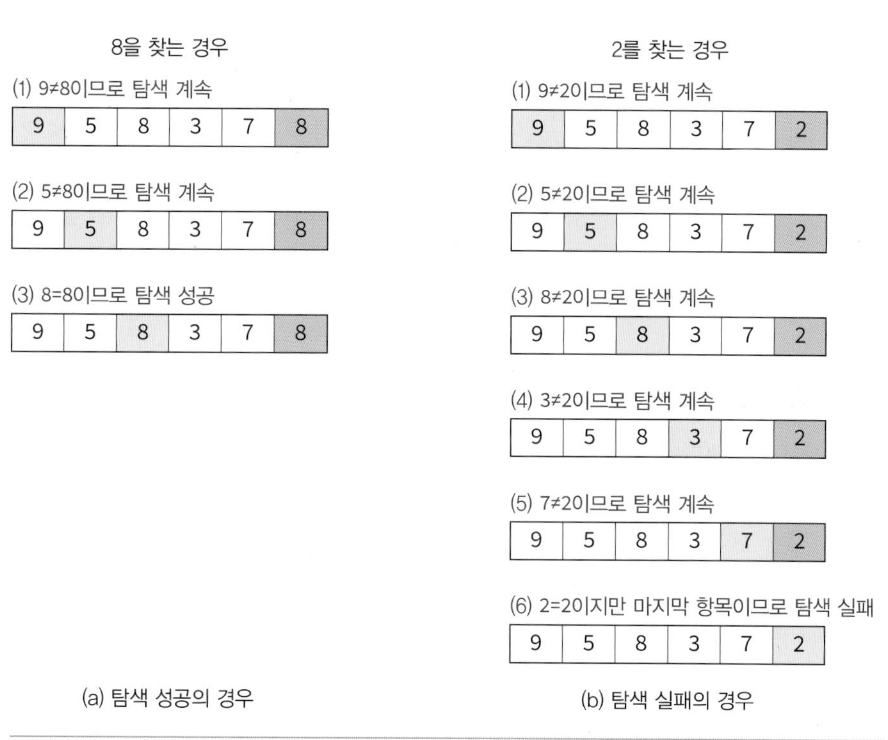

[그림 13-4] 개선된 순차 탐색의 예

순차 탐색의 시간 복잡도

프로그램 13.1의 순차 탐색 알고리즘은 리스트의 처음부터 탐색을 시작하여 해당 항목을 찾거나 모든 항목을 검색할 때까지 항목의 키 값을 비교한다. 따라서 순차 탐색 알고리즘의 복잡도는 두 가지 경우로 나누어 볼 수 있다. 탐색이 성공하는 경우에는 리스트에 있는 키의 위치에 따라 비교 횟수가 결정되는데, 모든 키가 탐색될 확률이 동일하다고 가정하면 평균 비교 횟수는 다음과 같다.

$$(1+2+3+\cdots+n)/n=(n+1)/2$$

따라서 순차 탐색은 탐색에 성공할 경우 평균 $(n+1)/2$번 비교하고 탐색이 실패한 경우 n번 비교하므로 순차 탐색의 시간 복잡도는 $O(n)$이 된다.

13.3 정렬된 배열에서의 탐색

정렬되어 있지 않은 배열의 순차 탐색은 이해하고 구현하기는 쉽다. 만약 배열의 항목이 얼마 되지 않는 경우에는 충분히 가능한 알고리즘이다. 그러나 배열이 많은 항목을 가지는 경우에는 순차 탐색은 너무나 비효율적인 방법이다. 예를 들어 10개중의 하나를 찾는 것은 순차 탐색으로 가능하지만 1000000개 정도라면 상당한 시간이 소요된다. 만약 10억 개 중에서 하나를 찾는 문제라면 순차 탐색하는 것은 상당히 비효율적이다. 따라서 보다 빠른 방법이 요구된다. 아주 효율적인 탐색 알고리즘인 이진 탐색을 살펴보자.

정렬된 배열에서의 이진 탐색

정렬된 배열의 탐색에는 이진 탐색(binary search)이 가장 적합하다. 이진 탐색은 배열의 중앙에 있는 값을 조사하여 찾고자 하는 항목이 왼쪽 또는 오른쪽 부분 배열에 있는지를 알아내어 탐색의 범위를 반으로 줄인다. 이러한 방법에 의해 매 단계에서 검색해야 할 리스트의 크기를 반으로 줄인다. 10억 명이 정렬된 배열에서 이진 탐색을 이용하여 특정한 이름을 찾는다면 위해서는 단지 30번의 비교만으로 검색이 완료된다. 반면에 순차 탐색에서는 평균 5억 번의 비교가 있어야 됨을 유의하라.

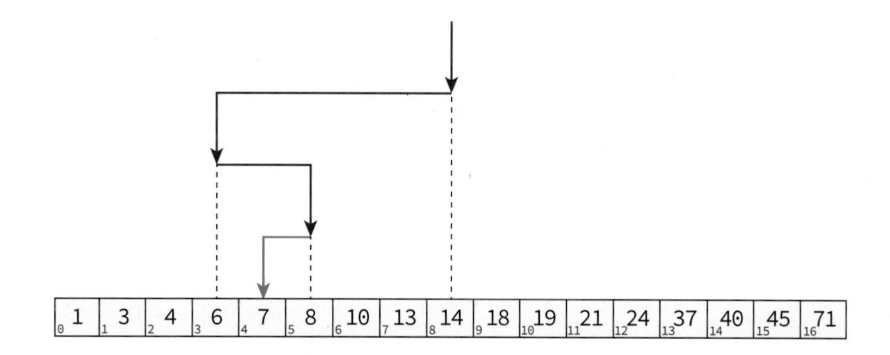

이진 탐색의 예를 들어보자. 두 사람이 서로 상대방이 생각하고 있는 숫자를 맞추는 게임을 생각하자. 예를 들어 1에서 100만까지의 숫자를 하나 생각하라. 상대방은 하나의 숫자를 추측하여 말하고 다른 상대방은 그 숫자가 맞는지 아니면 큰지, 작은지 만을 알려준다. 이러한 게임에서 몇 번 만에 상대방이 생각하는 숫자를 맞출 수 있을까? 정답은 20번이다. 만약 숫자의 범위가 더 작다면 훨씬 적은 횟수만으로 맞출 수 있다. 이러한 방법이 이진 탐색이다.

이진 탐색은 실제로 우리가 일상생활에서 많이 이용하고 있는 방법이다. 영어 사전에서 단어를 찾을 때 항상 사용하고 있는 방법이 이진 탐색이다. 즉 [그림 13-5]처럼 영어 사전을 펼쳐서 우리가 찾고자 하는 단어가 현재 페이지에 있는 단어보다 앞에 있는지, 뒤에 있는지를 결정한 다음에 단어가 있는 부분만을 다시 검색한다.

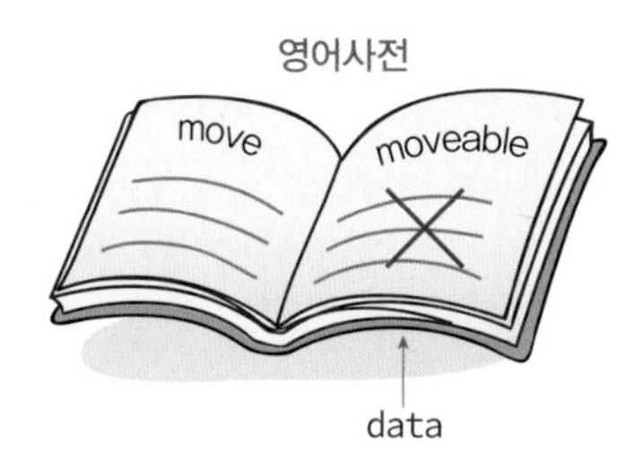

[그림 13-5] 영어사전에서 단어를 찾는 경우: data는 move보다 앞에 있으므로 사전의 뒷부분은 탐색범위에서 제외된다.

이진 탐색에서는 비교가 이루어질 때마다 탐색 범위가 급격하게 줄어든다. 찾고자하는 항목이 속해있지 않은 부분은 전혀 고려할 필요가 없기 때문이다. 이러한 방법을 반복적으로 사용하는 방법이 이진 탐색이다. 이진 탐색을 적용하려면 탐색하기 전에 배열이 반드시 정렬되어 있어야 한다. 따라서 이진 탐색은 데이터의 삽입이나 삭제가 빈번할 시에는 적합하지 않고, 주로 고정된 데이터에 대한 탐색에 적합하다.

구체적인 숫자들의 예를 가지고 이진 탐색을 이해하여 보자. [그림 13-6]을 참고하라.

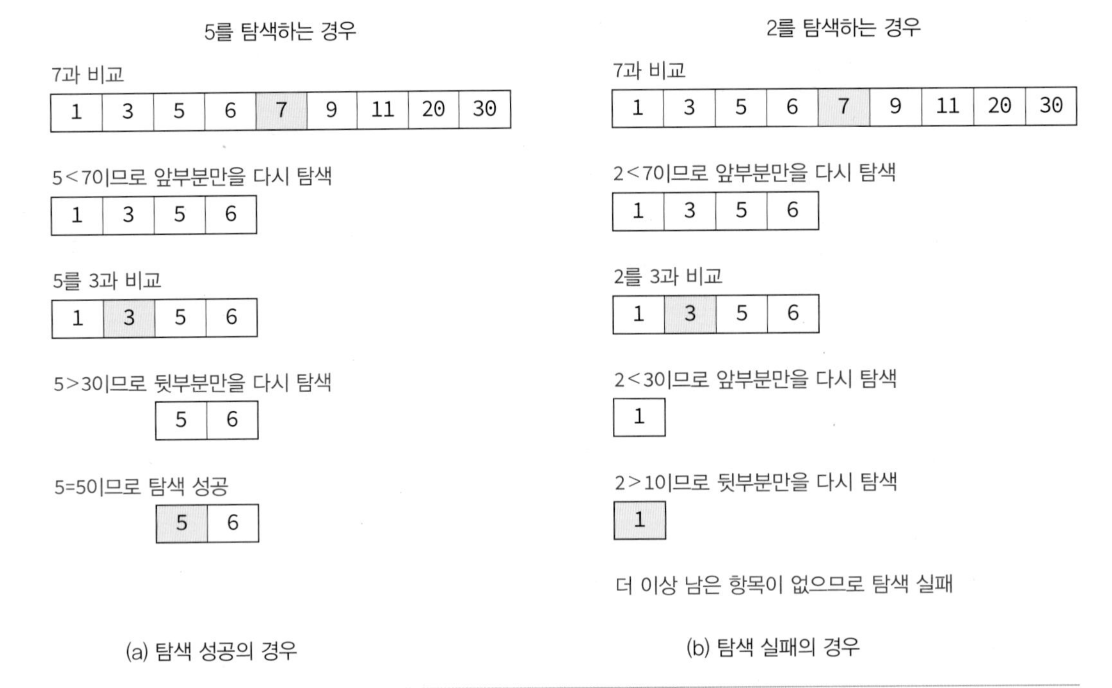

[그림 13-6] 이진 탐색의 예: 탐색 범위의 중간에 있는 숫자와 비교하여 탐색 범위를 절반으로 줄인다.

[그림 13-6] (a)는 정렬된 배열에서 숫자 5를 찾는 과정을 나타낸 것이다. 먼저 배열의 중간에 있는 값인 7과 비교된다. 5가 중간에 있는 값인 7보다 작으므로 5는 앞부분에 있을 것이다. 따라서 이제부터 뒷부분은 고려대상에서 제외된다. 다시 남아있는 앞부분의 중간에 있는 값인 3과 5가 비교된다. 5가 3보다 크므로 이번에는 앞부분이 제외되고 뒷부분만이 남는다. 다시 뒷부분의 중간값인 5와 우리가 찾고 있는 값인 5를 비교하면 일치한다. 따라서 탐색은 성공한다. 탐색이 실패하는 예를 [그림 13-6] (b)에 보였다. 배열에 있지 않은 2를 탐색하여 보면 중간값과 계속 비교하다가 더 이상 비교할 항목이 남아 있지 않게 되고 결국 탐색은 실패하게 된다.

이진 탐색을 좀 더 구체적으로 의사 코드로 작성하여 보자. 대상이 되는 자료들이 list[low]부터 list[high]에 들어 있다고 가정하자.

알고리즘 13.1 순환 호출을 사용하는 이진 탐색

```
search_binary(list, low, high):

    middle ← low에서 high사이의 중간 위치
    if( 탐색값 == list[middle] )
        return middle;
    else if (탐색값 < list[middle] )
        return list[0]부터 list[middle-1]에서의 탐색;
    else if (탐색값 > list[middle] )
        return list[middle+1]부터 list[high]에서의 탐색;
```

위의 의사 코드에서 보면 list[low]에서 list[high]에서의 탐색은 list[low]에서 list[middle-1]의 탐색이 되거나 list[middle+1]에서 list[high]에서의 탐색이 된다. 이들 2가지의 탐색은 원래의 문제의 크기를 줄인 부분 문제가 되고 따라서 재귀 호출을 이용하여 쉽게 구현할 수 있다.

이진 탐색 구현(순환 호출 버전)

순환 호출로 구현하기 위하여 위의 알고리즘의 매개변수를 low와 high로 하여야 한다. 즉 어떤 시점에서 탐색되어야할 범위는 low에서 high까지가 된다. 맨 처음에는 low가 0, high가 n-1이 될 것이다. 그리고 순환 호출에는 항상 순환 호출을 끝내기 위한 코드가 들어가야 한다. 만약 이러한 코드가 없다면 무한히 호출이 이루어질 것이다. 이 문제에서는 탐색 범위가 1보다 작다면 즉 탐색해야 될 항목이 없는 경우에는 순환 호출을 하지 않으면 된다. 위의 알고리즘을 C언어를 이용하여 함수로 작성하면 프로그램 13.4와 같다.

프로그램 13.4 **순환 호출을 이용한 이진탐색**

```
int search_binary(int key, int low, int high)
{
    int middle;

    if (low <= high) {
        middle = (low + high) / 2;
        if (key == list[middle])      // 탐색 성공
            return middle;
        else if (key<list[middle])    // 왼쪽 부분리스트 탐색
            return search_binary(key, low, middle - 1);
        else      // 오른쪽 부분리스트 탐색
            return search_binary(key, middle + 1, high);
    }
    return -1;    // 탐색 실패
}
```

이진 탐색 구현(반복적인 버전)

이진 탐색은 프로그램 13.4와 같이 재귀 호출로도 구현할 수 있지만 또한 프로그램 13.5와 같이 반복문을 사용하여 구현할 수도 있다. 효율성을 위해서는 프로그램 13.5과 같이 반복 구조를 사용하는 것이 더 낫다.

프로그램 13.5 반복을 이용한 이진탐색

```
int search_binary2(int key, int low, int high)
{
    int middle;

    while (low <= high) {  // 아직 숫자들이 남아 있으면
        middle = (low + high) / 2;
        if (key == list[middle])
            return middle;
        else if (key > list[middle])
            low = middle + 1;
        else
            high = middle - 1;
    }
    return -1;    // 발견되지 않음
}
```

위의 프로그램이 어떻게 동작하는지 구체적인 예를 통하여 살펴보자.

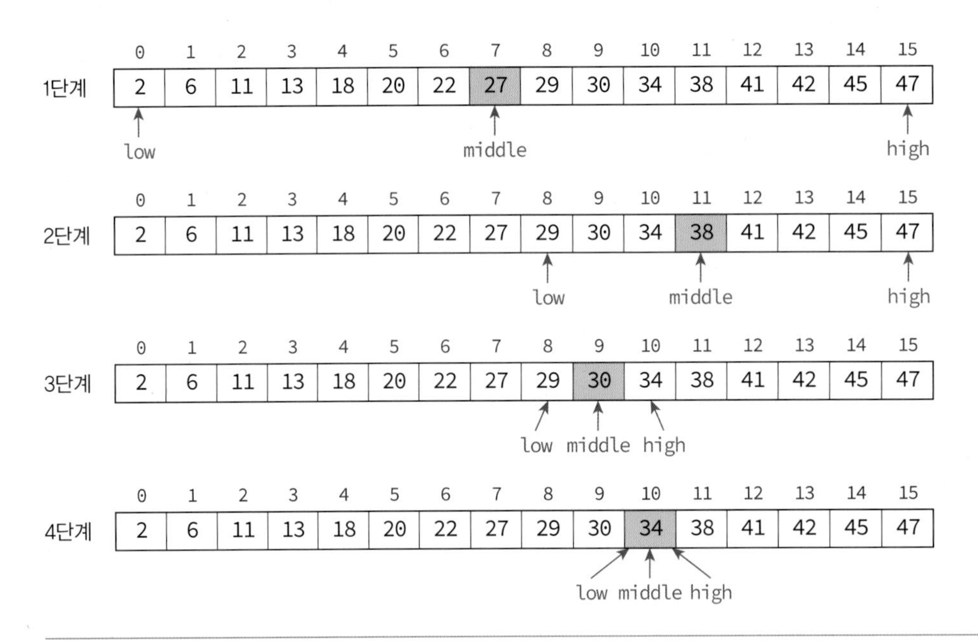

[그림 13-7] 이진탐색의 구체적인 예: 34를 탐색한다.

탐색의 대상이 되는 리스트가 [그림 13-7]과 같다고 하고 탐색키가 34일때, 맨 처음에는 low=0이고 high=15이므로 (low+high)/2에 의해 인덱스 middle을 7로 결정한다. 인덱스 7에 있는 키값이 27이므로 오른쪽 부분리스트를 탐색하게 된다. 이때 high는 변화가 없지만 low는 8이 되어 오른쪽 리스트만을 탐색하게 된다. 다시 결정한 인덱스 middle은 11이 되고, 인덱스 11이 가리키

는 키 값이 38로 34보다 크기 때문에 왼쪽 부분리스트를 탐색하게 된다. 이때, `low`는 그대로 8이 되고 high는 10이 된다. 따라서 인덱스 `middle`은 9가 되고 인덱스 9가 가리키는 키 값 30은 34보다 작기 때문에 다시 오른쪽 부분리스트를 탐색하게 된다. 이 경우 `low`와 `high` 모두 10이므로 인덱스 `middle`은 10이 되고, 인덱스 10이 가리키는 값이 34이므로 탐색에 성공하여 인덱스 10을 반환한다.

이진 탐색은 탐색을 반복할 때마다 탐색 범위를 반으로 줄인다. 이러한 탐색 범위가 더 이상 줄일 수 없는 1이 될 때의 탐색 횟수를 k라 하면, 아래의 표와 같다. 표의 마지막 행에서 $n/2^k=1$이므로, $k=\log_2 n$임을 알 수 있다. 결국 이진탐색의 시간 복잡도는 $O(\log_2 n)$이 된다.

비교	탐색범위
0	n
1	$n/2$
2	$n/4$
…	…
k	$n/2^k$

가상 실습 13.1
이진 탐색

이진 탐색 애플릿을 이용하여 실험을 수행하라.

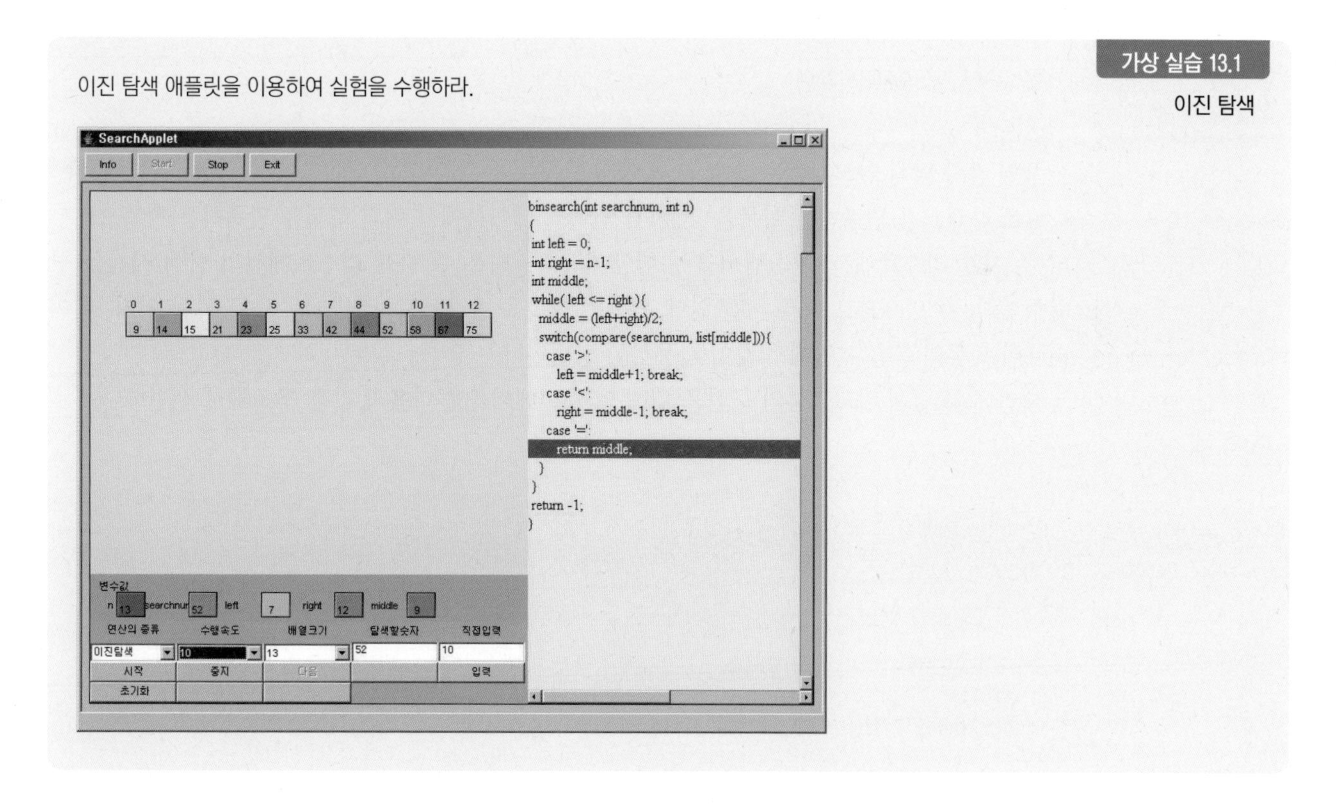

정렬된 배열에서의 색인 순차 탐색

색인 순차 탐색(indexed sequential search) 방법은 인덱스(index)라 불리는 테이블을 사용하여 탐색의 효율을 높이는 방법이다. 인덱스 테이블은 주 자료 리스트에서 일정 간격으로 발췌한 자료를 가지고 있다. 인덱스 테이블에 m개의 항목이 있고, 주 자료 리스트의 데이터 수가 n이면 각 인덱스 항목은 주 자료 리스트의 각 n/m번째 데이터를 가지고 있다. 이 때 주 자료 리스트와 인덱스 테이블은 모두 정렬되어 있어야 한다.

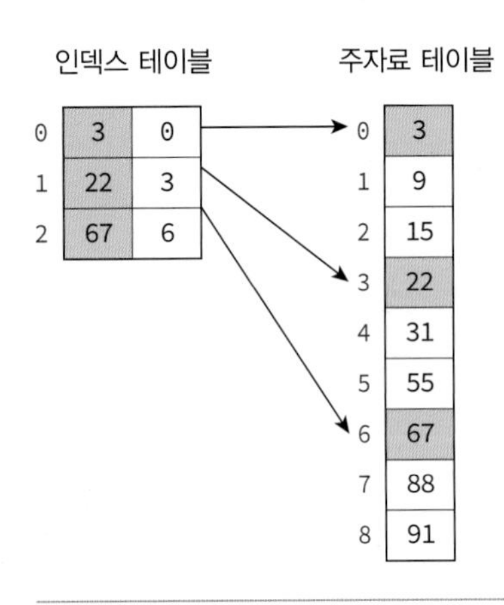

[그림 13-8] 색인순차탐색의 예

색인 순차 탐색 알고리즘은 [그림 13-8]에서 보듯이 우선 인덱스 테이블에서 `index[i] <= key < index[i+1]`을 만족하는 항목을 찾는다. 인덱스 테이블에서 위의 조건을 만족하는 항목으로부터 주 자료 리스트에서 순차 탐색을 수행한다. 이 방법은 주 자료 리스트에서의 탐색 시간을 상당히 줄일 수 있으므로 빠른 시간 안에 원하는 항목을 발견할 수 있게 해주므로 파일 처리, 데이터베이스 등의 응용 분야에서 많이 사용하는 방법이다.

색인 순차 탐색 알고리즘의 구현을 위해 인덱스 테이블을 다음과 같은 구조체로 선언한다.

```
#define INDEX_SIZE 256
typedef struct
{
    int key;
    int index;
} itable;
itable index_list[INDEX_SIZE];
```

index 필드에는 리스트의 인덱스 값이 저장되고 key 필드에는 인덱스가 가리키는 곳의 키 값이 저장된다. 이를 이용하여 색인 순차 탐색을 구현한 것이 프로그램 13.6이다. main() 함수는 키 값을 매개변수로 사용하여 search_index 함수를 호출하며, 탐색이 성공하면 search_index 함수는 해당키의 인덱스를 반환한다.

프로그램 13.6 **색인 순차 탐색**

```
// INDEX_SIZE는 인덱스 테이블의 크기,n은 전체 데이터의 수
int search_index(int key, int n)
{
    int i, low, high;

    // 키 값이 리스트 범위 내의 값이 아니면 탐색 종료
    if (key<list[0] || key>list[n - 1])
        return -1;

    // 인덱스 테이블을 조사하여 해당키의 구간 결정
    for (i = 0; i<INDEX_SIZE; i++)
        if (index_list[i].key <= key &&
            index_list[i + 1].key>key)
            break;
    if (i == INDEX_SIZE) { // 인덱스 테이블의 끝이면
        low = index_list[i - 1].index;
        high = n;
    }
    else {
        low = index_list[i].index;
        high = index_list[i + 1].index;
    }
    // 예상되는 범위만 순차 탐색
    return seq_search(key, low, high);
}
```

색인 순차 탐색 알고리즘의 탐색 성능은 인덱스 테이블의 크기에 좌우된다. 인덱스 테이블의 크기를 줄이면 주 자료 리스트에서의 탐색 시간을 증가시키고, 인덱스 테이블의 크기를 크게 하면 인덱스 테이블의 탐색 시간을 증가시킨다. 인덱스 테이블의 크기를 m이라 하고 주자료 리스트의 크기를 n이라 하면 색인 순차 탐색의 복잡도는 $O(m+n/m)$와 같다.

색인 순차 탐색에서 데이터의 수가 증가하여 1차 인덱스 테이블의 크기가 매우 커지게 되면 2차 인덱스 테이블을 사용하고, 2차 인덱스 테이블은 1차 인덱스 테이블의 인덱스를 가리키도록 한다. 따라서 탐색은 2차 인덱스 테이블의 탐색에서 시작하여 1차 인덱스를 거쳐서 주 자료 리스트의 탐색으로 이어지게 된다.

보간 탐색

보간 탐색(interpolation search)은 사전이나 전화번호부를 탐색하는 방법과 같이 탐색키가 존재할 위치를 예측하여 탐색하는 방법이다. 이는 우리가 사전을 찾을 때 'ㅎ'으로 시작하는 단어는 사전의 뒷부분에서 찾고 'ㄱ'으로 시작하는 단어는 앞부분에서 찾는 것과 같은 원리이다. 보간 탐

색은 이진 탐색과 유사하나 리스트를 반으로 분할하지 않고 불균등하게 분할하여 탐색한다.

이진 탐색에서 탐색 위치는 항상 $(low+high)/2$이나, 보간 탐색에서는 찾고자하는 키값과 현재의 low, $high$ 위치의 값을 고려하여 다음과 같이 다음 탐색위치를 결정한다.

$$\text{탐색 위치} = \frac{(k-list[low])}{list[high]-list[\mathrm{low}]} = *(high-low)+low$$

여기에서 k는 찾고자 하는 키 값을, low과 $high$는 각각 탐색할 범위의 최소, 최대 인덱스 값을 나타낸다. 즉, 위의 식은 탐색 위치을 결정할 때 찾고자 하는 키 값이 있는 곳에 근접하게 되도록 가중치를 주는 것이다.

위의 식은 다음의 비례식을 정리한 것으로 생각할 수 있다. 즉 값과 위치는 비례한다는 가정에서 탐색키에 해당되는 위치를 비례식으로 구한 것이다.

$$(list[high]-list[low]) : (k-list[low]) = (high-low) : (\text{탐색 위치}-low)$$

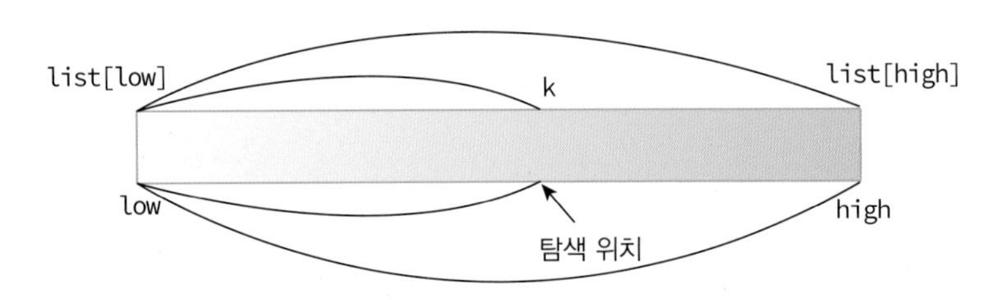

[그림 13-9] 보간탐색은 값과 위치가 비례한다고 가정한다.

간단한 예를 들어보자. (3, 9, 15, 22, 31, 55, 67, 88, 89, 91)으로 구성된 리스트에서 탐색 구간이 0-9이고, 찾을 키 값이 55일 경우를 살펴보자. 주어진 식에 의해 탐색위치를 를 구해보면 다음과 같다.

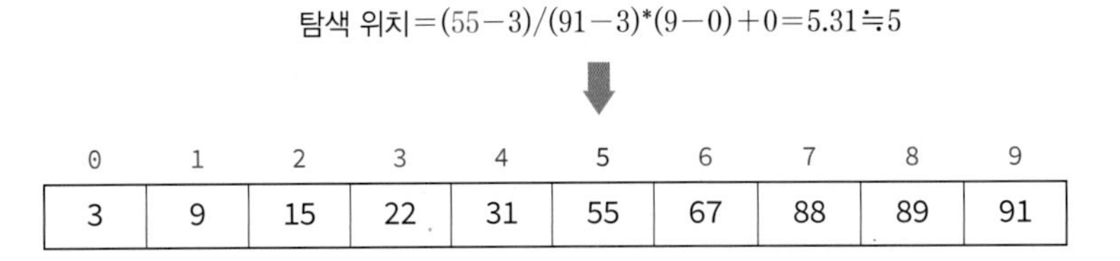

[그림 13-10] 보간탐색의 예

$$\text{탐색 위치} = \frac{(k-list[low])}{list[high]-list[\mathrm{low}]} = *(high-low)+low$$

$$= \frac{(55-3)}{(91-3)} *(9-0)+0 = 5.31 \fallingdotseq 5$$

여기서 주의해야 할 점은 계산되어 나오는 값은 일반적으로 실수이며 따라서 이 실수를 정수로 변환하여 주어야 한다. 보통은 수소점 이하를 버리는 방법을 사용한다. 프로그램으로 구현할 때도 이점을 유의하여야 한다. 이 경우에는 다행히도 한번 만에 원하는 탐색키를 찾을 수 있다. 많은 데이터가 비교적 균등하게 분포되어 있을 경우 보간 탐색은 이진 탐색보다 우수한 방법이 될 수 있으며 보간 탐색 알고리즘은 이진 탐색과 비슷한 $O(\log_2 n)$의 복잡도를 가진다. 프로그램 13.7은 보간 탐색을 구현한 것이다. 여기서 만약 나눗셈을 계산할 때 `float`로 형변환을 하지 않으면 정수로 계산되어 항상 0이 된다는 점을 주의하여야 한다.

프로그램 13.7 보간탐색

```
int interpol_search(int key, int n)
{
    int low, high, j;

    low = 0;
    high = n - 1;
    while ((list[high] >= key) && (key > list[low])) {
        j = ((float)(key - list[low]) / (list[high] - list[low]) * (high - low)) + low;
        if (key > list[j]) low = j + 1;
        else if (key < list[j]) high = j - 1;
        else low = j;
    }
    if (list[low] == key) return(low);  // 탐색성공
    else return -1;  // 탐색실패
}
```

Quiz

01 아래의 정렬된 리스트를 키 값 4로 개선된 순차 탐색하는 순서를 보이고, 비교 횟수를 답하라.

0	1	2	3	4	5	6	7
1	2	3	5	6	8	9	10

02 아래의 정렬된 리스트를 키 값 5로 이진 탐색하는 순서를 보이고, 비교 횟수를 답하라.

0	1	2	3	4	5	6	7
1	2	3	4	6	7	8	9

03 아래의 정렬된 리스트를 키 값 6으로 보간 탐색하는 순서를 보이고, 비교 횟수를 답하라.

0	1	2	3	4	5	6	7
1	2	4	5	7	8	9	10

13.4 이진 탐색 트리

먼저 앞에서 설명된 이진 탐색(binary search)과 이진 탐색 트리(binary search tree)와의 차이점을 살펴보자. 이진 탐색과 이진 탐색 트리는 근본적으로 같은 원리에 의한 탐색 구조이다. 하지만 이진 탐색은 자료들이 배열에 저장되어 있으므로 삽입과 삭제가 상당히 힘들다. 즉 자료를 삽입하고 삭제할 때마다 앞뒤의 원소들을 이동시켜야 한다. 반면에 이진 탐색 트리는 비교적 빠른 시간 안에 삽입과 삭제를 끝마칠 수 있는 구조로 되어 있다. 따라서 삽입과 삭제가 심하지 않은 정적인 자료를 대상으로 탐색이 이루어지는 경우에는 이진 탐색도 무난한 방법이나 삽입, 삭제가 빈번히 이루어진다면 반드시 이진 탐색 트리를 사용하여야 한다.

알고리즘	최악의 경우		평균적인 경우	
	탐색	삽입	탐색	삽입
순차 탐색 (정렬되지 않은 연결 리스트 사용)	N	N	N/2	N
이진 탐색(정렬된 배열)	logN	N	logN	N/2
이진 탐색 트리	N	N	logN	logN

이진 탐색 트리는 앞의 8장 트리에서 다룬바 있다. 이진 탐색 트리는 만약 트리가 균형 트리라면 탐색 연산은 $O(\log_2 n)$의 시간 복잡도를 가지고 있다. 8장에서 이진 탐색 트리에서의 삽입, 삭제 연산을 다루었지만 이들 연산들은 이진 탐색 트리를 유지시키기는 하지만 균형 트리를 보장하지는 않는다. 만약 이진 탐색 트리가 균형 트리가 아닐 경우에는 탐색의 시간 복잡도가 $O(n)$으로 높아지게 된다. 간단한 예를 들어보자. (5, 2, 8, 1, 7, 3, 9)과 같은 순서로 정수를 공백 이진 탐색 트리에 삽입한다면 [그림 13-11]의 (a)와 같은 이진 탐색 트리가 만들어진다. 그러나 만약 (1, 2, 3, 5, 7, 8, 9)의 순으로 입력된다면 (b)와 같은 트리가 만들어 질 것이다.

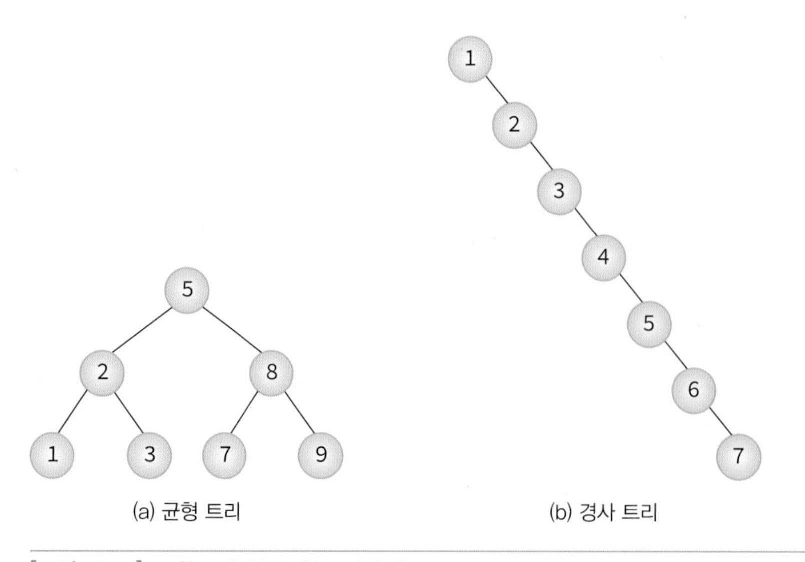

[그림 13-11] 균형 트리와 불균형 트리의 예

[그림 13-11] (a)의 이진 탐색 트리에서 최대 비교 횟수는 3회인 반면, (b)의 트리에서는 7회가 된다. 모든 항목이 균일하게 탐색된다는 가정 하에 평균 비교 횟수를 비교해보면 [그림 13-11] (a)의 트리는 (1+2+2+3+3+3+3)/7 = 2.4회가 되는 반면, (b)는 (1+2+3+4+5+6+7)/7=4회가 된다. 따라서 만약 이진 탐색 트리가 (b)와 같이 경사 트리가 되면 탐색 시간은 순차 탐색과 같게 되어 아주 효율이 떨어지게 된다. 따라서 이진 탐색 트리에서는 균형을 유지하는 것이 무엇보다 중요하다.

따라서 이번 절에서는 스스로 균형 트리를 만드는 AVL 트리를 비롯한 몇 가지 탐색 트리들을 살펴본다. 그러나 이들은 상당히 복잡하기 때문에 전체의 토픽을 다루지는 않는다. 또한 설명을 간단하게 하기 위하여 트리의 노드들에 저장된 자료는 정수라고 가정하자.

13.5 AVL트리

AVL 트리는 Adelson-Velskii와 Landis에 의해 1962년에 제안된 트리로서 각 노드에서 왼쪽 서브 트리의 높이와 오른쪽 서브 트리의 높이 차이가 1 이하인 이진 탐색 트리를 말한다. AVL 트리는 트리가 비균형 상태로 되면 스스로 노드들을 재배치하여 균형 상태로 만든다. 따라서 AVL 트리는 균형 트리가 항상 보장되기 때문에 탐색이 $O(\log n)$시간 안에 끝나게 된다. 또한 삽입과 삭제 연산도 $O(\log n)$시간 안에 할 수 있다. [그림 13-12]에서 (a)는 모든 노드에서 양쪽 서브 트리의 높이의 차이가 1이하이다. 그러나 [그림 13-12] (b)는 노드 7에서 왼쪽 서브 트리의 높이가 2인 반면 오른쪽 서브 높이가 0이므로 높이 균형을 이루지 못하고 따라서 AVL 트리가 아니다.

설명을 쉽게 하기 위하여 먼저 균형 인수(balance factor)를 먼저 정의하여 보자. 균형 인수는 (왼쪽 서브 트리의 높이-오른쪽 서브 트리의 높이)로 정의된다. 모든 노드의 균형 인수가 ±1 이하이면 AVL 트리이다. [그림 13-12]에서 각 노드 옆의 숫자가 균형인수를 보여주고 있다. [그림 13-12] (a)는 모든 노드의 균형 인수가 ±1 이하이기 때문에 AVL 트리이지만 (b)는 노드 5와 7이 균형 인수가 2이기 때문에 AVL 트리가 아니다.

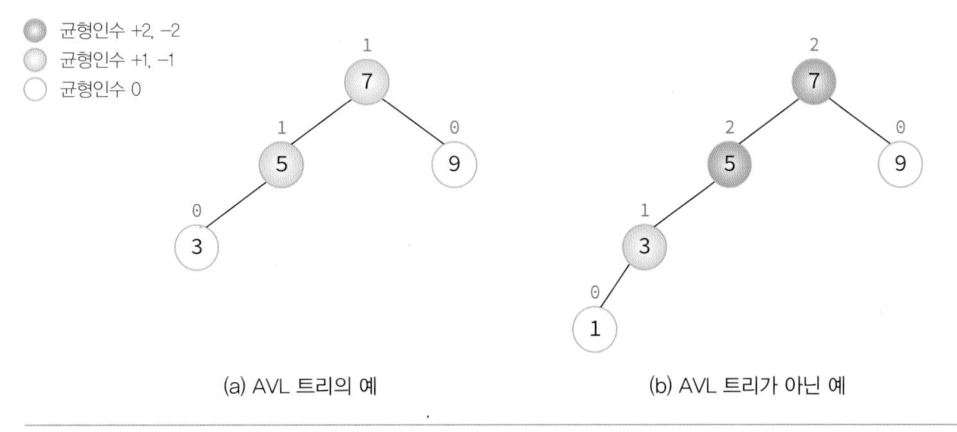

[그림 13-12] AVL 트리와 비 AVL 트리의 예

AVL 트리의 탐색 연산

AVL 트리도 탐색에서는 일반적인 이진 탐색 트리와 동일하다. 따라서 시간 복잡도는 $O(\log_2 n)$이다.

AVL 트리의 삽입 연산

균형을 이룬 이진 탐색 트리에서 균형 상태가 깨지는 것은 삽입 연산과 삭제 연산 시이다. 삽입 연산 시에는 삽입되는 위치에서 루트까지의 경로에 있는 조상 노드들의 균형 인수에 영향을 줄 수 있다. 따라서 즉 새로운 노드의 삽입 후에 불균형 상태로 변한 가장 가까운 조상 노드, 즉 균형 인수가 ±2가 된 가장 가까운 조상 노드의 서브 트리들에 대하여 다시 균형을 잡아야 한다. 그외의 다른 노드들은 일체 변경할 필요가 없다. 예를 들어 [그림 13-13] (a)는 균형을 이룬 AVL 트리이다. 여기에 정수 1을 삽입하면 [그림 13-13] (b)처럼 노드 5와 노드 7이 균형 인수가 2가 되어 균형이 깨지게 된다. 따라서 여기서는 균형 인수가 2가 된 가장 가까운 조상 노드인 노드 5부터 그 아래에 있는 노드들을 다시 배치하여 균형 상태로 만들어야 한다.

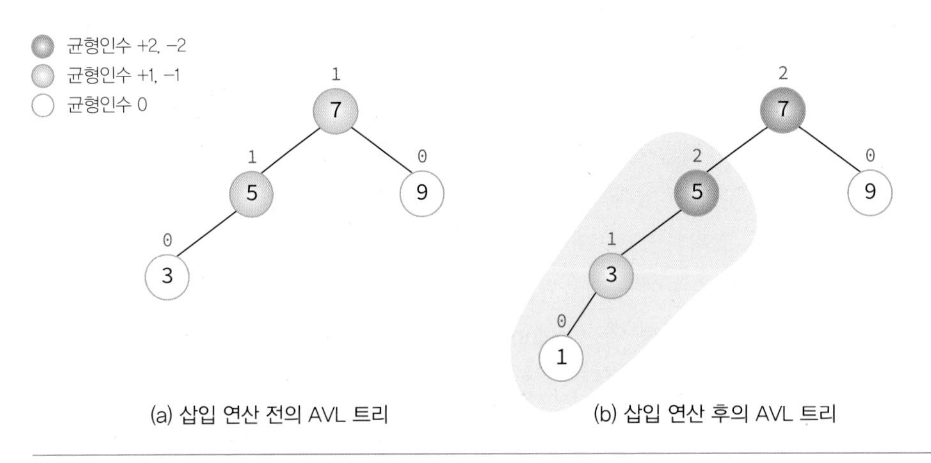

[그림 13-13] AVL 트리에서의 삽입

그러면 어떻게 하면 균형이 깨진 트리를 다시 균형 있게 만들 수 있을까? 이를 해결하는 방법은 새로운 노드부터 균형 인수가 ±2가 된 가장 가까운 조상 노드까지를 회전시키는 것이다. 앞의 [그림 13-13]의 경우, 노드 1, 3, 5를 오른쪽으로 회전시키면 [그림 13-14]처럼 되어서 다시 균형 트리가 된다. 다른 노드들은 변경시키지 않음을 유의하라.

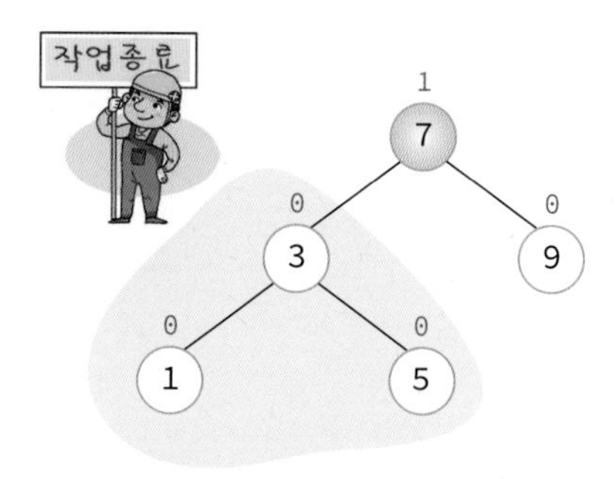

[그림 13-14] 회전으로 균형 트리로 만드는 예

4가지의 경우

AVL 트리에 새로운 노드를 추가하면 균형이 깨어질 수 있다. 이때는 트리를 부분적으로 회전하여 균형 트리로 되돌려야 한다. 균형이 깨지는 경우에는 다음의 4가지의 경우가 있다. 새로 삽입된 노드 J로부터 가장 가까우면서 균형 인수가 ±2가 된 조상 노드를 X라고 하자.

4가지의 경우	해결방법	설명
LL 타입	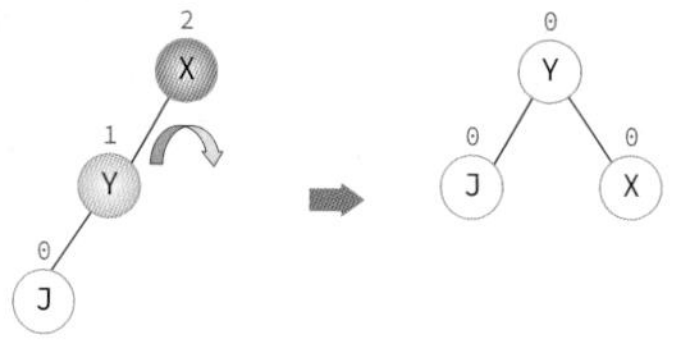	LL 회전: 오른쪽 회전
LR 타입	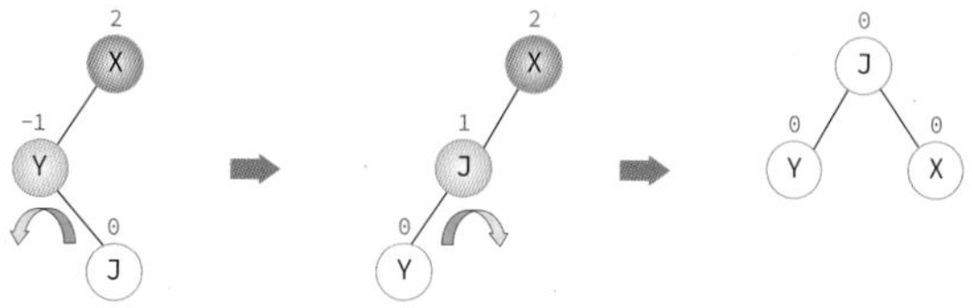	LR 회전: 왼쪽 회전 → 오른쪽 회전
RR 타입	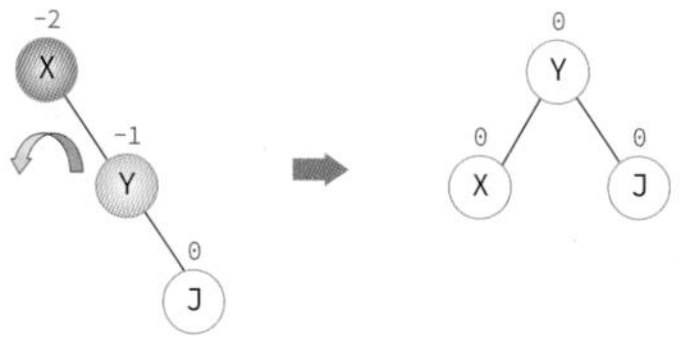	RR 회전: 왼쪽 회전
RL 타입	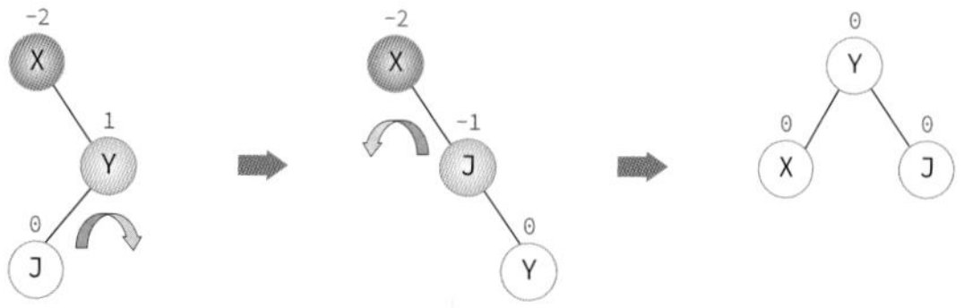	RL 회전: 왼쪽 회전 → 오른쪽 회전

각각의 경우에 대하여 좀 더 자세히 살펴보자.

LL 타입

노드 Y의 왼쪽 자식의 왼쪽에 노드가 추가됨으로 해서 발생한다. 노드들을 오른쪽으로 회전시키면 된다.

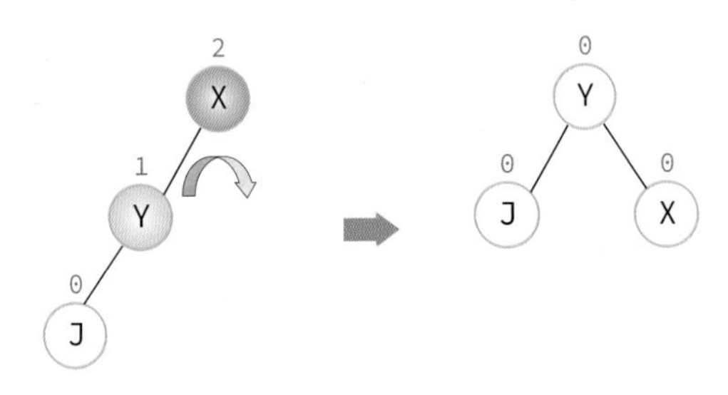

[그림 13-15] 일반적인 경우의 LL 타입 처리

RR 타입

노드 Y의 오른쪽 자식의 오른쪽에 노드가 추가됨으로 해서 발생한다. 노드들을 왼쪽으로 회전시키면 된다.

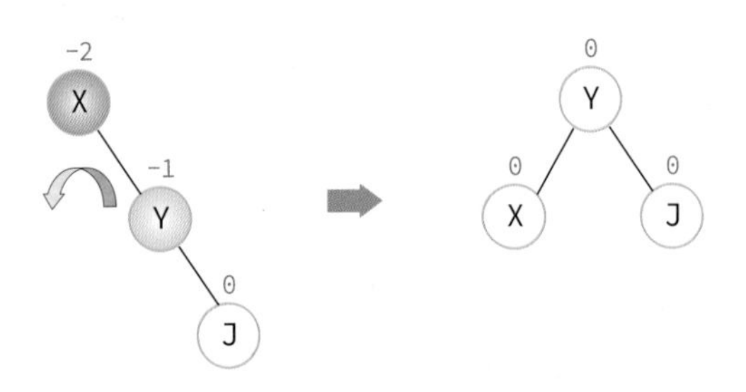

[그림 13-16] 일반적인 경우의 왼쪽 회전

RL 타입

노드 Y의 오른쪽 자식의 왼쪽에 노드가 추가됨으로 해서 발생한다. RL 타입은 균형 트리를 만들기 위하여 2번의 회전이 필요하다.

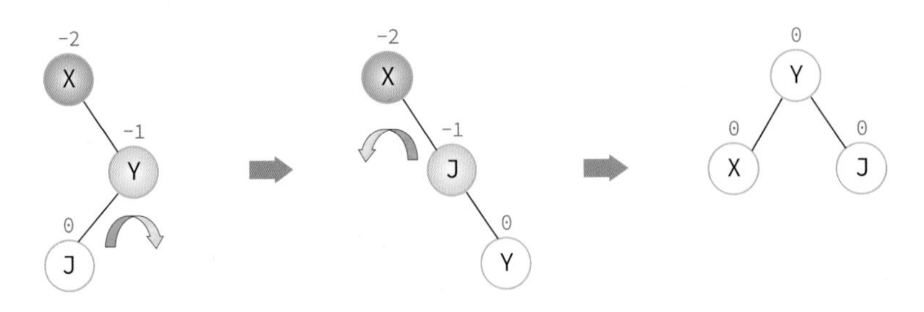

[그림 13-17] 일반적인 RL 회전

LR 타입

노드 A의 왼쪽 자식의 왼쪽에 노드가 추가됨으로 해서 발생한다. LR 타입도 균형 트리를 만들기 위하여 2번의 회전이 필요하다.

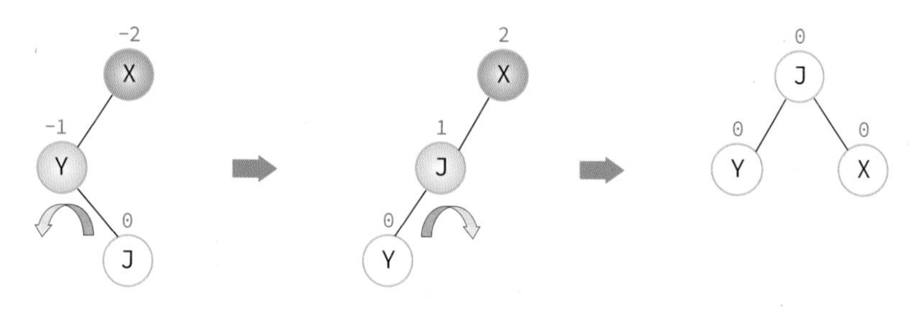

[그림 13-18] 일반적인 왼쪽-오른쪽 회전

AVL 트리 예제

종합적인 예제로 다음과 같은 데이터가 순서대로 주어졌다고 가정하고 AVL 트리가 만들어지는 과정을 살펴보자. 여기서는 삽입되는 노드는 황토색으로, 위치가 변경되는 노드는 노란색으로 표시되어 있다.

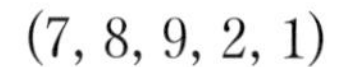

(7, 8, 9, 2, 1)

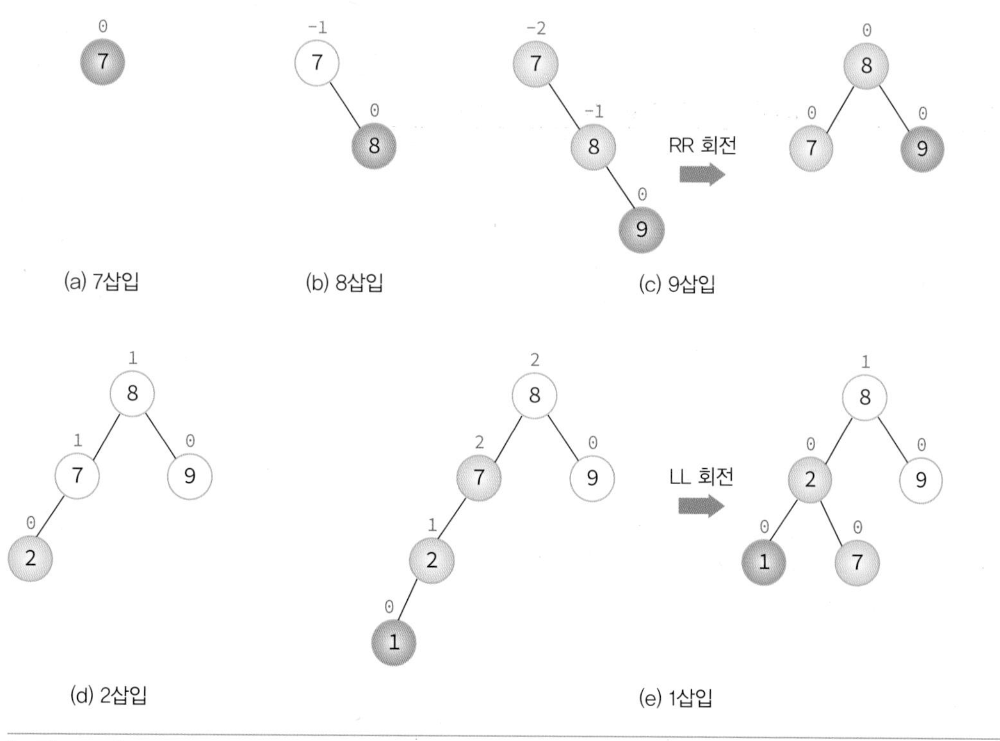

[그림 13-19] AVL 트리구축 예

7과 8을 삽입하면 [그림 13-19]의 (a)와 (b)가 된다. 9를 삽입할 경우, 7의 오른쪽 서브 트리는 높이가 2가 되고 왼쪽 서브 트리는 0이 되므로 트리의 균형이 깨지게 된다. 따라서 균형을 이루기 위해서 (c)와 같이 노란색으로 표시된 2개의 노드를 RR 회전시킨다. 이어서 2는 별 문제없이 삽입되고 1의 삽입으로 트리가 다시 균형을 잃는다. 이번에는 트리를 LL 방향으로 회전시킨다. 이들 회전은 모두 새로 삽입된 노드로 부터 ±2의 균형 인수를 가지는 가장 가까운 조상 노드에 대하여 이루어진 것이다.

가상 실습 13.2

AVL 트리

AVL 트리 애플릿을 이용하여 다음의 실험을 수행하라.

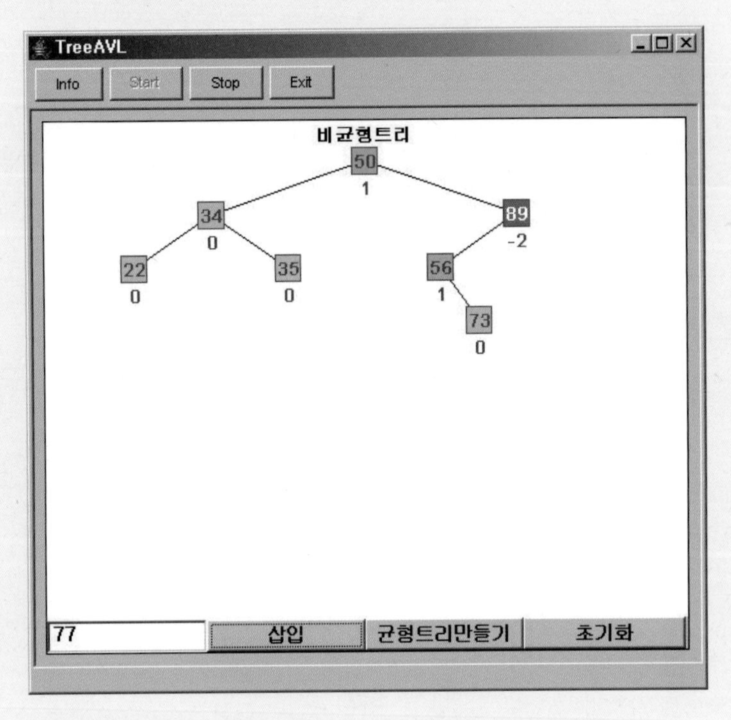

(1) '삽입' 버튼을 이용하여 숫자를 삽입한 다음, 균형 트리 만들기 버튼을 눌러서 균형 트리가 만들어 지는 과정을 관찰한다.

(2) 본문에 나오는 데이터 값을 이용하여 샘플 트리를 만들어 LL 회전, RR 회전, RL 회전, LR 회전를 실습하여 보라.

AVL 트리의 정의

AVL 트리를 구현해보자. 먼저 유의할 점은 AVL 트리도 이진 탐색 트리의 일종이란 점이다. 따라서 노드의 구조는 이진 탐색 트리와 동일하게 왼쪽과 오른쪽 자식을 가리키는 포인터와 데이터가 저장되어 있는 필드로 구성된다. 여기서 데이터는 단순히 정수라고 가정하였다.

프로그램 13.8 AVL트리 구현 #1

```
#include<stdio.h>
#include<stdlib.h>

// AVL 트리 노드 정의
typedef struct AVLNode
{
    int key;
    struct AVLNode *left;
    struct AVLNode *right;
} AVLNode;
```

rotate_right() 함수 구현

AVL 트리를 구현하려면 2가지의 기본 회전 함수가 필요하다. 왼쪽으로 회전시키는 함수 rotate_left()와 오른쪽으로 회전시키는 함수 rotate_right()을 작성한다. 이중에서 rotate_right() 함수를 살펴보자. rotate_right() 함수는 주어진 트리를 다음과 같이 오른쪽으로 회전시키는 함수이다.

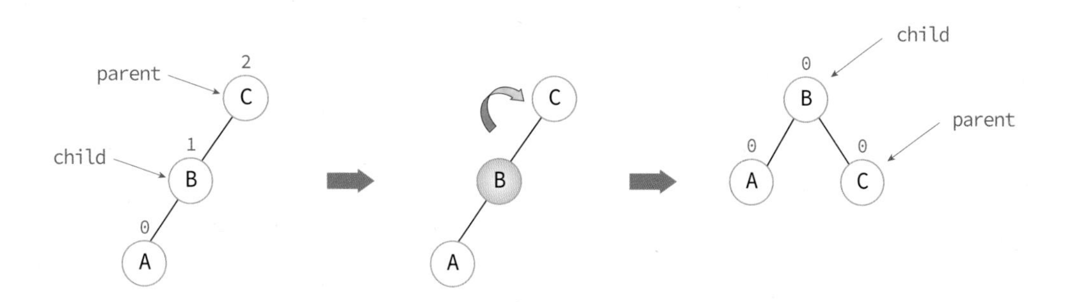

모든 것은 포인터로 되어 있으므로 포인터만 이동시키면 된다.

프로그램 13.9 AVL트리 구현 #2

```
// 오른쪽으로 회전시키는 함수
AVLNode *rotate_right(AVLNode *parent)
{
    AVLNode* child = parent->left;
    parent->left = child->right;
    child->right = parent;
```

```
    // 새로운 루트를 반환
    return child;
}
```

rotate_left() 함수 구현

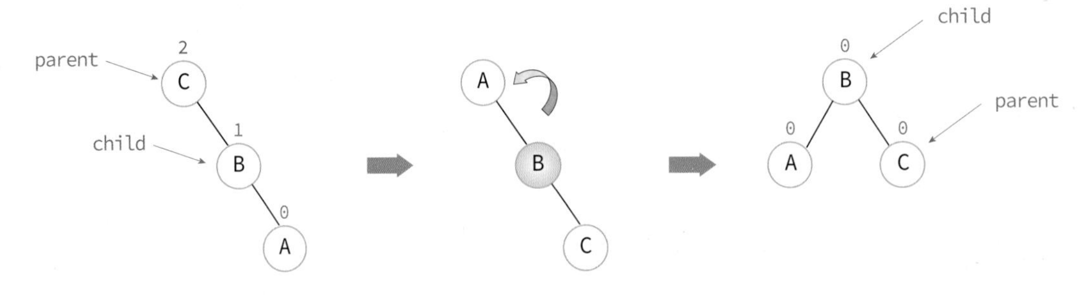


```
// 왼쪽으로 회전시키는 함수
AVLNode *rotate_left(AVLNode *parent)
{
    AVLNode *child = parent->right;
    parent->right = child->left;
    child->left = parent;

    // 새로운 루트 반환
    return child;
}
```

트리의 높이 계산

AVL 트리의 구현에서 중요한 것은 트리의 높이를 측정하는 것이다. 트리의 높이는 7장에서도 다룬바 있다. 트리의 높이 계산은 순환 호출을 이용하여 구현된다. 즉 루트 노드의 왼쪽 서브 트리와 오른쪽 서브 트리에 대하여 각각 순환 호출을 하여 각각의 높이를 구한 다음, 이들 중에서 더 큰 값에 1을 더하면 트리의 높이가 된다. 또한 양쪽 서브 트리의 높이의 차이는 각각의 서브 트리에 대하여 높이를 구한 다음, 왼쪽 서브 트리의 높이에서 오른쪽 서브 트리의 높이를 빼면 구할 수 있다.

프로그램 13.10 AVL트리 구현 #3

```
// 트리의 높이를 반환
int get_height(AVLNode *node)
{
    int height = 0;

    if (node != NULL)
        height = 1 + max(get_height(node->left),
            get_height(node->right));

    return height;
}
// 노드의 균형인수를 반환
int get_balance(AVLNode* node)
{
    if (node == NULL) return 0;

    return get_height(node->left)
        - get_height(node->right);
}
```

새로운 노드 추가 함수

새로운 노드가 추가되면 트리의 균형이 깨질 수 있다. 이때 오른쪽 회전과 왼쪽 회전을 이용하여 트리의 균형을 맞춘다. 이중 회전은 rotate_left()와 rotate_right()를 이어서 부르면 된다. 소스의 주석을 참조하여 이해해보자.

```
// AVL 트리에 새로운 노드 추가 함수
// 새로운 루트를 반환한다.
AVLNode* insert(AVLNode* node, int key)
{
    // 이진 탐색 트리의 노드 추가 수행
    if (node == NULL)
        return(create_node(key));

    if (key < node->key)
        node->left = insert(node->left, key);
    else if (key > node->key)
        node->right = insert(node->right, key);
    else    // 동일한 키는 허용되지 않음
        return node;

    // 노드들의 균형인수 재계산
    int balance = get_balance(node);
```

이진 탐색 트리와 같이 탐색이 실패한 위치가 삽입 위치가 된다.

균형 인수를 계산한다.

```
    // LL 타입 처리
    if (balance > 1 && key < node->left->key)
        return rotate_right(node);

    // RR 타입 처리
    if (balance < -1 && key > node->right->key)
        return rotate_left(node);

    // LR 타입 처리
    if (balance > 1 && key > node->left->key)
    {
        node->left = rotate_left(node->left);
        return rotate_right(node);
    }

    // RL 타입 처리
    if (balance < -1 && key < node->right->key)
    {
        node->right = rotate_right(node->right);
        return rotate_left(node);
    }
    return node;
}
```

새로운 노드가 왼쪽 자식의 왼쪽에 추가되었으면 LL 타입이다.

새로운 노드가 오른쪽 자식의 오른쪽에 추가되었으면 RR 타입이다.

새로운 노드가 왼쪽 자식의 오른쪽에 추가되었으면 LR 타입이다. 이중회전시킨다.

새로운 노드가 오른쪽 자식의 왼쪽에 추가되었으면 RL 타입이다. 이중회전시킨다.

전체 프로그램

전체 프로그램은 다음과 같다.

프로그램 13.11 AVL트리 전체 프로그램

```
#include<stdio.h>
#include<stdlib.h>
#define MAX(a, b) (a)
// AVL 트리 노드 정의
typedef struct AVLNode
{
    int key;
    struct AVLNode *left;
    struct AVLNode *right;
} AVLNode;

// 트리의 높이를 반환
int get_height(AVLNode *node)
{
```

```
    int height = 0;
    if (node != NULL)
        height = 1 + max(get_height(node->left),
            get_height(node->right));

    return height;
}

// 노드의 균형인수를 반환
int get_balance(AVLNode* node)
{
    if (node == NULL) return 0;

    return get_height(node->left)
        - get_height(node->right);
}

// 노드를 동적으로 생성하는 함수
AVLNode* create_node(int key)
{
    AVLNode* node = (AVLNode*)malloc(sizeof(AVLNode));
    node->key = key;
    node->left = NULL;
    node->right = NULL;
    return(node);
}

// 오른쪽으로 회전시키는 함수
AVLNode *rotate_right(AVLNode *parent)
{
    AVLNode* child = parent->left;
    parent->left = child->right;
    child->right = parent;

    // 새로운 루트를 반환
    return child;
}

// 왼쪽으로 회전시키는 함수
AVLNode *rotate_left(AVLNode *parent)
{
    AVLNode *child = parent->right;
    parent->right = child->left;
    child->left = parent;

    // 새로운 루트 반환
    return child;
}
```

```c
// AVL 트리에 새로운 노드 추가 함수
// 새로운 루트를 반환한다.
AVLNode* insert(AVLNode* node, int key)
{
    // 이진 탐색 트리의 노드 추가 수행
    if (node == NULL)
        return(create_node(key));

    if (key < node->key)
        node->left = insert(node->left, key);
    else if (key > node->key)
        node->right = insert(node->right, key);
    else    // 동일한 키는 허용되지 않음
        return node;

    // 노드들의 균형인수 재계산
    int balance = get_balance(node);

    // LL 타입 처리
    if (balance > 1 && key < node->left->key)
        return rotate_right(node);

    // RR 타입 처리
    if (balance < -1 && key > node->right->key)
        return rotate_left(node);

    // LR 타입 처리
    if (balance > 1 && key > node->left->key)
    {
        node->left = rotate_left(node->left);
        return rotate_right(node);
    }

    // RL 타입 처리
    if (balance < -1 && key < node->right->key)
    {
        node->right = rotate_right(node->right);
        return rotate_left(node);
    }
    return node;
}

// 전위 순회 함수
void preorder(AVLNode *root)
{
    if (root != NULL)
    {
        printf("[%d] ", root->key);
```

```
        preorder(root->left);
        preorder(root->right);
    }
}

int main(void)
{
    AVLNode *root = NULL;

    // 예제 트리 구축
    root = insert(root, 10);
    root = insert(root, 20);
    root = insert(root, 30);
    root = insert(root, 40);
    root = insert(root, 50);
    root = insert(root, 29);

    printf("전위 순회 결과 \n");
    preorder(root);

    return 0;
}
```

실행결과

```
전위 순회 결과
[30] [20] [10] [29] [40] [50]
```

Quiz

01 데이터 (1, 4, 2, 5, 6, 3)이 순서대로 삽입될 경우에 AVL 트리가 구축되는 과정을 보여라.

13.6 2-3 트리

2-3 트리는 차수가 2 또는 3인 노드를 가지는 트리로서 삽입이나 삭제 알고리즘이 AVL 트리보다 간단하다. 2-3 트리는 하나의 노드가 두 개 또는 세 개의 자식 노드를 가진다. 차수가 2인 노드를 2-노드라고 하며 2-노드는 일반 이진 탐색 트리처럼 하나의 데이터 k1와 두 개의 자식 노드를 가진다. 차수가 3인 노드를 3-노드라고 하며 3-노드는 2개의 데이터 k1, k2와 3개의 자식

노드를 가진다. 왼쪽 서브 트리에 있는 데이터들은 모두 k1보다 작은 값이다. 중간 서브 트리에 있는 값들은 모두 k1보다 크고 k2보다 작다. 오른쪽에 있는 데이터들은 모두 k2보다 크다.

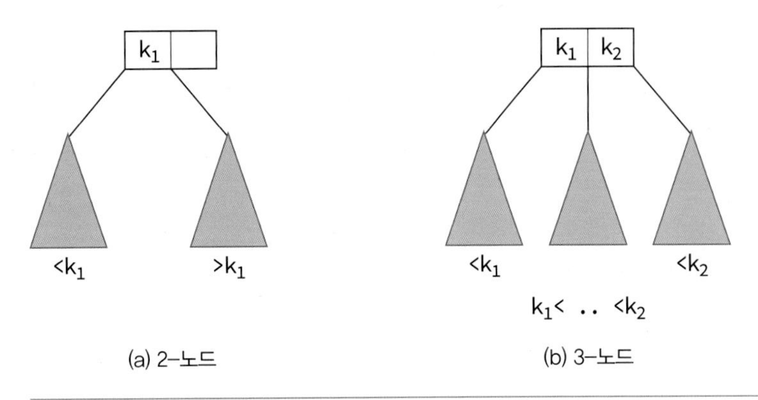

[그림 13-20] 2-3트리에서의 노드의 종류

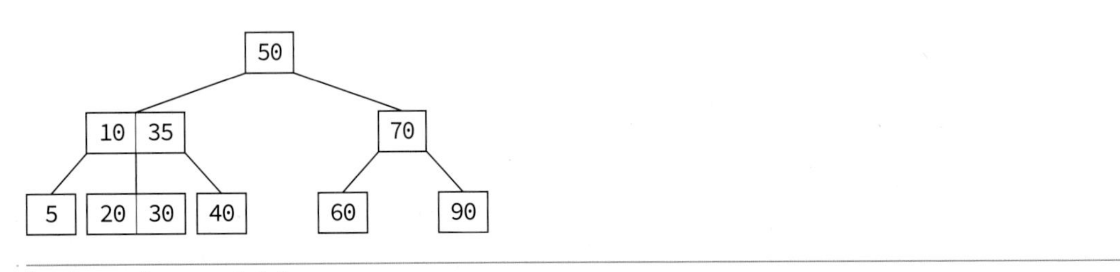

[그림 13-21] 2-3트리의 예

2-3트리의 탐색 연산

2-3 트리의 탐색 연산은 이진 탐색 트리의 알고리즘을 조금만 확장하면 된다. 노드가 2-노드이냐 3-노드이냐에 따라서 탐색을 진행하면 된다. [그림 13-21]의 트리에서 30을 탐색한다고 가정하자. 30은 2-노드의 데이터값인 50보다 작으므로 왼쪽 서브 트리로 가야한다. 30은 다시 3-노드의 데이터 값인 10과 35와 비교된다. 30은 10과 35사이에 있으므로 중간 서브 트리로 진행한다. 중간 서브 트리에는 우리가 찾는 값인 30인 있으므로 탐색은 성공이다. 이를 함수로 정리하면 다음과 같다.

프로그램 13.12 2-3 트리에서의 탐색

```
Tree23Node *tree23_search(Tree23Node* root, int key)
{
    if (root == NULL)              // 트리가 비어 있으면
        return FALSE;
    else if (key == root->data)    // 루트의 키==탐색키
        return TRUE;
```

```
    else if (root->type == TWO_NODE) {  // 2-노드
        if (key < root->key)
            return tree23_search(root->left, key);
        else
            return tree23_search(root->right, key);
    }
    else {
    // 3-노드
        if (key < root->key1)
            return tree23_search(root->left, key);
        else if (key > root->key2)
            return tree23_search(root->right, key);
        else
            return tree23_search(root->middle, key);
    }
}
```

2-3트리의 삽입 연산

2-3 트리의 노드는 2개의 데이터값을 저장할 수 있다. 2-3 트리에 데이터 추가시에 노드에 추가할 수 있을 때까지 데이터는 추가되고 더 이상 저장할 장소가 없는 경우에는 노드를 분리하게 된다. 간단한 예를 들어보자. 30, 60, 20의 순으로 데이터를 삽입한 다고 가정하자. 30을 삽입하면 노드가 하나 생성되고 이 새로운 노드의 데이터로 저장된다. 60은 하나의 노드가 2개의 데이터까지 저장할 수 있으므로 기존의 노드에 저장된다. 20은 현재의 노드가 더 이상 데이터를 저장할 수 없으므로 노드를 3개의 노드로 분리한다. 중간값을 한레벨위로 올리고 제일 작은 값을 왼쪽 노드로 제일 큰값을 오른쪽 노드로 만드는 것이다. 2-3 트리에서의 삽입 연산은 이런식으로 노드를 분리하는 과정을 통하여 이루어진다.

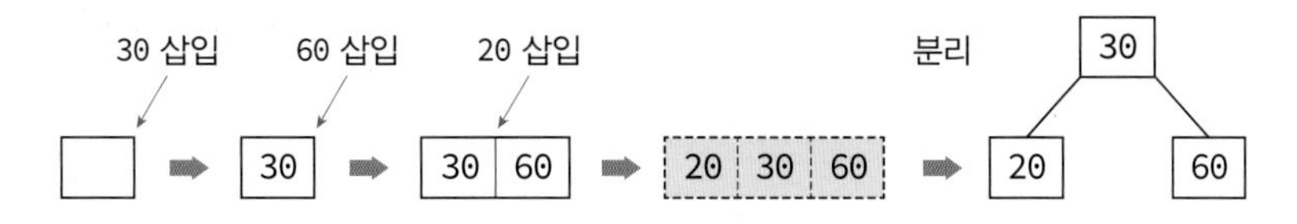

[그림 13-22] 2-3트리에서의 삽입의 예

노드가 분리되는 상황을 좀 더 자세히 살펴보자. 3가지의 경우로 나누어진다.

- 단말 노드를 분리하는 경우
- 비단말 노드를 분리하는 경우
- 루트 노드를 분리하는 경우

위의 3가지 경우에 대하여 좀 더 자세히 살펴보자.

● 단말노드를 분리하는 경우

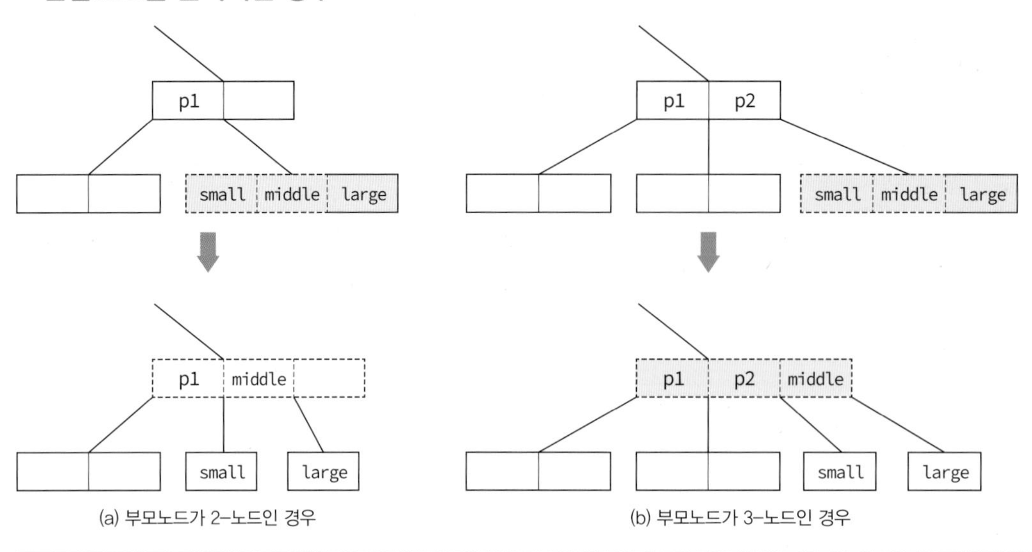

[그림 13-23] 단말노드 분리의 경우

만약 단말노드가 이미 2개의 데이터를 가지고 있는데 새로운 데이터가 삽입되어야 하다면 이 단말 노드는 분리되어야 한다. 단말 노드를 분리하는데 부모 노드가 2-노드라면 [그림 13-23] (a)처럼 새로운 노드와 기존의 2개의 노드 중에서 중간값은 부모 노드로 올라가게 되고, 작은값과 큰값은 새로운 노드로 분리되게 된다. 그러나 [그림 13-23] (b)처럼 만약 부모 노드가 이미 2개의 데이터를 가지고 있는 3-노드라면 부모 노드가 다시 분리되어야 한다. 이는 다음에 설명하는 알고리즘을 이용하여 분리된다.

● 비단말 노드를 분리하는 경우

비단말 노드가 분리 되야 하는 경우에는 역시 마찬가지로 중간 값을 다시 부모 노드로 올려 보내고 작은 값과 큰 값을 별개의 노드로 분리한다. 서브 트리들도 [그림 13-24]처럼 분리된다. 만약 다시 부모 노드에 추가 노드를 받을 만한 공간이 없다면 다시 이러한 분리 과정이 부모 노드에 대하여 되풀이된다.

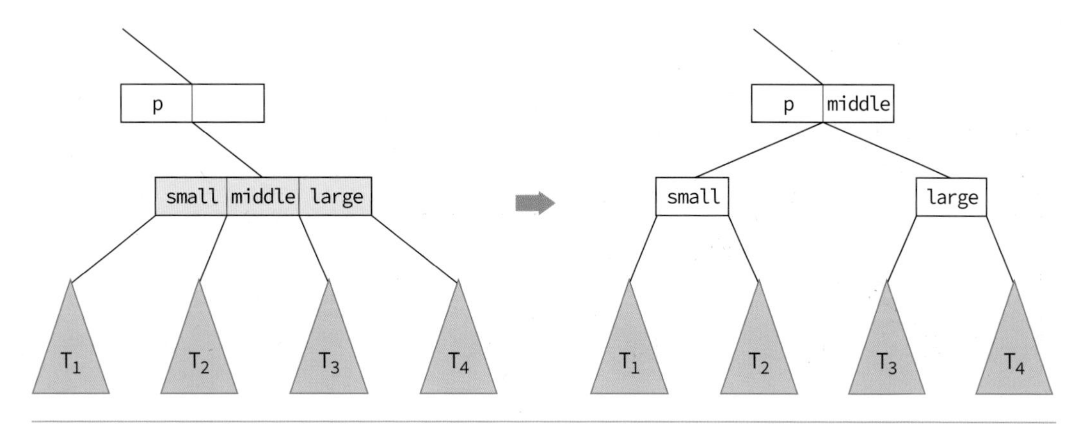

[그림 13-24] 비단말 노드 분리의 경우

● 루트 노드를 분리하는 경우

루트 노드는 이전 과정과 비슷하다. 그러나 [그림 13-25]와 같이 루트 노드를 분리하게 되면 새로운 노드가 하나 생기게 되므로 트리의 높이가 하나 증가하게 된다. 새로 만들어지는 노드는 이 트리의 새로운 루트 노드가 된다. 2-3 트리에서 트리의 높이가 증가하게 되는 것은 오직 이 경우뿐이다.

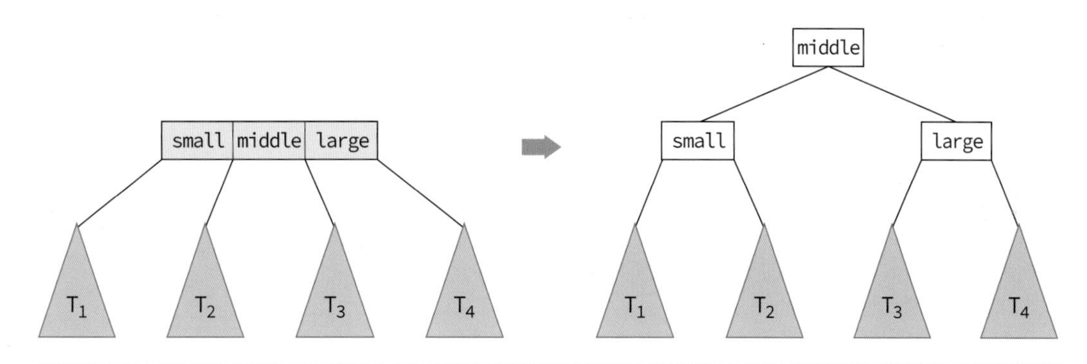

[그림 13-25] 루트 노드 분리의 경우

가상 실습 13.3

2-3 트리

2-3 트리 애플릿을 이용하여 다음의 실험을 수행하라.

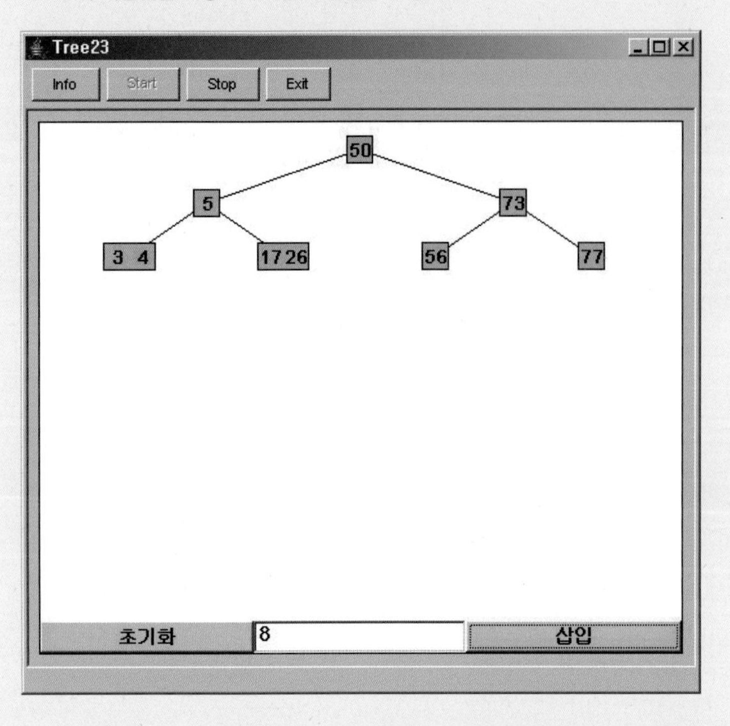

(1) 본문에 나오는 데이터 값을 이용하여 2-3 트리를 만들어 분할되는 과정을 살펴본다.

01 데이터 (5, 6, 7, 4, 3, 2, 1, 8, 9)가 순서대로 삽입될 경우에 2-3 트리가 구축되는 과정을 보여라.

13.7 2-3-4 트리

2-3-4 트리는 하나의 노드가 4개의 자식까지 가질 수 있도록 2-3 트리를 확장한 것이다. 4개의 자식을 가질 수 있는 노드는 4-노드라고 불리우며 3개의 데이터를 가질 수 있다. 4-노드의 3개의 데이터를 각각 small, middle, large라고 하면 4-노드의 서브트리에는 그림과 같은 범위에 속하는 데이터들이 들어가게 된다.

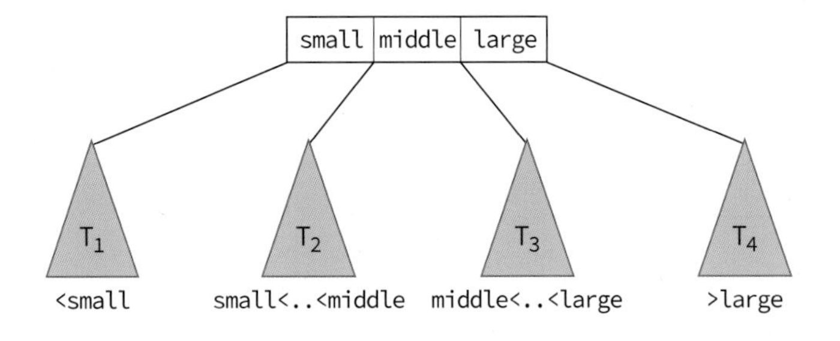

[그림 13-26] 4-노드의 정의

2-3-4 트리를 탐색하는 것은 2-3 트리의 탐색 알고리즘에 4-노드를 처리하는 부분만 추가되면 된다.

2-3-4 트리의 삽입 연산

2-3-4 트리에서 키를 삽입해야 할 단말 노드가 만약 2-노드 또는 3-노드이면 간단하게 삽입만 하면 된다. 문제는 삽입해야할 단말노드가 4-노드이면 후진 분할(backward split)이 일어나게 된다. 따라서 2-3-4 노드에서는 후진 분할 연산을 방지하기 위하여 삽입 노드를 찾는 순회(루트->단말) 시에 4-노드를 만나면 미리 분할을 수행한다. 따라서 미리 분할을 수행하였으므로 후진 분할을 할 필요가 없다. 이는 2-3 트리와 비교된다. 2-3 트리는 삽입 또는 삭제를 위한 순회(루트→단말)와 분할과 합병의 영향으로 인한 순회(단말→루트)가 필요하다. 따라서 2-3 트리에 비하여 2-3-4 트리의 장점은 루트에서 단말 노드로 한번만 이동하면서 삽입이나 삭제가 가능하다는 것이다.

2-3-4 트리에서는 삽입을 위하여 루트에서 단말 노드로 내려가는 동안 4-노드를 만나면 무조건 분할시킨다. 따라서 단말 노드에 도달하게 되면 단말노드의 부모 노드는 4-노드가 아니라는 것이 보장된다. 따라서 후진 이동을 막을 수 있다.

4-노드에 대하여 다음의 3가지 경우를 고려해서 알고리즘을 만들어야 한다.

- 4-노드가 루트인 경우: [그림 13-27] 참조
- 4-노드의 부모가 2-노드인 경우: [그림 13-28] 참조
- 4-노드의 부모가 3-노드인 경우: [그림 13-29] 참조

편의상 노드들의 배치가 대칭인 경우는 생략하였다. 노드를 삽입할 때 루트에서 단말노드로 내려가면서 4-노드를 분할한다면 적어도 루트가 아닌 4-노드를 만날 때마다 그것의 부모는 적어도 4-노드가 아니라는 것을 알 수 있다.

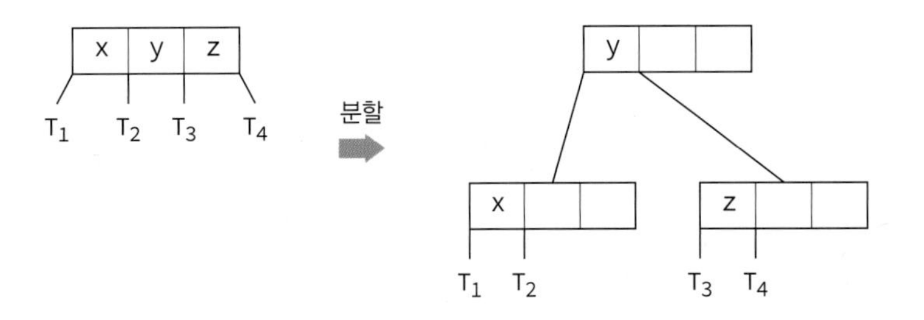

[그림 13-27] 4-노드가 루트인 경우의 분할

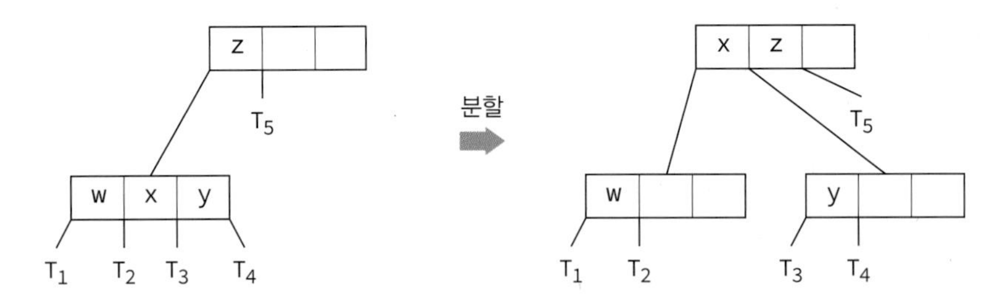

[그림 13-28] 4-노드가 2-노드의 자식인 경우의 분할

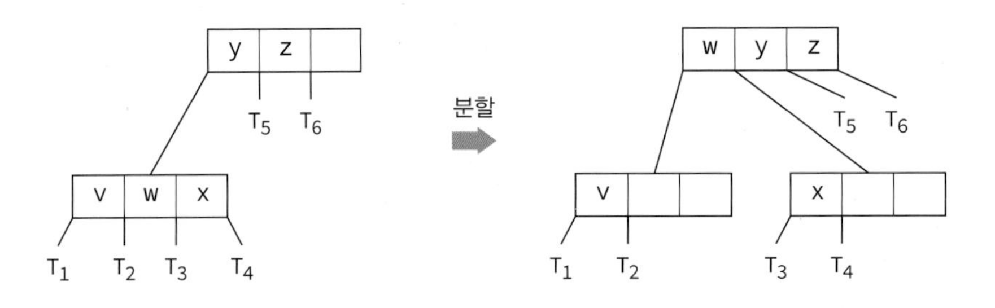

[그림 13-29] 4-노드가 3노드의 자식인 경우의 분할

연습문제 EXERCISE

01 이진 탐색 알고리즘의 특징이 아닌 것은?(기사 시험 기출 문제)

① 탐색 효율이 좋고 탐색 시간이 적게 소요된다.
② 검색할 데이터가 정렬되어 있어야 한다.
③ 피보나치 수열에 따라 다음에 비교할 대상을 선정하여 검색한다.
④ 비교를 거듭할 때마다 검색 대상이 되는 데이터의 수가 절반으로 줄어든다.

02 키 값 28을 가지고 아래의 리스트를 탐색할 때 다음의 탐색 방법에 따른 탐색 과정을 그리고 탐색 시에 필요한 비교 연산 횟수를 구하여라.

0	1	2	3	4	5	6	7	8	9	10	11	12	13	14	15
8	11	12	15	16	19	20	23	25	28	29	31	33	35	38	40

(1) 순차 탐색
(2) 이진 탐색
(3) 보간 탐색

03 AVL 트리에서 회전은 언제 이루어지는가?

(1) 삽입 전
(2) 삽입 후
(3) 탐색 중
(4) 탐색 후

04 정렬된 100,000,000개의 원소가 있다. 이진 탐색 알고리즘을 사용했을 때 최악의 경우에 대하여 비교 횟수를 구하라.

05 데이터 (60, 50, 20, 80, 90, 70, 55, 10, 40, 35)를 차례대로 삽입하면서 다음과 같은 균형트리를 구축하는 과정을 그림으로 설명하고 이들 3가지의 트리를 사용한 결과를 서로 비교하라.

(a) 이진탐색트리
(b) AVL 트리
(c) 2-3 트리

06 데이터 (10, 20, 30, 40, 50, 60, 70, 80, 90, 100)를 차례대로 삽입했을 때의 결과 트리를 그려라. 어떤 트리가 탐색을 가장 효율적으로 수행하는가?

(a) 이진탐색트리
(b) AVL 트리
(c) 2-3 트리

07 난수발생기를 이용하여 1부터 n까지의 정수를 생성하라. 이들 정수를 공백 상태의 AVL 트리에 차례대로 넣어서 생성되는 트리의 높이를 측정한다. 이 실험을 서로 다른 난수들의 집합에 대하여 되풀이하여 평균적인 높이를 계산하라. 이 값을 $2\lceil\log_2(n+1)\rceil$와 비교하라. n=100; 500; 1000; 10,000; 50,000이라고 가정하라.

08 이진 탐색 트리는 숫자들을 정렬시키는데 이용이 가능하다. 배열 a[]에 저장된 n개의 정수를 받아서 비어있는 이진탐색트리에 삽입하고 중위 순회 순서대로 다시 배열에 넣으면 정렬된 숫자를 얻을 수 있다. 간단하게 하기 위하여 배열에 들어있는 값은 중복되지 않았다고 가정하라. 이 정렬 방법을 구현하고 이 방법의 시간 복잡도를 삽입 정렬과 히프 정렬과 비교하라.

09 탐색키가 정수가 아닌 알파벳으로 되어 있는 경우에 공백 트리에서 시작하여 다음과 같은 순서로 AVL 트리에 삽입될 때, 각 단계에서의 AVL 트리를 그려라. 또 각 단계에서 회전의 유형을 표시하라.

Dec, Jan, Apr, Mar, July, Aug, Oct, Feb, Sept, Nov, June, May

CHAPTER 14

해싱

■ 학습목표

- 추상 자료형 "사전"을 이해한다.
- 해싱의 개념을 이해한다.
- 해시 함수의 변환방법을 이해한다.
- 충돌 해결책인 선형 조사법을 이해한다.
- 충돌 해결책인 체이닝을 이해한다.

14 해싱

14.1 해싱이란?

지금까지 배운 우리가 학습한 선형 탐색이나 이진 탐색은 모두 키를 저장된 키값과 반복적으로 비교함으로써 탐색하고자 하는 항목에 접근한다. 이런 방법들은 최대 가능한 시간 복잡도가 $O(\log n)$에 그친다. 이 정도의 시간 복잡도만 되어도 괜찮은 응용도 있지만, 어떤 응용에서는 더 빠른 탐색 알고리즘을 요구한다. 예를 들어 전화번호로 주소를 확인하는 긴급 출동 시스템에서는 빠른 검색이 필수적일 것이다. 더 효율적인 알고리즘은 없을까? 예를 들어서 $O(1)$의 시간 안에 탐색할 수 있는 알고리즘은 없을까? 이번 장에서 학습하는 해싱은 $O(1)$의 시간 안에 탐색을 끝마칠 수도 있다.

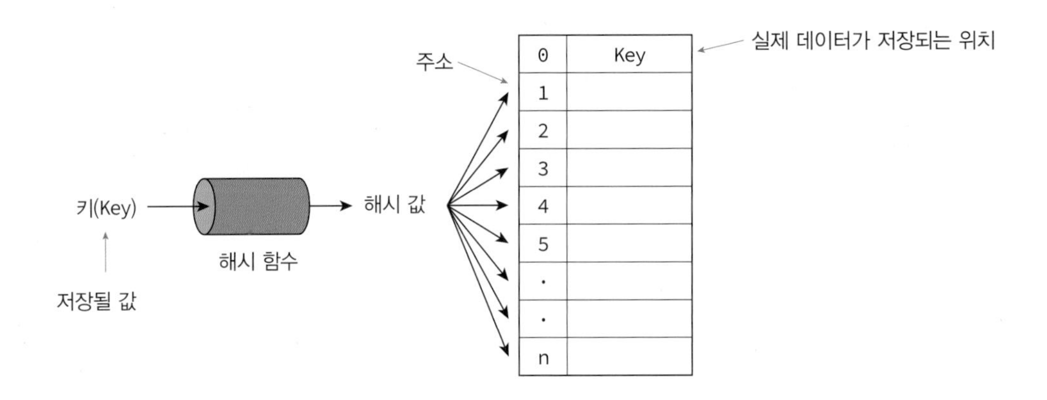

해싱은 키(key)에 산술적인 연산을 적용하여 항목이 저장되어 있는 테이블의 주소를 계산하여 항목에 접근한다. 이렇게 키에 대한 연산에 의해 직접 접근이 가능한 구조를 해시 테이블(hash table)이라 부르며, 해시 테이블을 이용한 탐색을 해싱(hashing)이라 한다. 해싱은 많은 응용 프로그램에서 사용된다. 예를 들어서 컴파일러가 사용하는 심볼 테이블, 철자 검사기, 데이터베이스 등에서 해싱을 사용한다.

해싱은 일상생활에서의 정리 정돈으로 비유할 수 있다. 우리 주위에는 정리 정돈을 잘하는 사람도 있고 그렇지 않은 사람도 있다. 정리 정돈을 잘하는 사람은 물건들을 항상 제자리에 둔다. 예를 들면 열쇠는 항상 책상위에 두는 식이다. 정리정돈을 잘 못하는 사람은 물건들을 섞여있는 상태로 두었다가 필요할 때 하나씩 탐색한다. 해싱은 물건을 잘 정리하는 것과 같다. 각 물건마다 고유한 위치가 있고 그 위치에 그 물건을 보관하는 것이다. 그 물건이 필요하면 바로 그 위치를 찾아가면 된다.

[그림 14-1] 해싱은 물건을 정리하는 것과 같다.

해싱은 보통 "사전(dictionary)"이라는 자료 구조를 구현할 때에 최상의 선택이 된다. 해싱에 대하여 구체적으로 진행하기 전에 먼저 추상 자료형 "사전"에 대하여 살펴보자.

14.2 추상 자료형 사전

사전의 개념

사전(dictionary)은 (키, 값) 쌍의 집합이다. 사전은 키와 관련된 값을 동시에 저장하는 자료 구조이다. (키, 값) 쌍을 저장할 수도 있고 (키, 값) 쌍을 삭제할 수도 있으며 키를 가지고 값을 검색할 수 있다. 사전은 맵(map)이나 테이블(table)로 불리기도 한다.

- 키(key): 사전의 단어처럼 항목과 항목을 구별시켜주는 것
- 값(value): 단어의 설명에 해당한다.

[그림 14-2] 사전

예를 들어 영어 사전의 경우, 영어 단어가 키가 되고, 단어의 설명이 값이 된다. 사전은 항목들을 키에 의하여 식별하고 관리한다. 항목들의 위치는 상관없다. 따라서 항목들을 접근하고 삭제하려면 키만 가지고 있으면 된다. 사전에 있는 항목들은 모두 키를 가지고 있다는 점에서 다른 자료 구조(예를 들어 리스트)들과는 구분이 된다. 리스트에도 물론 키를 같이 넣어서 저장할 수

있겠지만 리스트는 근본적으로 위치에 의하여 관리되는 자료 구조이다. 반면 사전은 오직 키에 의해서만 관리된다.

우리가 일상 생활에서 사용하는 영어 사전에는 단어들이 정렬되어 있다. 그러나 "사전" 자료 구조에서는 키에 따라 정렬되어 있기도 하고 그렇지 않기도 한다. "사전"에서는 무조건 키에 의하여 항목에 접근할 수 있으면 된다. 따라서 정렬 여부는 추상자료형 "사전"를 구현할 때에 결정하여야 될 문제이다.

사전의 연산

많은 연산이 있을 수 있지만 핵심이 되는 연산만을 추려보면 다음과 같다.

ADT 14.1 추상 자료형 Dictionary

```
·객체: 일련의 (key,value) 쌍의 집합
·연산:
  add(key, value) ::= (key,value)를 사전에 추가한다.
  delete(key) ::= key에 해당되는 (key,value)를 찾아서 삭제한다. 관련된 value를 반환한다. 만약 탐
                  색이 실패하면 NULL를 반환한다.
  search(key) ::= key에 해당되는 value를 찾아서 반환한다. 만약 탐색이 실패하면 NULL를 반환한다.
```

사전을 효율적으로 구현하기 위해서는 이들 3가지 연산을 효율적으로 구현하여야 한다. 우리는 이진 탐색 트리를 가지고도 추상자료형 사전을 구현할 수 있다. 만약 이진 탐색 트리를 사용한다면 최악의 경우, 시간 복잡도는 $O(n)$이 될 것이다. 사전 구조를 가장 효율적으로 구현할 수 있는 방법은 이번 장에서 기술할 해싱이다. 해싱은 키의 비교가 아닌 키에 수식을 적용시켜서 바로 키가 저장된 위치를 얻는 방법이다.

14.3 해싱의 구조

해싱의 기본적인 아이디어는 간단하다. 만약 어떤 회사의 직원이 100명이라고 하자. 100명의 직원들은 0에서 99까지의 아이디를 부여받는다. 직원들에 대한 정보를 가장 빠르게 저장하고 탐색하려면 어떻게 해야 할까? 쉽게 생각할 수 있지만 단순히 크기가 100인 배열을 만들면 된다. 자료를 저장하거나 탐색하려면 직원의 아이디를 키(배열의 인덱스)로 생각하고 단지 배열의 특정 요소를 읽거나 쓰면 된다. 이들 연산들의 시간 복잡도는 명백하게 $O(1)$이다. 즉 상수 시간 안에 종료할 수 있다. 그러나 현실적으로는 탐색 키들이 문자열이거나 매우 큰 숫자이기 때문에 탐색 키를 직접 배열의 인덱스로 사용하기에는 무리가 있으므로 각 탐색 키를 작은 정수로 사상(mapping)시키는 어떤 함수가 필요하다.

키(key)	값(value)
0	직원 #0의 인사기록
1	직원 #1의 인사기록
2	직원 #2의 인사기록
...	...
98	직원 #98의 인사기록
99	직원 #99의 인사기록

해싱에서는 자료를 저장하는데 배열을 사용한다. 배열은 단점도 있지만 만약 원하는 항목이 들어 있는 위치를 알고 있다면 매우 빠르게 자료를 삽입하거나 꺼낼 수 있다. 이 경우, 배열의 다른 요소들에는 전혀 접근할 필요가 없다. 해싱이란 이런 식으로 어떤 항목의 키만을 가지고 바로 항목이 들어 있는 배열의 인덱스를 결정하는 기법이다. 해시 함수(hash function)란 키를 입력으로 받아 해시 주소(hash address)를 생성하고 이 해시 주소를 해시 테이블(hash table)의 인덱스로 사용한다. 이 배열의 인덱스 위치에 자료를 저장할 수도 있고 거기에 저장된 자료를 꺼낼 수도 있다. 예를 들어 영어사전에서는 단어가 키가 되고 이 단어를 해싱 함수를 이용하여 적절한 정수 i로 변환한 다음, 배열 요소 ht[i]에 단어의 정의를 저장하는 것이다.

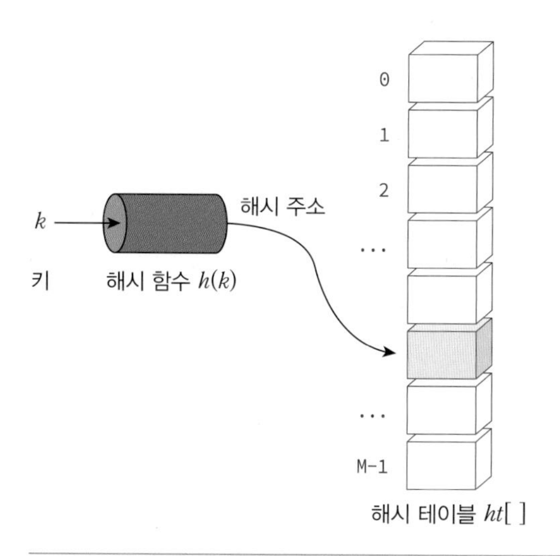

[그림 14-3] 해싱의 구조

[그림 14-3]에 해싱의 탐색 구조를 보였다. 키값 k를 입력받아 해시 함수 $h(k)$로 연산한 결과인 해시 주소 $h(k)$를 인덱스로 사용하여 해시 테이블에 있는 항목에 접근한다.

해시테이블 ht는 M개의 버킷(bucket)으로 이루어지는 테이블로서 ht[0], ht[1], ..., ht[M-1]의 원소를 가진다. [그림 14-4]에서 보이듯이 하나의 버킷은 s개의 슬롯(slot)을 가질 수 있으며, 하나의 슬롯에는 하나의 항목이 저장된다. 하나의 버킷에 여러 개의 슬롯을 두는 이유는 서로 다른 두 개의 키가, 해시함수에 의해 동일한 해시 주소로 변환될 수 있으므로 여러 개의 항목을 동일한 버킷에 저장하기 위함이다. 그러나 대부분의 경우 하나의 버킷은 하나의 슬롯을 가진다.

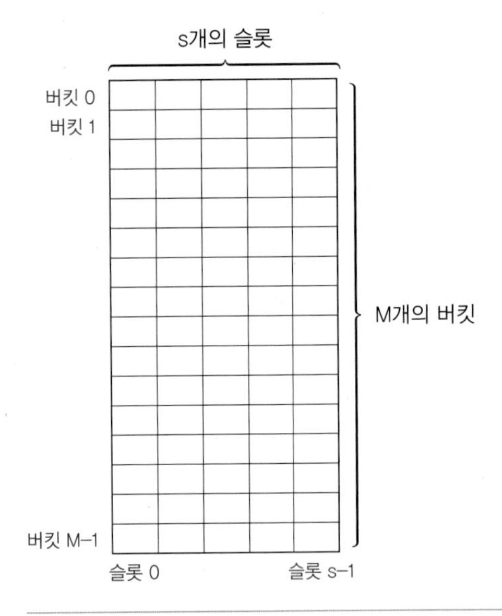

[그림 14-4] 해시테이블의 구조

해시 테이블에 존재하는 버킷의 수가 M이므로 해시함수 h는 모든 키에 대하여 $0 \leq h(x) \leq M-1$의 범위의 값을 제공해야 한다. 대부분의 경우 해시 테이블의 버킷 수는 모든 키의 경우의 수보다 매우 작으므로 여러 개의 서로 다른 키가 해시함수에 의해 같은 해시 주소로 사상(mapping)되는 경우가 자주 발생한다. 서로 다른 두 개의 키 k1과 k2에 대하여 h(k1) = h(k2)인 경우를 충돌(collision)이라고 하며, 이러한 키 k1과 k2를 동의어(synonym)라 한다. 만약 충돌이 발생하면 같은 버킷에 있는 다른 슬롯에 항목을 저장하게 된다. 충돌이 자주 발생하면 버킷 내부에서의 순차 탐색 시간이 길어져서 탐색 성능이 저하될 수 있으므로 해시 함수를 수정하거나 해시테이블의 크기를 적절히 조절해 주어야 한다.

이러한 충돌이 버킷에 할당된 슬롯 수보다 많이 발생하게 되면 버킷에 더 이상 항목을 저장할 수 없게 되는 오버플로우(overflow)가 발생하게 된다. 만약 버킷 당 슬롯의 수가 하나(s=1)이면 충돌이 곧 오버플로우를 의미한다. 오버플로우가 발생하면 더 이상 항목을 저장할 수 없게 되므로 오버플로우를 해결하기 위한 방법이 반드시 필요하다. 먼저 해싱의 간단한 원리를 살펴보기 위하여 이상적인 해싱의 경우를 살펴보자.

이상적인 해싱

어떤 대학교에서 학생들의 인적사항을 해싱으로 저장한다고 생각하자. 해싱 테이블에는 학생들의 주민등록번호, 학번, 이름, 주소와 같은 인적 사항이 저장되어 있다. 학번을 키로 생각하자. 학번은 5자리로 되어 있고 앞의 2개의 숫자가 학과를 나타내고 뒤의 3자리 숫자가 각 학과의 학생들의 번호라고 하자. 만약 같은 학과 학생들만 저장된다고 가정하면 키로 뒤의 3자리만 사용할 수 있다. 이 경우, 해시 함수는 단순히 5개의 숫자 중에서 뒤의 3자리만 추출하면 된다.

$$h(01023)=23$$

이 경우에는 어떤 학생의 학번이 01023이라면 이 학생의 인적사항은 해시테이블의 이름을 ht 이라고 하면 ht[23]에 저장될 것이다. 이 경우에는 해시 테이블에 자료를 저장하는데 필요한 시간이 $O(1)$임을 알 수 있다. 즉 해시 함수를 계산하는 시간만 필요하다. 마찬가지로 자료를 꺼내는 절차도 마찬가지다. 학번을 가지고 해시 함수를 계산하여 나온 위치에 있는 자료를 꺼내면 된다.

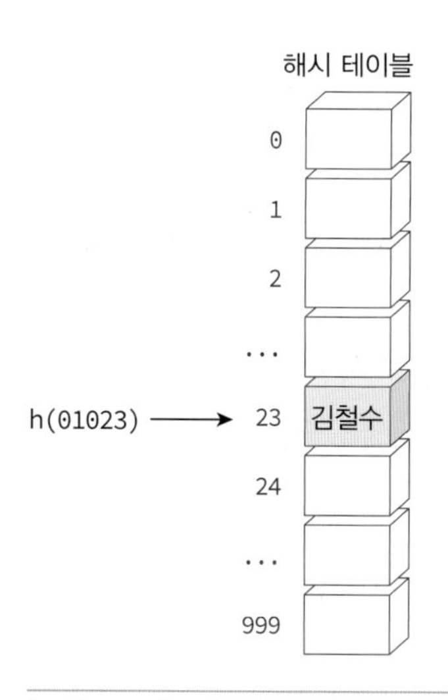

[그림 14-5] 해시테이블의 구조

따라서 이러한 이상적인 경우에 해싱은 매우 빠르게 자료를 저장하고 탐색할 수 있다. 여기서 자료를 꺼내기 위하여 전체 배열을 탐색하지 않았음에 유의하라. 자료를 저장하고 탐색하는 간단한 알고리즘을 작성해보면 다음과 같다.

알고리즘 14.1 이상적인 해싱 알고리즘

```
add(key, value):
    index ← hash_function(key)
    ht[index] = value

search(key):
    index ←hash_function(key)
    return ht[index]
```

위의 알고리즘은 해시 테이블이 충분한 공간만 가지고 있으면 잘 동작된다. 즉 위의 예제에서 키는 01000부터 01999까지 변화할 수 있고 해시함수는 0에서 999까지를 생성할 것이다 만약 해시테이블이 1000개의 공간을 가지고 있다면 위의 알고리즘은 완벽하게 작동될 것이다. 즉 하나의 학번 당 하나의 배열 요소가 할당될 것이다. 위의 상황은 모두 이상적인 경우를 가정한 것이다.

실제의 해싱

실제로는 해시 테이블의 크기가 제한되어 있으므로 하나의 키당 해시테이블에서 하나의 공간을 할당할 수가 없다. 보통의 경우에 키는 매우 많고, 해시 테이블의 크기는 상당한 제약을 받는 것이 일반적인 상황이다. 예를 들어 주민등록번호가 키라고 가정해보면 만약 키당 하나의 공간을 할당하는 경우에는 해시테이블에 엄청나게 많은 공간이 필요함을 알 수 있다. 보통 주민등록번호는 13자리의 십진수이므로 10^{13}개정도의 공간이 필요함을 알 수 있다. 따라서 일반적인 경우에는 키에 비하여 해시 테이블의 크기가 작다. 또 일반적으로 키 중에 일부만 사용되기 때문에 전체를 위한 공간을 항상 준비할 필요는 없다. 따라서 우리는 더 작은 해시 테이블을 사용하는 해시 함수를 고안해보자.

간단하면서도 강력한 방법은 키를 해시테이블의 크기로 나누어서 그 나머지를 해시 테이블의 주소로 하는 것이다. 정수 i를 해시 테이블 크기 M으로 나누어서 나머지를 취하면 0에서 M−1까지의 숫자가 생성된다. 이 값은 해시 테이블을 위한 유효한 인덱스가 된다. 나머지를 구하는 연산자인 mod를 사용하면 해시함수는 다음과 표시된다.

$$h(k) = k \bmod M$$

위의 해시 함수는 완벽한 해시함수가 아니다. 따라서 두개 이상의 키가 동일한 해시 테이블의 공간으로 사상될 수 있다. 예를 들어 테이블의 크기를 31이라고 하면 h(01023) 와 h(01054)가 같은 주소로 매핑된다. 이러한 상황을 충돌이라고 한다. 해싱에서는 이러한 충돌을 해결하는 일이 무엇보다도 중요하다.

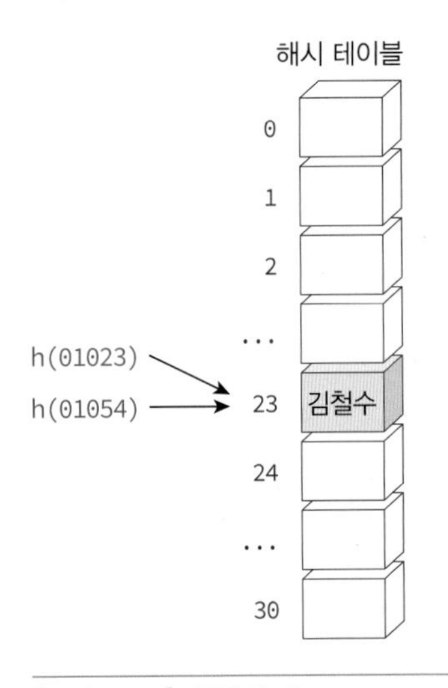

[그림 14-6] 충돌의 예

두 번째 예제로 하나의 버킷에 여러 개의 슬롯이 있는 경우를 살펴보자. [그림 14-7]의 해시 테이블에는 26개의 버킷이 있고, 각 버킷에는 2개의 슬롯이 할당되어 있다. 여기서의 키는 알파벳으로 되어 있다고 가정하자. 해시함수는 각 키의 첫 번째 문자를 숫자로 바꾼다. 즉 a이면 0이고 b이면 1이다.

```
h("array")=0
h("binary")=1
...
```

[그림 14-7]에서 (array, binary, bubble, file, digit, direct, zero, bucket)의 순으로 키값이 계속 입력될 경우 이러한 키값들이 저장되는 과정을 보였다. 저장되는 과정에서 계속 충돌과 오버플로우가 발생한다. 현재까지는 충돌 해결책을 마련하지 않았기 때문에 오버플로우가 일어나면 그 키는 저장될 수 없다. bucket의 경우, 오버플로우 때문에 저장되지 못했다.

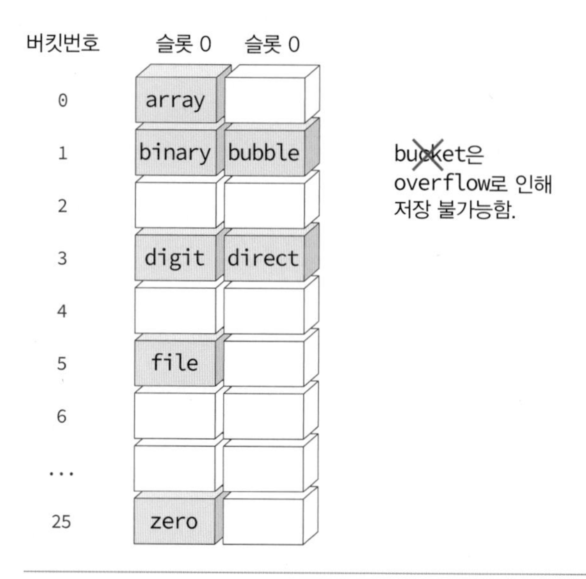

[그림 14-7] 충돌과 오버플로우의 예

따라서 실제의 해싱에서는 충돌과 오버플로우가 빈번하게 발생하므로 시간 복잡도는 이상적인 경우의 $O(1)$보다는 떨어지게 된다. 충돌 해결책을 본격적으로 살펴보기 전에 먼저 해시 함수에 대하여 좀 더 자세하게 알아보자.

Quiz

01 아래와 같이 10개의 버켓과 버켓 당 2개의 슬롯을 가지는 해시테이블이 있다. 해시 함수는 정수 데이터의 끝자리 숫자를 사용한다. 데이터 (53, 374, 225, 557, 19, 100, 763, 812, 65, 710, 123, 818)가 순서대로 삽입될 경우에 해시 테이블에 데이터가 저장되는 과정을 보이고, 충돌 횟수와 오버플로우 횟수를 답하라.

버킷번호	슬롯0	슬롯1
0		
1		
2		
3		
4		
5		
6		
7		
8		
9		

14.4 해시함수

해싱에서는 키값을 해시테이블의 주소로 변환하는 해시 함수가 잘 설계되어야만 탐색의 효율이 증대될 수 있다. 좋은 해시 함수의 조건은 다음의 3가지이다.

- 충돌이 적어야 한다.
- 해시함수 값이 해시테이블의 주소 영역 내에서 고르게 분포되어야 한다.
- 계산이 빨라야 한다.

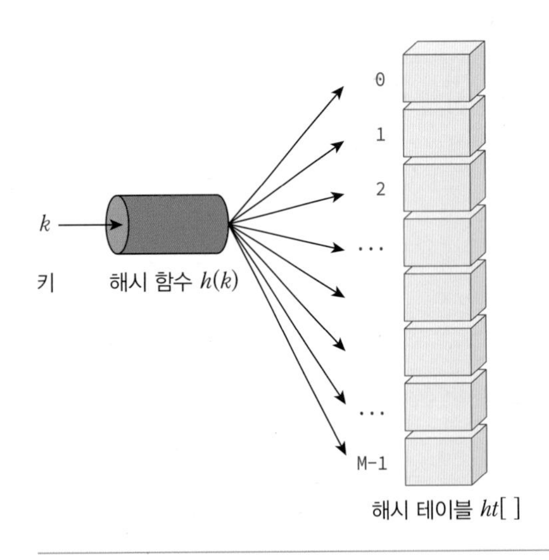

[그림 14-8] 좋은 해시 함수는 해시 테이블을 골고루 사용하여야 한다.

예를 들면 영문으로 되어 있는 은행 지점명의 첫 번째 글자를 취하여 해시함수로 사용하는 것은 균일하지가 않다. 왜냐하면 x로 시작하는 지점명은 별로 없기 때문이다. 즉 이 경우, 해시 테이블을 균일하게 사용하지 않는다.

해시 테이블의 크기가 M인 경우 해시 함수는 키(주로 정수이거나 문자열)들을 [0, M-1]의 범위의 정수로 변환시켜야 한다. 먼저 키가 정수라고 가정하자. 문자열의 경우는 나중에 자세하게 설명하기로 한다.

제산 함수

제산함수는 나머지 연산자(mod)를 사용하여 키를 해시 테이블의 크기로 나눈 나머지를 해시 주소로 사용하는 방법이다. 즉 키 k에 대하여 해시함수는

$$h(k) = k \bmod M$$

으로 하는 것이다. 여기서 M은 해시 테이블의 크기로서 해시 함수의 값의 범위는 0~$(M-1)$이 된다. 따라서 해시 테이블의 인덱스로 사용하기에는 이상적인 값이 된다. 이는 가장 일반적인 해시 함수로서 해시 테이블의 크기 M는 주로 소수(prime number)로 선택한다. 이 방법은 다양한 응용 분야에 쉽게 적용할 수 있을 뿐만 아니라 , 해시 주소를 상당히 고르게 분포시키는 좋은 방법이다.

그러면 왜 M의 선택이 중요한지를 살펴보자. 예를 들어서 M이 짝수라면 $k \bmod M$은 k가 짝수이면 짝수가 되고 k가 홀수라면 홀수가 된다. 만약 메모리 주소를 가지고 해싱을 한다면 k가 짝수가 될 가능성이 높고(메모리 주소는 보통 2의 배수임을 주의하라), 이런 식으로 해시 주소가 한쪽으로 편향된다면 해시 테이블을 골고루 사용하지 않는 것이 되서 이는 결과적으로 좋지 않다. 따라서 테이블의 크기인 M은 항상 홀수여야 한다. 만약 M이 소수라면 즉 자기 자신과 1만을 약수로 가지는 수라면 $k \bmod M$은 0에서 M-1을 골고루 사용하는 값을 만들어낸다.

만약 나머지 연산을 수행했을 때 음수가 나올 가능성에도 대비해야 한다. 따라서 $k \bmod M$이 음수라면 여기에 M을 더해서 결과값이 항상 0에서 M-1이 되도록 하여야 한다. 따라서 최종적인 해시 함수는 다음과 같이 된다.

```
int hash_function(int key)
{
    int hash_index = key % M;
    if (hash_index < 0)
        hash_index += M;
    return hash_index;
}
```

폴딩 함수

폴딩 함수는 주로 키가 해시 테이블의 크기보다 더 큰 정수일 경우에 사용된다. 예를 들어 키는 32비트이고 해시 테이블의 인덱스는 16비트 정수인 경우이다. 만약 이런 경우, 키의 앞의 16비트를 무시하고 뒤의 16비트를 해시 코드로 사용한다면, 앞의 16비트만 다르고 뒤의 16비트는 같은 키의 경우, 충돌이 발생할 것이다. 따라서 키의 일부만 사용하는 것이 아니고 키를 몇 개의 부분으로 나누어 이를 더하거나 비트별로 XOR같은 부울 연산을 하는 것이 보다 좋은 방법이다. 이것을 폴딩(folding)이라고 한다. 예를 들어 32비트 키를 2개의 16비트로 나누어 비트별로 XOR 연산을 하는 코드는 다음과 같다.

```
hash_index = (short)(key ^ (key>>16))
```

폴딩 함수는 키를 여러 부분으로 나누어 모두 더한 값을 해시 주소로 사용한다. 키를 나누고 더하는 방법에는 이동 폴딩(shift folding)과 경계 폴딩(boundary folding)이 대표적이다. 이동 폴딩은 키를 여러 부분으로 나눈 값들을 더하여 해시 주소로 사용하고, 경계 폴딩은 키의 이웃한 부분을 거꾸로 더하여 해시 주소를 얻는다.

폴딩 방법을 구현할 때는 키 값을 해시 테이블 크기만큼의 수를 가지는 부분으로 분할한 후, 분할된 부분을 합하여 해시 주소를 만들어준다. 다음은 키 값이 "12320324111220"이고 해시주소가 10진수 3자리로 구성되어 있는 경우의 이동 폴딩과 경계 폴딩의 예를 보여준다.

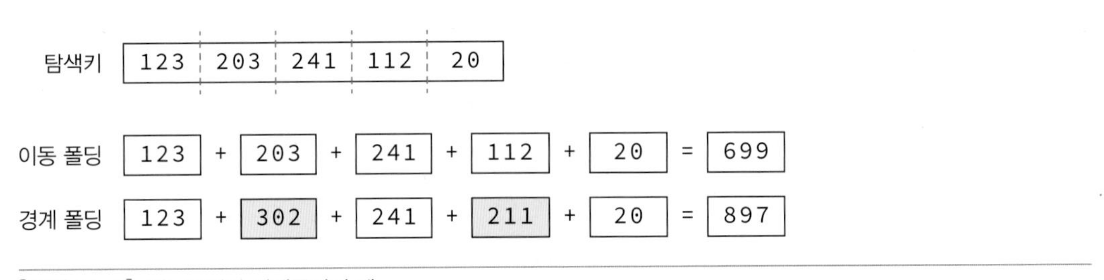

[그림 14-9] 이동폴딩과 경계폴딩의 예

폴딩 함수는 주로 탐색 키가 해시 테이블의 크기보다 더 큰 정수일 경우에 사용된다. 예를 들어 탐색 키는 32비트이고 해시 테이블의 인덱스는 16비트 정수인 경우를 고려하자. 이 경우, 탐색 키의 앞 16비트를 무시하고 뒤 16비트를 해시 코드로 사용한다면, 앞의 16비트만 다르고 뒤의 16비트는 같은 탐색 키인 경우 충돌이 발생할 것이다. 따라서 탐색 키의 일부만 사용하는 것이 아니고 탐색 키를 몇 개의 부분으로 나누어 이를 더하거나 비트별로 XOR 같은 부울 연산을 하는 것이 훨씬 바람직하다. 이것을 폴딩(folding)이라고 한다. 예를 들어 32비트 키를 2개의 16비트로 나누어 비트별로 XOR 연산을 하는 코드는 다음과 같다.

```
hash_index=(short)(key ^ (key>>16))
```

중간 제곱 함수

중간 제곱 함수는 키를 제곱한 다음, 중간의 몇 비트를 취해서 해시 주소를 생성한다. 제곱한 값의 중간 비트들은 대개 키의 모든 문자들과 관련이 있기 때문에 서로 다른 키는 몇 개의 문자가 같을 지라도 서로 다른 해싱 주소를 갖게 된다. 키 값을 제곱한 값의 중간 비트들의 값은 비교적 고르게 분산된다.

비트 추출 방법

비트 추출 방법은 해시 테이블의 크기가 $M=2^k$일 때 키를 이진수로 간주하여 임의의 위치의 k개의 비트를 해시 주소로 사용하는 것이다. 이 방법은 아주 간단하다. 그러나 키의 일부 정보만을 사용하므로 해시 주소의 집중 현상이 일어날 가능성이 높다.

숫자 분석 방법

숫자 분석 방법은 숫자로 구성된 키에서 각각의 위치에 있는 수의 특징을 미리 알고 있을 때 유용하다. 키의 각각의 위치에 있는 숫자 중에서 편중되지 않는 수들을 해시 테이블의 크기에 적합한 만큼 조합하여 해시 주소로 사용하는 방법이다. 예를 들어 학생의 학번이 200212345라 한다면 입학년도를 의미하는 앞의 4 자릿수는 편중되어 있으므로 가급적 사용하지 않고 나머지 수를 조합하여 해시 주소로 사용한다.

탐색키가 문자열일 경우 주의할 점

키들이 정수일 때는 비교적 쉽게 해시 주소로 변환할 수 있다. 그러나 많은 경우, 키들은 문자열일 수 있다. 따라서 문자열로부터 좋은 해시 주소를 생성하는 것이 중요하다. 대개 문자열안의 문자에 정수를 할당하여 바꾸게 된다. 예를 들면 a부터 z에 1부터 26을 할당할 수 있다. 그러나 가장 보편적인 방법은 문자의 아스키 코드값이나 유니 코드값을 사용하는 것이다. 예를 들어 “book”, “cup”, “car”, “desk” 등의 문자열을 해시 주소로 바꾼다고 생각해보자.

가장 간단한 방법은 첫 번째 문자의 아스키 코드값을 해시 주소로 사용하는 것이다. 이 방법을 사용하면 “book”과 “cup”은 구별할 수 있다. 그러나 “cup”과 “car”는 구별이 불가능하다. 따라서 충돌을 막기 위해서는 문자열안의 모든 문자를 골고루 사용해야 할 것이다. 가장 보편적인 방법은 각 문자의 아스키 코드값을 모두 더하는 것이다. 이 경우, 서로 다른 키들이 같은 문자로 이루어져 있지 않는 한, 비교적 잘 동작한다. 그러나 문제점은 키들이 동일한 문자로 이루어져 있지만 위치가 다른 경우, 즉 “cup”과 “puc”와 같은 키들은 구분할 수 없을 것이다. 또한 아스키 문자 코드의 범위가 65에서 122이기 때문에 만약 3자리로 이루어진 키의 경우, 195에서 366으로 해시 코드가 집중될 것이다.

더 좋은 방법은 글자들의 아스키 코드 값에 위치에 기초한 값을 곱하는 것이다. 즉 문자열 s가 n개의 문자를 가지고 있다고 가정하고 s안의 i번째 문자가 u_i라고 하면 해시 주소를 다음과 같이 계산하는 것이다.

$$u_0 g^{n-1} + u_1 g^{n-2} + \cdots + u_{n-2} g + u_{n-1}$$

여기서 g는 양의정수이다 계산량을 줄이기 위하여 다음과 같은 호너의 방법(Horner's meth-od)을 사용할 수 있다.

$$(.. ((u_0 g + u_1) g + u_2) g + \cdots + u_{n-2}) g + u_{n-1}$$

이 방법을 함수로 만들어보면 다음과 같다.

```
int hash_function(char *key)
{
    int hash_index = 0;
    while (*key)
        hash_index = g * hash_index + *key++;
    return hash_index;
}
```

이 방법은 키가 긴 문자열로 되어 있을 경우, 오버플로우를 일으킬 수 있다. 그러나 C언어에서는 오버플로우를 무시하므로 여전히 유효한 해시 주소를 얻을 수 있다. 보통 g의 값으로는 31을 사용한다. 오버플로우가 발생하면 해시코드의 값이 음수가 될 수도 있다. 따라서 이런 경우를 검사해야 한다.

01 키 값이 1234567이고 해시 주소가 10진수 4자리로 구성될 때, 이동 폴딩과 경계 폴딩으로 계산되는 해시 주소를 보여라.

14.5 개방 주소법

충돌과 오버플로우

충돌(collision)이란 서로 다른 키를 갖는 항목들이 같은 해시주소를 가지는 현상이다. 충돌이 발생하고, 해시 주소에 더 이상 빈 버킷이 남아 있지 않으면 오버플로우가 발생한다. 오버플로우가 발생하면 해시테이블에 항목을 더 이상 저장하는 것이 불가능해진다. 따라서 오버플로우를 효과적으로 해결하는 방법이 필요하다. 우리는 2가지의 해결책을 생각할 수 있다.

[그림 14-10] 충돌은 차들이 동일한 장소에 주차하려고 싸우는 것에 비유할 수 있다.

- 개방 주소법(open addressing): 충돌이 일어난 항목을 해시 테이블의 다른 위치에 저장한다.
- 체이닝(chaining): 해시테이블의 하나의 위치가 여러 개의 항목을 저장할 수 있도록 해시테이블의 구조를 변경한다.

이번 절에서는 개방 주소법을 자세히 살펴보자. 개방 주소법에는 선형 조사법(linear probing), 이차 조사법(quadratic probing), 이중 해싱법(double hashing), 임의 조사법(random probing) 등이 있다.

선형 조사법

개방 주소법은 특정 버킷에서 충돌이 발생하면, 비어있는 버킷을 찾는 방법이다. 이 비어있는 버킷에 항목을 저장하게 된다. 해시테이블에서 비어있는 공간을 찾는 것을 조사(probing)이라고 한다. 여러 가지 방법의 조사가 가능하다.

선형 조사법(linear probing)에서는 만약 충돌이 ht[k]에서 충돌이 발생했다면 ht[k+1]이 비어 있는지를 살펴본다. 만약 비어있지 않다면 ht[k+2]를 살펴본다. 이런 식으로 비어있는 공간이 나올 때까지 계속하여 조사하는 방법이다. 만약 테이블의 끝에 도달하게 되면 다시 테이블의 처음으로 간다. 만약 조사를 시작했던 곳으로 되돌아오게 되면 테이블이 가득 찬 것으로 판단한다.

선형 조사법에서 조사되는 위치는 다음과 같이 된다.

$$h(k),\ h(k)+1,\ h(k)+2,\ h(k)+3,\ \ldots$$

크기가 7인 해시 테이블에서 해시 함수로 $h(k)=k \bmod 7$을 사용한다고 가정하고, 8, 1, 9, 6, 13의 순으로 키를 저장해보자. 아래에서 살펴본 바와 같이 선형 조사법은 오버플로우가 발생하면 항목의 저장을 위하여 빈 버킷을 순차적으로 탐색해 나간다.

1단계 (8) : h(8) = 8 mod 7 = 1(저장)
2단계 (1) : h(1) = 1 mod 7 = 1(충돌발생)
(h(1)+1) mod 7 = 2(저장)
3단계 (9) : h(9) = 9 mod 7 = 2(충돌발생)
(h(9)+1) mod 7 = 3(저장)
4단계 (6) : h(6) = 6 mod 7 = 6(저장)
5단계 (13) : h(13) = 13 mod 7 = 6(충돌 발생)
(h(13)+1) mod 7 = 0(저장)

	1단계	2단계	3단계	4단계	5단계
[0]					13
[1]	8	8	8	8	8
[2]		1	1	1	1
[3]			9	9	9
[4]					
[5]					
[6]				6	6

[그림 14-11] 선형조사법의 예

충돌이 발생해서 다른 곳에 저장된 키들은 다른 색으로 표시되어 있다.

가상 실습 14.1

선형 조사법 해싱

선형 조사법 해싱 애플릿을 이용하여 다음의 실험을 수행하라.

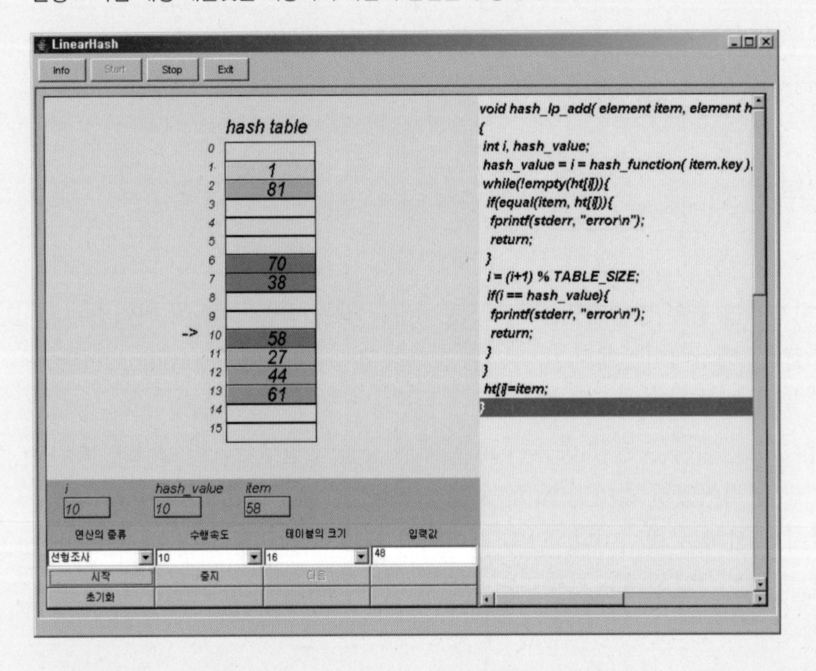

(1) 해시 테이블의 크기를 7로 하고 본문에 나와 있는 데이터를 가지고 삽입 실험을 하여 보라.

(2) 해시 테이블의 크기를 10, 11, 12로 하면서 충돌을 고의적으로 발생시켜보라. 어떤 테이블 크기일 때 충돌이 많이 발생하는가?

선형 조사법을 구현하여 보자. 먼저 해시 테이블은 1차원 배열로 구현된다. 이 배열은 키필드와 키와 관련된 자료 필드를 가진다. 여기서는 키가 문자열로 되어있다고 가정한다. 다음은 C언어를 이용하여 해시 테이블을 생성한 예이다. 버킷당 하나의 슬롯을 가정하자.

프로그램 14.1 **선형조사법의 구현 part 1**

```
#define KEY_SIZE 10     // 탐색키의 최대길이
#define TABLE_SIZE 13   // 해싱 테이블의 크기=소수

typedef struct
{
    char key[KEY_SIZE];
    // 다른 필요한 필드들
} element;

element hash_table[TABLE_SIZE];      // 해싱 테이블
```

해시 테이블의 각 요소들은 초기화과정을 거쳐야 한다. 초기화 과정이란 각 버킷들을 공백상태로 만드는 것이다. 여기서는 문자열이 키이므로 키의 첫 번째 문자가 NULL 값이면 버킷이 비어있는 것으로 생각할 수 있다. 다음은 해시 테이블을 초기화시키는 함수이다.

프로그램 14.2 **선형조사법의 구현 part 2**

```
void init_table(element ht[])
{
    int i;
    for (i = 0; i<TABLE_SIZE; i++) {
        ht[i].key[0] = NULL;
    }
}
```

해시 테이블에 키를 삽입하기 위해서는 먼저 키를 정수로 바꾸어주는 해시 함수가 필요하다. 여기서는 문자열을 먼저 정수로 바꾸고 여기에 다시 제산 함수를 적용시켰다. 문자열을 정수로 변환하는 함수는 문자열의 각 문자 아스키 코드를 전부 합하는 방법을 사용하였다. 여기서는 설명을 쉽게 하기 위하여 이 방법을 사용한 것이고 실제로는 앞에서 설명한 방법이 많이 사용된다.

프로그램 14.3 **선형조사법의 구현 part 3**

```
// 문자로 된 키를 숫자로 변환
int transform(char *key)
{
    int number = 0;
```

```
    while (*key)
        number = 31 * number + *key++;
    return number;
}
// 제산 함수를 사용한 해싱 함수
int hash_function(char *key)
{
    // 키를 자연수로 변환한 다음 테이블의 크기로 나누어 나머지를 반환
    return transform1(key) % TABLE_SIZE;
}
```

간단한 예제로 다음과 같은 키들이 삽입된다고 가정하자.

'do', 'for', 'if', 'case', 'else', 'return', 'fucntion'

각 키에 대하여 문자열에서 정수로의 변환과정을 거쳐서 해시 주소를 구해보면 다음과 같다.

키	덧셈식 변환과정	덧셈합계	해싱주소
do	100+111	211	3
for	102+111+114	327	2
if	105+102	207	12
case	99+97+115+101	412	9
else	101+108+115+101	425	9
return	114+101+116+117+114+110	672	9
function	102+117+110+99+116+105+111+110	870	12

[그림 14-12] 키에서 해시주소를 얻는 과정.

위의 표에서 키 'case', 'else', 'return'은 모두 같은 해시 주소로 계산됨을 알 수 있다. 또한 'if'와 'function'도 마찬가지이다. 따라서 충돌이 일어나게 되고 충돌은 앞에서 설명한 선형 조사법으로 해결된다. 버킷 조사는 원형으로 회전함을 기억해야 한다. 테이블의 마지막에 도달하면 다시 처음으로 간다. 다음은 키들이 삽입이 끝난 후의 테이블의 모습을 보여준다. [그림 14-13]은 한번 충돌이 시작되면 그 위치에 항목들이 집중되는 현상을 보여준다. 이것을 군집화(clustering) 현상이라고 한다.

버켓	1단계	2단계	3단계	4단계	5단계	6단계	7단계
[0]							function
[1]							
[2]		for	for	for	for	for	for
[3]	do	do	do	do	do	do	do
[4]							
[5]							
[6]							
[7]							
[8]							
[9]				case	case	case	case
[10]					else	else	else
[11]						return	return
[12]			if	if	if	if	if

[그림 14-13] 선형조사법에 의한 해시테이블의 변화

다음의 삽입 함수인 hash_lp_add 함수에서는 먼저 키에 대하여 해시 주소를 계산한다. 그 주소가 비어 있는지를 검사해서 비어 있지 않으면 먼저 그 주소에 저장된 키와 현재 삽입하려고 하는 키가 동일한지를 체크한다. 동일하면 키가 중복되었다는 것을 화면에 출력하고 복귀한다. 저장된 키가 중복되지 않았으면 현재 주소를 나타내는 변수 i를 증가하여 다음 버킷을 가리키도록 한다. 만약 증가된 주소가 만약 시작 주소로 되돌아온 경우에는 다른 모든 버킷을 조사했는데도 빈 버킷이 없는 경우이므로 더 이상 삽입이 불가능한 오류 상태임을 알리고 복귀한다.

프로그램 소스 안의 2개의 매크로 함수 중에서 empty 함수는 현재 버킷이 비어있는지를 검사하는 함수이고 equal 함수는 두 개의 항목이 동일한지를 검사하는 함수이다. 이들 2개의 함수는 저장되는 자료의 종류에 따라 달라진다.

프로그램 14.4 **선형조사법의 구현 part 4**

```
#define empty(item) (strlen(item.key)==0)
#define equal(item1, item2) (!strcmp(item1.key,item2.key))

// 선형 조사법을 이용하여 테이블에 키를 삽입하고,
// 테이블이 가득 찬 경우는 종료
void hash_lp_add(element item, element ht[])
{
    int i, hash_value;
    hash_value = i = hash_function(item.key);
    // printf("hash_address=%d\n", i);
    while (!empty(ht[i])) {
        if (equal(item, ht[i])) {
```

```
            fprintf(stderr, "탐색키가 중복되었습니다\n");
            exit(1);
        }
        i = (i + 1) % TABLE_SIZE;
        if (i == hash_value) {
            fprintf(stderr, "테이블이 가득찼습니다\n");
            exit(1);
        }
    }
    ht[i] = item;
}
```

다음으로 저장된 항목을 탐색하는 함수를 작성해보자. 탐색도 마찬가지로 먼저 키에 해시 함수를 적용시켜서 계산된 주소에서 항목을 찾지 못하면 해당 항목을 찾을 때까지 연속된 버킷을 탐색한다. 탐색하다가 시작 주소로 되돌아오면 해당 항목이 테이블에 없다고 결론내릴 수 있다. 예제 프로그램은 단순히 키만을 찾았으나 실제 응용에서는 키에 관련된 자료를 찾을 것이다. 즉 영어 사전을 해싱을 이용하여 구현한다면 단어의 설명이 테이블에 키와 함께 저장될 것이다.

프로그램 14.5 **선형조사법의 구현 part 4**

```
// 선형조사법을 이용하여 테이블에 저장된 키를 탐색
void hash_lp_search(element item, element ht[])
{
    int i, hash_value;
    hash_value = i = hash_function(item.key);
    while (!empty(ht[i]))
    {
        if (equal(item, ht[i])) {
            fprintf(stderr, "탐색 %s: 위치 = %d\n", item.key, i);
            return;
        }
        i = (i + 1) % TABLE_SIZE;
        if (i == hash_value) {
            fprintf(stderr, "찾는 값이 테이블에 없음\n");
            return;
        }
    }
    fprintf(stderr, "찾는 값이 테이블에 없음\n");
}
```

위의 함수들을 호출하여 사용하는 main 함수를 만들어 보면 아래와 같다. hash_lp_print 함수는 현재 테이블에 저장된 키들을 출력하는 함수이다.

프로그램 14.6 **선형조사법의 구현 part 5**

```
// 해싱 테이블의 내용을 출력
void hash_lp_print(element ht[])
{
    int i;
    printf("\n===============================\n");
    for (i = 0; i<TABLE_SIZE; i++)
        printf("[%d] %s\n", i, ht[i].key);
    printf("===============================\n\n");
}

// 해싱 테이블을 사용한 예제
int main(void)
{
    char *s[7] = { "do", "for", "if", "case", "else", "return", "function" };
    element e;

    for (int i = 0; i < 7; i++) {
        strcpy(e.key, s[i]);
        hash_lp_add(e, hash_table);
        hash_lp_print(hash_table);
    }
    for (int i = 0; i < 7; i++) {
        strcpy(e.key, s[i]);
        hash_lp_search(e, hash_table);
    }
    return 0;
}
```

실행결과

```
===============================
[0] function
[1]
[2] for
[3] do
[4]
[5]
[6]
[7]
[8]
[9] case
[10] else
[11] return
[12] if
===============================
```

비교적 간단한 이 방법은 키들이 집중되어 저장되는 현상이 발생하게 되고, 최악의 경우에는 집중된 항목들이 결합 하는 현상까지 발생 가능하므로 탐색 시간이 길어지는 단점을 가진다. 선형 조사법은 간단하다는 장점이 있으나, 오버플로우가 자주 발생하면 집중과 결합에 의해 탐색의 효율이 크게 저하될 수 있다.

선형 조사법 구현에서 항목을 삭제하는 함수는 연습문제에서 다루었다. 삭제가 가능하게 하려면 약간의 추가 구현이 필요하다. 선형 조사법에서 항목이 삭제되면 탐색이 불가능해질 수가 있다. 예를 들어 크기가 10인 해시테이블과 $h(k)=k \bmod 10$인 해시함수를 가정하자. 키가 5, 15, 25 순서로 삽입되었다고 하면 모두 충돌이 발생하게 되고 해시테이블의 내용은 [그림 14-14] (a)과 같을 것이다. 만약 이 상태에서 키 15를 삭제하였다고 가정해보자. 키 25를 탐색하면 중간이 비어 있기 때문에 25가 있는 위치가 갈수가 없다. 따라서 이 문제를 해결하려면 삭제가 가능하게 하려면 버킷을 몇 가지로 분류해야 한다. 즉 한 번도 사용 안 된 버킷과 사용되었으나 현재는 비어있는 버킷, 현재 사용 중인 버킷으로 분류하여야 한다. 탐색함수에서는 한 번도 사용이 안 된 버킷을 만나야만이 탐색이 중단되도록 하여야 한다.

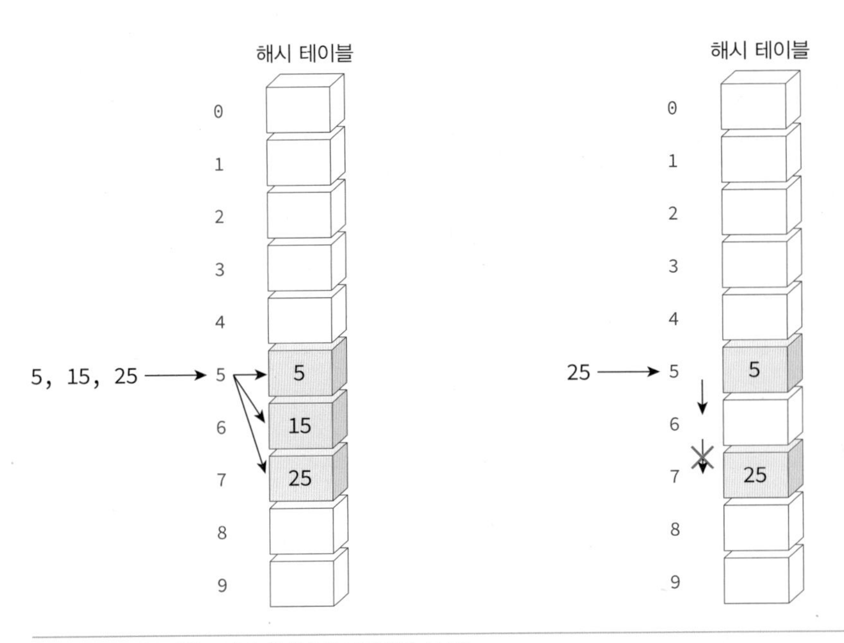

[그림 14-14] 선형조사법 삭제에서 주의해야 될 점.

이차 조사법

이차 조사법(quadratic probing)은 선형 조사법과 유사하지만, 다음 조사할 위치를 다음 식에 의하여 결정한다.

$$(h(k)+\text{inc}*\text{inc}) \bmod M \text{ for inc}=0,1,\cdots,M-1$$

따라서 조사되는 위치는 다음과 같이 된다.

$h(k), h(k)+1, h(k)+4, h(k)+9, ...$

여기서 주의할 것은 모든 위치를 조사하게 만들려면 여전히 테이블 크기는 소수여야 한다는 점이다. 이 방법은 선형 조사법에서의 문제점인 집중과 결합을 크게 완화시킬 수 있다. 다만 이 방법도 2차 집중 문제를 일으킬 수 있지만 1차 집중처럼 심각한 것은 아니다. 2차 집중의 이유는 동일한 위치로 사상되는 여러 키들이 같은 순서에 의하여 빈 버킷을 조사하기 때문이다. 이것은 다음에 소개할 이중 해싱법으로 해결할 수 있다. 이차 조사법을 구현하려면 다음 조사 위치를 찾는 부분만 변경시키면 된다.

프로그램 14.7 **이차조사법의 구현**

```
void hash_qp_add(element item, element ht[])
{
    int i, hash_value, inc = 0;
    hash_value = i = hash_function(item.key);
    // printf("hash_address=%d\n", i);
    while (!empty(ht[i])) {
        if (equal(item, ht[i])) {
            fprintf(stderr, "탐색키가 중복되었습니다\n");
            exit(1);
        }
        i = (hash_value + inc*inc) % TABLE_SIZE;
        inc = inc + 1;
        if (i == hash_value) {
            fprintf(stderr, "테이블이 가득찼습니다\n");
            exit(1);
        }
    }
    ht[i] = item;
}
```

이중 해싱법

이중 해싱법(double hashing) 또는 재해싱(rehashing)은 오버플로우가 발생함에 따라 항목을 저장할 다음 위치를 결정할 때, 원래 해시 함수와 다른 별개의 해시 함수를 이용하는 방법이다. 이 방법은 항목들을 해시 테이블에 보다 균일하게 분포시킬 수 있으므로 효과적인 방법이라 할 수 있다.

선형 조사법과 이차 조사법은 충돌이 발생했을 경우에 해시 함수값에 어떤 값을 더해서 다음 위치를 얻는다. 선형 조사법에서는 더해지는 값이 1이고 이차 조사법에서는 inc*inc가 된다. 따라서 해시 함수값이 같으면 차후에 조사되는 위치도 같게 된다. 예를 들어 크기가 10인 해시테이블에서 제산함수를 해싱함수로 사용한다고 할 때, 15와 25는 이차 조사법에서 5, 6, 9, 14,..와 같은 조사 순서를 생성한다.

이중 해싱법에서는 키를 참조하여 더해지는 값이 결정된다. 따라서 해시 함수값이 같더라도 키가 다르면 서로 다른 조사 순서를 갖는다. 따라서 이중 해싱법은 이차집중을 피할 수 있다.

두 번째 해시함수는 조사 간격을 결정하게 된다. 일반적인 형태는 다음과 같다.

$$h'(k) = C - (k \bmod C)$$

이런 형태의 함수는 $[1..C]$ 사이의 값을 생성한다.

충돌이 발생했을 경우, 조사되는 위치는 다음과 같이 된다.

$$h(k),\ h(k)+h'(k),\ h(k)+2^*h'(k),\ h(k)+3^*h'(k),\ \ldots$$

C는 보통 테이블의 크기인 M보다 약간 작은 소수이다. 이중 해싱에서는 보통 집중 현상이 매우 드물다. 이유는 같은 버킷과 같은 탐색 순서를 가지는 요소들이 거의 없기 때문이다.

크기가 7인 해시테이블에서 첫 번째 해시 함수가 $h(k)=k \bmod 7$이고 오버플로우 발생시의 해시 함수가 $h'(k)=5-(k \bmod 5)$일 때, 다음의 탐색 키들이 삽입되는 예를 살펴보자.

8, 1, 9, 6, 13

1단계(8) : • $h(8)=8 \bmod 7=1$(저장)

2단계(1) : • $h(1)=1 \bmod 7=1$(충돌발생)

• $(h(1)+h'(1)) \bmod 7=(1+5-(1 \bmod 5)) \bmod 7=5$(저장)

3단계(9) : • $h(9)=9 \bmod 7=2$(저장)

4단계(6) : • $h(6)=6 \bmod 7=6$(저장)

5단계(13) : • $h(13)=13 \bmod 7=6$(충돌 발생)

• $(h(13)+h'(13)) \bmod 7=(6+5-(13 \bmod 5)) \bmod 7=1$(충돌발생)

• $(h(13)+2^*h'(13)) \bmod 7=(6+2^*2) \bmod 7=3$(저장)

	1단계	2단계	3단계	4단계	5단계
[0]					
[1]	8	8	8	8	8
[2]			9	9	9
[3]					13
[4]					
[5]		1	1	1	1
[6]				6	6

[그림 14-15] 이차조사법에서의 해시테이블의 변화.

앞의 예에서 마지막 키인 13을 삽입할 때를 자세히 살펴보자. 키 13에 대하여 해시함수를 적용시키면 다음과 같은 값을 얻는다.

$h(13)=13 \bmod 7=6$
$h'(13)=5-(13 \bmod 5)=2$

첫 번째 조사위치 $=h(13)=6$
두 번째 조사위치 $=(h(13)+h'(13)) \bmod 7=(6+2) \bmod 7=1$
세 번째 조사위치 $=(h(13)+2*h'(13)) \bmod 7=(6+2*2) \bmod 7=3$

따라서 조사는 인덱스 6에서 시작하여 2씩 증가하게 된다. 여기서 한 가지 유의할 점은 테이블의 끝에 도달하면 다시 처음으로 간다는 점이다. 조사가 되는 인덱스를 나열해보면 6, 1, 3, 5, 0, 2, 4...가 되어 테이블의 모든 위치를 조사하게 된다. 이런 결과는 물론 테이블의 크기가 소수일 경우만 적용된다.

만약 테이블 크기를 6으로 바꾸면 어떻게 될 것인가?

$h(k)=k \bmod 6$
$h'(k)=5-(k \bmod 5)$

$h(13)=13 \bmod 6=1$
$h'(13)=5-(13 \bmod 5)=2$

조사가 되는 위치를 나열해보면 1, 3, 5, 1, 3, 5... 이 되어서 같은 위치만 되풀이되는 것을 쉽게 알 수 있다. 따라서 반드시 해시 테이블의 크기는 소수가 되어야 한다.

선형 조사법의 문제점은 한 번도 사용되지 않은 위치가 있어야 만이 탐색이 빨리 끝나게 된다는 것이다. 만약 거의 모든 위치가 사용되고 있거나 사용된 적이 있는 위치라면 실패하는 탐색인 경우, 테이블의 거의 모든 위치를 조사하게 된다. 다음에 소개하는 체이닝 방법은 이러한 문제점이 없다.

프로그램 14.8 이중 해싱법의 구현

```
void hash_dh_add(element item, element ht[])
{
    int i, hash_value, inc;
    hash_value = i = hash_function(item.key);
    inc = hash_function2(item.key);
    // printf("hash_address=%d\n", i);
```

```
    while (!empty(ht[i])) {
        if (equal(item, ht[i])) {
            fprintf(stderr, "탐색키가 중복되었습니다\n");
            exit(1);
        }
        i = (i + inc) % TABLE_SIZE;
        if (i == hash_value) {
            fprintf(stderr, "테이블이 가득찼습니다\n");
            exit(1);
        }
    }
    ht[i] = item;
}
```

Quiz

01 아래와 같이 10개의 버켓과 버켓 당 1개의 슬롯을 가지는 해시테이블이 있다. 해시 함수는 정수 데이터의 끝자리 숫자를 사용하고, 선형 조사법으로 오버플로우를 처리한다. 데이터 (74, 30, 12, 28, 24, 33, 52, 60, 10, 20)가 순서대로 삽입될 경우에 해시 테이블에 데이터가 저장되는 과정을 보여라.

버킷번호	슬롯
0	
1	
2	
3	
4	
5	
6	
7	
8	
9	

14.6 체이닝

선형 조사법이 탐색 시간이 많이 걸리는 이유는 충돌 때문에 해시 주소가 다른 키하고도 비교를 해야 하는데 있다. 만약 해시 주소가 같은 키만을 하나의 리스트로 묶어둔다면 불필요한 비교는 하지 않아도 될 것이다. 리스트는 그 크기를 예측할 수 없으므로 연결 리스트로 구현하는 것이 가장 바람직하다.

충돌을 해결하는 두 번째 방법은 해시 테이블의 구조를 변경하여 각 버킷이 하나 이상의 값을 저장할 수 있도록 하는 것이다. 버킷은 여러 가지 방법으로 구현될 수 있다. 체이닝(chaining)은 오버플로우 문제를 연결 리스트로 해결한다. 즉, 각 버킷에 고정된 슬롯을 할당하는 것이 아니라 각 버킷에, 삽입과 삭제가 용이한 연결 리스트를 할당한다. 물론 버킷 내에서는 원하는 항목을 찾을 때는 연결 리스트를 순차 탐색한다. 크기가 7인 해시테이블에 $h(k)=k \bmod 7$의 해시 함수를 이용하여 8, 1, 9, 6, 13 을 삽입할 때에의 체이닝에 의한 충돌 처리를 보여준다.

8, 1, 9, 6, 13

1단계 (8) : • $h(8)=8 \bmod 7=1$(저장)
2단계 (1) : • $h(1)=1 \bmod 7=1$(충돌발생→새로운 노드 생성 저장)
3단계 (9) : • $h(9)=9 \bmod 7=2$(저장)
4단계 (6) : • $h(6)=6 \bmod 7=6$(저장)
5단계 (13) : • $h(13) =13 \bmod 7=6$(충돌 발생→새로운 노드 생성 저장)

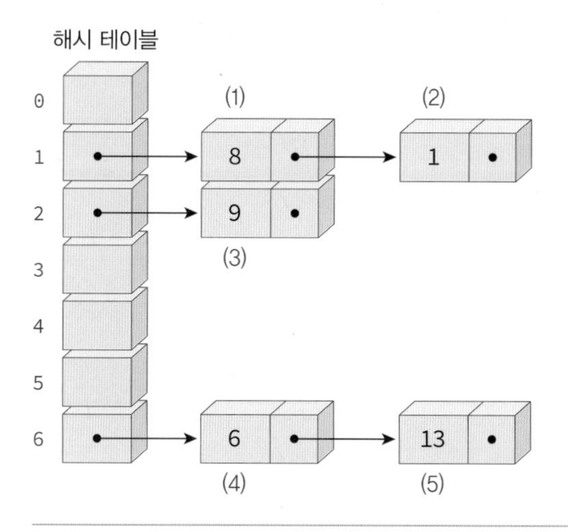

[그림 14-16] 체인법에서의 해시테이블의 변화

여기서 한 가지 결정해야 할 것은 연결 리스트의 어디에다 새로운 항목을 삽입하는냐 하는 것이다. 만약 키들의 중복을 허용한다면 연결 리스트의 처음에다 삽입하는 것이 가장 능률적이다. 만약 중복이 허용이 되지 않는다면 연결 리스트를 처음부터 탐색하여야 하므로 어차피 연결 리스트의 뒤로 가야하고 여기에다 삽입하는 것이 자연스럽다.

정수형 키에 대한 체이닝 해싱의 구현을 위해 다음과 같은 구조체를 선언한다.

```
#define TABLE_SIZE 7    // 해싱 테이블의 크기=소수

typedef struct {
    int key;
} element;

struct list
{
    element item;
    struct list *link;
};
struct list *hash_table[TABLE_SIZE];
```

hash_table은 ListNode 구조체를 가리키는 포인터의 배열로 되어 있다. 키가 버킷으로 들어오면 먼저 동적 메모리 할당을 이용하여 연결 리스트의 노드를 생성한 다음, 이 새로운 노드에 키를 복사한다. 다음 단계로 버킷에 연결되어 있는 기존의 연결 리스트에서 동일한 키가 있는지를 검사한다. 만약 동일한 키가 발견되면 오류 메시지를 출력하고 복귀한다. 동일한 키가 없으면 연결 리스트의 맨 끝에 새로운 키를 포함하는 새로운 노드를 연결한다. 만약 기존의 연결 리스트가 없으면 해시테이블의 포인터에 새로운 노드를 연결한다.

프로그램 14.9 체인법의 구현

```
// 제산 함수를 사용한 해싱 함수
int hash_function(int key)
{
    return key % TABLE_SIZE;
}

// 체인법을 이용하여 테이블에 키를 삽입
void hash_chain_add(element item, struct list *ht[])
{
    int hash_value = hash_function(item.key);
    struct list *ptr;
    struct list *node_before = NULL, *node = ht[hash_value];
    for (; node; node_before = node, node = node->link) {
        if (node->item.key == item.key) {
            fprintf(stderr, "이미 탐색키가 저장되어 있음\n");
            return;
        }
    }
    ptr = (struct list *)malloc(sizeof(struct list));
    ptr->item = item;
    ptr->link = NULL;
```

```
    if (node_before)
        node_before->link = ptr;
    else
        ht[hash_value] = ptr;
}

// 체인법을 이용하여 테이블에 저장된 키를 탐색
void hash_chain_search(element item, struct list *ht[])
{
    struct list *node;

    int hash_value = hash_function(item.key);
    for (node = ht[hash_value]; node; node = node->link) {
        if (node->item.key == item.key) {
            fprintf(stderr, "탐색 %d 성공 \n", item.key);
            return;
        }
    }
    printf("키를 찾지 못했음\n");
}
```

체이닝 소스가 조금 복잡해지는 것은 몇 개의 포인터 때문이다. node_before 포인터가 필요한 이유는 node 포인터가 NULL이 되면 for루프가 끝나게 된다. 하지만 우리가 필요한 포인터는 NULL바로 앞에 있는 포인터이다. 따라서 for 루프 수행 시에 항상 앞의 포인터를 가지고 있어야 한다.

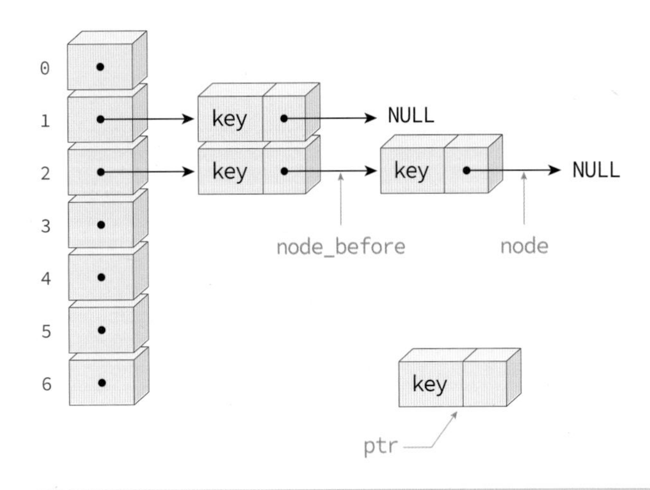

[그림 14-17] 체인법 소스에서의 각 포인터의 역할

체이닝에서 항목을 탐색하거나 삽입하고자 하면 키 값의 버킷에 해당하는 연결 리스트에서 독립적으로 탐색이나 삽입이 이루어진다. 체이닝은 해시 테이블을 연결 리스트로 구성하므로 필요한 만큼의 메모리만 사용하게 되어 공간적 사용 효율이 매우 우수하다. 또한 오버플로우가 발생할 경우에도 해당 버킷에 할당된 연결 리스트만 처리하게 되므로 수행 시간 면에서도 매우 효율적이다.

전체 프로그램은 다음과 같다.

프로그램 14.10 **체인법 전체 소스**

```
// 해싱 테이블의 내용을 출력
void hash_chain_print(struct list *ht[])
{
    struct list *node;
    int i;
    printf("\n===============================\n");
    for (i = 0; i<TABLE_SIZE; i++) {
        printf("[%d]->", i);
        for (node = ht[i]; node; node = node->link) {
            printf("%d->", node->item.key);
        }
        printf("\n");
    }
    printf("===============================\n");
}
#define SIZE 5

// 해싱 테이블을 사용한 예제
int main(void)
```

```
{
    int data[SIZE] = { 8, 1, 9, 6, 13 };
    element e;

    for (int i = 0; i < SIZE; i++) {
        e.key = data[i];
        hash_chain_add(e, hash_table);
        hash_chain_print(hash_table);
    }
    for (int i = 0; i < SIZE; i++) {
        e.key = data[i];
        hash_chain_search(e, hash_table);
    }
    return 0;
}
```

실행결과

```
================================
[0]->
[1]->8->1->
[2]->9->
[3]->
[4]->
[5]->
[6]->6->13->
================================
탐색 8 성공
탐색 1 성공
탐색 9 성공
탐색 6 성공
탐색 13 성공
```

Quiz

01 아래와 같이 10개의 버켓을 가지는 해시테이블이 있다. 해시 함수는 정수 데이터의 끝자리 숫자를 사용하고, 체이닝으로 오버플로우를 처리한다. 데이터 (74, 30, 12, 28, 24, 33, 52, 60, 10, 20)가 순서대로 삽입될 경우에 해시 테이블에 데이터가 저장되는 과정을 보여라.

버켓번호	포인터
0	NULL
1	NULL
2	NULL
3	NULL
4	NULL
5	NULL
6	NULL
7	NULL
8	NULL
9	NULL

14.7 해싱의 성능 분석

해싱에서의 가장 중요한 연산은 탐색 연산이다. 즉 해시 테이블에 자료를 추가하거나 자료를 꺼내거나 자료를 삭제하는 연산들은 모두 탐색 연산을 사용하게 된다. 탐색 연산은 2가지 중의 하나이다. 즉 성공적인 탐색과 실패한 탐색의 2가지로 나누어 생각해야한다.

이장의 맨 처음에서 언급했듯이 이상적인 해싱의 시간 복잡도는 $O(1)$이다. 즉 이 시간 복잡도는 충돌은 전혀 일어나지 않는다는 가정 하에서만 가능하다. 좋은 면은 가끔은 이러한 이상적인 해싱 함수를 찾을 수도 있다는 것이다. 그러나 일반적으로는 충돌이 있다고 가정해야하고 따라서 해싱 탐색 연산은 $O(1)$보다는 느려지게 된다. 해싱의 성능을 분석하기 위하여 우리는 해시 테이블이 얼마나 채워져 있는지를 나타내는 하나의 척도를 정의하자. 해시 테이블의 적재 밀도(loading density) 또는 적재 비율(loading factor) 은 저장되는 항목의 개수 n과 해시 테이블의 크기 M의 비율이다.

$$\alpha = \frac{\text{저장된 항목의 개수}}{\text{해싱테이블의 버킷의 개수}} = \frac{n}{M}$$

여기서 α가 0이면 해시 테이블은 비어있다. α의 최대값은 충돌 해결 방법에 따라 달라진다. 선형 조사법에서는 해시 테이블이 가득 찬다면 각 버킷당 하나의 항목이 저장될 것이기 때문에 1이 될 것이다. 체인법에서는 저장할 수 있는 항목의 수가 해시 테이블의 크기를 넘어설 수 있기 때문에 α는 최대값을 가지지 않는다.

도출 과정은 생략하고 결과만을 해석해보자. 선형 조사법에서는 해시 테이블이 채워지면 충돌이 더 자주 일어날 것이다. 탐색을 위한 비교 연산의 개수는 다음과 같다.

- 실패한 탐색: $\frac{1}{2}\left\{1+\frac{1}{(1-\alpha)^2}\right\}$

- 성공한 탐색: $\frac{1}{2}\left\{1+\frac{1}{(1-\alpha)}\right\}$

위의 수식을 이용하여 몇 개의 α값에 대하여 테이블을 만들어보면 [그림 14-18]과 같다. 만약 해시 테이블이 절반정도 채워진 상태에서는 실패한 탐색은 2.5 비교 연산을 요구하고 성공한 탐색의 경우에는 1.5 비교연산을 요구한다. α가 0.5을 넘어갈수록 실패한 탐색은 급격하게 탐색 시간이 증가한다. 따라서 결론적으로 해시 테이블의 적재밀도가 0.5를 넘어가지 않도록 하여야 한다.

α	실패한 탐색	성공한 탐색
0.1	1.1	1.1
0.3	1.5	1.2
0.5	2.5	1.5
0.7	6.1	2.2
0.9	50.5	5.5

[그림 14-18] 선형 조사법의 비교 연산의 횟수

체이닝 방법에서는 α가 항목의 개수를 연결 리스트의 개수로 나눈 것이 된다. 즉 α는 평균적으로 하나의 연결 리스트당 몇 개의 항목을 가지고 있느냐가 된다. 하나의 키를 찾는데 필요한 비교 연산의 개수를 계산하여 보자.

먼저 실패하는 탐색을 생각하여보면 찾고자 하는 위치에 연결 리스트가 비어있다면 $O(1)$의 시간만 걸릴 것이다. 그러나 평균적인 경우, α만큼의 항목을 탐색하여야 할 것이다. 성공적인 탐색의 경우에는 항상 연결 리스트에 항목이 존재할 것이고 따라서 평균적으로 α의 항목을 비교하여야 하고 테이블에 존재하는 포인터까지를 계산에 넣는다면 $1+\alpha/2$가 될 것이다.

- 실패한 탐색: α
- 성공한 탐색: $1+\alpha/2$

위의 식을 이용하여 몇 개의 α값에 대하여 계산을 해보면 [그림 14-19]과 같이 된다.

α	실패한 탐색	성공한 탐색
0.1	0.1	1.1
0.3	0.3	1.2
0.5	0.5	1.3
0.7	0.7	1.4
0.9	0.9	1.5
1.3	1.3	1.7
1.5	1.5	1.8
2.0	2.0	2.0

[그림 14-19] 체인법에서의 비교연산의 횟수

위의 식에서 보듯이 체인닝의 경우, α가 증가하더라도 성능이 급격하게 떨어지지는 않는다. 그러나 효율성을 위해서는 α를 유지할 필요가 있다.

[그림 14-20]의 표는 Lum과 Yuen, Dodd의 실험적인 연구 결과를 보여주고 있다. 하나의 키를 탐색하는 데 필요한 평균 버킷 접근수를 적재 밀도, 해시함수, 오버플로우 해결 방법에 따른 해싱의 성능을 평가한 결과를 [그림 14-20]에 보였다. [그림 14-20]에 의하면 제산 해시 함수와 함께 체이닝을 사용하는 방법이 가장 효율적임을 알 수 있다.

$\alpha=\frac{n}{M}$	.50		.70		.90		.95	
해싱 함수	체인	선형조사	체인	선형조사	체인	선형조사	체인	선형조사
중간 제곱	1.26	1.73	1.40	9.75	1.45	37.14	1.47	37.53
제산	1.19	4.52	1.31	7.20	1.38	22.42	1.41	25.79
이동 폴딩	1.33	21.75	1.48	65.10	1.40	77.01	1.51	118.57
경계 폴딩	1.39	22.97	1.57	48.70	1.55	69.63	1.55	97.56
숫자 분석	1.35	4.55	1.49	30.62	1.52	89.20	1.52	125.59
이론적	1.25	1.50	1.37	2.50	1.45	5.50	1.45	10.50

(V.Lum, P.Yuen, M.Dodd, CACM, 1971, Vol.14, No.4 참조)

[그림 14-20] 각 알고리즘에 따른 평균 버킷 접근수

해싱을 정리하여 보자. 먼저 선형 조사법은 적재 밀도를 0.5이하로 유지해야 한다. 이차 조사법과 이중 해싱법에서는 적재 밀도를 0.7이하로 유지시키는 것이 좋다. 선형 조사법은 테이블의 크기에 따라 저장할 수 있는 요소들의 개수에 자연적으로 제한이 가해지게 된다. 그러나 선형 주소법이 적재 밀도가 작은 경우에는 이차 조사법이나 이중 해싱보다 효율적일 수 있다.

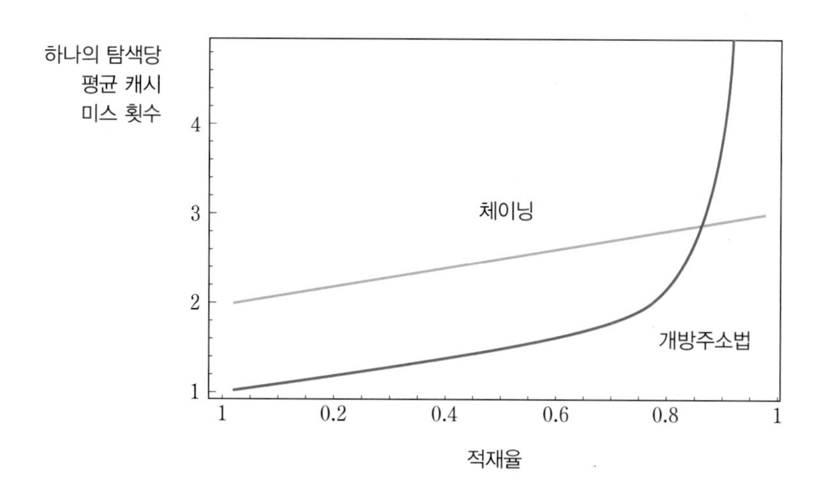

체인법은 적재 밀도에 비례하는 성능을 보인다. 성능을 저하시키지 않고 얼마든지 저장할 수 있는 요소의 개수를 늘릴 수 있다는 것이 장점이다. 링크를 위한 메모리 낭비 문제는 저장되는 자료의 크기에 따라 달라진다.

해싱을 배열을 이용하는 이진 탐색과 비교하여 보면 해싱이 일반적으로 빠르다. 또한 삽입이 어려운 이진탐색과는 달리 해싱은 삽입이 쉽다. 해싱을 이진 탐색 트리와 비교하여 보면 이진 탐색 트리는 현재값보다 다음으로 큰값이나 다음으로 작은 값을 쉽게 찾을 수 있는 장점이 있다. 또한 이진 탐색 트리에서는 값의 크기순으로 순회하는 것이 쉽다. 이에 반하여 해싱은 그야말로 순서가 없다. 또한 해시 테이블에 초기에 얼마나 공간을 할당해야 되는지가 불명확하다. 또한 해싱은 최악의 시간 복잡도는 아주 나쁘다. 최악의 경우는 모든 값이 하나의 버킷으로 집중되는 것으로 이 경우 시간 복잡도는 $O(n)$이 될 것이다. 따라서 아주 심각한 응용에는 부적절한 방법이다.

시간 복잡도를 다른 방법들과 비교해보면 다음과 같다.

탐색방법		탐색	삽입	삭제
순차탐색		$O(n)$	$O(1)$	$O(n)$
이진탐색		$O(\log_2 n)$	$O(\log_2 n+n)$	$O(\log_2 n+n)$
이진탐색트리	균형트리	$O(\log_2 n)$	$O(\log_2 n)$	$O(\log_2 n)$
	경사트리	$O(n)$	$O(n)$	$O(n)$
해싱	최선의 경우	$O(1)$	$O(1)$	$O(1)$
	최악의 경우	$O(n)$	$O(n)$	$O(n)$

[그림 14-21] 해싱과 다른 탐색방법과의 비교

14.8 해싱의 응용 분야

해싱은 방대한 양의 데이터에 액세스해야하는 상황에서 널리 사용된다. 해싱을 사용하면 신속하게 정보를 검색할 수 있다. 해싱이 사용되는 몇 가지 전형적인 예는 다음과 같다.

- 해싱은 데이터베이스 인덱싱에 사용된다. 일부 데이터베이스 관리 시스템은 별도의 인덱스 파일을 사용한다. 데이터가 파일에서 추출되어야 할 때, 탐색키는 먼저 인덱스 파일에서 검색되고, 검색 결과로부터 데이터베이스 파일에서의 정확한 위치를 알 수 있다. 인덱스 파일의 키 정보는 종종 해시 테이블로 구현된다.
- 해싱 기술은 컴파일러에서 심볼 테이블을 구현하는 데 사용된다. 컴파일러는 소스 프로그램에서 사용자가 정의한 모든 식별자(심볼)의 기록을 유지하기 위하여 심볼 테이블을 사용한다. 심볼 테이블에서는 해싱을 사용하여 변수의 이름이나 함수의 이름을 빠르게 찾을 수 있다.
- 해싱은 인터넷 검색 엔진에서 널리 사용된다.

연습문제 EXERCISE

01 해싱에서 충돌은 언제 발생하는가?

(1) 키가 같은 경우 (2) 해시 함수의 값이 같은 경우
(3) 같은 해시 함수를 사용하는 경우 (4) 키의 길이가 같은 경우

02 크기가 13인 해쉬 테이블에서 입력 자료 27과 130은 어떤 인덱스로 매핑되는가? 해싱 함수는 h(key)=key%13라고 하자.

(A) 1, 10 (B) 13, 0
(C) 1, 0 (D) 2, 3

03 크기가 11인 해싱테이블을 가정하자. 해시함수로는 다음을 사용한다.

$$h(k) = k \bmod 11$$

입력 자료가 다음과 같은 순서로 입력된다고 하면 아래의 각 경우에 대하여 해시테이블의 내용을 그려라.

12, 44, 13, 88, 23, 94, 11, 39, 20, 16, 5

(1) 충돌을 선형조사법을 사용하여 처리한다.
(2) 충돌을 이차조사법을 사용하여 처리한다.
(3) 충돌을 다음과 같은 이중해시법을 사용하여 처리한다.

$$h'(k) = 7 - (k \bmod 7)$$

(4) 충돌을 체인법을 사용하여 처리한다.

04 "cat", "dog", "lion"과 같은 동물 이름을 해쉬 테이블에 저장하고자 한다. 어떤 해싱 함수를 사용하는 것이 좋을까? 동물의 이름을 사용자로부터 받아서 해쉬 테이블에 저장하는 프로그램을 직접 구현하여 보자.

실행결과

```
삽입(i), 탐색(s), 삭제(d): i
동물의 이름: cat
인덱스 54번에 저장되었음

삽입(i), 탐색(s), 삭제(d): s
동물의 이름: cat
cat은 해쉬 테이블 54 인덱스에 있음!
...
```

05 체이닝에서 새로운 키를 삽입하는 시간은 무엇에 비례하는가?

(1) 적재율
(2) 테이블에 있는 전체 항목의 개수
(3) 버킷의 연결 리스트의 항목의 개수
(4) 테이블의 크기

06 만약 1000개의 조그마한 영상을 해싱을 사용하여 사전 구조에 저장하고 싶다고 가정해보자. 각각의 영상은 20픽셀×20픽셀이다. 각 픽셀은 256색중의 하나이다. 즉 하나의 픽셀은 하나의 바이트로 표시된다. 여기에 사용될 수 있는 가능한 해시 함수를 생각해보라.

07 본문에서도 설명되었듯이 이차 조사법(quadratic probing)이란 다음의 식에 의하여 인덱스를 조사하는 것이다.

$$(k+i^2)\%M \text{ for } i \geq 0$$

여기서 M은 테이블의 크기이고 k는 해시주소이다.

(1) 만일 해시 테이블의 크기가 17이고 해시 주소 k가 3이라면 다음에 조사되는 인덱스들을 처음부터 6개만 나열하라.
(2) 다음에 조사할 인덱스를 다음의 순환식을 이용하여 보다 효율적으로 계산할 수 있음을 보여라.

$$k_{i+1}=(k_i+2i+1) \bmod M$$

(3) (2)의 결과를 이용하여 본문에 있는 소스처럼 다음과 같은 문장을 도출하여 보라.

```
i = (i+inc +1) % TABLE_SIZE;
inc = inc +2;
```

08 선형 조사법에서 키를 삭제하는 함수 hash_lp_delete(element item, element ht[]) 를 구현해보라. 본문에서도 언급되었듯이 단순히 해시 테이블의 그 버킷을 단순히 비어있다고 표시하는 것은(본문에서는 슬롯의 키의 첫 번째 문자를 0으로 만드는 것) 다음번의 탐색을 불가능하게 할 수 있다. 따라서 삭제가 허용되는 경우에도 올바른 탐색을 할 수 있도록 hash_lp_search 알고리즘을 수정하라. 하나의 힌트는 해시테이블의 빈 항목들을 한 번도 사용되지 않은 항목(empty)과 사용되었지만 현재는 비어있는 항목(deleted)으로 구별하여야 한다.

09 체인법을 사용하는 해싱소스에도 삭제함수가 없다. 실제로는 키를 삭제할 수도 있어야 한다. hash_chain_delete(element item, ListNodePtr ht[])함수를 구현해보라. 삭제시키고자 하는 키를 발견하면 포인터를 조정하여 레코드를 연결 리스트에서 제거한 다음, free 함수를 호출하여 동적 메모리를 반환해야 할 것이다.

10 선형 조사법과 이중 조사법을 비교하는 실험을 해보자. 먼저 500개의 사용자 이름이 들어 있는 리스트를 만든다. 그리고 크기가 1000인 해시 테이블을 선형 조사법과 이중 조사법으로 구현하여 500개의 이름이 해시 테이블에 추가될 때 충돌이 얼마나 일어나는 지를 기록하라. 동일한 실험을 테이블 크기가 950, 900, 850, 800, 750, 700, 650, 600일 때 수행해본다.

찾아보기

ㅈ

ㅊ

ㅋ

ㅌ

ㅍ

ㅎ

A

C

저자 소개

천인국(千仁國)
서울대학교 전자공학과 공학사
한국과학기술원 전기 및 전자공학과 공학석사
한국과학기술원 전기 및 전자공학과 공학박사
삼성전자 종합연구소 주임 연구원
University of British Columbia 방문 교수
현재 순천향대학교 컴퓨터공학과 교수
E-mail: chunik@sch.ac.kr

공용해(孔容海)
연세대학교 전자공학과 공학사
Polytechnic Univ.(뉴욕) 컴퓨터과학과 공학석사
Polytechnic Univ.(뉴욕) 컴퓨터과학과 공학박사
한진중공업 연구원
삼성전자 연구소 연구원
순천향대학교 의료과학대학 학장
현재 순천향대학교 의료IT공학과 교수
E-mail: yhkong@sch.ac.kr

하상호(河相鎬)
서울대학교 계산통계학과 이학사
서울대학교 계산통계학과 이학석사
서울대학교 전산과학과 이학박사
한국전자통신연구소 Post. Doc.
미국 MIT Post. Doc.
미국 아이오와 주립대학 방문 교수
현재 순천향대학교 컴퓨터공학과 교수
E-mail: yhkong@sch.ac.kr